全过程工程咨询典型案例

——以投资控制为核心

中国建设工程造价管理协会 ◎主编

中国建筑工业出版社

图书在版编目（CIP）数据

全过程工程咨询典型案例——以投资控制为核心／
中国建设工程造价管理协会主编. —北京：中国建筑
工业出版社，2018.10（2022.8重印）
ISBN 978-7-112-22785-3

Ⅰ. ① 全… Ⅱ. ① 中… Ⅲ. ① 建筑工程-咨询服务-
案例 Ⅳ. ① F407.9

中国版本图书馆CIP数据核字（2018）第228946号

中国建设工程造价管理协会在全国范围内征集了近160个典型案例，并在此基础上，经过多次筛选和修改完善，精选出28个案例，涵盖了住宅、市政、公共设施、石油化工等各类工程的各个建设阶段，并总结其在全过程工程咨询方面值得借鉴和推广的经验，希望能为广大工程造价咨询企业开展全过程工程咨询业务提供指引。

希望本书的出版可以引导更多的造价咨询企业从成本管理向投资控制和价值工程等方面拓展，提供以工程造价为主线的全过程专业咨询服务；以及有条件的造价咨询企业与工程设计、工程技术、项目管理等业务加强融合、互动，实现强强联合或合作，为建设项目提供项目策划及建设实施，乃至运营维护阶段全过程的综合咨询服务。

责任编辑：赵晓菲　朱晓瑜　张智芊
责任校对：焦　乐

　　　　　　　全过程工程咨询典型案例——以投资控制为核心
　　　　　　　中国建设工程造价管理协会　主编
　　　　　　　　　　　　　　　*
　　　　中国建筑工业出版社出版、发行（北京海淀三里河路9号）
　　　　　　　　各地新华书店、建筑书店经销
　　　　　　　　北京锋尚制版有限公司制版
　　　　　　　北京云浩印刷有限责任公司印刷
　　　　　　　　　　　　　　*
　　　　开本：880×1230毫米　1/16　印张：27　字数：725千字
　　　　　　2018年10月第一版　　2022年8月第九次印刷
　　　　　　　　　　定价：**148.00**元
　　　　　　　　ISBN 978-7-112-22785-3
　　　　　　　　　　　　（32883）

编委会

序 言

Preface

党的十九大报告提出我国经济正处在由高速增长向高质量发展转变阶段，坚持质量第一、效益优先，以供给侧结构性改革为主线，推动经济发展质量变革、效率变革、动力变革，着力构建市场机制有效、微观主体有活力、宏观调控有度的经济体制。工程造价管理作为我国国有资产投资和建筑市场经济活动的重要基础性工作，为我国工程建设经济运行和社会发展做出了巨大贡献，多年来，在提高固定资产投资效益、保障工程质量安全、促进建设市场健康发展、维护社会公共利益等方面发挥了重要作用。改革开放40年来，以开放促进改革，主动融入经济全球化，形成了我国改革开放的基本经验，也为工程咨询走出去，在国外、国内两个市场参与国际竞争提供了理论指导。随着我国"一带一路"倡议的提出，国内更多的资金和产能会进入国际市场，为中国工程咨询服务"走出去"提供了广阔空间。工程造价咨询行业迎来了新的发展契机和历史机遇，同时也面临着改革创新、转型升级的挑战。

工程造价咨询企业如何迎接这次变革带来的机遇和挑战，2017年，《国务院办公厅关于促进建筑业持续健康发展的意见》（国办发〔2017〕19号），明确了建筑业深化改革的方向和路径，工程总承包和全过程工程咨询不断推进；《住房城乡建设部关于加强和改善工程造价监管的意见》（建标〔2017〕209号）提出将充分发挥工程造价在工程建设全过程管理中的引导作用，积极培育具有全过程咨询能力的造价咨询企业。这些改革措施为全过程工程咨询规划了蓝图，将带来工程建设生产方式和管理方式的巨大变革。

工程价格一直是建筑市场博弈的中心，工程造价作为项目管理全过程的最长链条，是全过程工程咨询的核心，而全过程咨询应将提升项目价值作为主要工作目标。从政策角度看，过去对工程咨询行业管理一直是分段实施的，随着国家"放管服"改革的深入推进，不断简化和取消行政许可，将逐步弱化建筑市场准入要求，尤其是全过程咨询各个阶段市场准入的限制；从项目投资控制角度看，在碎片化管理模式下，项目从前期决策到设计、招标、施工等阶段的控制重点和实施主体各有不同，导致投资控制和监管的分散性、差异化；从咨询企业角度来看，缺乏各专业深度融合和复合型领军人才，需要既懂法律，又懂技术、经济和合同管理等方面的专业团队分工协作才能提升项目价值。目前，我国工程造价咨询企业年度总营业收入达1500亿元，其中全过程工程造价咨询占25%，已经形成一批初具全过程工程咨询服务实践能力的优秀企业，通过他们的实践，造价在全过程工程咨询的核心和关键作用已经被社会广泛认可。

中国建设工程造价管理协会顺应新形势，把握新机遇，积极带领各省协会在引导行业开展全过程工程咨询业务方面做了大量的努力，通过举办论坛和研讨会、开展专题培训等加强学术交流及宣传推广活动。此次，中国建设工程造价管理协会精心组织，在全国征集了近160个典型案例，经过多次筛选和修改完善，精选出28个案例，涵盖了住宅、市政、公共设施、石油化工等各类工程的各个建设阶段，总结了其在全过程工程咨询方面值得借鉴和推广的经验，将引导更多的造价咨询企业从成本管理向投资控制和价值工程等方面拓展，提供以工程造价为主线的全过程专业咨询服务，以及有条件的造价咨询企业与工程设计、工程技术、项目管理等业务加强融合、互动，实现强强联合或合作，为建设项目提供项目策划及建设实施，乃至运营维护阶段全过程的综合咨询服务。工程造价咨询企业要以推进全过程工程咨询为契机，对标国际综合性工程咨询企业，实现价值理念和服务模式的转型，推动我国工程造价事业向更高层次发展。

随着我国对外开放和供给侧改革的不断推进，"创新、协调、绿色、开放、共享"五大发展理念的指导，为工程造价咨询行业改革提供了强劲动力，相信有市场需求的引导，有企业的探索实践，有政府的政策规范，必将逐步解决全过程咨询碎片化问题。按照市场化、国际化、法制化、信息化要求，推进工程造价管理改革，为我国工程咨询向高端发展,提升"一带一路"工程建设软实力奠定基础、创造条件。

希望本书的出版，能为广大工程造价咨询企业开展全过程工程咨询业务提供有益的参考。

住房城乡建设部标准定额司副司长

前　言 　／

Preface

　　经过40年的改革开放，特别是近年来中国固定资产投资和对外投资不断增加，我国工程咨询业竞争力不断提升。全过程工程咨询作为一种先进的工程管理模式，也在国内工程中逐步开始采用。2017年2月，《国务院办公厅关于促进建筑业持续健康发展的意见》（国办发〔2017〕19号）发布，为我国工程咨询业深化改革指明了发展方向和路径。实施全过程工程咨询，对于解决我国目前工程咨询服务分散化、投资控制碎片化问题具有十分重要的现实意义。

　　全过程工程咨询是工程咨询方综合运用多种学科知识、工程实践经验、现代科学技术和经济管理方法，采用多种服务方式组合，为委托方在工程项目策划决策、建设实施乃至运营维护阶段持续提供局部或整体解决方案的智力性服务活动。其核心是通过采用一系列工程技术、经济、管理方法和多阶段集成化服务，为委托方提供增值服务。工程造价管理是全过程工程咨询的核心内容，同时也是为委托方实现价值的重要环节。工程造价管理水平高低决定了全过程工程咨询的成效，以工程造价控制为主线的全过程工程咨询是工程咨询的核心价值所在。

　　基于工程造价管理在全过程工程咨询服务中的重要作用，中国建设工程造价管理协会在全国范围内征集各类工程造价咨询企业全过程工程咨询案例，旨在总结近年来工程造价咨询企业在全过程工程咨询管理服务（包括全过程造价咨询）中的做法和经验，为推进全过程工程咨询提供指引。本书从征集到的近160篇投稿中选录了具有代表性的案例28篇，涉及安居住宅、超高层办公楼、市政道路、物流仓储、机场、体育场馆、石油化工、垃圾焚烧等多类工程。案例项目实施方式包括：传统的设计—招标—建造（DBB）模式、设计—建造（DB）模式、PMC及PM模式、政府和社会资本合作（PPP）模式等。这些案例是改革开放40年来我国工程造价行业的成就展现，是工程造价咨询管理工作者智慧和经验的结晶，也是近年来我国工程造价咨询企业发展全过程工程咨询业务的一个缩影。

　　本书力求为工程造价咨询企业提供如下启示：

　　（1）全过程工程咨询是管理创造价值的过程。全过程工程咨询的核心是通过一系列的整合与集成构成了一个管理创造价值的过程，这个过程是对于互不相同，但又相互关联的生产活动进行管理形成一条价值链的过程；是寻找和抓住事物的主要矛盾的观点，并采用整合或组合的管理手段实现1+1＞2的效果的过程。

　　在项目投资控制方面，是根据项目价值链主线的要求有针对性地制订管理流程，采用整合与集成管理手段避免各阶段碎片化投资控制管理的过程；是强化前期对投资控制影响较大阶段造价咨询力量的投入，解决造价咨询资源错配的问题的过程；是各阶段增加投资控制的可控性，减少投资控制的风险，使各阶段的投资控制处于可控状态的形成价值链的过程。

（2）全过程工程咨询模式及其选择，取决于委托方需求、项目环境等众多因素。未来的全过程工程咨询将会呈现多元化态势，形成与不同投资主体需求相适应的全过程工程咨询服务组织模式，可能会覆盖项目策划与建设实施全过程，也可能只涉及其中若干阶段。

（3）全过程工程咨询的核心目标是为委托方创造价值，工程造价管理是全过程工程咨询的重要组成部分，工程造价咨询企业开展全过程工程咨询具有得天独厚的优势。

（4）工程造价咨询企业发展全过程工程咨询还有很长的路要走。工程造价咨询企业应通过引进、培养复合型专业人才，打造高端咨询服务团队；强化项目前期造价控制能力，解决目前咨询资源错配的问题；通过国际交流与合作，发展为具有国际竞争力的咨询公司。

（5）随着我国政府简政放权和行政许可改革的不断推进，工程咨询业进一步放开门槛、加快融合和对外开放，工程造价咨询业将迎来新的发展机遇和挑战。

由于编者水平有限，在编纂过程中难免有误，敬请读者不吝赐教。最后，我们衷心地感谢在这次案例征集中投稿的所有单位和作者，以及参与审查的专家，感谢你们为本书出版做出的贡献！

目 录

Contents

大型综合交通枢纽的全过程造价服务实践
——中国建设银行股份有限公司上海市分行造价咨询中心

陈　弋　杨　珂　承思宇　秦　彤　徐漪琦

一、项目基本概况

某地综合交通枢纽交通工程（以下简称"本工程"）紧邻工程所在市区的空港枢纽。本工程于2007年8月开工，2010年3月竣工，建筑面积约80万m²，批复总投资约122亿元。本工程为国内较为罕见的多单体、多功能、立体交叉的交通枢纽工程，集高铁、公路客运、轨道磁悬浮、地下轨道交通等多种交通功能于一体。因此，本工程具有投资规模大，工期紧，工程技术难度高（特别是大规模超深基坑），施工界面、运营界面和投资界面复杂等特点，对包括设计、监理、投资控制等全过程的工程咨询服务，提出了新的挑战和要求。

二、咨询服务范围及组织模式

1. 咨询服务的业务范围

中国建设银行股份有限公司上海市分行造价咨询中心（以下简称"我中心"）联合下属上海市建设工程招标咨询公司，受投资方和代建单位委托，对本工程五个主要单体进行招标代理和全过程投资监理。

2. 咨询服务的组织模式

我中心以总经理室牵头，由副总经理担任本工程投资监理项目的项目总监。项目团队主要由富有机场、地铁建设经验的项目组成员为班底，形成集合土建、安装、轨道交通、市政等各专业造价工程师，并常驻项目现场、专职本工程造价咨询的任务型团队。

同时，根据工作强度和专业要求，动态调整团队成员，满足项目的工作要求。

3. 咨询服务工作职责

（1）招标工作代理

1）对本工程建设全过程中所涉及的施工、监理及其他相关招标工作实施招标工作代理。

2）对发包工程的界面划分，提出节省造价的优化方案建议。

3）负责编制招标文件、评标办法及相关报告。

4）针对每个标包的实际情况和技术经济特点，负责研究、编制严密的招标文件及制定有针对性的评标办法。招标文件的编制应能便于项目在实施过程中的投资控制和管理，真正做到闭口包干执行。

5）负责招标全过程的程序工作，包括对投标单位的资质进行审查、发标、收标、评标得分计算、编写评标会议纪要等。

6）评标结束后，负责根据各评委意见和得分计算表，整理、编制评标会议纪要，同时根据甲方要求，对投标单位的投标文件进行分析、审核。

7）协助甲方与各承包单位进行合同谈判及合同的制定。

（2）造价控制

1）前期工作环节：参与可投资估算和初步设计概算的内审工作，对上报估算和概算的完整性和合理性进行把关。

2）设计环节：

①参与甲方对设计方案的技术经济比选，提出合理化建议。

②配合甲方进行限额设计控制，对初步设计概算进行审核，提出审核意见。

3）招标环节：

①招标前，对照各标包的发包范围做好设计概算金额的拆分。

②项目发包采用施工图招标的，编制施工图预算，对是否超概设计，提出审核意见。

③审核发包工程标段划分对控制造价的合理性，提出优化标段划分的建议，确保划分标段的各项工程内容没有遗漏或重复。

④发包工程标段确定后，对工程概算按标段划分进行分解，制定工程造价控制目标。

⑤评标过程中严格程序控制，及时完成对商务标书的甄别、分析和汇总，并做好标后分析工作，确保评标过程不存遗留问题。

⑥招标后，及时做好中标金额与概算金额的对比分析，将商务标书的分部分项工程逐一与概算金额相对照，做好投资节约分析工作，并为施工过程中的造价控制打下基础。

4）合同环节：按施工图招标的合同价应做到闭口。尚无条件用施工图招标的合同，按招标时乙方提出的闭口合同操作方案，并在施工图逐步完备时分步签订闭口合同。

5）施工环节：

①根据工程进度，每月初编制上月工程量统计报表。对施工单位上报的已签证的工作量报表和付款申请进行审核，完成对上报合同款的审核，并编报《合同款付款明细表》。建立合同履约台账，向甲方反映合同变更、付款审核、承包违约等事项。

②根据各施工承包合同的工程进度，编制资金用款计划。

6）变更环节：加强事前控制，掌握引起增减账发生的第一手资料（变更图纸、设计变更单、技术核定单等资料），参与技术经济分析比较，进行独立平行测算，及时分析、预警。

7）结算环节：核对工程的工程量、单价、费率。在各项工程全部或阶段性完成结算报告后，提交《概算、合同价（施工预算价）、结算价差异对比分析报告》。

8）建立概算、承包合同价（施工预算价）、结算价三级动态投资控制体系，每季度以专题报告的形式对投资变动情况进行分析、建议，实现对项目投资的动态控制。

9）在各项工程全部或阶段性完成后，提交《投资监理工作月报》和《投资监理工作总结报告》，对各项目的造价控制情况、招标情况、审价情况等进行每月小结和最终总结，必要时进行投资监理工作年终总结及下年度工作计划的汇报。

三、咨询服务的运作过程

众所周知，建设项目的质量、进度和造价具有相互制约的特性，导致设计管理、施工管理和造价管理存在"天然"的矛盾。在传统工程咨询模式中，由于设计单位、监理单位和造价咨询单位及其对口的代建单位分管部门均相互独立，各方所持的立场也大相径庭，导致代建单位决策层需要在各方意见中进行取舍。而且，在社会高速发展和工程高品质要求的大背景下，代建单位往往会在工程造价方面进行让步，这也使得在工程造价领域经常出现超概算、超预算、超合同价的"三超现象"，项目的投资得不到有效的控制。

如今，全过程工程咨询是对工程建设项目前期研究和决策以及工程项目实施和运营的全生命周期提供包含设计和规划在内的涉及组织、管理、经济和技术等各有关方面的工程咨询服务。相对传统工程咨询业务，全过程工程咨询在咨询业务上具有下列的优势明显：

（1）工程咨询人员的专业配备齐全，咨询服务团队（或组织）的综合能力较强，为提供兼顾技术、经济的咨询服务提供坚实的基础；

（2）有利于工程咨询各专业的统筹管理和统一口径，更易在设计方案、施工质量、工程品质、工期要求和工程投资等方面寻求平衡点，对代建单位层面，可形成较为统一的兼顾技术、经济的工程实施方案，或者可提供多套已考虑经济性的工程实施方案建议供代建单位选择；

（3）优化咨询服务流程，通过整合设计、工程、造价等多方面团队，使质量、进度和造价的矛盾不再通过代建单位层面互相碰撞、协调，极大地节省提资、评审、优化等繁冗环节所耗费的时间。

通过我中心与代建单位的通力合作以及代建单位的大力支持，形成合力，基本实现了"贯彻以概算为导向，引导前期、设计、施工等各环节优化的投资控制模式"，初步达到了全过程工程咨询的投资控制效果。在本工程造价咨询过程中，有以下几个方面可以为今后的"全过程工程管理"中的造价咨询服务提供指引：

（1）加强主动控制，为前期决策与初步设计提供优化建议，将投资控制的重点立足于决定项目定位的前期设计阶段；

（2）确立切实可行的概算总目标，并拆分形成各项目的投资控制目标，并据此推广实行"限额设计"。自始至终，对标投资控制目标，使用指标法、定额法、技术经济比较法等各类造价工具，对设计文件、施工方案和变更进行经济性分析和比选；

（3）通过市场化手段，真正了解建筑市场源头信息和计量方式，为项目决策、发包管理、过程控制和审价谈判的实际操作提供有力的支撑。

以下便是我中心对本工程全过程造价咨询案例的介绍。

本工程是轨、路、空三位一体的超大型、世界级交通枢纽，日旅客吞吐量达110万人次。本工程由东交通广场、磁浮站、地铁东站、地铁西站、西交通广场等单位工程组成。本工程地下最深3层，地上最高6层，基坑超深，结构复杂，总建筑面积约80万㎡，批复总投资122亿元。

根据我中心对本工程特点的分析以及多年的咨询服务经验，确立了本工程"以概算为导向的投资控制模式"，即以批准的设计概算为控制基准，对概算进行分解，在后续工作中从合同价到竣工结算价，层层进行控制，如有超过或将要超过设计概算限额时及时预警，建立以批准概算为限额的动态预警系统。我中心从"前期设计阶段""招标、发包阶段""过程控制及结算阶段"三个立足点，采取切实有效的投资控制方法，来实现本工程的投资控制目标。

1. 前期设计阶段

项目前期设计阶段是决定项目定位、使用功能和项目经济性等重要内容的关键时期。鉴于本工程具有形态多、功能复杂的特点，故我中心特别从项目前期设计阶段介入，将工作重心集中在"方案选型经济论证"和"概算的分析及复核"两大主题，目标是在前期设计阶段，协助设计单位编制完整的且符合本工程特点的工程概算，确定正确的投资控制目标。

（1）方案选型经济论证

1）配合代建单位进行经济技术分析和方案选型：因本工程为超大型公共建筑，基坑规模较大，故在扩初阶段，代建单位通过组织专家开展一系列科研课题研究，不断优化扩初设计方案，同时充分运用科技创新对工程建设的积极推动作用，如《东交、磁浮大基坑方案优化》《东交大型基坑（地下连续墙）形式关键技术研究》等，为工程前期的设计方案选定及解决工程建设中的技术难题提供了全面有力的技术支持。优化过程中，我中心积极配合代建单位，运用造价工具（定额与指标）同步测算方案不同引起的造价变化，为方案选型提供了大量经济性分析的数据基础。

案例1：对地铁东站、地铁西站地下连续墙墙体设计优化，墙体（墙体设计顶标高为-4.350m）至室外地坪高差8~9m空腔，其原采用C20素混凝土回填，改为C20素混凝土及回填素土各50%并用假笼加固，节约大量投资费用。

案例2：代建单位根据先期实施的东交通广场的围护形式，调整西交通广场地下一层重力式挡墙围护，内侧地基加固取消，减少搅拌桩227775m³，在评审概算调整时，调减6352万元费用。

2）主动运用造价工具，提供设计方案优化建议：我中心依托掌握的各类工程经济技术指标和以往类似工况的施工经验，根据本工程的实际情况对各类可能采取的设计方案测算工程造价指标，为代建单位和专家提供优化建议，不断优化扩初图设计方案。

案例3：我中心在分析西交通广场概算造价指标过程中，发现地下连续墙单价约为2300元/m³，混凝土结构单价约为1600元/m³。由于扩初设计方案新增A6区和C6区结构，围护范围随之发生变化，考虑到结构防水已形成封闭体系，可通过优化围护形式来节约工程投资。故我中心建议取消原初步设计阶段的格构式地下连续墙及永久边坡，改为采用分级放坡加水泥搅拌桩重力式挡墙方案。取消地下连续墙37905m³，费用减少8816.22万元；替代增加挡墙数量74716m³、坡面防护增加52272m³，费用为3321.85万元，合计调减费用5500万元。

（2）概算的分析及复核

本工程的五个单体根据区域和专业的区别，分别由三家设计单位分单体设计。三家设计单位在初步设计方面的设计深度以及初步设计概算的编制水平和风格大相径庭。鉴于以上情况，为了使本工程的投资目标更加贴近项目实际情况，在我中心的建议下，代建单位同意在初步设计概算报审前，由我中心对概算进行分析和复核。此项分析和复核工作主要从以下三方面入手：

1）概算章节设置和列项方面：由于本工程三家设计院擅长的专业各不相同，分别为房屋建筑、市政建筑和轨道交通，所以在扩初设计概算章节设置上的侧重点以及习惯各有不同。我中心凭借多年在各类项目的实践经验，与三家设计院充分沟通，对五个单体概算的列项进行筛查、排序和比对。特别针对"建设项目其他费用"的列项，在上报时尽量做到通用项目（例如建设监理费、投资监理费等）的列项统一协调，特殊项目（例如人防建设费、电力增容费等）不缺项漏项。

2）概算工程量及单价的复核：在正式上报初步设计概算前，我中心运用高科技电算化手段（当时属于最新技术），对扩初设计图纸进行建模，复核主要结构工程量，通过计算与核对，可以基本确认概算工程量不少算、不冒算，为后期概算评审过程提供有力的依据。此外，本工程上报概算期间，正值各类工程要素价格飞涨，因此在概算复核过程中，着重对人工费和主要材料单价的取定与概算编制单位进行了讨论，最终确定2007年12月信息价和市场水平为上报概算的单价取定依据，使初步设计概算更贴近项目实际情况。

3）概算指标的复核：由于扩初设计中存在部分专业的设计深度无法达到概、预算编制的标准，所以部分专业的概算均按指标计入。我中心在概算复核过程中，根据已建航站楼、地铁项目的经济指标数据，并结合市场价格波动情况，对重点专业项目（例如钢结构、幕墙、电气、给水排水等）的指标进行对比、分析。对部分指标的偏差（例如钢结构每吨的经济指标明显偏少）与概算编制单位充分沟通，并最终调整至合理水平。

2. 招标、发包阶段

项目的招标、发包阶段是从设计阶段过渡到施工阶段中必不可少的一环，是承上启下，将设计成果转化为实体建筑的重要阶段。在招标、发包阶段，需要准确定位项目的质量目标、工期目标以及投资目标。我中心与代建单位各部门紧密配合，着力于"定范围、定目标""施工图审查"以及"造价谈判"和"公开竞争"等四个工作要点，确保实现"限额设计""总价包干"以及"将造价控制在低于社会平均水平"的目标。

（1）进入招标、发包阶段，首要任务是确定招标、发包的范围以及对应的投资目标（概算）。我中心与代建单位工程部和设备部密切沟通，从工程、系统结构的前后关联性、施工可行性、设计进度等多个维度出发，对标段与标段间、总包与分包间、设备与安装施工间的界限进行充分讨论，并形成行之有效的、明确的界面划分，为后续标段的发标范围和各自标段的结算范围，甚至为资产核算移交和决算编制工作，提供了明确的依据。在确定发包范围时，同步按标段对概算进行分析、拆解，形成对应标段的分项投资控制目标。

（2）与此同时，我中心配合代建单位开展招标图（施工图）的全面审查工作。

1）在施工图审查过程中，我中心采用主材对比和指标对比的方法，排查超标准或超规模的设计内容，一旦发现立即向代建单位预警，并提供经济对比分析报告，以此力求实现按批复概算标准"限额设计"的效果。

案例4：西交通广场钻孔灌注桩指标测算。经我中心测算，设计图中钻孔灌注桩（5956根工程桩，桩长为42m为同一规格桩）钢筋含量232.71kg/m³，较概算指标钻孔灌注桩钢筋含量为153.38kg/m³明显偏高，我中心提出预警，并参照东交通广场钻孔灌注桩的钢筋含量指标，会同设计院对工程桩进行了优化，将设计图桩基钢筋主筋规格18ϕ28，优化改为20ϕ25、15ϕ25，含量调整为189.41kg/m³，节约钢筋4266t，费用约为2473万元。

2）重视施工图阶段设计方案的技术和经济比较分析，通过技术经济比较法对方案进行合理优化。对每项工程施工方案的实际情况和技术经济特点，组织内部讨论。坚持运用科技创新对工程建设的积极推动作用，对施工方案进行经济优化。

案例5：针对基坑工程项目，我中心建议外请专家，会同设计院等单位共同参与多份施工方案的安全、技术和经济比较分析，并从中选择技术可行可靠、造价节约的方案。如：2007年初，本工程东交通广场、磁浮站的超大、超深基坑启动设计，我中心会同代建单位、设计院、工程监理一起多次讨论并设计出三套基坑围护方案。其中：方案一采用四级大放坡；方案二采用"两墙合一"、地下连续墙加二道钢筋混凝土支撑；方案三采用二级放坡结合重力式挡墙。我中心针对三个方案及时编制造价费用，并测算技术经济指标，最终根据技术经济指标选定方案三作为基坑实施方案。再如：地铁西站地基基坑加固，我中心对各种桩基加固进行技术经济指标比较分析，最终选用双重管高压旋喷桩，相比扩初评审概算三重管高压旋喷桩费用节约5%。

3）根据代建单位要求，本工程绝大多数标段发包时均要求采用"根据施工招标图总价包干"的承包方式，这就对设计文件的完整性、合理性提出更高的要求。因此，在发包前，我方协助代建单位对设计文件中可能造成应标单位误读的地方进行筛选，并在招标文件中明确，从而避免今后可能引起的高额索赔。重点筛选的方面包括：①设计文件的深度不足，须应标单位自行深化设计的部分，如存在该情况，一方面向代建单位预警，另一方面在招标文件或合同文件中，明确由深化设计引起造价变化的风险承担范围（例如在幕墙招标文件中要求：投标单位应在保证设计建筑效果的前提下，通过深化设计充分预计因力学、安全性要求必须增加的构件或配件，相关费用闭口包干使用）；②通过询价平台，验证配套技术要求中的品牌要求是否存在档次层次不齐，容易引起报价偏离度较大的部分，在保证项目经济性和竞标公平性的前提下，不降低工程品质；③比对扩初设计和施工图设计，筛选是否存在设计漏项或者明显偏差。

（3）针对本工程工期紧迫的特点，与业主商定，并经市建委批准，将本工程各标包的委托方式分为两类：±0.000以下采用直接委托方式，±0.000以上采用公开招标方式，从而实现各项工作的搭接，在满足进度要求的前提下，完成投资控制目标。

1）直接委托项目的投资控制

本工程中，基坑围护和地下工程部分采用直接委托方式建安工程量约占全部工程量的40%以上，因此这部分造价控制优劣程度，决定整个投资控制的最终结果。由于直接委托方式的特殊性，为了将审定的直接委托项目造价控制在与公开招标的造价指标接近的范围内。我中心到市场中询价、借鉴其他项目的招标结果、研究市场价与定额价差异的原因及内容组成，并且多次讨论后确定了"科学设立报价要求，明确沿用承包商投标报价时对机场项目优惠"的方案，采取市场化进行费用谈判将造价控制在"低于市场平均水平"的范围内。通过前期事先控制方法，用预算审核代替结算审核，有效地控制了项目总投资。

我中心根据项目特点，编制了详细的投资控制实施细则，对概算进行了复核及拆分，找出控制的重点环节，对其进行全方位分析，做好投资控制工作。

具体实施方式：①事先制定完整的审核流程，根据提供的方案及图纸，编制报价要求；②承包商报价，同时我中心、第三方造价咨询单位编制平行预算；③将审定的预算、概算、第三方预算进行对比分析，编制分析报告和建议报业主。

案例6：基坑围护土建工程按综合取费6.8%，同比已建类似工程主体工程优惠10%，同比概算综合费率下降30%。通过我司及投资监理谈判，承包商承诺东交、磁浮商品混凝土同比信息价优惠10%，地铁西站、西交通广场商品混凝土优惠5%，水泥单价同比信息价优惠10%，搅拌桩、压密注浆空转费用优惠50%，节余大量费用，其中仅基坑围护部分（不含地铁西站地下连续墙）节余概算2.76亿元。

在直接委托项目的审核过程中，我中心使用定额比较法结合市场化运作措施，节约项目投资。定额比较法：通过对不同定额间以及经市场化竞争的企业定额的比较分析，根据本工程实际情况，修正定额耗用系数，对工程预算进行审核，实现在项目前期控制投资的目的。此方法体现在本工程基坑围护地下连续墙、高支排架、基坑降水工程的预算审核中。

案例7：直接委托中的基坑围护地下连续墙工程。经比较分析，我中心发现市政定额与土建定额差别较大，其中市政定额中机械台班取定的消耗量远大于土建定额的机械台班取定的消耗量，市政定额形成的直接费单价要明显高于土建定额形成的直接费单价。经测算，如采用市政定额组价，地下连续墙总体费用要高出采用土建定额组价的总费用24%以上。例如：地铁东站（东交通广场）地下墙（800mm厚）中地下连续墙成槽市政定额（35m以内）单价为569.87元/m³，土建定额（40m以内）单价为259.2元/m³，单价差2.2倍，我中心从定额的工料机组成分析得出的主要差别为：①人工含量差，市政定额为1.358工/m³，土建2000定额为0.537工/m³；按单价37元/工日计算，单价差异为30.377元/m³；②成槽机及泥浆循环设备含量差，市政定额为0.062台班/m³，土建2000定额为0.0264台班/m³，按当时信息价合计5100元/台班计算，单价差异为181.56元/m³；③护壁泥浆价差，市政定额为230元/m³，土建2000定额为121.1元/m³，按含量0.77m³计算，单价差异为83.853元/m³。类似的还有，钢筋笼吊运就位市政定额（35m以内）单价为464.32元/m³，土建定额单价为363.44元/m³。结合其他定额子目差异，结果是按同样工程量分别套用两种定额计算，费用差异达25%。因此，我中心在《东交通广场、地铁东站、磁浮站基坑围护直接委托报价要求》中，要求承包商按照土建定额进行报价，通过定额的合理设定，并对其中部分项目进行调整，例如，泥浆护壁由于泥浆品质等原因，采用市政信息价计取。最终承包商报预算价55413010元，审定金额51172857元，对应的经济指标为地铁东站（东交通广场）地下连续墙（800厚）1612.2元/m³，其中含钢量为137kg/m³，（1000mm厚）地下连续墙1429.06元/m³，其中含钢量为120kg/m³。对比地铁西站地下连续墙概算指标（800mm厚）2661.54元/m³，其中含钢量186kg/m³，（1000厚）地下连续墙2465.72元/m³，其中含钢量为148kg/m³。

案例8：直接委托中的高排架措施项目，在市政工程中，特别是高架、桥梁、地铁等交通及枢纽工程，往往遇到跨度大、层高高、体积大、重量大的现场施工情况，其结构工程中的模板计算，承包商均按照市政定额分别套用模板及满堂式钢管支撑，其钢管支架使用费按方案中实际使用的支撑量×施工期×市场租赁单价计算，故其费用与工期长短有关。一般的房建工程中，由于层高低、跨度小等特点，模板的搭拆较为简单，土建模板定额按楼板接触面积计算工程量，其定额费用按平方米摊销量考虑，故其费用相对固定。经比较，市政定额模板支撑费用大大高于土建定额模板支撑费用。

我中心从事前投资控制的角度出发，在报价要求中，约定承包商必须按土建定额进行报价。但在地铁西站主体结构的预算审核中，由于层高达8.97m，承包商特别提出层高超高引起的实际高支排架使用费补差，此部分由于土建2000定额编制中未考虑层高超高同时支撑密度超大、使用工期超长的现场施工情况，导致土建2000定额模板费用计算和实际相差较大，故承包商在套用土建2000定额计算模板费用的同时，根据市政定额计算满堂式钢管支撑及钢管支架使用费，对施工方案中的高支排架支撑进行了费用补差118.49元/m²。对此情况，我中心首先对于模板支撑系统做了深入的研究和分析，并根据批准的《高支排架施工组织设计方案》结合施工现场对于实际的模板高支排架进行测量计算，将此结果与定额含量进行比较分析，发现有较大差距，例如实际施工中模板支撑及钢连杆含量198kg/m²，按照120次摊销，摊销量为1.65kg/m²，土建2000定额有梁板模板支撑及钢连杆含量摊销量为0.73kg/m²，同时，参考国家的有关规范条款，提出几套解决方案，并召集代建单位、施工单位、第三方咨询机构等单位一同到上海市建筑建材业市场管理总站进行调解、认定。最终，经总站书面确认，高支排架可按批准的高支排架施工方案中的含量与定额含量的差值进行调整，人工及机械按同比例调整。最后，经双方计算确定，单价按有梁板（梁）的模板面积补差42.76元/m²。最终，节约费用1347.9826万元。

案例9：直接委托中的基坑降水项目。由于本工程为超大型建筑物，基坑具有面积大、挖深大的特点，因此须分段实施开挖。我中心在得到承包商《东交通广场、地铁东站、磁浮站基坑围护工程》预算报价后，经分析，承包商针对其中基坑降水的报价在套用土建2000定额真空深井降水及井点降水相应子目的基础上打45折，上报的合计费用为3059.66万元。我中心经了解，上海市大型基坑降水井管的打、拔往往都由专业分包单位实施，期间降水运行由总包土方开挖单位实施，故其降水费用的计算方法与定额编制计算方法有较大差异。同时，经分析土建2000定额及市政定额，两者降水定额编制方法差别不大，其中真空深井降水因井深不同，计算每口井的安装和拆除费用也不同；运行费按每口井每天的费用计算，经分析其降水运行定额工作内容包含潜水泵3个台班，真空泵0.75个台班，及钢板井管和钢滤水井管的摊销费。而在实际大型基坑施工中，深井降水往往分成降压井和疏干井，并且在实际降水过程中，开挖土方之前半个月，降压井水泵需24h开机，疏干井水泵仅需12h左右，此后，按基坑的水位及天气状况适当确定开机运行时间。因此，在降水审核中，我中心充分结合实际情况，例如承包商上报的（疏干井）真空深井降水（24m）运行费137.1元/天，打拔费119.6元/m，经我中心向市场了解，疏干井打拔费600多元/米，而运行费仅为水泵电费及看护人工费，其他费用均考虑在打拔费中。故我中心考虑降水设备看护人工费及电费，按照每天12h运行计算，运行费平均每天不超过30元。由此得出，疏干井（24m）单价明显低于定额单价，但按此方法计算降压井费用要高于定额单价。经我中心按上述市场行情核定，最终降水工程费用为16318152元，同比套用定额计算费用下降70%。

经分析，直接委托项目的预算审定造价均比对应拆分概算节约20%以上，并低于第三方预算，达到了代建单位要求的直接委托项目造价指标低于市场的平均水平的目标。通过前期的预算审核，在项目竣工结算时，仅对过程中的变更进行结算审核，由于本工程前期预算审核效果明显，在最终结算审核时，结算费用与预算费用几乎一致。

2）公开招标项目的投资控制

经与本工程代建单位协商沟通，确定本工程的公开招标项目采取"无标底招标"及"合理低价中标"的招标方式。

每次招标前，按标段对概算进行分析、拆解；通过图纸和价差对比，预测招标结果是否能控制在概算范围内。

针对每项工程的实际情况和技术经济特点，组织内部讨论，重要项目建议外请专家，会同设计院等共同参与编制严密的招标文件，明确界面及合理进行标段划分，充分考虑可能预见的风险，以确保招标文件能覆盖工程项目的所有内容和要求及事先风险锁定，避免重复报价和界面重叠不清而引起的造价增加。

同时，针对每项工程的特点和潜在投标单位的实际情况，依据《招标投标法》的规定，研究和制定科学、合理的评标办法，合理分配分值，增加投标单位的竞争性，体现更大的优惠，以确保技术优良且报价合理、低价者中标，以节余投资，并力求达到中标价闭口包干。同时，随工程实践经验的不断积累，对《招标文件》和《评标办法》不断地完善和优化。

在施工标段招投标活动的同时，还特别对精装修项目中的大宗材料（例如，吊顶铝材、石材、栏杆隔断）等进行单独招标或询价。通过这样的发包方式，一方面可以从源头上解决施工单位在中标后"以次充好"的行为，保证工程质量和实际的建筑效果；另一方面，通过公平的竞争环境，使本工程大宗材料的采购价格能够准确反映市场合理水平，杜绝在施工标中不平衡报价的现象。在保证经济性的同时，也可以保证材料供应商的应得收益，确保项目的顺利实施。

案例10：东交通中心、磁浮站在完成装饰工程（土建总承包中非公共装饰）招标基础上对主要装饰材料（地坪花岗石及吊顶铝板）的供应商进行内部邀请招标，大幅降低工程费。如：图纸中吊顶铝板材料使用的铝板及灯槽规格达143种，涉及乐思龙、金霸、林得纳、蒲飞尔四个品牌，通过内部招标和谈判使各类材料价格同比市场价降低25%以上，比如：用于磁浮卫生间蒲飞尔铝方板500×500，（预辊涂板定加工直角折边）市场价为300元/m²，招标价为182.21元/m²。花岗岩概算取定材料单价为450元/m²，通过内部招标降低到258～450元/m²（258元/m²在60%以上）、吊顶铝板概算取定材料单价为450元/m²，通过内部招标降低到182.21～548元/m²（低于300元/m²占60%以上）。

在标后，我中心即刻组织力量，在各投标文件之间进行横向对比，以及进行拟中标单位与对应概算的对比。通过逐项分析，找出投标文件中的不平衡报价以及漏洞，要求拟中标单位就此进行书面澄清或承诺，确保"总价包干"的效果。

3. 过程控制及结算阶段

项目施工阶段是建设项目具象化，全面实现项目建设目标的冲刺阶段。在项目施工阶段的过程控制和结算工作中，控制"现场施工方案""设计变更与施工变更"是我中心在本工程过程控制工作的重中之重。

（1）对"现场施工方案"的经济优化

招标、发包阶段，我中心主要从设计图纸及配套技术要求出发，对设计方案进行了经济性分析和比选；而在施工阶段，则需要对中标单位编制的现场施工方案进行经济性分析和优化。

案例11：本工程为超大型、世界级交通枢纽中心建筑物，全长达1065m，最宽处为609.30m，针对超大型建筑物其基坑挖土、降水工作，我中心会同代建单位工程部对土方等的堆放场地进行了有效的管理。通过土方测算，制定土方堆放方案，做好土方平衡工作，使原本需要发生的大规模土方运输变为场内短驳；同时，对土方单价按市场价锁定。对降水方案，建议代建单位邀请专家论证，在保证挖土安全的前提下优化方案，并按市场价结算节约了投资，节约概算7888万元。

1）土方工程：概算中的土方挖运单价60元/m³左右，结算时按部位（深度）单价为分别为2～3m深32元/m³，5m深45元/m³，5～10m深52元/m³，同时完善土方平衡方案，减少外运土方约20万m³，节约概算费用6981万元（表1）。

土方工程的经济优化效果　　　　　　　　　　　　表1

	概算			结算			节余
	挖土 （m³）	外运 （m³）	概算 （万元）	挖土 （m³）	外运 （m³）	结算 （万元）	（万元）
磁浮	535437	377609	4558.4447	464250	338710	2220.7721	2337.6726
东交	812866	586908	6404.0712	896956	736785	4797.9978	1649.789
	8400	1648	24.5903				
	5505	5505	19.1253				
共同沟	40210	17172	407.7983	27617	22112	106.901	300.8973
地铁东站	692962	635682	4771.0070	459119	459119	2504	2267.2329
SN5连接体	123911	77634	543.8273	76152	19844	490.5276	53.2997
地铁西站	1327491	1413891	8010.2426	1561523	1504213	8927.68	-917.4357
西交通广场	13838	25905	137.0513	1546958	1546958	8715.0402	1289.9255
	1530397	1691872	9851.8817				
			16.0327				
小计	5091017	4834426	34744.0724	5032575	4627741	27762.6911	6981.3813

2）根据土建2000定额挖土子项中不同深度，挖运土单价不同的情况，参与了土方开挖方案优化，枢纽基坑采用卸土2.15～2.5m后施工的办法，取得了良好的经济效益。根据定额计算，可以降低挖土单价，该部分节省费用与地坪硬化增加厚度费用基本持平，但同时还降低了各种桩基成孔费、地下连续墙成槽费用合计1500万元，如：地铁东站成槽长度1216.86m、地铁西站地下连续墙成槽长度4500.42m，合计减少成槽工程量10671m³，按地铁西站成槽及回填（一半素混凝土）概算单价850元/m³计算，费用为907万元。

（2）对"设计变更与施工变更"的过程控制和结算控制

我中心在本工程过程控制中，通过建立概算、承包合同价（施工预算价）、结算价三级动态投资控制体系，定期对投资变动情况进行分析、建议，实现对项目投资的动态控制。

我中心对项目造价产生影响的增减账加强事前控制，掌握引起增减账发生的第一手资料（变更图纸、设计变更单、签证单等资料），遵循"一事一议"的原则，从两个方面来判断每项变更的有效性：①资料的完整性，包括文件的签署情况、附件或图纸是否完备、是否具备可计量性；②从变更性质入手，通过比对合同条款，判断该变更是否形成增减账。对有效的变更图纸、设计变更单、签证单等资料进行独立平行测算，对产生的影响量化控制，有问题及时预警。在造价与概算偏离时，提醒甲方采取应对措施。

工程结算时，我中心严格执行工程施工主承包合同、招标文件、招标补充文件、投标文件及承诺函约定的条款，仔细核对工程量、单价、费率，工程量的核算覆盖率达到100%。及时完成结算报告，并针对项目投资控制目标，做好结算造价调整分析报告。

四、咨询服务的实践成效

1. 项目经济效应

经过我中心团队的努力，本工程投资控制工作取得了良好的效果，根据初步统计，投资与概算相比节约20%以上，其中：

（1）直接委托部分对应概算43亿元，结算价约为28.7亿元；

（2）公开招标对应概算49亿元，招标合同金额约44亿元，经结算其费用控制在合同范围内。

2. 获得的荣誉

通过我中心团队的努力，项目组中有两位分别被评为2008年度、2009年度某地交通枢纽立功竞赛记功个人称号。

本工程成果文件于2015年获得中国建设工程造价管理协会颁发的"第四届优秀工程造价成果奖"。

3. 对未来工程建设全过程咨询服务中造价咨询服务的启示

根据《国务院办公厅关于促进建筑业持续健康发展的意见》（国办发〔2017〕19号），培育工程建设全过程咨询是我国建筑咨询行业的大势所趋。文中提到："鼓励投资咨询、勘察、设计、监理、招标代理、造价等企业采取联合经营、并购重组等方式发展全过程工程咨询"，说明造价咨询业务仍是未来工程建设全过程咨询服务中不可或缺，且与其他专业咨询服务并重的板块。通过本工程的服务实践，也充分印证了这点。

（1）在本工程中，通过和代建单位的通力合作，使造价服务从"被动的算量计价"转变为"主动的投资控制"，使用"限额设计""经济技术比选"等方式，寻求技术和经济两方面的平衡。这种平衡既能使建设工程的价值最大化，同时也是未来工程建设全过程咨询服务的巨大优势之一；

（2）在本工程中，我中心充分发挥了"专攻计量（价）规范""熟知市场规则""贴近市场行情"的专业优势，为代建单位的决策（不仅限于设计方案和施工方案的决策）、过程控制和审价谈判等提供及时且有力的支撑，为整个项目投资目标的实现做出了巨大贡献。同时，这也是未来工程建设全过程咨询服务中，造价咨询企业应贯穿始终的努力方向。

━━━━━━━━━━━━━━ **专家点评** ━━━━━━━━━━━━━━

某地综合交通枢纽交通中心工程约80万m²，批复总投资122亿元。项目投资规模大，项目单体多且功能多样，项目界面、投资界面和运营管理界面较为复杂。

本案例为典型的造价咨询公司配合代建单位进行全过程工程咨询案例，造价咨询公司将前期阶段的"方案选型经济论证"和"概算的分析及复核"、招标阶段的"施工图审查"以及"造价谈判"和"公开竞争"等、施工阶段的"现场施工方案""设计变更与施工变更"等作为重点投资控制，实现了较好的管理成果，投资与概算相比节约20%以上。本案例提供了咨询管理过程中的11个具体案例，充分体现了造价咨询企业在全过程工程管理中的价值及作用，值得借鉴与学习。

在本案例项目中，通过造价咨询企业与代建单位的通力合作，形成合力，基本实现了"贯彻以概算为导向，引导前期、设计、施工等各环节优化的投资控制模式"，初步达到了全过程工程咨询的投资控制效果。作为造价咨询公司在全过程工程咨询中提供如下咨询指引：

（1）加强主动控制，为前期决策与初步设计提供优化建议，将投资控制的重点立足于决定项目定位的前期设计阶段；

（2）确立切实可行的概算总目标，并拆分形成各项目的投资控制目标，并据此推广实行"限额设计"。自始至终，对标投资控制目标，使用指标法、定额法、技术经济比较法等各类造价工具，对设计文件、施工方案和变更进行经济性分析和比选；

（3）通过市场化手段，真正了解建筑市场源头信息和计量方式，为项目决策、发包管理、过程控制和审价谈判的实际操作提供有力的支撑。

本案例为传统造价咨询企业通过与其他代建公司合作，提供全过程工程咨询服务提供了借鉴意义。

点评人：张大平

北京求实工程管理有限公司

BIM+项目管理的全过程咨询实践与探索

——四川良友建设咨询有限公司

陈皙梅　陈　敏　周江峰　周春娇

一、项目基本概况

1. 项目概况

某项目占地约366亩，总建筑面积约7万m²，由1号厂房、2号厂房、3号厂房、产业研发中心、实验室、公寓楼、倒班楼、食堂、锅炉房、配电室、门卫室等组成。其中1号、2号、3号厂房为轻钢结构，非生产性用房研发中心、公寓楼、倒班楼、食堂和门卫为混凝土框架结构；安装工程包括给水排水系统、消防系统、通风空调系统；室外工程主要为绿化、道路、给水排水等。

该项目的合同类型为全过程咨询合同（包含BIM、监理、造价咨询），总投资约2.6亿元，工程开工日期为2017年1月20日，竣工日期为2017年12月30日。

2. 项目特点

该项目招标范围分为两个标段：勘察–设计–施工总承包为一个标段，监理为另一个标段。其中监理标段为我公司承接的范围，主要包括施工图范围内的监理及施工阶段全过程造价、BIM专业咨询服务。研发中心及总平面图见图1，研发中心及厂房见图2。

图1　研发中心及总平面图

图2 研发中心及厂房

二、咨询服务范围及组织模式

该项目的咨询服务范围及组织模式主要从三点进行详细描述，主要包括咨询服务的业务范围、咨询服务的组织模式、咨询服务的工作职责。

1. 咨询服务的业务范围

我公司承接该项目的全过程咨询服务，服务范围包含工程监理咨询、BIM咨询、工程造价咨询等。

2. 咨询服务的组织模式

该项目采用勘察–设计–施工的EPC模式。我公司针对该项目的实际情况采用总控负责人方式进行整体管理，从项目设计阶段即进行工程咨询工作，实行从方案设计、施工前期准备、施工过程管理、竣工验收等阶段的一体化专业咨询服务，根据该项目的咨询内容分设三个专业咨询团队，包括BIM专业咨询团队、造价专业咨询团队和工程监理专业咨询团队，各专业咨询团队分别由专业咨询工程师对该项目的BIM创建与应用、造价、质量、进度、安全、合同及信息进行管理。

（1）项目组织架构（图3）

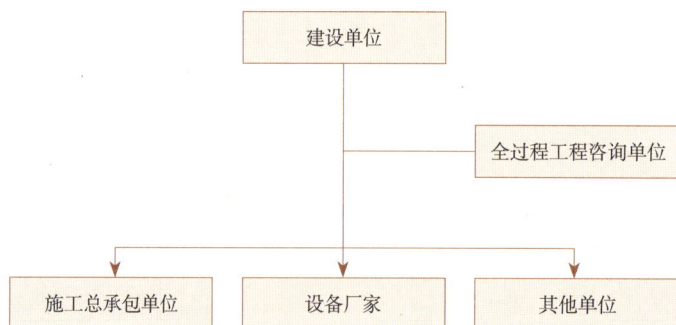

图3 项目组织架构图

（2）全过程工程咨询单位内部组织架构（图4）

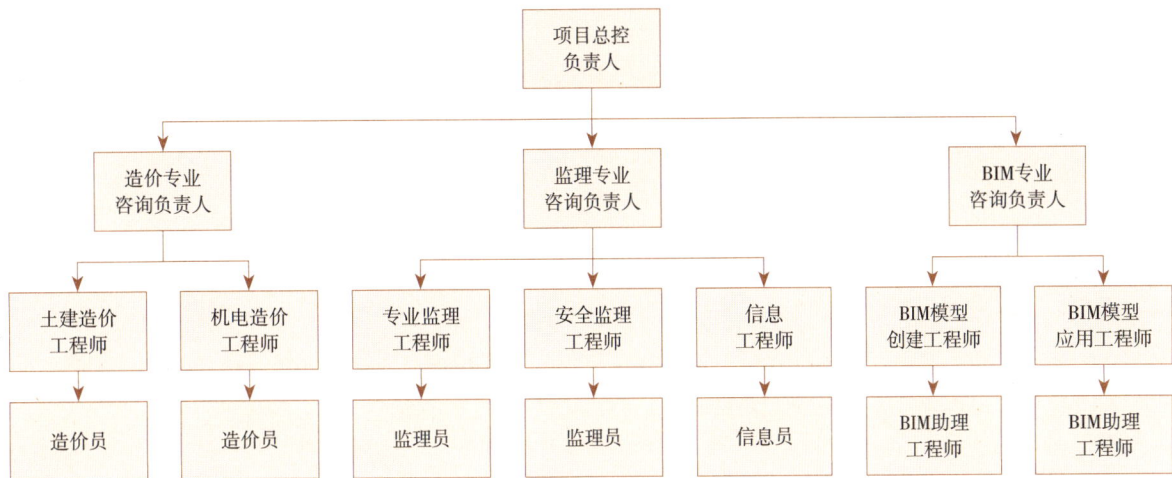

图4 全过程工程咨询单位内部组织结构图

（3）咨询服务的工作职责

1）项目总控负责人工作职责

主持并负责项目的全面工作，包括监理、造价、BIM专业咨询的全部管理工作；代表公司履行某项目全过程咨询服务合同义务，负责全过程工程咨询单位对外协调和处理与工程相关事宜；确定全过程工程咨询单位内部专业咨询人员及其岗位职责；同时承担监理专业咨询负责人工作职责。

2）工程监理专业咨询的工作职责

负责编制监理规划，根据有关规定和监理工作需要，编制监理实施细则；主持监理例会并根据工程需要主持或参加专题会议；参与建设项目开工、竣工、各节点验收；审核施工承包人提交的工程款支付申请，签发或出具工程款支付证书；核查并协助BIM团队根据变更单完成变更模型，使模型与现场保持一致；对建设工程质量、进度、安全进行控制，对合同、信息进行管理，对工程建设相关方的关系进行协调，并履行所有监理工作服务活动。

3）工程造价专业咨询的工作职责

负责编制本专业全过程造价咨询服务实施细则；设计阶段根据BIM专业咨询团队提取的BIM模型工程量，进行工程量对比，为建设单位选择最优方案并提供相关的经济数据支撑，进行多方案经济对比分析，出具经济对比分析报告，上传至BIM管理协同平台；根据上传的形象进度（含BIM模型）核定当月的进度款拨付，并将审核报告上传至BIM管理协同平台；根据BIM模型提供的工程量进行变更测算（估算）；出具各阶段的造价成果文件。

4）BIM专业咨询的工作职责

搭建BIM管理协同平台，并进行维护和相关培训；创建BIM施工模型，管理BIM协同平台模型，根据项目建设进度更新、维护BIM模型并上传至BIM管理协同平台；参与项目重要施工方案的专题会，并根据审批通过的施工方案进行方案模拟和可视化交底动画，并协助施工总承包单位进行交底；组织召开BIM例会或专题会，协助建设单位解决处理施工过程中的管理协调问题和技术问题；根据计划进度和实际完成进度模拟动画；组织并协助设备厂家进行设备信息录入及二维码信息加载工作；收集、整理现场数据，提交竣工模型。

三、咨询服务的运作过程

该项目咨询服务的运作过程也是基于BIM协同平台贯穿全生命周期咨询服务的过程，实现内部、跨部门和项目各参建方工作协同，通过协同平台的建设，实现了信息的共享。因此我们从工作目标和咨询服务运作过程两方面作详细的阐述。

1. 工作目标

投资控制目标是实现投资价值的最大化；工程质量控制目标是施工质量满足设计和规范要求，工程验收合格；工程进度控制目标是施工工期满足合同约定工期；安全、文明施工目标是按照四川省成都市安全文明标准化施工要求进行管理，符合标准化工地施工要求；信息管理目标是真实、完整、准确、规范，及时整理、分类有序，满足竣工备案要求。

2. 咨询服务的运作过程

（1）设计阶段全过程工程咨询服务内容

1）设计核查阶段

①BIM咨询的服务流程（图5）

与以往的纸质办公有所不同的是，该项目各参建方均在一个共同的BIM技术管理协同平台（图6）上进行协同工作，该平台起到沟通与协调的作用，较以往相比，信息的传递和协调更加的快捷与方便。

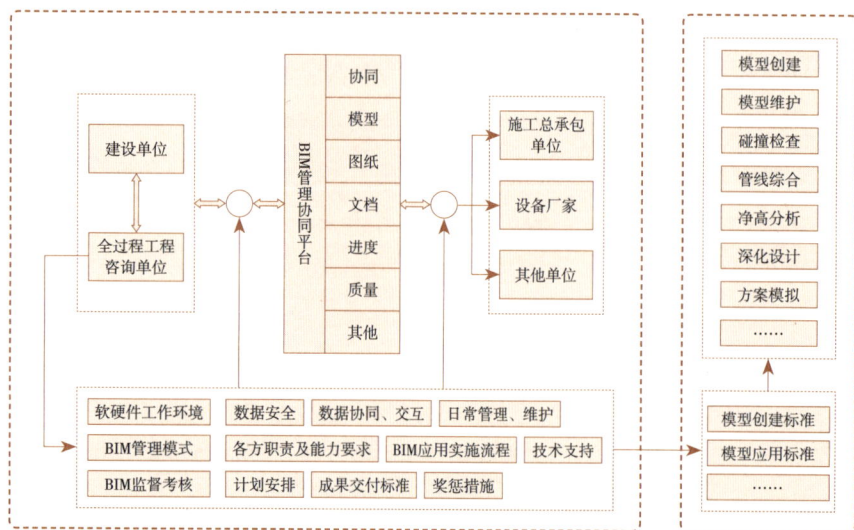

图5 BIM咨询的服务流程示意图

图6 BIM管理协同平台（Revizto软件）

②BIM模型搭建（图7）

利用Revit软件工具，由BIM工作小组准确、高效地搭建三维模型，使施工、监理、建设单位在内的各参建方更加直观地理解设计意图，为错漏碰缺检查及设计优化、管线施工综合排布、四维施工模拟（可视化进度计划）和主材工程量统计等后续工作，提供基础模型。

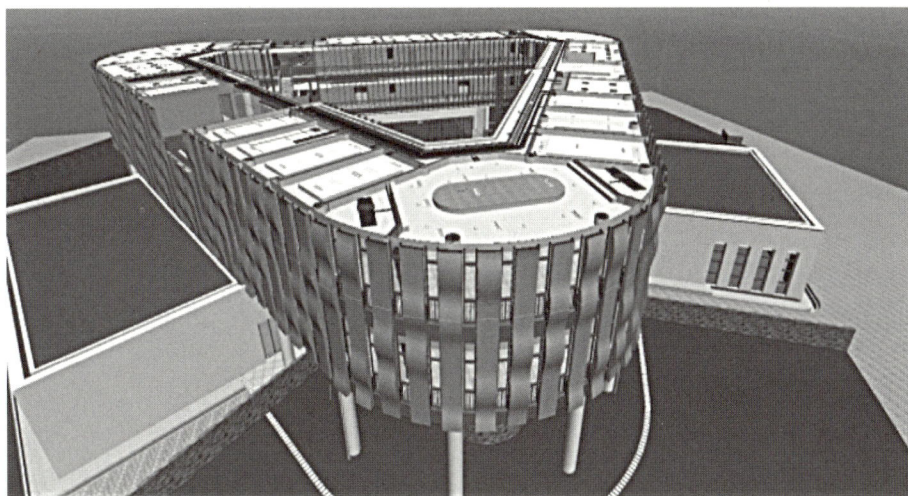

图7 BIM模型示意图

③设计核查流程（图8）

该项目在施工图设计过程即介入施工图设计模型的创建，建模过程中将发现的图纸"错漏碰缺"进行记录，汇总至Revizto平台并关联到设计单位相关责任人，要求限期回复、限期修改，并对设计的修改回复进行记录，向建设单位相关负责人进行汇报。在提高设计质量的同时，通过Revizto平台最大限度地建立了问题的责任追踪机制，很好地增强了图纸问题的可追溯性，也提升了设计阶段工作过程信息的完整性。

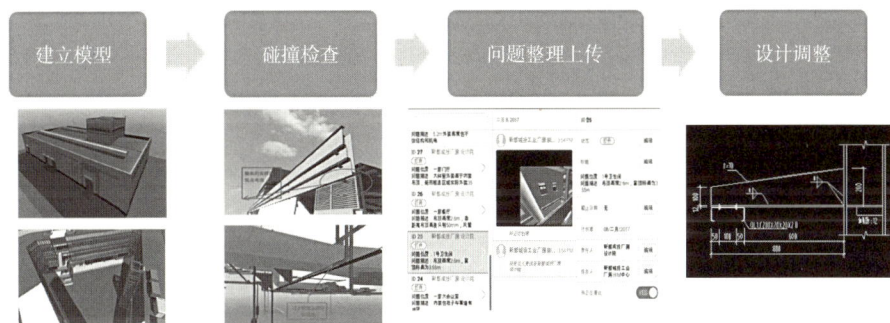

图8 BIM模型核查流程

2）设计优化阶段

①方案设计比选

在设计阶段，通过BIM软件建立方案设计模型，并结合建设单位与设计单位的意见，将方案设计模型外立面进行多方案创建，协助建设单位在可视化环境下对不同的外立面造型进行选定，同时根据不同的外立面实时提取材质工程量，让建设单位在确定方案的同时进行经济性对比分析，确定最优方案（图9、图10）。

②净高分析（图11）

该项目在倒班楼、公寓楼以及研发中心等需要内装吊顶区域，提前将机电模型进行管线路由的排布与调整，明确各吊顶区域的机电安装完成后的净高数据，并在监理例会中使参建各方在可视化的情景下进行讨论，便于建设单位提前确定净高方案，并结合建设单位对局部净高要求不足处进行管线调整，得到最终净高数据后提交内装单位，便于内装单位确定吊顶高度以及安装检修位置。

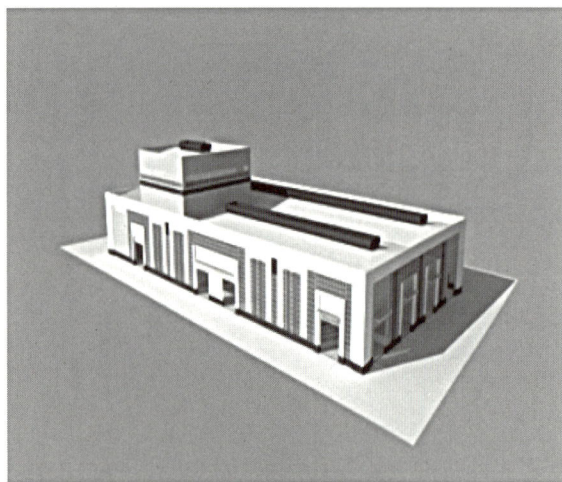

图9 方案1

图10 方案2

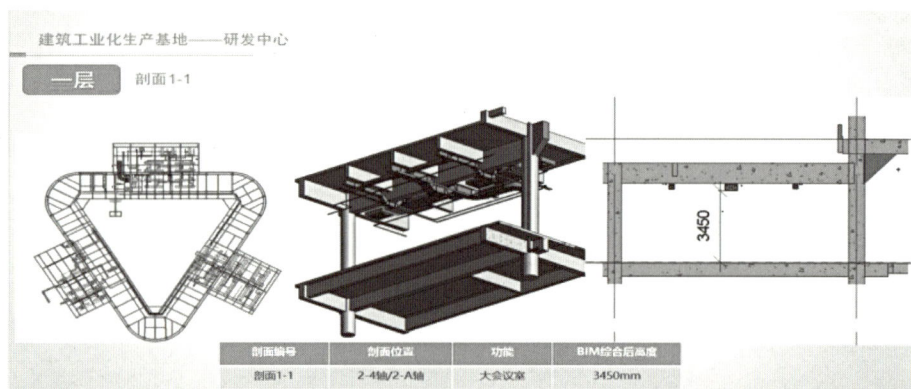

图11 净高模拟分析图示

③机电管线综合

该项目设计阶段土建模型创建完成后,将设计单位提供的机电图纸首先进行二维路由排布(图12),根据交叉情况编制机电管线综合优化方案,并确定各区域合理净高数据,将管线综合优化方案以及各区域合理净高数据提交建设单位进行审批,经建设单位同意后,通过Navisworks进行机电管线综合碰撞,并根据碰撞情况,通过Revit模型并结合机电管线综合优化方案进行机电管线排布(图13),该项目通过BIM机电管线综合优化,提前调整结构开洞位置,避免了施工后期因洞口调整引起的设计变更,该部分节约投资约10余万元。

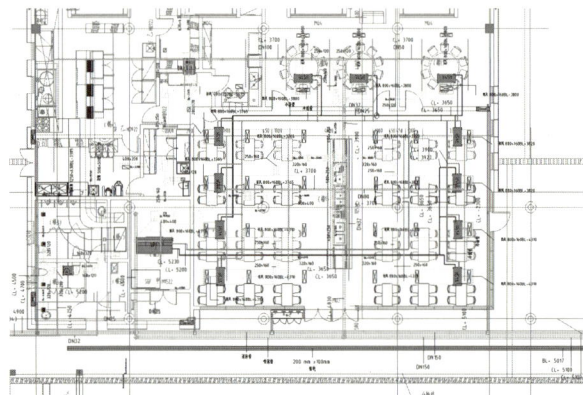

图12 二维路由排布

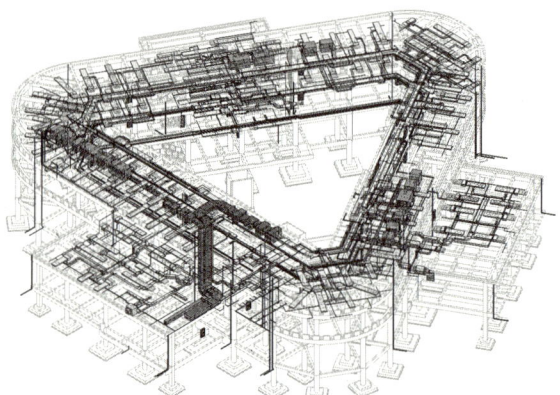

图13 研发中心三维模式下管线综合

3）经济分析阶段

①钢结构深化设计

该项目1、2号厂房为钢结构，在钢结构设计图纸的基础上通过Tekla建立钢结构设计模型，并将钢结构设计模型进行碰撞检查与验算，结合钢结构施工方案进行钢结构模型的深化，根据钢结构深化设计模型生成图纸（图14），指导后期钢结构施工。

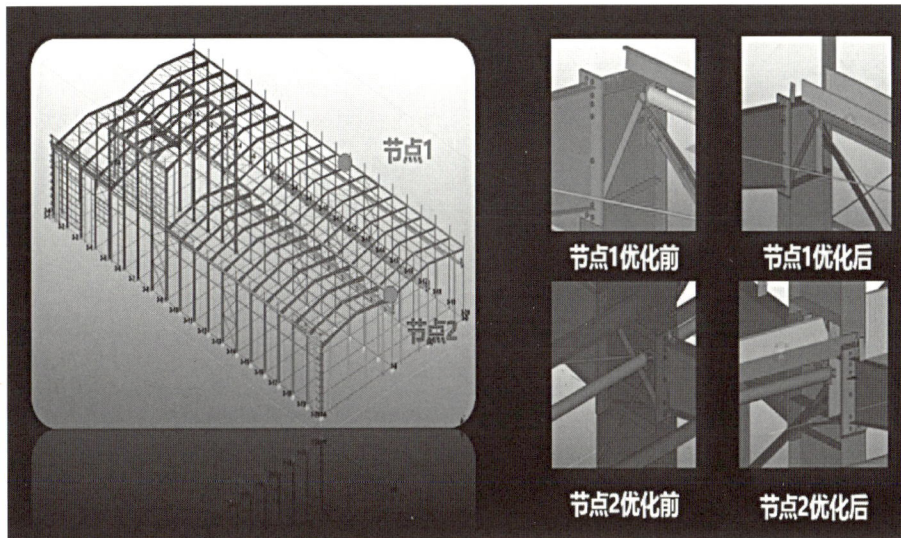

图14 钢结构深化设计节点

②钢结构工程量清单编制

通过Tekla将钢结构模型创建完毕后，进行工程量清单的生成，与造价人员编制的钢结构工程量清单进行核查与比对，误差率大约为1%~2%，施工总承包单位通过核查模型后，确认采用我单位建模输出的工程量作为最终工程量（图15、图16）。

图15 钢结构工程量清单

图16 钢结构工程量计价清单

（2）施工阶段全过程工程咨询服务内容

1）图纸会审与设计交底

图纸会审与设计交底是一项重要的技术准备工作。项目部运用BIM技术建立可视化模型，并针对施工图进行错、漏、碰、缺检查和优化。图纸会审以及设计交底工作均是基于BIM模型的基础上，在可视化环境下进行沟通与协调，各参建单位将设计图纸问题与疑问上传至Revizto平台，并与平台中的模型构件进行关联，便于二维与三维的问题定位联动操作，通过Revizto平台进行施工图会审与设计交底等工作，很好地提升了工作效率，并且对各方提出的建议与问题回复可再次实时记录至Revizto平台，也便于后期的跟进。

2）施工方案分析与模拟

①钢结构吊装分析模拟（图17）

该项目厂房为钢结构，钢结构吊装部分为施工重点与难点。根据施工单位编制的钢结构施工方案，通过BIM模型将构件的运输线路、堆场以及安装工艺等精确表达，并通过Midas软件进行相应的施工仿真分析，分析施工及卸载完成后，结构的应力应变，生成施工模拟动画，配合监理对施工中存在的安全作业风险与质量管控点进行分析与预判，确保方案满足可建性的同时，安全与质量同样可控，将施工模拟视频提交施工单位，便于施工单位具体施工时结合施工模拟动画进行可视化交底。

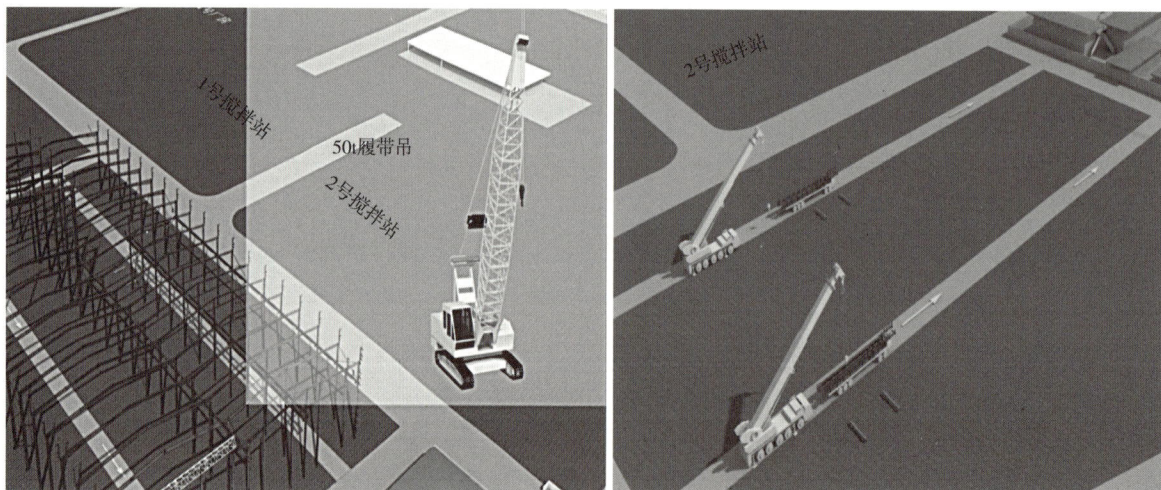

图17 钢结构吊装模拟展示

②土方平衡分析

该项目一期建设最初的土方回填方案考虑为买土回填，估算共需回填土3万m³，造价约100万元，经各方讨论提出将一期倒班楼与宿舍楼降标高增加挖方量解决部分土方回填的需求，并且将二期的挖方部分也回填至一期。我方BIM工程师建立施工场地模型，对一期降标高部分场地模型进行重新调整，通过布尔运算计算出多余的土方量，并且对二期以同样的方式求出开挖土方量，配合造价对整个项目的土方进行平衡计算，经造价测算仅需支出土方内转的费用，基本可满足一期填土需要，只需买土不到3000m³，此方案不但为本阶段施工节约买土费用90余万元，更是为二期建设节约外弃土方价值70余万元。同时，BIM工程将通过施工场地模型，在可视化环境下配合施工单位以及监理单位明确堆土区域以及土方运输线路，确保土方平衡方案具备可操作性，同时避免了买土和运土过程产生的环境影响，其经济效益和社会效益得到了较大的价值体现。

3）施工进度管理

对于工程项目而言进度管理是重中之重，因为关系到整个工程的成本、完成时间以及资金回笼等方面的问题，相较于传统的进度管理模式，BIM管理协同平台则提高了效率。依据施工总进度计划、月进度计划、周进度计划中的作业工期、各工序间逻辑关系、资源配置、成本估算及预算设定等条件，再结合BIM模型中的数据、工程量等可以逐一估计作业时间及各工序间逻辑关系是否可行。再利用BIM-5D等软件进行精细化施工模拟，可以提前找出施工方案和组织设计中的问题，进行修改、优化，实现高效率、优效益的目的。

4）施工质量与安全管理

①BIM管理协同平台对质量的管理

该项目的安全与质量管理工作是由现场监理员通过Revizto管理协同平台移动端进行管理（图18），监理人员或者建设单位工作人员发现质量或安全问题时，通过平台移动端进行现场拍照，将照片与模型以及图纸进行关联后，提交给施工总承包单位的相关责任人，并明确修改时限，施工总承包单位修改完成后，通过平台拍照记录提交至全过程咨询单位或者建设单位工作人员进行确认，经现场复验后关闭问题。通过线上质量与安全留痕管理、责任追踪机制及平台的安全质量问题数据汇总，建设单位、全过程工程咨询单位、施工总承包单位可以更好地就不同类型问题进行分析与总结，很好地实现了该项目建设单位对安全、质量的要求。

图18 安全管理记录

②管线施工综合排布（图19）

依据设计文件，利用搭建好的模型，按设计和施工规范要求将管网及设备间的水、电、暖、通风等各专业管线和设备进行综合排布，既满足功能要求，又满足净空、美观要求。此工作第一可以用于施工单位指导现场施工，避免因返工造成的工期拖延和投资浪费；第二管理单位可以严格按此监管工程质量和进行准确的工程量统计；第三可以形成各系统功能控制区域，用作运营管理单位后期运维技术支持。

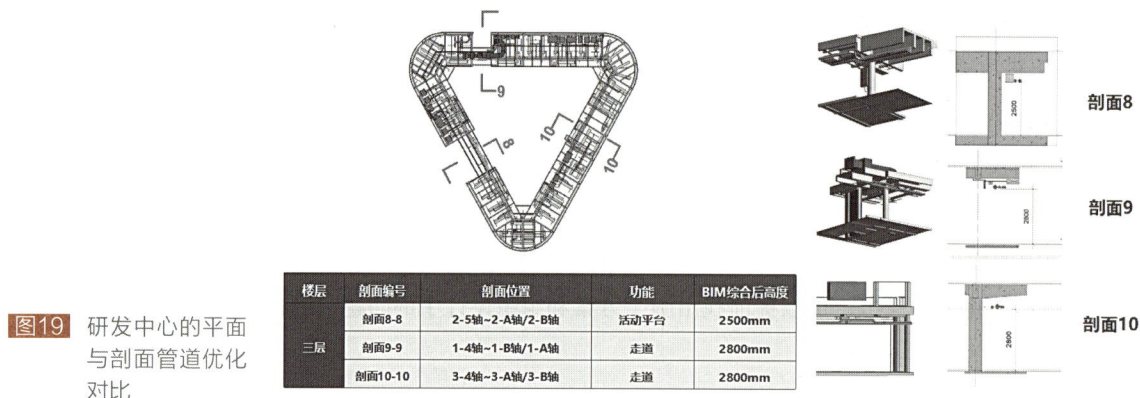

楼层	剖面编号	剖面位置	功能	BIM综合后高度
三层	剖面8-8	2-5轴~2-A轴/2-B轴	活动平台	2500mm
	剖面9-9	1-4轴~1-B轴/1-A轴	走道	2800mm
	剖面10-10	3-4轴~3-A轴/3-B轴	走道	2800mm

图19 研发中心的平面与剖面管道优化对比

③虚拟施工交底指导——三维可视化（图20）

针对技术方案无法细化、不直观、交底不清晰的问题，解决方案是：改变传统的思路与做法（通过纸介质表达），转由借助4D虚拟动漫技术呈现技术方案，使施工重点、难点部位可视化、提前预见问题，确保工程质量。

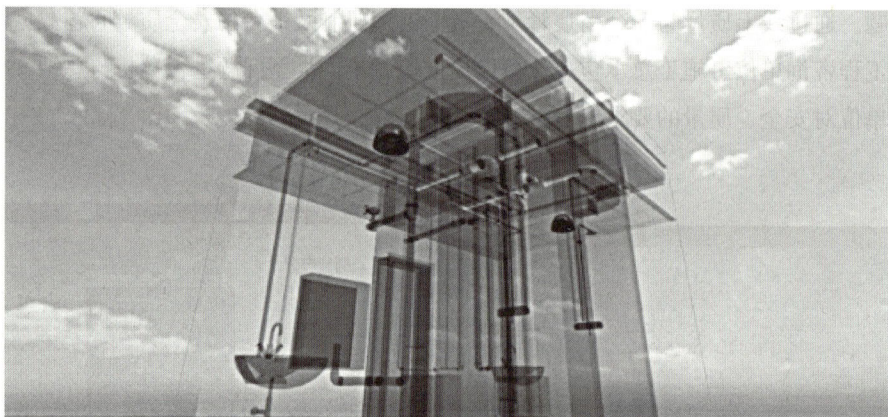

图20 三维可视化示意图

④质量管理

项目前期将BIM技术加入项目监理规划板块中用于指导项目监理专业咨询团队全面开展监理工作。项目实施前期在传统的监理模式下监理人员进行施工图审查，将审查出的问题形成统计表通过纸质版递交设计单位由设计人员确认，如项目涉及专业多，项目结构复杂，将花费监理人员较多的时间和精力在图纸审查中。但通过施工图与BIM模型相结合，更直观地发现图纸中存在的"错、漏、碰、缺"等问题，不仅能节约时间，更能全面、精准地把问题标注在模型上，并形成统计表，进行设计确认，在施工前加以解决，降低返工成本。如：通过BIM模型核查公寓楼走廊中间的消防管道按原设计标高敷设，将导致管道出现穿梁问题，原设计重新校核，将吊顶高度重新调整，通过降低吊顶高度既避免了消防管道穿梁问题，又不影响使用功能（图21）。

⑤安全管理

BIM模型使建筑物能够以三维形式展示出来，相对于二维施工图更能直观地指导施工。通过三维模式模拟出施工现场的布置，对需要做好安全警示标志的地方在模型中标识出来提醒现场施工人员。通过走廊中间的消防管在穿墙进房间的位置为了避开650mm高的梁，导致此处管底高度最低为2225mm，如不穿梁，建议调整吊顶高度。其余地方按照最新图纸，可满足吊顶高度2200mm

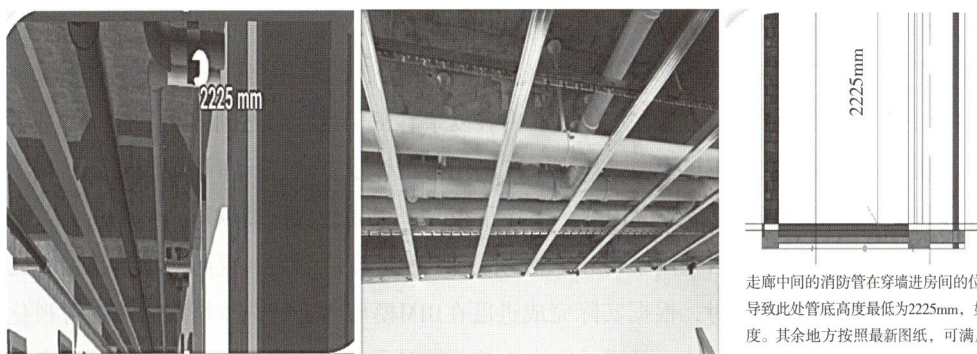

图21 质量检查记录

BIM技术与施工专项方案相结合做出模拟施工吊装动画演示，合理布置场地，营造安全的施工环境，能够在三维模式下依据施工组织方案对钢结构实施运输、存放、吊装，在现场吊装过程中可以将模型中标识的危险源进行对应查看，对施工操作不合理的地方实施调整，从而避免安全事故的发生。

5）施工成本管理

①工程量清单预算编制与复核管理（图22）

该项目由于是采用勘察–设计–施工总承包方式进行发包的，加之工期紧迫，因此BIM的建模工作几乎与二维设计图纸同步进行，在造价人员收到正式施工图进行传统计量时，BIM建模工作也同时开展。由于BIM的建模方法和计算规则与造价方面的规则有很多不同，我们在工作开展的同时也在不停地核对与商讨，比如混凝土梁构件的划分与柱、板的扣减，尽可能地保证工程量的准确及清单计量规则一致。该项目厂房采用的钢结构和研发中心的外墙结构均为异形结构，通过BIM工程量输出和传统算量软件的对比，其误差率约为2%～3%，通过分析，其BIM输出的工程量对异形部位的计算更为精准，在遇到争议问题时从造价计量模型与BIM模型同时进行分析和核对，大大缩短了争议的解决时间。由于在审核过程中引入了BIM模型，在工程量核对的环节中仅用了不到3天的工作时间，相比传统的核对工作节约了将近7天的时间。

图22 工程量清单预算编制

②进度款审核与管理

该项目共计11个单体工程，建筑功能涉及厂房、办公楼、公寓楼、功能用房、研发楼、总平景观等，结构类型涉及钢结构、混凝土框架结构等，单体多、内容复杂、工期紧，当达到施工条件时，基本上是同时启动施工，在每月的进度款审核与管理工作当中，采用传统计量方式进行审核，既要复核现场实际情况，又要计算每个单体工程当月所完成的内容，工作量很大，极易造成进度款审核工作滞后，从而影响资金支付和工程进度。因此该项目采用了BIM模型，根据工程进度计划表，提前对每月计划完成工程量进行分解，在每月的进度款审核时，根据实际完成进度在BIM模型上进行调整修改后，在可视化的情景下，可快速提取当月实际完成工程量，再辅以传统计量，针对重点部位进行重点复核，既可高效率地完成每月进度工程量的审核确认，同时又高效率地推动进度款审核与管理工作（图23）。

4.6 进度款审核台账

项目名称：建筑工业化生产基地建设工程

序号	期数	A 合同金额（万元）	B 暂列金（万元）	C 暂估价（万元）	D 控制金额		E 本期实际完成金额（万元）		F 本期实际完成累计（万元）F=E1+E2	G 合同完成率 G=F/A	H 本期应付金额（万元）			I 本期实际支付合计（万元）I=H1+H2-H3	J 截止本期剩余合同金额（万元）Jn=J(n-1)-Ix	电子版	备注
					D1 进度款支付控制金额（万元）D1=A-B-C	D2 进度款支付控制金额（万元）D2=D1*合同支付比例	E1 合同内	E2 合同外			H1 合同内 H1=E1*合同内支付比例	H2 合同外 H2=E2*合同外支付比例	H3 应扣和付付款金额				
	合同	20000	0	0	20000	15000.00											
1	已支付预付款	2000												2000.0000	18000.0000		预付款
2	第一期（2016年12月）						0.0000	0.0000	0.0000	0.0000	0.0000	0.0000	0.0000	0.0000	18000		
3	第二期（2017年1月）						0.0000	0.0000	0.0000	0.0000	0.0000	0.0000	0.0000	800.0000	17200.0000		借款
4	第三期（2017年2月）						0.0000	0.0000	0.0000	0.0000	0.0000			0.000	17200.0000		
5	第四期（2017年3月）						6763.6872	0.0000	6763.6872	0.3382	5072.0000	0.0000	828.9000	4243.1000	12956.9000	6.进度\4.计量003进度款001（2017.3.25）	扣除借款800万，扣除罚款28.9万
6	第五期（2017年4月）						4795.7070	0.0000	4795.7070	0.2398	3596.7803	0.0000	0.0000	1405.0000	11551.9000	6.进度\5.计量004（2017.4.25）	
7	第六期（2017年5月）						3627.1707	0.0000	3627.1707	0.1814	2720.3780	0.0000	0.0000	2720.3780	8831.5220		
8	第七期（2017年6月）						2737.4878	0.0000	2737.4878	0.1369	2053.1159	0.0000	0.0000	2053.1159	6778.4061		
9	第八期（2017年7-12月）						3939.0644	0.0000	3939.0644	0.1970	2954.2983	0.0000	0.0000	2954.2983	3824.1078		
...																	

图23 进度台账管理图

③设计变更管理

该项目由于是采用设计-施工总承包方式进行发包的，属于边设计、边施工的工程，在工程实施过程中，随时根据建设单位的使用要求进行完善和调整，在原有施工图的基础上产生了很多设计变更，由于工期紧迫，采用传统造价方式对这些设计变更进行测算、对比时，工作效率基本上不能满足实际需求，容易造成测算对比还未完成而变更施工已完毕的情况。因此，该项目采用了BIM模型，在设计变更提出并完善初步变更实施方案时，把不同方案的拟变更内容在BIM模型中进行计算和记录，得出不同结果后，结合造价人员的造价数据，在可视化的情景下择优选择满足变更功能而造价又最合理的方案进行施工，BIM管理协同平台也对此方案进行保存和记录，随时可进行提取和查看，既提高了工作效率，也规避了人工记录的不足（图24）。

④材料（设备）认质核价管理

根据总承包合同内容约定，某项目除成都市信息价以外的主要材料（设备）均需进行市场认质核价。由于施工总包单位报送资料的滞后性，造成很多材料的报审时间远远迟于实际施工时间，对认质核价的准确性造成了一定的影响。

BIM相关软件通过信息加载的方式，可以根据每月实际进度完成量，从BIM模型提取实际材料种类

返回
目录

4.8 合同变更台账

项目名称：建筑工业化生产基地建设工程

序号	编号	专业	变更（签证）主要内容	变更金额（万元）	接收日期	电子版	状态	备注
8	签证QZ-105-002	总平	柴油发电机现场发电	0.797424	20161204	5.签证\008签证QZ-1	监理签完	按业主要求，审核金额为分部分项工程费。签字盖章程序未完成，为暂定审核金额。
9	签证QZ-105-003	总平	水养池土方挖运至厂房	4.103171	20170304	5.签证\009签证QZ-1	监理签完	按业主要求，审核金额为分部分项工程费。签字盖章程序未完成，为暂定审核金额。
10	建筑(2#厂房)-001	建筑	地脚螺栓二次切割	0.68925	20170305	5.签证\010签证-建	监理签完	按业主要求，审核金额为分部分项工程费。签字盖章程序未完成，为暂定审核金额。
11	市政总图-001	市政总图	20161228拆除虎桥路	13.761438	20161228	5.签证\011~040市政	监理签完	此金额为分部分项工程费。签字盖章程序未完成，为暂定审核金额。
12	市政总图-002	市政总图	20170106(3号)土路床拆除钢筋混凝土地梁	0.221657	20170106	5.签证\011~040市政	监理签完	此金额为分部分项工程费。签字盖章程序未完成，为暂定审核金额。

图24 变更台账管理

和用量，记录各种材料的实际使用时间，从而能够提供准确的时间段进行材料的认质核价工作，避免了因不同时间段的材料涨跌造成的材料认质核价偏差。监理专业咨询组需对材料的名称、规格、型号是否与设计图纸相符进行核定，造价专业咨询组根据其反馈的意见进行市场询价，形成有效询价（图25）。

返回
目录

4.7 材料（设备）认质认价台账

项目名称：建筑工业化生产基地建设工程

序号	编号	主要认价材料（设备）类型	规格、型号、技术参数、品牌、产地及特殊要求	单位	认价（元）	电子版	备注
1		室外地上消火栓	100	台	950		
2		法兰	100	片	38		
3		法兰	150	片	72		
4	006	球墨管胶圈	100	个	10	7.认质核价	三方签完
5		球墨管胶圈	150	个	14		
6		球墨管胶圈	200	个	18		
7		软密封闸阀Z45T-10	200	个	850		
8		软密封闸阀Z45T-10	100	个	350		
9		软密封闸阀Z45T-10	150	个	600		
10	007	钢制伸缩器	200-1.0MPA	个	690	7.认质核价	三方签完
11		钢制伸缩器	100-1.0MPA	个	243		
12		钢制伸缩器	150-1.0MPA	个	420		

图25 材料认质认价台账管理

⑤结算工作管理

在工程竣工结算工作当中，人工费率的分月调整，可调差材料的分月调差，往往不能很准确地进行调整。由于人工费调整和材料调差的基础是施工期每月的实际完成工程量，而每月实际完成工程量审核的依据是月进度确认单，但是月进度确认单上的内容不是很详细，大部分都会以“三层梁板完成50%……”等较为笼统的方式进行描述，从而影响结算时人工费调整和材料调差的准确性。工程项目采用传统造价方式管理时，专业造价咨询人员往往通过人为的判断进行人工费调整和材料调差的计算，其结果往往具有主观性，而且结算金额不够真实可靠，而采用BIM管理协同平台进行造价管理时，每月的实际完成进度均是可视化、精细化的，能够准确到某一层某根梁，且随时可查看、对比和提取，提高了结算时人工费调整和材料调差的准确性，使竣工结算金额更加真实可靠（图26）。

建筑工业化生产基地建设工程

材料价差调整计算表（2017年1月）　　期数：1　　第1期

承包单位：中国十九冶集团有限公司　　监理单位：四川良友建设咨询有限公司

项目序号	清单编码	项目名称		单位	基期信息价(2016.11)	基准价±3%的浮动范围		至上期末调整		本期调整				到本期末调整		材料价期号
						-3%单价	+3%单价	计量工程量	金额(元)	施工期信息价	单位价差	计量工程量	价差合计(元)	计量工程量	金额(元)	
一	商品砼			元					0.0(				1098.61		1098.61	
		倒班楼														
1	010501001001	垫层	C15	m3	297.00	288.09	305.91	0.00	0.00	291.17	-14.74	64.691	0.00	64.691	0.00	2017年1月价
2	010501005001	桩承台基础	C30	m3	316.00	306.52	325.48	0.00	0.00	320.60	-4.88	12.171	0.00	12.171	0.00	2017年1月价
3	010502001001	柱	C40	m3	345.00	334.65	355.35	0.00	0.00	349.74	-5.61	6.120	0.00	6.120	0.00	2017年1月价
4	010404001002	有梁板	C30	m3	316.00	306.52	325.48	0.00	0.00	320.60	-4.88	135.524	0.00	135.524	0.00	2017年1月价
5	010505008007	雨篷、悬挑板、阳台板	C30	m3	316.00	306.52	325.48	0.00	0.00	320.60	-4.88	3.980	0.00	3.980	0.00	2017年1月价
6	010902001031	底板混凝土保护层	C20 细石	m3	297.00	288.09	305.91	0.00	0.00	310.88	4.97	37.431	186.03	37.431	186.03	2017年1月价
		公寓楼														
7	010501001005	垫层	C15	m3	297.00	288.09	305.91	0.00	0.00	291.17	-14.74	126.947	0.00	126.947	0.00	2017年1月价
8	010501005002	桩承台基础	C30	m3	316.00	306.52	325.48	0.00	0.00	320.60	-4.88	111.196	0.00	111.196	0.00	2017年1月价
9	010502001002	柱	C40	m3	345.00	334.65	355.35	0.00	0.00	349.74	-5.61	83.255	0.00	83.255	0.00	2017年1月价
10	010503002002	矩形梁	C30	m3	316.00	306.52	325.48	0.00	0.00	320.60	-4.88	26.984	0.00	26.984	0.00	2017年1月价
11	010504001014	直行墙	C30	m3	316.00	306.52	325.48	0.00	0.00	320.60	-4.88	0.583	0.00	0.583	0.00	2017年1月价
12	010404001002	有梁板	C30	m3	316.00	306.52	325.48	0.00	0.00	320.60	-4.88	575.443	0.00	575.443	0.00	2017年1月价
13	010505008007	雨篷、悬挑板、阳台板	C30	m3	316.00	306.52	325.48	0.00	0.00	320.60	-4.88	0.271	0.00	0.271	0.00	2017年1月价
14	010506001002	直行楼梯	C30	m3	316.00	306.52	325.48	0.00	0.00	320.60	-4.88	37.335	0.00	37.335	0.00	2017年1月价
		食堂														
15	010501001006	垫层	C15	m3	297.00	288.09	305.91	0.00	0.00	291.17	-14.74	7.878	0.00	7.878	0.00	2017年1月价
16	010501003001	独立基础	C30	m3	316.00	306.52	325.48	0.00	0.00	320.60	-4.88	16.301	0.00	16.301	0.00	2017年1月价
	0105010050															

图26　月度材料调差表

6）合同与信息管理

在执行传统信息管理的同时也引入了BIM信息管理手段，BIM工程师制定基于BIM技术的信息管理制度，对项目资料的收集、加工、整理、存储、传递、绘制流程图提供了便利，信息资料的归档、备份基于网络存储与云上，最大程度保障资料的安全与完整。

以“三端一云”的工作方式将工程信息放置于阿里云，通过BIM管理协同平台的PC端、移动端、WEB端各方进行信息的查阅与调取，并可实时进行沟通交流，很好地提高了各方的工作效率。通过平台的建立工作留痕与责任追溯机制，也更快、更公正地处理合同纠纷、设计变更、索赔等事项，极大地方便了监理、建设单位等合同管理工作。

（3）竣工阶段全过程工程咨询服务内容

1）竣工资料审查与归档

竣工验收阶段通过BIM管理协同平台实施记录上传工程过程控制资料；监理专业咨询团队做好现场监理记录、信息反馈与信息编码；按要求编制工作月报，组织或参与工程各阶段验收、单位工程验收、调试及竣工验收，提交相应的工程建设监理报告，审查施工总承包单位各阶段提交的竣工资料及全套竣工图纸和资料，签署建设监理意见；对工程资料、档案、竣工模型按期进行整编和管理，并在工程竣工验收或监理服务结束后移交委托人（图27）。

建筑工业化生产基地建设工程监理(含BIM咨询)

BIM协同平台文件/文件夹命名及存储规则

工程名称：建筑工业化生产基地建设工程

序号	文件夹名	一级文件夹	二级文件夹	三级文件夹	内容	命名规则	示例
1	图纸	施工图	一版	土建	施工图纸	图纸名称+图纸日期	食堂施工图纸 201606
				安装	施工图纸	图纸名称+图纸日期	
			二版	土建	施工图纸	图纸名称+图纸日期	
				安装	施工图纸	图纸名称+图纸日期	
			...	...	施工图纸	图纸名称+图纸日期	
		变更图	土建		变更图纸	图纸名称+图纸日期	食堂变更图纸 20160606
			安装		变更图纸	图纸名称+图纸日期	
		竣工图	土建		竣工图纸	图纸名称+图纸日期	食堂竣工图纸 20160606
			安装		竣工图纸	图纸名称+图纸日期	
2	模型	施工模型			施工模型	模型名称+日期	食堂施工模型 20160606
		图纸变更模型			图纸变更模型	模型名称+日期	食堂变更模型 20160606

图27 文件命名存储规则附表

2）运维方案

该项目提出区别于传统的智能化及机电的建设方案，是希望通过建设一套更为智慧、有效的综合管理平台，将智慧机电管理、高效园区运维、绿色节能运营、安防安保管理、对外宣传展示等多种角度的系统及管理需求进行一体化整合，使多系统在同一平台进行呈现，实现数据交换与联动的智能化。在项目竣工阶段，我方和建设单位多次沟通，使其认识到数据的价值与重要性，根据后期使用要求我方提出了基于BIM技术的运维管理方案，结合BIM技术建立云数据中心，将模型信息与BIM管理协同平台信息整合形成企业数字资产。

（4）BIM、造价、监理协同办公

1）确定工作内容及目标

目前建设行业BIM技术运用较为不成熟，且企业信息化基本环节都尚不完善，建设单位对BIM应用的需求也不明确，我司在接到中标通知书未签订合同前，与建设单位进行了多次沟通与讨论，了解某项目情况的同时，也协助建设单位梳理出基于BIM技术加监理、造价的实施目标，在项目启动前根据调研内容编制了本项目监理规划，指导项目各方开展工作（图28、图29）。

项目前期调研表

工程名称：建筑工业化生产基地建设工程　　日期：2016年11月15日

序号	项目情况	存在问题	解决方案与实现目标
1	建设模式为EPC	边设计边施工，且业主对施工进度要求较高，会因图纸问题引起返工或者施工质量难以保证。	BIM技术前置，施工图设计过程中需介入配合，保证图纸质量，避免返工。
2	参建单位信息化程度低	各方内部管理以及沟通交流方式都较为传统，存在信息传递不及时的情况。	通过BIM技术建立统一的软硬件工作环境，增加各方沟通能力。
3	参建单位BIM应用经验不足	各参建单位BIM技术水平与应用能力参差不齐，对BIM技术的理解差异也较大，不能形成统一高效的工作模式。	编制BIM应用实施细则，明确各方职责，规范各方工作方式，建立培训与考核制度，现场驻场技术支持，通过上述手段保障BIM技术的应用得到更大保障，达到建设单位使用意图。

图28 前期项目调研表

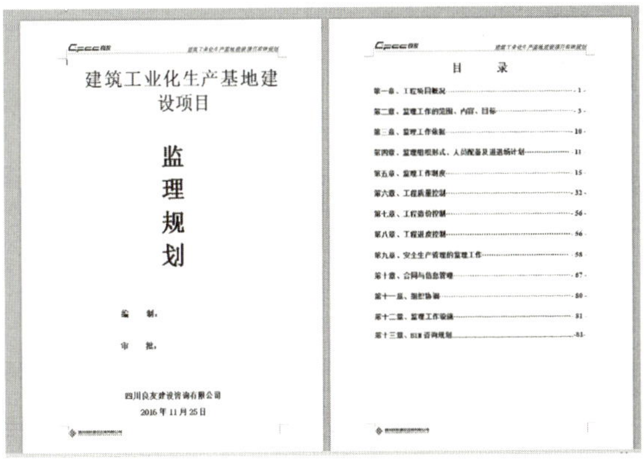

图29 监理规划

2）明确各方分工

为更好地实现该项目建设单位预期目标，BIM技术应用的主要理念是BIM的全过程、全要素、全参与的方式，首先项目总控负责人要求指定BIM责任人，结合BIM技术与监理规划协助各自专业板块完成工程项目的技术管理工作，明确具体的人员及工作分工参见表1。

项目委派人员表 表1

序号	姓名	职称	在某工程中拟任职务	监理资格证书编号
1	汪某某	工程师	项目总控负责人	5100××××
2	汪某某	工程师	总监理工程师	5100××××
3	陈某	工程师	BIM负责人	建[造]135100×××××
4	罗某某	工程师	BIM工程师	BIM高级建模师：16010010230×××××
5	杜某某	工程师	安装工程师	51000××××
6	谭某	工程师	土建工程师	51000××××
7	何某某	工程师	土建工程师	[川]监工岗字（12）××××号
8	马某	工程师	安全工程师	[川]监工岗字（14）××××号
9	罗某某	工程师	监理员	[川]监理员证字（×××）
10	张某	工程师	造价工程师	建[造]1651000××××
11	谢某	工程师	造价工程师	建[造]1551000××××
12	李某某	工程师	监理员	—

3）保障措施

①统一的办公环境的建立

为了更好地达到三方有效的沟通与协同，施工现场配备满足项目工作人员办公需求的场所，为保证办公场所安全、可靠，在办公场所配备了100M独立宽带，且软硬件配置符合相应的要求（表2、表3）。

硬件配置要求 表2

软硬件配置	配置要求
软件系统	Windows7旗舰版
	IE9.0以上版本浏览器
硬件系统	处理器：英特尔i7或以上
	内存：16GB或以上
	硬盘：1TB或以上
	显卡：独立显卡2GB或以上显存
	网卡：1000M
移动端	手机系统要求：Android4.1及以上系统；iOS7.0及以上系统
	平板电脑系统要求：安卓4.4以上，IOS 8.0以上
	推荐至少2GB以上RAM

软件配置要求 表3

序号	类别	专业	选用软件
1	BIM建模、应用软件	建筑专业	Revit
			Lumion
		钢结构	Revit
			Teklastructure
			Revit
		机电专业	Revit
			MagiCAD
2	计量计价	—	宏业软件
3	辅助算量软件	建筑专业	广联达
		机电专业	鹏业、算王
4	BIM协同平台	—	Revizto

②工作流程建立

为了有效提高深化设计图纸的质量及安全、进度管理的效益，保证数据信息模型的完整性，如何通过使用BIM技术和管理手段有效控制投资和保障工期，项目总控负责人编写了监理（含BIM咨询）实施纲要（图30），制定钢结构吊装BIM管理、深化设计BIM管理、施工重难点BIM管理等一系列流程，围绕施工图以及后续施工建立基于BIM技术的设计协调与交底制度及流程，做到科学、合理施工。

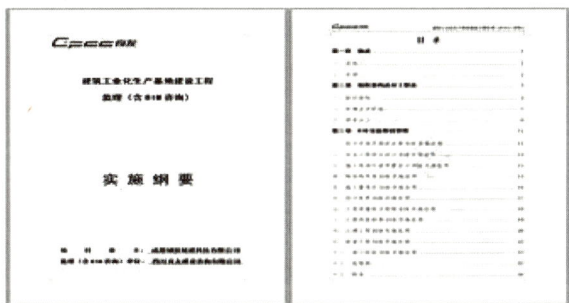

图30 实施纲要

③考核标准与办法的建立

为更好地规范项目组执行力及工作效率，加强质量、进度、安全、成本的控制，全面提高项目内部管理、成果质量及客户服务满意度，建立针对BIM协同平台使用的考核以及BIM、监理、造价成果文件的考核办法。

4）三方协同

①资源配置的合理利用

BIM专业咨询组通过BIM软件快速建立项目的三维模型，利用BIM数据库，赋予模型内各构件时间信息，通过自动化算量功能，计算出实体工程量后，对数据模型按照任意时间段、任一分部分项工程细分其工作量，进而也可以结合BIM数据库中的人工、材料、机械等价格信息，分析任意部位、任何时间段的造价、进度、质量、安全数据，合理调配资源。造价专业咨询组及时准确掌握工程成本，高效地进行成本分析，监理专业咨询组掌握实时的进度，准确地进行进度分析。

②工作模式转变

传统的工作模式下，项目组员沟通往往是通过建立工作群或集中开会讨论，某项目组则是通过BIM协同平台，三方组成在线会议，实时调配模型进行讨论，因此对工作节点的把控更细致、具体。尤其是重大方案的讨论，打破专业的界限，使工作边界模糊化，同时改变传统各自为政的工作模式，组员不再局限于本专业板块的内容，而是让各方专业知识互相融合、互相吸纳，也达到了不同专业板块的人员到复合型人才的过渡，共同成长、共同进步。

四、咨询服务的实践成效

由于该项目是公司首个全过程工程咨询项目，无历史经验做参考，虽然在一定程度上取得了成效，但是也有诸多不足，本节主要从全过程工程咨询应用的成效、“BIM+”技术与传统咨询结合的思考、全过程工程咨询应用的不足三方面做详细的讲解。

1. 全过程工程咨询应用成效

（1）工作效率的提升

全过程工程咨询项目服务周期较长，且内部涉及不同业务板块的专业咨询人员较多，通过BIM管理协同平台很好地协调了内部的不同专业咨询人员的信息沟通，使得内部的工作效率得到了较大的提升。同时，BIM模型在可视化的环境下，建设单位方、施工总承包方的工作效率也得到了较大提升，各参建方的工作生产信息也做到很好的信息集成，最终完成项目的建设，保证了建设信息资料的完整性和可追溯性。

（2）避免资源的浪费

BIM的工作原理实质上就是虚拟建造，通过BIM模型的创建，将图纸问题在施工前暴露出来并进行集中解决，避免施工现场返工造成的资源浪费。在图纸保持可建性的基础上，结合BIM模型生成工程量进行经济性分析，确保项目投资更为科学合理。监理与造价都基于BIM技术对重要施工方案进行经济分析，其中仅土方平衡一项，就为两期的工程建设节省投资约160万元。

该项目设计阶段累计发现碰撞点6000余个，通过碰撞点整理出来的图纸问题200余个（图31），均在设计阶段提前解决，避免施工阶段因图纸问题引起设计变更，经我方造价专业咨询人员测算，该部分节约投资约150万元。

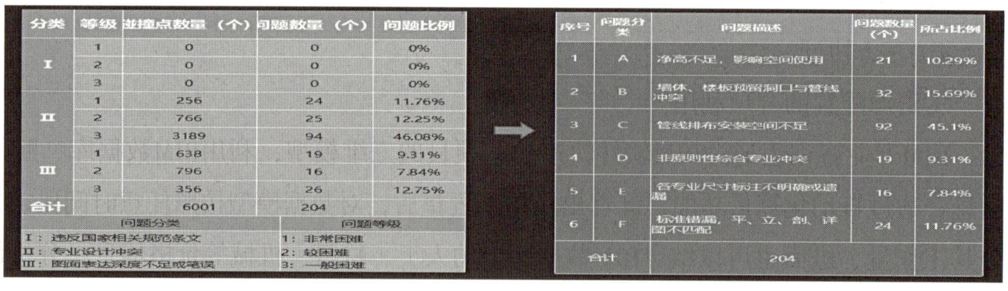

分类	等级	碰撞点数量（个）	问题数量（个）	问题比例
I	1	0	0	0%
	2	0	0	0%
	3	0	0	0%
II	1	256	24	11.76%
	2	766	25	12.25%
	3	3189	94	46.08%
III	1	638	19	9.31%
	2	796	16	7.84%
	3	356	26	12.75%
合计		6001	204	

问题分类	问题等级
I：违反国家相关规范条文	1：非常困难
II：专业设计冲突	2：较困难
III：图面表达深度不足或笔误	3：一般困难

序号	问题分类	问题描述	问题数量（个）	所占比例
1	A	净高不足，影响空间使用	21	10.29%
2	B	墙体、楼板预留洞口与管线冲突	32	15.69%
3	C	管线排布安装空间不足	92	45.1%
4	D	非原则性综合专业冲突	19	9.31%
5	E	各专业尺寸标注不明确或遗漏	16	7.84%
6	F	标准错漏，平、立、剖、详图不匹配	24	11.76%
合计		204		

图31 碰撞点分析图

（3）保证项目的品质

结合施工模型对施工技术方案进行分析计算与工艺模拟，并将方案通过可视化的手段对现场人员进行交底，确保方案具备实施性的同时，减少质量事故与作业风险。基于BIM管理协同平台对施工现场的质量、安全问题进行在线管理，通过责任追踪与原因数据分析汇总等手段，很好地保证了某项目的品质。该项目截至目前平台累计安全与质量问题67处，全部跟踪记录至完全解决，相较于传统管理模式，安装与质量问题控制的效果极为明显。

（4）全新的管理模式

通过BIM技术的应用也使得大家认识到，BIM不仅是解决技术点的工具，也是一种全新的管理工具和工作理念，将全过程工程咨询中计划前置、管理前置的思路与全新的工具进行结合，对我公司后期在全过程工程咨询探索上也起到很大的作用。

2. "BIM+"技术与传统咨询结合的思考

（1）专业数据的积累与共享

在传统项目管理中，由于需要对阶段工程专业数据进行分析，就必须对专业数据进行拆分加工，比如造价数据、现场施工进度数据等，由于专业咨询工程师在工作中积累的专业数据与其他人共享存在困难，专业咨询工程师无法与工程其他岗位人员协同工作，造成工作进度的滞后，而在"BIM+"的模式下，BIM技术的数据集成、数据的及时更新，项目所有参与者的协同、共享工作，已经成为提高组织效率的方式之一（图32）。

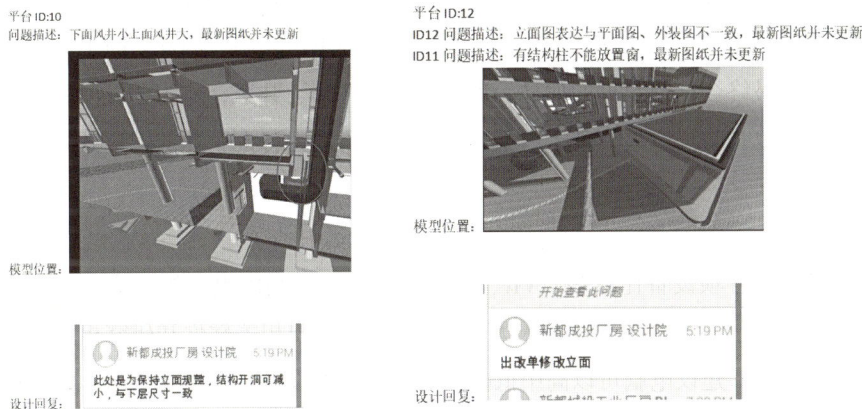

图32 专业咨询工程师与设计的协同

（2）数据整理的重要性

对于咨询机构而言，其主要业务人员力量是日常从事专业咨询的工作人员，其在服务某项目的同时不仅增加了个人经验，同时也积攒了常用的重要业务数据，而人员流动势必带来相应的业务风险，新进的专业咨询人员由于对项目数据、业务不太熟悉，没有类似项目历史数据参考，往往会造成数据误差增大，一旦原有专业咨询人员离职势必造成进度滞后，甚至导致企业核心业务实力下降，因此企业在保证人员稳定的情况下，同时也需要建立企业自己的数据库，数据的完善程度与否直接关系到管理者能否对项目当下的情况作出正确的判断，通过该项目的经验所得，公司也建立了相应的指标库（图33），针对后期同类项目将有更多的历史数据作参考。

（3）BIM不同维度多算对比

造价管理中的多算对比对于及时发现问题并纠偏，降低工程费用至关重要，多算对比通常从时间、工序和空间三个维度进行分析对比，快速、精准的多维度多算对比在传统咨询模式下是较难实现的，只

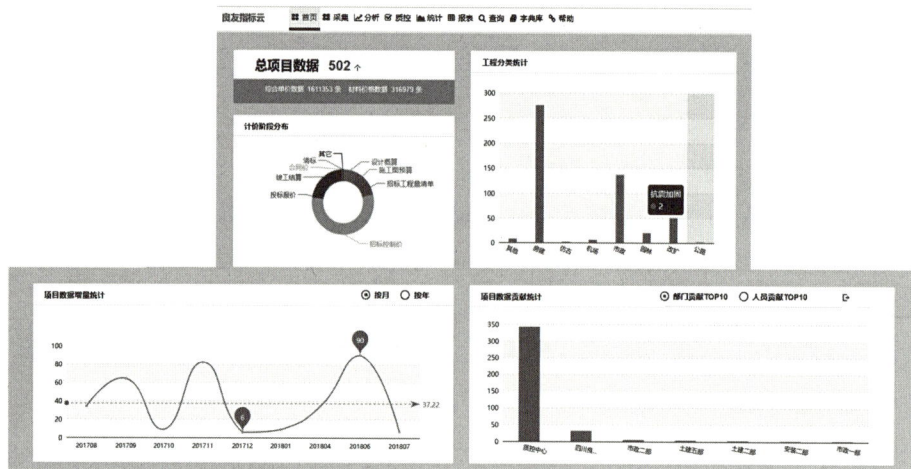

图33 指标库的一览表

有使用BIM相关软件才可以实现。

（4）咨询企业转型升级的思考

全过程工程咨询的开展，BIM在其中的优势逐渐凸显。作为涵盖造价、项目管理、工程咨询、监理等业务的综合性咨询企业，其全面的人才结构为企业进行以投资为主线的全过程工程咨询服务奠定了基础。如果项目策划是BIM应用的开始阶段，运营维护是BIM应用价值的体现，而做好施工阶段的BIM应用是成就这一切的基础。我国建设管理的现状是这几个阶段由不同的咨询单位实施，因此切断了数据传递之路。全过程工程咨询的推广，最终会杜绝数据的孤岛，形成最终的共享、共赢，作为建设项目全过程的参与者，咨询企业的转型升级也是时局所迫，基于以某项目为试点，助力咨询企业的转型升级有少许思考。

（5）BIM设备成本投入的建议

由于目前市场上BIM技术用到的各项设备比较多，VR、点云、无人机、高配电脑等，成本投入较大，因此在初期项目收益不高的情况下，需要投入大量人力、物力，购买BIM相关软件和研究相关技术经费成本较高，使公司面临较大压力，建议电脑可以高中低梯次配置，其他设备可在市场租用，并通过租用的设备来掌握相关技术，极大地减轻资金成本。

3. 全过程咨询应用的不足

（1）基于BIM技术的工作环境不成熟

现阶段BIM无相关统一的标准，造价软件与BIM软件在数据信息上还不能互通，数据不能直接引用，特别是在工程量的计算上，目前BIM软件除了不能计算钢筋工程量外，在计算的规则和构件的划分上与清单和定额还存在很大的差异，软件技术不成熟的同时，基于BIM技术的行业标准也相对缺乏，从模型的创建、审核到应用，行业尚未有较为通用、统一的工作标准，前期的BIM结合造价、结合监理，并管控施工以及协调建设单位、设计环节进行了大量的工作摸索。

（2）项目各参建方的BIM应用经验能力不足

四川地区的BIM技术发展起步较晚，各参建方BIM应用实践经验也相应较少，由于缺乏基于BIM技术统一应用的环境基础，导致各参建方水平参差不齐，以及我们自身对BIM技术的认识还存在一定的误区，使得部分BIM应用没有发挥出最大价值，BIM技术虽然解决了一些工程重点、难点，但是通过BIM

技术提高各方的沟通、协调的意识仍显不足，项目前期的沟通与协调方式还是较为传统，价值也没有得到充分体现。

（3）全过程工程咨询的行业标准不统一

国务院办公厅于2017年2月24日公开发布《国务院办公厅关于促进建筑业持续健康发展的意见》（国办发〔2017〕19号文）作为先行指导意见，随后住房城乡建设部于2017年5月2日发布了《住房城乡建设部关于开展全过程工程咨询试点工作的通知》（建市〔2017〕101号文），全过程工程咨询的相关政策相继出台，由于该项目于2017年1月开工，相关的政策和标准均未出台，全过程工程咨询尚属初期阶段，国内全过程工程咨询的行业标准也不统一，因此工程项目作为公司的首个全过程工程咨询项目，为公司开启了全过程工程咨询探索之路，通过总结经验教训，找出自身的不足，不断地摸索与创新，为下一个全过程咨询项目打下了坚实的基础。

专家点评

该项目为四川某生产基地建设工程的全过程工程咨询，项目招标范围分为勘察-设计-施工总承包标段和监理标段。该案例咨询服务范围包含工程监理、BIM和工程造价咨询，并按服务范围组织了三个团队：造价专业咨询组、监理专业咨询组和BIM专业咨询组，设项目总控负责人组织实施，工作职责明确。

该案例的咨询服务运作过程也是基于BIM协同平台贯穿整个全生命周期咨询服务过程。在设计阶段、施工管理、合同信息管理各阶段，采用软件建模、BIM技术等，该项目各参建方均在一个共同的BIM技术管理协同平台上进行协同工作，有一定先进性，且在设计优化中发挥了作用。并举例：方案设计比选，如外观比选、净高分析、机电管线综合等；经济效益方面，如土方平衡分析节约造价160余万元。在工程结算分月调整材料价差方面，采用BIM管理协同平台进行造价管理时，每月的实际完成进度均是可视化、精细化的，能够准确到某一层某根梁，且随时可查看、对比和提取，提高了结算时人工费调整和材料调差的准确性，使竣工结算金额更加真实可靠。而且在运维阶段也向业主提出了有特色的运维方案报告。并对于全过程工程咨询应用存在的不足、可提高的方面做了相应总结和交流。

在BIM技术与工程咨询结合类项目中具有很好的借鉴和推广价值。

点评人：吴玉珊

龙达恒信工程咨询有限公司

某医院项目全过程造价咨询典型案例

——云南云岭工程造价咨询有限公司

王守来　张　芸　王新荣　山丰瑞　南春辉（建设单位）

一、项目基本概况

云南省某心血管病医院项目位于昆明市泛亚科技新区，总占地面积105亩，总建筑面积为22.95万m²，总床位数为1000床，概算总投资为32.73亿元。一个项目，两个医院、两种运营管理模式，非营利性医疗机构与营利性医疗机构相辅相成。项目于2014年9月1日开工，2017年9月15日试运营，2018年1月22日竣工。

我公司受建设单位委托，针对新建医院项目从前期决策阶段（投资估算）、设计阶段、实施阶段（招投标、施工）到竣工结算阶段的造价咨询进行全过程管理和控制，并提供有关造价决策方面的咨询意见。

二、咨询服务范围及组织模式

1. 咨询服务的业务范围

依据国家、地方建设工程相关法律、法规、技术标准、规范、行业规定及合同、招投标文件、施工图纸、现场认定的有效证明资料等对本项目进行全过程造价咨询服务，要求认真履行职责，做到公平、公正，提供高质量的造价咨询服务，对咨询成果负法律和经济责任。

主要工作内容（包括但不限于以下内容）：

（1）配合业主单位做好设计阶段的造价控制，审核项目的工程概算；

（2）编制工程量清单及招标控制价；

（3）施工阶段全过程跟踪造价咨询服务；

（4）竣工结算审核；

（5）与项目造价控制相关的其他服务，未涉及的服务内容参照《建设项目全过程造价咨询规程》CECA/GC 4-2017实施手册及相关法规。

2. 咨询服务的组织模式

本项目为新建工程，项目投资额大，功能全面，工期短。针对该模式特点，我公司安排经验较为丰富的造价人员组建项目小组完成相关工作，参加本项目的主要人员名单及工作时间安排见表1。

人员名单及工作安排   表1

序号	姓名	性别	本项目拟任岗位	技术职称	执业资格证	从事专业年限	工作时间安排
公司分管领导							
1	邬某某	女	项目经理	高级工程师	注册造价工程师招标师	25年	依据项目情况完成项目督导工作，定期（或不定期）到现场服务
2	王某某	男	技术负责人	高级工程师	注册造价工程师	30年	
部门分管领导							
3	张某某	女	项目常务副经理	高级工程师	注册造价工程师	24年	定期（或不定期）到现场服务
项目部							
4	王某某	男	现场负责人	高级工程师经济师	注册造价工程师注册一级建造师	10年	驻现场服务
5	山某某	男	土建专业	助理工程师	土建造价员	8年	驻现场服务
6	洪某某	男	安装专业	工程师	注册造价工程师	8年	驻现场服务
7	朱某某	男	安装专业	工程师	安装造价员	8年	驻现场服务
8	其他人员		各专业				视工程建设情况，参与项目咨询服务

三、咨询服务的运作过程

本项目属于心血管病专科医院，具有建设内容齐全、标准高、专业设备设施齐全的特点，建设内容包括门（急）诊楼、医技楼、心脏病研究中心、住院楼、综合办公楼、氧气站、污水处理站、地上及地下停车场、急救绿色通道等；专业涉及建筑结构、抗震专项、人防、装饰装修、净化专业装修、防辐射专业装修、智慧物流系统、医疗气体系统、医疗设备、手术室净化设备、厨房设备、电梯、机械式停车位、标识系统、给水排水（含污水处理）、消防、供配电、智能化、采暖通风、景观绿化、灯光泛光照明、配套市政设施等。

针对医院建设的内容和特点，我们在本项目采取具体的投资控制实施方案。

1. 设计概算审核阶段

根据国家有关规范，设计单位在设计阶段根据初步设计文件和图纸、投资估算指标、概算定额或指标等，编制初步设计概算，报有关部门核准或备案。

我公司依据设计概算编审规程，对设计单位编制的概算进行审核。重点审核设计概算的合理性、准确性，以便确定合理的投资计划和造价控制目标。

2. 编制工程量清单及招标控制价阶段

（1）本项目的编制依据包括：

1)《建设工程工程量清单计价规范》GB 50500-2013；

2）云南省住房和城乡建设厅关于贯彻执行《建设工程工程量清单计价规范》的通知（云建标〔2009〕第74号）；

3）《云南省2013版建设工程造价计价依据》（云建标〔2013〕918号）及配套调整文件；

4）本项目招标文件（含补遗文件）；

5）本项目施工图（或招标图），包括审图报告、图纸答疑、相关标准图集；

6）云南省建设厅《云南省房屋建筑和市政基础设施工程施工招标工程量清单评标（暂行）办法》（云建建〔2004〕396号）；

7）云南省建设厅《关于进一步加强建设工程造价管理的若干意见》《关于商务标造价合理构成的指导意见》（云建标〔2005〕5号）；

8）云南省建设厅2005年3号公告：云南省房屋建筑和市政基础设施工程施工招标评标补充规定；

9）其他与工程量清单及招标控制价编制相关的规范和规定；

10）工程量清单及招标控制价的编制依据应全面、有效、合规，符合项目实际。

（2）工程量清单内容的完整性和规范性。

（3）分析施工图纸内容，合理确定清单分项，按照工程量计算规则和施工图，准确计算分部分项工程量。

（4）其他项目清单，措施项目清单，零星工作项目表所列项目编制应齐全，符合云南省现行计价依据及相关文件的规定，编制说明中所列要素应齐全。充分考虑由于设计深度限制而必须计列的预留金、专业工程暂估价。

（5）管理费、利润、规费、税金应按云南省现行计价依据及相关规定计算。

（6）主要材料、设备价格的取定应与现行市场价格相一致，取定的依据和来源应科学合理。

（7）工程量清单及招标控制价的编制范围应符合招标文件的要求。

3. 施工阶段

（1）参加项目招标咨询工作；

（2）协助建设单位完成施工合同谈判和合同签订，确保所签订的合同与工程量清单、招标控制价、中标人的投标报价不发生实质性背离，以利于施工过程中的投资控制和造价管理；

（3）负责对施工单位上报的每月工程完成量报表进行审核，并出具工程款支付咨询意见；

（4）协助建设单位（项目管理单位）编制建设项目投资资金使用计划，确定投资控制总目标，将投资总目标进行分解，形成施工过程中各阶段的控制目标，由于资金具有时间价值，合理的资金计划，合理调度资金，有利于投资控制目标的实现；

（5）参与造价控制有关会议，并提出建设性意见；

（6）工程设计变更、现场签证的审核与确定；

（7）工程索赔费用的审核与确定；

（8）完成结算审核工作。

在本阶段，还应配合建设单位完成项目竣工财务决算及审计部门的审计工作，按建设单位的要求与安排，向政府审计机构提交相关的资料和数据，参加相关会议，对财务决算和审计部门提出的相关问题做技术性解释和分析。

4. 审核所需资料及工作要点（表2）

审核资料及工作要点 表2

建设阶段	审核内容及名称	审核所需资料	工作要点
施工阶段	施工合同的审查	①招标文件； ②招标答疑会议纪要； ③招标补遗； ④投标文件	审查施工合同是否响应招投标文件，着重审查与经济相关的条款
	对无法招标项目的合同造价咨询	①总承包合同； ②供货合同； ③分包合同； ④工程合同； ⑤工程进度款申请表及费用计算附表、监理审核意见； ⑥工程变更、现场签证； ⑦施工组织设计，包括项目总进度计划	对专业性较强的项目，建设方可单独分包，造价咨询部对邀请询价比选项单位所报方案及报价，进行详细审定或编制施工图预算； 造价咨询部对拟定不招标工程的合同提供咨询意见，主要审查对计价方式、各项费用如何计取等与造价有关的条款，并与总承包合同对比，是否有明显偏离或重复的内容
	工程变更价款的审核与确定	①招投标及合同文件； ②工程变更通知单； ③变更价款申请表及变更价款计算附表	审核发生工程变更的原因及变更费用的金额，控制不合理变更。对施工方提出的变更，严格审查，防止施工方利用变更增加工程造价，减少自己应承担的风险和责任；对设计方提出的变更，区分是否属于设计粗糙、错误等原因造成的，建议向设计方提出索赔；对建设方提出的变更，对变更方案进行测算与分析，提出建议供其参考
	工程索赔费用的审核与确定	①招投标及合同文件； ②施工组织设计； ③工程索赔申请表及索赔工期或费用计算附表； ④会议纪要； ⑤现场签证； ⑥其他材料	工程实施过程中，密切关注可能引起的索赔事项，提供咨询意见，尽量避免索赔事项发生，或化解已存在的索赔事项，对实际发生索赔事项及时记录，收集资料，调查分析，并提出处理意见
	设计或施工方案报价测算与确定	设计或施工方案	审核方案报价的计价方式、依据是否与施工合同的相应条款一致，报价的工程量、单价、取费等是否正确

5. 本项目工程造价咨询的原则及依据

本项目造价咨询服务将遵循独立、客观、公平公正、诚实守信、廉洁保密、优质服务的原则，注重造价咨询的合法、合规性，依法从事造价咨询、开展审核工作，为建设单位提供高水平的咨询服务。

6. 质量保障措施

（1）建立科学、完善的造价管理流程

科学、完善的项目管理制度和流程是项目管理成功的重要基础之一。我们结合本项目的实际，为本项目建立管理办法和流程（项目管理公司按建设单位确定的管理职责补充在管理流程中），部分如图1～图4所示。

设计院出具施工图，图纸分发给建设单位、监理单位、造价单位及施工单位

设计院介绍设计总体情况、设计意图

建设单位、监理公司、造价咨询公司、施工单位认真阅读施工图纸，书面提出疑问

参会部门、单位逐一提出疑问，设计院逐一作答

设计院针对各单位提出的问题，进行书面初步答疑

施工单位整理会议记录

总监理工程师组织召开答疑会议

各参会单位签章齐全后，原件分发到各参会单位分别存档

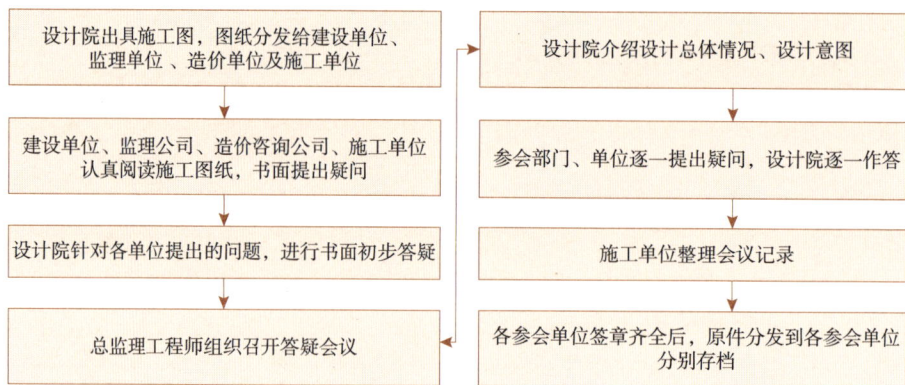

图1 施工图纸会审流程图

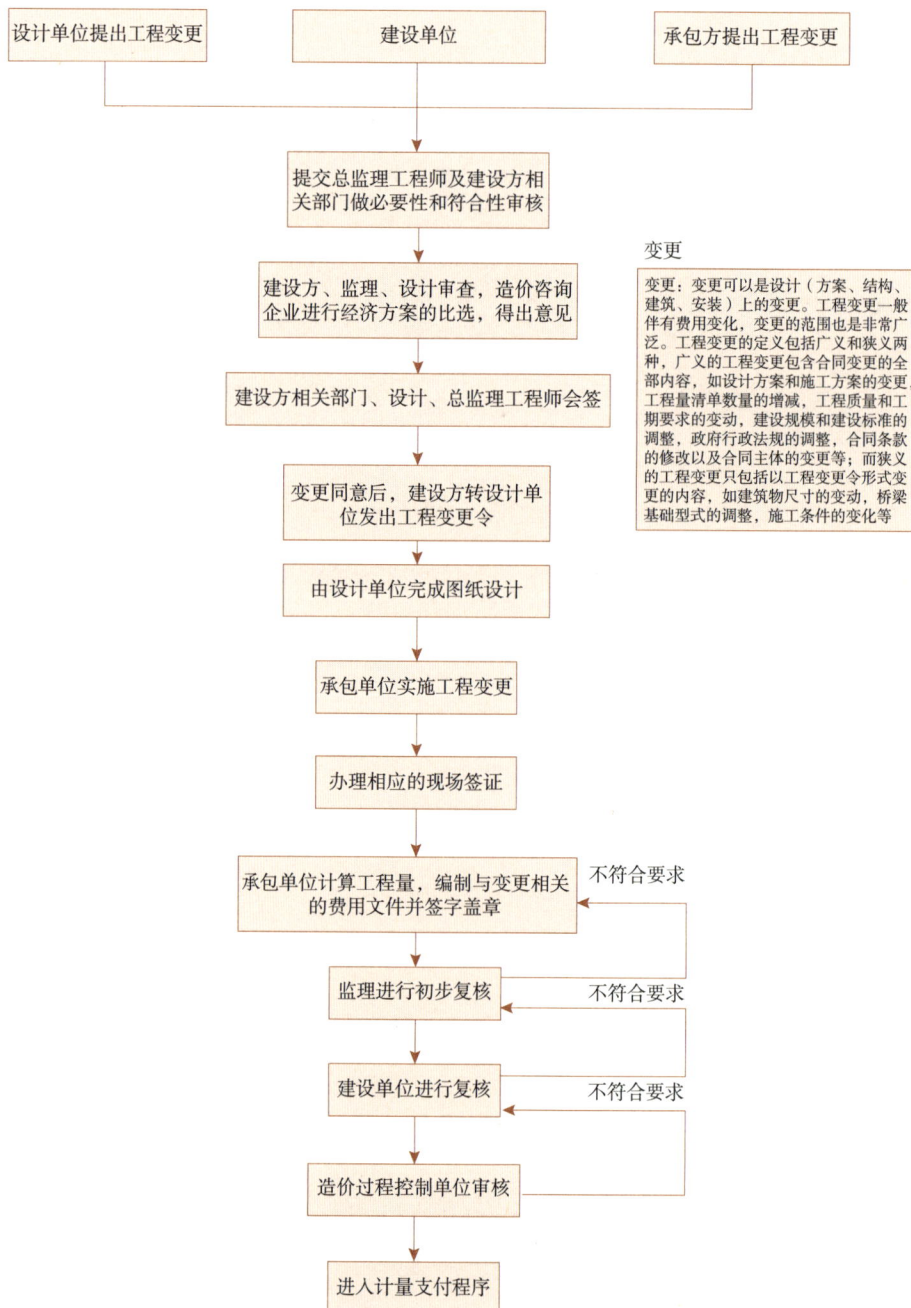

设计单位提出工程变更

建设单位

承包方提出工程变更

提交总监理工程师及建设方相关部门做必要性和符合性审核

变更

变更：变更可以是设计（方案、结构、建筑、安装）上的变更。工程变更一般伴有费用变化，变更的范围也是非常广泛。工程变更的定义包括广义和狭义两种，广义的工程变更包含合同变更的全部内容，如设计方案和施工方案的变更，工程量清单数量的增减，工程质量和工期要求的变动，建设规模和建设标准的调整，政府行政法规的调整，合同条款的修改以及合同主体的变更等；而狭义的工程变更只包括以工程变更令形式变更的内容，如建筑物尺寸的变动，桥梁基础型式的调整，施工条件的变化等

建设方、监理、设计审查，造价咨询企业进行经济方案的比选，得出意见

建设方相关部门、设计、总监理工程师会签

变更同意后，建设方转设计单位发出工程变更令

由设计单位完成图纸设计

承包单位实施工程变更

办理相应的现场签证

承包单位计算工程量，编制与变更相关的费用文件并签字盖章

不符合要求

监理进行初步复核

不符合要求

建设单位进行复核

不符合要求

造价过程控制单位审核

进入计量支付程序

图2 工程变更流程图

新增单价项目产生

↓

承包方编制新增单价上报

↓

告知不真实的原因不予以确认 ← 真实性无效 — 建设单位、监理、造价确定新增单价项目的真实性

↓ 真实性有效

审核过程中如新增单价特殊，需汇同相关单位研究编制方法 ← 造价咨询单位进行新增单价审核

↓

建立新增单价台账

↓

并入当期月报支付

↓

建设单位

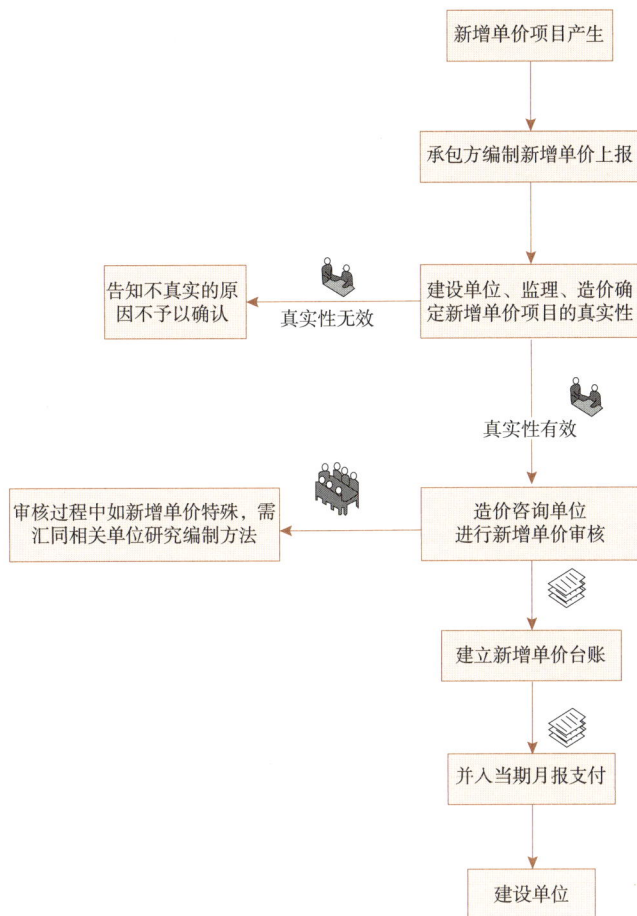

图3 新增单价认定流程图

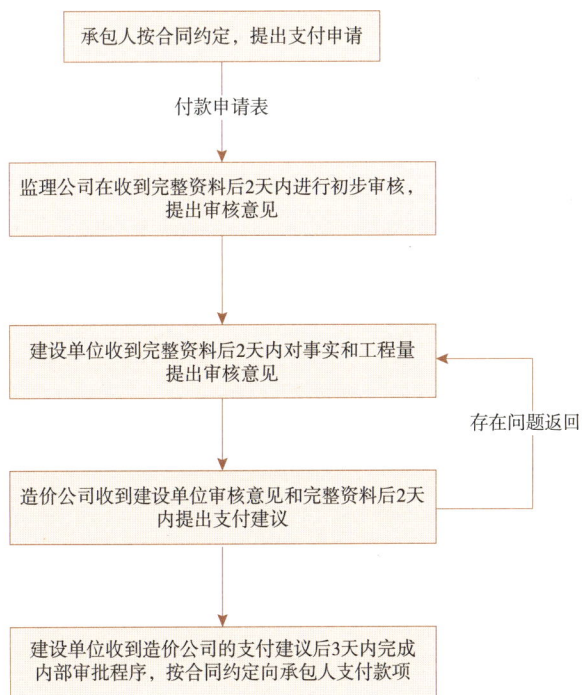

承包人按合同约定，提出支付申请

↓ 付款申请表

监理公司在收到完整资料后2天内进行初步审核，提出审核意见

↓

建设单位收到完整资料后2天内对事实和工程量提出审核意见

↓   ← 存在问题返回

造价公司收到建设单位审核意见和完整资料后2天内提出支付建议

↓

建设单位收到造价公司的支付建议后3天内完成内部审批程序，按合同约定向承包人支付款项

图4 工程款支付流程图

（2）建立科学、完善的造价管理制度。

7. 时间要求

咨询人员在接到完整资料后按建设单位要求5个工作日内出具相关咨询意见。

8. 实施方式的确定

在项目实施阶段，至少保证1名注册造价工程师常驻工地现场，且每月不少于22天，其他相应专业的造价人员满足项目要求。

四、咨询服务的实践成效

1. 合同段和施工范围划分的科学性、合理性

（1）合同段划分的科学性、合理性。由于存在不确定性的因素较多，±0.000以下工作内容如基坑支护、土方开挖、桩基施工、地下室施工等，施工体量大，内容重叠、交叉多以及投资控制难（往往超过合同金额甚至投资翻倍）等。如果划分为一个合同段进行招标，存在招标审核程序难、合同条款编写复杂，关键是不利于业主和项目管理单位过程管理（主导性不强）；划分多个合同段，如果范围明确不清晰，极易造成过程工作协调难、工程签证多、工期不能保证等问题。我方根据项目实际特点、招标图设计深度和新版2013云南省计价规则等因素，将基坑支护和土方开挖划分为一个招标合同段，桩基施工为一个招标合同段，地下室施工并入上部结构由主体工程实施。其中，基坑支护和土方开挖划分为一个合同段，主要考虑新版2013云南省计价规则的设置。根据新的计算规则，基坑支护分部的定额水平偏低，清单项综合单价普遍高于市场价；而土方开挖分部的定额水平偏高，综合单价普遍低于市场价。为避免招标控制价出现偏高或偏低，以及减少施工过程管理风险。我方经过造价对比，并就个别定额设置咨询定额站，最终将这两部分划分在一个合同段。

（2）合同段施工内容的细化。比如，地下室筏板（满堂）基础、承台基础等土方的开挖，是由基坑支护和土方开挖单位还是主体单位实施呢？首先，在基坑支护和土方开挖工程招标时，地下室设计方案还在确定、优化中，此时如果将该内容交由支护单位施工，工程量势必要估算。土方工程量的确定历来是结算的难点，这样划分无疑增加了扯皮的风险；其次，考虑到整个场地开挖后界面移交的便利，机械开挖土方对土层扰动的风险，以及土方工程量计算的准确与方便，我方建议支护单位土方界限挖至−11.4m，并征求建设单位和项目管理单位意见，后在招标文件及工程量清单编制说明中明确；最后，主体单位开挖有三大优点：①此时基础形式设计深度高，能准确计算土方的开挖量；②避免了因不同单位施工造成后续工序的搭接扯皮；③减少支护单位管理费用开支和工期交叉的计算。

在我方工程量清单和招标控制价编制期间对合同段内容的细致分化。审核结算时，基坑支护和土方开挖工程仅有两份设计变更，桩基工程仅有两份签证；审核时间由1人在两周内完成，节约了人力成本；投资方面，结算金额均控制在合同金额范围内，并通过二审单位审核。

（3）合同段施工范围的确认。每一个工程我方均与建设单位、项目管理单位和设计单位进行细致研究，对施工范围及工作内容归类。如主体总承包工程，多次建议及征求意见后才最终确定（图5、表3）。

医院主体招标范围（二次征求意见稿）	2015/5/21 16:53	Microsoft Word ...	54 KB
医院主体招标范围（二次征求意见稿）1	2015/5/18 14:53	Microsoft Word ...	54 KB
医院主体招标范围、工作界面划分的建议-512	2015/5/12 22:06	Microsoft Word ...	56 KB
医院主体招标范围、工作界面划分的建议hjq	2015/5/12 21:09	Microsoft Word ...	55 KB
医院主体招标范围、工作界面划分的建议-ltq	2015/5/12 21:50	Microsoft Word ...	51 KB
医院主体招标范围、工作界面划分的建议-云岭	2015/5/13 9:41	Microsoft Word ...	56 KB

图5 征求意见稿

本次施工招标范围、清单编制范围、施工范围（二次征求意见稿）　　　　表3

单位工程	分部（子分部）工程	招标范围（清单编制范围）	施工范围
土建工程	地下土建、地上土建	①所有结构部分（含防辐射区域）施工图图示内容，砌体工程部分按施工图图示内容； ②有吊顶的区域：内墙面抹20m厚1：2.5水泥砂浆（比吊顶底标高100），删面层、装饰面不在本次招标范围；楼地面找平层和面层不在本次招标范围内，即为原结构梁板； ③无吊顶的区域（包括地下车库、车道、各层的机电设房、强电间、弱电间、管道进、风机房）：墙面、地面、天棚按施工图图示内容； ④所有卫生间、外阳台、露台地面找平层、防水、回填、面层均不在本次范围内，即为原始结构； ⑤屋顶面含面层均为施工图图示内容，有安装太阳能的屋面均要做集热器基础； ⑥用于安装抗震阻尼器的墙体为施工图图示内容； ⑦地下室防水，地下室剩余土方及坑中坑土方开挖、基坑周边及地下室顶板土方回填按施工图图示（至设计标高，但地下室顶板土方不含绿化用土）； ⑧室内防火门及防火卷帘门按施工图图示内容，其他室内门窗均不在本次招标范围	招标范围
	人防工程	施工图图示所有内容	招标范围，须由具备人防施工资质的专业分包单位施工
	外装部分：石材幕墙、玻璃幕	①外墙装饰为施工图图示内容； ②外阳台、露台、屋顶有金属栏杆的、屋顶防雷施工图图示内容	在拆除脚手架前完成外装施工
水工程	水、热水工程	①分室内管道、卫生洁具等不在本次招标范围； ②排水系统为主横干管（连接立管的水平管），其余连接排水点的支管不在本次招标范围（除水井地漏排水外）； ③地下室雨污按施工图图示内容，战时预埋套管都要施工完毕且应增加封堵费用； ④太阳能热水系统的给水（含冷、热水管）做到伸出屋面300mm高，屋面以上的由专业公司负责，所有设备均由专业公司采购，施工（除冷水系统及冷水箱外）； ⑤地面给水排水管均做到第一个室外检查井，图纸未注明的，按建筑的外边线加3.0m计算	及室外施工完成

续表

单位工程	分部（子分部）工程	招标范围（清单编制范围）	施工范围
电气工程（强电）	电气工程（强电）	①照明、插座：吊顶区域，从总配电室低压端至楼层配电箱的上端负责接线（含配电箱）配电箱出线回路及末端未在本次招标范围；无吊顶的区域（包括地下车库、车道、各层的机电设房、强电间、弱电间、管道井、风机房）按施工图图示内容；②空调、给水排水、动力系统按施工图图示内容，医院设备动力做到总电源箱；③地下室所有电气按施工图图示内容；④高低压配电房设备不在本次招标范围；⑤景观照明、夜景亮化（泛光照明）电源预留，电缆安装至配电箱上端（含接线、配电箱），配电箱以下、末端灯具等不在本次招标范围；⑥弱电系统设备预留电源按施工图图示内容，电缆至配电箱包括配电箱；⑦机械式车位按施工图图示内容，其他室内、外用电设施（出入院收费处闸机、污水处理站、衰变池、雨水回用池、调蓄池等）预留电源，电缆安装至配电箱上端（含接线）。配电箱及以下不在本次招标范围；⑧电缆均从配电柜的低压出线端开始敷设电缆（含接线）	须与其他专业施工单位配合施工的，必须与相应专业施工单位同步施工，并以专业施工图为准
	防雷接地	①防雷接地按施工图图示内容；②卫生间等电位按施工图图示内容至等电位箱，等电位箱之后部分不在本次招标范围	
通风空调工程	不含净化区域	除净化区域外，其他均按施工图图示内容	须与装修施工及净化施工等配合施工的，必须与相应专业施工单位同步施工

2. 招标文件的严谨性、预见性和可操作性

每一个合同段招标前期，我们均事先了解并明确工作内容的特殊性和过程管理的操作性，进而对招标文件相关内容着重描述和修改，尤其是招标规则、评分权重、合同条款的设置等。

（1）投标人须知前附表。为避免施工过程中可能发生的协调难、签证办理数量多等工程共性问题，我方根据以往项目经验及本项目的自有属性，对招标规则进行细化。

以下为净化工程示例（表4）。

招标细则   表4

11.4	投标人应充分考虑施工进度及方案，因场地限制、技术间歇或其他原因导致施工停滞、降效而造成机械停滞费、窝工费、大型机械二次进退场费、降效费、脚手架及塔吊、临时设施、材料二次（及以上）搬运费、延期使用费等一切费用。结算时相关费用不予增加
11.5	投标人应充分考虑投标范围内的施工专项措施，投标人应综合考虑在投标报价内，结算时相关费用不予增加
11.6	投标人应充分考虑与土建施工单位、装修施工单位、医用气体施工单位、建筑智能化施工单位、物流系统施工单位、电梯安装单位、设备安装单位及其他专项施工单位的配合协调施工、由此造成施工停滞、降效、机械停滞费、窝工费、大型机械二次进退场费、临时设施延期使用、材料搬运费等一切费用，并充分考虑工期影响，综合考虑在投标报价内，结算时相关费用不予增加

	续表
11.7	投标人应充分考虑其他施工单位已完工程及承包范围的已完工程的成品保护等费用，综合考虑在投标报价内，结算时相关费用不予增加
11.8	投标人在施工过程中应对周围环境、道路污染必须有严格环境保护措施，并承担可能由此引发的纠纷、后果及赔偿责任。结算时相关费用不予增加
11.9	投标人应充分考虑施工过程中施工便道的修建及维护，并充分考虑施工过程中为确保施工机械作业而进行的场地铺垫等措施费用，结算时相关费用不予增加
11.10	投标人应充分了解场地周围情况，若因投标人施工原因造成周边建筑（构筑）物、道路、已完工程等出现缺陷，投标人应负责缺陷处理并承担相关损失
11.11	中标人必须购买工程保险（含建筑工程一切险、第三者责任险保险费），工程保险的投保手续由中标人自行办理，所需费用已包含在投标总价中，不再单独计算

（2）**合同条款的设置**。本项目为省重点工程，工期紧、任务重。多家施工单位在同一施工期间同时施工的情况异常突出，加之设计时间紧，设计变更较多，造成现场管理难、投资控制的不确定性。为减少不必要的索赔和扯皮，合同条款增加内容见图6。

（6）发包人无正当理由没有在约定期限内发出复工指示，导致承包人无法复工的违约责任：工期顺延；
（7）其他：因设计变更导致的返工、工期顺延、费用仅计算返工部分的已完工程的合同价款及变更后的合同价款，不进行窝工费用索赔；因等待设计文件（含变更和修改），工期顺延，不进行窝工费用索赔；因与相关专业施工单位配合而导致的工期滞后、工期顺延，不进行窝工费用索赔；因与相关专业施工单位配合而导致的返工，根据责任划分，相应单位承担返工费用

图6 合同条款

有了上述一系列措施，过程管理中最大限度地减少了索赔内容以及扯皮的时间，为项目在规定时间内完成省政府目标任务提供了科学、有效的管理典范。

3. 招标控制价确定的多样性、合规性和可追溯性

通常的做法是造价公司根据设计图纸（招标图或施工图）计算图纸工程量，将计算所得工程量参照工程量清单规范列项，套用各地区自有定额，查阅材料信息指导价或市场询价，最终确定招标控制价。而对于某些特殊工程，如受品牌影响大（电梯）、受后期运营管理影响（机械式停车位）或者受专利技术限制（物流）等，很难按部就班编制工程量清单和招标控制价，遇到这种情况该怎样解决呢？

以下结合"物资传输智能一体化系统设备采购、安装及服务"进一步阐明，以期抛砖引玉的效果。

首先，我们向建设单位和项目管理单位提出本工程未编制工程量清单的情况说明。如下所示：

关于《云南省某心血管病医院项目物资传输智能一体化系统设备采购、安装及服务》
招标未编制工程量清单的情况说明

云南某医院投资有限公司：

昆明市某有限责任公司：

我方收到深圳市某有限公司设计的云南省某心血管病医院项目物流传输系统图纸，经仔细阅看图纸内容并进行市场了解，该工程不具备编制工程量清单的条件，原因如下：

1. 设计图纸。图纸中传输部分仅有平面图，且仅为示意图，无剖面大样、节点大样等，无法准确计算工程量。主要设备及材料表中，占主要投资传输线体模组数量为待定（实用个数）；电气控制部分中，各种柜体等无系统图；硬件及软件部分描述模糊，因此不能对细目特征进行很好的描述，甚至造成缺项、漏项。

2. 市场询价情况。为本工程能顺利进行招标，做到对投资的控制。我方就该系统进行市场了解并询价，通过对四家单位报价情况的分析对比，发现该物流系统并无统一的市场标准，各家报价参差不齐，如果编制清单，很容易造成指向性。

3. 中型智慧物流系统的局限性。在了解市场的同时，我们发现该物流系统工程属较先进工艺，且正在推广阶段，国内可承揽此项任务的单位不超过10家，且多为联合体施工。编制清单无法体现潜在投标人根据自身实力、优势充分竞争，限制了投标人的主观能动性。

鉴于以上几点，我方在本工程招标未编制工程量清单，请建设单位及项目管理单位核阅。

云南云岭工程造价咨询有限公司

昆明市某有限责任公司

云南某医院投资有限公司

其次，在建设单位和项目管理单位同意后，进行招标形式的确定和最高限价（招标控制价）编制方式的确定。如下所示：

咨询函

昆明市某有限责任公司：

收到的云南省某心血管病医院项目物流传输系统图纸（2015年9月9日版），我们根据收到的图纸进行市场询价，现将询价情况作如下汇报：

一、询价情况

序号	单位名称	报价（万元）	联系电话	备注
1	苏州某自动化科技有限公司	1796.70	13×××××××2	
2	上海某机器人科技有限公司	1937.28	18×××××××9	
3	上海某物流技术有限公司	2013.80	18×××××××8	
4	江苏某物流系统工程有限公司	1950.00	18×××××××8	

二、报价内容

因报价单位依据设计图纸、根据自身业务情况进行组价，没有统一的报价明细。我方根据各单位报价明细进行整理，情况如下：

1. 该工程主要涉及以下分项

（1）垂直机械设备；（2）水平传输系统；（3）电气控制系统；（4）软件、硬件部分；（5）包装、运输、安装、调试与培训。

2. 各项报价情况 单位：万元

分项 ＼ 单位	苏州某公司	上海某公司	上海某公司	江苏某公司	备注
垂直机械设备	261	284.28	262.5	363.86	
水平传输系统	805.7	798	780	1003.38	
电气控制系统	520	480	521.3	442.5	
软件、硬件部分	210	200	200	49.66	
包装、运输、安装、调试与培训	—	175	250	90.6	
合计	1796.7	1937.28	2013.8	1950	

根据以上已有报价，最高限价确定方案：

方案一 按报价中分项相同最低报价取值，总价为1623.76万元；

方案二 按报价中明细相同最低报价取值，总价为1551.23万元；

方案三 按报价中明细相同次低报价取值，总价为1885.50万元；

方案四 按方案二与方案三均值，总价为1718.37万元。

综上，我方建议在方案一与方案四区间内确定最高限价（即1623.76~1718.37之间取值），暂定为1650.00万元。

以上为我方咨询意见，该暂定总价未考虑报价单位可优惠的幅度，是否按此总价确定最高限价，请业主及项目管理公司最终确定。

附件1：对比分析表

附件2：各单位询价资料明细

云南云岭工程造价咨询有限公司

云南某医院造价咨询项目部

最后，根据设计的技术要求和建设单位的需求进行带方案公开招标。

4. 方案经济优化

本项目桩型对比实例：

（1）提出优化前提条件如下所示：

咨询函

云南某医院投资有限公司：

按贵公司2014年某月某日工作安排，需对云南省某心血管病医院项目桩基础工程进行不同桩型经济对比分析，现需贵公司提供资料如下：

一、工程详细勘察资料；

二、基坑开挖后基底标高；

三、不同桩型设计方案：

1. 旋挖成孔灌注桩设计方案内容

桩顶设计标高、桩径要求、混凝土标号、单桩长度、总成桩数量（根数）；具体配筋要求；成桩工艺要求，如是否采用桩端后注浆等工艺，如有，应提供具体注浆要求及注浆管要求。

2. 静压管桩设计方案内容

桩顶设计标高、具体桩型要求、单桩长度、总成桩数量（根数）；成桩工艺要求，如是否需引孔。

3. 长螺旋钻孔灌注桩设计方案内容

桩顶设计标高、桩径要求、混凝土标号、单桩长度、总成桩数量（根数）；具体配筋要求。

四、提供旋挖成孔灌注桩和长螺旋钻孔灌注桩桩身余土处置方案，是按场地内集中堆放考虑还是按全部外运考虑。

五、在基础设计时，因选用的桩型不同，桩承台也会相应变化，要对不同桩型进行经济对比分析，还应考虑因桩型不同而导致的基础设计差异部分。请提供不同桩型所导致的基础设计差异部分工程量。

六、按贵公司时间要求，恳请贵公司协调相关单位在2014年某月某日16：00将所需资料提供给我公司为谢。

云南云岭工程造价咨询有限公司

（2）根据资料分析指标、对比优缺点

深圳市某有限公司提出三种桩基础选型方案：

①PHC-AB600（110）静压管桩，有效桩长为30m，总桩数约为3800根；主楼部分1800根，地下室及裙楼部分2000根（抗拔桩）；

②桩径ϕ600长螺旋钻孔灌注桩，有效桩长为30m，总桩数约为3300根；主楼部分1500根，地下室及裙楼部分1800根（抗拔桩）；

③桩径ϕ800旋挖成孔灌注桩，有效桩长为38m，总桩数约为1800根；主楼部分800根，地下室及裙楼部分1000根（抗拔桩）。

1）泥浆护壁旋挖成孔灌注桩

泥浆护壁旋挖成孔灌注桩的成孔工艺是排土桩，桩径可达1m以上，成桩的桩长可达80m，能满足设计对单桩承载力的要求，且可避免产生挤土效应。可以在地面成桩，与基坑支护并行施工，成桩时不产生振动。本场地地层主要以可塑状态及硬塑状态黏性土地层为主，含水层一般较薄且富水性较弱，场地周边环境条件相对简单，有利于泥浆护壁旋挖成孔灌注桩的成孔。但存在以下两个问题：①施工过程中会产生大量的泥浆，一旦泥浆控制不好，将产生环境污染问题；②孔底沉渣厚度大小将对单桩承载力产生影响（可通过桩底后压浆进行处理）。

2）长螺旋钻孔灌注桩

长螺旋钻孔灌注桩是排土桩桩型，无泥浆排放，靠高压灌注混凝土，无孔壁坍塌问题，桩底沉渣很少，同桩径的灌注桩中承载力较高。场地地层情况基本适宜，可以成孔；受施工机械的限制，桩长最长仅能达到35m（桩长径比≤40），桩径最大0.8m，若选择长螺旋钻孔灌注桩作为工程桩，只能在基坑开挖完后在基坑内施工，不能与基坑支护工程并行施工。

3）静压预制桩

人工填土①层成分复杂，局部夹混凝土块，局部地段原始地面为混凝土地面，若在基坑施工前进行桩基础施工，则存在桩体穿过人工填土①层较难的问题，可以采用在基坑开挖后进行桩基施工方式处理。粉质黏土④层、粉土④1层局部地段间夹风化块石，粉质黏土⑤层、粉质黏土⑥层部分地段含风化砾，介于硬塑～坚硬状态。桩基施工成桩较为困难，须通过钻机引孔方式解决。同时如果沉桩数量较多，会形成较大的挤土效应，产生浮桩或产生较大的超孔隙水压力，影响单桩承载力。

在可供选择的桩基形式中，钻孔灌注桩和静压预制桩相比，静压预制桩单价较灌注桩低，但是具有挤土效应，对周围建筑环境及地下管线有一定的影响，而钻孔灌注桩具有低噪声、小震动、无挤土，对周围环境及邻近建筑物影响小，能穿越各种复杂地层和形成较大的单桩承载力，适应各种地质条件和不同规模建筑物等优点，因此优先推荐钻孔灌注桩。长螺旋钻孔灌注桩和泥浆护壁旋挖成孔灌注桩相比，都均为排土桩，可避免产生挤土效应，但长螺旋钻孔灌注桩桩长仅能达到35m，设计在选择长螺旋钻孔灌注桩时须验算桩长能否满足拟建建（构）筑物对承载力的要求。

（3）提出优化方案

在认真分析本项目岩土工程详细勘察报告后，我们发现-6～-0.5m土层为：

①人工填土：以褐红、褐灰色为主，主要由黏性土混2%～5%不等的碎石组成，稍密～密实状态为主。部分地段表部存在薄层杂填土，该杂填土由建筑垃圾混褐红色、褐灰色黏性土组成。其形成时间在5年以上。该层层厚介于1.60～3.80m，分布于整个场地表部。

②黏土：褐红色，硬塑状态。有光泽，无摇振反应，干强度及韧性中等。该层层厚为0.50～5.20m，场地大部分地段均有分布。

因本项目桩基础计划在10～12月期间施工，是昆明的旱季，雨水少，②黏土层稍加铺垫即可满足桩机行走要求。且该层及以上土层为不透水层，常年稳定水位为-4.5m。若先开挖4m，在②黏土层进行桩基础施工，地下室及裙楼部分桩基可选择长螺旋钻孔灌注桩。

建议方案：

综上分析，我们提出建议方案：通过条件优化，采用长螺旋钻孔灌注桩与旋挖成孔灌注桩组合方式：

①在自然地面采取放坡加喷锚形式开挖4m，坑底视土质情况局部回填砖渣以满足桩机行走。

②开挖4m后地下室及裙楼部分桩身施工长度为35m，考虑选用长螺旋灌注桩；主楼部分选用旋挖成孔灌注桩。

③投资方面，开挖至-4m后施工，减少了空桩段工程量、泥浆外运工程量，此两项节约投资100余万元；同时减少泥浆对环境的影响、桩身质量也能得到有效控制。

——— 专家点评 ———

某心血管病医院项目由云南云岭工程造价咨询有限公司负责开展全过程造价咨询服务工作，即项目从设计阶段介入至竣工结算审计的全过程造价咨询。根据项目总投资较大、工期短、工程内容复杂等特点针对性地组建了项目工作组，工作组成员分为：公司分管领导、部门分管领导、项目部三级领导，配置了包含：造价专业涉及土建、安装、装饰、园林等专业技术人员，同时制定了配套的工作职责要求和说明。健全的项目小组结构和明确的职责要求有效地保证了项目的顺利推进和造价咨询工作的开展。

该案例在设计概算审核阶段，对设计单位提供的概算进行合理性、准确性的审核，从源头上确保了项目的投资计划及成本控制目标的准确性。针对本项目建立了整套完整的造价工作管理制度及相应的管理流程，特别是在施工图会审流程、工程变更流程、新增单价确认流程、工程款支付流程、施工索赔洽商审核流程、结算审核流程等方面具有较强的示范和参考作用，设计逻辑清晰、范围全面、流程线路准确。为规范、高效、优质地完成本项目的咨询服务提供了坚实保障，同时各项制度的严格实施进一步有效地保障了造价咨询服务工作的质量。

结合项目特点将项目划分为多个合同段，划分范围明确清晰、科学合理合规，有效地避免了招标控制价出现偏高或偏低现象，也减少了施工过程的管理风险。同时通过科学合理的方法对施工范围进行划分，起到了有效的结算造价控制、提高工作效率和降低咨询人力成本费用。通过对招标规则、评分权重、合同条款设置等细化工作，使得招标文件更具严谨性、预见性和可操作性，避免和减少索赔，为项目在规定时间内完成省政府目标任务提供了科学、有效的管理典范。

点评人：李诗强

四川开元工程项目管理咨询有限公司

基于超高层项目的全过程造价管控及事前控制

——上海第一测量师事务所有限公司

黄　斌　王　毅　李　冰　刘　莹

一、项目基本概况

随着经济的发展和城市化进程的不断扩张，我国超高层建筑的高度和数量得到了飞速增长，形成了超高层建筑的建设热潮，加上超高层建筑项目体量大、建筑结构复杂、业态种类多、开发周期长，导致其造价控制相对普通建筑更为复杂、难点更多。本案例选择的某超大型超高层综合体项目，由一幢主楼（含裙房）及两幢辅楼组成，主楼区域地下6层，裙房区域地下5层，建筑高度接近500m。施工周期9年，设计工作由境外设计单位负责方案设计，施工图设计由国内设计院负责。

二、咨询服务范围及组织模式

1. 咨询服务的业务范围

业务范围涵盖设计各阶段（方案设计、初步设计、施工图设计）、发承包阶段、实施阶段、竣工阶段，并提供全过程、全方位的造价咨询服务。

2. 咨询服务工作职责

本项目属于超高层项目，建筑体量大、结构相对复杂、业态种类多、开发周期长，相对普通建筑全过程造价咨询服务而言更为复杂、难点更多。在为此类项目提供造价咨询服务时，考虑最多的是各种影响成本、项目程序及提供咨询服务的常规步骤的特殊因素，咨询服务工作职责如下：

（1）设计阶段

1）协助业主建立目标成本体系。针对超高层项目专业种类多的特点，以类似项目及相关数据比较，编制项目估算并协助业主制定成本控制目标，并根据目标成本建立多级成本控制目标；

2）根据限额设计标准，结合不同设计方案（包括建筑、结构、机电、电梯、精装修、市政配套、绿化工程等），与设计单位积极协调沟通，提供优化设计建议，以协助业主选择最佳的设计方案；

3）编制资金需求表（图1），作为业主融资及资金安排参考；

4）评估和报告不同的施工方法、建筑材料和设备对工程造价的影响。对价格过高的方案、工法、材料或设备与设计及相关顾问方商讨替代方案。

图1 资金需求表

（2）发承包阶段

1）编制合约分判界面及招标计划，同时对总承包、专业分包及独立承包作适当之承包或分包界定，并向业主提供意见，充分理清楚合同界面，避免潜在合同争议；

2）招标策划、合理划分标段。招标策划的结论可能不唯一，但又相对最合理。每种规划均有其优缺点，因此合理规划还应配套相应实施方案，减小漏洞；

3）根据招标图纸及技术规范，编制分包工程及（或）材料、设备供应招标文件所需的工程量清单及招标文件；

4）对照目标成本及相关子项的成本数据，确定本标段的成本目标和分析报告，阐明差异金额及原因，及时向业主提示成本控制预警并提供成本控制的建议；

5）分析和核查所有收到的投标文件，审查并向业主提交评标报告，分析价格差异情况，包括虚报、漏报、不平衡等情况；

6）澄清各标书报价与合约上的问题，协助业主与投标单位谈判及提供定标参考意见，草拟中标通知书；

7）编制合同文件；

8）根据合同付款条件，及时修订和调整资金计划表，包括每年度、每季度详细资金计划表；

9）根据招投标文件、中标承诺及合同约定等，确定本标段目标成本，必要时适时修订目标成本。

（3）实施阶段

1）各合同实施前的交底；

2）建议工程款、变更索赔审批流程；

3）编制并定期更新工程款支付情况表及工程用款计划表；

4）定期实地评估工程进度及工程量，并按合同要求计算承包单位每期应得之中期工程款项，编制中期付款证书；

5）施工图重计算工作；

6）针对承包单位提出的费用与工期索赔问题，向业主提供专业评估意见；

7）根据工程实施情况提供有关建筑材料和机电设备的信息；

8）根据工程进度及现场实际情况，每季度修改及更新工程成本报告；

9）参与有关工程造价及合同执行的工程会议及业主要求的其他会议，协助业主协调各承包商经济关系以利工程顺利进行。

（4）竣工阶段

1）根据竣工图、施工图、工程指令及技术核定单，完成各承包合同结算；

2）对免费维修保养期内的缺陷整改方案所涉及的工程费用项目，依据合同或市场价完成评估；

3）提供项目后评价报告。

（5）其他辅助咨询服务

1）协助业主整理全部项目合同文件及有关资料，统一档案格式，组织完整的资料归档工作；

2）对有关项目在结算过程中出现的合同外工作的工程费用项目，依据中华人民共和国、当地的定额和惯例及（或）市场造价提供评估咨询服务。

三、咨询服务的运作过程

超高层项目较复杂性，体现在设计专业种类多，设计内容复杂且需要协调内容多，设计"错、漏、碰、缺"等问题易发生。作为具有丰富超高层项目造价咨询服务经验的专业咨询单位，我们充分发挥综合专业协调能力，通过提资等方式有效协助业主完善设计内容，达到事前控制造价的目的。同时为体现造价咨询服务的前瞻性及系统性，本服务的重点为完善方案设计估算、初步设计概算及施工图预算，结合各拟定标段确定各分项工程造价控制指标，配合业主更新及完善项目全成本数据：包含前期费用、基础配套费用、开发间接成本、管理费用及运营成本。

上述成本台账及动态调整请参见表1和表2。

本项目概算较估算主要调整内容　　　　表1

序号	项目	概算较估算主要调整内容	金额（人民币）
（1）	结构	主楼地下连续墙从1.0m厚改为1.2m厚	14034200
（2）	幕墙	可开启幕墙+通风铝百叶+遮阳板根据最新询价调整	48280560
		插窗机（估算9台×500万/台，原估算3台×200万/台）	44850000
		首层雨棚/超大雨棚估算增加	6545740
（3）	精装修	办公楼首层大堂及电梯厅精装修	10260000
		办公楼空中大堂及电梯厅精装修	38170000
		其他精装修区域面积调整	-37657670
（4）	综合机电	暖通空调工程:公寓部分空调系统由四管制风机盘管改为水冷式VRV系统	-9303700
		给水排水工程:主楼部分，设计调整为污、废水分流，增加中水回用系统	11467200
（5）	电梯工程	考虑到酒店去高速梯方案的独特性，相关价格按三菱第一次回标报价纳入	79700000
（6）	室外工程	根据100%方案图纸对室外绿化、水景及停车铺地区域面积调整	-547000
（7）		施工开办费（8%）	16480300
（8）		不可预见费（10%）	22248610
		总计	244732000

全成本动态明细表（以主塔楼写字楼为例）　　　　　表2

科目编号	科目名称	控制指标（元/m²）	成本（万元）	已发生成本（万元）	本年计划发生成本（万元）	剩余预计发生成本（万元）
1	土地征用及拆迁补偿费	1120.05	23239.62	23239.62	—	—
2	前期工程成本	762.62	15823.35	8487.62	2777.45	-1450.51
3	建筑安装工程成本	10973.34	227681.95	159377.36	55594.52	68304.58
4	基础设施成本	842.03	17471.00	—	3589.86	7489.99
5	公共配套设施成本	—	—	—	—	—
6	开发间接成本	1742.09	36146.09	5611.47	6400.30	5202.03
7	直接成本合计	15440.14	320362.01	196716.07	68362.14	79546.09
8	销售费用	371.96	7717.64	2944.08	1140.91	3632.66
9	管理费用	100.00	2074.86	1174.13	1056.23	-155.49
10	财务费用	15.00	311.23	124.49	31.12	155.61
11	目标成本（不考虑跨期分摊按建筑面积计）	15927.10	330465.75	200958.77	70590.40	83178.87
12	目标成本（不考虑跨期分摊按可售建筑面积计）	18134.48	330465.75	200958.77	70590.40	83178.87
13	目标成本（考虑地库分摊按可售建筑面积计）	—	—	—	—	—
14	其中：目标工程成本（不考虑跨期分摊按建筑面积计）	12443.51	258185.98	162404.77	60299.54	84685.03
15	目标工程成本（不考虑跨期分摊按可售建筑面积计）	14168.09	258185.98			

过程中进行价格资料的收集、整理和更新，施工图纸的计量及计价，工程变更的核价等，同时负责在施工过程中业主及总包产生合约分歧的解释与说明。

1. 建立标准化合同体系

包括分包合同和独立承包合同、甲供合同。考虑到超高层项目的复杂性及标段众多的特点，拟结合以往类似工程经验与业主讨论并确定本工程合同体系，包括对合同文本的选择、合同条款的阐述、施工措施项目费用的说明等，为高效的合约管理做好铺垫。图2为项目整体合约构架。总体思路为：

（1）利于风险控制、质量及安全控制：从技术角度，本超高层项目面临地下5～6层的超深基坑、地下连续墙及灌注桩深达50m以上、地下水位较高且每年长江防汛等复杂施工条件，±0.000以下的建设风险占据了整个项目的大部分，基于风险控制、质量及安全控制的考虑，本工程地下工程（如桩基、围护及土方工程）均纳入总承包单位的自行施工范围；

（2）利于现金流、缓解资金压力：将桩基、围护、土方等工程纳入总承包单位的自行施工范围，便于利用总承包单位的垫资能力、减轻资金压力（尤其是项目前期阶段的资金压力）；

（3）利于工程协调及优化工期：钢结构吊装及安装、空调安装工程等的现场协调工作量大，为便于工程管理及协调，钢结构吊装及安装、空调安装工程等并入总承包自施范围（主要空调设备仍为甲供），可充分发挥总承包单位的现场管理能力及积极性，优化工程工期。

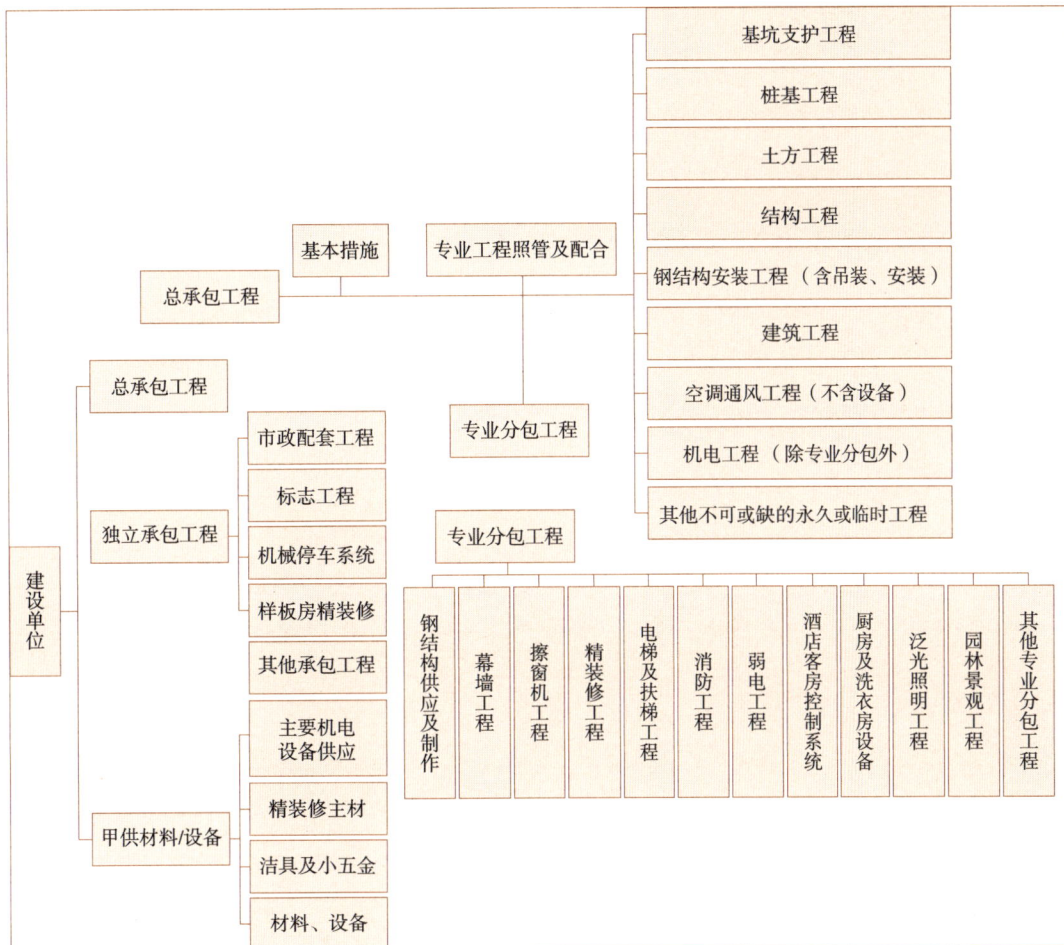

图2 本项目整体合约构架

2. 按项目进度计划完善招标进度安排

在整体工程进度计划进一步明确后，完善招标进度计划并确定各标段具体招标工作日程安排。年度招标工作重点为电梯工程、钢结构工程、幕墙、擦窗机及外墙泛光照明工程。结合设计、施工进度合理地安排招标进度，为合同后造价管理奠定良好基础。并提供招标文件、评分标准等。

3. 咨询服务人员组织构架

具体见图3。

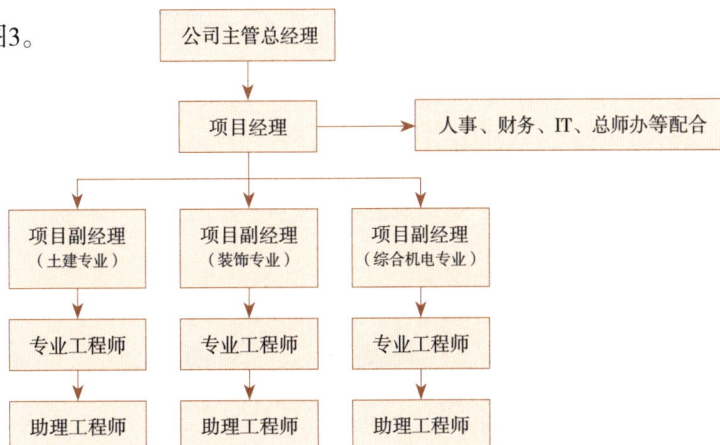

图3 咨询服务人员组织构架

四、咨询服务的实践成效

为积极配合项目前期较为紧张的工作进度，响应建设单位对工程前期造价咨询服务的需要，我们在项目设计及发承包阶段完成取得的咨询服务成效如下：

1. 针对相关专题提供造价方案比选及设计优化

（1）塔楼桩基工程方案比选测算：超高层项目桩基础的方案比选是前期需要关注的重点内容。常见的比选项目包括：桩型、桩径、桩长、桩数、桩头形式等，同时需要注意与结构形式、土方开挖方案、围护方案相结合的多方案排列组合（图4、表3）。

桩基方案与结构形式的对应关系　　　　　　　　　　　表3

桩基方案	钢梁方案		混凝土梁方案	
	方案一	方案二	方案三	方案四
桩径（m）	1	1.2	1	1.2
桩基承载力（kN）	10000	12000	10000	12000
总桩数	288	240	330	275

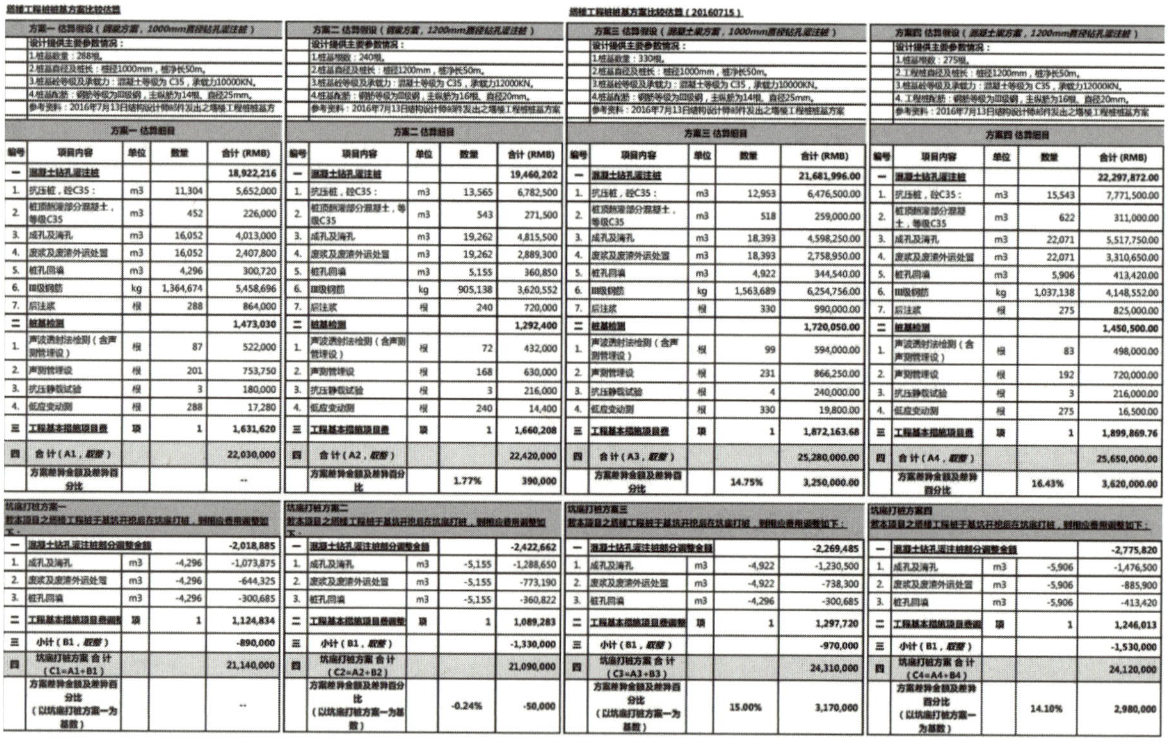

图4　桩基造价方案比较

（2）地下连续墙工程施工方案优化：地下连续墙是超高层项目经常采用的基坑支护方式。原设计要求地下连续墙槽段进入中风化细砂岩不小于1m或中风化砂质泥岩不小于1.5m，入岩段需采用铣槽机成槽机械。多位专家表示在武汉地区类似深基坑项目的地下连续墙工程施工可以不入岩，使用普通液压抓斗成槽机即可。但考虑到本专家评审会主旨为评审施工方案，故专家提出：泥岩入强风化层0.5m，砂岩入中风化层0.5m，使用普通液压抓斗成槽机即可。考虑到地下连续墙的施工成本影响较大，可大大节省工期且保证质量。我们根据现有资料并确定原设计入岩1m或1.5m为方案一，专家提出入岩0.5m为方案二，不入岩为方案三，对上述三个方案进行了多费用的初步测算。计算表明方案二比方案一优化约432万元；方案三比方案一优化约为970万元（表4）。

入岩方案造价比较 表4

序号	方案	单位	与方案一的差价
1	方案一（入岩1m或1.5m）	万元	—
2	方案二（入岩0.5m）	万元	432
3	方案三（不入岩）	万元	970

从工期角度来看，不入岩比入岩要节省约30%的工期。从合同角度分析，根据总承包工程合同文件"工程计价"约定"入岩部分的入岩增加费按项目实施过程中的实际情况由双方另行协商及计算"，故与总承包单位关于入岩费用的争议将会很大，并存在总承包单位未确定费用之前停滞施工影响工期的可能性。因此最终建议业主就地下连续墙入岩深度优化设计事宜进行进一步的设计论证，在方案可行的前提下，采用方案三（不入岩）最为经济、合理。

（3）地下连续墙接口方案对比及优化：就地下连续墙施工图提出的刚性接头（方案一）、V形柔性接头（方案二）、总包调整的柔性V形接头（方案三）进行方案比较，参见表5。

地下连续墙接口方案对比 表5

序号	方案	做法说明	总价（元）	差价（元）	总价（元）	差价（元）	总价（元）	差价（元）
			根据图纸		根据现场实际情况，将已加工成型或已进场的钢材使用完毕后，再进行柔性接头的使用		根据塔楼区地下连续墙的接头应采用成熟可靠的工字形接头形式，即A区采用刚性接头；并考虑利用现场已加工成型的接头及已进场的钢材于后期V形接头使用	
1	方案一：刚性接头	A区采用H1094×600×14×14，B区、C区采用H890×500×10×10	8924575	—	8924575	—	8924575	—
2	方案二：V形柔性接头	A、B、C三区采用10mm方形导向孔方管80×80；8mm厚V形钢板焊接；在侧面焊接10mm三角导向加劲板@3000；0.2mm厚止浆铁皮；锁口管	5263005	3661570	6178983	2745592	7998735	925840

续表

序号	方案	做法说明	总价（元）根据图纸	差价（元）	总价（元）根据现场实际情况，将已加工成型或已进场的钢材使用完毕后，再进行柔性接头的使用	差价（元）	总价（元）根据塔楼区地下连续墙的接头应采用成熟可靠的工字形接头形式，即A区采用刚性接头；并考虑利用现场已加工成型的接头及已进场的钢材于后期V形接头使用	差价（元）
3	方案三：总包调整的柔性V型接头	A区采用10mm方形导向孔方管200×100；B、C两区采用12mm方形导向孔方管200×100；A区采用10mm厚V形钢板焊接；B、C两区采用8mm厚V形钢板焊接；在侧面焊接10mm三角导向加劲板@3000；封口筋A区采用φ20@200；B、C两区采用φ20@300；0.2mm厚止浆铁皮；锁口管	8071305	853270	8285208	639367	8922185	2390

方案二比方案一优化差值约366万元，约节省41%；方案三比方案一优化差值约85万元，约节省10%。

通过对上述三个方案的测算比较可得知，刚性接头的用钢量肯定高出柔性接头的用钢量，方案一总用钢量1411t，方案二总用钢量771t，方案三总用钢量1215t。根据目前现场施工的实际情况，为防止因方案变更导致总承包单位对已进场钢材及已加工成型的接头未能使用或停工等因素，总承包单位向建设单位提出索赔。事业部提出：将已加工成型或已进场的钢材使用完毕后，再进行柔性接头的使用。我司通过现场计量并测算得知：已加工成型或已进场的钢材约为整个刚性接头的25%；据此我司测算结论为：三个测算方案的用钢量及锁口管安拆量调整，方案二比方案一实际优化差值约为275万元，约节省31%；方案三比方案一实际优化差值约为64万元，约节省7%。

根据设计院于2011年10月11日关于《V形接头构造》的回复文件中要求塔楼区地下连续墙的接头应采用成熟可靠的工字形接头形式，即A区采用刚性接头；并考虑利用现场已加工成型的接头及已进场的钢材于后期V形接头使用。据此我们再测算结论为：三个测算方案的用钢量及锁口管安拆量调整，方案二比方案一实际优化差值约为93万元，约节省10%；方案三比方案一实际优化差值约为0.2万元。

结论与建议：从方案的角度而言，上述三方案中第二方案最为经济，其次为第三方案，方案主要差异是用钢量问题，我司建议：由设计部门对第二方案与第三方案的用钢量之合理性进行审核；从现场实际情况而言，在第二方案用钢量合理的情况下，采用第二方案仍能为建设单位节省不少的投入；若采用第三方案，我司建议谨慎考虑，现场已进场的钢材如何利用、A区使用柔性接头还是刚性接头、日后总承包单位的工期索赔等问题将直接影响本工程项目的造价。

（4）砌体B06改B05方案测算

项目砌体（粉煤灰加砌块）材料如采用两种不同砌体材料相对应的墙改基金退费金额进行比较，据此进行成本测算情况如下：

1）方案说明：

方案一：砌体采用B06A3.5粉煤灰加气混凝土砌块，墙改基金退费75%；

方案二：砌体采用B05A3.5粉煤灰加气混凝土砌块，墙改基金退费100%。

2）测算依据包括定额计价标准及合约约定的取费标准、材料价格参考当地信息价、项目所在地区当时部分新型建筑材料市场指导价格表等，测算结果见表6。

砌体B06改B05方案测算　　　　　　　　　　　　表6

序号	内容	单位	工程量	综合单价（元）	合价（元）
方案一					
1	B06A3.5粉煤灰加气砼砌块（3号楼、4号楼）	m³	20785.08	893.34	18568102.07
2	墙改基金（按本项目总建筑面积计）	m²	728637.12	10.00	7286371.20
3	墙改基金退费（按本项目总建筑面积计）	m²	728637.12	-7.50	-5464778.40
4	合计（1+2+3）				20389694.87
方案二					
5	B05A3.5粉煤灰加气混凝土砌块（3号楼、4号楼）	m³	20785.08	945.77	19657863.69
6	墙改基金（按本项目总建筑面积计）	m²	728637.12	10.00	7286371.20
7	墙改基金退费（按本项目总建筑面积计）	m²	728637.12	-10.00	-7286371.20
8	合计（5+6+7）				19657863.69
	方案二与方案一合价差额（8-4）				-731831.19

注：砌块综合单价含砌块、圈梁、水泥砂浆粉刷、批腻子、总包自施措施费等。

3）结论：方案二较方案一经济，即砌体材料采用"B05A3.5粉煤灰加气混凝土砌块"较采用"B06A3.5粉煤灰加气混凝土砌块"优化，优化费用约73万元。

2. 合理设定计价方式，短时间内完成总承包工程招标、谈判及定标

相对于普通建筑，本项目大体量和长工期特点使得合约计价方式成为左右工程造价的重要因素，合理约定计价方式的核心在于如何约定大用量人材机的价格波动风险。鉴于超高层建筑的人材机用量远大于普通建筑，工程量对于结算价格的敏感性远高于同建筑密度下一般高度建筑，总承包人对于主材价格波动的承受能力同样敏感。如果价格波动超过了总承包人的可承受范围，开发商将面临诸如工程停滞的风险。结合国内近几年的人材机的价格波动情况，本项目招标文件中明确约定人工、钢结构、钢筋混凝土结构、电缆管材的价格风险分担方式。本项目采用定额计价，即在设计不充分的前提下，通过浮动费率体现招标工程价格，完成施工单位遴选和合同确定，过程中抓住六部分计价要点：措施项目、土建及

机电安装工程、钢结构安装工程、指定材料及设备供应、专业分包工程，以及独立承包工程。鉴于定额含量、价格以及其他取费内容，相对于当前超高层项目有很大程度的不适用性，包括人材机价格及定额含量、超高层脚手架等取费，因此操作上对于各项量价及取费方式的适当修正，对于交易双方相对公平，并使其具备一定的实用性及操作性。

（1）措施项目费用

1）通过招标文件"措施项目"内容约定明确措施项目费用的取费费率及取费基数。

①措施项目内容：措施项目内容应包含类似JCT或FIDIC合同模式"开办费用"下内容以及《建设工程工程量清单计价规范》GB 50500-2013下的各项措施费用，具体如下：

a. 安全文明施工取费，该项按照政府规定的不可竞争费用取费；

b. 能预见到的超高层的相关技术措施费用（塔吊、施工电梯、顶升或滑模工艺、设备基础），对于能预见到的定额未包含的内容及取费均要求在该项中约定；

c. 超过定额上限的人工及机械降效，宜专项约定取费方式；

d. 明确清晰的临时设施布置及建造要求，并建议附图并明确技术规格要求（如现场道路要求，临时用房在现场使用，家具、网络、空调等约定）；

e. 约定与其他独立或甲方指定分包工程的界面的内容，例如至后浇带工序的降水、乙供材料检测等；

f. 其他措施：例如施工场地狭小等引起的脚手架搭拆、合同工期内赶工引起的各种材料设备的损耗及增加（含周转材料等）、成品保护、工地保安、安全挡板、停水停电措施、硬化施工、施工场地清理及施工垃圾外运（含倾倒、堆放、处理等）、施工噪声环保措施、施工工地环卫费、防洪防风措施、维持交通增加、特殊工程技术培训、市政道路行使增加费等以及协助办理工程竣工备案等。

②法律、法规、规章规定总承包单位上交当地有关部门的规费。

a. 部分规费已在定额间接费中包含，这里包含的应为未取费的内容和总承包实际承担规费的差额部分，具体实施中不应重复计取；

b. 部分规费（如定额测定费）已停止缴纳，具体实施中不应计取。

③施工组织设计方案所增加人工、材料、机械等措施费。这里需要明确业主方及监理批准的施工组织设计不作为工程款的支付参考依据，业主方对施工组织设计方案的确认是对施工组织设计方案可行性的确认，并不是对所涉及费用的确认。

2）"措施项目"的取费基数

"措施项目"的取费基数确定原则为总承包单位自行施工范围内（不含甲供设备/材料、专业分包工程及独立承包工程）的工程总价（包含按上海93定额计价的土建、机电工程造价，按综合单价结算的土方、钢结构（含总承包自行供应及制作工程部分）、业主限价工程等其他工程的造价）为基数。

3）"措施项目"的取费费率

措施项目的取费费率应经过严密测算，采用类似工程比较采用倒算法参考以下公式确定。

（2）土建及机电安装工程

1）明确定额效力：首先，拟结合本项目情况，应对套用定额的先后效力予以明确：

2）提供统一取费计算格式顺序表，格式见表7和表8。

取费计算格式顺序表（土建）　　　　表7

序号	费用名称	费用计算表达式	说明	金额
一	定额直接费	[1]+[2]+[3]		
1	土建直接费	土建直接费		
2	打桩直接费	打桩直接费		
3	吊装直接费	吊装直接费		
二	其他直接费	[4]+[5]+[6]		
4	土建其他直接费	土建直接费×3.5%		
5	打桩其他直接费	打桩直接费×4%		
6	吊装其他直接费	吊装直接费×4%		
三	直接费小计	[一]+[二]		
四	综合间接费	[7]+[8]+[9]		
7	土建综合间接费	（[1]+[4]）×12%		
8	打桩综合间接费	（[2]+[5]）×30%		
9	吊装综合间接费	（[3]+[6]）×55%		
五	费用合计	[三]+[四]		
六	利润	[10]+[11]+[12]		
10	土建利润	（[1]+[4]+[7]）×9%		
11	打桩利润	（[2]+[5]+[8]）×7%		
12	吊装利润	（[3]+[6]+[9]）×7%		
七	人工补差费	定额工日×2.4		
八	施工流动津贴	定额工日×2.5		
九	主要材料差价	材料市场信息价−材料预算价		
十	次要材料差价	土建材料费×2.11%+打桩材料费×16.56%+吊装材料费×13.36%		
十一	机械台班差价	机械96价−机械93价		
十二	费用总计	[五]+[六]+[七]+[八]+[九]+[十]+[十一]		
十三	其他费用	[三]×0.035%+[十二]×0.1%		
十四	税前补差项目	税前补差清单		
十五	甲供材料项目	−甲供材料清单		
十六	下浮	−（[十二]+[十五]−[九]−[十]−[十一]−[十四]−其他不计下浮项目总额）×相应工程下浮率%		
十七	人工补差	定额工日×30		
十八	税金	（[十二]+[十三]+[十四]+[十五]+[十六]+[十七]）×税率		
十九	总造价	（[十二]+[十三]+[十四]+[十五]+[十六]+[十七]+[十八]）		
二十	税后补差项目	税后补差清单		
二十一	实际总造价	[十九]+[二十]		

注：本表为土建工程实物工程量费用计算顺序表。

取费计算格式顺序表（机电）　　　　　　　　　**表8**

	名称	表达式	金额
	取费表	所有分部	
1	定额直接费	直续费合计+系数直接费+主材费	
2	人工费	人工费合计	
3	其他直接费	[2]×23%	
4	直接费小计	[1]+[3]	
5	综合间接费	[2]×180%	
6	利润	[2]×65%	
7	人工补差费	[2]/11.83×2.4	
8	施工流动津贴	[2]/11.83×2.5	
9	材料补差	材料补差	
10	机械补差	机械补差	
11	费用合计	[4]+[5]+[6]+0+[7]+[8]+[9]+[10]	
12	其他费用	[4]×0.035%+[11]×0.1%	
13	税前补差	税前补差清单	
14	小计	[11]+[12]+[13]	
15	让利	－（[14]-[13]-主材费-[9]-[10]-[12]-其他不计下浮项目总额）×相应工程下浮率	
16	人工补差	[2]/11.83×30	
17	税金	（[14]+[15]+[16]）×税率	
18	税后补差	税后补差清单	
19	总造价	[14]+[15]+[16]+[17]+[18]	

注：本表为机电安装工程造价计算顺序表。

3）对于各单位工程计价的考虑点：

①桩基工程：桩基入岩部分的入岩增加费。

②土方工程：土方工程不套用定额对业主相对合理。

③基础部分：混凝土定额中土方工程相应扣除。

④降排水工程：降排水工程宜参照降排水方案确定计价方式。

⑤障碍物破除、改造类、加固类：定额不适用的修缮改造工程或取费过高的内容，建议单独约定价格，如混凝土破除、混凝土碳纤维修补、混凝土打动、零星项目（电渣压力焊、钢筋套管连接、无损破除钢筋混凝土结构、砖墙拆除、不同规格植筋等）。

⑥人工及主材补差：宜先确定补差节点（参照项目进度）。

a. 人工费价差调整：总承包工程在按定额计费后，再另行补差人工费N元/工日（待谈判后确定），人工价差仅计取税金，不计取其他任何费用且不参与总价下浮。

b. 可调材料价格（建议，进一步协商后确定）：可调材料价格的参考范围：商品混凝土、钢材（钢筋、型钢、钢管、钢板等）、水泥、砌块或砌体、砂、石、模板、木方、水、电。上述各种可调材料按施工期间各月的价格取定。

ⓐ钢材价格确定方式：以单体为计量单位，按结构施工阶段期间各月与当月完成工程量［按双方共同确认的工程形象进度（按整层计量）计算当月完成工程量，不计取到场材料费用］的加权平均值计算。主体结构施工阶段以双方共同确定的时间为准。

ⓑ商品混凝土、模板、木方：以每一栋单体为计量单位，按结构施工阶段期间各月与当月完成工程量［按双方共同确认的工程形象进度（按整层计量）计算当月完成工程量，不计取到场材料费用］的加权平均值计算。混凝土运输及泵送费另按定额进行计算。主体结构施工阶段以双方共同确定的时间为准。

ⓒ高强度等级混凝土调价：宜先确定调价系数。

ⓓ水泥、砌块或砌体、砂、石：以每一栋单体为计量单位，按二次结构及初装修施工阶段期间各月信息价的算术加权平均值计算。二次结构及初装修施工阶段以双方共同确定的时间为准。

ⓔ水、电：以每一栋单体为计量单位，按结构及初装修施工阶段期间"水电费缴费单"中的水电费单价的加权平均值计算。结构及初装修施工阶段以双方共同确定的时间为准。

c. 甲定乙供材料：材料价格参与取费，不参与总价下浮，计入工程造价。材料价格为业主方招标中标价或询标价，总承包单位确认无条件接受。但总承包单位应参与对供应商质量、业绩、供应能力的考察。总承包单位确认不因现场施工条件变化、付款条件及其他理由与业主限价确认的供应商拒绝签订合同或拖延采购时间或暗中要求供应商再返利、降价。

d. 限价材料：限价材料（可以为防水工程、外墙保温工程、外墙涂料工程、其他外墙装修工程等）采用限价工程形式。业主方在招标中标价或询标价的基础上，按上浮一定比例后的价格对本工程进行限价，总承包单位确认无条件接受。总承包单位确认不因现场施工条件变化、付款条件及其他理由与业主限价确认的承包单位拒绝签订合同或拖延采购时间或暗中要求供应商再返利、降价。

e. 其他材料：甲定乙供材料、限价材料除外的材料价格执行工程合同签订当月市场信息价，施工期间一律不作调整；信息价中缺少的材料价格，按双方协商认可的价格计算，按甲定乙供材料方式处理。

f. 材料计量的特殊约定：本工程劲性钢筋混凝土结构结算时应按定额规定计算劲性钢筋混凝土，其中混凝土工程量计算时应扣除劲性柱型钢所占体积。

⑦机械费调差：定额人工耗量高而机械化程度低，在按照上述第⑥条a.项明确人工补差的同时，建议工程机械按照定额不予调整。

⑧脚手架费用建议约定根据定额按上限套价，超限部分在措施项目中综合考虑。

⑨总包管理协调及配合费：总承包单位对专业分包单位和独立承包单位的总包服务费为固定费率，竣工结算时按各专业分包工程或独立承包工程结算价的$n\%$计算服务费（计费基数不包含设备费，合同另有约定的除外，如由总承包单位承接的"钢结构供应及制作工程"则视为总承包单位自行施工内容，并计取"措施项目费用"；不由总承包单位承接的"钢结构供应及制作工程"作为甲供材料，总承包单位可收取$n\%$的总包管理配合费）。总承包单位对其他甲供材料及设备计取$n\%$的材料设备保管费。

（3）钢结构安装工程

钢结构的吊装及安装按钢结构安装（包含吊装、安装）、压型钢板铺装（含支撑、侧模等，栓钉供应安装费用另计）、栓钉施工费、高强螺栓施工费等约定综合单价结算。钢结构安装、压型钢板铺装（不计封口板等面积）、栓钉施工、高强螺栓施工价格包括除永久钢制构件、栓钉（含磁环）、高强螺栓外的辅材、安装费、利润等全部费用。所有钢结构的安装单价（由于施工方案、施工工艺需要而采用的措施及措施用钢在安装单价内承担）不论安装标高如何改变，不论深化设计图纸及施工工艺、工程量如何改变，单价闭口包干，作为今后结算和变更的依据，工程量今后按深化设计图纸中永久性钢结构（不包括临时加固、固定构件用钢及措施用钢）的数量调整。钢结构工程供应、制作及安装费用划分按照现有约定。

总承包单位可以参与钢结构供应制作工程和钢结构防火涂料的供应及施工的投标及比选，若业主方同意，在同等条件下，业主方可优先考虑总承包单位承担上述工程。如由总承包单位承接的"钢结构供应及制作工程"，则视为总承包单位自施内容，并计取"措施项目费用"；不由总承包单位承接的"钢结构供应及制作工程"作为甲供材料，总承包单位可收取$n\%$的总包管理配合费。

（4）材料、设备供应：

材料、设备供应工程中材料及设备由业主方指定型号及厂商，总承包单位负责采购，或业主方直接采购。除合同另有约定外，业主方直接采购的材料及设备的采购保管费按材料或设备的采购价乘以$n\%$计取（已含税，总承包单位提供卸车、入库、保管等服务），业主方指定型号及厂商由总承包单位负责采购的材料及设备的保管、仓储、卸货的费用已包括在措施项目费用中，业主方及专业分包单位不另行支付。

（5）专业分包工程（即指定分包工程，但建议避免采用指定分包工程说法，详见下述修改建议）：

除合同另有约定外，专业分包工程（不包括设备）的总包管理协调和配合费按业主方与专业分包单位签订的结算价（扣除业主方供应的设备费）乘以$n\%$计取（已含税，若部分专业分包工程由总承包单位施工则免收此项费用）。总承包单位为专业分包单位提供的配合、管理及协调的工作内容详见合同文件措施项目说明。

（6）独立承包工程：

除合同另有约定外，独立承包工程（不包括设备）总包管理协调及配合费按业主方与独立承包单位签订的结算价（扣除设备费）乘以3%计取（已含税，若部分独立承包工程由总承包单位施工则免收此项费用）。总承包单位为独立承包单位提供的配合、管理及协调的工作内容详见合同文件措施项目说明。

前期主要咨询服务成果如下：对超高层业主与万豪酒店及其管理公司达成的前期框架协议提出审核建议、对主楼与副楼和裙房两个概念设计合同的合同文本提供商务条款审核建议、试桩检测报价审核、主楼、裙房地质勘查（详勘）工程评标、试桩工程及临时场地-景观水池结算审核及协商、施工监理招标；根据项目方案设计为本项目提供建安费用估算并针对主楼幕墙及电梯的不同设计方案提供造价测算及比选，为项目拟定出工程合约分判及拟定初步招标进度计划。

五、案例小结

超高层项目通常为地标建筑，建筑形态特殊、所处区域不同、计价形式也各不相同，尤其超过400m的项目，目前市场类似可供对标的项目较少，所以对于成本的动态控制尤为重要，要求实时更新动态成本，一旦超成本目标预警，需配合设计进行方案优化，多方案比选，并进行目标平衡，最终控制在经审批的目标成本内。

专家点评

本项目为一幢主楼，两幢辅楼，一座裙房，总建筑面积为690508m²。主楼地下6层，地上119层，建筑高度630m。

本案例是超高层项目全过程造价管理的案例，服务内容涵盖方案阶段、扩初阶段、施工图设计阶段、施工阶段、结算阶段全过程、全方位的造价咨询服务。方案阶段为确定目标成本并结合各拟定标段确定各分项工程造价控制数据。针对相关专题提供造价方案比选及设计优化建议；在项目实施过程中开展主要材料市场价格的收集、整理和更新，施工图纸的计量及计价，工程变更的核价等，建立标准化合同体系，包括分包合同和独立承包合同、甲供合同。考虑到超高层项目的复杂性及标段众多的特点，拟结合以往类似工程经验所得与业主讨论并确定本工程合同体系。

本案例作者在设计阶段通过对"地下连续墙工程施工方案优化""地下连续墙接口方案对比及优化""项目砌体（粉煤灰加砌块）材料选择"等为业主节省了大量的资金，仅地下连续墙一项节省约432万元。在总承包招标阶段通过合理安排"措施项目费用、土建及机电安装工程、钢结构安装工程、专业分包工程、独立承包工程"等措施建立了良好的合约体系。本项目为积极配合项目前期较为紧张的工作进度，在短短5个月时间内完成了自项目设计及发承包阶段完成的全部造价咨询服务工作。

本案例为超高层建筑，对超高层项目全过程造价管理具有很强的借鉴作用。超高层项目通常为地标建筑，建筑形态特殊、所处区域不同、计价形式也各不相同，尤其超过500m的项目，市场类似可供对标的项目较少，全过程造价咨询企业对于成本的动态控制尤为重要，要求实时更新动态成本，一旦超成本目标预警，需配合设计进行方案优化，多方案比选，并进行目标平衡，最终须控制在期初审批的目标成本内。

点评人：张大平

北京求实工程管理有限公司

以投资控制为核心的某总部大厦工程BIM技术应用

——天职（北京）国际工程项目管理有限公司

张　超　胡定贵　曾宪喜　卢玲玲　陈大顺

一、项目基本概况

1. 项目概况

某总部大厦项目为商业综合体项目，含综合商业配套、眼科中心医院门诊中心、诊疗室、药房、住院部、研究所及行政办公用房。

该工程规划净用地面积16373.65m²，分为南北两个地块，北地块净用地面积13973.56m²，南地块净用地面积为2400.09m²，南北两个地块各布置有商业、商务楼。项目总建筑面积154094.59m²，其中：北地块有北塔23层、南塔21层两栋塔楼，4～8层由钢结构裙楼连接（裙楼底部为下沉广场），建筑面积约138148.9m²（含地下5层建筑面积47624.40m²）；南地块有14层塔楼一栋，建筑面积约15945.69m²（含地下2层建筑面积3589.60m²）。项目总投资约13亿元，于2016年12月26日开工，计划于2020年4月10日竣工。

本项目建设单位采用业主自管模式，合同模式采用施工总承包及各专项工程的平行发包方式，委托天职工程咨询股份有限公司（以下简称"天职咨询"）提供包含设计、全过程造价控制、BIM咨询并协助进行工程项目建设管理的全过程工程咨询服务。

2. 项目特点

该项目的主要特点有：

（1）基础深，局部深度超过±0.000以下16m；

（2）施工场地狭窄，局部基础投影面积（不考虑施工预留工作面）与用地面积比值达到了0.85；

（3）项目周边情况复杂，项目东面紧邻正在运营中的地铁一号线的轨行区间，南面有一座正在经营的加油站，西面地势高出±0.000约5m且紧邻基坑边缘有住宅小区，北面靠近新中路立交桥；

（4）项目为商业商务综合体，不同的使用需求对空间的要求不同，且医疗使用需求对空间的要求非常高。

上述项目特点对工程设计及现场施工管理带来了难度，同时，也要求咨询服务过程中，需要综合考虑上述因素，协助建设单位有效推进项目实施。

二、咨询服务范围及组织模式

1. 咨询服务的业务范围及内容

某总部大厦项目的全过程工程咨询服务范围包括工程设计服务、工程造价咨询服务、BIM应用咨询服务等，具体服务内容如下：

（1）工程设计服务

本项目设计服务工作范围包括所有地上、地下建筑物、构筑物、综合管网、道路、围墙等配套、附属工程的设计及技术服务工作；设计服务类别含方案设计、初步设计、报建图设计、施工图设计阶段的所有设计工作的内容，及其相关设计阶段的中后期服务工作，具体如下：

①方案设计

本项目方案设计由建设单位委托国外某设计院实施，天职咨询提供的设计服务包含：配合国外设计院完成满足发包人要求，并符合国家及地方规定要求的报建设计深度的设计图纸及文件资料（配合方案设计院将所有方案整合成册，其中完成除建筑专业以外的各专业设计说明、管线综合图及日照分析等），对国外设计院提交的方案设计文件进行相关的检查并提出优化意见，负责通过政府职能部门要求的报规设计评审。

②扩初设计

负责对国外设计院提供的建筑专业扩初设计成果进行复核、校对、修改完善、增加签注以及法定图则的绘制等工作，并在此基础上完成包括但不限于建筑、结构、给水排水、强弱电、水暖空调、人防、园林景观等全部专业的设计图纸和文件资料，确保达到国家规定要求的扩初设计深度，负责通过政府主管部门要求的初步设计评审，同时完成各专业工程概算。

③报建图设计

设计并及时提供包括但不限于建筑（平面、立面、剖面）、给水排水、强弱电、水暖空调、人防、园林景观等一切项目报建所需要的设计图纸、文件资料和相关评估报告，并确保达到国家规定要求的报建图深度，并协助发包人办理报建手续。

④施工图设计

设计完成施工图，并配合完成施工图审查，确保该施工图设计全面、完整、详实，达到国家有关文件规定的设计深度和要求。

⑤其他工作内容

设计服务过程中参加政府主管部门组织的相关评审会，协助发包人进行报审、报建并提供相关的专业咨询报告、咨询意见等；负责配合精装修、幕墙、智能化等其他专业设计工作，并根据发包人要求，对设计成果进行修改、完善。

（2）工程造价咨询服务

提供全过程造价管理工作，协助建设单位进行工程投资的管控，具体工作内容如下：

设计阶段编制设计概算，并根据概算金额提出成本优化建议；协助进行多方案比选，完成设计阶段的成本测算；

施工准备阶段协助进行合约策划、标段划分，确定合同模式，编制招标文件、合同文本等；编制招标工程量清单、招标控制价，协助进行清标、评标分析；协助建设单位进行合同谈判等；

进行施工阶段的成本控制，建立动态成本控制月报，在设计团队的支持下控制变更、洽商费用；组织暂估价询价工作，进行暂估价的审核、确认；进行工程款的支付审核等工作；

竣工阶段进行竣工结算审核工作。

（3）BIM应用咨询服务

本项目BIM咨询服务包含两部分内容：

①通过BIM技术提供重点部位、关键区域的可视化设计方案比选、优化等工作，进行施工图的BIM建模，检查设计的错漏碰缺等问题，确保设计阶段的成本控制；

②施工阶段指导建设单位、参建单位基于BIM技术开展协同办公，竣工阶段建立完整的竣工模型等，具体包括BIM技术应用实施标准与流程制定；建筑结构模型建立与设计协调；机电设备模型建立与设计协调；幕墙模型建立与协调；重点部位装修模型建立与设计协调；多系统综合与协调；出具多系统综合协调成果图纸；搭建BIM技术协同工作平台（EBIM平台）；机电设备安装施工进度筹划管理；工程变更的模型调整；建立完善的竣工模型，为项目的运维需求提供合理化建议及技术支持。

2. 咨询服务的组织模式

为确保建设单位与咨询单位之间信息沟通高效、顺畅，咨询单位内部的设计、造价、BIM、EBIM等各专业之间有效整合，确保咨询服务质量，项目实施之初，咨询服务项目组按照两个维度制定了工作开展的组织模式及管控体系：

（1）建设单位的项目管理组织模式

为有效组织该项目的建设管理工作，建设单位成立了项目管理领导小组以及在领导小组下的项目管理办公室具体负责项目实施，由天职咨询成立全过程工程咨询项目组协助项目管理办公室具体实施项目的设计、造价控制及BIM应用等项目管理工作，对于项目现场的进度、质量、安全控制工作，建设单位主要借助监理单位的专业力量来进行管理，建设单位的项目管理组织模式具体如图1所示。

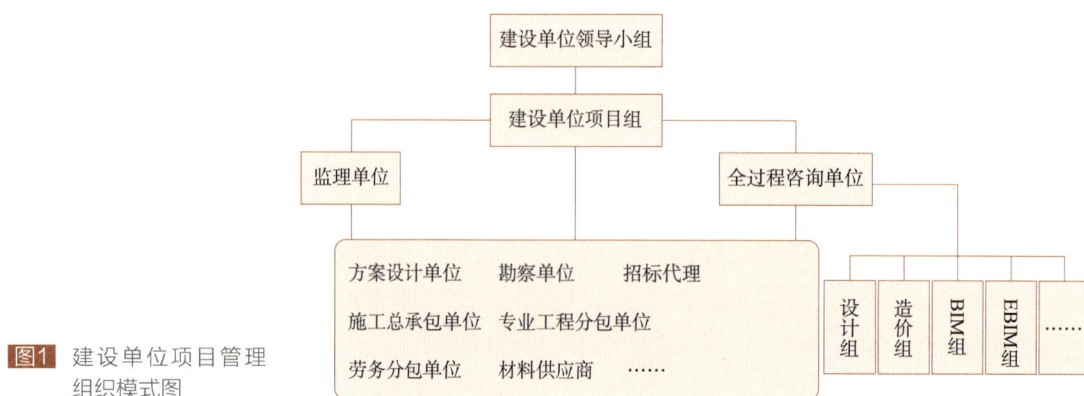

图1 建设单位项目管理组织模式图

（2）全过程工程咨询单位内部组织架构

为有效整合公司各专业版块资源，更好地为建设单位提供集成的咨询服务，我们成立了"1+*N*"模式的全过程工程咨询服务团队，其中"1"指在项目总监带领下的现场服务团队，承担计划、组织、指导、协调和控制职责，负责统筹管理各专项咨询工作小组，协助建设单位进行本项目的设计、投资、

BIM应用管理等工作，根据本项目全过程工程咨询的服务范围，本项目现场服务团队成员中含设计人员、造价人员、BIM人员及项目管理工程师。"N"指各专项咨询工作小组，包括设计工作小组、造价工作小组、BIM工作小组、EBIM支持小组等。另外，考虑到本项目的复杂性，我们在项目总监下设置了技术负责人岗位，协助项目总监进行咨询服务质量的控制、各专项咨询工作小组间的组织、协调等工作。本项目全过程工程咨询单位内部组织架构如图2所示。

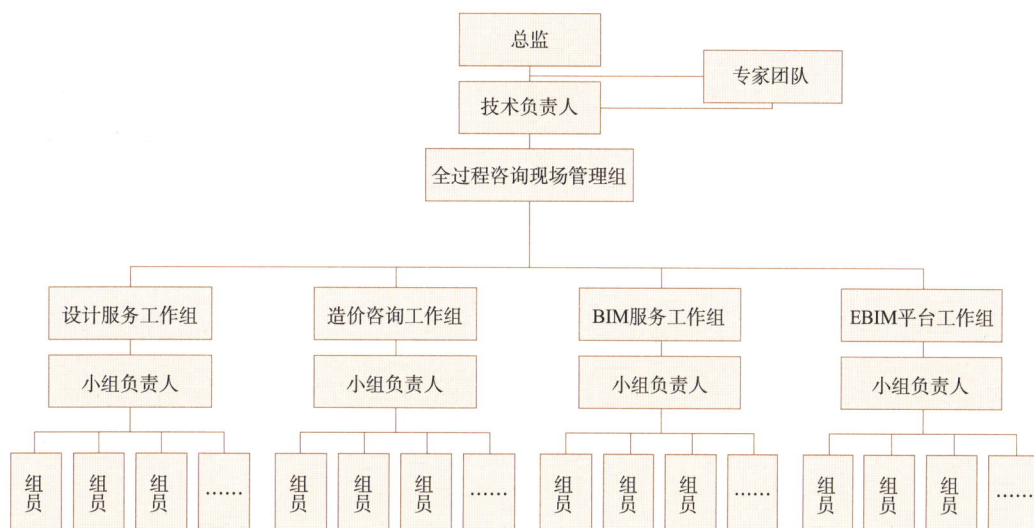

图2　咨询单位内部组织架构图

3. 咨询服务团队的职责权限

本项目全过程工程咨询服务过程中，天职咨询与建设单位组成一体化协同管理团队，协助甲方实施项目的设计、造价控制及BIM应用管理工作，同时，借助EBIM管理平台，配合建设单位完成对工程进度、质量、安全的管理工作。全过程工程咨询团队在项目管理中的职责权限具体如下：

（1）设计管理由建设单位主导，天职咨询主要提供专业支持、协助、配合，并具体实施设计工作；

（2）造价控制工作主要由天职咨询负责实施管理，建设单位主要进行审批、决策并提供协调、支持工作；

（3）BIM咨询工作主要由天职咨询主导实施，建设单位在天职咨询提出的专业意见的基础上进行审批、决策；

（4）EBIM平台应用管理工作由天职主导实施，建设单位负责协调相关单位配合；

（5）进度、质量安全管理等工作主要由建设单位借助监理的专业力量实施管理，天职咨询提供协助、配合等工作。

三、咨询服务的运作过程

1. 确定咨询服务思路

本项目全过程工程咨询服务确定以下服务思路：

（1）重视前期设计方案比选及设计优化工作

本项目涉及业态多且包含医疗用房，项目设计难度大，为有效地进行项目成本控制，确保设计质量，体现服务价值，我们在设计服务过程中引入BIM团队，充分利用BIM技术对项目关键部位或区域模拟并利用价值工程进行多方案比选，从建成后的物业运营维护、建造施工、造价控制等多角度考虑方案的比选，积极提出设计优化思路、方案等，确保设计质量和效果。

（2）策划先导，重视合约管理

按照"以投资控制为重点"的服务思路，在全过程咨询服务过程中，重视项目前期策划、重视合约规划及合约管理，充分考虑项目实际情况及特点等，拟定合理适用的关键合同条款，通过有效的前期策划及合约规划的制定，规范并保障项目的顺利实施。

（3）借助先进管理技术及手段提升项目管理水平

全过程工程咨询服务过程中，通过引入EBIM管理平台，协助建设单位建立以BIM模型为基础的一体化协同管理平台，通过平台有效对工程质量、进度、投资等形成有效管控，同步形成完整的工程档案，并为后续物业运行提供基础。

2. 协助建设单位确定项目管理组织架构、完善工程管控体系

站在建设单位的角度想问题，为更好地开展工程咨询工作，最大限度发挥工程咨询的价值，服务之初我们建议并协助建设单位成立了以总经理为组长，招标部、合约部、设计部、工程部、机电设备部、医疗管理部、信息化建设部门负责人为组员的领导小组，同时，抽调建设单位各专业、各部门人员组成建设单位项目组直接与全过程工程咨询现场服务团队对接，并实行联合办公机制。

同时，在上述组织机构确定的基础上，协助建设单位完成了以下管理策划：

（1）协助建设单位建立了该项目的工程管控制度，结合已经确定的组织架构和管理模式，梳理了相关方职责权限、工作流程和管理制度、考核制度等；

（2）协助建设单位编制完成项目管理规划大纲，结合建设单位需求，明确了项目建设管理目标、制定了各项管理工作的总体管理思路、策略及工作计划，分析了项目管理风险并提出了应对措施，为项目后续建设管理提供指导；

（3）建立了例会制度，确保沟通畅通。为确保与建设单位沟通畅通，工程咨询服务单位协助建设单位建立例会沟通制度，采用定期例会与专题会议相结合的方式，促使多方人员面对面交流，缩短信息传递的流程，为工程咨询服务单位及时、高效地服务于本工程项目奠定基础。

3. 咨询服务的运作过程

（1）建立咨询服务的内部组织架构，确定相关职责权限

确定"1+N"的咨询服务模式，并建立对应的组织架构及岗位权责。由项目总监带领下的"1"作为全过程工程咨询现场服务团队，负责项目的计划、组织、指导、协调和控制工作、负责统筹管理各专项咨询工作小组并协助建设单位进行本项目的设计、投资、BIM应用管理工作。各"N"具体负责设计、造价、BIM等各专项咨询工作实施。

（2）确定咨询服务思路、编制咨询服务实施方案、建立咨询服务业务实施规范

结合项目实际情况及建设单位实际需求，提出本项目咨询服务思路、编制完成咨询服务实施方案。同时，为保证服务质量，在咨询工作开展前，制定完整、有效的全过程工程咨询服务管理制度，制定全过程工程咨询作业操作手册及标准、规范；打造一支专业实力强劲的全过程咨询服务团队，为建设单位

提供优质的全过程咨询服务，实现服务价值。

（3）建立了咨询服务团队内部沟通机制

为保障该总部大厦项目工程咨询服务工作沟通畅通、及时有效，建立了总监例会、月报等常态化的内部沟通机制，并通过EBIM协同办公平台实现信息及时传递和共享，具体如下：

总监例会制度：为了保障所有参与某总部大厦项目的工程咨询服务工作小组的信息来源的唯一性、及时性和有效性，实现工程项目信息的延续使用，咨询服务团队建立了某总部大厦项目总监例会制度，明确每月上旬召开一次项目总监例会，让会商成为一种常态。

月报制度：结合总监例会制度，制定了各工作组月报制度，要求每月最后一个工作日之前上报各工作小组当月工作开展情况，对需要协调解决的困难等重点汇报并由项目总监决定是否在总监例会上讨论解决。月报制度确保项目总监在本项目管理决策时数据真实、依据充分。

搭建EBIM内部沟通管理平台：搭建咨询服务团队内部协同办公平台，利用EBIM平台实现设计、BIM、造价等各专项咨询服务成果及相关信息的传递、共享，见图3。

图3　EBIM管理平台示意图

（4）各专项工作小组咨询服务的运作过程

本项目在提供设计服务过程中，采用了传统二维设计与BIM技术应用同步开展工作的方式，通过建立的三维BIM模型，及时发现传统设计过程中容易出现的错、漏、碰、缺等问题，将设计优化工作落到实处，提高了设计深度及质量。同时，在设计优化过程中，造价工作组积极介入，对优化方案进行经济分析，确保优化成果具有最合理的经济价值。各工作小组具体运作模式如下：

①设计工作小组的运作过程

建立工作岗位责任制度：对设计工作组所有的工作岗位明确责任与义务，为工作的开展提供制度保障。

制定工作计划：按照合同文件的约定，结合建设单位提出的需求意见，以及工程项目设计工作控制时间节点，制定相应的工作计划。

组织实施：在项目负责人的统筹安排下，由各专业设计工程师开展方案阶段、扩初设计阶段、施工图设计阶段等合同约定的设计工作。

设计成果质量复核检查：由设计工作小组负责人组织，依据咨询服务的质量控制规范，结合相关法律法规、技术规范、标准、规程等，对设计成果进行质量复核，并在项目技术负责人、项目总监审核通过后，提交建设单位。

设计交底：施工准备阶段，在全过程工程咨询现场管理团队、建设单位的组织下开展对施工单位的设计交底工作。

与其他咨询服务工作的协同配合：在设计工作组中，确定专人负责及时将设计工作组审核通过的各阶段的设计成果上传至平台，供其他咨询服务工作组下载、使用，负责协助小组负责人接收其他咨询工作组在工作中发现并反馈的设计成果错、漏、碰、缺、设计意图不明确等问题，交由设计工程师，在出具正式的设计成果前，对设计成果文件进行优化，提高设计成果文件的质量。

②BIM技术应用工作小组的运作过程

从设计阶段开始建立三维BIM模型，与其他各咨询服务工作小组联动办公，具体运作过程如下：

建立BIM标准及方案：工作开始前，建立BIM工作标准、制定了BIM工作工作方案，为BIM工作开展提供了依据，为基于BIM技术实现项目信息化管理奠定了基础。

建立BIM工作管理流程：为确保工作成果质量，针对本项目BIM工作开展，制定了工作流程，对建模工作、管综调整工作的成果质量实行BIM建模工程师自检、互检，BIM工作组负责人复核、技术负责人复核、总监审批的"三级复核"机制。

基于BIM模型实现与工程设计联动办公，提高设计图纸的成果质量：利用BIM技术的碰撞检测功能，发现设计图纸的"错、漏、碰、缺"问题，同时将发现的问题通过项目现场管理团队反馈给设计工作小组，申请BIM工程师与二维图纸设计工程师面对面的联合办公，在BIM模型中实时对发现的问题进行调整、演示、优化，提高设计图纸的成果质量，具体见图4、图5。

图4 检查记录示意图

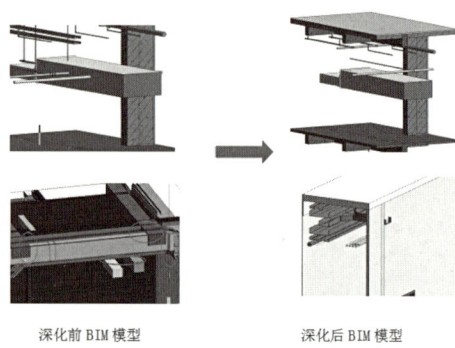

图5 基于BIM技术深化设计示意图

协助设计工作组出具深化设计图：在传统CAD出图模式下，一旦图纸出现修改和调整的情况，各专业所有的图纸均需要逐一进行修改，由于修改图纸工作量比较大，还有可能出现漏改的情况。BIM技术应用后，在BIM模型对初步设计成果进行优化调整，通过BIM软件自带的CAD图纸导出功能，能方便、快捷的导出工程所需要的各专业、各系统、各构件、任意局部的平面图、立面图、剖面图，而且在BIM模型中任意一项修改和调整，相关联的所有图纸都会随之修改和调整，降低了设计图纸修改工作的强度，具体见图6。

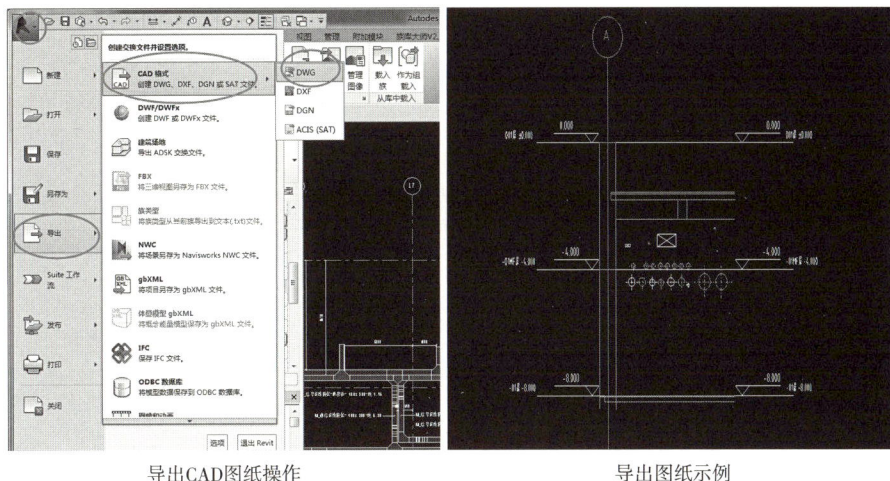

导出CAD图纸操作　　　　　　　导出图纸示例

图6 基于BIM技术导出CAD图纸示意图

③造价控制工作小组的运作过程

在工程造价咨询服务工作组的牵头组织下，由设计人员、技术负责人、专家团队共同讨论，提出了项目合约策划方案，确定了施工承包方式，对合同界面进行了划分，拟定了合同关键条款等关键内容，为建设单位提供了深度的造价管理服务，特别是在合同拟定过程中，基于本项目使用EBIM平台实现各参建单位有效协同管理的要求，协助建设单位制定了《某总部大厦项目建设工程施工总承包技术标要求之BIM技术要求》，为项目选择合适的施工总承包单位创造了基础。

另外，工程造价咨询服务工作小组在提供工程量清单、招标控制价编制的服务过程中，工程量计算和工程量清单编制工作均采取标准化作业的工作模式，同时对作业过程中遇到的问题，及时通过项目现场管理团队协调其他工程咨询服务工作小组进行共同处理。工程造价咨询服务工作小组提供咨询服务的运作过程如下：

CAD图纸实行标准化集中整理：工作中收到的图纸由青矩计量工作组按照分工情况，对图纸中图层、模块等按照标准流程进行处理。处理后的图纸及时分配给钢筋、土建、计价等工作组开展后续工作。

工程量计算标准化：计量工作组根据标准化作业手册，将算量工作按照专业或构件细分成不同的工作小组，各工作小组按照标准化作业规范、流程完成建模工作，各工作小组模型整合过程中同步实施算量模型完整性复核的工作；从整合的模型中提取工程量并填入标准工程量清单，填量过程中针对有项无量和有量无项的分部分项工程再次复查，实现对工程量准确性的第二次复核。

计价清单编制标准化：计价清单编制工作组根据标准化作业手册及标准化处理后的图纸，编制工作内容、项目特征描述完整，无工程量的计价清单。

工程量计算和计价清单交叉检查：工程量清单编制完成后，在将工程量逐一录入工程量清单的过程中，再一次对有项无量和有量无项分部分项工程的模型进行复查，确保工程项目招标控制价清单的完整性，确保工程项目控制价的合理性。

后台工作组长：复核后台各工作组工作成果质量，收集工作开展过程中发现的图纸问题，通过造价项目组长向项目现场管理团队汇报，经由项目现场管理团队协调、推动设计成果质量优化。

现场工作组：根据建设单位现场管理工作需求，对施工现场设计变更、技术洽商、现场签证等零星项目的核算；测算多方案设计中所有方案的成本数据，从造价的角度为建设单位选择合适的方案提供参考意见，运作过程见图7、图8。

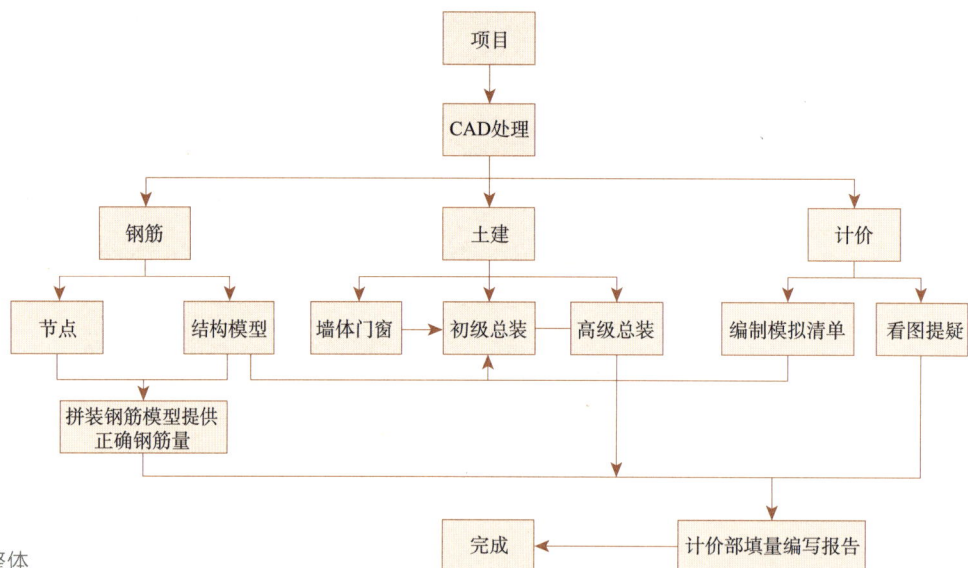

图7 标准化作业整体流程图

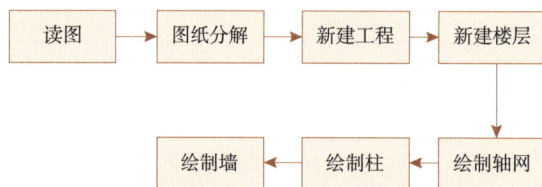

图8 墙柱建模流程图

④EBIM技术支持小组的运作过程

EBIM技术支持小组工作开展主要以BIM工作组在工作开展中的应用需求为导向，以满足其应用需求为目标。基于BIM协同工作要求进行BIM共享环境的建设，利用EBIM私有云平台实现建设单位项目管理各个环节之间的信息共享和协同作业，支持扩展与企业信息化提供资源的整合、信息的共享以及业务的协同。建立支撑工程信息共享的BIM信息交换接口，实现BIM模型的导入、系统内模型数据的整合、模型及信息的导出、模型与信息的交互浏览、全过程模型动态更新等。按照项目需求及时对EBIM协同管理平台的维护升级。

目前，EBIM协同管理平台已实现施工阶段基于EBIM平台对成本管理及材料设备跟踪、贯穿工程项目全生命周期、全过程的BIM模型展示、传递与完善、基于EBIM平台、结合BIM模型实现全过程资料管理、全过程参建各方基于EBIM平台的实时协同功能。

四、咨询服务已实现的实践成效

1. 以造价及BIM技术为推手，提高设计深度及质量

众所周知，工程项目在招标阶段所使用的施工图设计深度，往往决定了招标控制价的准确度，而招标控制价的准确度将影响中标结果的合理性以及后续的成本控制工作，甚至有些工程项目因施工图设计

深度不够，导致编制招标控制价的工程量清单出现缺系统、缺工作内容、缺分部分项工程等失误的情况出现，进而造成招标控制价成果质量失控。

本项目工程咨询服务工作中，BIM工程师与二维图纸设计工程师面对面的联合办公，使传统二维设计与BIM技术应用同步开展工作，通过BIM技术将二维图纸转换成三维BIM模型，基于BIM模型系统、直观地发现建筑、结构、机电专业在初步设计阶段相互之间存在的"错、碰、撞"等问题约120处，从而在设计阶段就实现了项目各构件相互零干扰、整体空间优化、管线排布整洁的目的，提高了设计深度及质量。

本项目工程造价咨询服务工作与设计联合办公，以工程造价编制需求为导向，逆向推动施工图设计成果文件深度和质量的提高，防止施工过程中因图纸深度不够，造成成本控制风险及损失浪费等情况出现。施工图设计成果文件的深度和质量的提高，让工程造价编制依据的设计图纸更齐全、更详细，从而又能提高造价成果的准确度。

2. 从造价的角度协助设计技术方案的选择

本项目全过程工程咨询工作开展中，对设计阶段的设计优化事项，均按照施工图预算要求将原方案、新方案的造价进行计算和对比，从造价控制的角度和施工预算的深度对方案的可行性进行分析，作为建设单位选择最优方案的决策依据。如在本工程项目中，从成本控制的角度考虑将原方案的"人工挖孔桩及筏形基础"变更为新方案"旋挖桩及筏形基础"，在新方案保证结构安全的前提下，采用不同设计院进行论证。咨询服务过程中，通过提供方案变更前后的详细造价数据，为建设单位提供决策依据。具体资料见表1。

某总部大厦项目S1桩基选型造价对比表 表1

	基础类型	桩基部分（元）	建筑部分（元）	合计（元）	与挖孔桩差价（元）
某总部大厦项目S1地下室	人工挖孔桩及筏形基础	16342651.27	24858095.67	41200746.94	
	旋挖桩及筏形基础-阡陌	19152367.47	24284732.74	43437100.21	-2236353.27
	旋挖桩及筏形基础-中岩	15836436.22	24284732.74	40121168.96	1079577.98

3. 实现了设计方案的可视化优化及比选

本项目设计过程中，在设计方案比选阶段，利用BIM技术的优势，快速地实现了不同方案之间的转换，并且展示效果直观、形象。

本工程为了保证整个总部大厦外观整洁，内部视野开阔，外墙外立面采用了玻璃幕墙。但在设置楼层边缘防护栏杆时，栏杆扶手的高度刚好在0.9～1.2m的幕墙线条位置，此位置遮挡了室内人员坐着办公人员的视线。为选择更好的栏杆方案，经过BIM工程师与设计师沟通，在BIM模型中演示了降低栏杆高度、玻璃栏杆、外部线条离地高度调整至2.8m位置三种方案供建设单位选择，确保选择的方案最贴切建设单位的实际需求，实现了设计方案的可视化比选，具体见图9。

原方案：不锈钢栏杆+幕墙线条栏杆顶部　　优化方案一：玻璃栏杆+幕墙线条在楼层上部方案效果　　优化方案二：不锈钢栏杆+幕墙线条在楼层上部方案效果

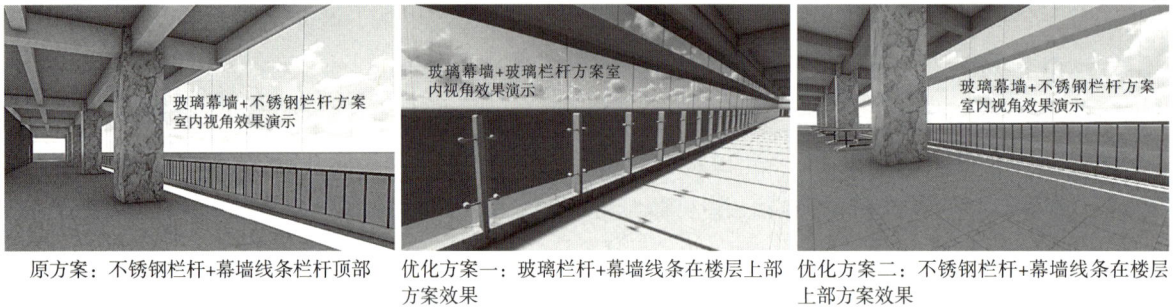

图9　栏杆设计方案可视化比选示意图

4. 形成的其他有价值的成果文件

（1）建立BIM技术应用标准体系

建设单位在本项目中首次应用BIM技术，缺乏对应的BIM应用目标、应用标准、应用指南等指导性文件。基于此情况，为了更好地应用BIM技术，实现建设单位内部各部门联动办公，结合建设单位原有的管理流程及管理制度，制定了《设计阶段BIM实施指南》《施工阶段BIM实施指南》《整体工作计划方案》《BIM实施标准》等文件，为建设单位建立了BIM技术应用标准体系。

（2）协助建设单位对施工总承包单位进行选择

本项目采用基于BIM模型的EBIM信息化管理平台实现对项目的建设管理，要求各参加单位均需要具备BIM技术应用能力。针对建设单位首次在项目中应用BIM技术，不明确施工单位应该具备什么样的BIM应用水平、如何开展BIM技术应用的联动、协调工作的情况，在全过程工程咨询服务工作开展中，协助建设单位制定了《某总部大厦项目建设工程施工总承包技术标要求之BIM技术要求》（图10），为建设单位选择合适的施工总承包单位提供了条件。

五、预计本项目后续实现的其他实践成效

1. 工程项目造价、质量、安全、进度、合同、信息集成管理的探索

（1）造价控制

以工程项目经济价值最大化为导向开展造价控制工作，实行多专业联动，

图10　技术要求示意图

尤其是与BIM技术应用的相互联动，提高施工图设计的深度和细度，使工程造价成果质量更优，为后续各阶段造价控制工作奠定了基础。在本项目中，对施工阶段造价控制工作中的进度款审核与工程变更审核工作做了如下的探索：

进度款审核：进度款（月或季度等）审核时，传统工作模式需要根据进度款的结算周期进行阶段性的工程量计算，参建各方都需要投入较大的人力。BIM工作模式在初期搭建模型之后不再需要周期性地计算工程量，而是在已有BIM模型上直接按照形象进度提取工程量作为参考。由于参建各方（施工、监理、工程造价咨询服务、建设单位等）使用的是同一套BIM模型，故输出的工程量都是唯一且一致的，不存在反复"报量、核量、确认"的过程，使管理效率明显提升。

工程变更审核：工程变更的计量是工程造价咨询服务中更消耗时间和人力的工作，传统工作模式下，参建各方对于某一项设计变更或工程洽商的工程量需要进行反复的磋商，很多情况还要进行现场测量。而在BIM模型上，只要对相应部位按照实际变更进行模型更新，即能可视化地反映工程量的增减。BIM工作模式是在已有的同一BIM模型上进行更新，参建各方输出的工程量变化结果是一致的，没有人为操作的空间，极大地提高了变更审核的效率，减少了工程计量和各方沟通的人力成本。在进行变更决策时，BIM模型对相应部位变更前后的可视化展示也是建设单位进行决策的有力依据。

（2）质量安全控制

全过程质量和安全信息都在EBIM平台上储存和调用，将所有质量安全信息挂接到BIM模型上，让质量安全问题能在全过程、各个层面上实现高效流转，从而实现对施工过程的实时监控、溯源。

（3）进度控制

结合到管理工作中的进度控制将不再局限于展示和分析，而是由各方作为使用主体，将虚拟模型作为实体模型的缩影，在计算机上开展进度的管理，将比传统进度管理模式更精细和具有时效性。

（4）合同管理和信息管理

通过BIM模型与合同主体的挂接，从根本上解决各参与方的"信息断层"问题，有利于工作面、工作范围的划分与管理，使合同所对接的范围更加清晰，并能管理、储存如工程量统计表、进度计划等合同管理相关资料，使合同管理更加高效且有依据。

2. BIM模型中导出的工程量与传统计价模式下工程量符合性探索

本项目工程咨询工作开展的过程中，将工程设计、工程造价咨询服务、BIM技术应用实行联动，通过BIM技术实现了二维图纸到三维可视、信息化模型的转换，在转换过程中将设计深度不够、施工工艺不明确、多专业协调后有缺陷的地方及时的与设计沟通并优化，同时根据工程计量相关规则的要求，结合BIM软件操作，编制了《BIM建模与造价模型需求相结合的操作指南》。最终，基于BIM模型输出工程量清单，将其与造价工作编制的工程量清单中的工程量进行对比分析，找出有差异的原因，后期将通过技术手段，逐步实现BIM模型中导出的工程量符合传统计价模式下工程量的需求，本项目BIM模型及算量示意图见图11。

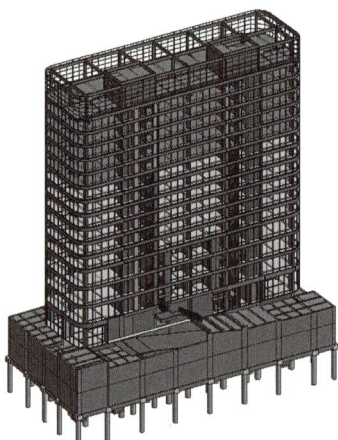

<B_外墙明细表>

A	B	C
族与类型	面积	容积
基本墙: B1-DWQ1-700mm	90.30 m²	63.21 m³
基本墙: B1-DWQ2-700mm	82.80 m²	57.96 m³
基本墙: B1-DWQ2a-700mm	21.20 m²	14.84 m³
基本墙: B1-DWQ3-700mm	243.20 m	170.24 m³
基本墙: B1-DWQ4-700mm	286.85 m²	200.80 m³
基本墙: B1-DWQ5-700mm	32.47 m²	22.73 m³
基本墙: B1-DWQ6-700mm	91.82 m²	64.26 m³
基本墙: B1-DWQ6a-700mm	21.18 m²	14.83 m³
基本墙: B1-DWQ6b-700mm	46.30 m²	32.41 m³
基本墙: B1-DWQ6c-700mm	35.47 m²	24.83 m³
基本墙: B1-DWQ6d-700mm	24.40 m²	17.08 m³
基本墙: B1-DWQ6e-700mm	29.00 m²	20.30 m³
基本墙: B1-DWQ7-700mm	43.20 m²	30.24 m³
基本墙: B1-DWQ8-700mm	63.20 m²	44.24 m³
基本墙: B1-DWQ9-700mm	278.80 m	195.16 m³
基本墙: B1-DWQ10-700mm	88.57 m²	60.58 m³
基本墙: B1-DWQ10a-700mm	22.54 m²	15.78 m³
基本墙: B1-DWQ10b-700mm	61.17 m²	42.82 m³
基本墙: B1-DWQ10c-700mm	30.58 m²	21.41 m³
基本墙: B1-DWQ11-700mm	56.32 m²	39.43 m³
基本墙: B1-Q1-400mm	408.27 m²	160.82 m³
基本墙: B1-Q2-400mm	29.99 m²	11.98 m³
基本墙: B1-Q4-300mm	78.60 m²	23.58 m³
基本墙: B1-电梯井壁-200mm	32.00 m²	6.40 m³
基本墙: B1MF-SCQ1-400mm	188.52 m²	75.41 m³

图11 BIM模型及算量示意图

专家点评

本项目为商业商务综合体大楼，包括综合商业配套、眼科中心、医院门诊中心、诊疗室、药房、住院部、研究所及行政办公用房等，建筑面积约15.4万m²。项目具有功能复杂、建设规模大等特点，另外项目还具有以下特殊性：一是基础局部深度超过16m；二是施工场地狭窄，局部基础投影面积与用地面积比值达到了0.85；三是项目周边情况复杂，项目东面紧邻正在运营中的地铁的轨行区间，南面有一座正在经营的加油站，西面地势高出设计室内地坪约5m且紧邻基坑边缘有住宅小区，北面靠近立交桥；四是项目为综合体，不同的使用需求对空间的要求不同，而且医疗使用需求对空间的要求非常高。

本项目全过程工程咨询服务内容包括工程设计服务、BIM应用技术咨询和造价咨询等。在咨询服务过程中，协助建设单位成立工程咨询工作管理小组，建立咨询服务内部组织架构和工作流程，保证项目咨询的高效合规，并借助EBIM内部沟通管理平台，实现设计、BIM、造价内部资料的协同和共享。初步建立了BIM技术应用标准体系，实现施工图深化设计前置和设计方案的可视化比选。在此基础上，进行工程造价、设计优化、质量、安全控制和BIM技术的集成应用。最终项目以造价及BIM技术为推手，提高设计深度及其质量；从工程造价的角度协助设计技术方案的选择，实现设计方案的可视化优化及比选；探索解决BIM模型导出工程量与传统计价模式下工程量符合性问题。

点评人：陈建华

万邦工程管理咨询有限公司

超高层综合体项目成本管控案例

——龙达恒信工程咨询有限公司

付　剑　潘公喜　梁亚娟　马瑞丽　周　腾

一、项目基本概况

该综合体项目位于某沿海城市，周围配套资源成熟，交通便利。该项目四面临街，项目总占地1.41万m²，总建筑面积12.78万m²，建筑高度为217m。

地上42层，地下4层，包括：酒店及办公楼、会议区、停车场等。

该综合体项目占地面积为14100m²（其中酒店占地面积为7527m²），规划建筑面积为127826m²，其中地下面积为36429m²，地上面积为91397m²。酒店部分总面积为68347m²，其中地上面积为49637m²，地下面积为18710m²。项目设计使用车位563个，其中地上59个，地下504个。

本项目工程建造标准（表1）较高，对造价影响较大，而且新工艺、新材料使用较多，对材料的询价、定价需求远高于一般项目，这就要求咨询公司具备比较强大的后台支持力量，才能确保项目在各阶段的顺利实施。

因综合体项目专业分包较多，项目合同界面划分（表2）尤其重要。在成本优化方面，需要咨询公司对各专业分包的界面和做法有清晰的认识，并能够提出合理的成本优化建议，对可降低成本的做法进行预控，在结算方面应避免重复计量。综合体项目其他特点详见表3。

工程建造标准　　　　　　　　　　　　　　　表1

		写字楼	酒店	车库
结构及初装修	结构形式	框架-核心筒结构	框架-核心筒结构	框架-核心筒结构
	层数及层高	1层6.0m，2～4\6～19层4.5m，20层7.6m	5层4.5m，21层7.6m，22～35层3.8m，36～37\39～42层5.5m，38层6.5m	4层\-4层3.8m，-3层4.8m，-2层4.8m，-1层6.0m
	基础形式	筏形基础	筏形基础	筏形基础
	平屋面\斜层面	平屋面，有屋顶花园，部分钢结构采光天棚	平屋面，钢结构	
	内墙	加气混凝土砌块	走廊加气混凝土砌块，轻钢龙骨石膏板内隔墙	加气混凝土砌块
	屋面防水	4mm厚SBS改性沥青防水卷材	4mm厚SBS改性沥青防水卷材	4mm+3mm厚SBS改性沥青防水卷材（耐根穿刺）；冷底子油一道；20mm厚1：3水泥砂浆找平层
		20mm厚1：3水泥砂浆找平层	20mm厚1：3水泥砂浆找平层	

续表

		写字楼	酒店	车库
结构及初装修	防水（厨卫、外墙）	厨卫：采用1.5mm厚Ⅱ类聚氨酯涂层防水	厨卫：采用1.5mm厚Ⅱ类聚氨酯涂层防水；环保型合成高分子防水涂膜	外墙：20mm厚1：3水泥砂浆找平层；4mm+3mm SBS改性沥青防水卷材；60mm厚聚苯板，M7.5水泥砂浆砌筑120mm厚MU10实心砖保护墙
	屋面隔热	100mm厚挤塑聚苯板保温层	100mm厚挤塑聚苯板保温层	岩棉保温层55mm厚
		30mm厚陶粒混凝土找坡层	30mm厚陶粒混凝土找坡层	
门窗工程	入口门	旋转门	旋转门	
	房间门	实木装饰门	实木装饰门	
	管井门	防火门	防火门	
公共部位	外墙装饰	幕墙主要为单元式异形跌级幕墙，铝合金型材要求国产高精级铝合金型材，受力构件壁厚不小于3mm，玻璃为镀膜钢化（10mm+12A+10mm）中空Low-E玻璃，结构及密封胶采用道康宁品牌，相关五金件采用德国诺托品牌	幕墙主要为单元式异形跌级幕墙，铝合金型材要求国产高精级铝合金型材，受力构件壁厚不小于3mm，玻璃为镀膜钢化（10mm+12A+10mm）中空Low-E玻璃，结构及密封胶采用道康宁品牌，相关五金件采用德国诺托品牌	无
精装修	外墙保温	100mm厚岩棉	100mm厚岩棉	
	入口装饰	玻璃幕墙、花岗石	玻璃幕墙、花岗石	
	屋面装饰	屋顶花园、地砖		
	电梯厅装饰	大理石	大理石	
	大堂 楼地面装饰	拼花大理石	拼花大理石	
	大堂 墙面装饰	大理石、木饰面板或其他	大理石、木饰面板或其他	
	大堂 天棚装饰	石膏板多级吊顶，乳胶漆面或其他	石膏板多级吊顶，乳胶漆面或其他	
	电梯厅 楼地面装饰	大理石	大理石	
	电梯厅 墙面装饰	大理石	大理石	
	电梯厅 天棚装饰	石膏板多级吊顶，乳胶漆面	石膏板多级吊顶，乳胶漆面	
	楼梯间 楼地面装饰	石材	石材	
	楼梯间 墙面装饰	乳胶漆	乳胶漆	
	楼梯间 天棚装饰	乳胶漆	乳胶漆	
	栏杆 楼梯栏杆	木扶手铁艺栏杆	木扶手铁艺栏杆	
	栏杆 天井栏杆	不锈钢玻璃栏杆	不锈钢玻璃栏杆	

续表

			写字楼	酒店	车库
精装修	公共部位	楼地面装饰	大理石	大理石、地毯	
		墙面装饰	大理石、木饰面板或其他	大理石、壁纸、木饰面板或其他	
		顶棚装饰	石膏板吊顶，乳胶漆面	石膏板异形吊顶，乳胶漆面	
		门槛	大理石	大理石	
		卫生间设备	科勒品牌洁具	科勒品牌洁具	
		橱柜	木制	木制	
		烟道	镀锌钢板	镀锌钢板	
	客房/办公	楼地面装饰	大理石、瓷砖	大理石、瓷砖、地毯	
		墙面装饰	木质踢脚线、饰面板、乳胶漆或其他	木质踢脚线、壁纸、饰面板、乳胶漆或其他	
		天棚装饰	石膏板吊顶，乳胶漆面；卫生间铝合金板吊顶	石膏板吊顶，乳胶漆面；卫生间铝合金板吊顶	
		门槛	大理石	大理石	
		卫生间洁具	科勒中低档洁具	科勒高档、高仪品牌洁具	
		橱柜	木制	木制	
		风道	镀锌钢板	镀锌钢板	
	走廊	楼地面装饰	瓷砖地面	地毯	
		墙面装饰	乳胶漆，饰面板	乳胶漆，壁纸、饰面板	
		顶棚装饰	石膏板异形吊顶，乳胶漆面	石膏板异形吊顶，乳胶漆面	
室内给水排水	给水排水		生活给水管采用铜管，污水废水管材采用柔性接口机制铸铁管，地下室排水采用压力排水镀锌钢管；雨水采用镀锌管，采用重力排水系统。热水管采用不锈钢管，变频供水设备，补水设备及水箱	生活给水管采用铜管，污水废水管材采用柔性接口机制铸铁管，地下室排水采用压力排水镀锌钢管；雨水采用镀锌管，采用重力排水系统。热水管采用不锈钢管，变频供水设备，补水设备及水箱	生活给水管采用铜管，污水废水管材采用柔性接口机制铸铁管，地下室排水采用压力排水镀锌钢管；雨水采用镀锌管，采用重力排水系统。热水管采用不锈钢管，变频供水设备，补水设备及水箱
	洁具及五金件		科勒品牌洁具	科勒、高仪品牌洁具	
室内供暖			考虑中央空调	考虑中央空调	
室内燃气			引入厨房	引入厨房	
室内电气	穿管布线		电气配管为镀锌钢管、穿BV线或NHBV线	电气配管为镀锌钢管、穿BV线或NHBV线	电气配管为镀锌钢管、穿BV线或NHBV线
	桥架、电缆		低压主干线阻燃密闭型插接母线或阻燃交联电力电缆；桥架采用钢制喷塑	低压主干线阻燃密闭型插接母线或阻燃交联电力电缆；桥架采用钢制喷塑	低压主干线阻燃密闭型插接母线或阻燃交联电力电缆；桥架采用钢制喷塑
	配电箱\电表箱		配电箱	配电箱	配电箱、落地柜
	开关插座		高档	高档	中档
	灯具		大堂采用花吊灯，走廊及地下室采用应急灯、半圆吸顶灯，客房采用花灯等	大堂采用花吊灯，走廊及地下室采用应急灯、半圆吸顶灯，客房采用花灯等	地下室采用应急灯、半圆吸顶灯，荧光灯等

续表

		写字楼	酒店	车库
室内通风空调	通风空调	通风空调设备机组、风机盘管、新风及通风系统	通风空调设备机组、风机盘管、新风及通风系统	通风空调设备机组、风机盘管、新风及通风系统
高压配电	高压配电	高压双路66kV电源，装机容量4台1600kV·A变压器	高压双路66kV电源，装机容量4台2000kV·A变压器	
发电机	发电机	有	有	有
电梯	电梯	裙房客梯2部，塔楼客梯6部，货梯1部	客梯、穿梭梯、服务梯等计19部	主楼内的客梯、货梯、消防专用电梯在车库设置出入口
室内消防	室内消防	公共部位设置消火栓系统、公共部位及室内设置喷淋系统、强电室及弱电室设置气体灭火系统	公共部位设置消火栓系统、公共部位及室内设置喷淋系统、强电室及弱电室设置气体灭火系统	公共部位设置消火栓系统、公共部位及室内设置喷淋系统、强电室及弱电室设置气体灭火系统
弱电系统	消防报警	火灾自动报警系统、消防联动控制系统、火灾应急广播系统、消防专用电话系统、电梯运行监控系统、气体灭火系统、火灾漏电报警系统	火灾自动报警系统、消防联动控制系统、火灾应急广播系统、消防专用电话系统、电梯运行监控系统、气体灭火系统、火灾漏电报警系统	火灾自动报警系统、消防联动控制系统、火灾应急广播系统、消防专用电话系统、电梯运行监控系统、气体灭火系统、火灾漏电报警系统
	智能化系统	综合布线系统、计算机网络系统、无线对讲系统、公共广播系统、视频监控安防系统、入侵报警系统、电子巡更系统、一卡通系统、客房门锁系统、能量计量系统、建筑设备管理系统、智能化集成系统、信息发布系统、影音系统、机房	综合布线系统、计算机网络系统、无线对讲系统、公共广播系统、视频监控安防系统、入侵报警系统、电子巡更系统、一卡通系统、客房门锁系统、能量计量系统、建筑设备管理系统、智能化集成系统、信息发布系统、影音系统、机房	综合布线系统、计算机网络系统、无线对讲系统、公共广播系统、视频监控安防系统、入侵报警系统、电子巡更系统、一卡通系统、客房门锁系统、能量计量系统、建筑设备管理系统、智能化集成系统、信息发布系统、影音系统、机房
	有线电视	餐厅、会议室、休息室等有娱乐功能的房间设置电视终端	客房内都设置电视终端	
	电话	各办公按办公面积大小，设置配套数量的电话插话	客房内床头、卫生间都设置电话插座	
	宽带网	各办公按办公面积大小，设置配套数量的宽带插话	客房内都设置宽带插座	
	其他系统	建筑设备管理系统、智能灯光控制系统、背景音乐及应急广播系统、触摸屏引导系统、监控室其他设备及安装费，无线对讲系统、会议室等扩音、同声传译及多媒体演示系统	建筑设备管理系统、客房控制系统、智能灯光控制系统、背景音乐及应急广播系统、触摸屏引导系统、监控室其他设备及安装费、无线对讲系统、酒店客房控制及管理系统、会议室、多功能厅、宴会厅等扩音、同声传译及多媒体演示系统	建筑设备管理系统、背景音乐及应急广播系统、触摸屏引导系统、监控室其他设备及安装费、无线对讲系统
室外给水排水			有	

续表

		写字楼	酒店	车库
室外智能化	停车管理系统	有		
	小区闭路监控	有		
	周界红外防越	无		
	电子巡更系统	有		
园林环境	绿化	有		
	建筑小品	有		
	道路及广场	有		
	围墙	无		
	室外照明	有		
	零星设施	有		

项目合同界面划分　　　　　　　　　　　　　　表2

序号	合同名称	合同主要范围、内容	配合专业
1	基坑土方及支护合同	基坑土方开挖、回填、支护桩、基坑降水	沉降监测
2	总包合同	主体结构、钢结构、二次结构、粗装修，核心筒内安装工程：电气、给水排水、暖通及消防、智能化的管道预留预埋	幕墙、机电
3	幕墙工程	各种板块的幕墙、雨篷、屋顶停机坪	泛光照明
4	样板房装修装修	硬装、软装、家电	
5	室内精装修工程——硬装	含核心筒外的电气工程：线管、灯具；洁具安装；装修工程	软装
6	室内精装修工程——软装	活动家具、窗帘、配饰、灯具、标识	装修单位
7	消防工程	火灾自动报警系统、消防联动控制系统、火灾应急广播系统、消防专用电话系统、电梯运行监控系统、气体灭火系统、火灾漏电报警系统	装修单位
8	智能化工程	综合布线系统、计算机网络系统、无线对讲系统、公共广播系统、视频监控安防系统、入侵报警系统、电子巡更系统、酒店叫醒、停车场控制系统	装修单位
9	景观工程	含屋顶花园	总包
10	室外管网	室外雨污水、室外电力、煤气、热力管沟	总包、景观
11	电梯工程	电梯采购及安装	总包、装修单位
12	厨房工程	厨房设备	总包、装修单位
13	其他设备	擦窗机、泳池设备、水塔	总包

综合体项目特点　　　　　　　　　　　　　　表3

序号	项目特点	主要内容
1	基坑大开挖支护桩	支护桩+预应力锚索、桩间挂网喷射混凝土面板的支护形式
2	基础筏板	核心筒3m厚筏板、抗浮锚杆施工（岩石层）
3	主体结构	框架-核心筒结构：办公楼部分采用型钢混凝土柱，酒店部分钢筋混凝土柱，楼盖板为现浇混凝土结构、轻型压型钢板支撑，部分楼层采用型钢钢梁、塔楼屋面采用型钢结构
4	机电工程	空调、给水排水、电气、消防联动系统、消防灭火皆为独立的两套系统
5	幕墙工程	外周墙面全部由不同的单元玻璃板块组成，各板块间瓦状连接，其中一面全部弧形造型
6	装修工程	超五星标准，装修单位的选择需要酒店方认可
	备注	建设方定位本项目力争"鲁班奖"

二、咨询服务范围及组织模式

1. 咨询服务的业务范围

（1）目标成本工作内容：概念设计阶段目标成本编制、方案阶段目标成本编制、施工图纸阶段目标成本编制，并出具正式文本报告。

（2）预算清单编制工作内容：总包招标模拟清单编制、施工图纸阶段预算标底、招标清单编制（总包、机电、绿化、装修、幕墙等各专业），依据甲方要求出具各专业文本报告，并根据评标需要派相关专业人员参与评标。

（3）全过程造价服务内容：乙方根据现场各专业工程施工需要，在工程开工前7个工作日派相关专业人员进驻现场，对该工程进行全过程造价跟踪服务，即包括各专业设计变更及现场签证等涉及造价内容的一切相关工作。

（4）工程结算及成本后评估工作内容：乙方需对本工程各相关专业进行竣工结算，并出具审核报告、造价后评估工作。

2. 咨询服务的组织模式

（1）该咨询服务工作的管理组织架构：由工程咨询业务部门负责实施，设置该项目的专属项目部，咨询公司后台业务部门总工办、招标代理、财务部门、行政中心、询价小组等实施后台支持工作。

（2）项目人员配置：项目部设置项目经理1人，两名有经验的造价师分别担任土建专业负责人和安装专业负责人，并配备土建专业工程师3人，安装专业工程师5人，精装专业工程师3人，园林专业工程师1人。材料询价、成果文件审核等由后台部门进行完成，形成项目前沿，由项目团队现场跟踪实施，公司后台团队全方位业务支持和管理。

（3）成果文件流程实施的经验和做法：

①现场测量工程量收量安排两人实施，可有效掌握测量仪器等；

②在阶段工作实施中，实行任务交底单制度，可以准确有效传达工作意图；

③全过程项目实行线上投控系统，形成线上工作流程，并形成电子文档记录；

④成果文件通过ECMS造价管理系统，利用系统平台模式对成果文件的出具进行审核；

项目实施过程中，所有成果文件上传至公司系统平台，三级审核过程通过系统平台进行流转并审核。同时，出现的业务质量问题可自动汇总至质量问题台账，并按照审核人的判定自行区分错误等级、类型、责任人等。配合公司的《低级错误处罚办法》对低级错误类（含三个级别28项）给予经济处罚；

⑤成果文件三级审核制度，通过ECMS系统线上完成。

3. 咨询服务工作职责

（1）项目负责人岗位职责

①遵守政府和行业主管部门有关工程造价咨询的法规、规范、标准和指导规程，执行企业规章制度；

②与委托方积极、有效地沟通，详细了解委托方的目的及要求；承担该项目的组织实施、专业协调和质量管理工作；对项目组成员的工作进行协调；

③负责该项目各总分包合同的草拟或审核工作；接收和核验委托方提供的各类资料；

④制定项目作业计划，经部门负责人批准后实施；

⑤负责统一该项目的技术经济分析的原则、编审依据和编审方法；

⑥动态掌握该项目实施状况，负责督促检查各咨询子项和各专业的进度，研究解决在存的问题；

⑦对该项目的咨询质量负责，监督专业咨询员进行质量校核；负责对项目初步成果进行复核；

⑧综合编写咨询成果报告及其总说明、总目录，确保成果文件格式规范、表述清晰和满足使用需要；

⑨负责咨询报告的送达；负责与委托方结算咨询费；将必须归还委托方和归档的资料，及时整理，收集齐全，分别办理归还和移交归档手续。

（2）专业工程师岗位职责

①在项目负责人的领导下负责执行作业计划，对本专业的咨询质量和进度负责；

②遵守政府和行业主管部门有关工程造价咨询的法规、规范、标准和指导规程，执行企业规章制度；

③根据作业计划制定的咨询原则、技术标准，选用正确的调查分析方法、计算公式、计算程序，确保数据和结果的准确性、完整性、真实性、有效性；

④对专业成果质量进行自主控制，认真校核咨询成果；

⑤编写本专业咨询成果文件，确保成果文件格式规范、表述清晰和满足使用需要；

⑥完成作业计划后将必须归还委托方和归档的资料，及时整理，收集齐全，交项目负责人或专业办理归还和移交手续的人员；

⑦规范执业行为，遵守职业道德。

三、咨询服务的运作过程

咨询公司在本项目实施过程中，前期编制了概念设计阶段目标成本编制、方案阶段目标成本编制、施工图纸阶段目标成本编制，并出具正式文本报告；并根据初步设计图纸编制总包模拟清单，协助建设单位完成总包的招投标工作。

施工图纸设计并图审完成后，根据确定的图纸重新计算工程量，套用总包的中标清单价格，完成预算书。

施工阶段，将传统的工作方式，如审核工程进度款、审核变更及签证、方案测算等事中、事后控制措施转变为以前期目标成本为纲，以成本合理化为手段，以合同为抓手，根据以往工程经验，通过对工程实施过程进行提前讨论预测的方式，将项目管控的触角前置。提前预计工程未来实施中可能遇到的问题，寻找成本控制点，把工程实施中可能遇到的问题，或即将发生的成本变化因素进行测算，为委托方提供经济分析资料，协助委托方处理需要变更的问题。该部分工作的重点是放在建筑做法的优化和界面划分的调整上。这也是房地产公司近十年成本管控由"算"向"控"转化的直接原因。

工程竣工阶段，根据各参建单位上报的结算资料，对各合同段进行结算审核，最终形成建设单位、施工单位、咨询单位三方共同认可的结论，出具最终的审核报告。

在所有结算审核完毕后，编制工程结算备案资料，与施工单位共同配合建设单位完成结算备案工作。

本工程全过程咨询工作具体业务事项如下：

1. 前期定位阶段

依据项目的产品定位编制了项目实施大纲，使前期成本指标编制有据可依，对后期项目的成本控制及项目的实施起到了很好的指导作用，同时也为项目后评估提供相关依据。

2. 方案设计阶段

在方案设计阶段采用了限额设计的方法，即由成本管理部门和技术部门共同研究确定设计限额指标，有利于在前期方案设计阶段进行造价控制。

在机电设计方面有几点需要注意。一次、二次机电设计根据项目整体开发进度，图纸按照单体施工顺序先后出图。本部分重点在于约定机电图纸合图事宜，通常来说，设计过程中一次机电图纸与二次机电图纸不是一家设计院，可能会出现多处图纸冲突。例如，管径大小、管线敷设位置及系统配置形式，两家设计院图纸中存在差异，需在施工中由设计院多次澄清说明。本项目设计合同中约定了一次机电与二次机电图纸合图处理要求，确保图纸系统完整及统一性。自动控制系统要融合各个厂家的设备，做到科学合理，减少人、机、料的损失。

3. 施工图设计阶段

在此阶段继续采用限额设计方法，并将限额指标纳入设计合同条款，在施工图设计阶段进行造价控制。以合同为抓手，对设计过程及成果进行有效管控。

4. 招投标管理阶段

材料、设备的采购普遍采用了招投标的方式，通过市场竞争的方式，有效降低了成本。成本部对甲供主要材料均采用了认价的办法，认价中结合招标和询价，降低了材料成本。以上管理办法均有效地控制了成本的支出。

5. 施工管理阶段

施工过程中发生的洽商变更，实行工程、成本、监理、施工四方现场核量，及时核价的制度，有效地控制了结算时洽商费超报冒报的现象。在工程实施中，将工程管理与成本管理相结合，对设计不合理的结点进行修改，很好地控制了成本。

具体如下：

（1）关键线路及图纸节点细致梳理，避免后期返工造成成本和质量影响。

（2）项目部就项目施工的重点难点及关键线路提前谋划梳理，并提出对应方案。如：工序穿插、场地布置、天气应对等，在保证质量成本的前提下合理安排施工工期，针对施工样板材质、工期、节点、计划等与设计部提前商讨，针对招标采购、成本等与施工单位提前梳理，找出问题，解决问题，同时与施工单位核对图纸，对图纸节点存在实施困难的部位进行及时调整，做到有的放矢。

（3）严控材料进场、质量把控、工序交接、资料保存等环节，减少对成本和质量的影响。

（4）重视施工过程中材料进场前的验收工作，要求甲方监理人员严把质量关，对不合格产品必须退货，并且对责任单位进行相应的警告罚款，施工中严控各项交接工作及资料保存，包括图纸、排产、工序、隐蔽验收、档案资料等；按流程严格执行图纸、排产、工序交接手续，对下发图纸、排产单、隐蔽资料等，及时组织项目部及施工单位进行审核，对排产设备存在异议的，及时与公司相关部门沟通，最大限度避免因把关不严造成后期问题出现；严格把控，做好工程材料验收、工序质量、交接验收、隐蔽验收、相关试验等工作，发挥总包、监理主观能动性。

（5）施工阶段的常规工作方面：

1）工程变更

①工程变更应按其变更的内容、性质、金额和影响程度划分相应的类别，履行相应的审批流程；

②变更资料应齐全、完整并具有可追溯性；

③工程变更的价款调整计算应准确无误；

④工程变更引起的其他相应费用调整（如：措施费项目）应合法、合理、有据。

2）工程量清单缺项

①应详细查询原招投标文件、招标图纸、施工图纸、工程量清单及投标书，是否有的项目已经包括在其他项目中；

②工程量清单重新组价应按计价规范和标准的规定原则，结合合同约定的组价标准进行操作。

3）现场签证

现场签证应按相应程序办理相关手续，做到各种资料齐全，审核与批准程序资料完整、有效。

4）物价变化

因材料价格上涨进行合同价款调整应在合同及规范规定的范围和幅度内，应以政府公布的相应价格指数作为依据。

5）暂估价

材料暂估价应按合同约定的程序及时进行价格确认，相关资料应齐全完整。

6）不可抗力

按相关规定区分在不可抗力发生时相关各方应承担的责任风险范围，及时对产生的损失进行确认。

7）提前竣工（赶工补偿）

提前竣工一定是在合同约定的情况下并由发包人提出的提前竣工给承包人带来费用成本上涨的一种补偿。在办理价款结算时，应有合同约定及补偿标准，也要同时按相应程序办理确认手续。

8）误期赔偿

按合同之规定，由于承包人原因延误合同工期，给发包人带来经济及其他损失，发包人应按合同相关条款约定的方式及赔偿标准，给予承包人赔偿，并应由包、承包双方进行确认。

9）工程索赔

工程索赔是双向的，包括承包人向发包人提出的索赔，也包括发包人向承包人提出的索赔要求，有经济性的也有工期性的，索赔就本着实事求是的原则进行，及时办理索赔的确认手续。

①工程索赔成功的必要条件：

a. 与合同对照，事件造成了承包人工程项目成本的额外支出，或直接工期损失；

b. 造成费用增加或工期损失的原因，按合同约定不属于承包人的行为责任或风险责任；

c. 承包人按合同规定的程序和时间提交索赔意向通知和索赔报告。

②索赔处理的原则：

a. 必须以合同为依据；

b. 及时、合理地处理索赔，以完整、真实的索赔证据为基础；

c. 加强主动控制，减少索赔。

③工程索赔处理的相关依据：

a. 建设工程施工承包合同；

b. 工程招标工程量清单；

c. 招投标文件；

d. 施工图纸及技术规范文件；

e. 工程变更、施工签证、双方往来文件及会议纪要等；

f. 施工进度计划和实际施工进度记录、施工现场的有关文件（施工记录、备忘录、施工月报、施工日志等）及工程照片；

g. 气象资料、工程检查验收报告和各种技术鉴定报告；

h. 工程中送停电、送停水、道路开通及封闭的记录和证明；

i. 国家法律、法规及相关政策性文件；

j. 其他相关资料。

④工程索赔的申请程序：

a. 索赔报告的起草；

b. 索赔的申请程序按以下步骤进行：递交索赔意向通知书→正式递交索赔报告→递交延续索赔通知→递交最终索赔报告。

⑤处理工程索赔事件的方法及关键点：

a. 对索赔事件处理的方式与方法：加强对索赔事件发生事前、事中和事后的现场调查，收集相关证据材料；对索赔事件的形成进行原因分析；对事件发生的责任主体进行判断；加强工期索赔中网络计划技术的运用；对索赔结果进行分析。

b. 处理好索赔事件的关键：加强合同管理与施工过程管理；合理划分承包人、发包人及各参与主体的合同责任；索赔事件要做到及时、客观、公正、有理有据、准确无误、程序及时有效合规；采取群策群议的方针，对于较大索赔事件必须成立由各部门各专业专家组成的索赔事件理赔小组。索赔事件有关资料应齐全有效、有追溯性，全面反映事件整个过程；事件处理完毕后，要对事件进行总结汇总。

⑥工程索赔审核的要点：

审查工程索赔的要求是否合理、客观、真实、有效、合规；审查工程索赔发生的原因是否明确；审查工程索赔的程序是否合规有效；审查工程索赔的金额是否合理有据，支付是否及时到位。

10）材料询价工作

本工程因配置标准较高，新材料、新工艺较多，对材料询价需求较大。项目部利用公司后台配置的询价小组，通过网站询价平台、电话询价、市场考察等方式进行集中询价。

询价工作注意事项：询价渠道要贴近市场；要有数据留存：如传真、扫描件、邮件等以备审查，并可体现材价信息权威性；注意询价产品的价格组成，即运输费、营改增后税金以及产品需求量等细节对询价结果的影响；新项目周边价格调研；每种材价价格询3家以上；对于重要设备价格，要求材料供应商报价时加盖公章。

6. 工程结算阶段

（1）审查项目施工合同内容的有效性、真实性，尤其注意总分包合同规定的施工范围和约定的界面划分之间是否存在矛盾，重点注意"三不同"因素，即在分包结算时，因不同专业分包的结算一般是由不同工程师，在不同时间接收审核任务，这样就出现"三不同"因素。此时，如果专业工程师对合约界面未能充分理解，极易出现重复计算的情况；

（2）审查结算资料的递交手续、程序的合法性以及结算资料具有的法律效力，尤其注意签证与变更、会议纪要、洽商记录等资料的对应关系，防止施工单位趁建设单位、咨询公司因工作人员交替，出现重复签证或办理结算资料的现象；

（3）审查结算资料的完整性、真实性和相符性，尤其注意竣工图的可靠性。要将竣工图与原施工图、设计变更及签证进行对照，因原施工图经过变更及签证修改后，经监理审核可成为竣工图，但是因竣工图一般都是施工单位自行绘制，如竣工图审核工作出现漏洞，在结算时可能会出现根据有问题的竣工图进行结算的现象；

（4）审查复核结算文件中施工合同范围以外调整的工程价款；

（5）检查工程量计算是否符合工程量计算规则，是否准确无误、有无重计、多计、漏算及计算错误等；

（6）检查分项工程计价套项是否准确，工程量录入及单价、总价是否准确；

（7）检查缺项子目及补充子目是否按规定进行编制并报批；

（8）审核工程变更、索赔、奖励及违约费用计算是否符合约定；

（9）审核各项取费、税金、政策性调整以及材料设备价格确认及差价计算是否符合要求；

（10）审核施工工期、工程质量是否有特定约定，如有奖罚是否按规定进行计取；

（11）其他涉及工程造价的内容。

该项目是超高层建筑，具有酒店和办公楼业态，在现阶段商业综合体项目较多的阶段，属于比较典型的案例。从工程概况、规划指标、测算指标、建安成本明细、指标含量、配置标准、建造标准、界面划分等可以熟悉超高层综合体项目的各项工程咨询数据，为新实施综合体项目做参考，对正在实施的综合体项目可横向对比。

四、咨询服务的实践成效

1. 成本优化情况

（1）原设计总包招标图纸含房间轻钢龙骨隔墙，建议轻钢龙骨隔墙由装修单位施工，委托方考虑工期等原因，坚持轻钢龙骨双面双层石膏板隔墙在总包范围内，投标时总包投标人此项报价均偏低。后期装修设计图纸更明确轻钢隔墙在装修范围内，酒店方也要求房间隔墙有装修单位施工，而明确图纸范围后报价比总包报价高一倍多。

（2）幕墙图纸窗洞口位置内侧窗台板及窗台下方墙面，设计为铝板墙面，优化建议对此处进行双层木工板封堵即可，避免装修单位二次拆改，节省约645万元。

（3）层间玻璃幕墙内侧3mm氟碳喷涂铝板封堵，建议用镀锌铁皮替换或者用2.0厚粉末喷涂铝板代替，节省33万元。

（4）样板间装修壁纸甲供，设计图纸上壁纸代号，无规格说明，甲供材供货招标晚于施工招标。壁纸规格损耗要在施工方控制还是供货方控制？为避免争议建议设计物料表明确壁纸规格型号，改甲供为甲指乙供，壁纸规格损耗由施工方酌情报价。

（5）外立面塑木改为防腐木成本对比。在满足装饰效果的前提下，对原设计建筑局部外立面装饰进行塑木与防腐木的成本对比，塑木市场单价480元/m²，远高于询价小组后台提供的装饰防腐木的合同价280元/m²，经成本对比分析后确定采用防腐木饰面造型，节省造价约220万元。

（6）酒店局部吊顶合同清单铝方通造型，本项造价59.85万元；施工阶段，咨询工程师提前对原钢结构氟碳漆处理成本进行测算，预计造价19.2万元，在满足装饰效果及使用功能的前提下，通过成本对比，优化方案，经委托方同意，最终选定原钢结构氟碳漆处理的方案，本项节省造价约40万元。

（7）酒店中间层因装修电气图纸与一次机电、二次机电图纸不符，装修单位根据现场实际情况进行布线布管，咨询公司在过程跟踪中天天现场收集记录管线走向，结算时现场按路核实图纸并与过程资料核对，确保结算资料及审核数据的准确性。

2. 综合体项目成本管控的风险及策略

（1）整合设计及专业顾问团队

根据超高层项目的业态及项目涉及的专业，聘请概念阶段、方案阶段、施工阶段的设计单位及设计顾问团队，确保所有项目的专业均由设计院或相应的专业团队负责设计，使所有的设计团队在一开始就做到整合，所有的设计工作能同步开展并得到协调。做到设计院与专业顾问间的工作界面明确，明确界定各设计阶段设计成果文件的深度要求。及时做好方案比选、造价对比。因综合体项目技术的复杂、多样性，建设方应延伸专业顾问团队的服务至招标及施工阶段，特别是专业性强的空调、智能化、幕墙等工程，发挥其在技术回标文件的分析、技术询标、施工阶段的图纸审批、物料审批等方面的管控作用。

（2）合同构架

建设方应根据超高层项目的特点，合理划分标段，建立一个与整个项目设计、开发进度、工程管理等相符合的合同构架体系，实行"总承包+指定分包"的合同体系。除土建工程外，超高层项目的钢结构工程、幕墙工程、机电工程、弱电工程、精装修工程、泛光照明工程、电梯工程等均需要承包商负责深化设计，为减少合同争议，建议采用"招标图纸+技术规范"包干计价的合同模式。

（3）减少或取消甲供，加大甲指乙供的材料类型

甲供材料设备，需要建设方投入大量的人员去处理招标及日常管理；

增大合同界面的风险，如甲供合同与施工、安装合同间的重复或遗漏；

增加质量责任风险的界定，如系统调试不合格的责任界定等；

增加材料损耗率的风险，如瓷砖、壁纸的规格损耗，如果装修合同中施工方只报了施工损耗，甲供合同中未明确损耗率或明确的损耗率与施工方的不符，难以界定准确的材料损率，会加大项目的投入成本。

为更好的保证工程质量，对主要材料进行品牌或供货商的限定，如加大甲指乙供材料类型、加大投标时封样材料的要求。

（4）项目前期招商定位

①项目方案阶段准确定位建筑层高、配置标准；

②准确定位客房/餐饮的比例，办公/酒店的比例，商场/办公的比例等；

③酒店管理公司对开发成本的影响：不同的酒店管理公司在配置标准、宴会厅、游泳池、健身会所、内装标准、空调新风/静音等机电要求都是不同的，同为五星级酒店，内装成本差别较大，如丽思卡尔顿（5500元/m²）、洲际（4200元/m²），四季可能达到5800~6000元/m²。

（5）招标时就要考虑如果发生拆改所涉及项目的单价确定，如：钢筋混凝土现浇构件的拆除、各类隔墙的拆除、通风系统等各类安装项目的拆除、各类装饰项目的拆除、垃圾外运、局部主体加固所涉及的常用加固项目等，同时也要考虑拆除构件作废后的剩余价值如何处理的问题，一般常规做法是按一定比例折价给拆除单位，由拆除单位负责处理此部分费用。

专家点评

本项目总占地1.41万m²，总建筑面积12.78万m²，建筑高度为217m，地上42层，地下4层，包括：酒店及办公楼、会议区、停车场等。

本案例是全过程造价咨询的服务项目，服务范围包括概念设计阶段目标成本编制、方案阶段目标成本编制、施工图纸阶段目标成本编制至工程结算及成本后评估工作内容。案例中重点把控：前期定位阶段依据项目的产品定位编制了项目实施大纲；在方案设计阶段采用了限额设计的方法；施工图设计阶段继续采用限额设计方法，并将限额指标纳入设计合同条款；招投标管理阶段材料、设备的采购普遍采用了招投标的方式，通过市场竞争的方式，有效地降低了成本；施工管理阶段实行工程、成本、监理、施工四方现场核量，及时核价的制度；该项目是超高层建筑，具有酒店和办公楼业态，在现阶段商业综合体项目较多的阶段，属于比较典型的案例。

本案例在实践成效方面效果显著，如幕墙图纸优化建议对此处进行双层木工板封堵即可，避免装

修单位二次拆改，节省约645万元，通过整合设计及专业顾问团队加强控制综合体项目成本管控的风险；通过建议合理的合同构架，建立一个与整个项目设计、开发进度、工程管理等相符合的合同构架体系，实行"总承包+指定分包"的合同体系；通过项目前期招商定位在项目方案阶段准确定位建筑层高、配置标准，从而确定投资控制标准，减少施工阶段的拆改。

本项目案例咨询公司在传统的全过程造价咨询服务的基础上提出了更多的增值服务点，包括限额设计、设计优化建议、项目组织、制度设计、关键线路梳理、现场组织协调管理等。项目最终为业主节省了成本，对成本风险进行了较好的管控。本项目对综合体项目的成本管控思路进行了较好的提炼与总结，可以为同类型超高层综合体项目的全过程造价咨询提供借鉴作用。

点评人：邹雪云

北京求实工程管理有限公司

全过程咨询服务实践的北仑某国际物流中心项目

——中建精诚工程咨询有限公司

朱卫海

一、项目基本概况

北仑某国际物流中心项目位于宁波某物流园区内。占地132933m²，包括4栋总建筑面积为73282m² 的高标准物流仓库，1万m²的集装箱堆场和6000多平方米的综合办公楼及其他辅助设施，工程总造价为 13970万元。项目于2010年1月21日开工，2011年12月31日竣工。项目建成后，形成年作业量13.68万TEU （国际标准箱单位）的规模，可为客户提供物流解决方案和物流服务。

本项目占地面积较广，物流仓储库房单体面积大，层高高，室外堆场多。场地的地质条件较弱，需 要先期进行处理。咨询服务从项目拿地之后就开始介入，作为建设单位的智囊和决策顾问，从立项阶段 就开始建设单位提供专业化的咨询服务。在项目实施过程中，在建设单位的授权范围内，对勘察设计单 位、施工单位、监理单位等参建单位行使一定的协调管理职能，对本工程中出现的质量、进度和投资问 题向建设单位提供咨询意见。故本项目咨询难点在于咨询范围广，涉及法规程序、组织管理、技术经济 等方面，同时需充分考虑投资、质量和周期三者的关系，把握好三者的综合平衡。

二、咨询服务范围及组织模式

1. 咨询服务的业务范围

依照国家和当地现行有效的法律、法规、规章和建设单位的技术需求以及建设单位提供的设计图纸 （含非标准通用图）等基础文件或资料，本着勤勉、快捷、谨慎和专业化的态度和原则，提供科学合理 的咨询和代理服务，保质、保量、及时地履行合同约定的全部职责。

业务范围包括但不限于编制概念设计及投资估算，编制招标文件、实施各项招标，编制初步设计及投资 概算，编制施工图、工程量清单和投资预算，处理设计变更和现场签证，审核工程款支付，竣工结算审核等。

对于工程的质量及安全管理不直接负责，工程质量及安全管理由建设单位聘用的监理公司负责实施 和落实；在质量及安全管理方面的责任和义务主要表现为对监理公司或有关单位的协调和监控；以建设 单位与监理公司签订的监理合同为依据，对监理公司的履约情况，特别是质量管理和安全管理方面的履 约情况进行监督和监控，发现存在的问题或预见潜在的问题向建设单位报告。

2. 咨询服务的组织模式

项目由宁波某物流有限公司作为建设单位，行使建设单位的权利义务。建设单位与勘察设计、监理、施工和其他参加方签订合同，并按合同约定进行管理。我们的项目组作为咨询团队为建设单位提供相关咨询意见，不直接管理其他参建方。

本项目属于异地服务。现场组有三人组成，一名项目经理，两名造价人员。公司总部提供技术支持，在招标和造价业务需要人手时，及时派人去现场短期服务。

3. 咨询服务工作职责

（1）立项土地购置概念设计阶段

1）协助建设单位完成规划选点、项目建设方案构思、协助建设单位向勘察单位提出勘察需求。

2）协助建设单位审查勘察报告，根据勘察结果进行概念设计。

3）向建设单位提供进行概念设计所需资料的清单，就建设单位所提供的有关材料完备程度和深度提出专业意见。

4）对概念设计方案提出专业性意见和优化建议。根据概念设计进行投资估算或对投资估算进行审核，提供项目概念设计成果性文件（设计需求清单和投资估算）。

5）协助建设单位初步制定整个项目的关键节点，每个节点的主要工作任务及时间计划。

（2）勘察、设计招标阶段

1）负责办理勘察、设计招标相关手续，或经建设单位同意后委托当地有资质的招标公司办理勘察、设计招标相关手续。

2）编制勘察、设计招标文件，在招标文件中要求设计单位根据建设单位在项目立项批复中明确的投资总额进行限额设计，组织勘察、设计招标。

3）协助建设单位考察勘察、设计单位，参与评标委员会（如果建设单位需要）、组织对投标单位提出的勘察、设计方案进行评审。

4）负责协助建设单位编制标准勘察、设计合同文本并根据项目实际情况进行调整，在合同中明确对勘察、设计单位的奖惩条件，协助建设单位与勘察、设计中标单位进行合同谈判并签订勘察、设计合同。

（3）勘察、设计阶段

1）协助建设单位审核设计出图进度计划是否满足项目招标及项目施工各阶段用图的需要，协助建设单位动态跟踪设计单位设计进度，并协助建设单位处理有关设计工作中出现的问题，使设计工作顺利进行。

2）协助建设单位制定设计需求，向建设单位提供《建设单位设计需求调查表》，对建设单位的设计需求提供专业意见，并根据其他已完类似项目的经验对建设单位的功能需求提出优化建议。

3）根据建设单位与设计中标单位签订的合同约定，协助建设单位分析方案设计图纸，对于工程建设标准、设计参数、使用功能等进行确认或提出建议。在设计阶段如发现存在问题并因此可能导致与建设单位的意图不符时，须向建设单位提供书面处理建议报告。

4）应根据审核批复的投资额度，协助建设单位要求设计单位进行限额设计。协助建设单位对设计的进展进行动态跟踪，如发现本项目的设计概算超过设计限额指标时应及时向建设单位通报并要求设计单位进行设计修改。

5）协助建设单位组织审核初步设计概算，将设计概算的各个组成部分与分解后的投资控制额度

（限额设计额度）进行对照分析，在投资总额不变的情况下，动态调整各成本组成部分的分解额度；或根据建设单位需求的变化动态、合理地调整投资估算（限额设计额度），并以此为依据向设计单位提出修改要求。

6）根据建设单位要求负责组织对施工图进行审核、审核施工图预算，就审核结果及时向建设单位通报，并向设计单位提出存在的问题及优化建议。

7）协助建设单位控制设计进度、督促设计单位按照合同出图。

（4）施工、监理招标阶段

1）负责办理监理、施工招标相关手续，或经建设单位同意后委托当地有资质的招标公司办理监理和施工招标相关手续。

2）提前了解当地的招投标法规，分析可能存在的问题和风险。在招标过程中依据专业判断，对有可能潜藏的风险向建设单位及时提供防范建议。

3）协助建设单位进行合约规划，包括：总包招标、分包招标（指定分包和直接发包项目）、材料设备供应（指定供应和直接供应）；总、分包工作内容划分、招标形式、合同形式、招标顺序及时间安排。

4）根据建设单位所提供的完整文件和资料编制招标文件、工程量清单等，包括但不限于招标公告、招标登记表、资格预审文件、投标邀请函、投标须知及其附件、合同协议书、合同条件、一般要求和开办项目、工程规范和技术要求及各种有关附件等。同时在招标文件的合同部分写明对工程变更洽商增减预算在施工过程中的审核，只作为临时支付工程进度款用，不作为工程竣工结算的依据。

5）按工程量清单编制施工图预算，以此作为工程招标标底，并对该标底负有保密责任。根据各地法规对不允许设立标底的应在工程招标文件中研究制定防范风险的条款。

6）协助建设单位办理与招标有关的手续和事宜，负责组织资格预审、开标会议、投标答疑、组织清标、评标等工作。对招标过程的关键节点及应注意的事项书面报告建设单位。

7）根据建设单位要求派员参加评标委员会。

8）乙方应负责编制施工合同文本，协助建设单位负责编制施工合同，协助委托人与投标人进行谈判，与中标单位进行合同谈判。

9）负责整理招标、投标文件等资料，装订后交建设单位存档。

（5）施工阶段

1）协助建设单位编制基建项目现场管理规定，协助项目承办单位组织协调设计单位、监理单位、招标代理单位、施工单位、材料供应商、设备供应商之间的关系。

2）协助建设单位审核工程总实施进度计划，并在项目施工过程中控制其执行，必要时，及时调整施工总进度计划，按月/半月编制工程进度计划。编制施工阶段各年度、季度、月度资金使用计划并协助项目承办单位执行。

3）协助审核施工单位和材料、设备供应单位按项目总进度计划的要求提出的施工进度计划、供货进度计划，并检查、督促和控制其执行。并以周报、月报形式定期向建设单位报告工程进度、投资实施情况书面报告。

4）在项目实施过程中，进行进度、投资计划值与实际值的比较，根据项目情况采用周报、月报等形式向建设单位就进度控制、投资资金控制等合同执行情况等提交书面报告。

5）对拟采取的设计变更方案进行分析，包括但不限于这种拟采取的变更对工程造价、质量、工期以及施工可行性和难度方面的影响，向建设单位给出专业性的建议。如项目承办单位决定采用的设计变更，负责对设计方出具的设计变更文件进行审查，对设计变更进行计价，并解决设计变更对工程造价的影响以及相关合同价款的调整。

6）设定工程款申请、审批和支付的工作程序和标准化的工作表格，负责工程付款审核以及对其他付款申请单的确认，并对工程施工单位的奖惩提出建议，报请建设单位决定执行。

7）以合同为依据，实施包括对总包、指定分包和指定供应商的索赔或反索赔，最大限度地保护建设单位的利益不受伤害；审核及处理各项施工索赔，提出处理意见，报请建设单位审核执行。

8）协助建设单位对监理公司的履约情况，特别是质量管理和安全管理方面的履约情况进行监督和控制，及时将发现的问题或预见潜在的问题向建设单位报告。

9）乙方应充分估计工程现场的人员需求，并合理安排项目管理人员长驻现场，由于乙方考虑不周或人员调配问题而发生影响项目工期或给建设单位造成损失的，乙方承担赔偿责任。由于乙方对工程实施计划不周或未提前对将要完成的工作做好充分的准备致使工期拖延的，乙方承担相应责任。

10）协助设计、施工、监理单位及建设单位进行建设工程的初验；协助审查工程竣工验收申请报告。

11）协助建设单位组织设计、勘察单位、施工、监理单位进行竣工验收。

12）协助建设单位在竣工验收完成后向建设行政主管部门或其他有关部门移交建设项目档案。

（6）工程竣工结算阶段

1）审查由总包、指定分包和指定供应商编制和报送的竣工结算文件和资料，对竣工结算文件的依据性、完整性、合理性和正确性进行审查和判断。

2）以合同为依据，对承包商的保留金实施扣留与支付；协助建设单位财务部门办理竣工结算支付。

3）编制竣工结算报告、协助建设单位办理竣工结算支付。

三、咨询服务的运作过程

我公司在先期与建设单位一起到现场考察以后，对项目极其重视和关注，密切配合项目的进展。在工程前期及项目建设管理中，强化廉洁自律意识，规范职业道德行为，从始至终严格按照国家基本建设程序和股份基建管理规定，认真贯彻执行项目法人责任制、工程招投标制、工程监理制、合同管理制"四项制度"。为加强北仑某国际物流中心工程的建设管理工作，浙江省公司和宁波某物流公司成立项目管理小组，我公司积极配合，在项目管理工作中，我公司以项目策划为先导，围绕着质量、工期和投资目标，发挥咨询公司的优势，为项目的顺利建设提供高质量的咨询服务。

1. 项目招标和前期准备工作

（1）招标原则

本项目严格按照国家规定的建设程序和股份公司基建管理规定的要求，本着"公开、公正、公平、诚信"的原则，按招标程序择优选择参建各方。

除施工招标采用重点办公开招标平台外，其余勘察、设计、监理等招标采用内部邀标的形式。招标时至少在市场调研的基础上邀请三家以上有实力、有诚信并在宁波有多年建设经验的单位参与投标，既保证了公平合理，又保证了入选单位符合项目的要求。

（2）施工招标

施工招标分两个阶段进行，资格预审时共收到预审申请书7份，2009年经评审，产生三家入围投标候选人。2010年1月18日，施工招标进行了公开开标，根据评标、定标办法，经评委评审，确定浙江省某建设集团有限公司为第一中标候选人，网上公示无异议后，确定其为中标单位。

（3）专业招标

按照施工合同的约定和股份管理规定，各专业分包工程（含设备）招标工作随着工程的进展陆续展开，以内部邀请招标的形式，先后确定了地基加固处理工程、钢结构工程、滑升门和升降平台工程、智能化工程、变配电工程、绿化工程、精装修工程和电梯工程。

（4）前期准备工作

本项目严格履行了基本建设管理程序，及时向宁波市重点办取得了开工报告的复函并及时办理了施工许可证，同时申请了质量和安全监督，质监站及时批复了监督申请并派驻监督人员。在完成了项目的环评和交评的同时，与物流园区管委会协商，解决了场区内钢渣堆放问题，使项目建设合法有据地开始进行。

2. 合同管理

在项目全过程咨询服务中，我们始终坚持以合同管理为本，遵守合同约定，在签订工程合同的同时签订了廉政合同，强化合同管理。一是重视合同谈判环节，进场前召开合同谈判会议对合同履约、环境保护、安全生产、资金管理、农民工工资兑付等工作进行了协商，并签订了合同谈判补充协议书，认真落实各项要求；二是合同条款中约定施工、监理单位的人员数量，执行中进行了检查，责成各施工、监理单位限期整改，过检查，使各单位履约意识增强，能按合同条款规范自己的行为，为工程正常开展打下了坚实基础。

在合同管理中，坚持合同报审制度和专人负责制。每项合同的签署必须经过咨询公司、宁波某物流公司、省公司和股份公司的审阅，取得同意方可签署，在合同的执行中，严格履约，按照合同规定的时间节点和付款方式，支付工程款项，避免工程失控。宁波某物流公司在现场设立专人负责合同等资料，做到登记、保管和使用有章可循。

3. 质量管理

质量管理工作围绕着"预防为主、质量第一"的原则开展，宁波某物流公司一直以监理公司以主，辅以建设单位和咨询公司人员的监督管理，督促总包建立健全的质量保证体系，实行自检、抽检、工序交验制度。要求监理公司人员运用四个手段：旁站、巡查、检查、检测，抓四个重点：人员到位、方案编制、材料报验、施工现场，并认真配合各项检查工作，跟踪整改落实情况。

（1）对人员的控制

督促施工单位项目部完善质量保证体系，检查人员配备满足施工要求，持证上岗。作业活动的直接负责人（包括技术负责人），专职质检人员，安全员以及与作业活动有关的测量员、材料员、试验员是否在岗。同时要求监理的人员配备满足现场的需要，专业配备合理。

（2）把好图纸会审关

重点在于图纸的规范性、建筑功能设计、建筑造型与立面设计、结构安全性、材料代换的可能性、各专业协调一致情况、施工可行性。图纸会审时发现了多处施工图错漏碰和交代不清的地方。通过图纸会审使各参建单位特别是施工单位熟悉设计图纸、领会设计意图、掌握工程特点及难点，找出需要解决的技术难题并拟定解决方案，从而将因设计缺陷而存在的问题消灭在施工之前。

（3）严把原材料质量关

质量控制中首先是加强对进场原材料的质量检测与监督检查，要求监理人员严格执行监理规程，加强材料检测力度，加大检测频率，确保合格材料进场。进场材料必须要有产品合格证，同时委托具备资质的试验检测单位对外购材料和自采材料进行试验检测，合格率100%。施工现场一旦发现不合格产品，坚决要求退场，已经用上的返工拆除。

（4）设置质量控制关键点

分析可能造成质量问题的原因，再针对原因制定相应的对策和措施进行预控，做好过程控制四检、三签字。根据本项目的特点，质量控制点设置为：管桩施工作业及桩基检测；结构钢筋、模板的检查；铝合金门、窗的检查；钢结构的进场及吊装作业的检查；首层地面面层作业的检查；水、电管线的预留、预埋的检查；工业滑升门及升降平台的检查；室外小市政管线的安装的检查等，使质量工作有的放矢，工程质量无后顾之忧。

在项目出现质量问题时，及时处理。当物流加工车间顶层柱出现横向裂纹时，立即与设计人员联系，在现场由召开专题质量会议，分析事故原因，提出处理方案。整改后，监理验收，避免留下质量隐患。

（5）抓好各阶段工程验收环节

参与各阶段、各环节的验收，如隐蔽工程验收、分部分项工程验收、中间结构验收、单位工程验收、各专项验收和综合验收，对发现的问题要求总包和相关施工单位及时整改回复。

（6）实行现场日志制度

除要求监理当天完成监理日志外，建议建设单位的现场人员做好当天日志工作，严格规范内业资料的填写，使内业资料真正做到真实、完整、准确，提高各参建单位的质量安全意识，形成全员重质量的氛围。

4. 进度管理

进度管理主要运用目标管理法去监控。先制定进度总控目标，再对目标进行分解、细化，注重过程跟踪，及时进行调整。要求总包在投标技术标的基础上对工程项目各建设阶段的工作内容、工作程序、持续时间和衔接关系编制计划，并将该计划付诸实施，在实施的过程中经常检查实际进度是否按计划要求进行，对出现的偏差分析原因，采取补救措施或调整、修改原计划，直至工程竣工，交付使用。

（1）审核总包进度计划

建设项目进度控制的总目标是建设工期。在实施前，审查施工单位编制的施工总进度计划并控制其执行；在实施中督促和审查施工单位编制年度、季度、月度和周作业计划并控制其执行；依据合同按期、按质、按量履行合同规定的义务，为施工单位顺利实现预定工期目标提供良好的条件。

（2）做好进场前工作

在开工之前切实做好自己应做的各项施工准备工作，为开工创造有利的条件。如进行场地平整，完成施工用水、用电及场外道路等外部条件，尽快办理各种施工手续，请城市规划部门现场实测定位、测放建筑界线、街道控制桩和水准点交给施工单位进行测量放线，准备开工。

（3）实时掌握工程动态

为了控制施工进度，首先通过实地检查、统计资料和调度会议等了解实际情况，掌握尽可能多的信息，并将它们与计划进度进行对比，以发现进度是超前或落后，是否符合总进度计划中的总目标和分目标的要求，进度落后要督促施工单位分析原因、采取赶工措施。

（4）召开专题会议

对一些施工中存在的难题，建设单位和总包联合在现场召开专题会议讨论解决。在本项目的实施过程中，遇到了一些不利因素，如海砂禁用造成商品混凝土供应不上，建设单位和咨询公司及时与总包协商解决办法，避免工程搁置不前。

（5）按合同规定按时付结承包方进度款

在合同执行中，按照约定及时审批工程进度款，保证承包单位后续的人力、物力、财力能够连续均衡地投入项目中。

（6）协调制定好分包的进度计划

本项目的分包有两种形式：一是由建设单位指定分包商，该分包合同条款及价款由建设单位确定，并与建设单位直接签订合同，直接对建设单位负责，但这种分包商在现场的活动由总包统筹安排。二是总包商自己选择分包商，该分包商与总包签订合同，对总包负责。当分包单位参加施工时，将分包单位的进度目标列入分包合同，以便落实分包责任，并且根据各专业工程交叉施工方案和前后衔接顺序，明确不同承包单位工作面交接的条件和时间。同时，分包工程施工进度计划的编制务实施和总包编制的施工进度计划匹配，从而保证实现工程项目总目标。

5. 投资管理

投资管理是复杂的系统工程，不仅需要很多单位的合作与配合，还要接受上级的监督，按时完成各种审批程序，协助建设单位在经济、技术上决策，需慎之又慎。作为造价咨询公司，首先就要严谨地执行基建程序，谨慎地按规章制度办事；其次在项目各阶段围绕影响投资的各因素，把握重点，进行有效管理。

（1）决策阶段

投资决策阶段工程造价的控制对整个建设工程的造价控制具有纵览全局的决定性作用。特别是建设标准水平的确定、建设地点的选择、工艺的评选、设备选用等，直接关系到工程造价的高低，投资决策阶段影响工程造价的程度最高，可达到80%～90%。因此，决策阶段项目决策的内容是决定工程造价的基础，直接影响着决策阶段之后的每个建设阶段工程造价的确定与控制是否科学、合理的问题。这一阶段的重点和核心是加强对投资估算的编制和审查工作。

1）在建设单位可研编制阶段的概念设计过程中，重点编制投资估算。

2）在初步设计过程中，重点负责编制概算，进行概算与估算的偏差分析。

3）在勘察、设计的招标工作中，为建设单位提供勘察、设计的收费咨询，协助建设单位挑选好勘察、设计单位。

4）在三通一平阶段，为建设单位提供造价确定与控制服务，包括临水临电工程，场地平整等工程。

（2）设计阶段

技术设计阶段对工程造价的影响最为突出。至初步设计结束，影响工程造价的程度为75%；至技术设计阶段，影响工程造价的程度为35%；而至施工开始，通过技术组织措施节约工程造价的可能程度只有5%~10%。显而易见，控制工程造价的关键在于投资决策和设计阶段。而在项目做出投资决策后，控制工程造价的关键应在于设计。这一阶段要防止缺乏有效的监督机制，造成设计单位经济责任感不强，初步设计时只从建筑规划、建筑规模、建筑空间、结构类型等方面考虑，片面追求新颖、精尖，对造价指标考虑不周或不顾及，施工图设计阶段往往只关注技术、安全，设计保守、盲目加大安全系数，限额设计执行不力。因此，在满足项目使用功能的前提下，合理设计将使工程造价大幅降低。充分挖掘设计潜力，将是控制工程造价的关键所在。

1）重点落实项目的功能

设计人员在设计前，充分论证项目的功能定位要求，对仓库的净高、柱网布置、墙体、屋面板等进行论证，从而明确设计要求，满足使用功能。

2）概念设计充分体现经济意识

概念设计时充分了解项目建设单位需求，了解项目水文、地质情况；了解地形地貌，了解工艺设备流程，了解新型建筑材料及性能。从概念设计阶段起，就牢固树立经济核算的意识和观念，克服重技术轻经济、设计保守浪费；把技术与经济、设计与估算有机地结合起来，克服"两结合"的脱节状态。

3）严格推行限额设计

明确要求设计院按照批准的初步设计、总概算控制施工图设计及预算，在保证工程使用功能及用户对建设标准要求的前提下，按各专业分配的造价限额进行设计，保证估算、概算起到层层控制的作用，使工程造价不突破造价限额。

4）尽量采用标准设计

由于本项目是仓库类，采用标准设计能节约设计费用，缩短设计周期，能较好地执行国家的技术经济政策，能适合当地的自然条件和技术发展水平，合理地利用能源、资源、材料和设备，是在设计阶段有效控制和降低工程造价的方法之一。

5）对设计方案认真论证

经走访了解，宁波软土的厂房地坪带有普遍性，建设前或建设同时对地坪地基进行处理的办法多，而且成本相对要低一些。建成后因受空间限制对地坪地基处理成本高，一般只能用锚杆桩梁板架空地坪，成本则会更高，本项目首先确定与工程桩同步实施，降低地基处理的费用。

设计院经过方案比选，选择了工字形沉管灌注桩复合桩基方案。工字形桩的界面为400mm×700mm，翼与腹厚100mm，与目前高速公路采用素混凝土筒桩（现浇混凝土管形桩），桩的直径1000mm，壁厚100mm的复合桩基类似。我们认为此方案处理沉降无问题，但方案过于保守，如采用此满场打桩的方案，一是工期长，造价高，经测算，每平方米在200元左右，工期至少需要半年。二是设计的新型桩型，施工单位未必能掌握好，达到预期效果。

通过方案进一步论证，决定舍弃原方案，采用强夯和普夯相结合的形式对地基进行处理，根据地质条件的不同，将地基加固分为两个区域：1区为暗浜强夯加固区；2区为普夯加固区。处理后中转仓库和室外堆场堆载与填土荷载均达到70kPa。普夯的价格18.2元/m²，强夯的价格23.32元/m²，振动碾压的价格0.87元/m²，这样测算下来，不仅使得工程造价由原先的1500万，降低至282万，节省投资1218万元，同时也大大地缩短了工期，从目前场地使用情况看，处理效果是令人满意的。

为保证设计阶段的投资得到有效控制，采取了以下具体措施：

1）优选设计单位。选择经验丰富、责任心强、具备综合实力的设计单位承担本项目的设计任务。控制工程造价并不是一味地追求低造价，而是在功能与造价方面综合考虑，为建设单位实现项目价值最大化。

2）按照概念设计、方案设计、初步设计、施工图设计的时序，实行动态跟踪，经常进行目标值与实际值的对比分析，及时发现异常情况，并找出其中的原因。

3）按专业或分项、分部对限额设计的实施情况进行监督检查，如果超过限额要求，需要修改设计，直至满足要求。

4）对实施中可能发生的变更尽量提前实施，对设计变更组织评审、分析变更的原因和责任，尽可能把设计变更控制在初设阶段。对影响工程造价的重大设计变更先做预算，经审核后，再发设计变更书，使工程造价得到有效控制。

（3）招投标阶段

要实现招投标管理的公平竞争，首先要有编制完整的招标文件，在同等条件下进行投标竞争，同时，做好工程量清单的编制、复核、审查工作。其次，加强过程中专业招投标工作的管理，提供招标控制价和二类咨询费标准。

1）在工程施工招标工作中，为建设单位提供招标文件、评价办法和招标控制价，参与清标工作，协助建设单位签订一份合理并有利于投资控制的施工承包合同。

2）参与材料、设备采购等经济合同的洽谈、签订工作（建设单位采购），提供询价服务，对合同中有关经济条款进行专业的审核，并提供意见或建议。

（4）施工阶段

工程实施阶段是整个项目建设过程中时间跨度最长、变化最多的阶段，对建设项目全过程造价管理来说也是最难、最复杂的，这个难点就是工程变更和工程索赔。要严格控制工程变更、签证。在施工过程中不能任意增加设计内容和提高标准，如必须变更，要履行严格的审批程序，为此，我们和建设单位一起制定了现场管理规定，确定了工程变更控制程序，严格执行。

1）加强对施组和方案的审批

施工组织设计是指导施工的纲领性文件，是保证工程顺利进行，确保工程质量、有效地控制工程造价的重要工具。为控制工程造价，每一建设工程都应在保证质量的前提下，对各种施工方案进行技术上、经济上的对比分析，从中选出最能合理利用人力、物力、财力资源的方案，从而降低工程造价。施工现场的良好管理，施工中新技术、新工艺的采用，都能够最大限度地提高劳动效率，降低工程造价，所以对总包提出的施组要严格审批，在本项目上要求总包在地基处理时就提出过防震沟的方案，一旦实施就增加造价二三十万，经认真调研认为技术上没有必要做，最终没有批复，从而节约了造价。

2）健全设计变更审批制度

设计如有变更，一是尽量把设计变更控制在设计阶段，在工程施工过程中设计变更，必然造成浪费；二是应尽量提前变更，因为变更越早，损失越少；三是在每一变更设计之前，必须实行工程量及造价增减分析并经上级单位同意，如果变更后工程造价突破总概算，必须经股份公司审查同意，切实防止通过变更设计增加设计内容，提高设计标准，提高工程造价的事情发生。

3）完备隐蔽工程现场签证手续

在施工过程中，隐蔽工程占工程造价的比重很大，尤其基础工程因建成后地面以下部分全不在视野之内，对此，如果缺乏充足的现场签证工作，势必增加工程结算中的难度，为此，应严格控制施工现场的每一隐蔽工程签证，建立完备的隐蔽工程现场签证手续，变事后被动为事先主动控制工程造价。

4）建立概算（目标值）投资控制情况书面报告制度

利用月报和专题报告及时向建设单位报告工程造价情况，提供投资控制方面的专业意见或建议，让建设单位充分了解投资状况。

5）在造价咨询全过程中为建设单位提供与工程建设相关的造价信息服务

在项目的施工阶段，我们造价咨询工作内容概括起来主要有三方面，分别为计算实际投资数据，了解投资的现状；进行计划值与实际值比较分析；发现偏差提出采取控制措施的建议。

①计算实际投资数据，了解投资的现状

计算实际发生的投资数据是工程造价咨询机构在施工阶段的主要工作内容，它包括工程数量及价格的计算、施工过程中发生的设计变更、现场签证、索赔等价格调整事项、期中付款的审核等。

工程数量在签订合同时已经经总包和我们复核过，但施工过程中经常会出现设计变更、现场签证、索赔及价格调整等事项，因此必须对实际工程量进行计算。进行实际工程数量的计算的另一个目的就是使建设单位了解投资的现状，同时帮助建设单位制定下一阶段开支的预算表，以供建设单位财务的安排及其他用途。

②进行计划值与实际值比较分析

进行计划值与实际值比较分析就能使进一步采取的投资控制措施更加具有针对性。如果说项目的前期及设计阶段的工作是进行投资规划的话，那么计划值与实际值的比较可以检验工程建设的投资是否按计划执行。在项目的实施过程中，我们一直进行计划值与实际值的比较，包括概算、预算与结算之间的比较，各分项合同"合同造价"与实施结果的比较等。这些比较可以通过建立合同管理台账、建立投资目标值内容动态对比表等方法来实施。

③发现偏差提出采取控制措施的建议

对于全过程造价咨询服务，我们除了计算已发生投资的数据，反映已完工程的造价，并作计划值与实际值的比较之外，还分析产生偏差的原因并提出投资控制措施，如一个专业工程超支，则在不影响使用功能的基础上，对其他专业工程的造价目标值进行调整，从而使工程造价在可控范围内。

（5）竣工结算阶段

这一阶段的投资控制是整个项目实施阶段的重点。加强预算队伍建设，把好预算人员素质关；查工程量的真实准确性，把好工程量计算关；查定额编号、工程项目名称及规格，把好定额套用审核关；查材料单价，把好材料费用审核关；严把现场签证审核关；查取费标准的合理性，把好取费标准审核关。

1）搜集、整理好竣工资料

包括：工程竣工图、设计变更通知、各种签证，主材的合格证、单价等，保证资料齐全，数据准确。

2）深入工地，全面掌握工程实况

由于竣工图不可能面面俱到，逐一标明，因此在工程量计算阶段必须要深入工地现场核对、丈量、记录才能准确无误。在审核结算时，我们往往是先查阅所有资料，发现问题，出现疑问逐一到工地核实，做到胸中有数，避免造成计算误差。

3）制定审核计划和流程，讲究职业道德

竣工结算是工程造价控制的最后一关，若不能严格把关的话将会造成不可挽回的损失。这是一项细致具体的工作，计算时我们力争做到认真、细致、不少算、不漏算。同时要尊重实际，不多算少算，不存侥幸心理。在审核时制定工作流程，以理服人，用合同说话，保持良好的职业道德与自身信誉，在以上基础上保证"量"与"价"的准确合理，使工程结算去虚存实，保证结算审核工作的顺利进行。

6. 安全管理

为切实抓好安全生产工作，确保工程施工期间无事故，建设单位特别设立专职安全员，对口管理现场的施工安全工作。

（1）督促各施工单位监理健全安全生产制度

通过完善安全监管制度，层层签订安全责任书，形成安全管理网络体系，不断强化安全生产宣传教育培训工作，提高各参建人员的安全生产意识。同时要求总包制定安全方案，并要求监理监督执行。

（2）组织定期安全专项检查

由建设单位和监理牵头定期对现场进行检查，积极消除各类安全隐患，确保无安全事故发生，保障工程顺利实施。

本项目在整个施工期间没有出现重大的安全责任事故，在结构施工期间还获得了北仑区文明安全工地的称号。

四、咨询服务的实践成效

本项目实行全过程造价控制咨询服务，就是加强过程监督，从事后控制拓展到事前、事中控制。在事前阶段进行工程总体投资概念、设计、招投标及施工合同签订的控制；事中积极配合各部门，加强施工过程中的造价控制与管理，做到不超概算，不超付工程款；事后做好工程项目结算及竣工决算的审计工作，实现对建设项目全过程造价的控制。

本项目概念设计阶段工程造价为20249万元，初步设计概算为17339万元，建安合同价15011万元，最终结算价13969.75万元。最终结算价与概念设计估算相比，降低31%；与初步设计概算相比，降低24%；与合同造价相比，降低6.9%。考虑到工程造价管理的动态性，按建设工程惯例，造价估算允许有一定的误差范围，在可行性研究阶段估算允许误差在30%左右，初步设计阶段为20%左右，施工图设计阶段为10%左右，本项目各阶段的造价估算偏差范围大体上与此相符。

造价能控制住的原因在于：一是要在投资阶段，充分考虑各种不确定因素，确定合理的造价目标，造价指标具有一定的弹性空间。二是设计阶段图纸尽量设计到位，避免后期修改，有效地控制变更费用。三是专业工程和材料设备一定经过市场竞争环节，确定其造价或价格；四是严把结算审核关。

综上所述，工程造价咨询公司参与项目全过程造价控制与管理工作，是我国近年来逐渐兴起的造价业务，如何找到正确的切入点，并摸索出一套行之有效的工作方案和质量管理制度，是造价公司全过程咨询服务成功的关键。

─────── 专家点评 ───────

北仑某国际物流中心项目包括4栋总建筑面积为7万 m² 的高标准物流仓库，1万 m² 的集装箱堆场，6000多平方米的综合办公楼及其他辅助设施。工程造价约13970万元。

　　本案例是一篇典型的由造价咨询公司牵头的以投资控制为主线的全过程工程管理案例。中建精诚工程咨询有限公司从影响业主需求的概念设计阶段进行介入，通过设计阶段管理、施工招标阶段管理、施工过程管理对项目投资进行了成功的控制。在决策阶段重点控制投资估算、设计概算；在设计阶段重点落实项目的功能，充分体现经济意识，严格推行限额设计，对设计方案进行认真论证；在招投标阶段做好工程量清单的编制、复核、审查工作；在施工阶段严格履行工程变更控制程序，发现偏差及时提出采取控制措施的建议；竣工结算阶段制定审核计划和流程，讲究职业道德，深入工地，全面掌握工程实况。

　　本项目通过实行全过程造价控制咨询服务，加强过程监督，从事后控制拓展到事前、事中控制。在事前阶段进行工程总体投资概念设计、招投标及施工合同签订的控制；事中积极加强施工过程中的造价控制与管理，事后做好工程项目结算及竣工决算的审计工作。本工程最终投资控制结果较理想，最终结算价与概念设计估算相比，降低31%；与初步设计概算相比，降低24%；与合同造价相比，降低6.9%。仅地基处理方案优化，就节省投资1218万元，同时也大大地缩短了工期，地基处理效果理想，投资管控效果明显。

　　工程造价咨询公司参与项目全过程造价控制与管理工作，是我国近年来逐渐兴起的造价业务，如何找到正确的切入点，并摸索出一套行之有效的工作方案和质量管理制度，是造价公司全过程咨询服务成功的关键。本项目从这个角度进行了有益的探索与总结，并取得了较好的投资控制成果，同时造价咨询公司在质量安全及进度管理方面也进行了充分的参与，该案例对同类项目有一定的借鉴意义。

点评人：张大平

北京求实工程管理有限公司

以投资控制为主线的某物流仓储中心项目全过程工程咨询
——北京求实工程管理有限公司

张大平　邹雪云　张松晓　陈　静　丁　众

一、项目基本概况

1. 基本信息

本项目建设单位为某物流发展有限公司，咨询单位为北京求实工程管理有限公司，设计单位为某集团建筑设计有限公司，监理单位为某工程监理公司，建筑面积为30806.28m²。

项目合同类型为建设施工总承包，施工单位为某工程有限公司，工程类别为工业建筑一类项目，建设地点为某保税港区，项目开工日期为2016年7月3日，竣工日期为2017年11月10日，工程造价为10476371元。

2. 项目特点

（1）项目概况：项目位于保税港区内，项目1号仓库建筑面积20167.84m²，结构类型为框架剪力墙结构，地上3层局部4层，高度23.9m，基础为钻孔灌注桩基础；2号仓库为一层建筑，建筑面积10258.78m²，结构类型为钢结构，桩基础为预制方桩。

（2）服务范围：委托北京求实工程管理有限公司作为全过程工程咨询服务企业，承担本项目的服务范围包括：土地购置及立项阶段咨询、项目概念设计、项目可研编制、项目设计优化管理、项目招标采购代理、施工阶段投资、进度、质量管理及结算审核。授权管理公司项目经理作为现场管理代表。

（3）管理目标：总投资控制目标14820万元，要求项目管理公司承诺绝对不能超概；进度控制要求：软基处理施工144天；房屋建筑工程施工300天。

（4）项目挑战：项目投资要求严格按总部批复的概算投资进行控制，不允许有任何超概；

项目建设期受城市创卫、全运会停工及大气污染物治理等社会因素造成工期压力巨大，项目进度控制难度大；

2016年9月前必须完成基础施工，否则政府主管部门将对其进行行政处罚。

二、咨询服务的组织模式

1. 项目管理团队的组成

项目管理团队由具备各阶段咨询服务经验的不同专业技术人员组成。针对本项目全过程工程咨询的特点成立核心团队，综合运用各项管理措施和手段来实现投资管控及业主需求目标，控制项目管理过程中的各项风险（图1）。

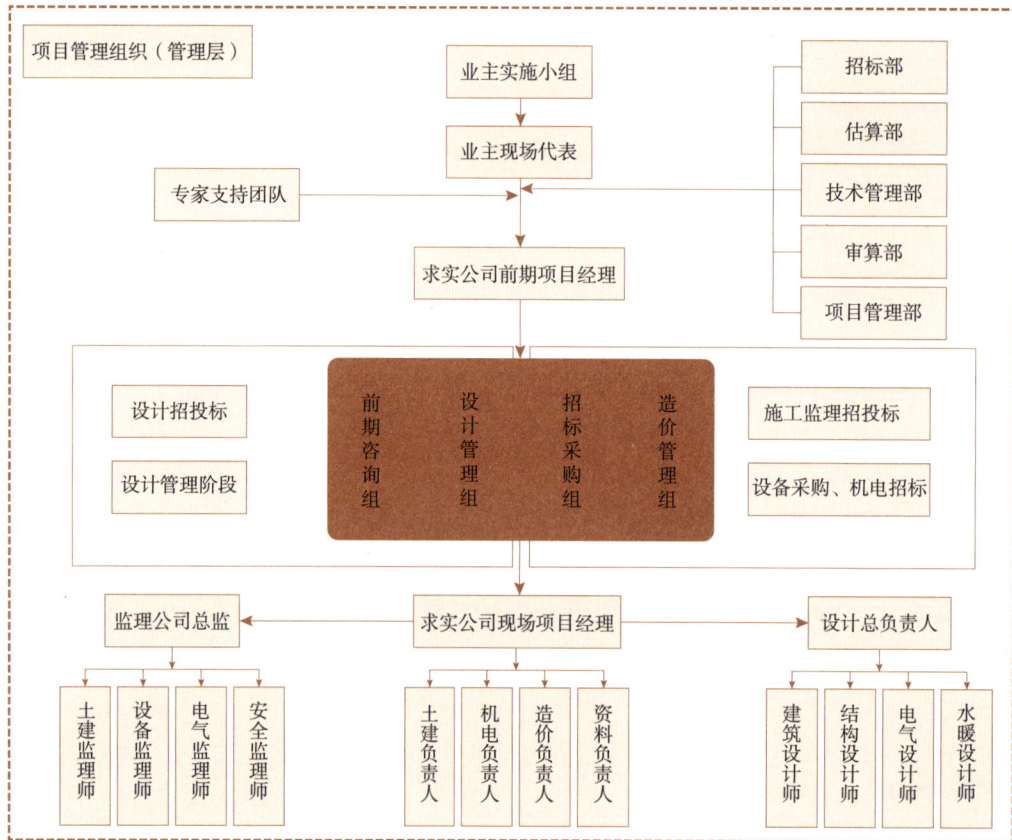

全过程工程咨询项目管理组织图

2. 公司层面

对于前期咨询组、设计管理组、招标采购组、造价管理组、专家支持团队，将根据项目进度的需要随时安排人员进驻现场。项目管理组及现场项目管理部均受公司相应职能部门的管理；专家团队具有岩土、结构、水电等领域顶级专家团队，遇到复杂问题时可提供有力支持（图2）。

三、咨询服务的运作过程

1. 全过程工程咨询价值链主线

迈克尔·波特认为价值链是互不相同，但又相互关联的生产经营活动，构成了一个创造价值的动态过程。全过程工程咨询的核心是通过一系列的整合与集成构成了一个价值创造的价值链。在这一整合与集成过程中，要围绕一个主要的管理思路进行整合与集成，这就是全过程工程咨询价值链的主线。全过程工程咨询价值链主线的确定根据每个项目情况的不同而选择不同价值链主线。

一般建设工程咨询价值链主线的选择如下：

（1）以质量控制为价值链的主线；

（2）以功能为价值链的主线；

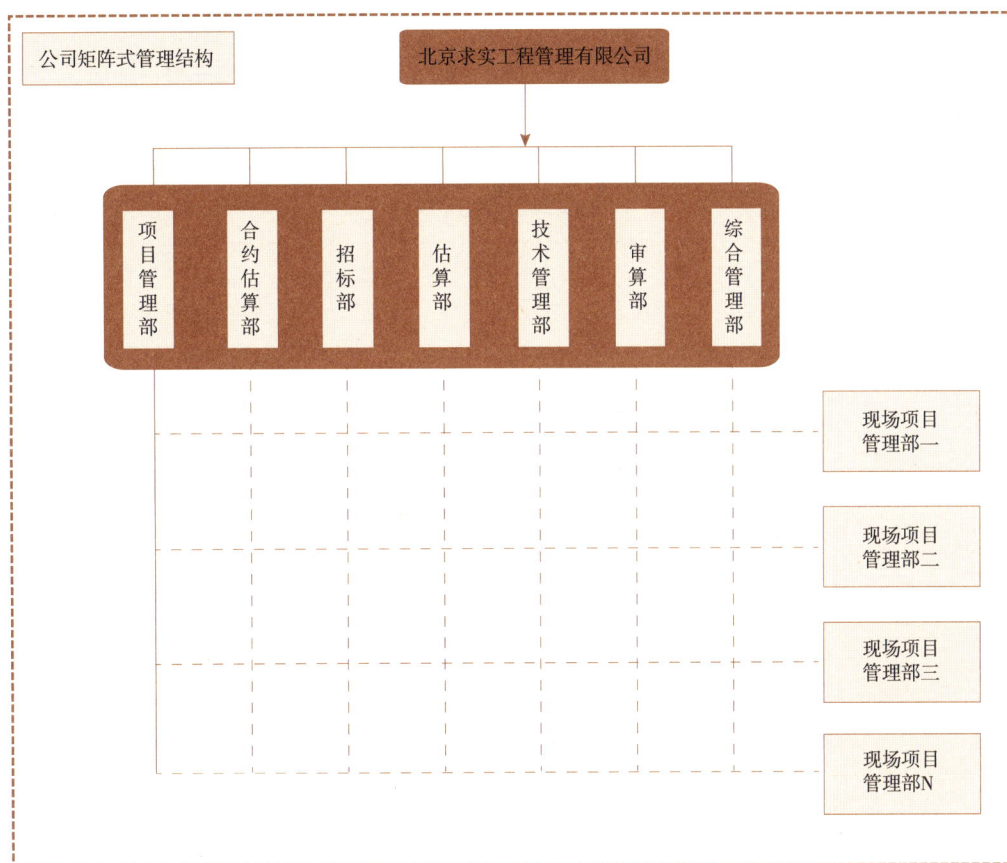

图2 公司矩阵式管理结构图

（3）以进度控制为价值链的主线；

（4）以投资控制为价值链的主线。

项目实施的需求导向决定了全过程工程咨询服务的价值链主线，大部分项目投资都必须考虑投资的效益问题，因此以投资控制价值链为主线将是全过程工程咨询服务价值链主线的主流。本案例即是以投资控制为价值链主线的全过程工程咨询真实案例。

本项目业主委托求实公司提供全过程工程咨询服务，公司在开展项目服务之前首先结合业主需求、项目特点、业主资金情况等因素分析开展本项目咨询的价值链主线，以便在项目管理团队内部确定统一的工作思路与咨询服务流程。

本项目通过前期与业主接洽及反复沟通，发现本项目存在如下特点：

（1）项目投资方为央企，在可研评审通过的情况下，资金能够及时到位。但项目概算审批通过，投资绝对不允许超概，否则业主会被上级公司追责。为此业主要求管理公司承诺项目投资控制绝对不能超概；

（2）由于业主未来仓库使用单位尚未确定，对于进度要求不敏感；

（3）业主对于项目的使用需求不清晰，对拟建项目的储存货物类别等需求不确定。

基于以上情况，求实公司项目管理团队通过认真分析，认为项目应该以投资控制为价值链的主线。

2. 项目管理模式选择过程分析

在确定了全过程工程咨询的价值链主线后，接下来要确定项目的管理模式。根据工程项目的合同关系分类，常见的项目管理模式有设计–招标–建造模式（DBB）、建造模式（DB）等。

本公司团队与业主进行讨论沟通时分析了各种模式的优缺点，结合项目的价值链主线进行了梳理分析，重点对DBB与DB模式进行了比较，分析过程如表1所示。

管理模式选择分析表   表1

序号	项目管理模式	优点	缺点	本项目需求
1	DBB模式	（1）是传统的项目管理模式，管理方法、技术手段成熟； （2）设计单位由业主直接委托，业主可以更好实现设计意图； （3）业主对咨询设计和监理人员的选择比较自由，便于意图的贯彻； （4）项目各参与方角色和责任明确，采用竞争性招标获得最低报价，投资可控度高； （5）项目施工工期较长，故项目的质量有保障	（1）项目建设周期长，业主前期投入大，工程管理费用高； （2）施工效率不高，设计变更多，易引起索赔； （3）管理协调工作复杂，协调工作量大； （4）由于设计和施工相分离，设计者不能很好地吸收承包商的施工经验和先进技术，设计的可施工性较差	投资控制要求高、设计可控性要求高
2	DB模式	（1）设计、采购与施工界面间的协调工作少，可以加快项目进度，减少协调工作量； （2）建设工程质量责任主体明确，设计与施工责任均由承包商承担，减少责任不清的状态； （3）造价固定包死，变更风险少； （4）加快项目前期的进度，减少招标环节的时间	（1）DB模式对总承包商的要求较高，对于总承包商的选择比较困难； （2）业主不能对工程进行全过程的控制，若业主要求调整或变更设计方案，带来的索赔风险大； （3）承包商考虑风险多，投标报价高； （4）总承包商招标前需要有明确的方案及采购需求	对于进度要求不敏感

通过以上分析，DB模式的突出优势是协调工作少，有利于加快进度，但可能导致投资增加，且对设计把控度低；本项目对于投资与设计的控制要求更突出，对于进度的要求主要体现为满足政府规定的节点工期。综合分析采用DBB的项目管理模式更适合于本项目，对项目的设计把控力度大，对项目整体投资控制更有利。

3. 项目全过程工程咨询工作流程

本项目全过程工程咨询价值链主线是以投资控制为价值链主线的工程咨询，采用DBB的项目交付模式。因此，项目管理将围绕投资控制价值链主线建立工作流程。

（1）各阶段投资控制风险分析（图3）

1）土地选择、评估土地风险，地价测算的风险；

2）业主功能需求与投资估算匹配的风险；

3）设计概算超估算，设计质量缺陷的风险；

4）合约安排、合约规划不合理，招标控制价超概算的风险；

5）工期延误、通货膨胀造成人工费、材料费调差的风险；

6）不可抗力造成投资增加的风险。

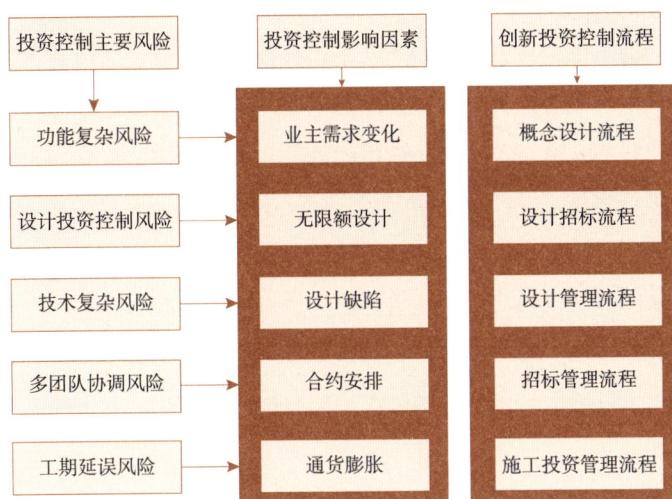

图3 各阶段投资控制风险分析

（2）建立投资控制流程

为化解全过程工程咨询各阶段投资控制风险，实现投资控制的目标，必须建立一套流程来解决上述问题，整合全过程的投资控制（图4）。

1）概念设计流程：解决业主需求与投资估算问题；

2）设计招标流程：通过限额设计招标，解决投资概算问题；

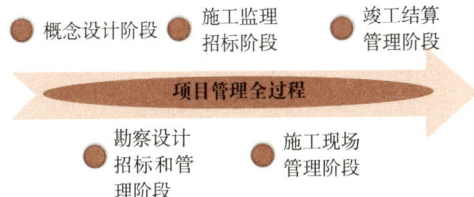

图4 投资控制流程图

3）设计管理流程：解决设计缺陷问题；

4）招标管理流程：解决与总体投资控制目标相匹配的投资目标分解、项目进度目标控制、总包及各分包流动资金控制及合约规划，消除多团队协调风险；

5）施工阶段管理流程：将项目进度管理纳入到投资控制的流程中，对施工阶段的投资进行动态控制，减少工期延误导致的物价上涨风险；

6）竣工结算审核管理流程：确定项目最终建设成本。

4. 各阶段咨询案例

（1）土地购置咨询阶段——奠定投资控制基础

土地的选址、地价评估是项目前期投资工作的基础，对项目投资的成败起着决定性的作用。项目业主委托求实公司开展拿地前的地块调研、地价评估、立项配合等工作。拿地前地块属于国有的开发有限公司，拟由国土资源部门收储后再以招拍挂的方式进行出让。本公司咨询团队与业主一起对地块进行了调研与沟通。

本咨询团队调研提出的部分风险评估及相应风险解决过程情况（表2）：

1）问题1：前期政府土地整理时加固处理面积仅占地块面积的30%，二次处理会导致实际地价增高。

建议：拿地前充分评估软土地基处理的成本，并做好拿地成本测算。将该费用成本归到建筑安装工程费用中去，在可研测算时计入该项成本。

2）问题2：现场场地很不平整，整个场区标高目测要比周边市政道路低2m以上，局部地面大面积积水，评估需要增加回填土方成本200万元以上。

建议：按照政府土地出让的"四通一平"标准，政府应该进行场地平整，建议协调政府进行场地平整或政府给予补贴。

3）问题3：地块原土地所有者已经委托进行了的部分吹填砂性土和地基加固，该费用政府要求由拿地企业与原施工单位补签施工协议进行支付。

建议：

①补签协议不合规，业主不具备签署协议的法律主体资格，工程已经竣工验收；

②建议将地基处理费用直接折算到地价中，在土地挂牌公告中直接说明；

③地基处理成本由求实公司参考审计结果及市场价评估后与政府协商确定。

土地价格中包含的地基处理成本测算　　　　　　　　　　　　　　表2

项目名称	面积（m²）	真空预压加固				吹砂	
		所属工程	位置	加固面积（m²）	加固工程费（元）	吹砂面积（m²）	吹砂工程（元）
物流基地	29000	二期二标	靠亚洲道	4500	1498500	19000	2774000
			靠美洲路	2000	666000		
			靠非洲路	3500	1165500		
一类费用	6104000						
二类费用	305200						
贷款利息	761797						
合计	7170997						

（2）项目概念设计阶段——功能需求分析

项目前期业主对功能需求一直不明确，对于建设方案一直模糊不清。功能需求不明确，投资估算无法确定，项目进度也无法推进，项目咨询服务将无从着手。本公司咨询团队在项目概念设计阶段通过专业化的服务主动指导业主明确功能需求，确定建设标准及投资估算。

在项目概念设计阶段派驻设计咨询团队与业主进行充分沟通，全面充分的了解业主的使用需求后，通过概念设计文件以图纸形式将这种使用需求表达出来，并根据确定的功能需求提出合理的投资估算，测算财务投资回报，起草设计任务书，为后续的设计招标提供技术支持和依据。

1）不同方案的技术经济对比

①方案1：一座轻钢结构平库+贴建3层附属办公楼

优点：轻钢结构平库施工快，成本较低，项目总投资较少；仓库柱网跨度大，库内柱子少，便于货架安装等。

缺点：丙二类库最大占地面积不超过12000m²，仓库土地利用难以最大化；由于地块形状所限（地块为狭长形），仓库设计进深47m左右，除去理货区和通道等，仓库实际面积利用率较低；土地成本、地基处理等成本均摊到每平方米仓储面积后，致仓库的单方造价指标较高，投资回报低。

②方案2：一座轻钢结构平库+一座3F钢筋混凝土结构平库+库内夹层办公

优点：有效利用土地，增加仓库面积，利于未来业务拓展；能兼具平库和楼库优点，平库施工快，成本低；库内柱子少，利于货架安装，适应周转率较快的货物储存需求；楼库的仓储面积较大，可根据未来业务发展的需要灵活安排。

缺点：施工相对较慢，建筑成本较高，项目的总投资大；柱网较密集，库内柱子较多，对货架安装干涉较大；仓库二、三层需要通过电梯垂直运输，不适于周转率要求较高的货物存储。相对平库需要增加货梯的日常维护等费用、电费等成本。

③本公司团队方案选择建议

由于地块在自贸区内，土地资源十分有限，方案2财务测算投资回报更好，且可以充足利用土地资源，为未来业务发展预留空间。建议业主优先考虑方案2，业主经过多次讨论最终采纳了本公司的建议（表3）。

两个方案投资分析对比 表3

序号	项目名称	方案一	方案二
一	土地成本	29818806	29818806
二	建筑安装投资金额	47977068	83034182
1	仓库建安工程	19712680	51287050
2	配套建筑建安工程费	4280200	3792200
3	室外等其他专业工程	19622636	20406370
4	不可预见费用	4361552	7548562
三	工程建设其他费	2663192	4457524
四	设备投资金额	4363000	7374000
五	总投资	84822065	124684512

2）车流量及装卸货台数量的评估

项目最初开展业主需求调查时，业主提出了双站台的使用需求，认为能够提高周转效率。本公司设计咨询团队结合专业知识对仓库的车流量及卸货站台进行了测算，根据业主的实际库存周期考虑没有必要设置双站台。从而主动引导业主，剔除不合理业主需求，节省项目投资。

根据保税库的库房面积、装卸站台总长度、库存周期等数据对仓库库区的车流量及所需的装卸站台数进行了估算，具体数据如表4所示。

根据测算结果，建设单侧站台已经完全能够满足保税库的周转速度需求，同时还能降低站台的建设成本，减少液压升降平台的成本等。最终业主采纳了本公司的建议，节省成本的同时实现了更优的功能，剔除不必要的业主需求。

车流量及平台数量测算分析表 表4

项目	数量	单位			
站台总长	217	m			
站台长度利用系数	80%				
单个装卸站台设计长度	4	m			
可设计站台最大量	43	个			
仓库面积	12000	m²			
面积利用率	50%				
可用仓储面积	6000	m²			
40尺集装箱容量	60	m³			
1集装箱车上货物卸下需库存面积	60	m²			
仓库完全利用可存货量	100	车			
库存周期（天）	7	10	15	20	30
相应的日车流量（包括入出库）	30	22	14	12	8

（3）勘察、设计招标阶段——限额设计管理、锁定设计概算

为实现投资控制的目标，解决传统设计管理模式下设计人员只承担技术责任，不承担经济责任的问题。这就需要通过限额设计招标来选择设计单位。只有在设计招标阶段对设计单位提出限额设计的要求、在招标文件及设计合同文件中明确设计超限的责任才能锁定设计概算，确保设计概算不超过投资估算。

首先通过调取同类型仓库的造价指标数据库，分析影响造价的主控项目，作为限额设计的主控项目。结合同类型造价数据库的统计，提取部分主控项目的含量指标及技术指标来限定设计方案。以2号仓库指标为例，具体如表5所示。

限额设计指标表 表5

序号	工程名称	主控项目名称	限额设计控制要求（2号仓库）		
			控制含量	控制做法	控制价格
1	建筑工程	结构工程	（1）混凝土含量0.3m³/m²； （2）钢筋含量40kg/m²		
2		砌筑工程		（1）外墙：设计任务书中限定±0以上砌体高度； （2）防火墙：设计任务书中明确做法要求	
3		钢结构工程	限定钢结构含量指38kg/m²		
4		屋面板		在设计任务书中固化压型钢板屋面板的做法	
5		墙面维护		在设计任务书中固化压型钢板墙板的做法	

续表

序号	工程名称	主控项目名称	限额设计控制要求（2号仓库）		控制价格
			控制含量	控制做法	
6	装饰工程	仓库地面		（1）在设计任务书中明确道路构造的技术要求； （2）仓库内地坪承受荷载限定为4t/m²	
7		门窗工程	限制窗地比的指标12%		
8	设备工程	通风排烟		在设计任务书中明确排烟风机的技术要求、安装位置（屋面、墙面）	
9	强电工程	照明器具安装		在设计任务书中明确LED光源的参数要求	
10	整体				1800元/m²

（4）设计管理阶段——以限额设计为核心的两阶段设计管理

1）初步设计阶段的方案管理

在初步设计阶段，要对各专业的设计方案进行充分的技术、经济论证，并对照数据库中相关指标对比确定初步设计方案。

2）施工图设计阶段的设计管理

在施工图设计阶段，要对各专业的施工图进行详细审核，发现施工图中的缺、漏、碰、错问题。项目采用BIM技术对施工图进行碰撞检测，可以大大减少设计缺陷问题。

本阶段本公司参与咨询的团队人员包括设计师、造价工程师、工程师等。设计师重点把控图纸技术经济问题、功能匹配问题；造价工程师评估造价指标及技术指标是否满足限额要求；工程师从工程施工角度评估图纸的可实施性问题。

本项目设计管理阶段的主要优化方案：

1）避免桩基方案重大调整

问题：项目审图公司提出基底以下存在较厚软土层，单桩竖向极限承载力标准值计算中应考虑桩周侧负摩阻力引起的下拉荷载；桩基需要重大调整。

可选择三个方案：①降低使用荷载（业主不同意）；②1号仓库灌注桩改为后注浆灌注桩，提高承载力；③2号仓库预制方桩宽度由400mm改为450mm；调整桩的数量和分布；先做工程试桩确定桩承载力后，再修改设计。

建议：按照审图公司的意见，无论哪种方案，都对使用荷载、工期和造价有重大影响。求实公司结构专家认为审图人员意见存在偏颇，根据理论计算及当地实际经验做法认为不需要方案调整。后与审图公司主管专家进行技术沟通后接受了求实公司提出的下述意见，设计方案无需重大调整。

2）基坑支护方案优化

本项目地下泵房与水池基坑长33m、宽15m、开挖深度为3.75m。开挖深度范围内以细质吹填土、淤泥质土为主，出水量较高。从安全角度考虑招标前委托专业设计公司提供了三个基坑支护方案，本项目设计公司推荐方案一。

①方案一：钢板桩+水泥搅拌桩，估算150万元；

②方案二：钢板桩+止水帷幕，场地预先开挖卸载0.8m深，估算126万元；

③方案三：采用水泥土墙，估算约248万元。

本公司专业团队通过分析计算认为：

①经过计算，本工程的涌水量较小，为保证本工程基坑开挖的顺利进行，现场采用排水沟、集水井进行排水。采用钢板桩防水性能良好，可进行水下施工，可以不设置止水帷幕，这也是钢板桩支护的特点之一。

②本工程基坑深度3.75m，未达到某地市规定的深基坑标准4m，可以不组织专项论证，因此对于基坑支护的标准不作降水帷幕的硬性要求，可以由投标人结合当地经验进行深化设计，确保基坑开挖质量及安全即可，最后结果如图5所示。

采用12m拉森Ⅳ形钢板桩进行基坑周边支护，现场采用排水沟、集水井进行排水，未设置止水帷幕，投标人报价仅5.99万元，对比专业设计公司提供的钢板桩+止水帷幕的方案节省120万元。

图5 项目钢板桩支护未设置止水帷幕

设计管理阶段是控制项目投资的最关键的阶段，决定了工程造价的70%～80%。本公司咨询团队在此阶段投入了大量的精力，也取得了显著的成绩（图6、表6）。从功能完善、成本节省、规避风险等方面提供了大量的审核建议。

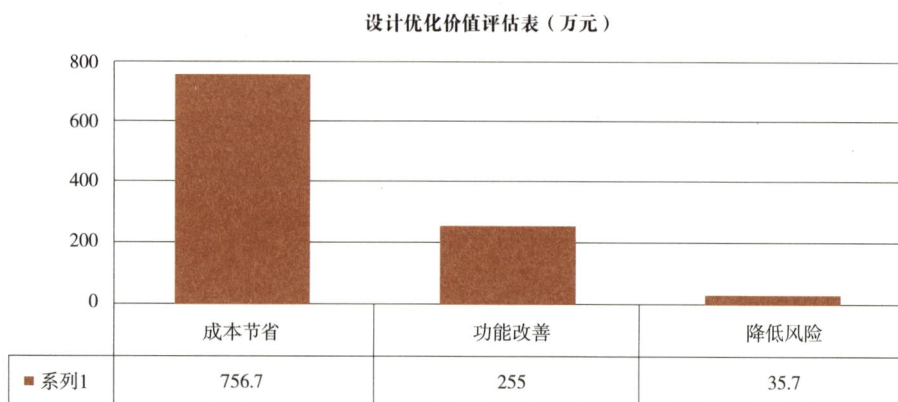

设计优化价值评估表（万元）

	成本节省	功能改善	降低风险
■系列1	756.7	255	35.7

图6 设计优化价值图

主要设计优化成果统计表　　　　　　　　　　表6

序号	设计优化建议事项简述	价值类型	价值评估（万元）	专业类别
1	建议使消防水池基坑开挖深度小于4m，避免深基坑专项设计和专家审查、节省时间和造价。将消防水池楼梯间位置调离1号库近些，更美观	成本节省	42	建筑专业
2	建议1号仓库楼面做法采用一次性浇筑做法（楼面3），节省找平层费用	成本节省	60	建筑专业
3	仓库图纸里的钢制卷帘门修改为工业提升门	功能改善	6	建筑专业
4	插座配线由ZR-BV修改为BV	成本节省	22	电气专业
5	LED灯具修改为高频荧光灯	成本节省	70	电气专业
6	干式消火栓稳压管道接入管网系统位置有误，应接入电磁阀门以前的环状管网上	功能改善	9	消防专业
7	水池及水箱最低及最高液位报警高度应说明	功能改善	6	消防专业
8	室内风机盘管送风管的吊点位置不合理，应吊在风管底部	功能改善	12	暖通专业
9	1号零板附加短柱下2方桩改为单根灌注桩，施工一次进场一次完成	成本节省	48	结构专业
10	1号夹层荷载小，梁高减小	成本节省	16	结构专业
11	二、三层次框架梁偏大，同次梁即可	成本节省	15	结构专业
12	屋面梁截面应减小	成本节省	5	结构专业
13	1号柱下6桩承台长向配筋少一半	降低风险	5	结构专业
14	1号5桩承台双向、6桩承台短向钢筋减少	成本节省	5	结构专业
15	1号屋面恒载3.5偏大，梁配筋优化	成本节省	6	结构专业
16	仓库采用零层板结构形式，一方面避免仓库地坪不均匀沉降的情况；另一方面结合港区缺土、土价格较高的情况，减少房心回填土1.45万m³，减少土方造价约272.8万元	成本节省	272.8	结构专业
17	施工图审查中，审图机构提出基桩设计时考虑负摩阻力引起的下拉荷载，以及抗腐蚀问题。经过求实公司和业主一起做沟通工作，确定：2号仓库预制方桩改为预制空心方桩	成本节省	50	结构专业
18	……			
19	合计		1047.4	

（5）施工招标阶段——合约规划安排

招标阶段重点要解决的问题：

1）科学合理的合约规划。为控制工程造价，可在政策法规的允许范围内，将专业性强、行业垄断或总包单位也需再次分包的项目，进行独立发包；将图纸深度不够、专业性强与总包关系密切的项目进行专业分包；将品牌、规格、材质等决定价格的材料、设备采购项目，约定好参考品牌及采购标准。考虑到工期问题，划分标段，合理分配风险，形成伙伴关系。

2）编制责任权利明确的合同条款。包括设计、施工、监理、重要材料、设备供货合同条款，总包施工现场管理条款，确定付款方式、工程变更合同价款调整条款等。

3）招标控制价在满足国家和地方相关造价管理规定的同时，尽可能的贴合市场价，避免围标串标。

招标阶段的案例说明：

1）软基加固招标控制价偏低问题

问题：软基加固为业主独立发包的专业工程，招标控制价为490万元。在投标阶段6家投标人中有5家在同一天发质疑文件，认为招标控制价低于成本价，请求核实。

建议：①软基加固要求的资质为港口与航道工程施工总承包资质，这类资质行业存在一定的垄断，缺少竞争，易围标；②招标控制价经过前期的充分询价，求实公司认为是合理的；③本公司建议与招标办沟通后进行面对面的答疑与沟通，以分析投标人质疑的理由与依据。

最后结果：

经与招标办沟通后，在招标办监察人员、业主监察人员的参与下，本公司造价人员与质疑的投标人逐一进行沟通，分析对方质疑的依据，最终发现招标控制价中帷幕灌浆的工程量系按照双轴拌和的双倍工程量计算，投标人报价产生误解，导致报价偏高，后统一书面回复，未因该原因调整招标控制价。

2）合约规划的设计问题

问题：由于专业工程分包数量较多而且公开招标程序烦琐，为了不影响进度，业主希望专业工程全部纳入总承包范围。但由于设计图纸存在部分需要深化的问题，全部纳入总承包范围不现实。

建议（最后全部被采用）：①软基加固、变配电工程、弱电工程由于设计图纸需要深化，由业主独立发包；弱电工程业主需求暂不明确，工程竣工后再实施，先做预留预埋；②风机、空调、柴油发电机、电动平台、电梯等机电工程全部纳入总包工程范围，且不列暂估价的专业分包；③为了确保纳入总包范围的机电工程质量可控、造价合理，在招标文件中列明详细的机电设备技术参数要求、采购品牌及详细施工界面。

3）进度管理的合同措施

资金支付是影响工程进度的最关键的因素之一，本项目为保障工程进度采取了以下合同措施：①工程款支付：由于本项目业主资金到位，从对进度控制有利的情况考虑，不需要增加承包商的垫资压力，设置工程预付款比例为15%，预付款从第二个月开展分四次平均扣回。工程进度款按计量工程量的80%按月支付。②工程进度节点设置：为增强过程进度考核，在合同中增加了过程进度的奖罚条款，对进度控制点进行考核。通过增加施工单位过程进度管理的责任意识，避免工期延误压力累积到最后无法控制。

（6）施工管理阶段——投资控制的动态管理

施工阶段是将项目"蓝图"变成工程实体，这个阶段是工程建设周期中投入的人力、物力和财力最多、工程管理难度较大的时期，在施工阶段要对工程造价管理给予足够的重视，从组织、经济、技术、合同等多方面采取措施，控制投资。

项目施工阶段求实咨询团队以项目投资控制与进度控制为重点，质量安全控制方面以监理控制为核心，通过设置关键控制点，加强事前、事中控制，充分调动和管理好监理公司在质量安全进度管理方面的工作职责实现。

施工阶段求实公司参与咨询的团队人员包括合约经理、项目经理、造价工程师、机电工程师等。项目经理负责项目施工的整体组织实施及管理工作。

1）投资控制的动态管理——施工进度管理

施工阶段进度延误会使项目施工周期的加长，加大"通货膨胀"引起的材料费、人工费涨价等调差风险，使施工阶段的投资无法控制。本公司团队在进度控制方面建立了以完善的计划体系为控制基础，以赢得值的方法为进度统计及纠偏手段的进度控制流程。本项目实际进度与计划进度偏离较小，图7为统计曲线图。

①确保施工按照合同要求的时间节点完成

本公司团队在施工管理过程中，结合现场情况采取多种措施确保工程进度。

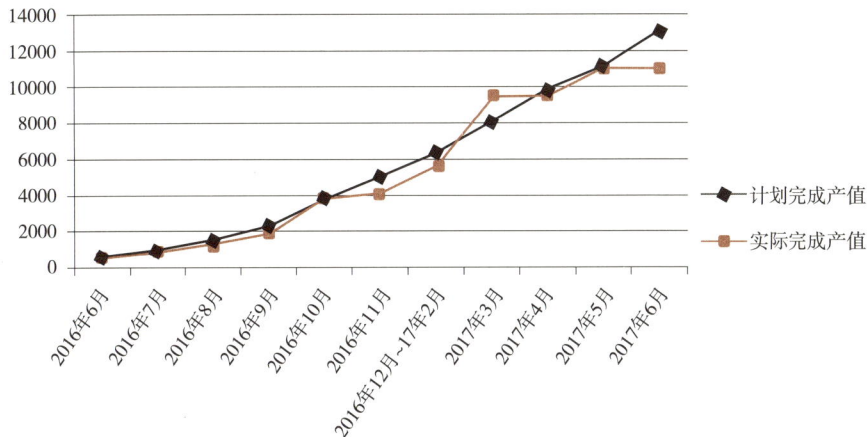

图7 赢得值统计曲线图

a．进度管理的合同措施：按照总包合同对施工节点的要求对总包单位进行考核。因承包人原因完不成计划，每天扣违约金人民币5000元，下一个控制点按计划完成时，则上一次违约金取消。但在连续两个控制点都未完成，违约金累计计算。本公司团队充分利用合同节点，约束施工方主动控制工期；

b．进度管理的技术措施：为完成合同约定工期，本公司团队在与现场各方沟通确认，在技术上可行的情况下，要求施工单位主动提高试桩的混凝土标号，以缩短龄期，有效的将试桩工期缩短15天左右，不做费用调整；

c．进度管理的保障措施：为解决雨期施工的临时道路通行问题，安排施工单位先后组织了170余块钢板进场铺路，保证了工期和整体的环境卫生；同时与某地港设施处沟通，在项目的东侧，新开了两个出入口，保障材料交通运转。

通过各方的努力，桩基施工于2016年9月11日全部完成，按照合同要求的2016年9月28日提前17天完成，满足了政府主管部门的要求。

②进度干扰事件的应对措施

问题：雨期施工的影响；某地市全运会对室外工程的施工干扰；京津冀环境治理政策严格，某地创卫，主要材料紧缺。

解决方案：

a．合理安排施工组织计划，雨季前先屋面施工，进行"断水"抢外墙施工，缓室内施工；

b．提前调整施工工序，将室外工程调整为关键线路，将先室内后室外的管道安装工序调整成先室外再室内；

c．提前采购，多渠道、多地区采购，利用本场地空地多的优势进行提前储备。

最后结果：通过努力，减少了雨季的干扰影响；成功避免了政府活动对室外施工的影响；最大限度地减少了因材料短缺造成的工期影响。

2）投资控制的动态管理——持续的设计优化

由于设计阶段周期较短，设计图纸难免有所不完善。施工阶段持续的设计优化对投资控制具有着重要得意义。本项目在施工过程中采用了如下的设计优化措施：

①四部货梯5t载重实际使用中不需要，优化为3t，同时满足使用要求，节省投资20万元；

②库区±0.000降低20cm，节省土方工程量，节省投资15万元；

③1号库配电间减少一半面积，既能满足配电间使用，也能提高库区使用面积。

（7）结算审核阶段——投资控制水到渠成

工程竣工前提前编制竣工结算审核计划，在各项工程竣工后，依据工程施工图纸、设计变更洽商、有关索赔文件、工程合同条款，组建由造价工程师负责、各专业工程师参加结算审核小组，及时准确、科学合理地进行结算初步审核工作，提出初审意见。

结算审核阶段本公司参与咨询的团队人员包括审算经理、合约经理、项目经理、各专业造价工程师。审算经理负责组织整个结算工作的开展，对成果文件质量负责。

1）图纸深化的结算问题

问题：施工方对2号仓库钢结构图纸及幕墙图纸进行了深化设计，要求按深化设计图纸按实结算；

解决：根据合同约定结算原则，钢结构按照单价合同、幕墙部分总价包死。按施工图加变更洽商进行结算。施工方所出的竣工图、深化设计的大样图、节点图（如钢结构）等不作为结算的依据，对施工图明确做法，施工方未做的工程项目进行扣减。经过沟通与谈判最终审减17.5万元。

2）2号仓库桩基优化后的计价

问题：施工过程中求实团队已经对原施工图进行了设计优化，并发了设计变更通知单，2号仓库桩基由预制实心方桩变更为预制空心方桩，承包人不同意。

解决：根据合同变更认价原则，桩基应该重新认价，经过询价后与施工方重新进行了认价，最终审减了26万元。

由于概念设计阶段、初步设计阶段、施工图设计阶段至结算审核阶段，本公司咨询团队中造价工程师、设计师、工程师全程参与，通过以投资控制为主线的全过程工程咨询管理，本项目结算非常顺利，投资控制结果理想。使结算审核阶段的投资控制达到了水到渠成的效果。如图8、表7所示。

本项目以投资控制为主线的全过程工程咨询管理的流程起到了以下作用：

①土地购置及立项阶段：评估土地风险，测算合理地价，减少拿地风险；

②概念设计阶段：确定业主需求，匹配投资估算目标，避免业主需求变化风险；

③设计风险：通过限额设计招标及设计优化审核，降低设计缺陷风险；

④合约安排风险：通过施工阶段的合约规划及招标竞争，控制合约安排风险；

⑤通货膨胀风险：通过造价工程师参与进度的管理，实现了工程投资控制的动态管理，避免工程延期导致的物价上涨、投资增加等风险。

投资对比分析

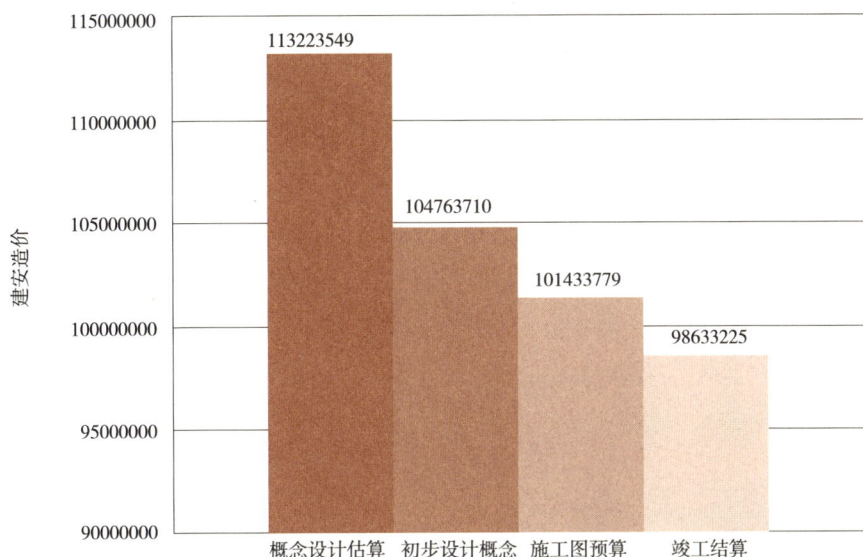

图8 各项价格与结算价格对比图

各项价格与结算价格对比　　　　　　　　　　表7

序号	项目名称	概念设计估算	初步设计概算	施工图预算	结算价	结算与预算价偏差率	结算与概算偏差率
1	建筑安装工程	94736619	90393843	88765531	90487061	1.9%	0.1%
2	软基加固工程	5900000	5900000	5759762	5589586	-3.0%	-5.3%
3	变配电工程	2000000	1853940	1195133	1281502	7.2%	-30.9%
4	弱电工程	2200000	1853940	1275076	1275076	0.0%	-31.2%
5	不可预见费用	8386930	4761987	4438277			
	合计	113223549	104763710	101433779	98633225	1.7%	-5.9%

5. 全过程工程咨询运作过程的总结

（1）全过程工程咨询价值链的形成

本项目通过分析项目的需求特点、资金情况、外部环境等情况发现和确定项目的主要目标，即全过程工程咨询价值链主线过程，是寻找和抓住事物的主要矛盾的观点，是让项目的管理者在项目管理的初期就对项目管理的方向有着清醒的把握，同时能在全过程工程咨询中始终贯彻这一主线。由于可以自项目选址开始至工程结算审核始终由一家咨询公司总体策划、整体实施和负责，这样就确保了这一主线的可执行性。本项目从土地选址、购置及立项阶段至工程结算审核的每一阶段均由承担全过程工程咨询的咨询公司贯穿始终的总体策划、目标明确、责任清晰，这是全过程工程咨询的主要价值所在。

（2）全过程工程咨询价值链的实施

在工程管理的模式选择方面，由于项目管理者可以总体策划，可以根据价值链主线的要求选择工程管理的模式（DBB交付方式、DB交付方式或者其他的交付方式）。项目管理者可以根据价值链主线的要求对不同设计或施工阶段进行整合，例如，项目管理者可以根据项目需求的成熟程度、项目的复杂程度、项目的工期要求选择采用在方案设计阶段DB交付方式、初步设计阶段DB交付方式或者施工图设计阶段DB交付方式，也可以DBB交付方式。

在管理职能的整合方面，项目管理者可以整体实施和负责。例如，本项目项目管理者在保证项目施工质量、安全的前提下，根据价值链主线的要求可以采取合约措施、技术措施、组织措施、沟通措施加快工程进度，减少工程量调差的风险，实现1+1＞2的效果，确保项目目标的实现。

在管理流程的整合方面，项目管理者可以根据价值链主线的要求有针对性地制定管理流程。例如，对于本项目（以DBB交付方式）投资控制为价值链主线的项目，能围绕项目具体的投资目标设定具体的项目流程，实现项目全过程的投资控制，避免了目前多数传统咨询模式下各阶段咨询碎片化投资控制管理问题。本项目的投资控制流程解决了目前项目投资链条上的问题，增加了投资控制的可控性，减少了投资控制的风险。使各阶段的投资控制处于可控状态。

四、咨询服务的实践成效

1. 投资控制方面

（1）项目总投资控制情况：工程竣工结算比初步设计概算减少6130485元，投资节余5.9%；

（2）项目设计管理阶段通过设计优化节省投资1047万元，节省投资约占初步设计概算的10%。

2. 项目进度方面

（1）施工准备阶段组织合理，从发中标通知书至正式开工仅2周时间，确保计划开工日期；

（2）桩基施工于2016年9月11日全部完成，比施工合同要求的2016年9月28日提前17天完成，满足了政府主管部门的要求。

3. 项目质量方面

（1）质量管理方面突出事前、事中控制，通过主动预防等措施确保工程质量；

（2）项目质量合格，顺利通过竣工验收。

4. 顾客评价方面

本项目全过程工程咨询服务获业主的一致好评，并对项目管理公司特意致谢，在业主集团内部予以通报表扬。

专家点评

作为全过程工程咨询项目案例，该项目咨询服务涵盖土地购置及立项阶段咨询，项目概念设计，项目可研编制，项目设计优化管理，项目招标采购代理，施工阶段投资、进度、质量管理及结算审核。不仅涉及项目建设多个阶段，从前期土地摘牌至工程竣工验收，而且服务内容除造价咨询外还包括项目管理、进度管理和质量管理。另外，项目全过程工程咨询服务立足造价咨询机构专业特长，以投资控制为价值链的主线，充分发挥造价咨询机构在全过程工程咨询的专业作用，取得了良好的咨询服务效果。

通过全过程工程咨询服务，在咨询前期对项目管理进行策划，在投资控制、进度控制和质量控制等方面都取得了较大的成功。在投资控制方面，项目竣工结算比初步设计概算减少613万元，节余投资5.9%。全过程咨询始终以业主视角全面开展投资控制，从项目前期土地成本策划以及项目建设方案比选方面都提出了专业建议，并通过设计优化等节省投资1047万元（占初步设计概算的10%），投资控制成效显著；进度控制方面，一方面充分考虑项目使用功能，结合可施工性来选择建设方案，真正在项目源头控制投资，另一方面，合理组织施工，优化施工部署，从中标通知书至正式开工仅2周时间，确保计划开工日期。在桩基工程施工中，比合同工期提前17天，满足了政府主管部门的要求；质量控制方面，协助建设单位建立工程质量监督管理体系，提出了工程质量管理措施，使项目工程质量达到了预期目标。

点评人：陈建华

万邦工程管理咨询有限公司

某垃圾焚烧发电厂项目全过程工程咨询服务案例

——四川华信工程造价咨询事务所有限责任公司

杨娅婷　周　静　叶　晓　张豫龙

一、项目基本概况

本项目为某市新建垃圾焚烧发电厂项目，分两期实施，本次案例为一期项目建设，实施的规模为1000t/日的一期垃圾处理量和1500t/日规模的一、二期垃圾处理量所涉及的厂内外土建等公辅工程。项目可研批复一期总投资为5.7亿元，焚烧采用往复式机械炉排工艺、烟气净化采用组合烟气净化工艺、余热回收锅炉选用中温中压锅炉系统、配备2台15MW汽轮发电机组、污水采用厌氧–外置式两级硝化反硝化技术、炉渣就近转至已有垃圾卫生填埋场、飞灰采取螯合剂稳定固化技术。项目于2014年8月20日开工，2015年12月24日竣工。

我公司接受本项目建设业主某环保发展有限公司的委托，作为本项目咨询单位对本项目进行了以工程造价咨询单位为核心的全过程工程咨询服务。我公司（以下称"咨询单位"）提出了"以投资控制为主线、以风险管理为重点"的管控思路，即厂区建设采取EPC工程总承包固定总价合同，通过编制限额设计清单和控制价进行招标，在合同中明确固定总价必须达到的产能指标、建设标准、污染物排放指标、工期要求等，通过在实施过程中依据限额设计清单和合同约定对初步设计图和施工图进行审查，对现场实际完成内容、质量、进度、安全进行监督，建立管理制度对进场工艺设备品质进行控制等措施进行全过程管理和控制，以实现建设目标和获得较高的性价比。该管控思路得到了建设业主的采纳，该项目最终在批复的计划投资内按期完成。

本项目除进场道路、前期工程外，厂区建设全部采用EPC勘察设计采购施工总承包模式，通过公开招标确定承包人。本案例主要以厂区建设的重点内容为例。

二、咨询服务范围及组织模式

1. 咨询服务的业务范围

项目全过程工程咨询，包括前期策划和招标咨询、限额设计招标限价和限额设计清单编制、实施阶段全过程控制、配合审计部门跟踪审计、竣工结算审核、运营期垃圾处理费用测算等。

2. 咨询服务的组织模式

（1）本项目以建设业主委托的造价咨询单位为核心，提供从可行性研究报告批复开始的全过程工程咨询服务，按照"以投资控制为主线、以风险管理为重点"的管控思路，以达到建设业主所需产能和技术指标的情况下实现投资控制和风险管理为目标，将咨询工作贯穿项目全过程。

同时与监理单位配合，进行现场进度、质量、安全、环保监督，招标代理单位按法律法规规定程序完成招标程序工作，工程总承包单位承担勘察、设计、采购、施工。

（2）本项目建设管理组织模式如图1所示。

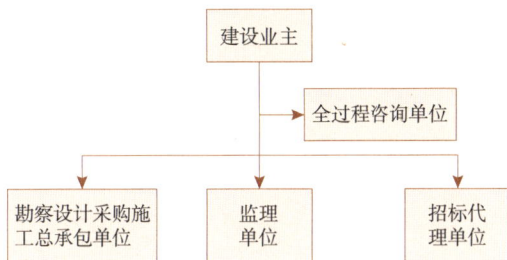

图1 建设管理组织模式图

（3）本项目咨询单位内部组织架构如图2所示。

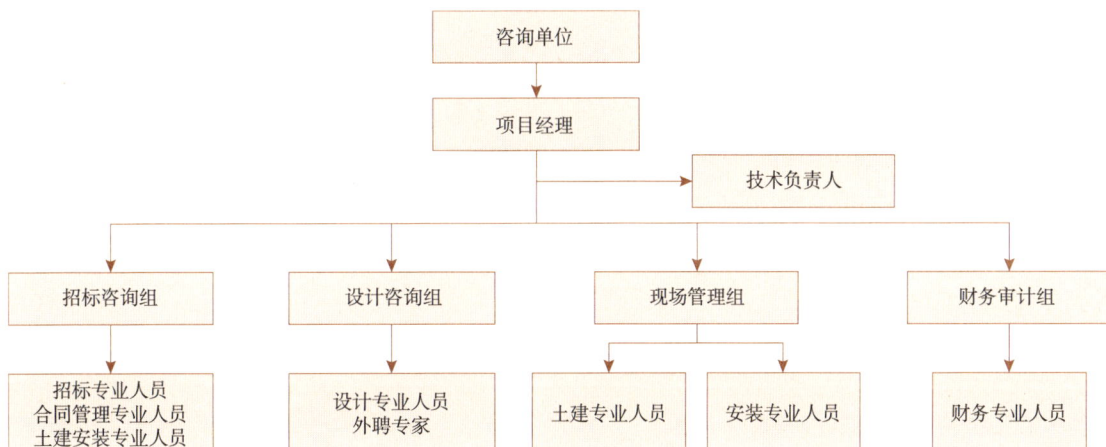

图2 咨询单位内部组织架构图

3. 咨询服务工作职责

本项目咨询单位自可行性研究报告批复后即开展全过程工程咨询工作，各阶段的咨询服务工作职责包括：

（1）前期阶段：协助建设业主进行项目管理策划和合约规划，确定发包范围、发包模式、合同价款形式、过程管控重点等，协助建设业主建立管控的相关制度等。

（2）招标阶段：结合可研报告选择的技术方案，与建设业主共同考察已完类似项目和行业市场；与设计专业人员配合细化方案；编制限额设计招标限价和限额设计清单；协助业主制定商务竞争指标；拟写招标文件发包人要求、招标文件合同条款；分析中标人投标文件、对投标报价进行清标、协助定标和签订合同前合同谈判和合同审查等。

（3）实施阶段：参与设计文件审查，审查概算和预算;对项目实施全过程驻现场提供咨询服务，进行合同管理、计量与支付管理、变更与签证管理、参与隐蔽工程验收、主要材料设备进场验收、施工方案审查等；配合审计机关对现场进度、质量、安全、环保进行监督；对各参建单位履职履约情况进行监督；每月向委托人和审计机关报送月报，内容包括投资完成情况、进度情况、现场影像资料、存在问题等。

（4）竣工阶段：参与竣工验收和检测，进行竣工结算审核。

（5）运营阶段：收集运营相关数据，对垃圾处理服务费单价进行测算。

三、咨询服务的运作过程

1. 项目投资情况

本项目一期可行性研究批复投资估算金额5.7亿元，按建设业主"项目各项指标必须满足项目环评批复、立项核准批复，达到国家对垃圾焚烧发电项目的AAA评级要求及国内领先水平,确保垃圾处理效果的高起点、高标准，并产生良好社会、环境和经济效益"的总体要求,咨询单位通过采取一系列技术与经济措施，最终EPC固定总价合同招标控制价为4.14亿元，合同价为4.07亿元，结算价为4.03亿元，结算价比合同价减少426.14万元，投资偏差率为1.05%，产能指标单价40.327万元/t，与同类项目产能造价指标对比，投资控制情况良好。

2. 全过程咨询服务策划

为实现建设业主制定的满足国家或行业规定排放控制标准、治理控制标准的总体目标，并获得对应产能规模、品质条件下的最大性价比，咨询单位根据类似项目积累经验，结合本项目为具有成熟工艺的市政项目，在项目可行性研究报告经批复后，制订了该项目全过程咨询管理策划图，分析了咨询单位的主导工作与协助建设业主完成的工作，使整个项目在限额设计的理论指导下有序进行。全过程咨询管理策划图如图3所示。

3. 全过程咨询主要服务内容

（1）合约策划

由于垃圾焚烧是由多专业、多工艺组合实施项目，其成熟的技术工艺及关键设备选用采购一直由本行业少数具有关键设备生产制造和运营能力的企业掌控。通过项目前期考察情况并结合行业惯例，建设业主最终决定采用EPC总承包模式，报经某市政府及相关部门批准实施。

咨询单位在配合业主开展本项目实施前期准备工作的同时，在了解行业动态及对同类项目的调研考察情况基础上，考虑到本项目工艺技术条件成熟、工程任务和范围明确、工期要求紧迫（510日历天），建议"采用EPC总承包固定总价的合同价格形式，并特别对项目实施内容、风险范围予以明确要求"，同时协助建设业主明确EPC发包的范围为厂区建设范围，其他厂外道路工程和前期工程按传统DBB模式进行发包，建立了本项目完整的合约体系。

（2）EPC总承包招标咨询

在确定采取EPC总承包模式后，咨询单位为本次EPC总承包招标提供了招标咨询，主要工作包括：

1）协助建设业主了解潜在投标人情况

根据建设业主和可行性研究编制单位基本要求，结合垃圾特质对垃圾焚烧炉等关键设备的选型配置比较、烟气净化系统等关键工艺方案的要求，咨询单位协助建设业主对比国内同类型各大垃圾焚烧营运

```
可行性研究报告
批复后
    │
合约策划 ──→ 确定发包模式
         ──→ 确定发包范围
         ──→ 确定固定总价合同形式

EPC设计施工总承包
招标管理
    ├─ 招标咨询 ──→ 协助建设业主调查潜在投标人情况
    │           ──→ 编写发包人要求
    │           ──→ 拟定合同固定总价调整条件
    │           ──→ 清标、合同谈判和审查
    ├─ 限额设计招标限价编制 ──→ 土建工程 ──→ 综合可研中方案初步工程量和类似工程指标
    │                      ──→ 一般设备 ──→ 市场询价确定
    │                      ──→ 与专利技术相关的核心设备 ──→ 以建设业主调查类似项目为主确定
    └─ 限额设计清单编制 ──→ 与设计专业人员配合细化工艺流程和技术标准
                        ──→ 按每个单体（系统）技术标准、内容编制限额设计清单，进行工作内容及要求描述

实施阶段全过程控制
    ├─ 限额设计固定总价部分的控制 ──→ 参与初设和施工图审查会
    │                           ──→ 对设计单位编制的概算提出意见
    │                           ──→ 对现场实际实施内容与限额设计招标发包人要求、图纸等的符合性进行检查
    │                           ──→ 对实际采购设备品牌、标准与限额设计要求一致性和相对价值差进行控制
    │                           ──→ 协助建设业主建立设备进场验收等管理制度
    ├─ 专业暂估价控制 ──→ 对暂估价工程范围按合同约定控制，避免与总价部分重复
    │                 ──→ 对暂估价工程实施方案的优化控制
    │                 ──→ 严格按合同约定进行暂估价计价
    ├─ 零星工程控制 ──→ 对照固定总价包干范围控制增加零星工程
    ├─ 变更管理 ──→ 不符合合同约定调整条件的，不产生变更价款调整 ──合同总价调整条件──→ 产品的规模调整 / 主要污染物排放控制指标调整 / 治理排放指标控制调整
    ├─ 进度款审核支付 ──→ 编制施工图预算（作为进度款计量基础）
    │                 ──→ 现场实际实施形象界面划分
    └─ 进度、质量安全、环保 ──→ 现场检查编写月报

竣工阶段
    ├─ 参加竣工验收
    ├─ 竣工结算审核 ──→ EPC限额设计固定总价包干部分 / 专业工程暂估价部分 / 增加零星工程
    └─ 竣工资料

运营阶段 ──→ 垃圾处理服务费单价测算
```

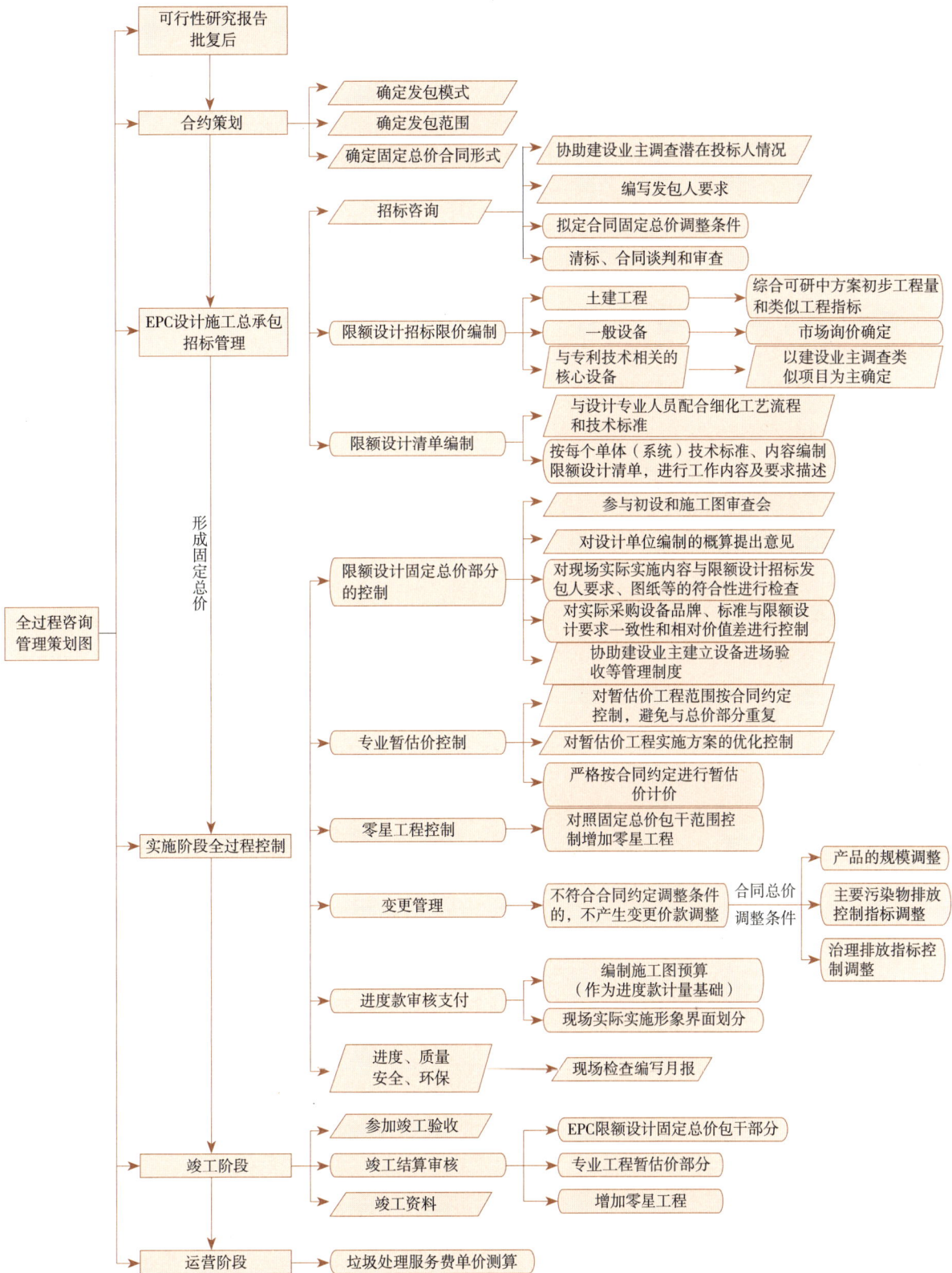

图例：主要步骤 咨询单位主导工作 协助建设业主工作

图3 全过程咨询管理策划图

商质量，在招标文件中合理确定对总承包商综合实力和焚烧炉技术的评审标准，设置了垃圾处理量、上网电量、烟气排放指标、限额设计清单报价为可竞争商务指标。

2）拟写招标文件发包人要求

通过对本项目主要工艺流程的梳理、分析，按工程项目特征，咨询单位为建设业主分系统和分专业拟写了EPC招标文件中的发包人要求，包括：EPC招标范围、项目工作界面、技术标准和要求、EPC总承包设计采购施工各主要工作阶段要求等，有针对性地对投标人必须满足的本项目的建设规模、产能指标和污染物排放指标、主要建设阶段及内容、主要设备及工艺技术要求、建筑与结构技术要求、工程施工及设备安装技术要求、承包人实施方案要求、调试、竣工试验、试运行及竣工验收、工程项目管理规定、技术服务及人员培训、缺陷责任期服务要求、投标报价的要求、投标报价包含的风险范围等进行了详细的描述。

3）拟写EPC总承包固定总价合同条款

在确定采用EPC总承包总价合同形式后，咨询单位即展开了EPC合同条款及总价调整条件的拟写工作。本项目的招标范围、实施界面、质量考核目标、验收标准完整清晰，为保证发包人要求的技术工艺标准有效可靠、投资合理、经济可控，在合同价款条件的拟定时，咨询单位建议：

①细化并完善与合同总价价款对应的工程质量标准（含：勘察、设计、工程施工质量标准）、工期要求、服务标准、承包人承担的风险明细等内容并严格执行，合同总价格不作调整。

②结合相近或类似项目总价合同管理中的经验，要求明确总价项目与专业工程暂估项目的界线划分，并控制实施过程中的变更行为，完善变更范围、内容、程序及利益分享条款，对需要调整变化内容和范围的合理性、必要性，必须按照基本建设程序进行确认，避免低价中标高价结算。

③对合同签订后，因法律、国家政策和需遵守的行业规定发生的变化高于本工程招投标文件要求，导致产能规模、主要污染物排放控制标准、治理排放控制指标调整而产生的合同价格调整，应对应细化调整条件及办法，即：执行当地现行清单计价定额（对缺项的参照相关行业计价标准）及配套计价文件，按投标报价总价与招标限价总价的下浮比例下浮结算。同时符合《某市政府投资工程建设项目工程变更管理实施意见》规定，完成报送审批并定价。

④专业工程暂估价项目的价格确定，应进一步明确发包人确定的施工标准，价格执行现行当地清单计价定额（对缺项的参照相关行业计价标准）及配套计价文件，按投标报价总价与招标限价总价的下浮比例下浮结算。同时符合《某市政府投资工程建设项目工程变更管理实施意见》规定，完成报送审批并定价。

⑤结合行业实际情况，建议建设业主要求承包人对根据自身所选技术、工艺、设备和运营能力等做出的垃圾处理量、上网电量和烟气排放指标的承诺，接受6个月稳定运营期的测定和考核，否则视为违约。

⑥拟写了承包人未达到固定总价标准的情况下，承担违约责任的具体条款。

4）清标和协助签订合同

在中标人公示后，对投标文件进行分析，对限额设计清单报价进行清标，协助建设业主定标并进行合同签订前的谈判和合同审查，直至签订承包合同。

（3）限额设计管理

1）本项目限额设计管理思路

国外EPC项目一般为功能技术要求明确的固定总价交钥匙工程，但目前国内EPC项目主要采用按实结算、费率下浮等模式，在设计阶段投资控制效果差，在后期预算评审和结算过程中常常出现争议，为保证发包人要求的工艺技术标准得以实现、建设投资合理、实施项目费用可控，咨询单位建议建设业主对项目采取限额设计管理，具体思路为：

①在招标时根据可行性研究报告中的工艺技术指标，结合类似项目和方案设计合理确定设计限额；

②为了避免在初步设计阶段因总价包干降低建设水平、过度缩小建设规模，在招标阶段编制限额设计清单，即：按项目可行性研究报告中每一个单体（系统）的技术标准、规模要求、范围内容，对应进行限额清单费用的测算，并明确约定详细的实施标准和内容；

③在初步设计阶段和施工图设计阶段，依据限额设计清单确定的具体实施标准和内容对图纸进行审查、管理和控制。

2）限额设计招标限价和限额设计清单编制要点

在确定设计限额和编制限额设计招标清单中，通过对项目可行性研究报告资料的分析，及时就项目的编制范围、内容、工艺流程及方案、完成功能的相应配套设备装置的基本情况及问题与建设业主进行了沟通和交流；为加深对项目工艺流程及方案的理解，咨询单位还实地考察了已建成投运的几家环保发电有限公司，将本项目与考察项目进行对比，发现本项目可研工艺流程和系统中的方案设计还存在不明确的工艺流程、设备选型、建设标准等；通过与建设业主、可行性研究报告编制单位相关人员、建设业主推荐的两家设计院进行对接工作，对部分工艺要求进行细化，形成了切实可行的技术咨询处理意见，并对项目涉及的主要工作内容进行了价格咨询。

通过对项目各单项（单位）工程限额设计清单编制，在明确完善可研主要工艺系统的技术条件和参数标准、细化系统配置、组成内容的基础上，使得限额清单的控制价格测算更接近市场价格，并将所有资料提供给财政评审，协助财政评审中心完成了评审工作，合理确定了限额设计总价。在此基础上完善限额设计清单，作为EPC招标的清单。

（4）项目实施阶段控制

在工程实施阶段，结合限额设计清单明确的工艺功能内容实施管理控制，咨询单位主要进行的咨询服务内容包括：

1）参与初步设计和施工图审查，对初步设计的主要规模、技术、功能指标等与招标文件发包人要求、限额设计清单内容标准等进行对比，提出完善施工图设计的建议意见。

2）对设计单位编制的概算和预算提出建议，对概算和预算内容、标准与发包人要求和限额设计要求是否一致进行咨询。

3）对现场实际实施标准结合限额设计清单标准、施工图设计标准，进行全面的符合性审查，如：对结构开间、进深、层高进行测量比对，对钢筋布置、规格、数量进行检查比对，对附属道路的基层面层厚度、施工工艺是否按照设计要求实施，对选用工艺设备是否符合限额设计清单和经审查确定的设计施工图要求等内容，在每天的现场巡查中都进行了相应的检查和记录。对未按设计要求实施的情况，通过工作月报或专项汇报的形式向业主进行反馈并监督落实调整。

4）对限额设计清单专业工程暂估价项目（装饰、绿化、边坡治理工程）、总价项目、合同外新增项目的工作内容和范围进行进一步划分。咨询单位经查阅招标文件、合同文件、招标限额设计清单等资料后多次与建设业主沟通、讨论，提出了初步意见和对应的判定依据，出具了《关于EPC合同段专业工程暂估价项目及EPC合同外项目的工作范围的咨询意见》，为建设业主确定界面划分做好了全面分析准备工作，并最终达成一致意见。

5）协助建设业主建立建设管理制度。本项目为工艺项目，咨询单位一直将设备作为关注重点，在项目实施过程中，咨询单位发现设备的进场管理工作比较混乱，未按合同约定，对进场设备及时进行报验清点，对随货发送的图纸资料、技术文件资料、出厂合格证及检验检测报告未作及时清理，可能造成进场设备的不合格而产生重新发货延误工期的情况。为加强项目设备进场验收管理，确保设备质量、数量、规格符合发包人要求，满足项目建设需要，加强工程投资控制，咨询单位协助业主建立和完善了《设备进场验收管理制度》，牵头严格管理控制设备进场报验，确保现场安装工艺设备与限额设计报价和经审定的施工图一致，设备进场验收管理制度如附录一所示。

6）咨询单位对EPC承包人拟采购进场设备建立了管理台账，通过严格管控设备采购和进场，咨询单位发现存在EPC承包人签订的设备采购协议中的设备供货商与EPC承包人限额设计报价中的设备供货商不一致的问题，咨询单位及时向建设业主反馈汇报，建设业主通过调查，根据其委托的第二设计院出具的技术审查意见，部分要求需承包人整改，部分在确保EPC承包人投标承诺的设备质量品质标准不低于EPC签约合同设备质量同档次水平下，批准同意EPC承包人调整。

7）计量与支付管理

由于本项目为EPC固定总价合同，根据合同约定的按进度计量支付，为了真实的反映项目每月完成实际进度投资情况，有效节约资金利息，咨询单位对EPC总承包单位报送的设计施工图预算进行全面审核，并以审核预算作为进度款支付的计量参考依据。在合同约定的计量日期，由咨询单位与建设业主、监理单位、施工单位等共同对现场实际完成项目内容进行确认，统计计算当月完成合格工程量，结合合同约定支付条件确定当月进度支付金额。

通过咨询单位对中间计量支付的严格把关，控制了计量支付的超付风险。本项目总承包单位累计送审进度计量支付金额36400.00万元，经过审核后的累计进度计量支付金额为34587.00万元，审减金额1713.00万元，审减率5%。

8）变更管理

根据本项目固定总价的合同价款形式，咨询单位严格依据合同约定的合同价款调整条件，只对超出总价包干范围的内容和因发包人调整技术指标功能需求的内容进行变更审核和变更价款审核。

9）对专业工程暂估价项目的优化控制

限额设计清单专业工程暂估价项目中的边坡治理工程，在设计施工图中二号挡墙为条石挡土墙。若按设计放坡距离施工，会超出征地红线范围，且与该位置的1根ϕ108的天然气管道交叉，咨询单位通过分析后向建设业主提出以下优化意见：根据现场基础开挖的岩土情况，可以将原设计的条石挡墙取消，调整为喷锚，且价格经测算略低于条石挡土墙。该建议得到了建设业主和EPC设计施工承包人的采纳，进行了设计优化，节约了投资。

10）关注质量安全进度情况

本项目同步接受审计机关跟踪审计，由咨询单位全程驻场对项目基本建设程序、建设管理、财务管理、投资、进度、质量、安全、环保、各参建单位履职履约等进行跟踪，全程参与现场隐蔽工程验收和现场管理，每月编制月报提交审计机关、财政部门和建设业主，在月报中反映质量、投资、安全等综合管理情况，及时督促进行整改，同时严把工程进度，使得施工阶段的工期提前2%，如附录二所示。

通过施工阶段按照限额设计清单明确的工艺内容，实施全过程管理控制，避免了承包人偷工减料，以次充好，性价比偏离发包人要求的情况，保证了工程质量，建设成本得到了有效控制，工期提前。

（5）竣工结算审核

根据EPC总承包合同，咨询单位在竣工结算审核时，按合同约定分为两个部分进行审核：

1）EPC限额设计总价工程：根据合同约定除产能规模调整、主要污染物排放控制标准调整、治理排放控制指标调整等性质的变更及发包人的赶工指令、不可抗力持续而无法继续施工的项目外，合同价格不作调整。因此，咨询单位主要对EPC总承包人完成的工程承包范围、内容和标准进行符合性审查。对合同承包范围已包含，但EPC承包人未实施的燃气工程费用，根据业主与燃气工程施工单位签订的施工合同结算金额80876.00元，在固定总价中予以扣减。

2）专业工程暂估价项目：合同约定工程量按提供的有效竣工结算资料，结合合同约定的计量原则按实计算。

通过结算审核，一期项目在实现拟建项目产能标准基础上的实际完成建设项目结算金额为40327.43万元，严格控制在一期合同金额40753.57万元和批准的计划投资57000.00万元范围内的。目前，本项目已于2015年底建成投入试生产使用，2016年底通过省环保厅环保验收，且已经通过了某市审计局审计。与相同规模和工艺的其他项目相比，本项目功能产出指标和环保指标满足要求，同时建设投资合理，控制效果良好。

（6）运营成本测算

本项目建设完成后，某市人民政府拟与建设业主签订特许经营协议。咨询单位接受某市城市管理行政执法局委托，根据拟签订的特许经营协议，结合市场情况和类似项目情况，通过对本项目建设和运营相关数据的收集，对垃圾处理服务费单价进行分析测算，为政府核定垃圾焚烧发电补贴费用提供决策参考。

咨询单位根据政府方与投资人签订的项目特许经营合同内容，包括项目规模、建设投资、项目投融资计划、垃圾处理规模、设计规模负荷率、垃圾保底量、项目特许经营期、人员编制情况、资产摊销方式等，结合相似规模及工艺的垃圾焚烧发电项目直接材料成本、当地能源费用等要素，运用生产成本加期间费用估算法、生产要素估算法等计算出项目的运营成本。

根据《国家发展改革委关于完善垃圾焚烧发电价格政策的通知》（发改价格〔2012〕801号）规定，结合项目规模（日处理垃圾量）、项目运营期，算出垃圾焚烧发电收入。

根据《市政公用设施建设项目经济评价方法与参数》以营业收入、建设投资、经营成本和流动资金的估算为基础，考察整个特许经营期内现金流入和现金流出编制出项目现金流量表；利用资金时间价值的原理进行折现，计算出项目的财务投资内部收益率、资本金内部收益率、投资各方内部收益率；通过内部收益率与行业比较，运用不确定性分析与风险分析等科学决策方法，结合区域经济与宏观经济影响，测算出各种假设情况和政府将要支付的垃圾处理费用，供政府决策参考。

四、咨询服务的实践成效

1. 实现社会资源的可持续发展

垃圾焚烧发电项目的标准化、规范化建设，实现了处理技术先进、管理水平科学的目标；采用焚烧方式处置垃圾后，垃圾减量化将达到85%左右，缓解了采用填埋方式占地面积较大与某市城市化建设加快而用地紧张的矛盾，节约了土地资源；本项目的建成，将杜绝采用填埋方式产生的污水、废气等二次污染，改善了人居环境质量，垃圾焚烧热能发电为社会提供大量能源，创造了财富，保持了资源的可持续供给能力；项目的建设，按城市规划后续将形成以生活垃圾处理处置为主要功能，餐厨垃圾、污水污泥、粪渣处理处置作为配套功能的废弃物静脉产业园区，最大程度的提高资源再利用效率，实现资源经济的良性循环，实现企业、社会、环境一体的可持续发展。

2. 按期完成了项目实体建设目标

（1）在合同约定的建设工期（510天）内，完成了本项目建设目标，建设效率高，成效显著。垃圾焚烧项目的提前投运，完善了城市功能配套，惠及了广大群众；

（2）垃圾焚烧项目的投产运营，按计划批复实现了建成一个配备齐全、功能完善、满足招标文件技术功能要求的垃圾焚烧发电厂的总体目标，发电厂的土建工程建设和设施、设备安装与合同的约定一致；性能测试结果和环保测试指标均达到合同规定标准；各污染源自动监测设备已同环保主管部门的监控中心并网，并取得环保部门签发的环保验收证书和发改部门签发的项目验收批文。

3. 实现了价格与品质标准一致的投资管理目标

在传统承发包模式下的政府投资建设管理，常常因各单位管理职能不到位出现的结算超批复概算情况。本项目中，咨询单位在EPC设计采购施工总承包模式下进行了固定总价包干的管理探索，运用技术与经济相结合的手段，通过限额设计管理、明确细化产能标准、建设标准、验收标准的方式，在经批准的一期投资估算（57000.00万元）内完成项目建设40327.43万元，同时各项性能满足国家标准和发包人要求（附录三），实现了价格与品质标准一致的投资控制管理目标，为全过程工程咨询服务积累了宝贵的经验。

4. 获得了社会对全过程工程咨询管理的认可

（1）本项目从可研批复开始咨询单位即介入，实现了全过程的咨询。从实践效果来看，本项目"以投资控制为主线，以风险管理为重点"，根据投资控制与项目决策、建设效益、质量、进度、安全、环保等多环节、多目标均密切相关且为建设业主与承包人之间主要博弈点的原理，由造价咨询单位牵头实现了项目从策划、招标、设计、现场管理、完工、运营等全过程各环节、各专业间的密切配合和衔接，通过整体把控避免了信息流断裂和弥补传统单一服务模式下易出现的管理漏洞和缺陷，使得建设业主获得了完整的建筑产品和服务；

（2）由于建设效果显著，建设业主的主要负责人等三人获得了某市科技局颁发的EPC项目科学管理奖；

（3）本项目的全过程工程咨询服务中，咨询单位经历了与建设业主从磨合到支持认可的过程，以实践取得了建设业主对于以造价咨询单位为核心，以达到建设业主所需产能和技术指标为目标，贯穿项目全过程的咨询工作的认可；

业主对咨询单位的评价意见为"本项目功能产出指标和环保指标满足要求，同时建设投资合理，控制效果好，对四川华信工程造价咨询事务所有限责任公司提供的建设全过程专业技术咨询服务工作表示满意"；

（4）在由某市审计部门负责实施的项目过程审计和结算复核中，咨询单位按审计部门要求，配合做好项目技术经济资料、数据的收集、取证、清理、分析工作，对过程中发现的情况和问题，通过随时电话反馈、当面沟通汇报、重大问题专题汇报、按月度年度方式报告项目建设情况，实现对项目管理、投资、质量、进度、安全、环保等各方面的同步监督和记录，并对调整落实情况随时跟进反馈，提供给审计部门参考、了解和决策处理，通过了审计监督；

（5）本项目的设计施工总承包单位某环境产业有限公司对咨询单位从本项目限额设计EPC招标开始直至运营费用测算的全过程工作取得的效果，从开始的博弈到最终认同。目前，已委托我公司为其正在承包建设的另一垃圾焚烧发电项目提供总承包管理服务，为咨询单位发展开辟了新的业务来源。

五、思考和建议

通过本案例的总结，对目前全过程工程咨询试点的现状思考和建议如下：

（1）本项目是在全过程工程咨询试点以前而开展的以造价咨询单位为核心的全过程工程咨询工作探索。本项目的咨询工作能够贯穿于项目的全过程，完全是基于建设业主的实际需求。因此，全过程工程咨询应当采用何种模式，如何组织，完全取决于需求方。未来的全过程工程咨询会呈现多元化发展，形成与不同投资主体需求相适应的涉及项目全生命周期中两个阶段或几个阶段或所有阶段的多种全过程工程咨询服务组织模式；

（2）全过程工程咨询是满足项目建设全过程控制的严密性和连续性的重要手段，但不应该是工程咨询、招标代理、勘察设计、工程造价、工程监理、工程运营的简单累加。在淡化企业资质的背景下，应当以建设业主需求为核心，打破资质限制和专业壁垒，由咨询项目负责人和各专业人员的配合，从始至终为项目提供咨询服务来实现建设目标；

（3）由于目前全过程工程咨询仍在试点期间，国家法律法规对于必须招标的范围规定和咨询单位分类资质管理规定等均未做配套的修改和完善，致使建设业主在选择全过程工程咨询单位时受到诸多的限制，有些地区在试点中，要求至少以两项或三项咨询单位资质来确定全过程工程咨询单位资质，又回到强化企业资质管理的原点。通过资质累加来确定企业能力和满足现行法律法规的相关规定，不利于推动全过程工程咨询的发展；

（4）随着住房城乡建设部对全过程工程咨询试点工作的推行，工程造价咨询单位可以通过不断提高自身的法律、经济、技术、管理的综合素质，满足全过程工程咨询服务的要求，协助建设业主对项目进行全方位管理控制；

（5）通过本项目的实践，EPC工程总承包项目的前期管理和策划对项目影响至关重要，建议咨询行业顺应建筑行业发展的趋势，分行业、分类型，逐渐建立全过程咨询管理的案例库和技术经济指标信息库，提高咨询工作的效率与质量。

六、附件

附件1：某垃圾焚烧发电厂项目设备进场验收管理制度。

附件2：项目不同阶段工期要求对比。

附件3：项目工艺线路、主要污染物排放指标。

附件1

某垃圾焚烧发电厂项目设备
进场验收管理制度

为加强项目建设设备进场验收管理，确保设备质量、数量、规格符合要求，满足项目建设需要，特制定本制度。

第一条　总承包单位在签订设备供货合同后，应及时为我公司提交设备供货合同。公司资料管理员向总承包单位采购部门进行督促。

第二条　设备进场验收由我公司检验检测项目经理和技术部人员，会同总承包单位、跟踪审计单位、监理单位指定人员共同进行。

第三条　设备进场二日前，总承包单位应通知我公司、跟踪审计单位、监理单位设备进场时间。

第四条　设备进场时，我公司、总承包单位、跟踪审计单位、监理单位人员共同见证开箱，按《设备开箱验收单》（表1）的内容逐项检查并填写。

（一）产品型号、技术参数与合同不一致的，拒绝接收。

（二）设备外观检查存在缺陷的，总承包单位要明确修复责任。必要时，业主可委托质量监督机构对设备质量进行鉴定，以确定是否接收设备。

（三）随机资料不齐全（产品质量证明书、合格证、出厂检验报告、图纸、安装说明书、使用说明书等）的，由总承包单位通知设备供应商进行补充。资料不齐全的，作为未通过进场验收处理。（焚烧炉、余热锅炉等现场拼装设备可暂不提供产品质量证明书、合格证、出厂检验报告）。

第五条　未通过进场验收的设备不得进入安装施工。

第六条　设备通过进场验收后，我公司、总承包单位、跟踪审计单位、监理单位共同对设备的零部件厂商、零部件质量证明文件等，对照设备供应合同进行验证。与设备供应合同不符的，总承包单位、设备供应商应进行说明。零部件规格及供应厂商违反业主和总承包人之间已达成约定的，要求总承包人进行说明或要求设备退场。

第七条　随机资料应提交一份（复印）交我公司和跟踪审计单位保存。原件由总承包单位在项目竣工时移交。

第八条　设备开箱验收单由总承包单位保管，作为设备到货款的支付依据。

第九条　技术部在每月30日前，对本月进场设备进行汇总。

某垃圾焚烧发电厂项目设备开箱验收单 表1

EPC项目名称			
验收单编号		验收日期	
合同编号		合同签订日期	
合同名称		供货商名称	
验收依据	设备供货合同与技术协议		
总体验收结果	□合格 □不合格 （对应方框内画√）		

开箱验收检查结果

序号	检查内容	检查结果
1	包装箱是否完好，是否受潮（包装箱已损坏、受潮，须拍照存档）	
2	设备型号、技术参数是否与合同、技术协议一致	
3	货物数量是否与装箱单一致	
4	设备外观检查（设备外观表面不应有图样规定以外凸起、凹陷、扭曲；无锈蚀、变形，连接紧固、油漆涂装是否良好等）	
5	设备铭牌是否固定牢固、规范，铭牌数据是否清晰、正确	
6	随机资料是否齐全（产品质量证明书、合格证、出厂检验报告、图纸、安装说明书、使用说明书等）	
7	备品备件是否齐全	
8	专用工具是否齐全	
9	是否取样送检（由监理、业主、供货商共同见证取样，封存送检）	

开箱验收存在的问题（包括设备缺陷、差缺件、资料不完整的情况，可另附清单）

备注说明：					
EPC专业工程师		项目经理		供货商	
设备管理工程师				安装单位	
监理		业主		跟踪审计	

备注：该开箱验收单作为设备到货款的支付依据。

附件2

项目不同阶段工期要求对比

1. 可研批复工期：本工程2014年3月13日的可研批复建设工期为两年；

2. 招标文件要求工期：于2014年6月12日EPC招标开标，招标文件要求工期为510日历天，未明确开工时间，只要求竣工时间为2015年11月30日；

3. 合同约定和实际工期

（1）施工工程

合同：2014年7月9日至2015年11月30日，工期510天；

实际：2014年8月20日至2015年12月24日（按提供的电力工程质量监督检查并网通知书时间），工期500天。

（2）勘察、设计

合同：2014年7月3日至2014年10月1日，工期90天。

实际：2015年6月11日（施工图审查合格书盖章时间）。

附件3

项目工艺线路、主要污染物排放指标如表2、表3所示。

工艺线路对比表　　　　　　　　　　　　　　　　　　　　表2

各单体系统	招标要求	投标和实施情况	结论
焚烧炉	焚烧炉采用往复式机械炉排工艺	德国马丁往复式机械炉排	满足招标技术要求
烟气净化系统	烟气净化采用组合烟气净化工艺	SNCR脱硝（选择性非催化还原法，炉内加尿素除氮）+半干法脱酸（旋转雾化塔内喷射消石灰浆脱酸）+活性炭喷射吸附（吸附重金属及二噁英）+布袋除尘	满足招标技术要求
余热锅炉系统	余热回收锅炉选用中温中压锅炉系统	余热回收锅炉选用中温中压锅炉系统	满足招标技术要求
发电系统	配备汽轮发电机组	配备2×15MW凝汽式汽轮发电机组	满足招标技术要求
污水处理系统	污水采用厌氧-外置式两级硝化反硝化技术	污水、生产废水及渗滤液经收集后采用厌氧-外置式两级硝化反硝化技术进行集中处理	满足招标技术要求
飞灰处理系统	飞灰采用螯合剂稳定固化	飞灰采用螯合剂+水泥固化后运往填埋场填埋处置	满足招标技术要求

表3

主要污染物排放指标对比表

主要污染物排放指标类别	验收检测内容	检测数据国家标准		检测数据类型	检测数据符合标准	检测结果		结论
		验收检测标准	标准值			1号炉	2号炉	
焚烧炉性能	炉膛内焚烧温度	《生活垃圾焚烧污染控制标准》GB18485—2014表1	不小于850℃	性能指标		907	911	满足合同或国家标准要求
	炉膛内烟气停留时间		不小于2s		不小于2s	2.93	2.91	
	焚烧炉渣灼减率		不大于5%		不大于3%	0.52	0.48	
	颗粒物	《生活垃圾焚烧污染控制标准》GB18485—2014表4	30mg/m³	小时均值标准	9	5	5	满足合同或国家标准要求
	NO_x		300mg/m³		145	113	86	
	SO_2		100mg/m³		50	1.25	0.184	
	氯化氢		60mg/m³		10	未检出	未检出	
	CO		100mg/m³		45	未检出	未检出	
废弃有组织	二噁英		0.1ngTEQ/m³		0.1	0.013	0.038	
	汞及其化合物		0.05mg/m³	均值标准	0.05	$7.6×10^{-6}$	$1.28×10^{-5}$	
	镉、铊及其化合物		0.1mg/m³		0.05	$1.1×10^{-4}$	$1.1×10^{-4}$	
	锑、砷、铅、铬、钴、铜、锰、镍及其化合物		1mg/m³			0.0069	0.00401	
	焚烧炉烟囱高度	《生活垃圾焚烧污染控制标准》GB18485—2014表3		高度标准	大于60m			

续表

主要污染物排放指标类别	验收检测内容	检测数据国家标准		检测数据类型	检测数据合同标准	检测结果		结论
		验收检测标准	标准值			1号炉	2号炉	
废气无组织	硫化氢	《恶臭污染物排放标准》GB14554—1993表1恶臭污染物厂界二级标准	$0.06mg/m^3$	排放限值	0.06	未检出	未检出	满足合同及国家标准要求
	NH_3		1.5		1.5	均值小于1.5	均值小于1.5	
	甲硫醇		0.007		0.007	未检出	未检出	
	臭气浓度		20		20	均值小于20	均值小于20	
固化后飞灰浸出液	Hg	《生活垃圾填埋场污染控制标准》GB16889—2008表1浸出液污染物浓度限值（单位：mg/L）	0.05	浓度	合同约定执行国家标准	均满足要求，详见检测报告		满足合同及国家标准要求
	Cu		40					
	Zn		100					
	Pb		0.25					
	Cd		0.15					
	$Cr6^+$		1.5					
	Be		0.02					
	Ba		25					
	Ni		0.5					
	As		0.3					
	Cr		4.5					
	Se		0.1					
地下水	pH	《地下水质量标准》GB/T14848—1993表1Ⅲ类标准（单位：pH无量纲，其余为mg/L）	6.5～8.5	排放浓度	合同未明确约定，执行国家标准	验收检测期间地下监测点所测20项指标均满足要求		满足合同及国家标准要求
	总硬度		450					
	总固体		1000					
	Ima		3					
	挥发酚		0.002					

续表

主要污染物排放指标类别	验收检测内容		检测数据国家标准		检测数据类型	检测数据合同标准	检测结果		结论
		验收检测标准	标准值				1号炉	2号炉	
地下水	NH₃N	《地下水质量标准》GB/T14848—1993表1 Ⅲ类标准（单位：pH无量纲，其条为 mg/L）	0.2	排放浓度	合同未明确约定，执行国家标准	验收检测期间地下水监测点所测20项指标均满足要求		满足合同及国家标准要求
	NO₃N		20					
	氯化物		0.02					
	氟化物		250					
	硫酸盐		1					
	Hg		250					
	Cr6⁺		0.001					
	Pb		0.05					
	As		0.05					
	Cu		1					
	氰化物		0.05					
	Cd		0.01					
	镍		0.05					
	总大肠杆菌		1000个					
固化后飞灰	含水率	《生活垃圾填埋场污染控制标准》GB16889-2008表1浸出液污染物浓度限值（单位：mg/L）	小于30%	浓度	合同约定执行国家标准	6.80%	满足合同及国家标准要求	浓度
	二噁英		小于3μgTEQ/kg			0.064		
厂界环境噪声	昼间（dB（A））	《工业企业厂界环境噪声排放标准》GB12348-2008 2类标准	60		60	均小于标准值		满足合同及国家标准要求
	夜间（dB（A））		50		50	均小于标准值		

专家点评

四川某垃圾焚烧发电厂项目，规模为1000t/日的一期垃圾处理量，整个项目所涉及厂内外土建等公用及辅助工程。厂区建设全部采用EPC勘察设计采购施工总承包形式，通过公开招标确定承包人。

项目在选择EPC单位时，建设单位采纳了咨询公司的意见，采取了限额招标的模式，通过公开招标的方式，选择了最优施工单位。在施工过程中，咨询公司积极配合各参建单位，提出优化方案，选择更适合的材料及施工工艺，在最优固定总价的基础，又节省了大量资金，取得了良好的社会效益和经济效益。

在限额设计方面通过对项目各单项（单位）工程限额设计清单编制，在明确完善可研主要工艺系统的技术条件和参数标准、细化系统配置、组成内容的基础上，使得限额清单的控制价格测算更接近市场价格，并将所有资料提供给财政评审，协助财政评审中心完成了评审工作，合理确定了限额设计总价。并完善限额设计清单，出具EPC招标的清单。在施工阶段根据该清单控制工程材料等，在建设成本、工期等方面均获得管控或提前。在运营成本测算，咨询公司利用现金流量表、投资内部收益率等测算处理费用，供政府决策参考。结合项目案例咨询公司总结了EPC全过程咨询工作的建议。该案例具有较好的示范作用。

点评人：吴玉珊

龙达恒信工程咨询有限公司

商业综合体项目打通咨询价值链的全过程工程咨询服务
——江苏捷宏润安工程顾问有限公司

沈春霞　吴虹鸥　金常忠　王　舜　郑宇军

一、项目概况

　　某商业综合体是一个集商务办公、商业金融及相关配套设施为一体的商业综合建筑，由南京某置业有限公司投资建设，项目总投资约10.5亿元，建安投资约7.5亿元。总占地面积为16261m²，总建筑面积为177329m²，其中地上建筑面积121721m²，地下建筑面积55608m²。本项目位于南京市地下水位丰富的河西地区,基坑周长533m，开挖面积17800m²，开挖深度14.85～16.85m，局部开挖深度23.45m。本项目于2011年10月开工，计划于2018年12月竣工（图1）。

　　本项目以投资控制为主线贯穿于全过程工程咨询的各个阶段，通过对投资决策阶段的需求分析、方案比选、目标成本及合约规划；设计阶段限额设计、设计优化；招投标阶段的招标策划、清单控制价审核、投标报价分析；施工阶段合同管理、设计管理、投资控制动态管理；结算阶段严格把控,实现了投资收益最大化。

图1　某商业综合体效果图

二、咨询服务范围及组织模式

1. 咨询服务的业务范围

　　捷宏润安工程顾问有限公司受南京某置业有限公司委托，对某商业综合体进行招标代理及全过程投资控制提供咨询服务工作，本项目咨询服务工作贯穿于投资决策、设计阶段、招标阶段、项目施工阶段及竣工结算阶段。

2. 咨询服务的组织模式

　　为了顺利地完成本次咨询服务工作，我公司安排部门主任工程师为本项目负责人，安排具有商业综合体丰富经验的团队为本项目提供咨询服务，每周不少于2天驻场，遇约定事项随时到场，且根据工程进展及现场工程咨询服务工作的需要，随时调整、增加现场人员，确保在咨询期间服务到位，保质保量完成咨询服务合同约定的咨询服务工作。

（1）项目组人员构成，见表1。

项目组人员构成表　　　　　　　　　　　　　　　　　　　　表1

序号	主要人员	人数	备注
1	项目负责人	1	注册造价师、注册咨询师、高级工程师
2	驻场审计人员	7	招标代理、土建装饰、安装、市政园林专业造价师6人，现场资料员1人
3	公司技术支持	7	各专业技术总监各1人，询价工程师1人，BIM工程组2人、档案管理员1人

（2）项目组组织机构，见图2。

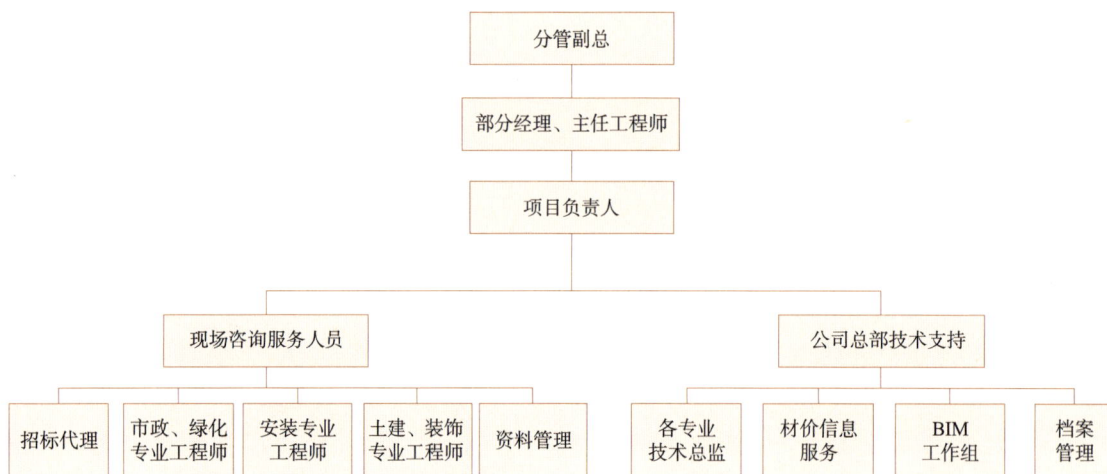

图2 项目组组织机构图

3. 项目组人员工作职责

我公司实行项目负责制，由项目负责人全面负责该项目的综合协调、组织管理工作，并对该项目的质量负全责。主要人员主要工作职责见表2。

工作职责表　　　　　　　　　　　　　　　　　　　　　　　表2

主要人员	岗位职责
项目负责人	（1）编制咨询服务实施方案； （2）组建工程项目组； （3）参加与工程造价控制有关的工程例会； （4）负责项目咨询服务的组织实施、进度控制、内部协调和咨询服务质量管理工作，对项目组成员的执业行为进行管理； （5）指导咨询小组成员按咨询服务实施方案开展咨询服务工作，保证咨询成果技术的可靠性、数据的准确性、结论的科学性和公正性； （6）定期向委托方提交咨询服务工作报告

续表

主要人员	岗位职责
现场专业工程师	（1）参与现场隐蔽工程验收，现场签证见证； （2）及时向项目负责人上报现场见证资料、工程资料； （3）按咨询服务合同及咨询服务方案内容完成现场相关工作； （4）项目依据性文件收集、整理、建立台账
技术总监	（1）审定项目负责人制订的全过程咨询服务实施方案； （2）审定项目咨询服务过程中咨询成果文件； （3）项目技术重点、难点事先做好技术指导和支持； （4）参加重大技术问题的会审
询价工程师	（1）根据项目需要提供材料、设备询价服务； （2）提供同类型项目材料、设备价格数据供项目负责人参考

三、咨询服务运作过程

对于该项目的咨询服务工作，项目负责人根据咨询合同疏理本项目咨询服务委托内容，对每个阶段的咨询服务重点进行分析，并针对重点工作制定相应制度和措施。

本项目造价咨询工作的重点分析见表3。

造价咨询工作重点分析表　　　　　　　　　　表3

工程建设阶段	造价咨询服务工作重点
投资决策阶段	需求分析 设计方案比选 投资估算 目标成本、合约规划
设计阶段	限额设计 图纸审查及优化 碰撞检查
招投标阶段	招标方案筹划 审核招标文件、合同条款 审核工程量清单、招标控制价 对中标价进行分析清标，防范风险
施工阶段	规范咨询服务制度 加强合同管理 加强设计管理工作 编制年度投资计划与用款计划，进行验工计价、期中计量等工作 审核工程变更、洽商等费用、审核索赔事项 材料及设备询价、比选 根据工程变更情况及时调整投资控制目标，进行动态分析 关注现场细节 编制跟踪审计总结报告
竣工结算阶段	明确工程结算要求及相关格式 完成工程竣工结算审核 对比目标成本与结算价格 资料的收集和归档

1. 投资决策阶段

（1）需求分析

投资决策阶段，我公司会同方案设计单位充分发掘业主的真正需求，并对业主需求进行分类分析：刚性需求、半刚性需求及柔性需求，以减少施工过程中业主需求变化的风险。刚性需求是必须满足，半刚性需求须进行经济性评估和方案优化，柔性要求要根据项目资金情况论证必要性。本项目我们协助业主进行需求分析，根据业主需求我们列出主楼设计标准和配置建议见图3。

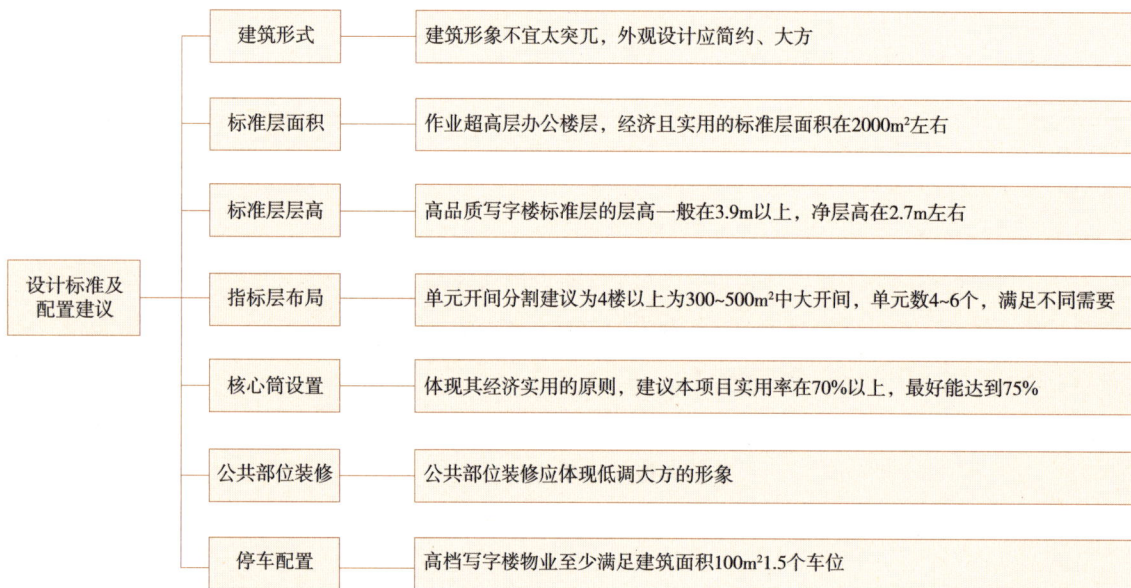

设计标准及配置建议	建筑形式	建筑形象不宜太突兀，外观设计应简约、大方
	标准层面积	作业超高层办公楼层，经济且实用的标准层面积在2000m²左右
	标准层层高	高品质写字楼标准层的层高一般在3.9m以上，净层高在2.7m左右
	指标层布局	单元开间分割建为4楼以上为300~500m²中大开间，单元数4~6个，满足不同需要
	核心筒设置	体现其经济实用的原则，建议本项目实用率在70%以上，最好能达到75%
	公共部位装修	公共部位装修应体现低调大方的形象
	停车配置	高档写字楼物业至少满足建筑面积100m²1.5个车位

图3 配置建议图

（2）方案比选

本项目通过招标方式共征集四个方案，项目组对各方案进行造型、体量、空间、能耗分析，利用价值分析、经济评价等方法，编制设计方案比选报告，为业主合理选择设计方案提供依据，并对优选方案提出改进建议。最终选择了某建筑设计研究院有限公司设计方案，设计理念"琢石成玉"。

（3）投资估算

投资决策过程中，我们依据确定方案和一定的方法，对建设项目从筹建、施工直至建成投产的全部投资额进行估计，编制投资估算见表4。

某大厦建设投资估算汇总表　　　　　　　　　　　　　　　　表4

工程名称：某大厦项目　　　　　　　　　　　　　　　　　　　　单位：万元

序号	工程和费用名称	建筑面积或数值（m²）	单价（元）	建筑工程费	设备与工器具	其他费用	合计	占总投资比率
一	工程费用			73884.8	4230.0		78114.8	72.9%
（一）	主体工程建设费	176534.0	4033.0	711995.6	4230.0		75425.6	70.4%

续表

序号	工程和费用名称	建筑面积或数值（m²）	单价（元）	建筑工程费	设备与工器具	其他费用	合计	占总投资比率
（二）	辅助工程	176534	152.3	2689.2			2689.2	2.5%
二	工程建设其他费用	176534	816.1			14406.3	14406.3	13.4%
三	预备费	176534	243.6			4300.7	4300.7	4.0%
四	建设期贷款利息					10293.0	10293.0	9.6%
五	估算合计			73884.8	4230.0	29000.0	107114.8	100.0%

（4）目标成本及合约规划

1）目标成本

设计方案确定后，项目组借助公司的ERP系统指标库中类似工程指标数据，以及速得材价信息和价格指数信息，协助业主确定目标成本。随着方案的不断深化，目标成本开始逐渐细化，到施工图预算确定后，形成最后定稿的版本。

2）合约规划

目标成本确定后，项目组对项目所有合同大类、金额进行预估。本项目合同分成：项目前期、咨询服务、工程施工和设备采购四大类。再根据合约规划，编制年度或月度招投标计划，分解目标成本，控制合同价，从而实现对工程成本的有效控制。

2. 设计阶段

项目组依据前期确定的可研报告、规划指标对设计方提出详细的设计任务书、指导并复核设计成果文件，以确保设计方案在批复的总投资、规划指标限额之内，并符合图审要求、经济合理。

（1）限额设计

图纸设计阶段是建设项目投资控制的关键阶段，本项目采用限额设计理念，通过我公司指标库类似工程数据，有关技术经济指标分析，确定合理可行的建设标准及限额，把项目目标成本分解到各分项、各专业或系统。推进设计人员在限额设计的前提下，优化施工图设计，使施工图在满足技术要点和建设方使用要求的前提下，做到造价最省、设计最优，确保项目投资从设计源头就处于可控状态。

（2）图纸设计优化

1）图纸说明梳理和优化

建筑说明、结构说明中多数条款是设计人员从通用范本中拷贝的，并不一定完全适用于本工程。对于说明我们通常关注两个方面，一是说明的一致性，二是通用节点对本工程的适用性。该工程出现砌体材料建筑说明和结构说明不一致的问题，审图时我们就对此问题提出了疑义，最终选择了比较经济的结构说明中的做法。我们对结构说明中的钢筋节点进行重点关注，钢筋对量实践中往往会出现主体结构钢筋相差无几，但总量相差很大的现象，原因就是施工单位对说明中的节点做法大做文章。本项目审图时几方共同对说明进行梳理，对本项目采用节点加以明确，以免施工和结算时扯皮。

2）建筑做法优化

本工程底板及外墙防水做法原设计过于保守，一层找平层，两层保护层，项目组根据以往项目经验，提出找平层及保护层做法建议优化见表5。

做法建议优化表 表5

部位	原设计做法	优化后做法	节约金额（万元）
底板防水	（1）20厚1：2.5水泥砂浆 （2）50厚C20细石混凝土（钢筋另计） （3）3厚自粘聚合物改性沥青聚酯胎防水卷材 （4）基层刷处理剂一道 （5）20厚1：2.5水泥砂浆找平层 （6）钢筋混凝土底板	（1）4厚贴必定BAC自粘防水卷材 （2）钢筋混凝土底板	170
地下室外墙防水	（1）40厚挤塑聚苯板 （2）20厚1：3水泥砂浆保护层 （3）3厚自粘聚合物改性沥青聚酯胎防水卷材 （4）20厚1：3水泥砂浆找平层 （5）钢筋混凝土外墙	（1）40厚挤塑聚苯板 （2）3厚自粘聚合物改性沥青聚酯胎防水卷材 （3）20厚1：3水泥砂浆找平层 （4）钢筋混凝土外墙	

3）支撑梁垫层做法的优化

该工程三道支撑梁，原图纸设计梁下设有100厚素混凝土垫层，项目组根据以往工程经验提出优化意见，采取把土挖到设计标高夯实后，铺设一层油毡，以油毡代替混凝土垫层。优点：一是减少混凝土垫层施工工程量，二是减少混凝土垫层拆除工程量。更重要的是垫层强度低，土方开挖和拆撑施工时，垫层容易脱落，容易造成安全事故。垫层施工和拆除费用涉及金额约95万元。

（3）碰撞检查

公司BIM工作组利用BIM软件平台的碰撞检测功能进行碰撞检查，实现建筑、结构、机电安装等不同专业图纸之间的碰撞，发现不同专业图纸冲突问题，生成碰撞检查报告，反馈给设计单位，以便及时进行优化设计，把设计缺陷风险控制在工程实施前，大大降低在施工阶段因设计问题造成停工以及返工的可能性。

3. 招标阶段

（1）招标策划

在施工招标工作开展之前，项目组结合业主的需求，结合前期合约规划，从便于工程管理、专业人干专业事的角度决定，本项目采用邀请招标方式，承发包模式采用"施工总承包+专业发包"，并对每个标段界面进行明确，时间进行合理搭接，形成施工招标方案，为施工招标的顺利开展打好了基础，主要标段划分、招标时间见表6。

招标策划表   表6

标段划分	所含内容	预估合同价（万元）	招标计划时间
基坑支护工程	基坑支护、坑中坑支护、管井施工	6000	2011年5月
桩基工程	桩基工程	3600	2011年9月
施工总承包	土建工程、安装预埋工程	32000	2012年5月
电梯工程	电梯、扶梯工程	3400	2014年7月
幕墙工程	1号、2号、3号外幕墙工程	9500	2014年8月
通风空调工程	通风、空调工程	3200	2015年8月
消防工程	室外及室外消防工程	1500	2015年8月
智能化工程	智能化工程	1720	2016年5月
泛光照明工程	楼幢外立面亮化工程	970	2016年5月
内装饰工程	1号、2号、3号大厅及公共部位装饰	7400	2016年8月
景观道路工程	室外景观、绿化、道路及景观亮化工程	810	2016年12月
小计		70100	

所有工程提前半年进行队伍考察，根据考察情况选取综合实力强的施工单位参加投标，再择优选择施工单位。

（2）审核招标文件、合同条款

该工程投资量大、施工周期长，合同条款方面稍有差错，就会存在很大的索赔风险。项目组结合项目特点和业主方实际情况，对合同风险进行预见、梳理，与建设单位商量风险合理分担方案，事前在合同条款中对各方责任进行约定。部分重点条款关注点见表7。

部分合同重点条款关注表   表7

序号	关注点	具体约定
1	支付风险防范	允许发包人在一定的期限内暂缓支付
2	不可抗力	不可抗力量化，如对可能发生的自然灾害等予以量化
3	合款价格调整	（1）人工采用政策性动态调整方法 （2）材料价格采用承包人和发包人共同分担的方法，确定材料价格波动频繁，且对整个工程造价影响较大的材料，如钢材、水泥，采取超过5%的风险业主承担，5%以内承包人承担
4	反索赔	质量目标、工期目标、人员的一致性、安全文明施工目标约定等都作了详细约定，并明确处罚条款

（3）审核工程量清单、招标控制价

1）工程量计算的准确性

工程量的计算是工程量清单编制的基础，由于投入的人力多，也是最难于短期内做全面复核的工作。为了提高效率，本项目工程审核采用了指标先行的审核方式，项目初稿完成后由咨询员将咨询成果文件输入ERP系统中的指标库对比分析模块，生成相应的造价指标与消耗量指标，并与指标库中现有类似工程指标进行对比，对明显偏高或偏低的进行重点复核并修正。

2）工程量清单子目有无缺漏

工程量清单子目的缺漏是工程量清单编制过程中最常出现的错误，除了人员的技术水平、责任心因素外，还有一种可能是多人参与情况下的计算界限不清晰，造成漏项。我公司采用项目负责人清图的方式，力求将缺漏项错误降至最低。

专业咨询人员提交初步的成果文件后，项目负责人组织项目组全体成员召开清图会议，对设计图纸中的计算范围进行一一确认，尤其是对于日常比较容易忽视的细部节点做法、图纸说明中的要求一一口头询问是否已计算，减少缺漏项的可能。同时由于项目组成员全体参加，对于计算口径不一致的、计算范围有交叉的也能统一处理，比分别单独审核成果文件大大提高了效率。

3）工程量清单子目特征描述是否准确、全面

工程量清单是作为投标人投标报价的依据，一旦项目特征描述不到位，就会导致投标人无法报价，也给投标人不平衡报价的机会。

我公司工程量清单编制工作中执行的是标准先行的方式，首先公司层面有标准化的清单编制要求，细化到清单子目的特征如何描述，然后在项目层面由项目负责人编制本项目标准范本，专业咨询员根据范本具体编制工程量清单。

4）对投标报价进行客观公正的分析

投标报价应是招标文件所确定的招标范围内全部工作内容的价格体现，并包括投标人技术标中提出的所有工程内容及措施的费用。对于土建工程总包投标报价，项目组从投标报价的范围、投标报价的合理性、是否有不平衡报价等方面作了客观、公正的审核，对各家投标报价进行了对比分析，并对各家投标报价可能存在的风险进行了预测，仅总包投标报价提出了122条审核意见。业主针对审核意见组织报价前三名单位投标答辩，针对报价不合理或不平衡项目进行质疑，并给予二次报价机会，可在投标总价不变的情况下，对投标报价进行调整，使投标报价更趋于合理，减少实施过程中的索赔风险。

4. 施工阶段

施工阶段项目组从规范咨询服务工作制度，做好合同管理、设计管理，把控投资控制，关注现场细节等方面做了相关工作。

（1）规范咨询服务工作制度

为了规范咨询服务行为，杜绝腐败行为的发生，对于该项目咨询服务工作制定了月报、年报制度，签证、变更流程和制度，廉洁（自律）制度，档案管理制度等咨询服务工作制度。

（2）加强合同管理

合同管理是对施工合同的订立、履行、变更、终止、违约、索赔、争议处理等进行的管理。合同管理的目标是通过合同管理，全面切实地履行各项合同的约定，本项招标时对合同进行严格审核，为后期

合同管理打好良好基础。

1）深基坑合同风险的预见和合理分担

本项目处于南京河西地区，本项目基坑开挖最深处达–23.45m，加上各方对环保要求日益重视的情况下，合同签订时对土方开挖过程的风险预见和合理分担尤为重要。如运距、弃土点、深基坑的多次倒土、支撑下挖土工效降低等风险在合同中均加以明确。本项目实施过程多次发生因深基坑施工而引起的索赔事项，但因事前对合同相关责任已明确，有效减少了业主风险。列举几例深基坑索赔事项及处理结果，见表8。

深基坑相关索赔及处理结果表　　　　　　　　表8

编号	索赔事项	索赔理由	合同条款约定	索赔金额（万元）	索赔结果
1	泥浆弃置费用调整	进场后南京市发布泥浆弃置点变化的文件，距10km处的泥浆弃置点停用，泥浆一律需外运至35km之外的弃置点	补充条款47.2条"承包人应充分考虑现场施工时产生的土方、泥浆外运问题，土方、外运泥浆由承包人负全责（队伍、运距、排放地点等），并在投标报价中充分考虑，实施过程中发生的费用由承包人负全责，结算时费用不作调整"	91	按合同相关条款约定：泥浆弃置点变化为承包人风险，索赔不成立
2	土方工程索赔	深基坑多次倒土、桩间挖土、外运时间受限制等	土方工程的各种风险含在合同风险范围内，强调挖土期间内、外因素变化及各项技术措施必须考虑在投标报价	560	合同约定均为承包人风险，索赔驳回
3	应急预案费用	发电机租赁台班	该项目有深基坑施工，施工过程中存在一定风险，承包人负责做好物资料准备，并承担相关费用	25	承包人风险，索赔不成立

2）合同管理范围须全面

由于该项目参建单位众多（如总包单位、各专业分包单位、设备材料供应单位等），所有参建单位都必须纳入合同管理的范畴，合同文本尽量采用国际标准合同文本或国家示范文本，并结合项目实际情况进行修改、完善，尽可能使合同规范严密、易于控制。

（3）做好设计管理

项目施工阶段通过严控设计变更，对图纸错、漏、碰、缺检查，设计浪费问题解决，以及对设计变更方案的优化，对建设投资控制能起到一定作用。

1）严控设计变更

设计变更在工程项目实施过程中是很难避免的，项目组收到工程变更后，首先检查变更的有效性、合规性、合法性，是否在规定的期限内严格按照规定流程进行变更申请，是否提交施工方案和预算报价，是否做到"先论证，后实施"。本项目所有重大变更均做到先论证后实施，为业主节约了投资，对投资做了有效控制，设计变更审核论证流程见图4。

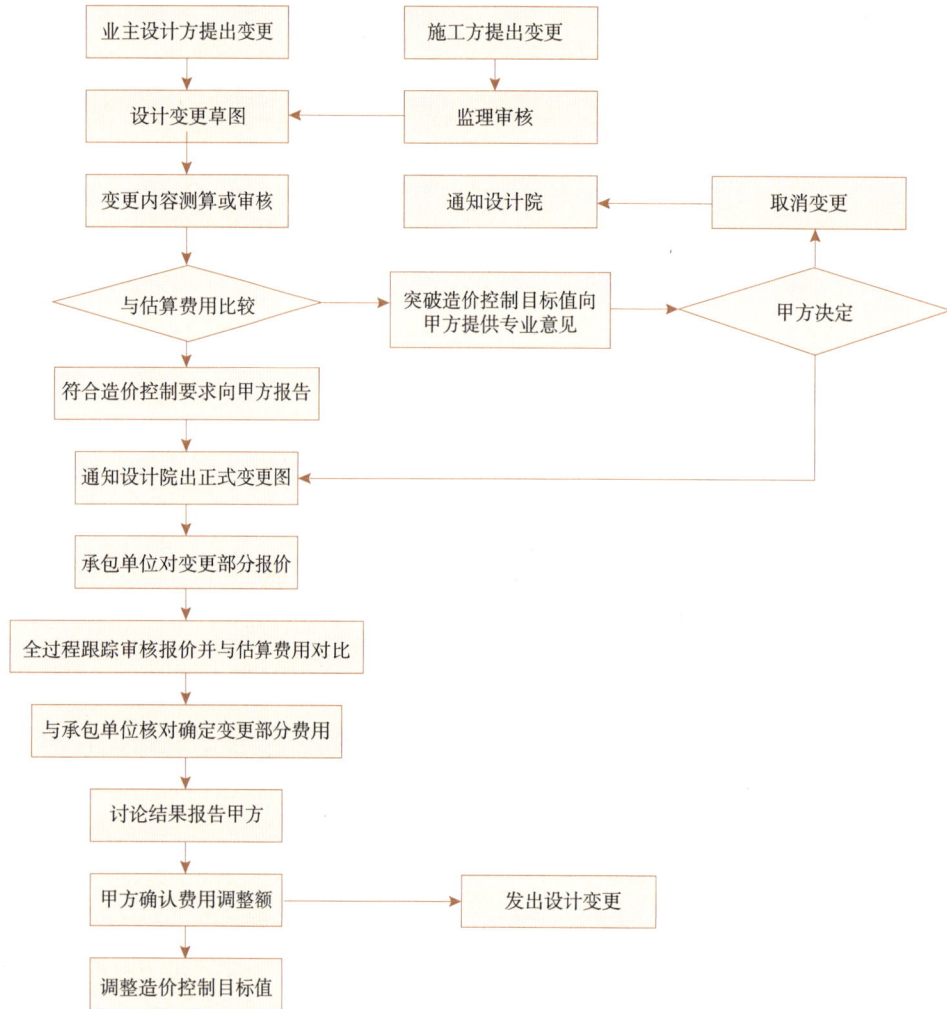

图4 设计变更审核论证流程图

2）提前建立图纸算量模型

图纸会审往往每个专业只看本专业存在的问题，并不综合各种专业图纸，本工程在施工前我们就采用图形算量软件提前建立模型。仅地下室建模过程中发现图纸问题40多处，及时提供给业主，避免施工中因图纸设计问题而带来不必要的返工浪费。先行建立模型给后续工作会带来很多方便，如：计量支付时借助模型能准确及时地进行每月计量，以免资金超付；方案优化时很快能根据业主要求对方案进行经济性论证，以便业主作出正确决策等。

3）钻孔灌注桩间挡土方案的优化

该工程钻孔灌注桩为φ1200@1400，开挖后桩间挡土如何处理，原设计方案为挂网喷浆，实际施工时，根据现场情况进行了优化，间隙小的用高强度等级水泥砂浆进行粉刷，间隙大的用标准砖砌筑后再用高强度等级水泥砂浆进行粉刷。整个基坑若采用挂网喷浆，投标单价113.85元/m²，约需82万元，优化后方案费用实际花费8.96万元，优化节约造价约73万元。

4）三轴深层搅拌桩水泥掺量现场测定

该工程止水帷幕采用φ850@600三轴深搅桩，套接一孔法施工，使用普通硅酸盐42.5级水泥，深搅桩水泥掺入比为20%，空孔处不掺水泥。深搅桩的水泥掺量比例及空钻孔是否需要掺水泥往往是三轴深搅拌桩现场争议问题，实际施工中施工单位提出水泥用量不够，达不到止水效果，要求桩体掺量28%，空孔8%。基坑后期若渗水后果很严重，各方对此问题均很重视，决定几方对水泥用量进行现场测定。首先监理、业主、咨询服务方进行现场测定实际掺入水泥量是否达到20%；其次施工过程是否严格按要求施工，下钻、提升速度及搅拌是否达到要求。经过现场反复试验，严格按要求施工的情况下，桩体掺量25%，空孔掺量6%，能满足要求。

（4）把控投资控制关键程序

1）编制资金使用计划

为了高效利用建设资金，及时支付工程进度款，在项目实施前，项目组根据施工合同、经批准的施工组织设计及施工进度计划，编制与计划工期、预付款支付时间、进度款支付节点、竣工结算支付节点等相符的项目资金使用计划表（表9）。同时，项目资金使用计划表需根据工程量变化、工期、建设方资金情况等定期或适时调整。

某大厦资金使用计划表　　　　　　　　　　　　　　　　　　　　表9

序号	工程或费用名称	合同价（万元）	2012~2013投资费用计划（万元）								
			一季度	二季度	三季度	四季度	一季度	二季度	三季度	四季度	备注
一	土建工程	40420									
1.1	桩基工程	3200	1100	1100		840					桩基工程年内完工，付至95%
1.2	支护工程	5620.00					500	500	500	500	支护桩完成，支撑施工
1.3	土建工程	31600					500	500	500	500	开工前15天内支付10%预付款；每月支付已完工程量的55%，预付款在第12月起分10个月扣除

2）工程造价实行动态管理

项目组按合同要求对项目实施阶段的工程造价实行动态管理，并定期提交动态管理咨询报告。在公司ERP2.0系统的造价咨询业务类别下设有造价分析模块，用于跟踪与分析项目的投资变化情况，模块内嵌了计量支付审核流程和变更签证审核流程，适用于全过程造价控制项目中动态管理。先按目标成本项目和合约体系建立目录树，根据项目进展情况输入目标成本、概算金额、预算金额、合同价，实施过程支付、变更签证流程，在对应合同下发起三级校审，系统实时反映造价变化，并形成台账，实现工程造价动态管理。

3）工程进度款支付审核

工程进度款计量是履行施工合同过程中的经常性工作，具体的支付时间、方式和数额等都应在施工合同中做出约定。项目组根据工程施工或采购合同中有关工程计量周期、时间，及进度款支付时间等约定，审核工程计量报告与工程进度款支付申请，所有计量支付均按规定流程执行。

4）严把现场签证关

项目组对工程签证的现场监督，控制虚假签证，从源头上防止舞弊。所有签证都应有业主指令单或变更，签证的量价计算依据要齐全；工程量需现场计量的，需提供建设、施工、监理、咨询服务方共同签署意见的计量单；尤其隐蔽工程的签证，隐蔽前就做好几方现场计量单，并附通过摄像、拍照等方法收集相关资料；价格严格按合同约定审核。签证的办理流程和时限严格按制度执行，格式、编号严格按规定格式办理。

5）准确询价、核价

项目组对暂估价材料、暂估价设备、暂估价专业工程、甲供设备材料、甲控设备材料等进行询价，对工程量清单中缺项或新增的项目、满足合同约定调整条件R 材料进行核价，并出具相应的价格咨询报告或审核意见。利用我公司速得APP数据库（图5）价格、专业询价工程师询价、市场调研等多渠道收集价格信息，进行整理、筛选、综合后，确定合理准确的价格，作为核价的依据。

图5 速得APP

（5）关注施工过程细节

以上各种措施固然对造价控制能起到一定的控制，但现场条件都在变化中，现场咨询服务人员的凭借职业敏感，抓住过程细节，对工程造价控制也起到一定的作用。

1）关注现场做法

①施工方对于实际施工中变更增加部分一定会办理相关手续，但对于变更减少部分施工单位往往不会主动提出，作为咨询服务人员有必要对此部分内容有高度敏感。根据以往工程经验，外墙防水找平层在施工现场往往有甩项情况，我们对此项进行了关注，发现施工单位在做外墙防水未做水泥砂浆找平层。为此，我们及时向业主作了汇报，随即按变更流程完善相关手续，减少了业主损失。

②施工过程中施工单位提出要调整底板卷材消耗量的要求，理由是：定额仅强调屋面卷材含附加层，地下室承台多，卷材附加层量远高于屋面，需按实际调整定额含量。针对以上问题项目组提出：本工程经投标，消耗量投标时自行考虑。但仅这项理由不能使施工单位信服，项目组进行现场取证测算实际损耗率，严格按规范要求施工附加层的含量可能会高于定额含量，但现场施工一定是能省则省，我们按现场实际施工附加层进行测算消耗量不超过定额含量，并留下了影像资料，拒绝了施工单位的索赔要求。

2）加强施工方案和措施审查

要做好施工阶段的造价控制，我们不但要关注图纸，对施工方案更要重视。我们对本工程钢筋专项方案进行审查（表10）：对措施筋的布置及钢筋接头形式进行重点关注，并按现场做法对措施钢筋进行核减。

施工方案和措施审查表 表10

项目	部位	方案做法	现场做法	差价（万元）
马凳筋设置	筏板	$\phi20@1500\times1500$梅花布置	$\phi20@1800\times1800$双向布置	110
	板厚$h\leqslant150$	$\phi12@800\times800$梅花布置	$\phi14@1400\times1400$双向布置	
	板厚$h\leqslant300$	$\phi14@800\times800$梅花布置		
接筋	人防底板、顶板、墙板	$\phi6@500\times500$梅花布置	$\phi6@400\times800$双向布置	
机械连接接头使用	水平钢筋	$\geqslant\phi20$采用	$\geqslant\phi16$采用	34
	竖向钢筋	$\geqslant\phi16$采用	$\geqslant\phi16$采用	

（6）编制跟踪审计总结报告

跟踪审计工作结束后要对跟踪审计工作进行全面总结，对跟踪审计工作开展情况、投资控制开展情况、完成工程量及投资额情况、工程变更及审核变更签证的情况等，总结不足和经验，并提交业主总结报告。

5. 竣工结算阶段

（1）明确工程结算要求及相关格式

竣工结算阶段首先要明确结算送审要求，如送审资料要求、结算核对人员要求、格式要求等，为后期顺利开展结算审核工作做好准备。本项目进入结算阶段先召开交底会，发出结算审核资料清单，并注明每种资料载体、格式要求，资料完整是结算审核的前提。明确结算审核核对制度，如每日签署核对记录，以免无效核对。明确核对人员要求，施工单位必须以委托书形式明确核对人员，以免核对完成施工单位不认账等。

（2）工程竣工结算审核

为了全面、准确地反映建设项目的最终工程造价、避免法律纠纷，本项目采用全面审核法进行竣工结算审核。竣工结算审核人员应全面从量、价、费等方面审查竣工结算文件的真实性。具体竣工结算审核流程见图6。

（3）对比目标成本与结算造价

结算造价是工程项目最终造价，结算完成必须检查目标成本执行情况，对比结算造价与目标成本。我公司利用ERP系统，对项目目标成本、预算金额、合同价、变更造价、结算价，实现工程实时对比。

（4）资料的收集和归档

1）电子档案的收集、整理和保管

全过程咨询服务项目，过程中与造价相关的资料种类繁多，数量大，我公司使用ERP系统中的文件管理器功能使这一工作简化了很多。根据公司的三级校审流程要求，所有需进行审核出具的成果文件，其相应的成果文件、依据文件及其他相关文件的电子版本（扫描件）均上传至公司的ERP系统中备查。

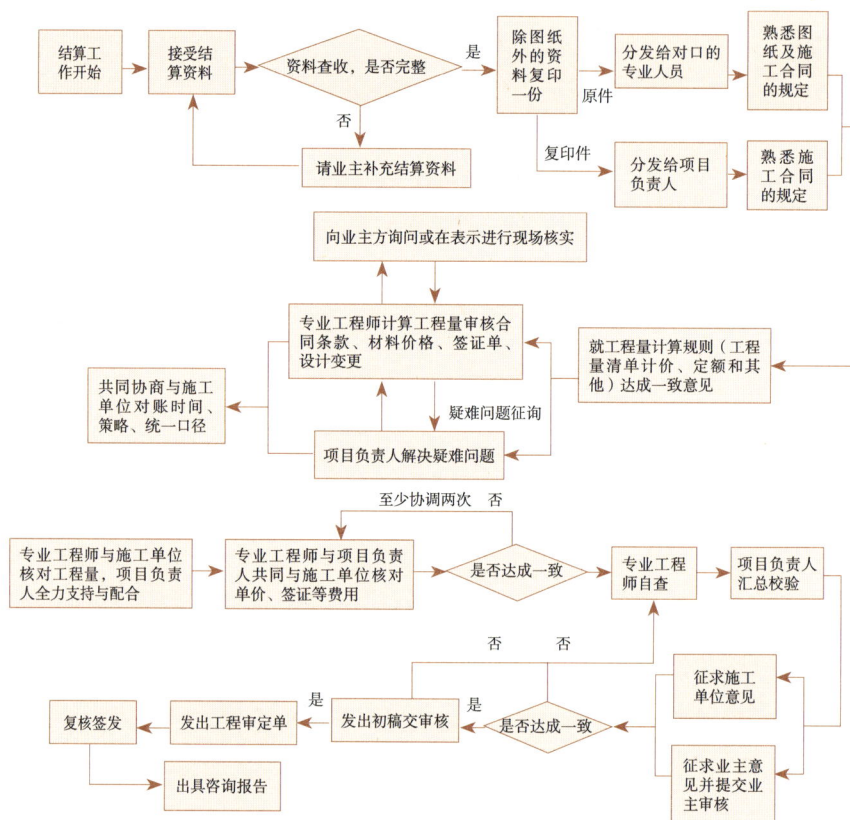

图6 竣工结算审核流程图

2）纸质档案的收集、整理和保管

纸质版资料也是不可忽视的原始资料，现场由资料管理员收集整理相关档案资料。我公司在标准化文本中明确《全过程咨询项目立档要求》和《全过程咨询档案目录》，所有项目必须严格按要求执行。

四、咨询服务的实践成效

根据咨询服务合约的委托范围，项目组针对该工程的具体情况，主要从完善相关管理制度、投资控制等方面做了咨询服务工作，并取得一定成效。

1. 管理成效

由于该项目建设方缺乏工程建设的相关经验，项目组经过与建设方沟通、洽商，协助建设方规范完善了一系列工程管理制度：包括招投标管理制度、合同管理办法、设计变更管理办法、现场签证管理办法、甲供材（设备）采购管理办法、进度款支付管理办法、档案管理办法、廉洁责任制度等，并以合同附件、专题会议等形式传达给项目参建各方，明确要求遵照执行，从而实现了对该工程规范、有序的管理。

2. 经济成效

为了实现对工程造价的有效控制，项目组主要从该项目招标策划、设计管理、工程量清单审核、招标控制价审核、投标报价分析、资金筹划、进度款审核、造价动态管理、签证变更审核、材料设备询价、结算审核等方面进行了把控。

（1）加强设计管理实现对投资有效控制

本项目通过设计阶段和施工阶段设计管理，为业主节约了大量资金，仅我公司提供的设计优化建议达895万元；检查图纸错、漏、碰、缺也减少了大量返工费用，也为业主节约了投资。对设计优化项列举见表11。

设计优化表　　　　　　　　　　　　　　　　　　表11

序号	设计优化项目	设计优化内容	节约金额（万元）
1	建筑做法优化	地下室底板及外墙防水找平、保护层优化	170
2	支撑梁垫层做法的优化	取消混凝土垫层，改用油毡铺底	95
3	栈台板变更	进行三次方案测算比较，择优选择方案	48.68
4	负三层外墙与支护间回填方案	进行三次方案测算比较，择优选择方案	47.79
5	钻孔灌注桩间挡土方案	由挂网喷浆挡土变更成砖砌挡土方案	73
6	施工说明疏理	施工说明疏理，明确本项目采用做法	461

（2）做好资金筹划，并对工程进度款进行及时准确的审核

本项目我们按经批准的进度计划和合同约定编制资金使用计划，因本项目我们提前建好模型，对每期应付工程款已提前量化。我司对资金使用结合项目进度计划进行统筹考虑，并与业主多次沟通，确定最终资金计划，为业主节省资金成本近515万元。

本项目合同约定每月按已完工程支付工程款，项目组利用建好的算量模型，每月按已完工程节点取量，既能准确计量，又能提高时效性。本项目计量支付审核截至目前累计送审价43366.62万元，审核价31318.42万元，核减额12048.2万元，核减率为27.78%，有效把控计量支付关。

同时，也根据实际的进展情况，随时向业主反映，并适时调整后续的资金安排，在确保资金保障到位的前提下，实现资金价值最大化。

（3）对工程造价实现动态管理，投资得到有效控制

本项目建安费用计划投资7.5亿元，根据项目进展情况在ERP造价分析模块输入目标成本、预算金额、合同价，实施过程支付、变更签证流程在对应合同下发起三级校审，系统实时反映造价变化，并形成台账，实现工程造价动态管理。本项目目标成本7.3亿元，合同总价7.0亿元，截至目前动态成本7.23亿元，投资得到有效控制，列举部分合同动态成本控制情况见表12。

合同动态成本控制表　　　　　　　　　　　　　　　　　表12

序号	项目	目标成本（万元）	合同金额（万元）	设计变更（万元）	签证（万元）	索赔（万元）	动态成本（万元）	结算价（万元）
1	基坑支护	6000	5660.88		300.74	-19.83		5941.79
2	桩基	3600	3200.00	163.65	16.29	210.02		3543.45

续表

序号	项目	目标成本（万元）	合同金额（万元）	设计变更（万元）	签证（万元）	索赔（万元）	动态成本（万元）	结算价（万元）
3	总包	33180	31600.00	432.80	265.03		32297.83	
4	消防工程	1650	1500.00	48.20	22.30		1570.50	

（4）对签证变更合理性及准确性进行审核

本项目所有送审变更、签证严格按制度、流程办理，严格按合同约定原则对签证进行审核。截至目前本项目签证送审价1024.34万元，审核价626.75万元，核减397.59万元，核减率达38.81%，有效控制了变更签证费用。

（5）利用"速得"强大数据平台支撑为业主提供较优的材价信息

我司发挥"速得"强大的数据平台支撑和我司专业询价师对市场价格水平的掌控，为业主提供优于市场价的材价信息，并协助业主与供应商谈判，节省业主采购费用约623万元，列举部分询价明细见表13。

询价明细表　　　　　　　　　　　　　　　　　表13

序号	材料品种	单位	上报价	审核价	核减（万元）
1	公共部位地砖采购	元/m²	155	105	49
2	楼梯栏杆	元/m	750	420	45
3	防水卷材	元/m²	119	105	62

（6）对竣工结算进行全面审核，对投资控制分析

本项目截至目前，已完成基坑支护工程和桩基工程的结算审核，其他项目正在结算审核中，我们对已完成结算审核进行分析见表14。

结算审核表　　　　　　　　　　　　　　　　　表14

序号	工程名称	目标成本（万元）	合同价（万元）	送审价（万元）	审核价（万元）	超合同原因分析
1	基坑支护	6000	5660.88	6010.69	5941.79	（1）工期延误，抽水台班数量增加 （2）三轴深搅桩水泥用量调整引起费用增加因本项目地处地下水丰富的河西地区，是引起这两项费用增加的主要原因
2	桩基工程	3600	3200	3741.80	3543.45	材料价格的上涨，施工期间正值钢材、水泥价格大幅上涨，按合同约定超过5%属于建设方风险，必须按合同约定对此材料价差进行调整

五、全过程工程咨询的思考

作为以造价咨询为主的企业，对于全过程工程咨询，我们的观点是：以投资为主线，按照业主思维完成项目前期开始至竣工结算的工作，对于有运营要求的PPP、EPC等建设模式，跟踪至运营阶段，做有价值的服务。

工作流程示例见图7、图8。

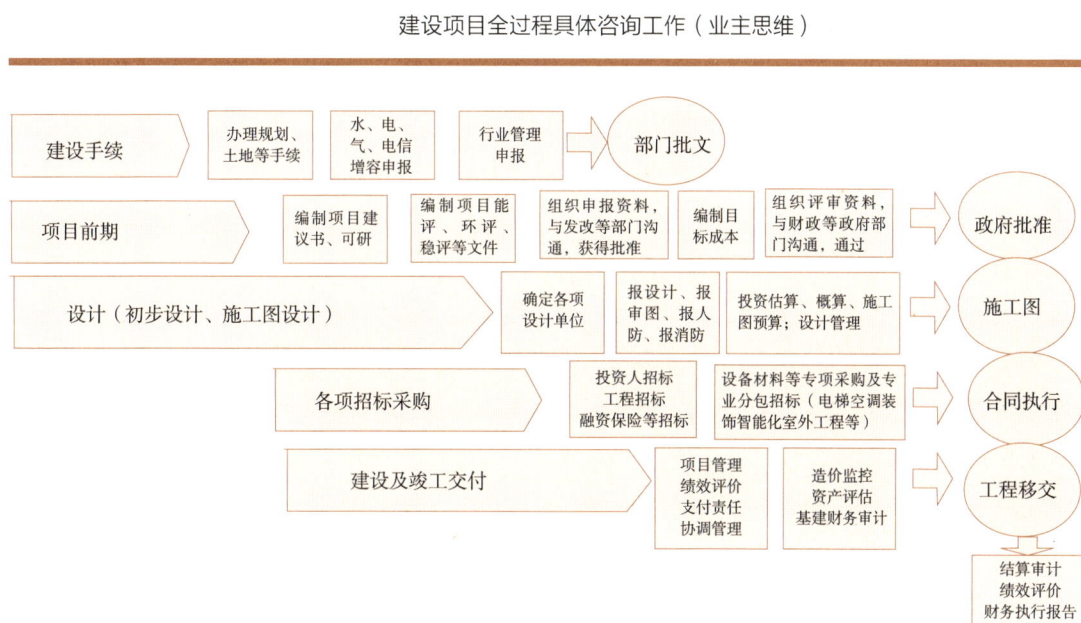

图7　全过程工程咨询工作图

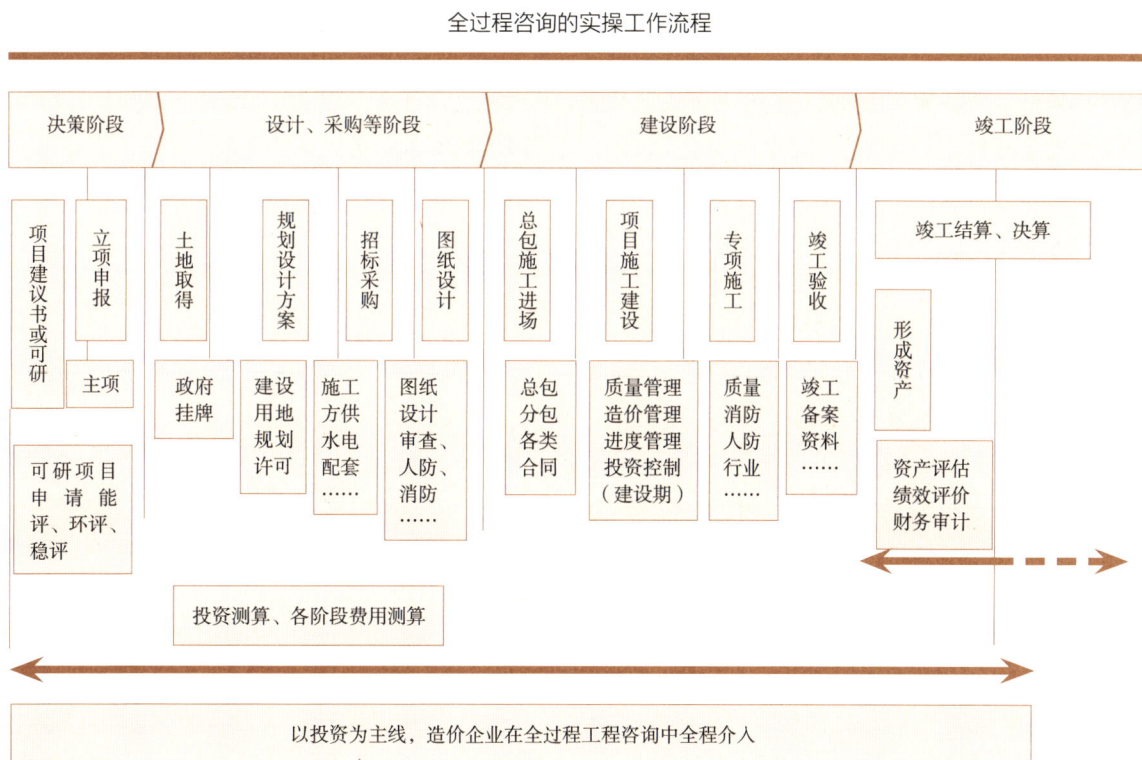

图8　全过程工程咨询实操工作流程图

　　全过程工程咨询是以项目（业主）需求为治理导向，以信息技术为治理手段，以协调、整合、责任为治理机制，对诸多碎片化问题进行有机协调和整合，不断从分散走向集中、从部分走向整体、从破碎走向整合，为项目（业主）提供无缝隙且非分离的整体型服务。

　　全过程工程咨询服务是一站式咨询服务，打通咨询服务价值链，实现项目收益最大化！

专家点评

　　本案例结构完整、层次分明。在咨询服务组织形式章节中责任划分明确，运作过程表达凝练，项目各阶段咨询服务内容要点清晰。在设计阶段实施图纸设计优化、招标策划、合同管理以及结算方面从项目需求出发，分享了具体的方法和思路。本案例提倡在项目前期对图纸进行梳理和说明，对各阶段工作节点充分明确，避免结算时扯皮。招标阶段思虑周全，从招标策划、审核招标文件到工程量核对，最后对投标报价进行公正分析，逻辑思路明确。注重过程中的项目管理与协调，满足项目进度及造价控制要求，从而合理控制风险；在建筑做法优化中通过对比表格体现新旧两种做法差异，成本优化效果一目了然。在合同管理方面，项目组结合项目特点和业主方实际情况，对合同风险进行预见和梳理，事前在合同条款中对各方责任进行约定并详细写出重要条款关注点。在施工阶段结合项目实际情况设计出四种解决思路，处理疑难问题寻求多方案解决。例如通过工作细节流程图举例说明，逻辑更加清晰，且以大量数据作为支撑，针对性实施造价控制手段。从管理、经济两个方面说明，咨询服务效果显著。在造价控制方面进行系统客观汇总、收集提炼，形成完整的有效数据，加强设计管理实现了对投资有效事前控制，做好资金筹划，并对工程进度款进行及时准确的审核，从而为项目的总体投资效益评价提供依据，做到对工程造价的动态管理。同时通过资金成本归纳对比得出反馈，进行原因分析提高决策水平，在案例中始终贯彻以项目（业主）需求为治理导向，同时依托信息技术为治理手段，以协调、整合、责任为治理机制，对诸多碎片化问题，例如签证变更审核、工程进度款项审核等进行有机协调和整合，依托数据平台做到不断从分散走向集中、从部分走向整体、从破碎走向整合，为项目（业主）提供无缝隙且非分离的整体型服务，最终为打通咨询服务价值链，实现项目收益最大化提供了行之有效的借鉴思路。该篇案例从工作内容和实质需求，论述管理工作落实到位，分析详实，图文并茂，细节之处处理饱满，充分展示其管理职能及水平，非常有参考意义。

点评人：王毅

上海第一测量师事务所有限公司

商务用房项目管理和成本管控实证研究
——万邦工程管理咨询有限公司

陈建华　姚欧强　马吉钢　陈　翔　唐蓉琴

一、项目基本情况

本项目类型为某地办公楼项目，建设单位为某置业有限公司，咨询单位为万邦工程管理咨询有限公司。本项目分为两个标段：标段一建筑面积为189970m²，为办公楼，地上42层，地下2层，裙楼为框架结构，主体为框架核心筒结构。标段二建筑面积为116580m²，为办公楼和酒店，A楼地上29层，地下2层，主体高度122m，B楼地上21层，地下2层，框剪结构。

本次咨询基于项目全过程管理，以价值管理为重点，主要从总体策划、项目管理、成本管控等维度，以业主视觉加强材料设备考察，应用专业技术经验对功能、材料等提出优化设计，提升项目投资效益，保证项目质量、压缩项目工期的目标。

二、咨询服务范围及组织模式

1. 咨询服务的业务范围

本项目建设单位要求以项目管理、成本管控为主线，通过全过程工程咨询提升项目投资绩效。根据与业主方签订的咨询合同及相关规定，我公司为本项目主要提供以下咨询服务内容：

一是总体策划。协助业主方开展项目策划工作，主要工作内容有发包方式优化、设计内容优化、材料品牌考察、清单报价分析，其中重点关注经济性论证和替代性方案咨询，发挥全过程工程咨询的投资控制能力。

二是项目管理。协助业主方开展项目管理工作，主要分项目前期和合同执行期两个阶段，合同前期阶段主要是协助确定各专业和工种间的界面划分、工期奖罚制度、施工期合理的调价机制和风险分配机制、高价值材料管控措施特别约定等；合同执行阶段主要是质量管理和工期管理。

三是成本管控。协助业主方开展项目全过程成本管控，前期阶段主要是图纸会审意见评估和运营维护成本管控；施工阶段主要是进度款支付审核、工程变更管控、无价材料价格管控；竣工阶段主要是竣工结算资料规范性、真实性审核。

本项目全过程工程咨询工作划分见图1。

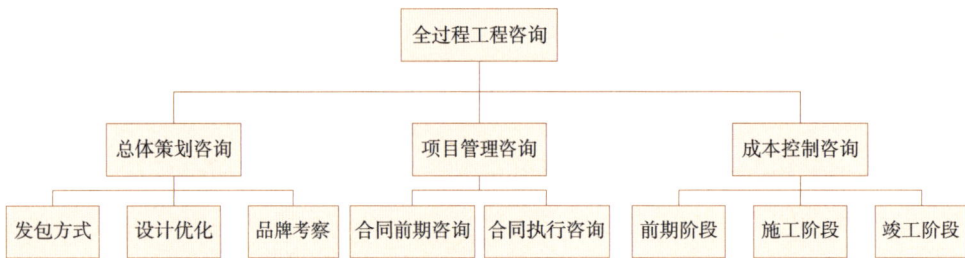

图1 项目全过程工程咨询工作划分简图

2. 咨询服务的组织模式

（1）人员组织模式

项目组织模式按照总咨询师、专业负责人和专业工程师的架构进行。总咨询师负责统筹、协调、组织、审核本项目设计阶段、招采阶段、合同阶段、施工阶段、竣工阶段的咨询服务工作。本项目专业负责人主要包括招标负责人、造价负责人、项目管理负责人。专业工程师是指在总咨询师及专业负责人的领导下，开展全过程工程咨询相应专业的咨询工作，本项目累计投入招标、土建、市政、安装、园林、项目管理等各专业工程师共29人。

为确保本项目总体目标的实现，公司采取矩阵式管理模式，有组织开展全过程工程咨询服务，创建有效坚实的团队。项目组对外独立开展工作，公司各职能部门、总师办对项目组提供专业和技术支持，针对项目不同阶段的具体需要提供相应咨询服务。本项目组织架构见图2。

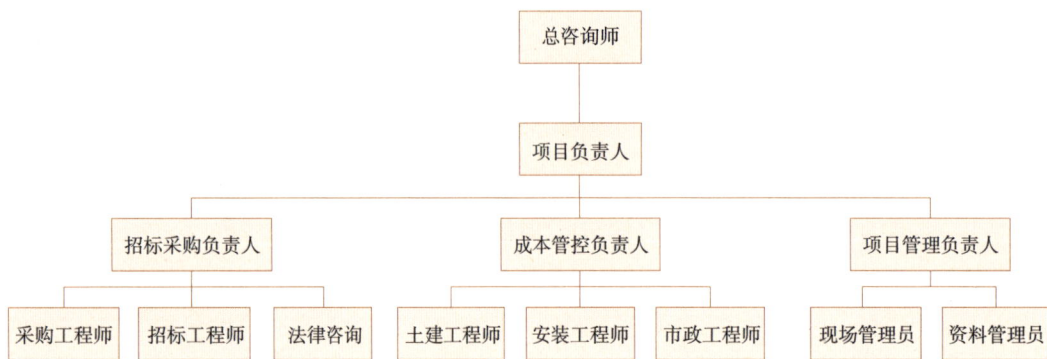

图2 本项目组织架构图

1）总咨询师

在本项目中，总咨询师的主要工作职责包括：主持编写项目全过程工程咨询实施规划，并负责项目组的正常工作；审核咨询条件、咨询原则及技术事项；负责项目组内各层次、各专业人员之间的技术协调、组织管理等工作关系，研究解决各种存在的问题；根据项目全过程工程咨询实施规划，负责统一咨询服务的技术条件、工作原则，确定阶段或节点控制目标、风险预测办法、偏差分析、纠偏办法；组织综合编写咨询成果文件的总说明、总目录，审核相关成果文件最终稿；负责定期与委托单位进行工作汇报与交流，汇报咨询工作进展及其咨询意见（结果）出具情况。

2）专业负责人

专业负责人的主要工作职责包括：负责本专业的全过程工程咨询业务实施及其质量管理工作，指导和协调专业工程师的工作；按项目负责人的授权，行使项目负责人的部分职责和权力；在项目负责人的领导下，组织本专业咨询人员拟定本项目全过程工程咨询业务实施细则，核查资料使用、咨询原则、计价依据计算公式、软件使用等是否正确；动态掌握本专业项目全过程工程咨询实施状况，协调并研究解决存在的问题；组织编制本专业的咨询成果文件，编写本专业的成果文件说明和目录，检查成果文件是否符合规定，负责审核和签发本专业的成果文件。

3）专业工程师

专业工程师的主要工作职责包括：依据业务要求，执行作业计划，遵守行业标准与原则，对所承担的业务质量和进度负责；根据项目实施规划要求，展开本职工作，选用正确的业务数据、计算公式、计算程序，做到内容完整、计算准确、结果真实可靠；对实施的各项工作进行自控，努力提高工作质量。成果文件经校核后，负责进行修改；完成的成果文件应符合规定要求，内容表述清晰规范。

（2）服务组织模式

公司设有全过程工程咨询中心，统筹协调招标代理、土建、安装、市政、水利、财务审计、项目管理等部门开展全过程工程咨询服务。

涉及重大问题或疑难问题，公司在总师办、专业委员会的支撑下，在其丰富实践经验、高水准专业能力的支撑下，为项目提供技术服务，协助项目完成所有委托任务，同时负责制定和实施咨询质量标准和咨询业务质量控制，在贯彻执行国家和地方的各项建设技术标准、规范的要求下，为委托人提供针对性的专业技术管理服务。

公司采用全工程咨询信息化管理平台，见图3。将办公自动化与业务管理、实施管理融为一体，提高咨询服务水平和效率，使各项管理程序和业务处理流程更加合理化。同时项目各项指标一目了然，从而实现各项目全过程监控和管理。

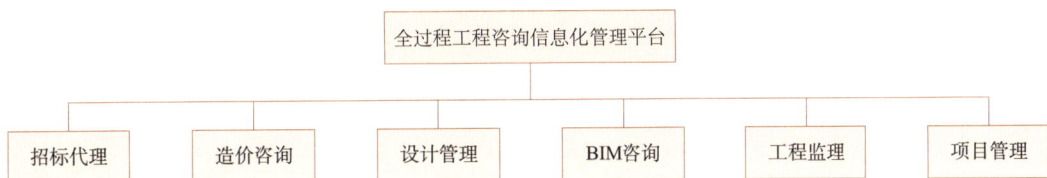

图3 全过程工程咨询信息化管理平台

3. 咨询服务工作职责

（1）总体策划职责

1）标段划分

建设工程标段指的是对一个整体工程按实施阶段施工和工程范围切割成工程段落并把上述段落或单个或组合起来进行招标的招标客体。

划分工程标段的原则：

一是责任明确。责任明确是划分标段的首要原则，包括质量责任明确，成本责任明确，工期责任明确，环保责任明确，知识产权责任明确，安全责任明确等，其中质量、成本、工期是承包商的基本责任；

二是经济高效。所谓标段划分中的经济高效原则，是指要根据工程特点的自身条件平衡经济与高效的关系，找到一个最佳的标段划分方案，以合理地实施建设工程，实现效率与经济的统一；

三是客观务实。客观务实指的是一切从实际出发，标段的划分要充分考虑到被划分工程的特殊性，包括潜在的竞标对象的具体情况、建设方的财力和管理能力、工程工期等一切客观的相关因素，从中找出决定标段划分方式的主要因素。

2）设计优化

设计阶段的成本控制是工程造价的重要阶段，对工程造价的影响在75%以上。设计阶段是分析处理工程技术和经济的关键环节，在设计过程中专业咨询工程师需密切配合设计工程师，协助其处理好工程技术先进性与经济合理性之间的关系，通过多方案技术经济分析，优化设计方案。咨询造价人员应对方案的结构体系、基础造型、平面布置等进行成本分析，向设计单位提出建议，不断对设计方案进行深化、调整、改善与提高。

3）品牌考察

材料由于品牌、档次、规格型号的不同，价格差异较大。室内精装修工程等材料预计品牌、档次较高，甚至市场不太常见。为了防止投标人对材料价格恶意报价，为施工期间工程变更留下伏笔。我咨询团队在招标时推荐相应品牌，明确型号、指标、对其材料的物理性能、外观要求表述尽量完整详细，并提供材料小样，以保证材料的唯一性，施工时以小样标准供货验收。

对推荐品牌，招标前提前做好市场考察，对比材料指标，了解价格行情，并收集材料样品。避免所推荐品牌，其厂家并不生产该产品或者生产的品种规格不齐全的尴尬。另外，确保各品牌属于同一档次，防止投标人按档次低的品牌报价。

4）清单报价分析

为避免清单报价的不平衡报价风险，除在合同条件中对清单范围的工程量、价突破问题进行合同风险约定外，在招标评标程序中，设置清标程序，对拟中标投标报价进行核算、分析。

本项目实际清标过程中重点关注了以下内容:报价工程量清单是否与招标文件一致；报价是否存在缺陷，包括错漏项；报价与招标控制价、投标报价平均值比较，是否存在明显的不平衡报价现象。通过对报价的详尽分析，向业主方提交清标报告，并在授标前对此提出有针对性的、必要的询标澄清，包括采取相应的合同措施以及建立工程变更预案。

（2）项目管理职责

1）合同前期咨询

①合同审核

全过程工程造价控制效果优劣，主要在于甲乙双方赖以合作的根源——合同。因此，过程造价控制应尽量使合同规范、严密、无缺陷、低风险且易操作（履行）。

本项目重点审查的施工合同条款包括：承包范围、合同签约双方的权利义务；风险范围及分担方式；严重不平衡报价控制；进度款支付控制；工程价款调整、变更签证程序及管理；违约及索赔处理办法等。主要从以下两大方面进行合同审查：

一是合同条款严密性。主要审查是否符合法律法规规定，是否有违反法律强制性规定的内容；是否与地方行政主管部门推荐的文件精神相一致，如人工、材料调差风险条件设置；合同内容是否与招标文件、投标文件相关要求一致等；

二是合同实际履行性。主要检查合同条款的设置是否结合项目特点和建设单位实际管理条件。如材料人工调差是否具有实际操作性，风险边界条件是否清晰；合同范本众多默示条款是否根据自身管理进行适当调整，以避免法律风险。

②协助合同洽商

在本次全过程工程咨询过程中，招标工程师针对中标人的投标书，对清标、评标过程中发现的不足和问题，协助业主方与各投标人进行谈判（澄清），在法律允许的框架内，对招、投标书中的相应条款进行细化、补充和修正。对容易引起歧义和约定不明确的内容谈判商洽，以减少合同缺陷、降低合同风险。

项目过程中，合同谈判涉及的主要内容有：项目范围；技术要求、技术规范和施工技术方案；价格调整条款；合同价款支付方式；施工工期和维修期；争端的解决；以及其他有关改善合同条款的问题等。

最终，经过讨论妥协，在原招标、投标文件基础上，双方同意变动部分合同内容将会以合同补遗的形势确定下来，与原合同文件一起构成最终项目合同文本。

2）合同执行咨询

①质量管理

实施阶段工程质量的管理工作是根据业主方的委托，按照建设工程施工合同，监督承包人按图纸、规范、规程、标准施工，使施工安装有序进行，最终形成合格的、具有完整使用价值的工程。质量管理分事前控制、事中控制、事后控制三方面展开。

本项目质量管理的事前控制主要包括：审查承包商及分包商的技术资质；协助承包商完善质量体系，包括完善计量及质量检测技术；督促承包商完善现场质量管理制度，包括现场会议制度、现场；质量检验制度、质量统计报表制度和质量事故报告及处理制度等；组织设计交底和图纸会审，对有的工程部位应下达质量要求标准；协助业主方审查承包商提交的施工组织设计，保证工程质量具有可靠的技术措施。审核工程中采用的新材料、新结构、新工艺、新技术的技术鉴定书；对工程质量有重大影响的施工机械、设备，应审核其技术性能报告；对项目建设所需原材料、构配件的质量进行检查与控制。

事中控制主要包括：督促承包商完善工序控制。工程质量是在工序中产生的，工序控制对工程质量起着决定性的作用。应把影响工序质量的因素都纳入控制状态中，建立质量管理点，及时检查和审核承包商提交的质量统计分析资料和质量控制图表；严格工序交接检查。主要工作作业包括隐蔽作业。需按有关验收规定经检查验收后，方可进行下一工序的施工；重要的工程部位或专业工程要做试验或技术复核；审查质量事故处理方案，并对处理效果进行检查；对完成的分项、分部工程，按相应的质量评定标准和办法进行检验验收。

事后控制主要包括：审核承包商提供的质量检验报告及有关技术文件；审核承包商提交的竣工图；按规定的质量评定标准和办法，进行检查验收；参与项目竣工总验收。

②进度管理

项目实施阶段进度管理主要是对进度计划进行跟踪与检查、进度计划的控制以及进度计划的调整，以确保在合同约定的工期内完成建设项目。

本项目进度管理措施如下：

根据项目的节点计划，要求监理公司督促施工单位制订合理的施工方案，并要在规定时间内上报，决不能弄虚作假或者拖延不报。

要求分管人员加强协调，每天的现场巡查，及时掌握施工动态，并要严格按照工作管理日志内容进行填写。

加强动态检查进度执行情况，一旦发现由于人为因素、天气因素、物质供应或者其他因素影响到工程的进度，分管人员就要对工程进度执行情况进行分析，并及时汇报主管领导，会同监理单位、施工单位找出工期延后的原因并对下一步的分项目进行相应的动态调整，以确保工程进度的顺利进展。

引入绩效考核，奖罚分明，部门需要有部分管理经费，作为调控手段。部门负责人对本部门管理人员有绩效考核的权利；对有贡献和积极表现良好的员工要进行公开奖励。

（3）成本管控职责

1）前期阶段成本管控

①图纸会审意见评估

本项目中，在设计图纸完成后，总咨询师组织相关人员，包括各专业技术人员、造价人员以及设计师对图纸进行进一步审查、交底讨论，对施工现场做深入的调查，特别是地下管线的走向位置的确定和一些不定因素的预测，充分考虑项目的实际施工操作的难易性及实用性的可能性。注意多个专业交叉面设计在实施过程中的衔接，避免施工图与现场实地的误差过大。尽可能考虑保证投资额不被突破。通过分解工程量，实施限额设计，通过层层对比控制投资额。

②运营维护成本管控

本项目的运营维护成本管控，是在保证建筑物质量目标和安全目标的前提下，通过制定针对本项目合理的运营及维护方案，运用现代经营手段和修缮技术，按合同对已投入使用的各类设施实施多功能、全方位的统一管理，为本商业商务用房的产权人和使用人提供高效、周到的服务，以提高设施的经济价值和实用价值，降低运营和维护成本。

2）施工阶段成本管控

①进度款支付

工程进度款是指在施工过程中，按逐月（或形象进度、控制界面等）完成的工程数量计算的各项费用总和。在本项目咨询过程中，工程进度款支付审核主要从付款核实内容、进度款核实内容、结算款保修金核实内容三方面进行。

付款核实内容：核实合同签订是否完成，核实合同支付条款与招标文件有无实质性改变，核实履约担保是否提供，核实提供的履约形式及担保比例是否符合招标文件和合同的约定，与投标文件对比核实主要人员的进场情况，核实主要机械的进场情况。

进度款核实内容：核实合格工程的形象进度或已完部位（产值支付），核实节点完成情况（节点支付），质量、进度、安全目标的实现情况。履约担保是否失效，工程款或工程量是否超付，每期的计量计价情况。

结算款、保修金核实内容：工程结算审核完成情况，累计已支付金额及履约担保的扣除情况，缺陷责任期的保修费用扣除情况。竣工质量是否满足合同约定，竣工资料是否完成备案和移交，缺陷责任期的时间及履约情况。

②工程变更管控

工程变更是指因设计文件或技术规范修改而引起的合同变更，具体说是指设计变更、施工条件变更、进度计划变更以及合同工作内容的增减、清单工程量的调整等。工程变更管理是建设工程管理的重要组成部分，加强工程变更管理是严格控制工程造价、提升工程建设水平，提高工程资金使用效益的关键环节。

a. 变更计价原则

本项目中，我单位首先制定了变更计价原则。根据有约定按约定，没约定按法定的原则，变更计价首先适用以施工合同约定为依据和标准进行费用确定；否则，根据司法解释精神，以工程所在地预算定额和取费标准为依据，结合投标报价水平进行价格确定。

b. 变更工程定价方法

本项目变更工程定价方法为监理工程师签发工程变更令，我公司造价工程师合理确定变更价款，以控制项目资金支出和工期延长。造价工程师审核经监理工程师审核后的变更价款是否合理，并应按照合同的规定进行审核、处理。

此项目工程变更价款的计算原则是：对原有工程项目的变更部分，采用原合同单价和专业工程师经计量变更后的工程数量为依据；对新增工程项目，采用原合同单价或新的单价和新增的工程数量为依据；在求得变更后和新增后的估价与原相应的合同价款进行增减后，求得变更后的合同价款。

c. 变更审查程序

在本项目中，我成本管控团队执行严格的变更审批和签发程序，避免不必要的甚至是恶意的变更，确保每一项变更均为项目建设所必需的。

项目工程变更联系单签发程序见图4。

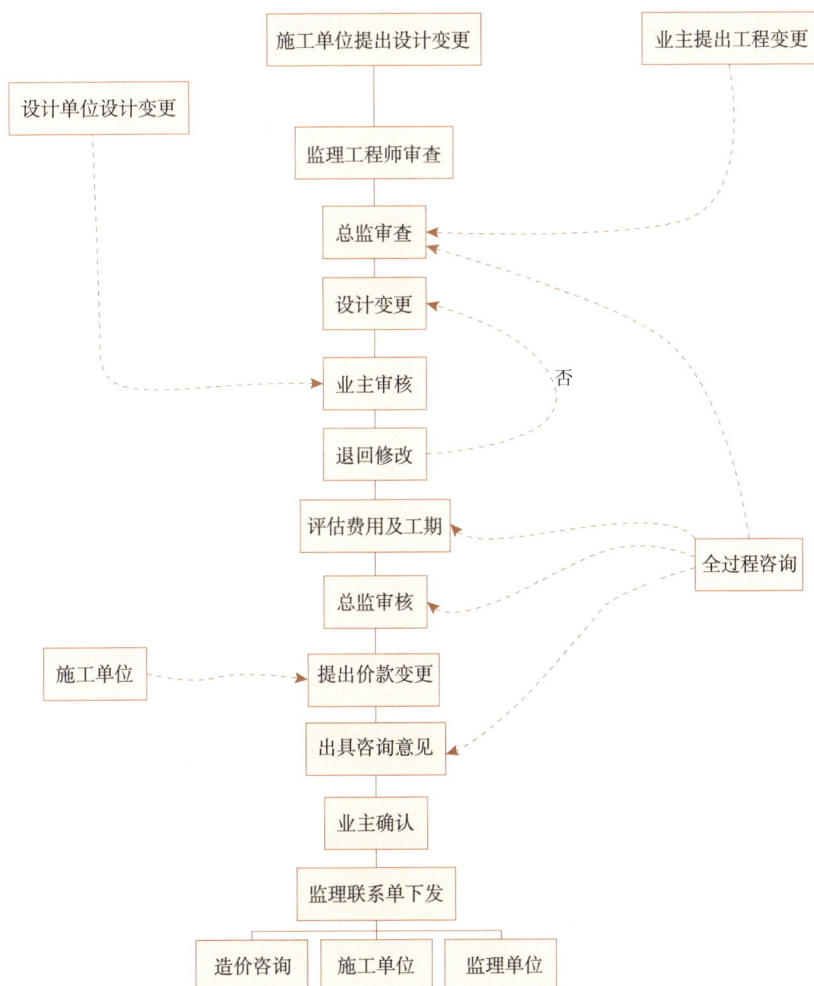

图4 项目工程变更联系单签发程序图

d. 变更审查重点

在本次全过程工程咨询的造价控制中，成本管控团队按合同价格进行深入的分析和评估，对因不平衡报价产生的单价偏高或偏低的工程细目及与此有关的工程变更，加强跟踪和控制。着重管控工程规模扩大的工程变更、单价偏高的工程变更和单价偏低（亏损价）的工程变更。

在变更工程造价管理过程中，加强变更工程的定价及单价合理性分析外，我成本管控团队注意由此引起的其他索赔和反索赔的可能性，并保证本项目工程总造价的公平性和合理性。

e. 变更审查注意事项

做好施工过程的取证记录，尤其是重要部位隐蔽工程第一手真实证据，是项目全过程造价控制的重点之一，也是影响建设项目进度、质量及全过程审计等各项目标实现的关键因素之一。我咨询团队提前核实隐蔽、交叉、临时工程等完工后无法再行核查的工程实施情况，作好现场记录和取证工作，对关键部位拍下照片作为证据，为审核联系单做好准备工作，并为结算审计中判定和还原事实奠定坚实的基础。

③无价材料管控

材料是工程项目的重要组成部分，费用要占到工程总造价的50%～60%，甚至更多，而且工程材料门类比较多，品种复杂。在本次成本管理工作中，材料的控制既是成本控制的重点，也是成本控制的难点。近年来新产品、新材料不断涌现，本工程项目实施过程中，也涉及一部分无法提供信息价的无价材料，做好无价材料管控是本项目材料控制的重要工作。

确定无价材料费用：对无投标项目单价材料和无价材料等的性能、价格、消耗量等进行跟踪记录，作为编制计价依据的基础资料。根据我公司参与多个类似项目的经验和知识积累，并结合项目的实际需要，会同建设、施工、监理等相关单位对所用人工、材料、机械的实际消耗量进行试验、测定、计量，编制补充施工项目单价。具体为：

a. 从符合相应资格条件的供应商名单中确定至少三家供应商（包含投标承诺的品牌），向其发出询价要求并让其报价，要求被询价的供应商一次性报价，并对其报价负责。

b. 根据上报的无价材料尽可能横向比较类似工程相关材料价格或类似项目的招投标价格或已完工程类似材料结算价格。

c. 量大价高的重点无价材料询价，必要时还要由定价小组成员直接参与市场调查。

对于超过一定金额的新设备新材料和新技术新工艺，我咨询团队通过组织招投标充分市场竞价及多方询价比价，从而确定科学合理的费用，实现本项目全过程审计目标。

3）竣工阶段成本管控

竣工阶段是工程项目的最后一个环节，此阶段我咨询团队的主要工作为利用全过程工程咨询前期各阶段的咨询成果，按发、承包双方合同约定，进行项目竣工结算审核，完整、准确、真实地调整工程造价，反映真实的工程价款变化。

我咨询团队从以下六个方面进行竣工结算审核的把控。

审核工程结算资料完整性、合规性。结算书应附有计算过程，编制说明以及扣项说明；变更、签证、认质认价等资料是否按照建设单位要求格式上报，后附证明性资料是否齐全有效，签字盖章是否齐全；审查工程定额的套用和各项费用的计取是否合理。

造价工程师全面把控工程动态。结算审核需深入施工现场驻点，不能单纯审核图纸和工程变更，细致认真的核对，确认工程是否按图纸和工程变更施工，是否含已经去掉的部分没有变更通知，是否有在变更的基础上又进行改变了。如发现任一问题，出现疑问应逐一到施工现场核实。

工程量的审核。工程量是计算费用的基础，其真实性对工程造价的有很大影响，造价工程师在熟练掌握清单计价规则的基础上，熟悉施工图纸，全面了解工程变更签证。审查有无重复计算或多计，工程量计算规则是否正确，计算单位是否一致等。

现场签证的审核。首先检查是否存在工程指令、工程联系单等指令性文件；其次避免工程量重复计算；关键还需审查签证事项的真实性。

设计变更价格的审核。按以下原则计取设计变更的单价：①合同中已有适用于变更工程的价格，按合同已有的价格变更合同价款。②合同中只有类似于变更工程的价格，可以参照类似价格变更合同价款。③合同中没有适用或类似于变更工程的价格，由承包人提出适当的变更价格，经工程师确认后执行。

甲供材的审核。审核工程结算中需注意扣除甲供材的价格。

三、咨询服务的运作过程

建设项目全过程工程咨询的任务是依据国家有关法律、法规和建设行政主管部门的有关规定，通过整合建设项自各阶段、各层面、各环节组织管理的优势，节约投资成本的同时有助于缩短项目工期，提高服务质量和项目品质。根据本项目全过程工程咨询实际实施情况，项目全过程咨询服务实际运行见图5。

图5 项目全过程咨询服务实际运行图

四、咨询服务的实践成效

1. 各标段工作界面优化

为明确总包、分包、供应商相互之间的职责和前后衔接关系，避免施工过程中发生质量、进度和付款的扯皮、推诿，我招标采购团队根据丰富的实践经验，为本项目优化了部分工作界面，优化后部分工作界面表见表1。

优化后部分工作界面表　　　　　　　　　　　　表1

工作内容	工作界面
装饰装修工程	（1）楼地面做至混凝土结构找平层，装饰栏杆不计入。 （2）混凝土结构墙面做至砂浆抹面层，内墙保温计入土建施工范围。 （3）混凝土砌墙面做至砂浆抹面层。 （4）顶面做至天棚抹灰，有吊顶部位不计天棚抹灰
幕墙工程	（1）外墙保温部分及钢板网计入土建施工范围。 （2）幕墙工程与主体结构连接的预埋件制作及预埋施工、抗拉拔试验由土建施工单位完成。 （3）深化设计前施工的幕墙预埋件由土建施工单位完成，深化设计后预埋件由幕墙工程承包单位完成
安装工程	土建施工单位负责预留孔洞
信息化工程	土建施工单位负责预埋地下室弱电进出线路预埋管
电梯工程	土建施工单位负责预留、预埋件施工

2. 提供设计优化建议

原施工图精装修工程中，石材采用30厚白玉兰大理石，价格为2500元/m²标准（特级）。根据咨询人员经验及预计石材用量，特级白玉兰大理石价格较高，一般为点缀性使用，20000m²的大面积使用并不合理且施工中无法确保品质，建议选用1300元/m²左右标准（优等品）的石材替代。与业主方采纳了我们的建议，此项减少造价约3000万元。

幕墙工程中，原施工图中有八栋别墅外立面统一采用金山麻花岗岩，且八栋别墅风格各异。当时公司咨询团队提出若按原设计方案编制清单，后期施工时必将导致设计变更。后期现场实际施工为两栋别墅采用金山麻石材，三栋采用真石漆，三栋采用面砖。

装修工程中天棚吊杆长度大于1500mm需设置反向支撑，大于3000mm则需设置钢架转换层。专业咨询工程师在审核设计文件时发现局部区域天棚吊杆长度达到3500mm，但是设计说明及吊顶节点均未体现相关做法，对此以书面形式提出疑问，设计单位及时补充了钢架转换层节点做法，从而避免了施工过程中的设计变更。

3. 根据需求确定设备品牌

市场上常压热水锅炉品牌较多，功能、稳定性、价格等较为混乱。我公司造价工程师根据其他同类设备在使用中反馈的情况，通过咨询供应商、市场调研、生产厂家考察、售后服务评价等方面，做了细致、全面的预案，协助业主完成品牌考察，最终确定推荐采用浙江特富、富尔顿、上能三个品牌作为预选供应商。

4. 提供商务标报价分析报告

幕墙工程中，招标时明确规定工程采用石材品种为金山麻，产地巴西。后期对该工程进行清标分析时，发现综合楼部分30mm金山麻花岗岩报价为480元/m²（略低于市场价），独立制作楼部分30mm金山麻花岗岩报价为145元/m²（明显低于市场价）。咨询人员建议在询标纪要中明确本工程石材品种为金山麻，产地巴西，进场石材品相必须与招标时提供小样一致，如发现石材种类或品相与招标要求不一致，业主有权扣回相应材料差价，并对施工方实行经济处罚。

5. 制定施工工期奖罚办法

为加强工程建设项目建设进度管理，确保各项目能保质保量的按计划完工，我公司项目管理团队建议在合同中相应约定工期奖罚条款，保证工程质量创优工期目标的实现。最终在施工合同中明确，因承包人原因造成工期延误，逾期竣工违约金的计算方法为：每延期一天支付违约金1万元；发包人有权直接从履约保证金中扣除承包人应支付的违约金，若超过履约保证金的，发包人有权直接从工程款中扣除。因承包人原因造成工期延误，逾期竣工违约金：若超过履约保证金的，发包人有权直接从工程款中扣除。若中途实际施工进度严重延期影响进度工期20%及以上时发包人有权提前解除本合同，同时不支付工程款。

6. 制定合理的价格调整机制

工程主要材料尤其是钢材、水泥等价格变化波动较大，导致施工单位和建设单位对材料价格控制风险增大。由于材料费用在建筑安装费用所占的比重较大，合同中如何进行材料调差成为项目掌控材料价差，降低项目材料风险的重要手段。我公司造价工程师为业主方的招标方案提供咨询意见，建议明确材料种类和规格，仅对有信息价的钢筋、水泥、商品混凝土及电线电缆超过风险幅度以外部分做价格调整，其余材料均不做调整，避免产生无依据的调价申请。

7. 高价值（含进口）材料管控

幕墙玻璃采用进口品牌美国"道森"，石材采用进口石材金山麻，产地巴西，工程款支付时，要求所有进口材料必须提供海关报关单及进场报验单，并要求在报关单上盖章承诺该材料用于本项目，若弄虚作假将由施工单位承担一切后果。专业工程师核对数量符合项目实际施工进度才给予计入当期进度款进行支付，以确保材料来源与合同要求一致。

泛光照明工程合同约定灯具为进口品牌，我公司造价工程师发现2016年后续有部分灯具，直接由国内经销商直接提供，后续部分灯具不能提供合同约定的质量证明资料，也没有经监理和业主书面确认的灯具变更纪要，故后续采购部分灯具进度款790.8万元建议暂停支付。

8. 施工现场质量巡视检查

工程项目质量问题贯穿于建筑项目的整个寿命进程，从工程建设的投资决策、设计阶段、施工阶段、竣工验收直至使用维修阶段，任何一环节出问题，都会给工程质量留下隐患，影响工程项目功能和使用价值质量。只有切实遵循客观规律，重视各个环节的质量监督与控制，才能保证工程建设质量的全面实现，从根本上铲除工程质量的诸多缺陷与隐患。咨询人员在施工过程中，对施工现场进行定期、不定期的巡视和抽查：

土建工程中，驻场工程师现场质量查看时发现，地下室卷材防水施工不到位，有空鼓、翻遍高度不达标、卷材破损等现象，对不到位的地方全部进行返工，整改到位后进入下一道工序。外墙真石漆涂料施工中，涂料实际使用的品牌与业主确认品牌不符，业主确认品牌为"立邦"，实际使用涂料品牌为"迪升"。后经建设单位核实，根据实际施工品牌扣回材料差价36万元。中标单位承诺钢筋品牌为"宝钢"，施工阶段驻场工程师抽样检查发现部分钢筋进场品牌为"江阴西城钢铁"，经发现后此部分钢筋全部退场，同时施工单位罚款100万元。

装修工程中，靠幕墙处墙纸基层骨架，清单描述做法为木龙骨，图纸会审深化节点做法采用$40 \times 40 \times 4$镀锌方管钢骨架。驻场工程师根据经验判断，墙纸基层骨架采用镀锌钢龙骨存在设计过剩，故对基层骨架做法提出质疑，同时深入现场进行核查，在对该部分进行非破坏性敲击时，通过声音判断基层材料并非钢骨架。后经建设单位核实，现场实际施工采用轻钢龙骨，此项扣减费用29万元。

机电安装工程中，原设计中消防喷淋管道、冷却供回水、空调供回水管道设计要求DN80及以上管道采用无缝管法兰连接，后镀锌进行二次安装。现场实际施工时，施工单位采用无缝钢管先镀锌，在现场直接焊接安装，焊口位置采用防锈漆加银粉漆进行修补。根据《建筑给水排水及采暖工程施工质量验收规范》规定，镀锌无缝管严禁直接焊接，责令施工单位对质量隐患进行整改。

9. 施工工期合理化建议

工期控制是建筑项目管理中的重要组成部分，也是建筑工程项目施工过程中比较容易出现问题的环节。在本项目土建工程中，项目管理专业工程师根据经验，建议将裙房幕墙、机电安装及装饰施工分为裙楼和主楼分阶段施工，形成流水施工，调整前工期为1060天，调整后工期为1010天，压缩工期50天。

10. 图纸会审意见经济性评估

根据装修工程图纸会审意见，卫生间玻璃隔断12mm钢化清玻建议改为夹胶夹丝防雾玻璃隔断（采用进口夹丝），经测算需增加费用约134.15万元。专业工程师综合成本和实用性，建议调整为夹胶夹丝防雾玻璃隔断（国产夹丝），降低成本44.85万元。

11. 运营维护成本管控

本项目会议室采用灯膜进行照明，由于灯膜高度约4m，交付后灯管维修、更换难度非常大，维修成本也很高。专业工程师建议将灯管固定方式改为抽屉式，便于日后维修。VRV空调机房设计时，未考虑足够的通风散热空间，安装工程师认为散热问题有可能会降低空调性能，甚至引起跳闸，建议更换排风百叶扇片间距和尺寸，并另行设置专用通风井补充新风。

12. 施工进度款支付审核

工程进度款是建设单位在工程竣工结算之前支付的工程款，在工程施工过程中，工程进度款的支付由工程进度来决定，由于工程进度受多种因素影响，可能导致脱离预期目标，会影响到工程进度款的正常支付，因此有必要做好工程进度款的审核与管理工作，发挥其保障工程施工顺利进行的作用。

土建工程施工单位上报竣工款金额为36067891元，监理审核金额34710962元。造价工程师发现施工单位没有上报变更减少的部分的产值和材料差价调减的产值，为避免工程款超付，建议扣回此项费用，审核后支付金额为17611014元。

13. 制定工程变更确认流程

工程项目的单件性、长期性与复杂性决定了工程变更无法避免，但是显而易见，合理有序的变更能够促进工程建设目标的顺利实现，而随意、无序的变更将极大地影响工程的质量、进度导致项目成本的增加。因此，在工程变更的管理过程中，变更控制的目标不是严厉杜绝变更的发生，而是应该严格控制不合理、不必要的变更，使合理、必要的变更能够有序进行。我咨询团队根据业主方特点和实际需求，为本项目制定了工程变更联系单审批权限及签证流程：

在严格控制总量的前提下，本标段工程单项工程变更投资额±200万元以下的，由公司总经理负责审批；±200万元以上的单项工程变更须报审项目领导小组联席会议审批。单项工程变更投资额在50万元以下的，由项目负责人审批、签证；单项工程变更投资额在50万元以上（含50万元）的，由公司分管副总经理审批、签证。

14. 无价材料管控

本项目实施过程中，对无价材料价格要求施工单位提供真实的采购合同，供货清单明细、具体的付款明细凭证，相应的增值税采购发票及对应的材料设备明细表、合同履约完成证明、施工单位书面承诺资料的真实性，最终按照成本酬金法结算。其他材料价格参照清单报价进行确定。

本项目115套灯具中，有8套灯具变更为另外区域的投标花灯，采用投标价格计算；63套灯具只是根据装修吊顶情况，适当调整了相应的规格尺寸，其所用材料、工艺、形状同原先投标合同灯具基本相同，主要是灯具直径或者长宽高度调整，采用参考投标价格计算；44套灯具进行实质性变更，采用重新询价，并参考投标口径协商。造价工程师通过变更谈判，为业主节约造价约200万元。

15. 竣工结算真实性审核

送审的结算资料，必须严格按照规定进行资料初审，为资料的真实性把好第一关。对涉及造价大的工程变更、签证、隐蔽工程等相关资料，均提供原件，且资料原件须有建设单位、监理单位、施工单位负责人签字并盖章。对结算工程计算的主要依据工程竣工图，要严格审核，确认有建设、设计、施工等单位盖章，且与施工现场一致方有使用价值。

土建工程降水措施费清单按每天24小时考虑，项目管理工程师在施工过程中已经进行抽查并取证固定，实际降水时间为16小时一天，结算审核扣减造价约25万元。装修工程结算审核，4、5层公共走道静电地板实际由机房装修单位施工完成，而主楼装修单位结算送审时将这部分工程量也包括进去，造价工程师审核时扣除造价约38万元。

========= 专家点评 =========

　　本案例内容覆盖全面，第二部分咨询服务范围及组织模式联系国家政策，内容简明扼要，服务组织模式从人员到数据化平台，针对项目结合信息化平台进行配置，权责划分明确。咨询服务工作职责，先从总体进行划分后，又详细列出项目管理职责、成本管控职责及施工阶段、竣工阶段管控职责。其中在成本管控职责中详细列出项目前期阶段成本管控要点，包括图纸会审、运营维护成本管控等，层层细分，逻辑清晰。真正做到责任明确、经济高效、客观务实。在施工阶段进度款支付方面，按款项清晰列出所需注意的实行和审核内容；对工程变更的管控使用流程图表示，原则、定价方法、变更审查重点以及注意事项均按逻辑顺序厘清，甚至无材料管控都有细细考虑并列出。对于咨询服务运作过程，采用一张思维导图清楚展示项目运作过程的明确划分。突出咨询服务的实践成效，其中包括各标段工作界面优化、设计优化建议、设备品牌定位、商务标报价分析报告的重点分析内容、施工工期奖罚办法、高价值（含进口）材料管控方法、施工现场巡视检查从土建安装机电三种工程，分开详细叙述发生问题及优化解决办法。提出施工工期合理化建议、图纸会审意见经济性评估、运营维护成本管控等，为真正意义上的项目全过程工程咨询提供了参考方法和思路。

　　各标段的界面划分是该项目一大亮点，采用表格方式详细写出装饰装修工程、幕墙工程、安装工程、信息化工程、电梯工程的工作界面。案例能够根据咨询人员经验提供优化设计建议，成本优化效果显著。对于材料设备选用，项目组结合项目特点和业主方反馈，综合考量，予以选用。通过在合同中建议具体奖惩办法，确保各项目能保质保量的按计划完成，加强工程建设进度管理。竣工结算中，对于送审的结算资料按照规定进行严格审核，保证资料真实性。

　　总之，本项目进行综合项目策划管理、成本管控，进行全过程咨询融合与创新，是对全过程造价咨询的一次探索。

点评人：王毅

上海第一测量师事务所有限公司

基于BIM技术的某地铁线路全过程工程管理项目

——北京中昌工程咨询有限公司

侯希宝　郝雁峰　李东海　申振奎

一、项目基本概况

1. 工程概况

项目为城市轨道交通工程，全长约70km，包含9座地下站（含3座地下换乘站），14座高架站（含1座地上换乘站），22个区间，2处停车场，1处车辆段。2015年1月9日开工建设，计划于2018年10月28日竣工。

2. 全过程工程咨询特点

（1）全过程BIM技术系统性应用

贯穿于建设项目全生命周期和覆盖项目管理各个方面，且做到信息共享、数据传承的BIM应用模式。其特征表现为统一性、延续性、全程性、全面性、广泛性。通过BIM技术系统性应用实施，可以避免重复投资、重复建模，可以实现信息共享、数据传承，可以降低成本，提高效益，体现价值。

（2）基于BIM技术的平台化和全过程管理

BIM平台化应用与项目管理信息化两者相结合，实行一体化集成管理，使BIM技术在投资、进度、质量、安全、运维等方面发挥重要作用。打破信息孤岛，实现集成管理、信息交互、数据共享等，提高工作效率和管理水平。

二、咨询服务范围及组织模式

1. 咨询服务的业务范围

（1）服务范围

项目BIM技术全过程应用。

（2）服务内容

1）提供全线BIM咨询服务，协助建设单位进行BIM应用的组织管理，搭建BIM综合管理平台、编写BIM应用相关管理类与技术类标准文件、进行结构文件及信息管理、组织BIM应用培训、提供BIM应用技术支持与系统集成（软件系统、硬件系统、网络系统），协助组织各类BIM会议、BIM应用专题汇报、阶段性BIM应用及最终成果验收、BIM应用考核管理等。

2）创建BIM模型，进行设计、施工阶段模型动态管理和竣工模型交付管理，组织创建设备构件库，制作视频动画，组织技术交流与专家评审等。

（3）服务目标

通过BIM技术应用，利用BIM模型的可视化、信息化等特点，提高项目建设管理水平、减少设计变更数量、节约工程投资、提高设计质量、节省建设工期、积累设计施工过程信息、交付三维竣工模型及相关数据库，保证轨道交通工程项目数据的准确性、协同性、可追溯性，实现项目全生命周期的数字化建设管理。

1）利用BIM技术的模拟性、可视化、协同性特点，创建三维模型进行模拟建造、查找发现存在的问题、优化设计、减少现场签证和设计变更、节约工程投资、提高设计质量、节省施工工期；

2）实现设计阶段基于BIM咨询的精细化管理，包括方案比选、设计优化、三维管线综合设计及出图、三维施工图交付等；

3）基于协同管理平台进行BIM技术数据集成，包括设计阶段信息、施工阶段数据流转、模型传递、变更管理、竣工图交付管理、设备编码信息等，形成完整建设模型数据库；

4）通过BIM技术实现在项目设计、建造、运营全过程、全生命周期的应用，保证城市轨道交通工程项目数据的准确性、协同性、可追溯性，实现项目数字化建设管理。

2. 咨询服务的组织模式

（1）组织原则

1）统一领导原则

城市轨道交通工程项目参与单位众多，职能各异，受各种因素影响，对BIM技术的认识、掌握程度、应用理解与实践经验差异较大。

为实现有效管理，保证项目有序、科学地开展，成功达到既定建设目标，必须由建设单位统筹计划、组织、领导、控制项目进程，协调各参与单位工作，为BIM技术成功应用创造良好环境和平台。

2）领导决策原则

BIM应用是"一把手"工程，各级应用部门应由建设单位主要领导或领导小组直接领导，明确各方职责、分工，建立例会制度、工作调度和问责制度，及时沟通交流信息、汇报阶段进展，协商解决问题，系统部署任务。

（2）组织模式（图1）

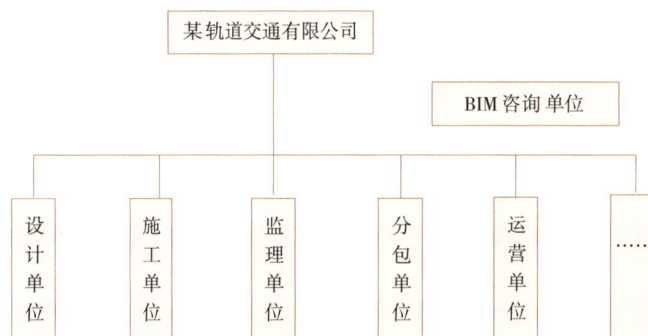

图1 组织架构图

作为BIM咨询单位，主要工作是协助建设单位组织实施并管理全线建设的BIM应用。在项目的实施过程中通过PW平台及BIM综合管理平台使建设单位、咨询单位、设计单位、监理单位、施工单位在一个统一的平台上进行协同工作，实现从勘察设计、施工到运营阶段的信息传递。

（3）各方职责

1）BIM咨询单位职责

①制定BIM技术总体规划、应用标准及管理办法；

②搭建并维护BIM综合管理平台（含PW）；

③负责示范站及所有区间的建模及优化；

④负责软硬件集成、BIM应用等技术支持；

⑤负责组织相关BIM人员的培训及过程指导；

⑥负责信息数据存储、安全管理；

⑦协助建设单位进行过程审核、模型管理、成果验收、数据集成；

⑧协助建设单位检查、组织、考核各方BIM应用工作；

⑨初级阶段协助进行管线综合优化。

2）建设单位职责

①全面负责BIM的交付管理；

②管理协调BIM实施各参与单位；

③审核、批准交付方案、程序和标准；

④监督、检查信息数据存储，保证信息安全；

⑤监督、检查、验收各单位各项BIM应用成果。

3）设计咨询单位职责

①参与BIM各项标准的编制；

②参与BIM模型建立与移交。

4）设计总体单位职责

①参与BIM各项标准的编制；

②参与BIM设计阶段相关信息录入；

③组织BIM设计模型建立与移交；

④参与BIM竣工模型建立与移交。

5）工点设计单位职责

①完成本单位三维设计任务；

②实施基于BIM的各项设计优化；

③实施BIM设计阶段相关信息录入；

④交付BIM设计模型、图纸及设计阶段相关文档；

⑤审查施工阶段模型深化及优化；

⑥审核竣工模型。

6）施工单位职责

①根据要求深化完善BIM模型内容；

②竣工模型整理，资料收集；

③录入模型施工阶段属性信息、设备设施编码及二维码信息；

④交付竣工模型及施工阶段资料文档。

7）监理单位职责

①运用BIM技术实施监理；

②审核竣工模型，审核施工单位录入的属性信息、设备设施编码及二维码信息；

③参与验收竣工模型。

8）运营单位职责

①提出BIM应用运营需求；

②参与验收并接收BIM竣工模型；

③参与验收并接收施工单位录入的属性信息、设备设施编码及二维码信息。

三、咨询服务的运作过程

1. 实施模式

由建设单位牵头管理，BIM咨询单位提供总体咨询（平台、标准、技术支持、成果验收），各设计、施工单位共同参与的BIM实施模式。

具体应用包括土建建模、方案比选、设计优化、投资优化管理、管线综合排布、技术交底、方案模拟、进度管理等工程管理工作。

（1）初步阶段：由BIM咨询单位建立协同管理平台、统一集中培训、协助三维设计，统一过程应用，总结形成相应实施标准。

（2）深入阶段：BIM咨询单位总体管理、提供技术支持，各参与单位依据统一标准、管理要求系统开展BIM应用。

2. 实施路由（图2）

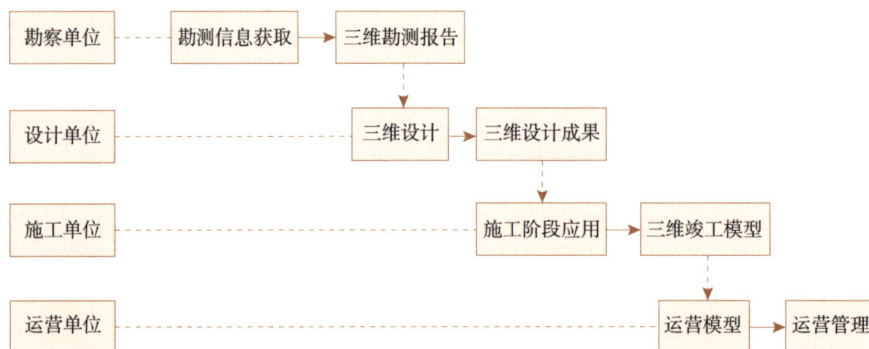

图2 实施路由

3. BIM总体管理

（1）制定标准

为指导工程各参与方的BIM应用，规范设计、施工、运营等各阶段数据的建立、传递和交付，规范项目各参与方的协同工作，实现各参与方的数据统一、无缝整合、资源及成果分享，在国家相关BIM标准的基础上，建立完整的BIM技术应用标准体系（表1）。

BIM技术应用标准体系　　　　　　　　　　　　　　　　表1

序号	标准名称	数量
1	某轨道交通有限公司BIM技术应用考核奖惩管理办法	1
2	某轨道交通有限公司施工阶段BIM模型协调管理办法	1
3	建筑工程模型创建作业指导书	1
4	安装工程信息模型创建作业指导书	1
5	三维管线综合作业指导书	1
6	某轨道交通有限公司设施设备二维码管理系统应用管理办法	1
7	某线路BIM管线综合施工图设计阶段管理办法	1
8	BIM应用总体规划	1
9	建筑信息模型应用导则	1
10	BIM协同管理平台管理规定	1
11	建筑信息模型交付管理办法	1
12	建筑工程信息模型创建与交付标准	1
13	安装工程信息模型创建与交付标准	1
14	BIM构件库构件创建标准	1
15	BIM构件库应用管理规定	1
16	BIM技术应用指南	1
17	BIM应用文件档案管理办法	1

（2）搭建平台

1）搭建PW协同管理平台

建设单位委托我司搭建了PW协同管理平台，所用数据通过PW平台进行储存、调用，实现了BIM技术信息集成管理，避免由于文件储存不当而造成的文件丢失、信息不对称等问题。通过在PW平台托管工作环境，统一了各单位、各人员的模型创建标准，确保后期模型顺利传递和应用。

①文档管理：检索、预览、批注、版本管理；

②数据安全管理：权限设置、角色管理；

③协同管理：统一储存、异地协同。

2）搭建BIM综合管理平台

平台功能模块如下：

①总体概览：项目架构、模型浏览、模型剖切管理；

②项目OA：公告栏、会议通知、我的任务、任务进度追踪、组织结构、流程管理、表单管理；

③设计管理：计划管理、图纸管理、设计协同管理；

④信息管理：各类标准、构件库、二维码；

⑤投资控制：投资统计管理、概算管理、招标管理、中期支付、结算管理、竣工管理、投资管理、合同管理；

⑥进度控制：总体进度、形象进度、实物量进度、进度模拟、偏差分析；

⑦安全管理：风险监控、监控量测（对接既有模块）；

⑧质量控制：质量问题统计、追踪记录、资料管理、检验批管理。（对接既有模块）；

⑨此外BIM综合项目管理平台可与现有的各类项目信息化管理系统对接。

（3）构件库的建设

1）实施过程

我司具有自主独立开发的构件库管理系统，构件库管理系统中构件模型已涵盖轨道交通工程所有专业。

基于此系统，可实现对各类构件的上传、审核、验收、入库、调用及修改，同时构件库管理系统可基于网页端对构件进行动态调整。构件库使用人员可直接将所需构件调用至模型文件中。

2）构件库分类

按系统专业可以分为供电、专用通信、公安通信、信号系统、综合监控、通风空调、给水排水及消防、动力照明、火灾自动报警系统、气体灭火、环境设备与监控、自动售检票系统、门禁、站台门、安检、安防和电扶梯等专业的构件。

3）构件库建设

我司负责配备轨道交通建筑基本构件库，根据建设单位要求，更新和完善BIM模型构件库，确保各设计单位统一调用。

①设计阶段：结合工点对BIM标准化模型构件库的使用情况及反馈的相关意见，对BIM标准化构件库进行维护、更新和完善，满足各设计承包商的BIM技术应用需求。设备及系统供应商确定后，施工准备开始前，发布设备厂商BIM构件库验收标准，负责协调各设备及系统供应商提供与所供设备一致真实的BIM模型，并基于设备厂商BIM构件库验收标准，补充完善BIM标准模型和非几何参数，形成统一归档的可用于施工的BIM标准模型构件库。

②施工阶段：结合施工承包商对施工阶段BIM标准模型构件库的使用情况及反馈的相关意见，负责对施工阶段的标准BIM构件库进行维护、更新和完善，以不断满足各施工承包商的BIM技术应用需求。

③竣工阶段：负责收集和整理设计、施工阶段所使用的所有标准BIM构件库模型，形成完整的BIM模型标准化构件库，并完善BIM模型构件库的使用说明后，作为BIM技术应用成果，提交建设单位。

4）构件库审查流程

①自建模型构件库审核流程

BIM模型构件库验收标准→BIM项目组自审→BIM咨询单位终审→BIM咨询单位分类、归档入库。

②厂商模型构件库审核流程

制定发布设备厂商BIM构件库验收标准→厂家单位自审→监理单位复审→BIM咨询单位终审→BIM咨询单位分类、归档入库。

5）构件库验收标准

①验收要求

a. 构件库构件成果资料文件夹名称为某模型及技术支持资料，文件夹下需包含模型和技术支持资料。

b．模型格式为.dgn。

c．技术支持资料内容包括主要技术参数表（设计属性信息、施工属性信等）、空间尺寸及关键参数尺寸平剖面图、实物图片、资料来源等，格式为.doc。

②验收标准（表2）

构件库验收标准   表2

阶段 构件	设计阶段构件模型	施工阶段构件模型
设备外观尺寸	根据实物建立构件外观尺寸	根据实物建立构件外观尺寸
设备接口	按照实物接口样式，建立模型接口	按照实物接口样式，建立模型接口
细部结构（螺栓、按钮等）	不需要	按照实物细部机构情况，创建模型细部结构，保证外形美观
设备内部构件	不需要	根据具体情况，需要表现内部结构时建立，不需要表现内部结构的不需要建立
技术资料	需提供实物照片、模型照片、属性信息、技术参数、二维平剖图等完整技术资料	需提供实物照片、模型照片、属性信息、技术参数、二维平剖图等完整技术资料

6）构件库调用

①构件检索：利用构件库的快速检索工具可以在大量的构件库文件中查找出所需要的构件文件。快速检索方式可以通过关键字检索、名称检索等。

②构件下载：系统管理员对使用构件库的使用人员需分配下载构件种类及数量的权限，减少越权下载和构件的流失。构件的下载不仅仅是将构件下载到本地，同时也要建立合理的缓存空间，提高下载的速度和质量。

③构件使用：各设计单位在创建BIM模型时，可以随时进行构件的导出并放置在需要的位置。

7）构件库维护管理及完善

①构件库的功能

主要实现基本操作功能、属性信息添加、参数检索、快速查找、权限分类管理等。

a．基本功能操作：删除、复制、剪切、构件导入、构件导出、预览。

b．编制属性信息：分类、定义、属性模板定制、属性编辑。

c．参数检索：查询、筛选。

d．权限管理：对使用构件库的人员所拥有的权限进行管理，配置系统管理员，系统管理员可以对使用构件库的人员分配查看、编辑、删除、上传、下载等操作权限。

②维护管理

构件库统一由我司进行管理，包含模型及属性信息的修改、更新、完善等。设专人负责构件库的管理工作。

在BIM协同管理平台创建构件库文件夹，文件夹分设计阶段构件库和施工阶段构件库两个阶段。对单个构件按专业进行分类存储，审核完成后的构件统一由我司进行上传归档。

③构件库更新完善

由于设计变更、招投标等原因造成进场设备型号等相关参数与构件库内构件型号参数不一致时，我司系统管理员及使用人员应及时督促创建单位进行构件的修改、重新创建并及时对构件库进行更新，及时完善构件的各几何信息和属性信息，为后续的管理奠定基础。

（4）组织培训

1）培训目标

①建设单位受训人员或建设单位安排的受训人员能正确了解BIM基本原理及BIM技术相关知识；

②建设单位受训人员或建设单位安排的受训人员掌握基本的BIM建模软件操作、使用方法；

③工程技术人员掌握BIM系统软、硬件的维护；

④工程技术人员基本掌握三维建模软件初级、中级操作应用；

⑤工程技术人员掌握模型浏览软件进行模型浏览、检查、标记等，处理常见问题。

2）培训要求

培训对象为建设单位受训人员、建设单位安排的受训人员和BIM相关技术人员，确保受训人员能够正确了解BIM技术相关知识，掌握基本的BIM建模软件的使用，BIM应用技术人员熟练掌握BIM相关软件操作。

在培训实施15天前，编制详细的培训方案提交给建设单位审核确认，包括培训课件、培训讲义、各类培训手册等与培训相关的材料。

培训方案应明确培训目标、培训内容、培训范围、培训方法、考核方式、考核结果等。

培训后通过考核巩固学习内容，检验学习效果。

本项目所有BIM技术培训由建设单位统一组织、安排。

3）培训内容

BIM技术培训按BIM实施时间计划表在项目的前期、中期、后期各有侧重的、不定期的安排各种培训，具体时间由建设单位安排落实，培训内容为BIM技术应用专业基础理论、BIM技术应用软件操作、BIM相关标准、BIM技术应用实务。

4）培训考核

培训效果评估采取实际操作考试方式进行，根据受训人员掌握的情况进行综合评估，根据评估结果采取相应的调整措施以满足项目实施的需求。

培训结果经建设单位抽查后,对每次培训情况进行总结并将结果反馈给培训讲师。

4. BIM技术应用

（1）方案编制

1）BIM技术应用总体实施方案；

2）不同阶段应用点的交付成果及其要求，包括模型深度和数据内容等；

3）单专业工作计划方案（如：结构、建筑、轨道等业主认为必要的专业）；

4）定义工程信息和数据管理方案，以及管理组织中的角色和职责；

5）运营阶段的BIM应用方案（按照公司管理要求提出建议）。

（2）实施流程（图3）

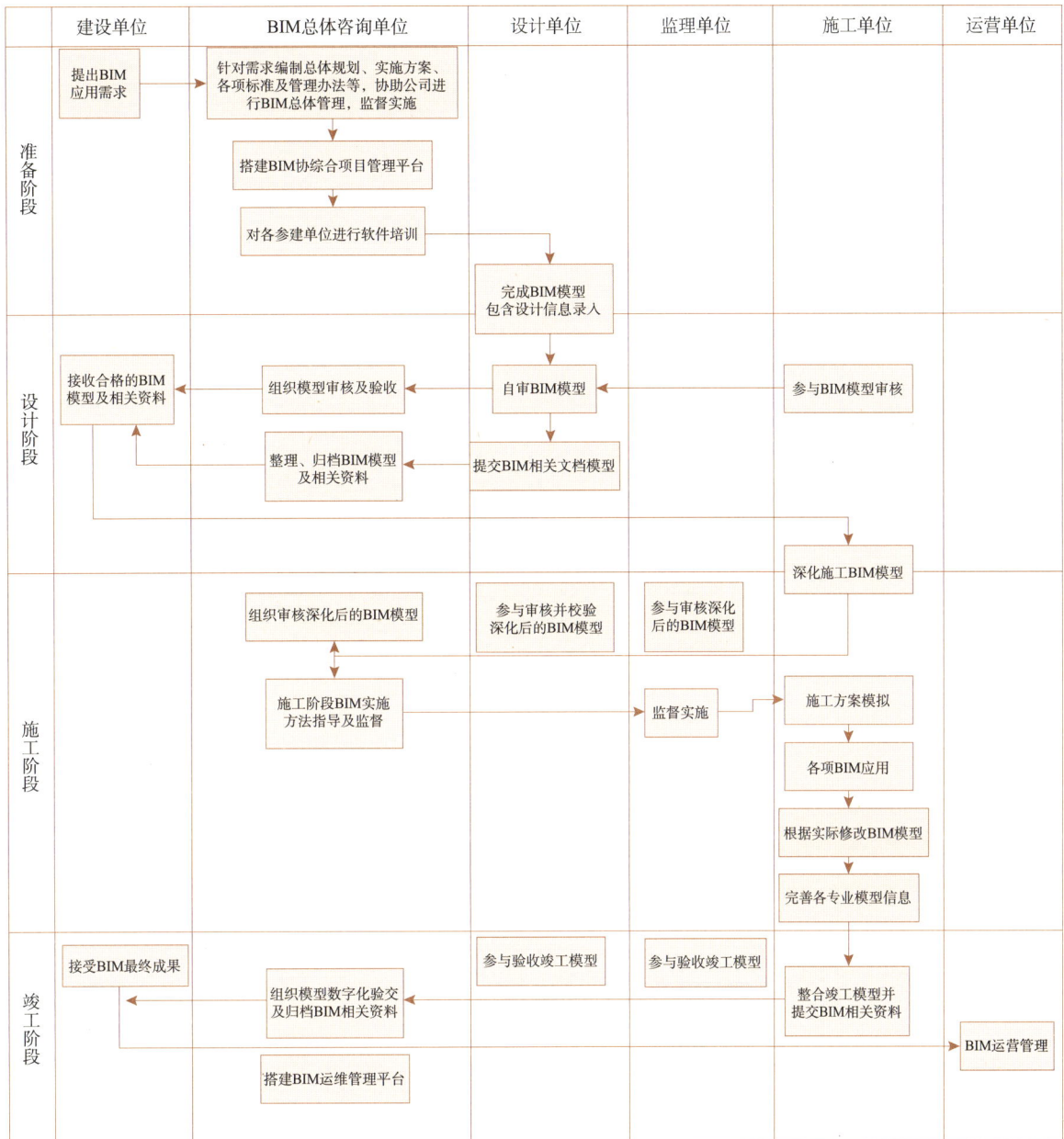

	建设单位	BIM总体咨询单位	设计单位	监理单位	施工单位	运营单位
准备阶段	提出BIM应用需求	针对需求编制总体规划、实施方案、各项标准及管理办法等，协助公司进行BIM总体管理，监督实施				
		搭建BIM协综合项目管理平台				
		对各参建单位进行软件培训				
设计阶段	接收合格的BIM模型及相关资料	组织模型审核及验收	完成BIM模型包含设计信息录入			
			自审BIM模型		参与BIM模型审核	
		整理、归档BIM模型及相关资料	提交BIM相关文档模型			
施工阶段		组织审核深化后的BIM模型	参与审核并校验深化后的BIM模型	参与审核深化后的BIM模型	深化施工BIM模型	
		施工阶段BIM实施方法指导及监督		监督实施	施工方案模拟	
					各项BIM应用	
					根据实际修改BIM模型	
					完善各专业模型信息	
竣工阶段	接受BIM最终成果	组织模型数字化验交及归档BIM相关资料	参与验收竣工模型	参与验收竣工模型	整合竣工模型并提交BIM相关资料	BIM运营管理
		搭建BIM运维管理平台				

图3 项目实施流程图

（3）模型创建

创建BIM三维数据信息模型。包括但不限于以下内容：

1）车站模型：整体方案、周边环境、建筑、结构、风水电及系统工程等；

2）区间模型：建筑、结构、轨道、机电等全部系统工程；

3）地下环境模型：地下管线、人防结构、地下商业结构、建筑地下室等；

4）周边建筑物：对本项目有影响的周边建筑物。

（4）模型应用

1）设计阶段

①三维数字化模型创建与设计协同

综合建筑结构模型、机电设备模型和装修模型，建立集建筑、结构、机电设备、通信信号、装修、导向等多专业于一体的综合性BIM模型，进行设计"错、漏、碰、缺"综合性检查，开展建筑净空检查、碰撞检查、消防疏散检查、无障碍通道检查、设备通道检查、配合装修效果模拟、环境漫游等应用，出具相关检查报告并配合设计单位进行优化设计，最后形成无"错、漏、碰、缺"的专业、完整的综合性BIM模型。

②水文地质环境模拟

根据地勘资料，利用BIM软件建立地质模型，区间隧道超前水文地质进行模拟，指导施工进行预加固及预支护，减少隧道施工风险。

③三维场地分析

利用BIM模型对生活区、钢筋加工区、材料仓库、现场道路等施工场地进行科学的规划，可以直观的反应施工现场布置情况，减少现场施工用地，保证施工现场畅通，有效减少二次搬运。

④设计方案比选

在设计阶段，利用BIM三维可视化特性对设计方案进行对比。能直观展现各备选方案特点及其与周边环境的位置关系，方案对比效果明显，并能依据实际需求面对面修改模型，提高工作效率，大大节约时间成本。

⑤虚拟仿真漫游

通过BIM技术以乘客视角进行三维模拟换乘，验证换乘方案的可行性和便利性，并优化换乘方案，实现了换乘方案可视化。

⑥三维管线综合

建立建筑结构（含商业开发、上盖物业）及机电设备、各系统管线综合模型。

检查设计过程中发现的碰撞及检修空间问题，配合设计单位优化方案，满足设计规范及施工要求的前提下，形成完整的三维模型，同时可配合设计单位进行管线综合图纸的输出。

⑦空间优化及设计协调

通过对设备区房间、房间内设备及设备区装修方案等模型的创建、整合，配合建设单位、设计单位检查设备房间内空间是否合理、吊顶净空控制是否满足要求，并配合设计进行方案审核、优化。

⑧装修方案优化、比选及设计协调

BIM咨询单位将管线综合三维模型（含各专业设备终端）提交至公共区装修设计单位，并配合装修设计创建装修方案模型；

基于BIM模型，检查各设备终端与公共区装修方案的冲突问题，并协调设计单位进行布局优化，通过BIM技术的可视化应用，配合建设单位、设计单位进行装修方案的比选。

⑨工程量计算

利用基于Bentley技术平台的QTM算量系统软件，通过定制本项目的工程量计算规则，能够从BIM模型中快速、准确地提取结构工程、防水工程、模板工程的工程量，并生成符合计算规则的工程量清单，为造价管理提供数据信息。

⑩造价管理

利用BIM模型和BIM技术，进行设计"错、漏、碰、缺"综合性检查、安装工程的三维管线综合设计优化等应用，解决了传统二维设计难点问题，极大地减少了设计变更和施工返工，使项目的造价管理真正在设计阶段发挥重要的作用。

2）施工阶段

①交通导流模拟

通过交通导流方案模拟，提前预演，掌握车流、人流动向，分析不同的交通导改方案对周边环境以及行驶车辆、人员的影响，优化交通导流方案确保方案最优，避免由于施工建设等原因造成的交通瘫痪、拥堵等问题。

②市政管线迁改模拟

通过对现有管线迁改方案进行模型创建，掌握市政管线、周边建筑与车站结构的关系，检查设计方案漏洞，避免市政管线与车站结构间的碰撞。

模拟管线迁改的过程，配合管线迁改，实现车站顶部市政管线覆土厚度满足规范要求以及车站内管线与市政管线的无缝对接。

形成迁改后的与现场情况一致的模型，达到三维报建要求的模型。

③安全管理

利用BIM模型对土建施工现场的危险源、安全隐患进行标识，提前发现并排除隐患，制定相应的安全措施。同时借助BIM技术进行安全交底，让施工现场人员了解现场现阶段的风险类型，便于辨析风险源，提高施工作业安全保障。

④4D施工进度模拟

利用BIM技术辅助进度管理，通过先模拟后施工，能有效避免或降低因施工设计图纸缺陷，设计变更，进度计划中遗漏工作项、逻辑错误、动态碰撞等问题造成的进度延误。本项目通过模拟从进场、临建、竖井及连通道、初支、二衬到回填等阶段的施工内容，实现了基于BIM模型编制进度计划、实施进度计划、施工过程中动态调整进度计划。

⑤三维可视化施工技术交底

借助BIM软件，技术人员利用三维BIM模型进行仿真施工工艺模拟，并对施工人员进行三维技术交底，同时利用BIM技术标注施工质量控制点，明确施工工序衔接，进而规范施工作业流程，提高施工效率和施工质量。

⑥管道工厂化加工

通过不断努力，解决了BIM技术与生产脱节的问题，真正实现了BIM技术与机电安装、工厂化加工的完美结合，利用施工深化后的风管、水管BIM模型进行加工编号，按照设计出图标准，创建加工平面图、剖面图、大样图、材料清单，以风管为试点，进行BIM技术指导工厂加工，将标准风管加工图纸输入数控机床生产线，自动完成剪板、咬口、翻边等工序，经合缝、法兰铆接后形成标准尺寸风管，将异形风管加工图纸展开后输入等离子切割生产线进行自动切割，经咬口、折翻后形成异形风管，该生产线操作界面简单，加工精度高，生产效率是手工加工十倍以上。

⑦竣工模型检验校核

工程竣工后，施工单位对竣工模型进行修改、完善后提交至我司。由我司负责对竣工模型进行检验、校核，确认完善无误后，将竣工模型移交至建设单位。

3）数据传递

在BIM应用各阶段过程中，将运营阶段所需数据进行整理录入数据模型，并利用二维码实现设备构件的生产和安装信息的实时录入，与竣工模型一并交付运营单位维护使用，实现了机电专业从生产安装到运营维护的信息更新与传递。

4）造价管理

利用BIM模型和BIM技术，进行市政管线拆改模拟、施工进度模拟、管道工厂化加工等应用，提前发现施工过程问题，做到提前预防、事前控制，有效降低施工成本，缓解了投资控制在施工过程支付阶段和竣工结算阶段的管理压力。

5. BIM竣工移交

收集、整理施工阶段各专业BIM模型，为运营维护系统提供详细、全面的数据信息，支撑运营管理系统的开发与使用，减少运营阶段数据录入工作量，提高机电系统设备的移交速度和运营信息化水平。

依据BIM成果验收相关管理办法，由建设单位对BIM应用成果文件验收，包括BIM总体管理及BIM技术应用成果文件。

6. 质量控制组织

（1）建设单位牵头，BIM咨询单位推动实施

成立BIM质量管控小组，由建设单位指派专人作为组长，我司指派专人作为副组长，各参与方需有至少两名BIM协调人员参加。

各协调人员作为本参与方的BIM质量负责人，对内管理、协调本方的BIM工作。协调人需要在本单位内部拥有一定话语权，能推进BIM进程，以免造成协调会议精神不能很好地贯彻实施。

我司主要负责对系统建设进行总体策划，协调各方进度，统一资料，控制模型等成果质量和时间，对遇到的重大事项进行分析解决，并每月组织召开BIM协调会。

（2）各方内部管控

BIM成果在项目各参与方共享或提交审核验收前，各方BIM协调人应对BIM成果进行质量检查确认，确保其符合要求。BIM成果质量检查应考虑以下内容：

目视检查：确保没有多余的模型构件，并检查模型是否正确表达设计意图；

检查冲突：由建模软件的冲突检测命令检测模型之间是否有冲突问题；

标准检查：确保该模型符合相关技术标准；

内容验证：确保数据没有未定义或错误定义的内容。

（3）工程项目例会制度

BIM实施过程中每周及重要特定时期、重点任务、关键节点开展前（后）召开例会制度，进行BIM工作的质量管控。例会由建设单位牵头，各设计单位、施工单位、BIM咨询单位和设备供应商等参加的协调会。

（4）质量保证其他措施

1）建立沟通制度由专人负责及时沟通情况，解决项目进展中的问题；

2）严格执行文字确认制度。任何与项目各参建方交流并确认的BIM技术应用问题，采用以文字形式加以确认；

3）项目部成员的服务工作质量纳入公司绩效考评体系；

4）出现质量事故需填写纠正、预防措施处理单报主管经理和公司总经理等。

四、咨询服务的实践成效

1. BIM应用技术创新

通过本项目的研究与实施，总结经验，在BIM技术的实施过程中实现了以下创新：

（1）基于BIM的管理模式创新

建立了由建设单位牵头管理，BIM总体咨询单位提供总体咨询（管理平台、技术标准、过程管理、技术培训），设计、施工等单位有序参与的BIM实施模式。

（2）基于BIM+GIS的综合管理平台创新

我司研发了"BIM综合管理平台"。该平台采用互联网、大数据、云计算、人工智能、GIS、BIM、AI等一系列先进信息技术。打破BIM软件不统一的问题，实现了模型融合等功能，同时集成了项目信息管理、设计管理、投资管理、进度管理、质量管理、安全管理、协同平台数据转换等模块。使建设单位、咨询单位、设计单位、监理单位、施工单位、专业承包单位等在一个统一的平台上共享成果、协同工作，实现BIM应用与项目管理一体化。

（3）基于BIM的工程量计算创新

我司长期从事轨道交通工程造价咨询工作，研发了基于BIM技术的工程量计算软件，实现了土方工程、混凝土工程、防水工程、模板工程等工程量计算。

2. BIM实施阶段性成果展示

（1）标准体系建设

本项目形成了BIM建模标准、文档管理标准、成果交付标准等（图4）。

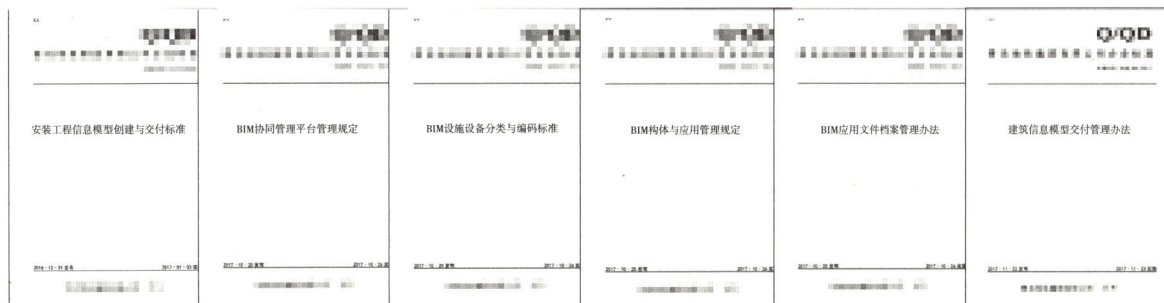

图4 标准体系的建立

（2）平台建设

搭建PW协同管理平台及BIM综合管理平台，保证各参与方在统一的环境下工作（图5～图10）。

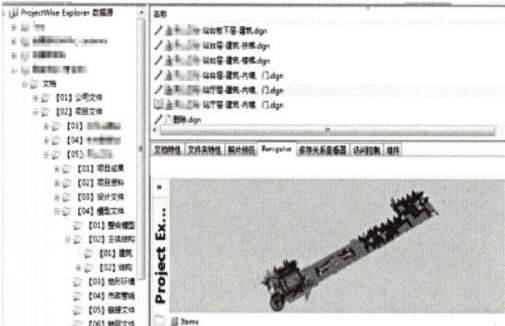

图5 PW协同管理平台

图6 投资管理

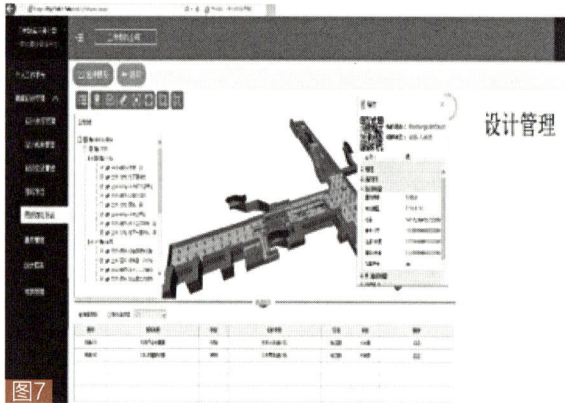

图7 设计管理

图8 安全管理

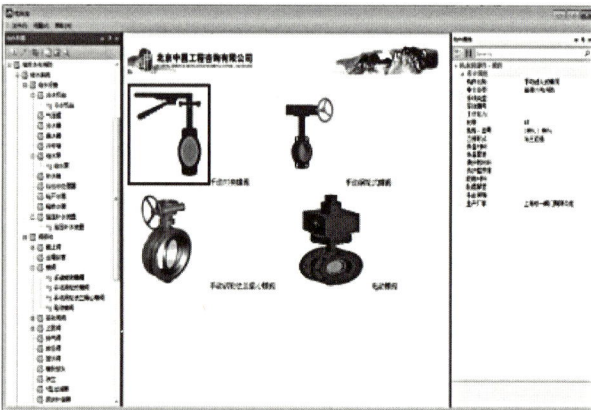

图9 构件库管理

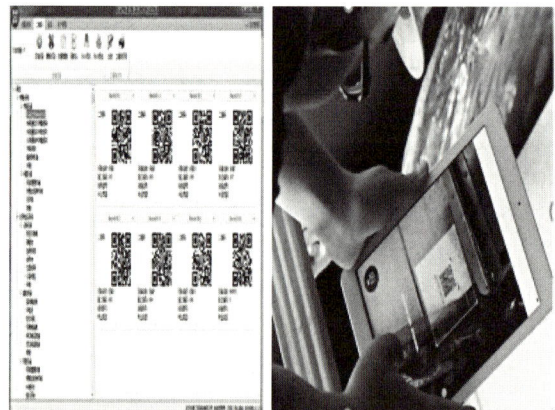

图10 设备设施信息管理

（3）设计阶段BIM应用（图11～图16）

在勘察设计阶段，通过BIM技术模拟场地及地下环境，比选、优化设计方案，快速计算工程量。

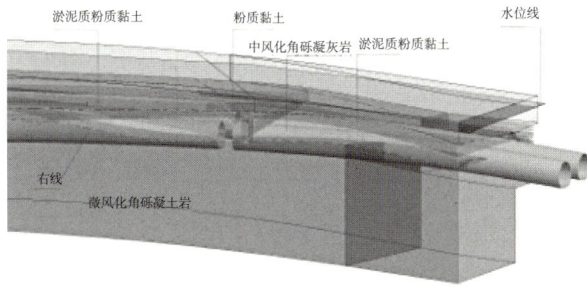

图11 水文地质环境

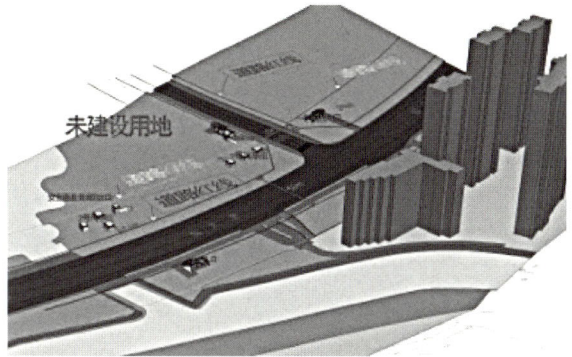

图12 三维场地分析

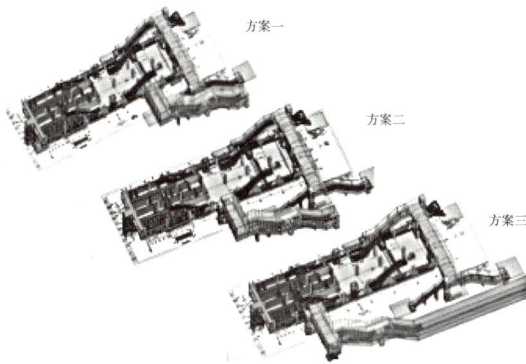

图13 设计方案比选

图14 虚拟仿真漫游

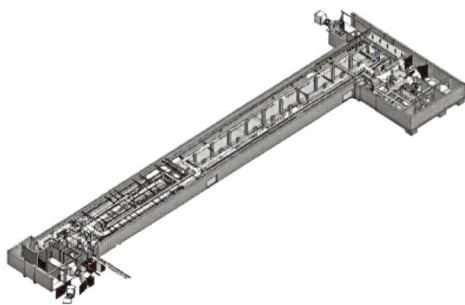

图15 三维管线综合

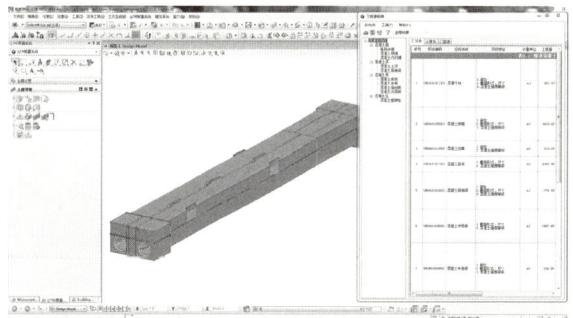

图16 工程量计算

（4）施工阶段BIM应用（图17～图24）

在施工阶段模拟交通导流、管线迁改、专项施工方案等临时设施及工程实体的建造，减少返工。通过基于BIM的机电管道工厂化加工，在轨道交通工程机电安装工业化方面迈出了重大一步。

图17 交通导流模拟

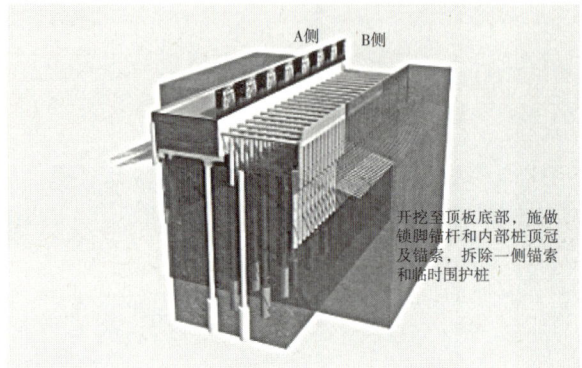

图18 盖挖施工模拟图

开挖至顶板底部，施做锁脚锚杆和内部桩顶冠及锚索，拆除一侧锚索和临时围护桩

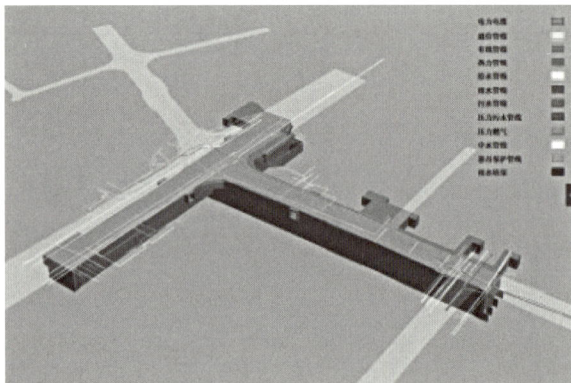

图19 市政管线改迁

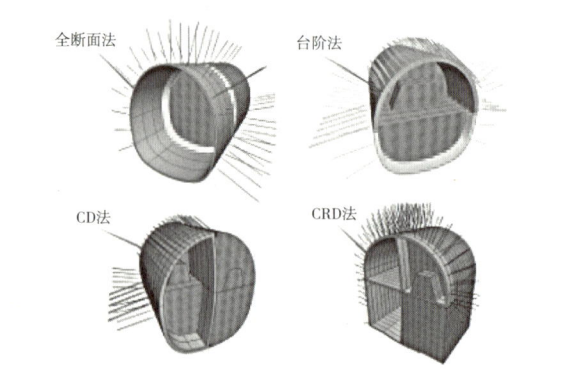

全断面法　　台阶法

CD法　　CRD法

图20 暗挖区间工法模拟

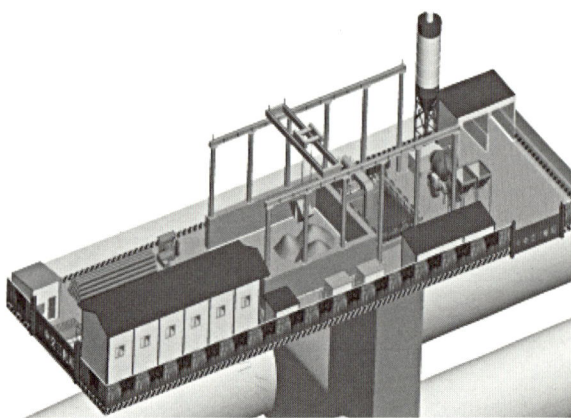

图21 三维场地布置

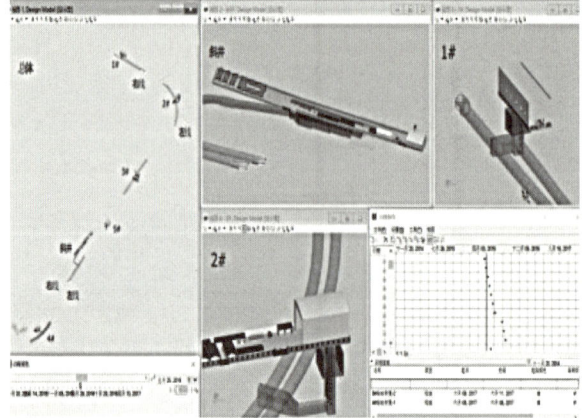

图22 4D施工进度模拟

图23 安全防护模拟

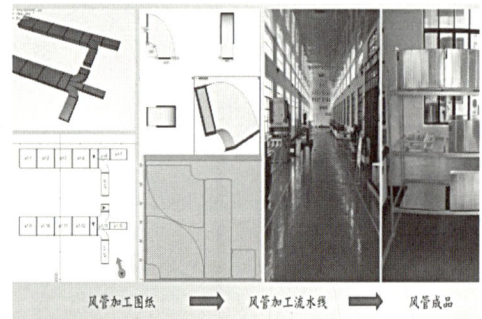

图24 基于BIM的机电管道工厂化加工

风管加工图纸　→　风管加工流水线　→　风管成品

3. 实施效益

本项目实施全过程、全系统的BIM应用，在建设过程中取得了可观效益。通过优化建筑方案、优化综合管线、模拟施工、机电设备装配式施工。与传统管理模式比较，减少现场协调工作量约60%，减少变更返工量约90%，节约了10%的机电安装工程材料，同时提高了工程质量、降低了安全风险。大大提高了项目管理的信息集成度。

本项目BIM技术工作得到了建设单位的高度重视，是某地地铁示范线路，并入选为本省首批BIM技术应用试点项目。

专家点评

该项目是城市轨道交通工程，全长约70km，线路局部穿越海相地质区域、穿越河流，地质条件极为复杂，施工难度大，安全风险高，做好施工与既有构筑物、管网的排迁防护是施工的难点，减少施工期间变更是设计施工的难点。

针对地铁项目特点和工程实际情况，在全过程工程咨询中，充分发挥BIM技术应用优势。一是利用BIM技术的模拟性、可视化、协同性特点，创建三维模型进行模拟建造、查找发现存在的问题、优化设计、减少现场签证和设计变更、节约工程投资、提高设计质量、节省施工工期；二是设计阶段基于BIM咨询的精细化管理，包括方案比选、设计优化、三维管线综合设计及出图、三维施工图交付等；三是基于BIM技术的工程量计算软件，实现了土方、混凝土、防水、模板等的工程量计算；四是基于协同管理平台进行BIM技术数据集成，包括设计阶段信息、施工阶段数据流转、模型传递、变更管理、竣工图交付管理、设备编码信息等，减少现场协调工作量约60%，减少变更返工量约90%，节约了10%的机电安装工程材料等；五是利用BIM技术在项目设计、建造、运营全过程、全生命周期的应用，保证城市轨道交通工程项目数据的准确性、协同性、可追溯性，实现项目数字化建设管理，同时提高了工程质量、降低了安全风险，大大提高了项目管理的信息集成度，最终该项目达到了工期缩短、投资可控的成效。

该项目案例是地铁（城市轨道交通）类项目BIM技术全过程应用的典范，曾入选山东省首批BIM技术应用试点项目。因此，该项目的咨询实践，对于地铁类项目更好地开展全过程工程咨询有很好的借鉴和参考意义。

点评人：陈建华

万邦工程管理咨询有限公司

某机场航站楼项目设计及招标阶段全过程工程咨询

——中国建筑西南设计研究院有限公司

王艺萱　袁春林　弋　理　欧　辉

一、项目概况

1. 基本信息

项目名称：某国际机场新建航站楼项目；

项目合同类型：工程设计与造价咨询；

咨询单位：中国建筑西南设计研究院有限公司；

建筑规模：540000m²；

工程造价：70亿元；

开竣工时间：2012年12月~2017年6月。

2. 项目特点

（1）项目概述

机场航站楼是民用机场建筑群中的标志性建筑物，它代表着机场以及机场所在城市和地区的形象。该国际机场航站楼功能复杂、设施完善，在新材料、新结构和新技术应用方面，以及在设计理念和风格流派方面都具有代表性。

本案例国际机场新建航站楼按照"一次规划，二次建设"的原则设计。规划的航站楼,同时处理国内和国际旅客，满足本期2020年年旅客吞吐量3000万人次，远期2040年建设卫星楼，满足年旅客吞吐量5500万人次，其中本期建设的航站楼预留功能空间，满足5500万人次的值机、安检、联检、行李处理等功能，远期卫星航站楼建设以国内候机为主要功能。

该航站楼建筑平面呈"X"形，东西长约750m，南北宽约1060m，建筑高度50m，大厅地下2层（局部夹层）、地上4层，指廊地上3层。建筑主体结构采用钢筋混凝土形式，局部采用后张法有黏结预应力梁及钢管柱，屋面采用钢网架形式。

（2）航站楼投资控制特点分析

1）航站楼项目规模大，涉及因素众多，结构复杂，技术先进，目标多元，其投资涉及面广，控制难度大，不确定性强。

航站楼作为大型的公共基础设施，必须确保其高效有序运转，这决定了它的多系统集成。要达到运行状态，必须具备多个相对独立又互相协调的系统，包括：机场信息管理系统、消防系统、安检系统、航班信息显示系统、行李系统、飞行盲降系统等。而且机场通常是一个地区乃至一个国家的窗口，是展示新结构、新技术、新工艺和新材料的舞台，对工程技术要求很高。特别是航站楼工程作为机场的标志性建筑，从设计到施工，其工法、工艺不仅要展示现代建筑技术的高水准，还要体现地方民俗文化特点。这些都直接增加机场建设难度，不仅要满足系统集成的技术要求，还要满足作为标志性民用建筑的外观及功能需求。

2）航站楼项目工期紧，政府参与程度高

航站楼项目作为城市标志性建筑，其建设周期一般都超过3～5年。而机场建设项目从选址、立项、规划开始，到项目资金筹措、征地拆迁、市政配套建设，工程实施中的招标方案报备、审批，直至项目竣工验收，政府的参与程度都很高，加之机场建设项目巨大的投资规模，因此机场建设往往受到各级政府的高度关注，工期要求通常很紧，据统计，相比国外同类机场，我国的建设时间通常缩短1～3年。

3）建设管理审批程序复杂

作为特殊大型公共基础设施，为了保证机场建设的投资优化及项目可行，在项目前期，通常对机场建设的立项、可行性及项目规划等实行严格的论证审批制度。按照国家民航局的要求，机场建设前期的管理审批的环节主要包括：立项批复、可行性研究批复、机场总体规划批复、初步设计及概算批复等。

只有了解航站楼项目的投资控制的特点，才能有效控制投资。由于投资控制属于项目管理的范畴，因此投资控制不仅仅是对投资额的单一控制，而是以航站楼项目的根本目标为导向，与所有建设、管理活动息息相关的全过程系统控制。

二、咨询服务范围及组织模式

1. 咨询服务的业务范围

本案例咨询服务主要涵盖项目决策阶段、设计阶段和施工准备阶段的阶段性全过程工程咨询业务，主要范围包括：

（1）项目方案设计，同时配合可行性研究报告编制单位完成航站楼部分方案论证及投资估算编制；

（2）项目初步设计及概算编制；

（3）施工图设计；

（4）设计阶段造价控制，包括：结合价值工程进行限额设计、方案技术经济比选、设计优化等；

（5）参与合约规划，包括：合同构架策划、标段划分建议、合同形式确定及计价方式分析等；

（6）编制招标工程量清单及控制价。

2. 咨询服务的组织模式

根据咨询服务的业务范围，基于突出沟通渠道具有指向性，指令下达具有单一性，落实指令具有快捷性、专业性几大特性，整合我院设计团队与造价咨询团队组织模式，搭建适用于本项目的组织构架（图1）。

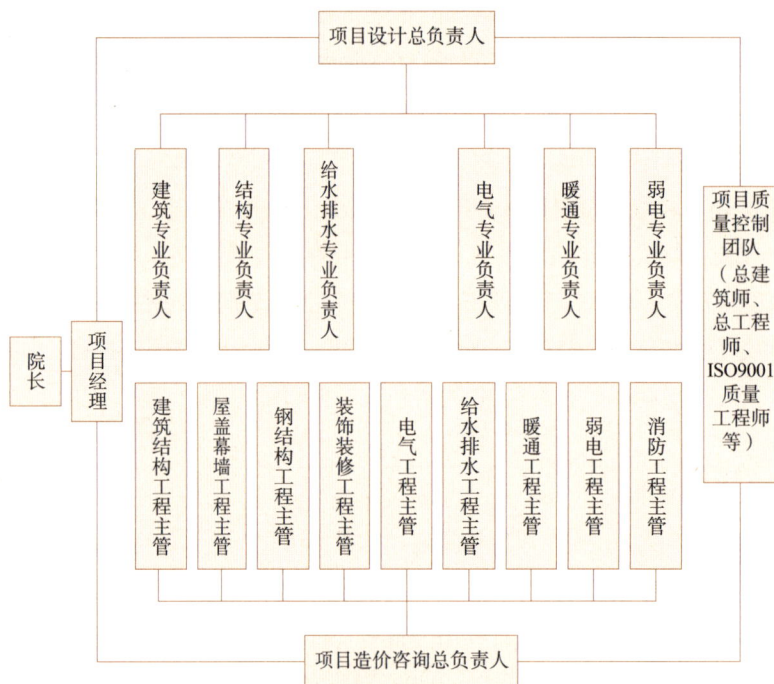

图1 咨询团队组织构架

3. 咨询服务工作职责

（1）在设计阶段的职责定位

在项目初步设计阶段，负责收集在建或已建类似功能的工程造价信息，结合业主提供的投资限额，联系本工程实际情况，对本项目的造价构成做出初步判断；通过审核初步设计概算，结合业主方投资目标，对初步设计提出优化建议，对结构体系、设备系统、主要关键设备的选定提出建议，使设计得到优化，从而有效地控制工程造价。

在施工图设计阶段，根据初步设计工程概算的相关技术经济指标，协助设计人员优化设计，通过从技术经济等方面对施工图设计中的一些设计变更进行经济分析比较，协助业主方选择最合理的设计方案。

（2）在招投标阶段的职责定位

在建设工程活动中，许多争议的形成往往是由于招标文件和合同本身的缺陷造成的。例如招标文件不严密，合同条款相互矛盾，合同中对于各方的权利义务和责任界定不明晰，对施工过程中可能出现的异常情况的处理不能在招标文件或合同中进行约定等，这些都可能导致日后的纠纷和争议，最终可能导致业主方的投资大幅增加。

在项目招投标阶段，我院积极参与合约规划，提供包括合同构架策划、标段划分建议、合同形式确定及计价方式分析等相关咨询。参与招标人组织的分析、讨论和现场踏勘，从造价管理的角度对招标文件及拟定合同条款提供专业意见，在招投标阶段和合同签订阶段尽量消除日后可能发生争议和索赔的因素；同时严格按照国家清单规范及地方法规要求编制招标用工程量清单及预算控制价，并且预见性地提出清单中的措施项目及预设项目的编制意见，供招标人参考、决策；招标工作结束后，对中标候选人投标工程量清单进行核查，出具有关总价准确性和单价合理性的咨询意见，供招标人参考、决策。

三、咨询服务的运作过程及实践成效

1. 重视前期策划，规范管理

在项目实施前，根据项目特点与委托方共同讨论制定《设计阶段造价控制及工程量清单控制价编制实施方案》。在该方案中明确了工程造价咨询的服务范围、工作组织；制定了工作实施流程、进度保障措施、质量保障措施、后勤保障措施；明确了内部组织管理架构，确定了管理模式、项目负责人和各专业负责人的职责等；建立了有效的外部组织协调体系，包括图纸及来往函件台账制度、各方沟通协调机制等。让制度先行，为项目的顺利实施奠定基础。

在该实施方案中针对项目参建方多、沟通协调量大、来往文件众多的特点对项目沟通协调机制进行了特别规定：

（1）项目团队内部沟通协调：建立周例会制度，及时反映并沟通解决过程中的相关问题；同时，对过程文件分类管理，统一归集；

（2）与设计沟通协调：分专业定向跟踪设计进程；全程介入设计阶段造价控制；过程中及时反馈图纸问题，形成书面记录；

（3）与业主沟通协调：建立双周例会制度，及时反映并沟通解决过程中的相关问题；由专人负责往来函件，统一进出口。

2. 设计阶段投资控制总体思路（表1）

建设项目的设计是决定建筑产品价值形成的关键，对整个工程造价的影响程度达75%~95%。项目投资控制的关键在于施工以前的投资决策和设计阶段，而在项目做出投资决策后，控制项目投资的关键就在于设计。设计方案直接决定工程造价，也就是说，设计对工程投资的影响是根本性的。要想有效地控制工程项目投资，就要坚决把工作重点转移到建设前期，尤其要抓住设计这个"关键阶段"。

航站楼工程是比较典型的"三超"工程（概算超估算，预算超概算，决算超预算），据相关资料统计，具体情况如下：设计超规模、超标准占50%；施工过程中的设计更改占25%~30%；材料、设备等价格上涨占5%~8%；设计漏项及人为赶工占10%~15%。出现这样的情况，原因错综复杂，牵涉到方方面面，但工程设计任务书批准后，加强工程设计管理是控制工程造价的首要环节。

航站楼项目设计阶段投资控制重点主要是：建设规模控制、设计优化。

（1）航站楼项目建设规模的控制

航站楼项目为政府投资项目，其建设规模的确定需在项目策划期就做好充分论证，确保建设规模不被突破，从源头上保证项目总投资估算不被突破。

（2）航站楼项目的设计优化

航站楼项目专业性强，在设计过程中需要设计人员和经济人员以及设计各个专业设计人员之间的紧密配合，对项目设计的各个方面进行充分的技术经济论证。并达到以下要求：

1）严格按照批准的建设项目设计任务书及投资估算控制初步设计，以保证投资估算层层落实并起到控制作用，使得工程造价不被任意突破；

2）初设批准后，在施工图设计的过程中，需进行设计方案论证比较。我院工程经济人员和工程设计人员密切配合，从技术性能、平面布局、立面造型、装饰效果、使用功能等方面进行多方案的比较，应用科学的技术经济分析方法进行定性和定量的评估，经过全面的综合分析和充分的技术论证，做出最优的方案选择，减少施工过程中的设计变更，充分发挥国家建设资金的最佳投资效果。

设计全过程造价控制总体思路　　　　　　　　　　　　　表1

序号	控制主线	控制阶段			
		预可行性报告	可行性报告	初步设计（方案深化）	施工图设计
1	建设规模控制	根据概念方案图纸复核并辅助确定建设规模	根据方案图纸复核并辅助确认建设规模	根据初步设计图纸复核建设规模是否控制在批复可研要求范围内	根据施工设计图纸复核建设规模是否控制在批复概算要求范围内
2	建设投资控制	根据概念方案图纸分析并辅助确定建设投资	根据方案图纸进行详细投资估算并辅助确定建设投资	根据初步设计图纸编制初步设计概算，分析概算与可研投资差异，并提出建设性意见，确保投资控制在批复可研范围内	根据施工设计图纸编制工程量清单及预算控制价，分析预算控制价与批复概算投资差异，并提出建设性意见，确保投资控制在批复概算范围内

3. 方案设计阶段规模与投资控制目标的确定

（1）配合方案论证确定建设规模控制总目标

在方案设计阶段辅助建设规模论证，根据方案图纸复核并确定建设规模。确立规模控制总目标后进一步根据不同功能区间和楼层对建设规模进行分解，当功能需求发生变化时快速判断规模能否得到有效控制，及是否可在建筑内采取对应措施使建设规模得到有效控制（表2）。

航站楼建筑面积统计表　　　　　　　　　　　　　表2

区域	B1	L1	L2	L3	L4	屋盖	总计	占比
旅客区域								
办公区域								
设备区域								
旅客设施								
商业								
行李机房								
特种车辆停放（架空区域）								
空侧货运通道								
雨篷								
建筑物通道（消防通道）								
各层总计								
航站楼面积								

（2）编制方案估算确定投资控制总目标

1）建设方案的确定

技术与经济相结合是控制投资的有效手段之一。我院在工程设计过程中把技术与经济有机结合起来，设计人员和工程造价人员密切配合，对实现同一个功能的多个设计方案，要通过技术比较、经济分析和效果评价，择优选出技术先进、经济合理、安全可行、便于施工的方案。正确处理技术先进与经济合理两者之间的对立统一关系，力求在技术先进条件下的经济合理和在经济合理基础上的技术先进，把控制工程投资观念渗透到设计之中。

在项目规模确定后，需要确定建设方案。对项目进行多方案比选，从总平面布置、建筑造型、外立面、结构类型、新技术、新材料的使用等方面综合对比分析项目各方案优缺点，同时对各个方案的投资进行估算，辅助项目方案的选择。

2）投资估算的确定

建设方案确定后，为合理确定投资估算，需根据方案设计图纸与方案文字说明确定投资估算项目构成，同时，为了确保投资估算项目构成的完整性与准确性，建筑经济专业将初步投资估算表的分解项目提交建筑、结构、给水排水、消防、强电、弱电、暖通、专业设备各专业征询意见，并形成投资估算表，以合理确定项目投资控制总目标。

将初步方案投资估算结果与批复的预可行性研究报告进行对比分析，若投资估算超出批复预可行性研究相应指标，则与各专业进行讨论分析，若超出投资是建筑功能需要且能控制在政策允许范围内，则进一步征求建设单位意见。若超出投资非建筑功能必需，则建议对方案进行优化调整，并经与各专业进行讨论分析后提出方案优化调整意见，直至满足批复可行性研究报告要求为准。最终，待可行性研究报告批复后，根据批复的可行性研究报告修正投资估算，确定投资控制总体目标。

4. 初步设计与施工图设计阶段规模与投资控制

围绕建设规模与建设投资两大主线，在设计过程中对建设规模、建设投资实行动态控制，实现建设规模与建设投资有效控制在批复可研范围内。该阶段主要运用目标分解法进行限额设计同时结合技术经济比较，分阶段逐级将批复的可研投资估算与概算进行目标分解，并在设计过程中严格控制各子目标的投资，确保设计阶段的规模及投资有效控制在批复的可行性研究报告范围内。

（1）建设规模控制

建设规模在航站楼项目建设中是一项非常重要的技术经济指标，它是确定建设规划的重要指标；是核定估算、概算、预算工程造价的重要指标；是计算工程造价并分析工程造价和工程设计合理性的基础指标。由于航站楼体积庞大、造型复杂等，因此准确计算建设规模非常重要。在设计过程中，由于各使用方的介入，在初步设计和施工图设计阶段对航站楼规模的调整也相对频繁。因此，在建设规模控制方面，根据方案设计阶段制定的建设规模目标分解表对建设规模实施动态控制，当超出控制目标规模时，立即分析原因并告知设计，通过设计负责人召集各专业进行优化，确保设计过程中建设规模得以有效控制，并做好相关调整记录。在完成初步设计与施工图时分别编制建设规模对比表，将三个阶段的建设规模进行对比分析并说明变化原因。

（2）投资控制

为确保有效控制投资，本项目在初步设计和施工图设计阶段分别按照审批通过的可行性研究报告投资估算和初步设计概算全面推行限额设计，并应用价值工程理论对设计方案进行优选。具体过程为：运用目标分解法将确定的投资控制目标进行合理分解，在设计过程中严格控制各子目标的投资，进行三算对比实行分级分阶段项目造价控制，以此形成造价管控的闭环系统。使项目设计阶段的投资控制有组织、有明细、可量化、可执行、有过程。

1）限额设计

在初步设计阶段，将批复可行性研究报告投资作为投资控制目标，并按建筑、结构、给水排水、消防、强电、弱电、暖通、电梯、行李系统等单位工程进行分解，将分解后的单位工程投资作为各专业控制目标，同时参照其他同类机场，提出钢筋、混凝土控制指标，并以书面形式提交给相应专业的专业负责人。在施工图设计阶段，根据审批通过的初步设计概算，对投资控制目标进行进一步分解，在设计限额指标提出的同时，对设计材料选择、材料耗量、材料设备品牌提出详细要求，保障设计限额能有效执行。以下分别为初步设计阶段投资控制目标分解示例和以钢结构为例的施工图设计阶段投资控制目标分解示例（表3、表4）。

初步设计阶段投资控制目标分解表　　　　　　　　　　表3

第一级	第二级	第三级	单位	工程量	投资（万元）
		投资总计			
航站楼项目单项工程	1.1 场地准备	场地平整			
		土石方工程			
	1.2 地下结构	地基及地基处理			
		基础工程			
		……			
	1.3 地上结构	砌筑工程			
		混凝土工程（含模板）			
		金属结构工程			
		……			
	1.4 装饰装修工程	屋面系统（直立锁边）			
		外装饰			
		室内装修			
		……			
	1.5 给水排水工程	给水系统			
		热水及饮水系统			
		……			
	1.6 消防工程	室内消火栓系统			
		自动喷水灭火系统			
		……			
	1.7 采暖通风空调工程	集中空调系统			
		通风系统			
		……			

续表

第一级	第二级	第三级	单位	工程量	投资（万元）
航站楼项目单项工程	1.8 电气工程	变配电系统			
		电力系统			
		……			
	1.9 弱电工程	信息集成系统			
		航班信息显示系统			
		离港控制系统			
		……			
	1.10 交通体工程	……			
	1.11 专项设备	……			
	1.12 登机桥	……			
	……	……			

施工图设计阶段投资控制目标分解表（以钢结构为例）　　　　　表4

第一级	第二级	第三级	第四级	单位	工程量	投资（万元）
投资总计						
航站楼项目单项工程	1.3 地上结构	金属结构工程	钢管柱			
			钢网架			
			钢檩条			
			钢结构油漆			
			钢结构屋盖措施费			
			……			

2）设计方案技术经济比较

在设计过程中，对各专业在设计过程中涉及的方案比较、设备选型从经济角度进行分析论证，技术经济比较主要内容包括以下内容：

①建筑专业：包括幕墙选型、屋盖系统选型、建筑节能措施、防水材料选择、装饰材料选择、建筑层高等；

②结构专业：包括基础选型、砌体材料选择、高填方方案、护壁选型等；

③设备专业：包括主机选型、供电方案、空调方式、电缆选型等。

3）设计方案技术经济比较案例分析

①高填方区域基础形式方案比选

T3A航站楼平面分为E区中央大厅和A、B、C、D区指廊共五个区域。C区指廊中的C1、C2、C3区及D区指廊中的D3、D4区，其建筑场地处于填方及高填方区域，最大填筑厚度约49m（图2）。

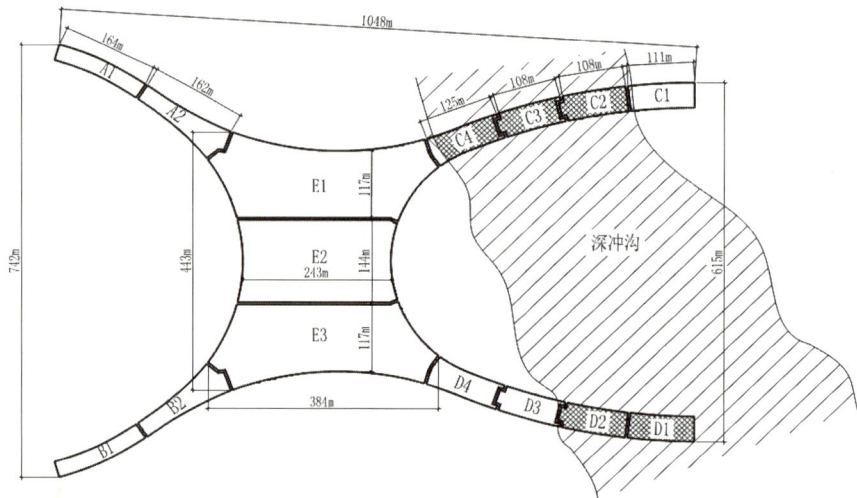

图2　航站楼平面分区图

填方及高填方区域拟采用柱下条形基础或梁板式筏形基础两种方案，将基础直接置于经过土石方填筑与地基处理后的回填层上。根据平、剖面图纸，选取单位面积进行测算，主要测算内容为挖填土方、钢筋混凝土及模板，技术经济指标分析如表5所示。

柱下条形基础和梁板式筏形基础投资对比分析　　　　　　　　　　　　　　　　表5

项目名称	柱下条形基础				梁板式筏形基础			
	工程量	单位	单价（元）	合价（万元）	工程量	单位	单价（元）	合价（万元）
基础大开挖土方	0	m³	81.72	0	10646.22	m³	81.72	87
基础挖沟槽土方	6953.95	m³	130.00	90.40	0	m³	130	0
填方	4924.29	m³	57.38	28.26	5198.57	m³	57.38	29.83
二级钢筋	30.78	t	5360	16.50	6.71	t	5360	3.60
三级钢筋	161.38	t	5360	86.50	375.18	t	5360	201.10
基础混凝土C30（含模板）	2029.75	m³	483.74	98.19	4687.20	m³	483.74	226.74
基础垫层C15（含模板）	409.06	m³	395.67	16.19	760.44	m³	395.67	30.09
合计				336.02				578.35

通过以上对柱下条形基础及梁板式筏形基础的技术经济指标分析，柱下条形基础单位面积技术经济指标明显优于梁板式筏形基础，初步设计阶段通过方案比选采用柱下条形基础，获得了更为经济的基础选型方案。

②航站楼玻璃幕墙方案比较

a. 方案一：拉索结构玻璃幕墙

在航站楼陆侧、空侧及指廊立面上全部采用拉索结构玻璃幕墙，水平支承构件加竖向承重索，使用水平的幕墙钢横梁和垂直的拉索将力传递给屋面结构和柱子。竖向拉索通过支撑构件固定于柱子上，每块玻璃宽度3.8m，高度2.2m。其中：方案一（A）采用15+16A+15mm双钢化白玻璃双银Low-e玻璃，方案一（B）采用15+16A+15mm超白钢化双银Low-e玻璃。技术经济指标分析如表6、表7所示。

航站楼拉索结构玻璃幕墙【A】投资分析表　　　　　　　　　表6

序号	项目名称	计量单位	工程数量	金额	
				综合单价（元）	合价（万元）
1	拉索结构玻璃幕墙【1-A】	m²	78602.76	3374.44	26524.06
	合计		78602.76		26524.06

航站楼拉索结构玻璃幕墙【B】投资分析表　　　　　　　　　表7

序号	项目名称	计量单位	工程数量	金额	
				综合单价（元）	合价（万元）
1	拉索结构玻璃幕墙【1-B】	m²	78602.76	3529.56	27743.31
	合计		78602.76		27743.31

b. 方案二：单层索网玻璃幕墙

方案二采用单层索网玻璃幕墙方案，并将航站楼分为陆侧、空侧及指廊不同的区域。分别为：ⓐ陆侧大厅单层索网点式玻璃幕墙系统；ⓑ空侧大厅单层索网点式玻璃幕墙系统；ⓒ指廊玻璃幕墙系统。系统位置如图3、图4所示。

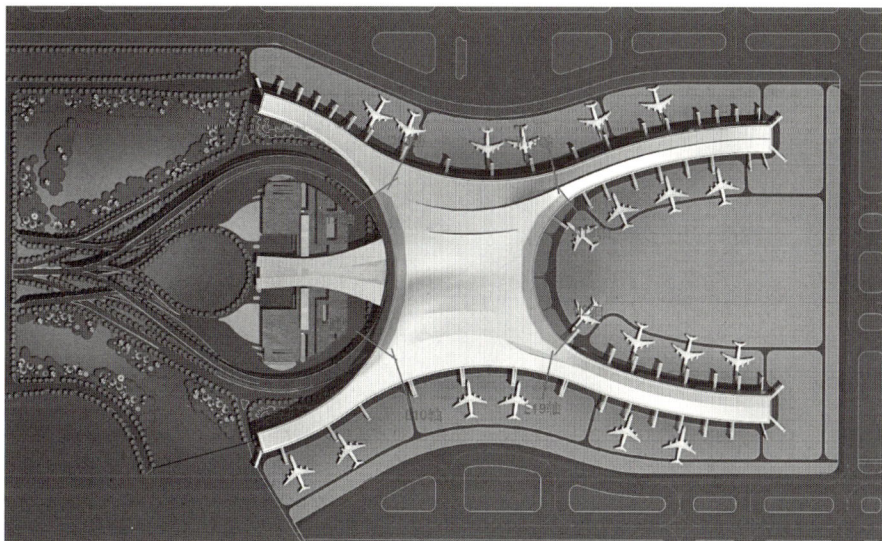

图3　陆侧和空侧系统位置示意图

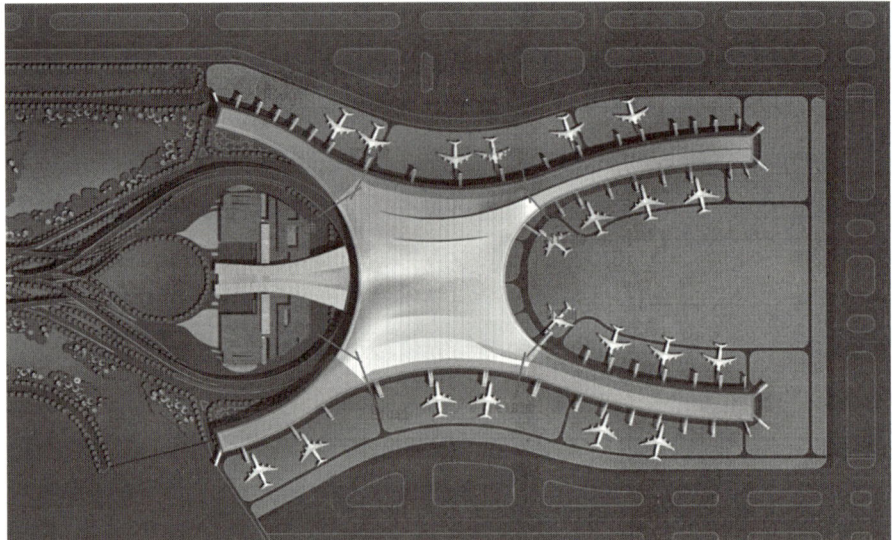

图4 指廊系统位置示意图

单层索网玻璃幕墙技术经济指标分析（表8）。

幕墙投资对比表 表8

序号	项目名称	计量单位	工程数量	金额	
				综合单价	合价（万元）
1	陆侧单层索网玻璃幕墙	m²	17918.28	3418.92	6126.11
2	空侧单层索网玻璃幕墙	m²	7285.66	3370.70	2455.78
3	指廊单层索网玻璃幕墙	m²	53398.82	2458.47	13127.93
	合计		78602.76		21709.82

通过以上对方案一及方案二的技术经济指标分析，方案二总价21709.82万元明显优于方案一（A）26524.06万元及方案一（B）27743.31万元，初步设计阶段通过方案比选，获得了更为经济的玻璃幕墙设计方案。

5. 招标准备阶段

本阶段通过前期介入合约规划为业主方提供相关咨询意见，咨询内容主要包括合同构架策划、标段划分建议、合同形式确定及计价方式分析等。在本案例中，绝大部分项目按规范必须采用工程量清单招标，因此计价方式必须按工程量清单计量计价规范执行，在这里主要说明合同构架策划、标段划分建议与合同形式选择三个方面的内容。

（1）合同构架的策划

在本案例中，结合同类型工程的施工经验进行总体合同构架的搭建，对施工总承包、专业分包和指定供应方的招标范围、招标内容进行梳理，采用施工总承包结合专业分包和指定供应方的模式。在该模式下要求总包单位具有较强的管理和协调能力，同时必须在招标文件中约定总、分包的工作界面在合同中明确相关方的工作内容与职责。该模式可发挥施工总承包单位在施工及现场管理的长处，有利于整个项目的进度、投资和质量控制，有利于业主选择最合适的专业分包方和指定供货方来承担总包方不善于运作或报价过高的单项工程，同时业主拥有专业分包方和指定供货方的选择权和决定权，而在合同关系上这些分包合同均隶属于总包合同，减小了业主的管理和协调难度。

（2）标段划分建议

由于航站楼项目规模大、工期紧、作业面广，对航站楼项目进行标段划分十分必要。可增加作业面加快施工进度，同时有利于资金的分块与管理。在本案例中结合拟搭建的合同构架，通过分析现场条件、现场管理协调与临时设施安排、资金分块规模、拟分包的专业工程及施工图纸情况等因素，对施工总承包标段进行划分。航站楼部分标段划分情况如表9所示。

航站楼招标计划及标段划分 表9

项目名称	标段组成	主要包含内容及界面划分	概算投资（万元）	计划完成招标时间	计划开工时间	计划完工时间
土建施工总承包工程	标段一	大厅（E区）及C、D指廊土建施工				
	标段二	A、B指廊土建施工				
钢结构	标段一	大厅（E区）钢结构工程				
	标段二	A、B、C、D指廊的钢结构工程				
幕墙	……	……				
屋盖	……	……				
装饰装修工程	……	……				
综合安装工程	……	……				
弱电工程	……	……				
消防工程	……	……				
……	……	……				

（3）合同形式选择

常见的合同形式主要有总价合同、单价合同、成本加酬金合同。根据项目不同标的外部环境稳定性、标的规模、招标图纸情况与技术标准、发包方的要求、施工工期长短等因素选择合同形式。表10为三种合同形式的对比分析，本案例在综合了项目规模、施工工期、业主风险等因素后建议采用单价合同。

三种合同形式对比表 表10

比较因素	合同总价	成本+酬金合同	单价合同
项目明确程度	明确	不明确	一般
业主风险	小	大	一般
项目规模	小	—	大
外部环境	稳定	不稳定	一般
工期	—	特别紧迫	长
招标准备时间	长	短	较长

6. 工程量清单控制价编制阶段

（1）工作流程

本案例在工程量清单控制价编制阶段面临的主要困难在于项目的进度与质量保障方面，由于项目工期紧，设计周期、招标时间等均不同程度压缩，在与业主充分沟通确定了项目的进度目标后，对项目的常规工作流程做出了改进：①强化招标准备阶段工作，将招标准备阶段工作前置于设计工作同时开展。②通过设计阶段造价控制的前期介入，掌握设计情况熟悉过程图纸，与设计充分搭接。③将传统的工程量计算、清单项目设置与定额组价、主要材料设备询价的串联式工程升级为并联式工作流程，提升工作效率。④率先采用了过程文件跟踪校审，成果文件全面校审的搭接式工作模式，提升校审效率及质量。图5为工程量清单控制价编制工作流程图。

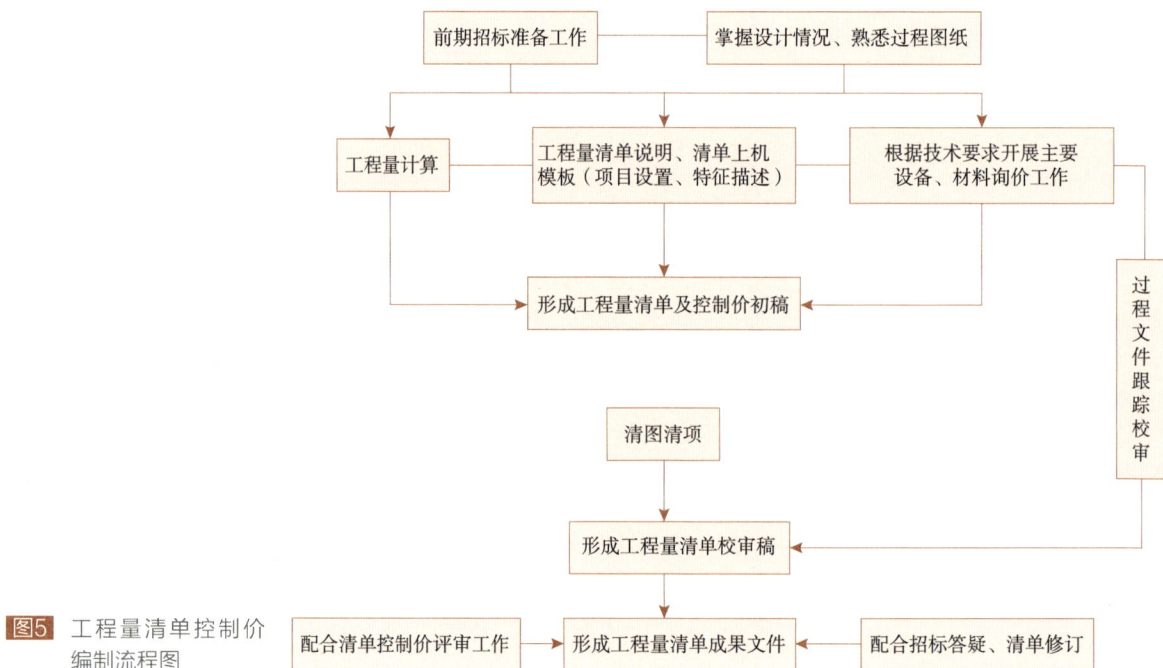

图5 工程量清单控制价编制流程图

（2）质量保障

1）人力资源优化配置

项目组人员分别由土建、幕墙及屋盖、钢结构、装饰装修、安装、总图工程等专业的工程造价人员组成。对特殊专业工程，院将聘请有关专家或其他相关人员作为专家顾问。

2）过程文件跟踪复核,成果文件三级校审

为确保工程量清单成果质量，结合本项目实际情况对所有过程文件（工程量清单编制说明、清单项目设置及特征描述、工程量计算、主要材料设备询价）进行跟踪复核，对所有成果文件实行"校对、审核、审定"的三级质量审核制度。通过层层把关，找出存在的问题和缺漏，编制人员及时修正，保证了造价咨询成果的质量。

3）重大问题会商制度

针对在项目实施过程中出现的重大问题，由发现问题人员向评审组织机构专业负责人提出，专业负责人不能解决的或认为有必要的，书面提交评审组织机构技术负责人，由技术负责人组织院内部专家或聘请外部专家进行会商讨论，形成书面意见。同时，将此问题及解决办法详细记录存档，便于指导今后工作。

4）采用指标信息库进行对比分析

采用类似工程造价指标对比分析，通过长期积累的指标信息库对项目异常指标进行排查，为项目质量提供保障。

7. 项目风险的预测、分析与建议

（1）风险预测与识别

预测项目存在的风险因素，通过定性分析和定量分析确定各种风险可能引起项目造价的变化幅度，并采取积极控制的措施是贯穿整个建设工程活动全过程的风险管理工作。要准确预测工程风险，项目管理机构人员必须具备丰富的工程管理经验，掌握常见的风险因素。从建设单位的角度出发，项目风险往往来自于以下方面：

1）人为风险

这一类型的风险包括政府或主管部门的行为，管理体制、法规不健全，不可预见事件，招标文件措辞不严密，合同对各方的责、权、利界定不清楚，承包单位缺乏合作诚意以及履行不利或违约，材料供应商履约不利或违约，设计单位错误，设计时不能进行限额设计，设计保守，监理工程师失职等。

2）经济风险

这一类型的风险包括经济形势不利，市场物价不正常上涨，通货膨胀幅度过大等。

3）自然风险

主要指恶劣的自然条件，恶劣的气候与环境，现场条件发生变化，不利的地理环境变化等。

（2）发承包阶段风险分析与建议

在形成工程量清单初稿后，及时对工程量清单进行风险识别和评价，本项目风险评价大致包括：

1）招标/采购文件、拟定施工合同风险分析；

2）勘察与设计文件深度、规范性风险分析；

3）工程量清单与招标控制价风险分析；

4）投标文件风险分析；

5）材料设备价格等市场风险分析；

6）人工、税费等政策性调价风险分析；

7）项目管理风险分析；

8）资料管理风险分析等。

在对以上项目进行风险评估后，制定规避风险的具体方法，为项目委托人提交风险控制报告。风险控制报告大纲主要由以下内容构成如表11所示。

风险控制报告大纲　　　　　　　　表11

内容	页数
项目概况	
风险分析数据	
潜在风险因素	
风险影响程度	
预防与管控措施	
其他建议	

四、项目总结

在本项目的实施过程中，我院进行了大胆尝试，对传统单一设计业务或单一提供造价咨询服务转变为提供设计技术咨询与造价管理咨询相融合的咨询模式，进行了阶段性全过程咨询服务的试点。

新形势下推行的全过程咨询服务有利于工程建设组织管理模式的改革；有利于工程咨询服务业务发展质量的提升；有利于咨询行业组织结构的调整以及行业资源的优化组合；有利于工程咨询企业水平和能力的提升；有利于工程咨询行业人才队伍的建设和综合素质的提升；有利于工程咨询业的国际化发展。但同时也对咨询服务企业与从业人员提出了巨大挑战，通过在本项目中的一系列尝试，深刻认识到企业的能力和水平在面临全过程咨询业务上有着巨大的提升空间，可从以下几个方面进行考虑，与同行共勉。

（1）构建与全过程咨询业务发展相适应的组织构架；

（2）建立全过程咨询服务的管理体系、制度与服务标准；

（3）培育适应全过程工程咨询业务所需的人才队伍；

（4）创建企业服务品牌，提升社会影响力；

（5）充分利用信息技术和信息资源，提高企业信息化管理水平，为企业全过程咨询业务的高速发展提供支撑。

■■■■■■■■■■ 专家点评 ■■■■■■■■■■

该项目为某国际机场新建航站楼项目的工程设计与造价咨询，项目合同类型为工程设计与造价咨询，建设规模54万m²，体量较大。航站楼项目具有规模大，涉及因素众多，结构复杂，技术先进，目标多元，其投资涉及面广，控制难度大，不确定性强。针对该项目特性案例对投资控制点进行对应分析，针对咨询业务范围制定了项目组咨询团队架构、职责划分。在实践中总结了相应管理思路，根据方案估算确定了投资目标，然后制定了相应投资控制措施，并就方案比选列举了基础形式对比分析和玻璃幕墙对比分析，并取得了较好的经济价值。航站楼工程是比较典型的"三超"工程（概算超估算、预算超概算、决算超预算），根据案例分析具体情况如下：设计超规模、超标准占50%；施工过程中的设计更改占

25%～30%；材料、设备等价格上涨占5%～8%；设计漏项及人为赶工占10%～15%。出现这样的情况，原因错综复杂，牵涉到方方面面，但工程设计任务书批准后，加强工程设计管理是控制工程造价的首要环节。航站楼项目设计阶段投资控制重点主要是：建设规模控制、设计优化。对此案例中均做相应描述。在招标阶段、清单控制价编制阶段制定了质量保证制度，对于项目风险进行了分析和管控建议。

一般工程咨询服务工作多在工程实施阶段进行，在工程的前期阶段、设计阶段等实施较少。该案例提供了设计阶段的咨询借鉴，可为项目设计阶段的咨询服务提供参考学习。

点评人：吴玉珊

龙达恒信工程咨询有限公司

5A级景区某高端酒店项目全过程工程咨询服务案例

——成都衡泰工程造价咨询有限公司

钟湧波　王　璟　严春伍

一、项目基本概况

项目位于国家5A级旅游景区，总占地面积约6000亩，其中建设用地约1070亩，总规划建筑面积约20万m²，包括一个商业小镇、3～4座五星级度假酒店、企业会馆、高山滑雪场、马术俱乐部及滑草场等产品和旅游设施。本高端酒店项目由39栋山地高端独栋别墅散落山谷其间，充分糅合了当地藏族文化的民族特色又不失高端奢华的气质，建成后成为当地首屈一指的地标性建筑。

项目地处高原峡谷地带、气候较寒冷、地形水文状况复杂、场地高差大、分布分散，属典型的高原山地建筑。项目（酒店）定位和建设标准较高、建设周期短，单项工程较多且分布分散，装修风格独特，安装工程工艺复杂。项目管理中可供借鉴和参考的类似项目较少，部分项目实施过程中变化较大，施工过程中方案调整频繁，项目成本控制和管理难度较大。我公司充分发挥了全过程工程咨询的特点，从设计、造价、招投标、施工各个阶段实行一体化咨询管理。

二、项目全过程咨询服务范围及组织模式

1. 项目全过程咨询服务的范围

按照业主需求，本项目全过程咨询服务方主要针对项目前期设计管理及优化、项目招标采购策划与合同管理、项目建设阶段管理三大方面进行全过程咨询服务。造价管理贯穿于各个阶段，如设计管理中的目标成本编制、成本优化等，招投标管理中的合同经济条款编制与审核、招标控制价编制与审核等，施工管理中的进度款审核、工程量签证审核、设计变更测算以及后期的结算审核、后评估工作等。

（1）前期设计管理及优化的服务内容

依托本公司所属设计院，组建高水平设计管理团队，成立专项工作组，指定双方认可的设计管理总负责人、技术负责人等核心人员。编制《全过程管理咨询服务设计管理工作大纲》，细化全过程管理咨询服务工作内容、权责及流程。

负责对各阶段设计成果的设计深度、成果水平、限额设计标准及目标成本等的审查及把控，全过程地监控，保证设计创意落地，定期向业主提交书面报告并确认。

与酒店管理公司、商业管理公司就设计条件、设计成果等进行沟通，重要事项需事先向业主征询意见，相关意见报业主审批或备案。

与各专业设计单位进行设计交流、成果沟通等工作，包括建筑、室内装修、景观、市政、机电、灯

光、智能化、消防、艺术品顾问等的联系协调，重要事项需事先向业主征询意见，相关意见报业主审批同意或者备案。

组织进行各类设计交底、图纸会审，解决各专业间、不同阶段设计成果间的专业协调问题，避免出现图纸的错、漏、碰、缺和后期因设计原因产生的不必要设计变更。

工程建设阶段负责会同业主、设计公司主创团队将设计创意进行落实，保证设计和施工品质。

组织项目产品策划定位和旅游项目策划工作，并配合进行对口商业招商等；配合业主进行主要建筑外立面材料、装饰材料、室内外家具等的技术标的评定、现场验货等工作；配合业主进行设计图纸报批、报建工作；配合业主组织协调各设计单位向业主上级单位、政府部门进行各类设计成果汇报；配合业主进行设计费付款的审核。

（2）项目招标采购策划与合同管理的服务内容

招标采购策划根据项目进展情况并结合集团采购计划，在充分考虑招标采购、生产制造、施工准备的合理周期，编制招标采购实施方案。

编制并审核招标工程量清单及控制价的准确性和完整性，尤其是不漏项、清单项目特征描述准确、编制说明完整且充分、价格合理。做好清单控制价与目标成本同口径对比分析。

针对本项目的复杂性和专业性，在措施费方面必须进行充分的考虑，因此组织了各专业技术人员和现场管理人员进行反复的分析讨论最终确定经济合理的措施方案。

鉴于本项目采购方式多样、专业复杂，需根据各专业分包项目和各种物资采购项目的特点及采购方式分别编制对应的招标文件，并协助业主组织开标等事宜。

（3）项目建设阶段管理的服务内容

编制《全过程管理咨询服务施工管理工作大纲》，细化全过程管理咨询服务的详细工作内容、权责及流程。

负责审批施工承包人提交的施工组织设计、施工进度计划、施工方案、施工质量保证体系等技术文件，并检查落实。

负责检查施工承包人在履行项目施工合同中所采用的技术规范、试验、检测及标准是否满足项目工程施工的要求。

对施工承包人履行施工合同中的施工安全措施、现场作业和施工方法的完备性和可靠性承担监管责任。

负责编制项目工程资金计划报业主审批，做好资金管理。审核施工承包人进度付款申请，审核材料设备供货单位的付款申请。

负责工程阶段成本控制工作，严格控制各类工程变更和签证。保证工程总结算金额不超出施工图预算和概算。

根据业主提供的里程碑工程计划，组织分解各单体工程进度计划、专项计划，协调督促施工单位执行，审批施工单位提交的工程总进度计划、周和月进度计划，当进度滞后于计划时，要及时反馈并处理。

负责组织工程竣工验收和办理竣工结算，协助完成竣工审计工作。

负责审查、接收施工承包人规整后的技术资料，建立技术资料档案，将技术资料及工程验收备案资料完整地移交给业主，并组织报送到相关部门备案，最终完成该项目的竣工验收工作。

配合业主完成材料品种、价格的市场调查及招标工作或比选工作;按照业主在《材料采购授权书》中确定的材料货物品名、型号、单价以及材料供货商在投标文件中的承诺,向材料供货商提出供货计划,协助签订供货协议,协调、督促供货商按合同供货。

配合业主做好开工方案、工程管理策划方案、年度综合计划、项目储备库计划等工作;组织各种检查验收并在检查记录或验收文件上签字;组织召开有关项目建设的协调会议,并落实会议确定的有关意见。

协助业主组织办理施工手续及与相关部门办理报建报批手续;协助业主签订施工合同、材料、设备采购合同。

2. 咨询服务的组织模式

（1）组织结构（图1）

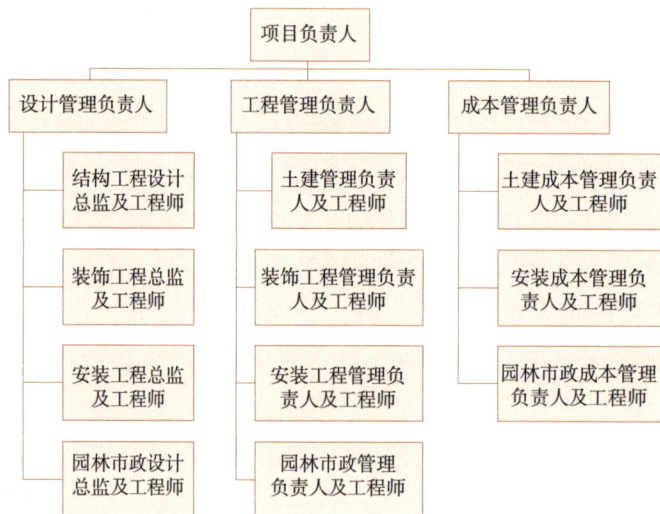

图1 组织结构图

（2）工作职责

项目负责人,负责整个项目的设计、工程、成本总体管理工作;负责与集团、项目公司以及合作伙伴、政府相关部门的对接协调工作。

部门负责人,编制专项实施方案;组织、管理、协调部门工作;督促各专业高质量完成进度计划工作;负责协调解决各部门各专业之间的问题和各参与单位间的关系,及时向项目负责人汇报或反馈相关信息。

专业总监或负责人,合理分工及检查督促各专业工程师工作;审核专业工程师的具体工作结果;对本专业的工作质量、进度负责。

专业工程师,按要求完成本专业的具体管理工作,对负责的专业工作质量、进度负责。

（3）专业管理

设计管理主要负责与业主沟通,完成概念性规划、建筑方案设计、施工图设计及现场设计变更等;同时,配合项目管理做好建筑方案的报批、施工出图及联审等工作。

工程项目管理主要负责总包、分包等队伍现场配合协调;项目进度、质量、安全控制及合同、信息管理；竣工验收、移交及集中维保；外围关系协调，参加或组织工程检查验收，参加或组织工程材料设备进场检查验收，参与签证和日常管理。

成本管理主要负责项目目标成本预算、成本控制、成本动态监控以及成本后评估工作；投资项目成本测算、招投标工程造价分析；各专业工程清单控制价编制及审核；月报进度付款、工程量签证审核、设计变更测算、工程量计算、结算审核及后评估工作。

三、项目全过程咨询各阶段的实施重点

1. 前期设计管理及优化的实施重点

（1）目标成本编制

1）测算依据

①建造标准。在全过程管理咨询服务方充分调研的基础上，结合业主方酒店定位和功能需求，协助业主方制定建造标准。

②规划设计指标。依据业主方拟建的项目总占地面积、总建筑面积、容积率、建筑基底面积、道路面积、建筑密度、主体建筑栋数及分布、配套设施、停车场以及主体结构指标、外立面、景观等相关指标测算。下面以主体结构指标（表1）、外立面、景观指标为例简单介绍。

主体结构指标表　　　　　　　　　　　　　表1

名称	钢筋（kg/m²）	混凝土（m³/m²）	砌体（m³/m²）	窗地比（m²/m²）
某高端酒店	111	0.7	0.32	0.24

外立面指标，外立面技术指标系数按立面效果图预估。总体指标系数1.17m²/建筑面积。涂料：木材：石材：玻璃幕墙=0.92：0.12：0.14：0.04。

景观指标，软景面积为39670.26m²，硬景面积为14580.05m²，道路面积为11866.79m²，合计景观面积为6.61万m²（包含道路面积）。软景面积、硬景面积与道路面积之比为0.6：0.22：0.18。软景造价按325元/m²（软景面积）计入，硬景造价1260.56元/m²（硬景面积），道路造价414元/m²（道路面积）计入。总体景观为658.92元/m²（景观面积，含道路面积）。

全过程管理咨询服务方数据库，全过程管理咨询服务方在公司固有数据库和相关造价指数积累的基础上，对相关类似项目指标进行收集归纳整理，形成初步指标如下（均为建筑面积）：土石方工程2.56m³/m²，钢筋111kg/m²，混凝土0.7m³/m²，砖0.32m³/m²，防水1.03m²/m²，外保温1.17m²/m²，外墙装饰（包含幕墙、木饰面、涂料、石材等）1.29m²/m²，门窗0.28m²/m²。测算总金额为17511.62万元，单价为8494.31元/m²（建筑面积）。其中：基础工程261.97元/m²，结构工程1593.04元/m²，外墙装修工程325.51元/m²，门窗、栏杆及其他工程200.28元/m²，户内精装修工程4090.69元/m²，安装工程1696.93元/m²，工程检测费、监理费及其他工程相关费等105.56元/m²，措施费、其他项目清单费、规费及税金691.67元/m²。

2）目标成本总体情况

本项目目标成本包括开发成本、期间费用、税金等全部成本。经测算，项目目标成本67161.27万

元，建筑单方造价21596.08元/m²，具体如下：

①土地成本。本项目土地总成本4234.99万元，建筑单方造价1361.78元/m²。

②前期工程费。前期工程费总成本7526.33万元，建筑面积单方造价2420.13元/m²。其中：设计费依据设计费台账费用及相关合同内容测算金额为4610.27万元，建筑面积单方造价1482.46元/m²；前期报批报建费616.17万元，建筑面积单方造价198.13元/m²；三通一平费620.99万元，建筑面积单方造价199.88元/m²；自用临时设施费22.15万元,建筑面积单方造价7.12元/m²；预算编制费与项目管理费1545.39万元，建筑面积单方造价496.93元/m²。

③基础设施费。基础设施费总成本10462.83万元，建筑面积单方造价3364.38元/m²。其中：社区管网工程费1869.33万元，建筑面积单方造价601.09元/m²；景观环境工程费8314.54万元，建筑面积单方造价2673.59元/m²；社区弱电工程费278.96万元，建筑面积单方造价89.70元/m²。

④建筑安装工程费。经测算，本项的目标成本41059.64万元，建筑面积单方造价13202.96元/m²。建安工程各项工程量的依据是来源于类似项目造价指数等技术指标，不同指数之间用内插法计算；价格指数参照前述相关依据。再结合本项目地勘资料、规划阶段确定的标准测算得出。

3）同业成本对标情况

选取某高端酒店（项目物业类型为酒店）作为同业对标对象，该酒店总建筑面积为84272.48m²。与该项目比较具有对比性，成本对比见表2。

与已开发项目成本对比表　　　　　　　　　　表2

成本科目	某对标高端酒店（A）		本项目高端酒店（B）		差额	
	建筑面积单方造价（元）	成本总造价（万元）	建筑面积单方造价（元）	成本总造价（万元）	建筑面积单方造价（A-B）	成本总造价（A-B）
建筑面积	76214.09	76214.09	31098.82	31098.82		
占地面积	88671.39	88671.39	161644.55	161644.55		
开发成本	13694.78	115409.30	21596.08	67161.27	-7901.30	48248.03
土地获得价款	2607.30	21972.34	1361.78	4234.99	1245.51	17737.35
土地价款	2512.93	21177.11	1259.31	3916.30	1253.62	17260.81
土地契约税	94.36	795.23	102.47	318.68	-8.11	476.55
土地拆迁补偿费	0.00	0.00	0.00	0.00	0.00	0.00
前期工程费	734.95	6193.59	2420.13	7526.33	-1685.19	-1332.74
可行性研究及咨询费用	18.63	157.04	142.05	441.77	-123.42	-284.74
招投标费用	2.37	20.00	12.00	37.32	-9.63	-17.32
勘察测绘费	5.21	43.95	35.81	111.35	-30.59	-67.41
设计费	468.59	3948.96	1482.46	4610.27	-1013.87	-661.31
前期报批报建费	171.07	1441.68	44.08	137.08	126.99	1304.60
三通一平工程费	39.48	332.70	199.68	620.99	-160.20	-288.29
自用临时设施费	1.58	13.30	7.12	22.15	-5.54	-8.85

续表

成本科目	某对标高端酒店（A）		本项目高端酒店（B）		差额	
	建筑面积单方造价（元）	成本总造价（万元）	建筑面积单方造价（元）	成本总造价（万元）	建筑面积单方造价（A-B）	成本总造价（A-B）
预算编制费及项目管理费	28.00	235.96	496.93	1545.39	-468.93	-1309.43
基础设施费	931.72	7851.87	3364.38	10462.83	-2432.66	-2610.96
社区管网工程费	318.23	2681.80	601.09	1869.33	-282.86	812.48
景观环境工程费	543.49	4580.16	2673.59	8314.54	-2130.09	-3734.38
社区弱电工程费	70.00	589.91	89.70	278.96	-19.70	310.95
建筑安装工程费	7910.06	66660.00	13202.96	41059.64	-5292.90	25600.36
建筑工程	1734.48	14616.89	3972.96	12355.44	-2238.48	2261.45
基础工程	59.03	497.50	403.65	1255.30	-344.61	-757.80
结构工程	1366.24	11513.68	2679.61	8333.28	-1313.37	3180.40
外墙装修工程	73.89	622.73	504.19	1567.97	-430.30	-945.24
门窗、栏杆及其他工程	232.41	1958.55	306.53	953.27	-74.12	1005.28
其他	2.90	24.43	78.98	245.62	-76.08	-221.19
装修工程	4028.35	33947.86	5941.66	18477.86	-1913.32	15470.00
安装工程	1355.28	11421.30	2354.64	7322.67	-999.36	4098.63
室内给水排水系统	128.44	1082.42	230.00	715.27	-101.56	367.15
室内采暖系统（含主材、不含设备）	0.00	0.00	133.85	416.26	-133.85	-416.26
室内电气系统	232.36	1958.14	300.00	932.96	-67.64	1025.18
通风空调系统	331.54	2793.98	550.00	1710.44	-218.46	1083.55

与某对标高端酒店项目比较，本项目增加成本7901.30元/m²，原因如下：

本项目土地获得价款低于某对标高端酒店项目1245.51元/m²。

本项目前期工程费高于某对标高端酒店项目1685.19元/m²，其中主要高的费用为设计费、预算编制费及项目管理费。

本项目基础设施费高于某对标高端酒店项目2432.66元/m²，其中主要高的费用为社区管网工程费、景观环境工程费。

本项目建筑安装工程费高于某对标高端酒店项目5292.90元/m²，其中建筑工程费高于某对标高端酒店项目2238.48元/m²，装修工程费高于某对标高端酒店项目1913.32元/m²，安装工程费高于某对标高端酒店项目999.36元/m²，本项目措施费、规费及税金高于某对标高端酒店项目131.17元/m²。主要高的费用为建筑工程中的结构费用、精装修工程费、安装工程费、措施费及规费等费用。

综上分析，通过与已开发同类型项目成本的对比分析，本项目较某对标高端酒店项目高7901.30元/m²。再将该项目与峨眉山七里坪希尔顿酒店、富力丽思·卡尔顿酒店、成都华尔道夫酒店进行对标分析，本项目属于中等偏高的造价水平。全过程管理咨询服务方将高出部分结合本项目实际情况逐项分析，对目标成本进行多轮梳理、修正，保留合理部分，剔除不合理、不必要部分，得到目标成本报批稿。

4）成本控制措施

目标成本确定后，全过程管理咨询服务方将按照成本管理流程要求，将各成本指标分解到具体部门，责任成本落实到人，加强成本指标考核。加强动态成本控制，每月统计项目动态成本，监测项目利润率与目标成本变动情况，确保目标成本能够实现。

强化合约规划管理。将目标成本按成本科目分解到合同，指导项目招标、采购等后续工作，将对成本科目的控制转变为对合同的控制，提高成本控制的效果。

严格设计变更、签证审批，严控预警机制，从而保证目标成本的可控性。及时发现项目动态成本与目标成本的偏离，确保成本目标可控。

继续开展成本优化工作，通过成本对标，以先进的经济及技术指标为指导，在满足设计规范的前提下进一步降低含钢含混凝土量等成本的投入，对图纸进行全面优化，保证成本的先进合理性。

加强目标成本控制考核工作，成本控制在目标成本范围内并提高收益的情况下，对相关人员提出奖励建议；成本超支偏差较大时，对主要负责人提出惩罚措施。

（2）设计优化

随着方案设计、施工图设计逐步出炉，鉴于设计阶段是控制造价的最关键阶段，按照之前确定的既定步骤，全过程管理咨询服务方组织精干力量专门对各个设计专业进行系统的优化。经多次讨论，形成《成本优化方案》，设置了成本优化组织机构，赋予相应的职能；建立了工作流程。

1）工作流程

各优化专项小组结合目标成本及工程实际情况从设计（成本部限额）、招标（不超控制价）、施工、结算阶段分别编制全过程成本优化专题方案，报公司成本优化工作小组。

全过程管理咨询服务方成本优化工作小组召集相关人员开会讨论成本优化专题方案，通过后报成本优化领导小组。

成本优化专项小组每周五召开专题方案讨论会，检查优化实施情况，并安排下一步工作。

成本优化工作小组定期（每月25日）召开成本控制专题会。探讨各成本优化专题小组优化方案实施情况；成本部通报各工程目标成本动态变化；对各成本专题小组进行的考评情况（奖励或处罚）；各成本优化专题小组下一步工作部署；需要成本优化领导小组协助解决的问题。

定期（每月底）向成本优化领导小组汇报成本优化实施情况、成本考评结果以及需要领导小组协助解决的问题。

根据成本优化情况，与酒店管理公司进行沟通、落实。

各成本优化专题完成后，进行成本后评估。

2）实例介绍（以机电安装专业为例）

方案设计：这个阶段是控制投资成本最重要阶段，根据项目特征与业主要求及标准，初步选择多个技术方案，通过技术经济比较，从而选择最佳、最适合本项目的方案设计。在这个阶段完成后，必须编制概算书，初步确定投资成本，以便投资者决策；如果投资造价超过了业主的承受能力或投资估算书，应进行优化设计，主要原则是去掉功能价值系数较低的系统。主要考虑因素为酒店管理公司机电设计标准是通用标准，一般不具有针对性，由于影响机电方案设计因素很多，比如气候、电价、气价、水价、地理位置、建筑体量、占地面积等均与其他项目有所不同。另外，酒店管理公司主要考虑的是酒店档次与后期运行费用，而投资者本来应考虑全寿命周期投资费用，但在实际操作时，考虑到前期资金压力，业主往往考虑前期投资成本，出现这个情况，只有通过协商处理。

初步设计阶段：机电控制成本要与建筑专业协调好，机电各专业之间同样要配合好，多次协调。首先是要满足国家强制性规范的要求。机房的大小要合适，层高合理，机电设备房要布局合理，比如配电房设置要考虑负荷集中原则，空调机房与锅炉房要靠近。

其次，在施工图设计计算取负荷值时，这是影响成本的重要因素，机电方案给的参数都是规范经验值，只能参考，比如空调负荷，取值偏大，会造成主机、管线尺寸均偏大；比如，用电负荷，方案设计也是给一个指标，用电负荷要根据建筑具体功能要求、机电设备负荷统计，取系数，才能得出最后计算负荷。

3）定期发布成本优化白皮书

最大限度落实设计方案意图，保证品质的情况下，进行成本优化工作。在设计管理过程中，分阶段控制各阶段的重点问题。按月度排除已经固化部分，依照已固化的情况，对未修建部分进行最大优化。定期发布阶段性成本优化白皮书，并最终汇总成册。

4）各专业具体优化情况

①建筑结构优化。针对未修建部分，在最大限度落实设计方案意图、保证品质的情况下，进行成本优化工作，对原施工图纸进行精细化分析，优化梁、板、柱的布置和布筋方式等，合理减少结构含钢量和混凝土含量，以达到节约结构成本、缩短施工周期、降低综合造价的效果。通过酒店建筑结构优化共节约成本约1348.23万元。

②机电优化。自项目开展机电优化工作以来，针对高端酒店先后进行了十余次优化协调会议，在坚持满足酒店管理公司标准的基础上，听取各方意见，寻找功能与投资最佳平衡点，最终确定高端酒店优化消防专业13项、给水排水专业48项、暖通专业62项、强电专业57项，共计180项，节约成本1667.4万元。

③市政道路优化。公园路、美景路道路成本优化工作从开始，到全面展开及结束工作，前后共经历3个月。为寻找优化关键点，对公园路、美景路现状标高进行重新测量，并根据重测数据与原始标高、原设计标高进行对比分析；同时，实地考察景区某已施工道路项目坡度、挡墙设置情况。根据标高数据分析、考察结果，总结出两条道路成本优化原则，优化后减少土方开挖量53325m³，减少土方回填量45687m³，减小浆砌片石挡墙量29897m³，减少片石混凝土挡墙量37771m³等。优化后施工图预算为4817.72万元，与优化前施工图预算（7893.15万元）相比，共优化成本约3075.43万元。

④景观优化。对高端酒店景观初步设计资料进行分析，研究景观成本优化关键点，在保证安全性与景观效果的前提下，与各个顾问单位协调，在设计过程中从设计层面进行成本控制及优化，从土方平衡、道路及挡墙的结构和形式、景观苗木、硬景材料、院落等方面进行优化。通过已落实的优化共节约564.17万元。

⑤室内精装修优化。对所有用量较大的主材进行市场评估；对优化单价的可行性进行考察；让库内供应商提供相关材料样板并进行报价，同时寻找库外相关供应商进行相同材料报价，与集团库内供应商报价进行对比分析。

通过要求多个供应商（包括库内、库外单位）对地面石材、木地板、稻草漆、艺术涂料、塑料草藤、木饰面、地毯、卫浴洁具、五金、厨房电器、艺术灯具、活动家具、室内用品、固定家具等进行报价，对其进行对比分析发现，集团库内单位报价高于非库内单位较多，成本会大大超出目标成本。若在品质、效果基本相同的条件下，库内单位价格确实高出库外单位，建议集团公司物资部能将库外单位入库，以节约成本。根据估算，所有主材控制价为6765.02万元，优化后金额为5461.31万元，可节省1325.88万元。

5）优化后项目造价仍偏高的原因分析

根据利比公司（RLB）2014年第4季度中国主要城市单方造价指标统计数据，成都地区五星级酒店单方造价低值为11600元/m²，高值为14900元/m²（不含土地价款、场地平整费、顾问费），优化后某高端酒店同口径建筑面积单方成本为19120.24元/m²，高于高值4220.24元/m²，导致该高端酒店造价偏高的主要因素分析如下：

①挡土墙工程量较大，某高端酒店挡土墙工程费用共计1987万元，增加建筑面积单方造价555.48元/m²。工程地处坡地，场地高差较大（酒店场地最大高差89m），由于边坡对地震加速度的非线性放大效应，大量采用毛石挡土墙结构进行高差划分。本项目景观挡土墙3844m、结构挡土墙1887m，合计1585万元。

②酒店为散落式布局，导致容积率低，基础设施费偏高，该高端酒店基础设施费11682.85万元，建筑面积单方造价较某假日酒店高2935.12元/m²。

③钢筋、混凝土含量高，导致结构工程费用偏高，本项目结构工程费用8451.58万元，建筑面积单方造价较某假日酒店高1295.35元/m²。

④本项目因属偏远山区，距离成都415km，较某假日酒店所在地人工费高50%、材料费高25%以上，导致本项目人工费和材料费较某假日酒店增加1601.20万元，建筑面积单方造价增加447.63元/m²。

2. 招标采购策划与合同管理的实施重点

（1）招标采购策划注意事项

在正式开展招标采购工作之前，全过程管理咨询服务公司协助业主拟定招标方案，对招标工作进行全方位策划。招标方案不仅需要确定招标的内容和范围、招标标段、招标方式、招标工作计划和投标人资格条件，还需要结合工程建设项目的质量、进度、费用和安全控制目标，以及业主对项目风向的管理能力和意愿等因素，对项目管理进行顶层设计。招标方案的策划以及招标计划的制定要注意以下几个方面：

1）招标工作进度计划应当合理可行，满足项目实施总体进度计划以及现行法律法规要求，例如必须进行招标的项目，自招标文件开始发出之日起至投标人提交投标文件截止之日止，最短不得少于二十日，工程建设项目施工招标，必须在初步设计文件批准后方可开展招标等；

2）招标标段的划分应当充分考虑招标项目各专业的衔接与配合以及项目建设管理的实际需要；

3）招标过程中应当设定合理的工期目标和质量要求；

4）合同计价模式的选择应当充分考虑招标项目的技术、经济特点以及招标人对项目风险的管控能力和意愿。

总之，招标方案的策划和招标计划的制定就是围绕项目全过程工程咨询的实际需要，最大限度地保证项目管理目标的实现。项目进度、质量、成本、安全等管理主要基于合同的约束，是靠执行合同来实现的。

（2）招标采购实施计划

1）物资类采购流程

采用年度协议采购方式。在集团战略库中选择单位，上报集团，由集团确认中标单位，并根据项目公司实际需求向中标单位发出核价通知，由项目公司与中标单位根据项目实际需求共同核算合同总价，并报集团审定。

采用招标或非招标采购方式。由项目公司优先在集团战略库中选择单位，不足三家单位的，根据实际情况择优选择，上报集团。集团根据项目公司实际需求确认采购方式，并以批复形式返给项目公司。项目公司收到批复文件后按照集团的批示，根据实际情况履行采购程序。最后由项目公司或总包单位与最终成交人签订合同，并将签订的合同等备案资料发集团备案。

2）工程类采购流程

总包范围内的专业暂估工程。由总包单位编制专业分包工程招标计划，由项目公司协调设计院、专业咨询顾问编制技术规范，确定招标图纸，并结合总包单位提出的技术建议。总包单位完成招标文件及合同文本编制并经项目公司审核确定，项目公司成本部委托的造价咨询单位完成工程量清单编制并审核确定。项目公司将具备条件的需要招标的专业分包工程的资料上报集团，经集团审批确定后，由集团公司组织招标，确定中标单位；项目公司按照集团的批复，根据工程所在地政府要求履行招标程序，由总包单位与中标单位签订合同，项目公司监督，并将中标通知书及签订的合同等资料发集团备案。

总包范围外的专业暂估工程。招标方式分为公开招标与邀请招标。由工程部编制工程招标计划，设计部协调设计院、专业咨询顾问编技术标准和要求，确定招标图纸。由工程部完成招标文件及合同文本编制，并召开招标文件审查会议，经各部门审核确定。根据集团采购批次计划安排将相关材料上报集团，经集团审批确定后，由集团公司组织招标，确定中标单位；项目公司按照集团的批复，根据工程所在地政府要求履行招标程序，由项目公司与中标单位签订合同，集团监督，并将中标通知书及签订的合同等资料发集团备案。

非招标方式分为竞争性谈判与单一来源。由工程部编制工程招标计划，设计部协调设计院、专业咨询顾问编制技术标准和要求，确定招标图纸。由工程部完成非招标文件及合同文本编制，并召开非招标项目文件审查会议经各部门审核确定。根据集团批次计划安排将相关材料上报集团，经集团审批确定后，由项目公司按照集团的批复，履行非招标程序，并与中标的单位签订合同，集团监督，最后将合同等资料发集团备案。

（3）实施案例（以机电安装为例）

1）招标采购阶段。

本阶段主要确定材料、设备的功能与品牌，其中机电品牌不一样，价格相差巨大，所以在编制招标文件，做招标控制价时，必须确定每一种材料、设备档次，划分为一、二、三档；根据需要档次，在招标文件中对主要材料设备限制3个以上品牌，这样才能做到投资成本与酒店建筑档次相适应，同时具有可操作性。

主要设备的选型及成本控制。酒店的设备选型投资成本一般占总投资的30%，因此需要从机电设计系统进行控制。在满足酒店管理基本要求的情况，明确设计合同及设计任务书中的限额指标，各部门提前介入设计工作，多角度提出设计建议，优化机电设计方案，加强施工图事前审核，做好图纸会审工作，减少设计变更，降低设备品牌档次。

对变配电系统、中央空调系统、给水排水系统、消防及自动报警系统、锅炉、电梯、弱电智能化、综合布线等提出具体的方案优化建议，报业主方审批同意后具体实施。

2）合同阶段

做好合同条款的确定工作，收集材料设备品牌并明确，不要在签订合同后发生纠纷索赔事宜。准确核算工程量清单，明确计价方式，做到能在合同中解决的尽可能解决，达到公司目标成本的控制。

对于实行招标管理的暂估价工程，其招标采购的主要程序为：①业主、全过程管理咨询服务方联合成立采购招标小组，提出详细计划；②确定暂估价工程具体规格、型号、技术标准；③组织业主、全过程管理咨询服务方以及总包单位等专业人员展开市场调查；④编制符合业主成本目标及满足工程需求的招标文件；⑤发布招标公告或向有资质的厂商发出投标邀请函；⑥招标答疑；⑦开标、评标、定标；⑧整理招标投标资料，写出评标报告。

主动控制、共同招标。在对暂估价工程招标时，业主、全过程管理咨询服务方与总包单位共同组织，逐级审查，最终由业主审定。编制招标文件时应重新确认工程量和技术要求，避免因工程量误差和技术标准偏差而带来的返工、误工和经济损失等情况。

甲乙双方签订暂估价合同时，对于产品保修期、付款方式、进货时间、产品检验，甲方应明确适合本工程项目的具体要求，乙方应积极维护甲方的利益。在审核分包工程合同条款时，应规范条款的全面性、真实性、严谨性。避免结算时发生不可控费用，突破目标成本。

3. 项目建设阶段管理的实施重点

在项目施工阶段，项目全过程咨询方要协助业主对工程的安全、质量、进度、成本进行管理和控制，积极协调好各利益方的关系。

1）安全管理。配合业主完善施工合同条款；向业主提交项目施工安全控制工作程序；要求施工单位制定完善的安全生产管理体系以及安全管理制度；制定安全文明施工目标计划；定期组织安全、文明施工大检查，形成书面整改通知单，要求施工单位做好安全文明施工问题的整改工作；督促施工单位做好安全教育的工作；督促施工单位建立健全的安全检查制度，现场发现安全隐患应及时解决，做好现场巡检，发现安全隐患及时督促施工单位进行整改；组织召开安全工作例会，解决现场协调矛盾、对应计划部署的、现场所暴露的安全、文明施工问题；要求施工单位熟悉安全生产事故处理程序；要求施工单位建立行之有效的安全事故应急救援制度，定期进行安全事故应急救援演练。

2）质量管理。配合项目公司编制招标技术文件；配合项目公司考察施工单位并提交建议书；配合项目公司完善施工合同条款；向项目公司提交项目施工质量控制工作程序；要求施工单位提交施工技术文件（施工组织设计、专项施工方案等）；要求施工单位编制质量管理文件（质量计划、创优计划、质量管理制度）；组织各参建单位进行图纸会审；严格对施工单位原材料的质量进行控制；严格对施工单位施工工艺的质量进行控制；严格对施工单位施工过程的质量进行控制；严格对施工单位工程质量检验进行控制；监督施工单位对不合格产品的整改工作；督促施工单位做好工程质量控制的文件管理。

3）进度管理。管理工程师定期通过施工单位的自检报告、工地会议、现场巡视、现场的检查记录等途径来检查掌握工程进展的实际情况。利用横道计划、网络计划对进度计划的执行情况进行检查，分析发生偏差的原因和对后续工作、项目总工期的影响程度，并提出相应解决方案。当实际情况与原计划不符时，根据检查和分析的结果，与施工单位共同制定相应的解决措施，并将检查分析结果和拟采用的纠偏措施上报业主审批，在获得业主批准以后调整进度计划，由全过程管理咨询服务方督促施工单位按调整的计划执行。

4）成本管理

建立项目施工成本管理体系运行的评审组织和评审程序；目标考核，定期检查；根据管理工作的检查情况，及时制定对策，纠正偏差；确定施工项目施工成本目标及月度成本目标；搜集成本数据，监测成本形成过程；分析偏差原因，制定对策；用成本指标考核管理行为，用管理行为来保证成本指标。明确成本管理参建方工作职责（表3）并严格执行。

成本管理参建方工作职责划分   表3

投资管理工作内容		业主	全过程管理咨询服务公司	施工单位
进成本投资管理业务板块	目标成本可研版	审核	提供数据、编制	
	目标成本定位版	修正、审核	提供数据、修正、编制	—
	目标成本方案版	审核	测算评估、提供数据、编制	—
	目标成本初设版	审批	测算、优化计算、修正	—
	责任成本	报批	测算、编制、审核	上报
	标底、清单控制价	分析、审批	编制、校对、审核	—
	动态成本	考核、督促、检查	收方、测算取证、预警、督促、检查、收方	上报
	结算	审批	完成结算审核	上报
	招标计划及准备阶段	审批、考察 录入履约评价	提交招标采购计划、审核、考察、询价、封样、调研	—
	招标阶段	组织答疑澄清评标、审核成果资料	协助业主提供成果资料	—
	认质认价阶段	提供清单、审核成果资料、参与共同认质认价工作	上报成果资料、组织共同认质认价工作	—

四、项目全过程咨询服务的成效

本项目在业主总部及项目公司成本控制优化的意识和理念主导下，树立全员、全方位、全过程成本管理意识，严控目标成本、加强合约规划、落实责任成本、跟踪动态成本、建立成本数据库信息，充分发挥全过程管理咨询服务的作用，各专业工作小组成员结合工程实际情况及后期运营效果，在满足酒店品质、功能的前提下，从设计阶段开始着手，采取材料替换、更换材质、取消部分不必要功能以及功能合并等手段，对各专业开展成本优化工作。

1. 项目全过程咨询服务的实践内容

（1）概念设计阶段。全过程管理咨询服务方充分利用公司固有的数据库和造价指数，根据业主方概念设计思想、具体要求、建设标准等，开展项目投资的模拟测算，通过积极开展对类似项目如文昌希尔顿度假酒店、峨眉山七里坪希尔顿酒店、富力丽思·卡尔顿酒店、成都华尔道夫酒店等的投资成本进行调研分析，并将模拟测算结果与类似项目进行对标，之后再根据实际情况对模拟测算进行必要的调整。调整稿经集团三级审核批复同意后，以目标成本形式作为后续各阶段成本控制的依据。

（2）初步设计和施工图设计阶段。初步设计、施工图出炉后，首先编制清单计价，计价与目标成本进行对比分析，超出部分在不影响酒店定位和使用功能的前提下，采取材料替换、更换材质、取消部分不必要功能等方式优化，使清单总价不超出目标成本。

（3）招标采购及合同阶段。主要通过将已批准同意实施的目标成本分解到各标段（包），根据前期详细的市场调研结合项目实际情况，策划项目整体招标采购方案，基本原则是各招标段（包）的招标控制价不得突破目标成本价，从而在总体上控制此阶段成本。另外，从合同条款、与招标文件投标文件实质对应上，以及合同的完整性、尽量避免索赔等方面予以完善，尽量做到对超成本情况未雨绸缪、防患于未然。

（4）建设实施阶段。主要对建设项目四大控制要素：质量、进度、成本、安全按照合同的约定以及业主的要求进行管控，以期达到预期目标。在成本控制方面，继续以前期确定的目标成本为控制的最高限额，尽力避免出现不必要的设计变更和工程索赔，在不出现额外和提升功能以及不出现不可抗力的情况下，不得突破目标成本最高限额，从而使目标成本的控制成为全过程工程咨询中投资控制的一条鲜明主线。

2. 项目全过程咨询服务的实践成效

（1）节省了较多的投资。从招标及前期设计优化效果看，2015年成本优化已落实的优化成本约5138万元，占项目投资估算的7.6%；2016年成本优化落实约1869万元，占项目投资估算的2.8%。该高端酒店从计划投资7.4亿元缩减到6.7亿元，由于项目的设计管理、招投标以及建设阶段的造价咨询、监理等整体由我公司承担，实现了"1+1＞2"的效益。

（2）明显缩短了工期。由于项目基本实现了一体化咨询管理，我公司利用内部管理优势，减少和避免了传统协调多个咨询单位而带来的人力、物力和时间消耗，也大幅度减少业主日常管理工作和人力资源投入，有效减少信息漏斗，优化管理界面；同时，也减少和避免了传统模式冗长繁多的招标次数和期限，有效优化了项目组织和简化合同关系，并很大程度克服了设计、造价、招标、监理等相关单位责任分离、相互脱节的矛盾，缩短项目建设周期。据悉，同类性质、体量和地域的项目建设工期约在2～2.5年（从概念设计到竣工投入使用），而该项目建设工期仅为1.5年，大大缩短了建设周期。

（3）实现了更高的品质。由于公司充分利用本集团内部的知名专业甲级设计院优势，较好实现了各专业过程的衔接和互补，可提前规避和弥补传统单一服务模式下可能出现的管理疏漏和缺陷，促使设计院和施工总承包商既注重项目的微观质量，又重视建设品质、使用功能等宏观质量；全过程咨询的集成化还充分激发了总承包商的主动性、积极性和创造性，促进新技术、新工艺、新方法的应用，再加之本高端酒店的定位很高，因此实现了更高的建筑品质，使本高端酒店成为该景区首屈一指的建筑标杆，大大提升了该地区的酒店业建设水平。

（4）面临的更小风险。在传统的五方主体责任制和住房和城乡建设部工程质量安全三年提升行动背景下，业主的责任风险加大，我公司作为项目的主要参与方和相关责任方，势必发挥全过程咨询管理优势，通过强化管控减少甚至杜绝安全事故，从而较大程度降低或规避了业主单位主体责任风险。同时，可有效避免因众多管理关系伴生的贪污风险，有利于规范建筑市场秩序，减少了违法违规的行为（该项目到竣工投入使用，未发生上述事故和风险事件）。

作为住房和城乡建设部四川3家全过程咨询试点单位之一和唯一的民营企业，在该高端酒店全过程工程咨询服务中收益颇多，促进了公司内部提升综合管理和协调水平、提高了管理效率，并积累了宝贵的全过程工程咨询经验，丰富了公司数据库，也锻炼了一批技术管理团队的综合能力及协调作战的意识，为下一步更好地开展全过程工程咨询业务提供了有益的探索，并打下了坚实的基础。

专家点评

该项目位于国家5A级旅游景区，总规划建筑面积约20万m²，包括一个商业小镇、3~4座五星级度假酒店、企业会馆、高山滑雪场、马术俱乐部及滑草场等产品和旅游设施。该案例为全过程工程咨询服务，主要针对项目前期设计管理及优化、项目招标采购策划与合同管理、项目建设阶段管理三大方面进行全过程工程咨询服务。组织模式为设计管理、工程管理和成本管理，工作职责明确，各专业管理到位。

该案例前期设计管理及优化，招标采购策划，项目建设阶段管理，措施详尽完善。如通过对已开发同类型项目成本对比分析，对目标成本进行多轮整理，得到目标成本报批稿。各科目数据、造价指标等都一一列举，分析及对比具体、翔实。设计优化各环节各节点做得具体扎实。如在建筑结构优化上，合理减少结构含钢量和混凝土含量；机电优化在功能与投资之间寻找平衡点；对于市政道路重新测量标高数据，根据标高数据分析、考察结果，优化减少土方挖填及挡土墙工程量；在景观、精装等各专业工程都进行了优化，控制成本增值效果明显。各实施阶段工程咨询服务全面、详细、有深度。

对于酒店项目的全过程工程咨询，具有较强的借鉴作用。即便是其他建设工程的咨询工作也可借鉴其各环节的思路，在咨询服务工作中具有一定推广价值。

点评人：吴玉珊

龙达恒信工程咨询有限公司

基于全过程项目管理的某体育场改造工程项目

——四川开元工程项目管理咨询有限公司

潘　敏　李诗强　安成国　曾加富

一、项目基本情况

本项目为某体育场改造工程项目，系小型体育建筑项目，建筑面积57414.76m²，工程造价2.89亿元，由当地体育中心投资建设。项目其他参建单位有某招标代理有限公司、某工程项目管理有限公司、某设计研究院、某监理咨询有限公司，另外本项目采用PC总承包模式建设，由某建筑有限公司（牵头单位）、某设备安装公司（成员单位）组成PC总承包联合体单位。项目于2015年9月10日开工，于2016年8月9日竣工。项目特点如下：

（1）本项目为灾后重建；

（2）本项目为政府的形象工程，背负着承接"艺术节"活动的使命，要确保活动如期顺利进行；

（3）多方筹资，部分资金来源于政府补助，其余资金为建设单位自筹；

（4）施工工期短，仅11个月的时间，按时竣工；

（5）施工环境复杂、气候条件差（低温、降雪、大风）；

（6）为保证如期竣工投入使用，业主方委托第三方全过程工程咨询项目管理机构采取事前策划、事中控制、事后调整的策略，使各参建单位有序进场，工序有效搭接，保证了项目如期完成。

二、咨询服务范围及组织模式

1. 咨询服务的业务范围

（1）前期阶段

1）项目立项申请及批复；

2）项目选址（选址建议书及批复）；

3）用地预审意见书；

4）建设用地批准书；

5）国土证；

6）环境影响评价报告书（表）及批复；

7）水土保持方案报告书（表）及批复；

8）可行性研究报告及批复。

（2）招投标阶段

1）招标代理机构招标及合同签订；

2）勘察、设计招标及合同签订；

3）PC总承包招标及合同签订；

4）监理招标及合同签订。

（3）勘察设计阶段

1）建设项目用地勘察（初勘、详勘）；

2）方案设计、初步设计、施工图设计；

3）施工图审查报告。

（4）施工准备阶段

1）用地规划许可证；

2）工程规划许可证；

3）质监、安监报备；

4）施工许可证。

（5）施工阶段

1）信息、合同管理；

2）施工进度、质量、投资控制；

3）施工职业健康安全与环境管理；

4）项目实施协调。

（6）竣工验收阶段

1）施工资料审查；

2）组织内部工程验收；

3）组织专项工程验收（消防、环境、安全、人防、防雷等）；

4）组织整体竣工验收；

5）竣工资料审查；

6）竣工结算；

7）工程决算；

8）协助项目审计；

9）工程移交、运营；

10）监督工程保修履约情况、对项目进行评价。

2. 咨询服务的组织模式

（1）业主需求及项目分析

1）进度

为使2016年8月"艺术节"能够在体育场顺利举办，需要在不到一年的时间内协助业主方完成从项目立项起至项目竣工验收止的全部工作。

2）质量

该项目不仅为举办"艺术节"而建，同时也是2018年全省少数民族运动会的主要比赛场馆及举办各类大型赛事、民族节日活动等重要的活动场所。工程质量是重中之重，关系到少数民族地区的社会稳定。

3）成本

该项目资金主要为上级政府拨付及自筹，总投资需严格控制在计划内，但由于进度安排较紧，前期工作深度不够，导致设计变更较多，需要协助业主做好成本控制，加强过程管控。

4）安全

该项目地处四川盆地西缘山地和青藏高原的过渡地带，地势由西向东倾斜，项目东临雅拉河，西部和西北部为丘状高原及高山深谷区。项目占地面积达50000m²，能够为项目提供适合的建设用地区域较少且协调难度较大，为确保项目安全，需综合考虑项目选址及地质灾害等情况。

（2）组织结构设置

为完成本项目的全过程工程咨询，对业主需求以及项目特点进行识别分析，设置项目现场咨询管理部，同时采用咨询总负责制度。项目现场咨询管理部由咨询总负责人牵头，下设项目决策分析组、勘察设计组、项目管理组、造价组、综合办（图1）。

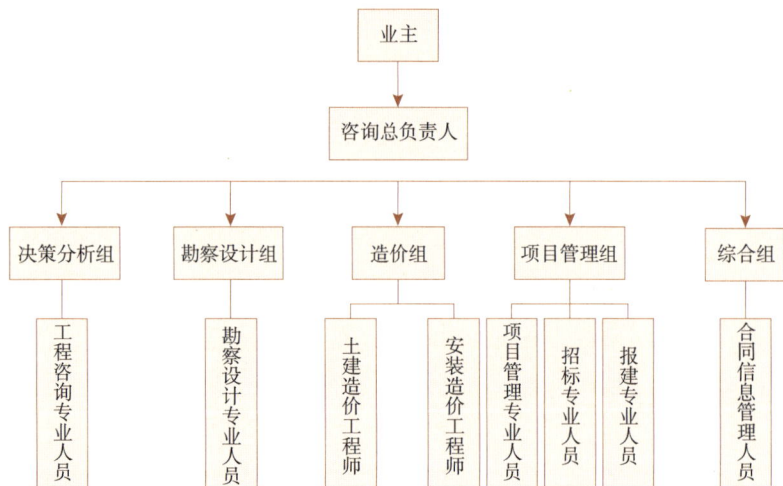

图1 组织结构图

1）项目决策分析组

主要负责审查可行性研究、节能评估、环境影响评价、水土保持、节能评估等报告，同时为业主提供项目前期各项决策参考。下设投资工程咨询工程师1名。

2）勘察设计组

主要负责审查地质勘查、初步设计、施工图设计，并为业主提供选址和设计方案的咨询服务。下设勘察设计专业人员1名。

3）项目管理组

负责配合业主完成国土、规划、建设、财政等报批报建手续及对内对外协调工作，配合业主完成招标和合同审查工作，在项目实施过程中做到"三控三管一协调"，并配合业主完成竣工验收工作。下设项目管理专业人员2名，招标代理专业人员1名，报批报建人员1名。

4）造价组

负责审查项目全过程涉及的工程量和单价，包括设计概算、工程预算、施工阶段造价控制、竣工结算等。下设土建造价工程师1名、安装造价工程师1名。

5）综合办

负责工程项目的合同、信息档案管理工作。下设档案合同管理人员1名。

3. 咨询服务工作职责

（1）前期阶段

项目决策依据项目建议书、选址意见书、环境影响评价报告、节能评估报告、水土保持方案报告、可行性研究报告等，编制过程中对业主委托的编制单位进行督促和协调，并对报告进行审核，协助业主报各政府部门审批。

（2）招投标阶段

控制招标各项工作进度，满足招标总进度目标要求，确保招标质量并合法合规，尽快发挥项目投资效益。协助业主监督管理项目招标工作，审核招标、资格预审等文件，并对合同履约管理情况进行监督、检查。

（3）勘察设计阶段

协助业主审核设计单位提供的勘察任务书，监督、检查勘察工作。协助业主对设计的各阶段，即方案设计、初步设计、施工图设计，确定设计进度目标，审核设计单位进度计划；审核材料、设备的采购标准；协助业主对设计文件进行决策；审核设计施工图阶段进度、保证审查批准实施时间。

（4）施工准备阶段

协助业主依法进行征地、拆迁工作，并通过相关程序，获得用地规划许可。协助业主办理国有土地使用证，依法获得工程规划许可。协助业主及时进行质监、安监备案，并协助业主依法获取施工许可证。

（5）施工阶段

在项目实施过程中，严格进行项目信息管理，统一项目信息的收集与传递。协助业主进行各项合同管理，监督各参建单位合同的履行情况。协助业主进行项目实施过程中的安全和环境的监督、管理工作，审核环境管理方案，监督环境管理工作，审核施工安全管理方案，监督现场健康安全工作的实施。协助业主进行项目实施进度管理，对各参建单位上报的进度计划进行统一协调、优化、检查、调整进度计划，分析、处理工期延误情况，审核计划调整方案，监督计划实施。协助业主进行项目实施质量控制，编制质量目标，监督质量管理程序，分析质量问题，审核质量控制方案，监督项目实施质量。协助业主进行项目投资控制，监督并检查项目工程款的拨付、工程变更、现场签证、索赔处理等工作。协调各项目参建单位之间的工作，确保项目顺利推进。

（6）竣工验收阶段

协助业主进行项目竣工验收及结算管理工作，并审查各单位整理、汇编资料内容，配合城建档案馆进行项目资料归档，督促建设单位执行工程质量保修书相关规定。最后，对项目进行评价。

三、咨询服务的运作过程

1. 前期项目报批工作

与业主进行充分的沟通，了解项目情况，分析项目目的。根据已有资料及调查资料编制项目建议书，并上报审批。同时进行项目立项申请。

获得项目建议书审批后，编制选址意见书，并向规划部门审批；协助业主，组织专业咨询单位编制可行性研究报告、节能评估报告、环境影响评价报告、水土保持方案报告。

完成可行性研究报告编制，经发展改革委审批节能评估报告后，将可研报告报送至发展改革委进行审批。环评与水土保持方案继续编制及审批。

选址建议书批复后，申请用地预审，经批准后，办理国有土地使用证。

2. 项目招标工作

编制招标方案及招标进度计划表，协助业主选定招标代理机构并签订合同。

本项目以委托招标的方式确定招标代理机构，进行勘察、设计、施工、监理的招标工作。

项目立项批复后，首先进行勘察单位、设计单位的招标，由招标代理机构编制招标计划、招标文件，按计划执行招标流程，最终确定中标单位，并与中标单位签订合同。勘察中标单位：某岩土工程有限公司；设计中标单位：某设计研究院。

因本项目情况特殊，在工期紧张的情况下，施工图设计初步审查后，直接进行施工、监理的招标。本项目采用设备采购安装+工程施工的模式（PC模式）进行项目建设，故进行PC联合体招标。

全过程工程咨询单位对所有招标工作的整体流程，文件的合法、合规、合理性进行监督、检查，保证整个招标流程公平、公正、公开。协助业主与中标单位签订合同，审核合同内容，规避合同风险，填补合同漏洞以及参与合同条件谈判。

3. 勘察、设计工作

制定勘察、设计工作进度计划表，督促勘察单位、设计单位按计划、分阶段完成勘察、设计任务。监督设计质量，控制项目投资。

（1）勘察工作顺序：可行性勘察、初步勘察、详细勘察。

1）可行性勘察：勘察单位中标并签订合同后，首先进行可行性勘察，为设计单位提供勘察资料。可行性勘察资料主要用于配合项目可研的编制，故在完成项目选址后，督促勘察单位尽快进行本工作。

2）初步勘察：在取得用地规划许可证后，要求勘察单位立即进行初步勘察，为初步设计提供勘察资料，为国有土地使用证的获得提供资料。

3）详细勘察：根据初步勘察资料对项目用地进行详细勘察，为施工图设计提供勘察数据资料。

（2）设计工作顺序：概念方案设计、方案设计、初步设计、施工图设计、施工图审查。

1）概念方案设计：设计单位签订合同后，首先与业主协调沟通，充分理解业主需求，进行项目的概念化设计，供业主参考。另外，为造价咨询公司提供投资估算依据，将概念化方案设计与投资估算一并作为可研编制的依据。

2）方案设计：可研批复后，通知并督促设计单位进行项目的方案设计，为业主提供决策依据。对于方案设计，提出优化意见，使建设成本在估算内得到最大的控制。

3）初步设计：在得到用地规划许可证的条件下，立即开展初步设计工作。以方案设计和初步勘察为依据，进行初步设计，也是设计概算的基础资料。

4）施工图设计：初步设计完成后，开始进行施工图设计，最后根据初步设计审批意见，修改施工图，并最终出图送审。

5）施工图审查：完成施工图设计后，向施工图审查机构最终送审，审查合格后，在住房城乡建设局备案登记。

4．征地、拆迁与报建工作

因本项目工期比较紧张，征地、拆迁工作分为两部分进行，第一部分为主体建筑区，优先进行征地、拆迁；第二部分为周围设施区域，征地、拆迁工作暂缓，整体工程进入施工阶段时，逐步进行拆迁。第一部分区域征地、拆迁力度大，速度快，很快满足施工进场条件，并开始施工，与此同时，征地、拆迁工作组对其余部分征地、拆迁按计划有序进行。

根据项目选址意见书和概念方案设计，初步确定征地、拆迁范围，编制规划设计方案，向国土部门申领用地规划许可证。

获取施工图审查合格书后，结合国有土地使用证的获取，向住房城乡建设局申领工程规划许可证。

确定PC联合体施工单位并签订施工总承包合同后向质监、安监进行报建备案。

在完成环境影响评价报告、水土保持方案报告，获得施工图审查合格书以及质监、安监报建后，向住房城乡建设局申领施工许可证。

5．施工管理与控制工作

（1）信息管理

本项目因工期特殊原因，前期报批报建资料及办理节点错综复杂，以及项目采取部分先拆迁，部分拆迁与施工图深化设计、施工同时进行的模式，中间资料管理环节尤为重要。在本项目实施过程中就采用了设计资料及变更信息管理及施工、监理、供应商、环境信息管理，充分发挥了信息管理对建设项目工程实施的作用。

2016年6月26日，在本项目施工地点附近，因天气与地势原因，发生了一时的小型洪涝险情，河床有被冲破的迹象，当时有一所学校受到洪水的威胁。本项目部接到险情通知后，通过供应商名录中的机械后备资源，立刻做出反应，调用挖掘机，疏通河道，将险情化无。

（2）合同管理

根据项目情况，需进行管理的合同如下：招标代理合同、工程咨询合同、工程勘察合同、工程设计合同、PC总承包施工合同、监理合同。

确定合同内容，确保合同内容的完整性，确保整体项目实施过程中无遗漏工作。如有遗漏提前准备补漏或与相关单位洽谈签订补充协议。根据合同内各参建单位职责，监督、约束其行为。按照合同约定的付款节点、付款金额，根据实际情况足额拨付约定款项。确切掌握和分析各项合同中的风险，总结各种风险可能发生的概率和频率，从项目全局出发，让各项合同中的风险尽量避免发生，所发生的风险尽量弱化其影响，减少或规避连带风险的发生。根据合同条款严格执行。例如供货延误滞纳金的扣除。合同纠纷的管理应做到尽量降低因纠纷事件为项目带来的影响。如纠纷问题影响较大，应提前做出补救方案。

（3）职业健康安全管理

监督施工单位落实个人保护设备的配备；监督项目工作生活场所符合健康标准；监督施工单位制定项目应急预案情况的对策；监督施工单位制定健全的安全生产责任制；监督施工单位的安全生产管理体系；负责对各参建单位的安全生产、文明施工管理体系进行标准化评审；监督施工单位定期组织安全培训；监督监理单位定期组织生产安全检查；监督施工单位对重大危险源进行评估；监督监理单位对施工现场定期进行环境保护检查；监督监理单位组织例会进行环保教育；负责建立对参建单位的文明施工管理的定期检查制度；监督监理单位审核施工单位的文明施工管理体系；负责组织参建单位召开文明施工例会；监督各单位进行文明施工工作交底；监督施工单位组织制定应急程序，并进行应急响应演练；负责组织各参建单位的教育、培训工作。

（4）进度控制

编制项目总体控制性进度计划、审批施工单位编制的施工进度计划（年、季、月）；审核并监督施工进度计划的实施；监督、审核施工单位编制的施工组织设计；监督各参建单位制定月、周计划表；审核工程开工报告书、开工指令；监督监理单位对项目进度动态的跟踪、监督施工单位进度计划的调整及优化、监督监理单位对项目进度计划的现场检查情况、负责协调各参建单位的进度；监督监理单位工程进度例会的开展；监督监理单位阶段性工期目标的检查情况；审批工期延误情况的处理情况。

本项目主体结构施工通过分区作业、同步流水作业思维，采用立体错位平行施工法进行计划并执行。由于本工程施工区域内场地狭小，现场属于无操作面施工，9、10区为现场的进出场通道将在最后进行施工封闭，由此本工程施工顺序为：1区为开始施工区，逐步向2区推进，依次进行3、5、7区施工；同时进行：4、6、8区施工；9、10区作为最后施工区域，最终场区形成封闭（图2）。

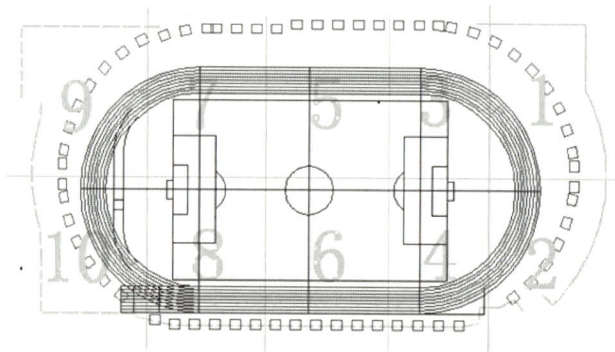

图2 主体结构施工分区图

根据主体钢结构施工及一、二层露面施工进度计划表（表1）可以看出，将整体分为十个工作区域，先从1、2区进行钢框架施工，此工序临近尾声之际，3、4区同步进行钢框架施工并顺序进行1、2区屋面结构施工。通过垂直空间分区思维，在1、2区钢框架施工完成的同时，立即进入底部1、2层楼面施工，与屋面结构施工形成垂直空间分区同步施工。以此类推，完成3、4区同步施工，5、6区同步施工，7、8区同步施工以及9、10区施工。在本流水作业法中，充分考虑缝隙时间，压缩所有可以压缩的工序间的衔接时间，并保证各工序无交无扰，缩短施工时间。

进度计划表（月、日）　　　　　　　　　　　表1

分区	钢框架施工	一、二层楼板施工	屋面结构施工
1区	1月5日～2月28日	3月1日～4月10日	2月22日～3月12日
2区			2月27日～3月24日
3区	1月25日～3月25日	3月12日～4月16日	3月3日～4月30日
4区			
5区	2月1日～4月5日	3月27日～5月3日	
6区			
7区	1月10日～4月20日	5月5日～6月8日	
8区			
9区	3月1日～6月2日	5月23日～6月27日	4月16日～6月12日
10区			

（5）质量控制

审核施工单位编制的项目质量计划；负责建立项目的质量管理体系；制定质量管理工作程序；监督监理单位对材料、设备的进场检查和质量检查；监督监理单位对施工现场质量的巡视检查；监督监理单位审查施工组织设计和施工方案等；监督监理单位对重点施工工序、部位的跟踪检查；监督分部分项工艺及工序的执行；监督分部分项工程的中间验收；负责检查监理日志及监理规划。

（6）投资控制

编制资金使用计划、投资偏差分析、审核工程成本分析；参与审核工程量和工程款，并配合工程款的拨付；负责根据委托方意见提出工程变更，并审核工程变更方案，审核工程现场签证；对费用索赔的处理进行审核。

（7）各方协调

制定"项目管理目标责任书"和"项目管理实施计划"，确保与业主关系的协调以及与施工、监理和其他建设参与方关系的协调。

为了保证协调工作顺利、有效地进行，根据项目工程的具体情况和特点以及协调工作的需要建立了专门的组织协调机构并配置专职人员，负责执行各项具体协调工作，做到"专人专事，责任到人"。

落实各单位、各部门的联系人及其联系方式，建立通信联系网络，保持信息畅通。

制定内部人际关系协调的规章制度。作好思想工作，加强教育培训，提高人员素质。

建立工地协调会议制度。根据施工中出现的问题多少、紧急程度，定期或不定期地召开工地协调会议，及时解决工地现场发生的问题。

6. 竣工验收、结算、移交及决算工作

（1）竣工验收

通过中间验收、单项工程竣工验收、项目综合验收的方式，以各施工单位向监理单位提出验收申请；监理单位审查验收条件，组织预验收；项目内部验收通过；各专项验收机构组织专项验收；业主单位组织单位工程验收；业主单位组织竣工验收；工程交付使用的程序完成竣工验收。

（2）竣工结算

当工程进入竣工结算阶段，应协助业主单位组织监理单位按照协议书约定的内容，进行工程竣工结算初步审查。协助业主单位的造价工程师按合同的约定进行审查，并进行核实，汇总各方意见后，给予确认或提出修改意见，复核后提交委托方确认竣工结算报告。

（3）竣工移交

竣工结算已审核并经各方签字认可后，移交项目工程实体。工程实体移交前，各单位应将成套的工程技术资料按规定进行分类管理，项目建档后，由业主单位负责组织移交给委托单位。

（4）竣工决算

协助业主收集、整理有关项目竣工决算依据；清理项目账单、债务和结算物资；填写项目竣工决算报告；编写竣工决算说明书；报上级审查。

7. 保修与评价工作

建设项目在保修范围内和保修期限内发生质量问题，业主单位应督促监理立即分析原因，找出责任单位，并要求相关单位在规定时间内完成补修工作。保修期过后，施工单位的质保义务解除，业主单位完成质保金退还手续后，相应的义务完成。

工程竣工后，业主单位受委托方与施工单位签订保修合同，约定保修期限，在保修范围和保修期限内发生质量问题的，施工单位应当履行保修义务，并对造成的损失承担赔偿责任。若保修期期满质量验收合格，施工单位可提出保修金支付的请求。

项目竣工后进入运营阶段，此时应对项目整体建设过程以及结果进行分析评价，并将评价结果归档入库，作为后续项目建设参考资料。

四、全过程造价咨询管控服务

1. 全过程造价咨询服务介绍

全过程造价咨询服务的内容包括项目决策、招标投标、施工、结算与后评估分析各阶段。其涵盖建设项目的方案比选与优化、合同体系的建立与合同类型选择、工程造价的确定与控制、合同价款的确定与调整、进度款的计量与支付、建设技术经济评价与后评估等。可见，作为项目代建咨询服务的重要组成部分，全过程造价管控为建设项目的咨询服务价值提升起到关键作用，且贯穿于建设项目的所有阶段。

2. 全过程造价咨询服务内容及运作过程

（1）项目决策阶段

本阶段的工作主要包括合理地编制项目估算等。

本项目的估算是通过使用类似项目的单方造价数据，主要参考了项目所在地周边材料、人工、机械数据，调研为三方面内容：

1）根据类似项目成本数据编制本项目拟建业态估算；

2）对比估算项目与类似调研项目的结构形式与规模差异，是否存在相似或相近的项目属性；

3）修正估算中的基础处理及基础单方价格。

最终本项目估算不含地价的单方为5678元/m²。

（2）勘察设计阶段

本阶段的工作主要包括根据扩初设计编制概算（含建筑、结构、机电等所有工程），对不同的设计方案进行经济方案比较，提出专业意见及优化建议，以协助业主完成最佳、最经济的设计方案等。并确定项目总建安造价。

以本项目的外幕墙两个方案比选为例，通过运用价值原理进行最佳、最经济的设计方案。

方案一：铝单板幕墙+玻璃幕墙

主入口采用玻璃幕墙，顶部造型采用铝单板突出民族特色造型；玻璃幕墙占比约70%，铝单板幕墙主要为线条造型及突出构件包封造型；施工工艺简便，适合本项目后期清理及维护。

通过方案造价测算，采用本方案的造价为754.3元/m²。

方案二：陶板幕墙+玻璃幕墙

主入口采用玻璃幕墙，占比较少，主要为1~2层。陶板幕墙的使用面积较大，抗震性好，后期维护也较方便，但造型、色彩较单一，造价稍高。

通过方案造价测算，采用方案二单方造价为789.6元/m²。

通过对方案造价对比发现两者差异不大；从建造成本及运营维护的角度出发，采用铝单板幕墙+玻璃幕墙，更能节约建造成本，体现设计意图及经济性。

（3）招投标阶段

本阶段的工作主要包括建立合同体系与选择合同类型、编制招标文件、编制工程量清单及招标控制价、评审招标控制价、编制中标通知书、编制合同文件等，本阶段是造价管控的重要内容。

本阶段的重点工作如下：

1）建立合同体系

根据项目的特点、进度要求及甲方的管理模式要求，在造价咨询机构的建议下，该项目采用了传统的合同架构体系，即总承包加专业分包（钢结构施工），这种模式使得甲方能够直接控制整个项目的进行及合同履约；保持甲方与总承包人之间沟通顺畅；降低无效的管理消耗；充分发挥总承包人的统筹、管理、指挥、协调及配合功能；注重分包工程专业化，有利于缩短工期、保障质量、降低造价。

2）编制招标文件

从某种意义上讲，编制招标文件，即是打造造价管理及项目管理的工具，招标文件是否完善，直接影响施工阶段及竣工阶段的造价及项目管理的成效。

招标文件的内容，包括商务条款及技术条款两大部分。在编制商务条款时，除了根据项目特点及甲方要求，认真考虑计量计价办法、计量支付方式（含支付比例、支付时间）、结算方式等一般性造价管理的条款外，还需从项目管理的角度出发，特别注意施工过程中的特殊施工流程或施工工艺或其他特别要求，并在招标文件的适当位置进行描述及约定，以便投标单位将该等特殊性充分考虑在其报价中，避免因招标文件的不清晰、不完善等原因而导致投标单位漏报，从而埋下争议的种子。

以下是本项目总承包工程招标文件中颇具特色的几项约定：

①位于施工场地内的一个"开闭所"的搬迁工作可能出现滞后，造价咨询机构在与甲方的沟通中了

解到这个情况后，建议在总承包工程招标文件内加入了有关约定，目的是为了告知投标者相关情况，同时约定了有关费用及工期的责任范围。

②本项目工程中主要材料认价工作，是通过政府有关职能部门及业主单位、施工单位、项目管理单位共同参与确认。即通过单独的材料采购、认价的流程供应关键材料及设备，从而达到控制该等关键设备及材料的品牌、档次、质量与造价的目的。

③本项目是一个复杂的综合性体育中心总承包工程，若干个专业工程，总承包工程与专业工程的界面划分工作也很重要。不合理或不完善的划分通常也是施工阶段的争议焦点，而争议时常会导致各方信任度受损、工期延误、造价增加等妨碍项目管理的情况出现。故合理、详尽的约定十分重要。

（4）施工阶段

本阶段的主要工作围绕工程量计量、进度款支付、工程变更审核、工程索赔审理、动态成本报告、询价、局部设计方案的经济评价及优化等。

本文选择如下几项有特色的工作内容进行分享：

1）材料询价

以本项目工程看台的询价为例，说明询价所需展开的具体工作：

①了解施工工艺、产地

a. 深入了解施工工艺及施工顺序，从而确认影响造价的因素，记录为询价要点；

看台的是预制构件，经过预制构件厂生产、养护成形后，运输到现场装配的构件。产品主要特点是标准程度高、环保，生产周期短，精度要求高。

目前市场装配式预制构件生产能力有限，生产厂家有限，造价较高。本项目的地址距生产厂家较远，大大加大了成本的支出。

b. 初步确认询价地区及厂家选择。本项目所用的看台在省会城市有集中供应商，所以优先考虑。

c. 提前分析、罗列因承包范围不同影响价格的因素。以装配式构件为例，有生产及整体装配（供货或供货施工一体化）的模式。两者价差可达15%左右。

②了解报价方式及注意事项

a. 了解传统工艺及单价的报价方式，是否存在多种报价方式，为评标方法做准备；

装配式预制构件一般以立方米计，含构件混凝土、钢筋、模板及辅材，及运输费、管理费及利润、税金等项目。

b. 罗列报价方式的差异性，方便后期重点分析。

③寻找区域厂家报价，统一报价包含内容

a. 了解一至四项情况以后选定报价厂家区域；

本项目装配式看台的生产厂家均集中在省会城市，运输距离远，当地无生产厂家。

b. 根据施工现场情况为厂家提供影响报价的必要因素，指引厂家正确报价；

本项目给厂家报价时需要准备设计图纸、厂家深化设计图纸，确定材质、规格尺寸等。

c. 组织厂家对报价进行答疑。

④横向比较区域差异并针对差异询问

a. 各厂家报价以后对比区域差异及报价方式差异，形成对比表格，找出差异点；

b. 写明必需的影响因素及影响金额，方便决策判断。

2）局部设计方案的经济评价及优化

为在施工阶段有效控制造价，针对本项目的某些局部设计方案或变更方案实施测算及经济评价，为选定最终的优化方案奠定基础。此为施工阶段的造价管理及工程管理的重要工作之一。

以本项目的挡墙变更为例。最初的方案中钢筋混凝土挡墙的设计厚度为100mm，而经过测算及对比分析后，建议的设计厚度却是125mm，且最终被接纳了。

乍眼一看感觉"不合情理"的建议，背后却隐含着造价咨询机构对施工工艺的深刻认识与经济分析工具的充分把握。

众所周知，钢筋混凝土挡墙的造价主要包括混凝土、钢筋及模板费用，125mm的厚度较之100mm，在混凝土及钢筋方面费用略有增加，但因模板的制作及安装所耗费的人工大大超过一般情况下的工艺，故按照合同的相关约定，前者的模板"安拆"单价执行直形墙单价（37元/m³），而后者则执行零星构件的单价（101元/m³），故其费用大幅飙升。

经测算分析，本期工程的125mm方案较100mm方案节约造价共计约29万元，推而广之，整个项目将由此节约造价约57.9万元。看似很小的一个优化，只是全过程造价咨询过程中的一个缩影，体现了工程造价为核心的项目管控思维落地。

3）动态成本报告

动态成本报告是甲方及时掌握项目造价变化的重要工具。造价咨询机构通过及时评估已实施工程的造价金额，并定期与概算进行对比，从而发现可能的超概趋势或可疑之处。在及时通报甲方后，开启了预警"模式"，为将造价控制在概算之内奠定了基础。事实证明，动态成本报告发挥了积极的作用。

本项目的动态成本报告包括了招投标计划表、分业态的成本台账（含分解后的概算）、合同变更台账（含索赔审理）、重计量台账、暂定款及物料单价调整台账、合同付款台账、资金计划台账等内容。

（5）竣工及后评估阶段

竣工阶段是工程建设的一个重要阶段，造价咨询机构在此阶段的主要工作包括参与验收、审核竣工资料、审查结算、配合决算、移交及保修期的管理工作。此阶段是全面检验工程建设是否符合合同文件约定的设计、工期、质量等要求的重要环节，也是检查项目参与各方合同文件执行情况的重要环节。竣工阶段是项目投资成果转入生产或使用的标志。

1）结算工作

造价咨询机构针对本项目适时开展了全面的结算工作，利用全过程造价咨询前述各阶段的咨询成果，如实检验了投资情况，并反映了影响工程价款变化的真实情况。

审核有关工程成本费用方面的资料、签证单、核价单是否手续完整，竣工图是否与实际完成项目一致，并在现场踏勘中反馈真实施工情况。依据合同条款中规定的结算方式、计价方法、施工图、竣工图、工程变更签证单以及有关定额、文件等资料，编制工程范围内各合同的竣工结算书。

工程竣工结算完成后，形成四方签署的"工程结算审定签署表"，编制工程造价咨询工作情况专题报告，包括概算与结算的对比，分析合同内和合同外变化的原因，每一分项工程及全部工程结算总价、合同管理及执行情况等的专题总结报告。

2）后评估工作

通过对项目从决策阶段到结算阶段的造价数据进行整理分析，形成后评估报告。检讨项目的限额设计执行情况、分析主要的经济指标、项目管理过程中存在的问题、变更的责任划分及无效成本投入情况等。

本项目的后评估数据分析主要包括如下三种：

①主要业态的单方造价分析

后评估对比概算后：建筑面积条件下单方造价5034元/m²（不含土地成本），低于概算单方指标，在可控范围内。

②主要结构指标

后评估对比概算结构：建筑面积条件下钢筋混凝土指标低于上级公司给定限额值，低于概算指标。

③其他限制指标分析

后评估对比概算指标：建筑面积条件下砌体、抹灰、外墙指标低于概算指标。

④材料认价流程分析

本项目的设备材料的采购审计结果分析显示，材料认价流程存在如下两大特点：

a. 采购的材料及设备流程公开，采购渠道有多个（大于三家以上）可选择的品牌；

b. 审计审核后结果充分说明检验了价格间的竞争，杜绝了暗箱操作的行为。

五、咨询服务的实践成效

1. 自然环境

在分析了前期项目可行性分析报告后，了解到项目所在地属于高原气候，在基础工程施工期间，白天温度4～10℃，夜晚低至-6～-4℃。对混凝土水化反应产生巨大影响，加之业主对工期要求紧，如不提早计划将会对方案造成工程质量或工期延长等风险，所以针对以上情况，在施工单位正式进场前就与其进行了前期沟通，要求其在施工方案中考虑气候因素对质量和工期的影响，并制定专项应对方案。混凝土的凝固是受温度影响最大的部分，因此，在实际施工过程中，对混凝土的养护特别重视。实时监控混凝土养护温度，夜间，采用保温覆盖料进行保温措施等。

本项目位处风口区，风力较大，对于建筑物的屋面材料及外立面材料进行慎重甄选。在决定采购型号时，要求供应商提前进行耐风实验，选出几款合格的产品，在进行外观与价格的比选后，确定采购。

2. 征地拆迁

该项目位于少数民族地区，少数民族占当地总人口70%以上；通过前期对社会稳定性评估的分析，发现项目所涉及的拆迁居民95%以上为当地少数民族，由于民族宗教文化等原因可能对项目的顺利征地拆迁工作带来巨大的挑战，可能导致项目最终无法如期修建完成。因此，在第一时间就与业主单位进行了深入沟通，建议政府提前采取加大宣传工作，为保障项目的顺利推进做好正面引导。项目最终仅用两个月时间就完成了全部的征地拆迁工作，全程得到了拆迁居民的积极配合。

本项目部分征地拆迁过程与施工实施过程重叠，增加了工作难度。在拆迁过程中，采取充分了解的方式，对于不愿拆迁的住户，先向所在地领导干部了解其家庭情况，向其周围亲友询问不愿拆迁的真实原因，再邀请业主单位针对该住户情况，协调政府部门给予针对性解决。过程中，免除了任何一种冲突，充分体现了民族稳定、社会稳定，攻破各个拆迁难题，按时完成拆迁工作。

3. 投资控制

本项目概算金额为32004万元，而确定投资金额为28900万元。比概算节约造价3104万元，约占原概算的9.7%。

4. 深化设计、施工同步管理

在项目实施过程中，由专业施工承包单位参与设计，根据施工图设计资料，出具各自的专项深化施工图设计，再由设计单位统一各专业深化设计，协调整体设计，进行专业衔接。这样做的优势为专业施工单位出具的施工图深化设计资料可实施性较强；通过各方会审的图纸，再由设计单位根据施工图设计统筹把控，可提前进入实施，缩短很大一部分工期。最后使施工图满足使用要求及整体协调性。

5. 进度控制

为使2016年8月"艺术节"能够顺利在体育场举办，需要在不到一年的时间内协助业主方完成从项目立项起至项目竣工验收的全部工作。在前期决策阶段对各相关单位进行了重要工作节点的安排，并统一管理。在施工阶段由于采用施工与深化设计同步进行，为避免频繁的设计变更阻碍项目按原定进度计划实施，在此阶段安排专人驻扎设计单位参与每一次变更工作，做到第一时间将讨论确认后的设计变更信息传达至施工单位，做到设计、施工无缝对接，从而节省沟通时间和成本。

在施工过程中，通过工序调整与衔接的方式，缩短施工工期且保证施工质量。首先将整体施工按照顺序法全部排列，确定施工关键点。本项目采用流水施工法，抓住施工关键点，提出专项方案，缩短流水节拍，提高整体运作效率，节省一切可节省的施工时间，仅用11个月的时间建设完成并交付使用，达到预期目标。

6. 信息合同管理

本项目通过严密的信息管理，提升整体项目实施效率。

设计图纸的信息化管理在本项目中起到了至关重要的作用。因深化设计与施工同步进行，设计资料的更新信息、认定信息通过信息化管理，全部及时、准确地送达到各参建单位和施工现场，避免了因图纸错误、图纸更新不及时而引起的返工，大大节省了工期和费用。

合格供应商名录建立制度为项目实施过程的衔接起到了保障作用。在实际施工过程中，将所有参建单位的设备、材料、设施、工器具、人力供应商信息统一备案管理，并通过筛选确定合格供应方名录，而保证名录中所有供应商随时可以提供合格的服务。在深化设计与施工同步进行过程中，材料的选择也是根据情况而变化。从名录中及时选择符合条件的供应商，并对其产品进行实验、比选，便可快速响应现场变化。工器具与人力供应的备选更是为工程实施过程随时发生的突发情况的及时应对提供了有力保障，使得本项目可以顺利实施。

7. 咨询成果受到业主好评

2018年6月4日上午，业主方领导一行莅临开元咨询指导工作并为开元咨询授予全过程工程咨询服务荣誉奖牌（图3）。

业主方领导在发言中表示，开元咨询人不断进取、努力争做行业标杆的奋斗精神令人感动，在驻场项目经理的带领下，开元咨询工程师团队很好地完成了体育场项目的全过程项目管理，在深化设计与施工同步进行的复杂情况下，该项目工期进展顺利，并很好地控制了成本，提升了项目价值。他希望在以后的工作中双方加强合作，也祝愿开元咨询在接下来的发展中更上一层楼。

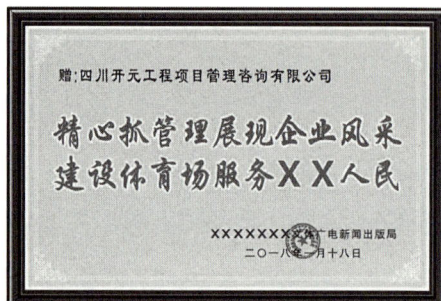

图3 荣誉奖牌

专家点评

某体育场改造工程，由四川开元工程项目管理咨询有限公司负责项目管理工作。工程特点：工期短，条件复杂，属灾后重建项目。咨询服务内容涵盖前期阶段、招投标阶段、勘察设计阶段、施工准备阶段、施工阶段、竣工验收等各阶段。

该案例根据项目情况、服务内容等因素，按业主需求划分相应目标，设置专业组织架构，明确职能分工，细化工作职责。并介绍了咨询服务运作的前期报批、项目招标、勘察设计、征迁报建、施工管控、竣工验收、结算、移交及决算等各项工作。针对该项目工期短的特点还就流水作业施工节约工期的经验进行详解。在勘察设计阶段，对外幕墙方案进行了设计方案比选，测算选择了最优方案，取得了较好的经济效果。在设计变更方面因对施工工艺的了解，在看似增加工程量的建议中，却取得了提高构件安全性的同时节约了工程成本。在招标、施工、后评估等各阶段积累了咨询工作经验并进行描述分享。

在咨询服务实践成效方面，该案例结合自然条件对混凝土养护、材料抗风性能等方面提出管控意见；在信息管理方面将各参建单位的生产要素、供应商信息等都建档备案，并从中优化实施咨询项目，保障项目顺利实施。各阶段的咨询服务成果方面得到业主方的好评并获荣誉奖牌。

该案例通过全过程工程咨询服务，在项目整体进度、质量、投资控制、环境安全管理等各方面均获得了较好的效果，能够为日后全过程工程咨询服务起到很好的参考作用。

点评人：吴玉珊
龙达恒信工程咨询有限公司

某高原高寒地区演艺中心项目全过程工程咨询案例

——中道明华建设工程项目咨询有限责任公司

明 针 刘世刚

一、项目概况

甘孜州某景区演艺中心项目，建筑面积24286.13m²，工程类别为房屋建筑（文化观演类综合体），工程造价21585万元。

（1）项目概况：甘孜州某景区演艺中心包含1号、2号楼两栋单体建筑，位于四川省甘孜州稻城县，距日瓦镇2~3km。施工承包范围包括建筑、结构、给水排水、电气（含强弱电）暖通、舞台机械设备、观众厅声学设计、室内装修、室外景观等。子项1号楼为演艺中心，建筑面积约20328.62m²，檐口高度23.9m，地上5层，地下1层，建筑使用性质为文化观演，观众座位1544个。2号楼为员工宿舍，建筑面积：3957.51m²，地上4层，地下1层。

（2）建设意义：近年来，甘孜州某县加强旅游业转型升级，着力推动产业融合发展、构建"全域旅游"大格局，使得旅游产业核心竞争力不断提升，旅游收入对GDP的贡献率达到50%。本项目所在地是外来游客抵达景区的必经之路，该项目的建设有利于进一步推动景区开发建设，对打造金沙江流域大香格里拉国际精品旅游区有着积极的作用。演艺中心建成后，将作为保护甘孜境内的民间音乐、民间舞蹈、传统戏剧等非物质文化遗产的重要阵地，向游客展示、传承具有甘孜藏族特色的非物质文化遗产节目，能够让游客欣赏、体验到原汁原味的甘孜藏区民间乐舞与传统藏戏，有利于提高某景区的吸引力。

（3）计价特点：本项目为BT模式，招商人按4：3：3比例，三年内完成回购。综合单价为依据《建设工程工程量计价规范》GB 50500-2013和四川省2009《建设工程工程量清单计价定额》及相关配套文件规定组价（其中材料单价由发包人认质核价），工程量按施工图设计文件及批准的施工组织设计和方案按实计算。

（4）专业特点：本项目造型较复杂，具有很强的艺术性及民族特色，包含异形大跨度钢结构工程，且在舞台控制系统方面专业要求很高。

（5）管理特点：本项目建设单位某旅游开发有限责任公司，擅长的是旅游开发、管理及文化艺术的经营管理，对工程项目基本建设程序、承发包合同管理、设计管理、施工管理、投资控制等力量相对薄弱。

（6）地域特点：本项目位于高海拔（3000m）藏族聚居区和风景名胜区，对自然环境的保护要求严格，且存在人工及机械降效、材料运输距离长、运输费用高的情况。

（7）咨询工作重点：上述特点决定了本项目的咨询单位不仅要擅长投资控制，更需要做好以下咨询工作：①协助建设单位规范基本建设程序、完善项目管理制度；②协助建设单位对设计、施工、监理等参建单位的履约进行管理；③加强对各种设计方案和施工方案进行比选优化；④加强过程中的验收、收方，验证设计文件和施工方案的实施情况；⑤加强地材来源和特殊材料设备调查，准确核实材料设备单价；⑥帮助委托人规范存档资料。

（8）项目实施成效：在批复的规模（30164m²）和投资额（估算投资21000万元，实际投资略有增加，未超10%）范围内实现了项目决策所确定的经济、社会、环境效益目标。

二、咨询服务范围及组织模式

1. 咨询服务的业务范围

中道明华公司在本项目受建设单位委托，提供从设计阶段到竣工结算的全过程工程咨询，咨询合同约定的业务范围主要包括：

（1）审核项目设计概算；

（2）限额设计、设计优化造价咨询；

（3）分包合约规划与招采策划、招标代理；

（4）编制和审核施工图预算；

（5）施工阶段过程控制包括：

造价控制；施工方案和措施优化；设计变更经济分析；合同管理、合同造价条款变更、管理；参与现场隐蔽验收及材料进场验收；预付款、进度款、变更款、索赔款审核；材料、设备价咨询。

（6）配合竣工验收，审核工程竣工结算、规范存档资料。

2. 咨询服务的组织模式

对于本全过程工程咨询项目，中道明华公司为本项目成立固定项目团队驻场进行咨询服务，及时处理项目在技术、经济、管理、法律方面的问题，公司董事长明针作为总协调人，负责为项目协调各类人员、设备、类似项目数据库的支持。项目负责人刘世刚作为对外联络人及团队组织者以及质量第一级复核，项目负责人受总协调人领导。专业总监提供各专业第二级复核。公司总工办为项目团队提供技术支持及质量控制，作为第三级复核。

公司设计、招投标、法律、施工、监理、会计方面的专家团队是项目强有力的后台支持，为项目全过程控制中遇到的相关问题提供专业的建议。

（1）项目组织结构图（图1）。

（2）实施人员名单、在本项目任职及工作职责（表1）。

3. 咨询服务工作职责

本项目建设单位人员主要擅长的是旅游开发、管理及文化艺术的经营管理，对基本建设程序、承发包合同管理、设计管理、施工管理、投资控制等力量相对薄弱；设计单位主要侧重于项目技术上的实现；监理单位主要侧重于实施过程中的质量、安全监督。

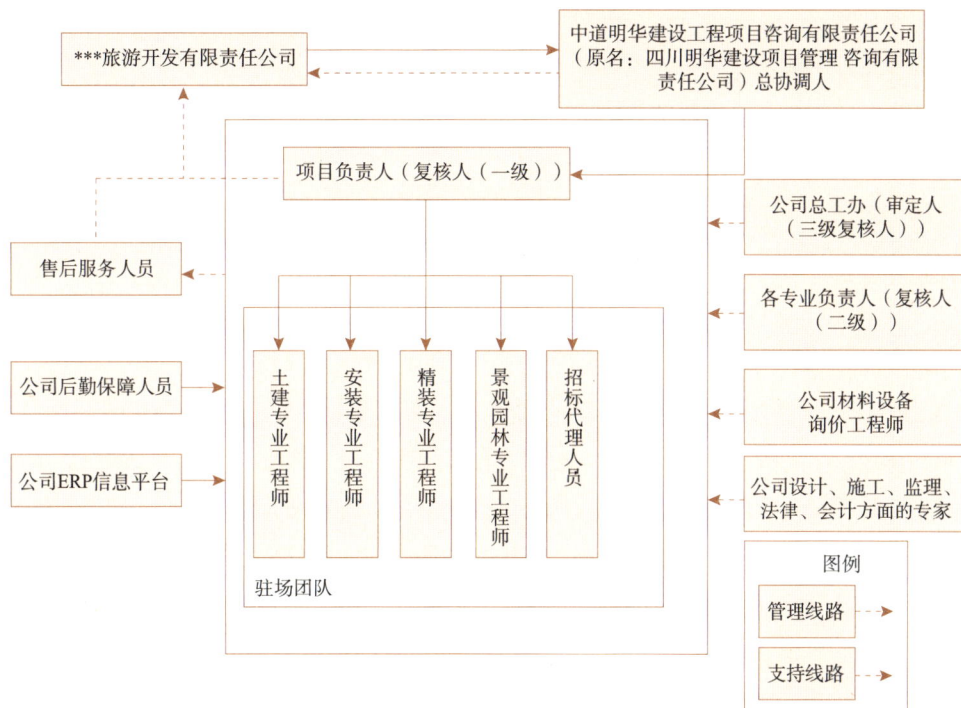

图1 组织结构图

人员配置及工作职责表　　　　　表1

序号	姓名	职务	职责	备注
1	明某某	总协调人	负责项目总体协调，解决重大问题	
2	刘某某	项目负责人	对外联络人及团队组织、统筹全过程咨询各管理事项，以及咨询质量第一级复核，并负责项目合同管理方面的工作	阶段性驻场
3	王某某	土建专业工程师	负责1号楼土建算量计价，对项目的设计、实施管理过程提出与土建专业相关的咨询建议	阶段性驻场
4	彭某某	土建专业工程师	负责2号楼土建算量计价	阶段性驻场
5	刘某某	土建专业工程师	负责1号、2号楼钢结构算量计价	阶段性驻场
6	黄某某	土建驻场工程师	负责过控现场日常事务，如现场巡查、收方、隐蔽工程取证、材料进场检查、签证变更测算、各类台账建立、过控日志记录、填报周（月）报	全程驻场
7	王某某	土建驻场工程师	负责过控现场日常事务，如现场巡查、收方、隐蔽工程取证、材料进场检查、签证变更测算、各类台账建立、过控日志记录、填报周（月）报	全程驻场
8	程某某	安装专业工程师	主要负责安装工程强电方面的算量、计价、驻场测算，对项目的设计、实施管理过程提出与安装专业相关的咨询建议	全程驻场
9	王某某	安装专业工程师	主要负责安装工程弱电、消防的算量、计价、驻场测算，对项目的设计、实施管理过程提出与安装专业相关的咨询建议	全程驻场
10	邵某某	装饰专业工程师	负责精装工程的算量、计价，对项目的设计、实施管理过程提出与装饰专业相关的咨询建议	阶段性驻场
11	高某某	装饰专业工程师	负责精装工程的算量、计价，对项目的设计、实施管理过程提出与装饰专业相关的咨询建议	阶段性驻场
12	杨某某	招标代理人员	负责招标代理相关工作	招投标阶段

中道明华公司作为建设单位委托的全过程工程咨询单位，是以投资控制为主线，将上述单位职能进行综合，同时协助甲方对设计、监理在履行合同过程中涉及项目效益的行为进行管控。对项目设计、招投标、合同、验收、签证、变更、价款支付等事项进行全过程控制，最终实现项目全生命周期成本最优的目标。

三、咨询服务的运作过程

1. 总体思路

本项目的过程咨询是从设计阶段介入的，从项目投资控制角度而言，越早介入效果越好，决策阶段、设计阶段、发承包阶段、实施阶段、结算阶段，对项目投资的影响程度是依次递减的。因此，本项目的全过程咨询思路是：加强设计阶段测算和方案比选、设计优化；加强招投标阶段策划、招标文件及合同条款的设置，合理分配风险；加强过程中的精细化管理和证据收集，为结算打下坚实基础；发现问题及时向委托人汇报并提出处理建议，并通过周报（月报）定期向委托人反映全过程咨询情况（月报示例详见附件1所示）。

为保证项目服务目标的达成，本全过程工程咨询的运作过程是采用PDCA循环的机制，即计划、执行、检查、处置。重点在于前期的计划安排及执行过程中的检查纠正。

具体来说，计划及交底使全体参与人员明确：要达到的目标，在什么时间需要做什么事，每个人的职责分工是什么，项目的重难点以及三级复核各级关注点，质量偏差及时限延误所需承担的处罚。

而全程跟进的过程复核则将随时掌控项目的质量与进度，将问题处理在过程中。

上述工作过程都基于公司的ERP信息平台，得以将现场工作人员与公司后台专家连接在一起，并提供类似项目数据库作经验、指标及价格的参考。

2. 运作过程

（1）公司董事长明针亲自作为分管领导，保持对委托人需求及项目进展的关注，保证人力物力资源调配的力度；

（2）指定专业配置齐全相对固定的项目执行团队，保证工作的延续性以及对特定委托人要求的熟悉程度；

（3）收集整理委托人内部管理制度、项目所在地区的相关制度文件，并对全体相关人员做交底、培训；

（4）根据项目实施进度，按项目规模、专业、时限要求组织人员实施各项咨询内容；

（5）以公司类似项目数据库做支撑，提供特殊材料、设备价格的参考；

（6）过程中加强全程三级复核，随时跟踪项目进度和质量情况，最终达到在要求的时限内出具符合质量标准的成果文件；

（7）事后内部对项目进行总结，并向委托人进行回访，特别关注需要改进的地方，以期服务质量不断提高。

对应的控制措施包括：人员岗位职责的约束机制；ERP信息平台的监控措施；三级复核对于服务及

成果质量的打分、打分结果与绩效工资挂钩的绩效考核制度；企业文化对员工内在动力的引导；技术培训对员工技能提高的保证措施等。

3. 各项咨询服务遵照的规范、标准

《建设工程造价咨询规范》GB/T 51095-2015；

《建设项目设计概算编审规程》CECA/GC 2-2015；

《建设项目工程结算编审规程》CECA/GC 3-2010；

《建设项目全过程造价咨询规程》CECA/GC 4-2009；

《建设项目施工图预算编审规程》CECA/GC 5-2010；

《建设工程招标控制价编审规程》CECA/GC 6-2011；

《建设工程造价咨询成果文件质量标准》CECA/GC 7-2012；

《四川省工程造价咨询服务标准》（试行）（川建价师协〔2017〕11号）。

四、咨询服务的实践成效

甘孜州某景区演艺中心项目全过程工程咨询，从设计阶段至竣工结算全过程，以投资控制为核心，帮助委托人规范基本建设程序、进行承发包合同管理、设计管理、施工管理、投资控制，保证项目顺利实施，规范了项目资料，使资料与实际相符，保证了结算相关资料的真实性、完整性、合法性。使项目较好地实现了立项时确定的社会效益、经济效益、环境效益目标，获得政府及社会各界的良好评价。本项目在投资控制及建设管理相关方面取得的主要成效（表2）。

在投资控制及建设管理相关方面取得的主要成效　　　　表2

序号	事项	节约投资金额（万元）
1	设计方案测算、提出优化建议，将概算投资控制在估算投资限额内	9000
2	合同动态成本管理，节约投资	1600
3	通过对施工组织设计和施工方案进行审核优化，节约投资	764.1
4	通过对绿化工程认价控制，节约投资	65.52
5	通过对进场材料进行检查，节约投资	50
6	通过对专业政策的掌握，节约投资	204.25
7	结合审计经验，帮助委托人规范存档资料	—
	合计	11683.87

1. 设计方案测算、提出优化建议，将概算投资控制在估算投资限额内

本项目估算投资21000万元，第一版设计方案出来后，中道明华公司及时进行了测算，本版方案投

资额将达3亿元，超过了批准的投资额。建设单位希望通过变更立项增加投资的方式，按本版图纸施工，以避免因修改设计而延长工期。

中道明华公司与建设单位充分沟通，了解建设单位对本项目的使用需求，提出了设计方案优化建议：首先是建设规模，本版设计建筑面积为44838.48m²，其中地下2层建筑面积24520.16m²，主要功能是停车场，按设计容纳观众数比例，有较大富余，且可设置地面停车场解决，可考虑将地下室改为一层，可大大降低项目投资额。同时地上6层，有1层为架空层，从使用功能上属于浪费，也可以取消。可取消最高63.2m无实际使用功能的塔尖（并不会损害本项目"造型雄伟、庄严、大方，建筑结构实用坚固，与城镇景观协调和谐"的规划原则），降低建筑高度，降低设计上对于抗震、抗风等方面的考虑及施工措施的难度。中道明华公司向建设单位提交了分析建议，虽然修改设计与调整审批相比会增加3个月时间，导致工期延长，但可以通过施工组织措施进行压缩，而修改设计可以避免9000万元的投资浪费。

建设单位采纳了中道明华公司的建议，改版后的设计建筑面积为20328.62m²。通过对改版图的测算，改版图的金额控制在估算投资21000万元以内。

两版设计方案的比较（图2，图3）：

1号楼第一版设计：最高点63.2m，地上6层，地上建筑面积20318.32m²，地下2层，地下建筑面积24520.16m²，总建筑面积44838.48m²。

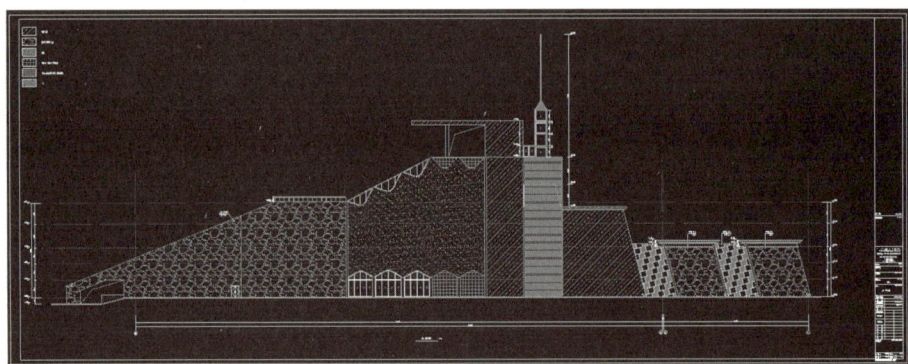

图2 修改前立面图

1号楼修改后设计：最高点35.95m，地上5层，地上建筑面积13732.86m²，地下1层，地下建筑面积6595.76m²，总建筑面积20328.62m²。

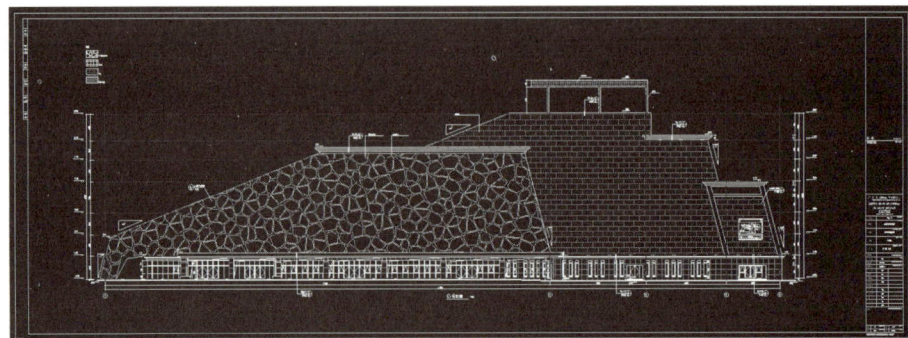

图3 修改后立面图

2. 合同动态成本管理，节约投资1600余万元

本项目舞台演出设施设备（含：舞台机械系统、舞台灯光系统、舞台音响系统、舞台监督系统、LED大屏幕系统、声学装修）专业施工，考虑到施工总承包单位的施工能力及资质问题，在甲方委托中道明华公司审核的基础上，采用邀请招标的方式，由设计及中道明华公司进行市场调查，择优邀请不低于五家企业投标。因定额缺项，所以采用清单固定综合单价招标。招标文件由中道明华公司编制，约定招标人的报价应包含货物的制造、包装、运输、装卸、保险、安装、调试、验收、相关鉴定检测、人员培训、验收检验、计量、进口环节税、增值税、其他应缴纳税金等一切费用，即招标文件要求所发生的一切费用均包含在投标总价中，投标报价为一次性包干报价。

通过招标程序，该分包工程中标价5498.69万元，由于从招标到实施时间超过两年，中道明华公司随时关注市场价格变化，实施前及时掌握了相关设备市场价格大幅下调约30%的动态，中道明华公司对合同进行了分析，在分包单位未实施采购及进场施工条件下，如终止原合同可能会产生50～100万元违约金，但重新招标可节约投资约1500万元，且也能满足工期要求，故中道明华公司收集了相关企业的价格资料，协助业主、总承包单位与分包单位进行谈判。

经反复谈判，分包单位认可相关设备调价的情况，同意将分包合同总价调为3849.08万元，减少1649.61万元。由总包单位与分包单位以商谈纪要的形式对原合同价格的调整进行确定（图4、图5）。

关于拟重新确定《稻城亚丁香格里拉演艺中心舞台系统设备采购及安装工程》承包价格的工作联系函

稻城亚丁景区旅游开发有限责任公司：

目前，甘孜州稻城亚丁景区香格里拉演艺中心工程正在紧张施工过程中，舞台系统设备采购及安装工程经总包单位四川鸿腾建设集团有限公司于2014年9月完成招标，确定北京星光影视设备科技股份有限公司为本分包工程中标人。

经我公司询价，当前市场上舞台设备的价格有所下调，下调幅度约20%，鉴于该分包人还未正式进场施工，相关设备也未采购入场。本着实事求是、公平、公正，节约项目投资的原则，建议总承包人四川鸿腾建设集团有限公司与分包人北京星光影视设备科技股份有限公司通过友好协商重新确定工程价格。

附：部分设备供应商调价通知。

四川明华建设项目管理咨询有限责任公司

2016年2月26日

图4 工作联系函

《甘孜州稻城亚丁景区香格里拉演艺中心舞台演出设施设备采购及安装工程》会议商谈纪要

会议时间：2016年4月6日上午

会议地点：鸿腾公司2楼会议室

会议内容：商谈《演艺中心舞台设施、设备》价格调整

会议结果：

1、双方就甘孜州稻城亚丁景区香格里拉演艺中心舞台演出设施设备目前市场实际状况进行了叙述，一致确认目前市场降价属实，确认专业供应商降价幅度属实，并现场电话进行了降价幅度确认，总体综合降价幅度为25 %左右。

2、双方就原投标文件总价总体下浮进行了商谈，一致同意原中标价（54986900.00元）总体下浮30%，按照总价38490830.00元（大写，叁仟捌佰肆拾玖万零捌佰叁拾元整）总价包干原则，结算不做调整。

3、鸿腾建设集团有限公司提前支付相应专业设备预付款（约调整后总价的30%），北京星光影视设备科技股份有限公司收款后及时采购本项目相应设施、设备，如采购不及时价格上调，责任由北京星光影视设备科技股份有限公司自行负责。

4、本会议纪要报送业主方，业主方确认后双方办理完相关手续后实施。

四川鸿腾建设集团有限公司代表：

北京星光影视设备科技股份有限公司代表：

2016年6/4

图5 会议纪要

3. 通过对施工方案进行审核优化，节约投资764.1万元

本项目为BT模式，采用定额组价，意味着所有经审批的施工方案均由建设单位买单，这种情况下，施工单位会追求施工方便和利润最大化，而不会考虑方案经济性。作为全过程工程咨询单位，就需要站在建设单位的角度，选择更合理、更节约的方案。

（1）土石方开挖方案（图6）

施工单位编制的地下室基坑大开挖边线是按1∶1放坡计算的，基坑深度约10m，则开挖边线需要外放10m。中道明华公司通过分析地勘资料：地层主要为第四系全新统冲洪积（Q1al+pl）卵石层和第四系上更新统冰碛（Q3gl）碎石土层。冲洪积卵石层位于贡嘎银河河床及阶地，结构稍密，工程地质性质较好；冰碛碎石土层位于河床两岸斜坡地带，结构松散稍密，斜坡地形坡度一般15°～20°，局部坡度25°～35°。自然边坡稳定性较好。良好的地质条件保证了工程建设的可行。结合类似项目经验，中道明华公司向建设单位建议可否按1∶0.5进行放坡，这样一方面减少工程量，另一方面也减少对原始地貌和自然生态环境的破坏，并在建设单位组织下与设计、地勘单位一起论证为可行，此项减少土石方开挖、运输、回填工程量1.2万m³，节约37.31万元。

图6 基坑开挖

（2）钢结构制作、运输方案

施工单位报送审批的施工方案中，钢结构全部在成都加工为成品，运至现场进行安装。本项目主要构件为箱梁组成的格构及钢网架，大部分构件长度超过14m、高度超过3m，其运输属于超限运输，对于车辆的载重能力使用率低，即单位重量的运费较高，本项目钢结构总重1506.7t，成都加工厂到本项目施工现场距离超过1000km，此方案钢结构工程施工单位报送的总造价达4268.94万元，其中运输费用即高达1100万元，中道明华公司根据类似项目经验，提出预埋铁件及部分小型钢结构完全可以在现场制作，且只能在工厂加工的大型构件也可以在成都加工成"子构件"运至现场进行拼接、安装，这样可以节省大量的运输费用，按此方案执行后钢结构工程造价为3542.15万元，节约了726.79万元（图7、图8）。

图7 演艺中心钢网架

图8 演艺中心钢箱梁

4. 通过对绿化工程认价控制，节约投资65.52万元

中道明华公司在本项目绿化工程的管控上，有两方面的成效。一是树种选择的建议，二是认价审核方面。

原设计采用了部分外地树种，运输成本较高，且有的不适应当地高寒气候，如香樟适应海拔高度在1800m以下，多喜光，稍耐荫，喜温暖湿润气候，耐寒性不强。中道明华公司建议全部采用当地树种，可降低造价并降低养护难度。

绿化工程中植物价格属于控制重点，根据合同约定，在实施过程中由施工单位报价，中道明华公司对认价单进行审核，提出中道明华公司建议价格，报建设单位确认后执行，本项目植物施工单位报送合价196.11万元，中道明华公司审核合价130.60万元，核减金额65.51万元。

5. 通过对进场材料进行检查，节约投资150.69万元

虽然项目的质量控制是监理单位的职责，但中道明华公司作为全过程工程咨询单位，咨询合同要求是对项目管理的各方面都需要进行关注，发现问题并向建设单位提出建议。其中就包括与投资效益密切相关的工程质量，另外从合同管理方面来说，也需要对所有参建单位履行合同的情况进行评价。

如墙面装饰石材（花岗石）总用量5182m²，设计厚度为25mm，经中道明华公司过控人员对进场材料进行现场核实，大部分石材厚度为20mm，少数石材厚度为22mm；经咨询设计，从使用功能和安全方面可以使用。中道明华公司会同建设单位、施工单位、监理单位对现场石材的实际厚度进行了确认，并按实际厚度进行结算。如未关注此问题，事后结算按施工图25mm厚计算，则价差将达50万元。通过对工程质量的关注，实现投资的效益性即"物有所值"，同时保证了结算的真实性。

6. 通过对专业政策的掌握，节约投资204.25万元

本工程地处高原、高寒地区，在此环境施工势必会产生人工及机械降效，而本项目为BT模式，招商时没有详细设计图，合同约定为采用定额计价。定额消耗量标准反映的是社会平均水平，高原高寒地区如果直接套用定额不能反映其施工难度和实际成本。安装工程定额中明确了调整系数，而土建装饰工程没有明确。施工单位主张增加1125.52万元降效费，经中道明华公司查阅相关文件并咨询阿坝州造价

站、四川省造价站、阿坝州发改委，并通过现场测算比较本项目与成都类似项目典型工序的降效系数，配合建设单位与施工单位反复协商，确定土建装饰工程高原、高寒降效施工增加费参照安装工程海拔3000～4000m标准，人工费及机械费增加40%，计算出增加费为921.27万元。与施工单位诉求相比，核减金额为204.25万元。

如果本项目为采用工程量清单招标，则可要求投标人在报价时自行考虑此降效费用，中标后不再调整，以此锁定风险。

7. 结合审计经验，帮助委托人规范存档资料

竣工存档资料要求具有真实性、合法性、完整性。中道明华公司通过全过程咨询收集现场实际情况第一手资料，对施工单位的送审结算资料进行全面细致审查，使资料与项目实际相符。过程资料参见附件1，对结算资料进行规范（示例）参见附件2，各过程各阶段图片参见附件3。

附件1：过程资料（过控月报示例）

中国某某某酒店及某某某景区非遗主体社区、
某某某演艺中心　项目

全过程咨询月报

（总第 9 期）

四川明华建设项目管理咨询有限责任 公司
编制人：刘某某
审核人：彭某某
编制日期： 2015 年 11 月 4 日

目录

至：某旅游开发有限责任公司

蒙贵公司信任，委托明华公司对贵公司　中国某某某酒店及某某某景区非遗主体社区、某某某演艺中心　项目实施施工阶段全过程造价咨询工作，现将本项目 2015 年 10 月 1 日至 2015 年 10 月 31 日的造价情况报告如下。

一、投资控制综述

1. 项目概况

（1）某某某景区非遗主题社区项目（略）。

（2）某某某演艺中心项目，由四川某建设集团有限公司承建，该项目位于甘孜州稻城县某某某镇，距离稻城县约70km。地下一层为设备房及工作间，本项目建设内容为演艺中心、演练厅、住宿楼等主体的建筑结构工程、舞台演出设施设备采购安装工程（含：舞台机械系统、舞台灯光系统、舞台音响系统、舞台监督系统、LED大屏幕系统、声学装修）、声学装饰工程以及配套的道路、广场、停车场、室外管网、绿化、围墙等工程，总建筑面积约20200m²。框架剪力墙结构及钢结构。

（3）中国某某某酒店项目（略）。

2. 明华公司目前的主要工作

（1）与某建司进行非遗合同预算价核对，已核对完成，但是按照合同应完成的补充协议还未完善；

（2）与某建司进行演艺中心合同预算价核对，截至目前，已完成宿舍楼工程量核对，演艺厅工程量正在进行核对。但目前，某建司钢结构、电梯已询价，其他部分等价格未上报；

（3）要求各施工单位将本年度产值上报给我单位进行审核，并补充前期未完善的施工资料；

（4）演艺中心目前基础及主体已完成验收，正在进行钢结构及砌体的施工；

（5）非遗项目目前主体结构已验收，但是由于锅庄广场可能出现重大设计变更，故目前已处于停工状态，应注意索赔的问题；

（6）演艺中心新砌围墙收方。

（7）审核演艺中心签证。

3. 下一步投资控制需重点关注事项

（1）目前，非遗主体已全部完成，演艺中心主体已完成大部分，但是后期很多材料仍未确定，我方已与建设单位沟通希望确定两个项目的一些未定材料（如非遗的外墙装饰砖，演艺中心的钢结构）；

（2）清单控制价中部分在稻城无价格的材料价格，虽然计算方法已确定，但具体的数据还未确定（如运费及损耗），明华公司预算审核人员将按施工合同条款，部分未定价材料暂定；

（3）要求演艺中心提供完整施工方案及前期所差资料；

（4）收集项目资料，如施工组织设计、专项施工方案等，并在实施过程中与方案对比是否按方案进行施工；

（5）按最终确定的过程控制实施方案进行进度、签证、结算等工作，并根据预算价及实施方案进行过程控制工作；

（6）要求各单位及时完善项目过程中的签证、设计变更等资料，严禁资料久拖不做，对于施工单位逾期未提出经济索赔的签证及设计变更，暂不予认可；

（7）对于现场发生的签证严格执行三级复核工作；

（8）目前稻城气温逐渐下降，严格检测气温，注意冬季施工问题；

（9）建议建设单位应尽快全面落实叶尔红项目征地问题，及项目审批程序问题，目前叶尔红项目已处于停工状态，若此情况持续下去，将影响项目图纸、施工、资料等工作全面实施，甚至可能会导致叶尔红施工单位进行索赔。

二、项目累计施工进度（表3）

施工进度表　　　　　　　　　　　　　　　　　　　　　　　　表3

项目名称	施工单位	清标后暂定的金额	累计完成产值	比例	施工形象进度描述
非遗主题社区	某建设集团有限公司	合同暂定10000万元	累计报送7008.28万元，审核后实际完成产值为3761.12万元		目前非遗主题社区处于停工状态，本月无产值
演艺中心	四川某建设集团有限公司	合同暂定18000万元	累计报送9489万元，审核后实际完成产值为3308.41万元		1. 已完成工作 （1）演艺中心： 1）基础及主体结构验收合格； 2）主体4~5层砌体完成； 3）观众厅屋面钢网架焊接球施工完成。 （2）员工宿舍： 1）地下室梁板柱及剪力墙楼梯浇筑完成； 2）连廊及一层梁板柱浇筑完成； 3）二层梁板柱浇筑完成； 4）三层梁板柱模板安装完成。 2. 正进行工作 （1）演艺中心： 1）部分砌体； 2）钢结构施工； 3）局部抹灰。 （2）员工宿舍： 1）三层钢筋绑扎； 2）局部二层施工

续表

项目名称	施工单位	清标后暂定的金额	累计完成产值	比例	施工形象进度描述
叶尔红官寨酒店	福州市某建设股份有限责任公司	合同暂定10000万元	报送447.41万元，审核后实际完成产值为23.66万元		完成进场临时道路： 完成部分征地问题，原始地形地貌测量； 进行施工场地及临时便道土地范围内树木移植； K3道路部分土石方开挖工作； 叶尔红酒店饮用水源确定； 叶尔红项目道路部分土石比例确定； 目前叶尔红酒店处于停工状态，本月无产值

三、项目合同造价动态变化情况

截至本月底，合计签署合同 __3__ 份，合同造价约 __38000__ 万元（其中公开招标合同 __3__ 份，邀请招标合同 __/__ 份，委托合同 __/__ 份）。见表4。

动态变化情况表　　　　　　　　　　　　　　表4

合同名称	施工单位名称	合同金额	预计变更签证索赔及调差款	预计结算造价（元）	暂列金（元）	风险度（%）
非遗主题社区	某建设集团有限公司	合同暂定10000万元	约600万元			
演艺中心	四川某建设集团有限公司	合同暂定18000万元	约5万元			
某某某酒店	福州市某建设股份有限责任公司	合同暂定10000万元	约0万元			
合计（约）		38000万元				

注：风险度=预计变更签证索赔及调差款/暂列金（当该比值≤1时，风险度为可控范围，当该比值>1时，风险超出可控范围）；预计结算造价=合同金额+预计变更签证索赔及调差款−暂列金。

四、项目工程签证、设计变更情况

截至本月底，现场共发生工程签证 __19__ 份，估算值为 __886__ 万元（重复内容未重复计入金额，但计入份数）；设计变更 __/__ 份，估算值为 __/__ 万元。以上变化导致造价总金额为 __886__ 万元。

1. 工程签证（表5）

签证汇总表　　　　　　　　　　　　　　表5

工程签证编号	工程名称	施工单位	内容	预计增加投资	签证日期
1	叶尔红酒店	福州某有限公司	无	0	
2	演艺中心	四川某建设集团有限公司	基础软土换填	5万元	2014年10月21日
3	非遗项目	某建设集团有限公司	降水、网喷支护、人工挖孔桩	600万元	2014年7月15日
4	演艺中心	四川某建设集团有限公司	停电时的发电签证	50万元	持续发生
5	非遗项目	某建设集团有限公司	停电时的发电签证	50万元	持续发生
6	非遗项目	某建设集团有限公司	因市政道拓宽所引起的施工围墙拆除及新砌	55万元	2015年6月
7	演艺中心	四川某建设集团有限公司	因市政道拓宽所引起的施工围墙拆除及新砌	95万元	2015年6月
8	演艺中心	四川某建设集团有限公司	C15换填	3.45万元	2015年10月
9	演艺中心	四川某建设集团有限公司	地下室挖土石方及外运	0.41万元	2015年10月
10	演艺中心	四川某建设集团有限公司	2014年10~12月发电机台班	4.35万元	2015年10月
11	演艺中心	四川某建设集团有限公司	2014年10~12月基坑降水台班	7.93万元	2015年10月
12	演艺中心	四川某建设集团有限公司	2015年5月发电台班	0.41万元	2015年10月
13	演艺中心	四川某建设集团有限公司	2014年5月基坑降水台班	7.42万元	2015年10月
14	演艺中心	四川某建设集团有限公司	2015年4月发电台班	3.91万元	2015年10月
15	演艺中心	四川某建设集团有限公司	2014年3~4月基坑降水台班	2.36万元	2015年10月
16	演艺中心	四川某建设集团有限公司	砂砾石回填：C15回填	0.36万元	2015年10月
17	演艺中心	四川某建设集团有限公司	2015年6月发电台班	0.5万元	2015年10月
18	演艺中心	四川某建设集团有限公司	2015年7月发电台班	0.55万元	2015年10月
19	演艺中心	四川某建设集团有限公司	修理厂挖沟	0.22万元	2015年10月
合计				886万元	

2. 设计变更（表6）

变更汇总表 表6

设计变更编号	专业	变更内容	预计增加投资（万元）	签发日期
1		目前施工图纸与最初施工图纸已完全变更		

五、材料认价情况（表7）

材料认价汇总表 表7

施工标段	认价单编号	认价日期	材料名称	预计数量	单位	报送单价	审核单价	合价（万元）	备注
1	演艺中心钢构								
2	演艺中心电梯								

注：预计合同价调整=合价−原合同对应金额。

六、价差调整情况（表8）

差价调整表 表8

施工标段	事由	合同金额（万元）	预计材料调差金额（万元）	预计其他调差金额（万元）	调差金额合计（万元）	调差金额占比（%）	调差依据
	合计						

注：1. 预计材料调差金额含材料认价后的调整；

2. 调差金额合计=（预计材料调差金额+预计其他调差金额）×税率。

七、本月产值审核情况（表9）

产值审核表 表9

项目名称	施工单位名称	送审金额（万元）	核减金额（万元）	审核金额（万元）	完成日期	委托书编号	备注
非遗社区	某建设有限公司	83.73	67.97	15.76	2015年8月5日	02	
演艺中心	四川某建设集团有限公司	548.4	92.27	456.13	2015年11月1日	02	
叶尔红	福州市某建设股份有限公司	0	0				

附件2：对结算资料进行规范（示例）

工程结算资料问题

编号：2017-10-17

工程名称	甘孜州某景区演艺中心工程	日 期	2017 年 10 月 17 日
接收单位	某旅游开发责任有限公司	抄送单位	
主 题	关于甘孜州某景区演艺中心工程相关问题		

精装修部分

1. 办公区域、后勤区域（1~5 层）竣工图中所有浅啡网石材波打线及门槛石实际为仿浅啡网石材地砖。
2. 办公区五层走道缺立面图。
   分平面图与总平面图范围不一致。
3. 四层公共卫生间银镜及洗面台缺节点图。
4. 四层走道分平面图与总平面图墙体布置不一致，现场出电梯门处有两堵墙。
5. 三层开放办公室封闭阳台无立面图。
   轴线 16 交 B 轴处现场无门。
   立面索引符号与立面图编号不一致。
   卫生间银镜及洗面台缺节点图。
   卫生间立面图银镜及洗面台宽度有误，实际为 2.4 m。
6. 二、三层总监、导演办公室吊顶高度平面图与立面图不一致，需按现场实际调整。
   跌级吊顶缺节点图。
   地面边带不是石材，是仿石材地砖。
   地毯收口条不是铜条，是木线条。
7. 二层独立化妆间淋浴间地面实际为仿石材（仿新西米、银白龙）地砖，竣工图不符。
8. 二层走道室外阳台无立面图。
   分平面图与总平面图范围不一致。
9. 一层女演员卫生间现场吊顶高度 2.75 m，图纸标注 2.9 m。
   卫生间地台高度 0.15 m，平面图标注有误。
10. 一层公共卫生间地面图纸标注石材，现场全部为仿石材地砖。
    墙面文化石需修改为中国黑拉槽。
11. 一层大厅顶棚及墙面标注金色墙纸处需修改为金箔墙纸。
12. 请补充 3~8 号楼梯间装修图纸。
13. 演艺中心一层总平面图将 5 号、6 号楼梯、舞台入口框入演绎剧场内，需修改。
14. 请补充练功房及休息室硬包墙面节点图。
15. 请补充二层电梯厅区域水曲柳墙面节点图。
16. 请补充各区域跌级吊顶天花节点图。
17. 请将结合现场及认质认价资料修改竣工图纸，并自查其他送审资料是否有误。

接收单位：	某旅游开发责任有限公司	发出单位：	四川明华建设项目管理咨询有限责任公司
负 责 人：		技术负责人：	

附件3：全过程各阶段照片（图9～图18）

图9 地基钎探

图10 地下室底板防水

图11 基础钢筋

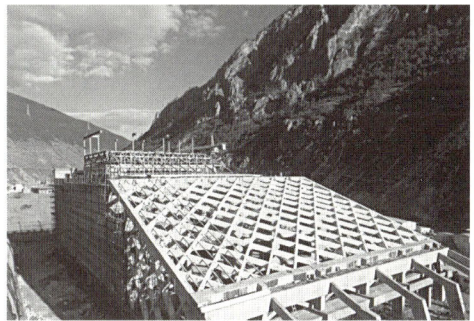
图12 箱梁钢结构

图13 钢网架

图14 外墙夹芯板

图15 屋面石材线条骨架

图16 干挂石材墙面龙骨

图17 现场协调会（舞台设施设备调价）　　图18 竣工验收

专家点评

　　该项目为甘孜州某景区演艺中心项目，建筑面积24286.13m²，工程类别为房屋建筑（文化观演类综合体），工程造价21585万元，采用BT承包模式。案例介绍了咨询服务范围和其组织架构、工作流程及实施中取得的成果等。在方案比选、过程成本控制点、咨询月报、工程结算出现问题的总结等方面有一定的借鉴作用。尤其在第一版设计方案出来后，经测算投资额将达3亿元，超过了批准的投资额。在保证本项目的使用需求下，提出了设计方案优化建议将地下室改为一层、取消架空层、取消无实际使用功能的塔尖等减少了9000万元的投资额，造价节约显著。在合同动态成本管理方面，对已中标分包工程由于招标时间较早市场价格降价变化较大，因掌握市场价格，在不影响工程实施前提下，在该分包工程实施前，对此进行了重新招标分析，就此与分包单位进行了价格谈判，与分包单位以商谈纪要的形式对原合同价格的调整进行确定，节约资金1600余万元。

　　该案例主要展示了项目的咨询服务成果，及附件展示的咨询月报内容、工程结算问题、工程照片等。在相关咨询服务工作总结时，也可借鉴案例内容，整理相关成果文件。在咨询服务成效介绍中，也可参考或举一反三，为委托单位在项目建设及项目合作方面提供合理、优化、多赢的建议、意见。

点评人：吴玉珊

龙达恒信工程咨询有限公司

大型文化综合体项目全过程工程咨询典型案例
——天津房友工程咨询有限公司

陈天伟　邹士举　田启蒙　何云昊　孔维敏

一、项目概况

1. 基本信息

　　某大型文化综合体项目（图1）建设由天津房友工程咨询有限公司负责全过程咨询，总建筑面积约31.6万m²，总投资约48.69亿元。项目设计和施工均采用总承包模式，开工日期为2015年3月26日，竣工日期为2017年8月31日。

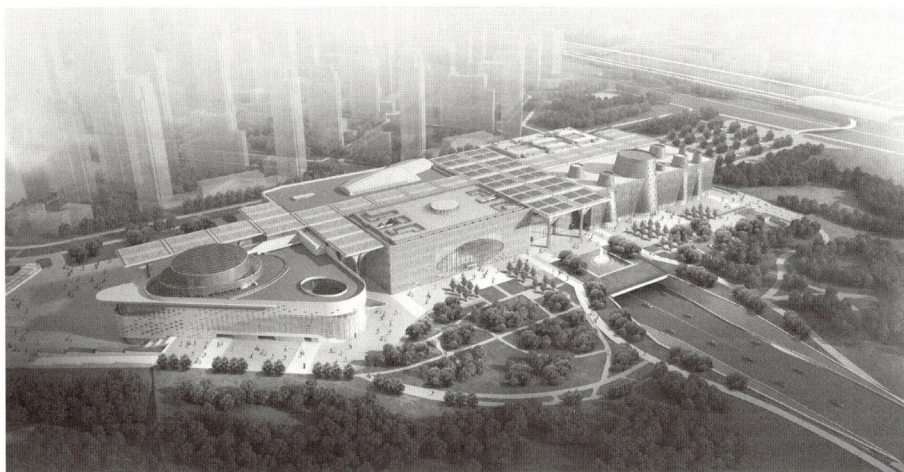

图1　项目效果图

2. 项目特点

　　本项目受项目环境、建筑形式等影响形成如下特点和难点：

（1）项目环境复杂

　　本项目坐落在某碱厂片区，用地范围内原厂区废旧基础较多、地下环境复杂；项目用地红线与原碱厂红线（某碱渣山脚下）重合，工程建设过程中需去除部分碱渣，必须采取有效保护措施。

（2）多个单体建筑连接形成一体

　　本项目由"五馆一廊"组成，包括探索馆、图书馆、美术馆、演艺中心、市民活动中心、文化长廊及地下空间，五个建筑单体由文化长廊串联形成一体。

　　同时，解放路从本项目地下穿过，需为其预留空间及荷载等建设条件；远期规划地铁B7线从解放路下方通过，项目建设过程中需考虑地铁建设条件预留问题。

（3）工程体量大、工期紧、任务重

本工程占地面积约12万m^2，建筑面积31.6万m^2，建设规模巨大，而建设工期仅29个月，工期紧张、建设任务繁重。

（4）参建单位数量众多

本项目为文化综合体项目，系统复杂。设计工作由国内、外多达15家设计单位配合完成；专业分包单位28家；咨询服务单位27家。参与单位众多，协调工作量大。

（5）管理要求高

本项目建设总体目标为创建"建设手续办理、质量、安全、文明施工、农民工管理"样板工地；确保本市质量最高奖项，争创"鲁班奖"；达到"市级文明工地"标准；成本控制在批复总投资以内；绿色建筑目标为二星。

二、咨询服务范围及组织模式

1. 咨询服务的业务范围

我公司负责本项目的工程前期咨询、招标代理、造价咨询、BIM咨询及项目管理服务，其中：

工程前期咨询服务主要负责编制项目建议书和可行性研究报告，并负责成果文件申报及协调审批等相关咨询服务。

招标代理服务主要包括勘察设计、监理等服务类招标及施工类招标，招标工作内容从发招标公告或投标邀请书至完成中标通知书备案手续，并编制招标情况报告。

造价咨询服务主要包括编制工程量清单、编制招标控制价、施工阶段全过程造价咨询、参与投资风险管理等服务内容。

BIM咨询服务主要包括BIM模型的管理与指导，创建BIM漫游动画；监督总包单位进行BIM管线综合排布，并通过BIM可视化指导现场施工。

项目管理咨询服务主要包括建设手续管理、招标管理、投资管理、设计管理、合同管理、资料管理、工程管理（进度、质量、安全、文明施工、劳务管理及维稳）、创优管理、对外协调、会议管理及保修期服务等全过程项目管理咨询服务。

2. 咨询服务的组织模式

为了充分满足业主在本工程项目委托管理服务方面的实际需求，提高本工程项目管理服务水平，保证优良的服务质量。结合本工程具体情况特点，"分层面、分层级"建立公司层面组织架构，对项目实施全过程的管理服务，确保项目管理服务在全局受控的状态下进行。

（1）公司层面管理组织架构，见图2。

（2）项目部层面管理组织架构，见图3。

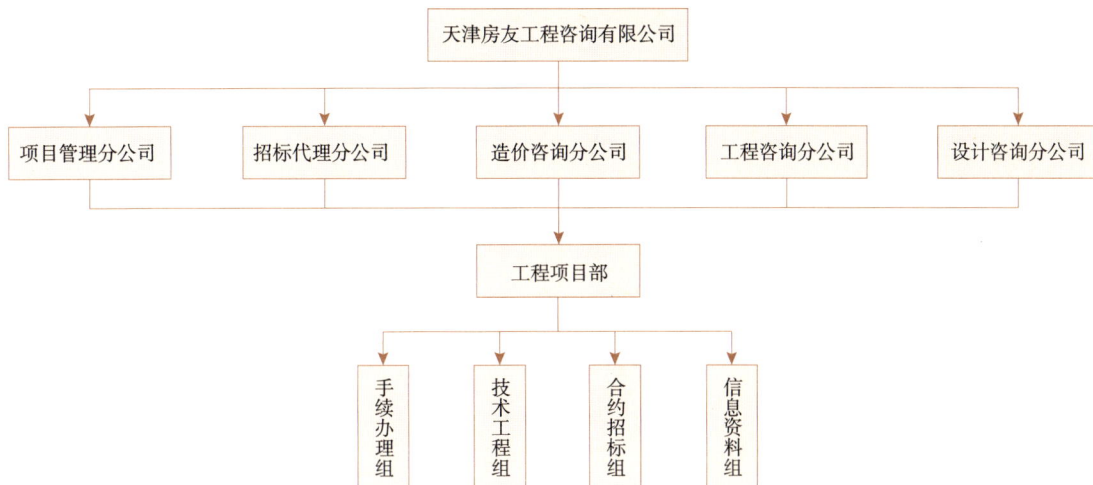

图2 公司层面管理组织架构

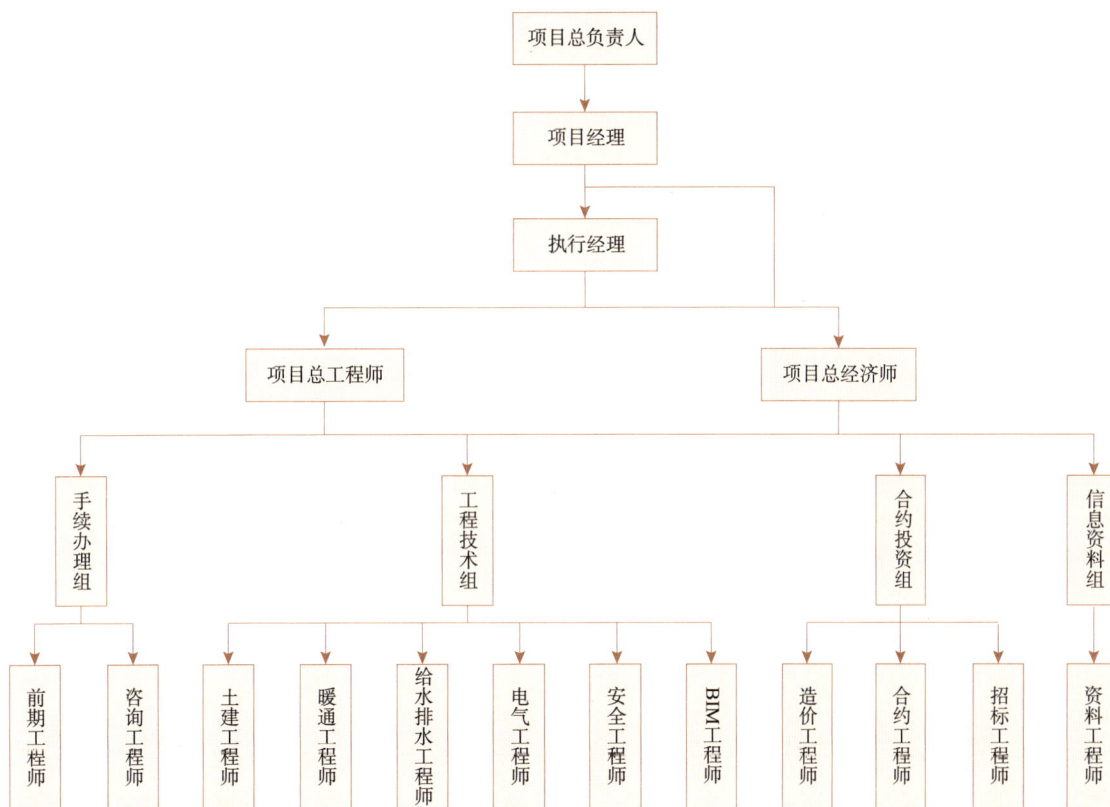

图3 项目部层面管理组织架构

3. 咨询服务的工作职责

结合项目管理职责分工表（表1）中明确的195项工作任务，在项目总负责人、项目经理及执行经理的领导下，将任务合理分配至手续办理组、工程技术组、合约投资组、信息资料组，确保建设工作任务无盲区。

三、咨询服务的运作过程

1. 明确参建各方职责分工

在项目建设初期，根据项目工作分解结构（WBS）将管理任务进行分解，建立健全项目各参建单位的管理体系及职能分工，明确划分管理责任，见表1。

项目管理职责分工表　　　　　　　　　　　　　　　　　　　　　　表1

职能代号：信息–I，决策准备–P，决策–E，执行–D，跟踪检查–C

阶段	编号	工作任务分类	业主	监理	设计	施工	设备供应	招标代理	造价咨询	项目管理
项目立项	1	项目管理业务洽谈	E							IPDC
	2	项目管理合同签署	E							IPDC
	3	组建项目部及项目交底	E							PD
	4	建设手续办理合理化建议	E							IPDC
	5	合约划分合理化建议	E				IPD	IP		IPDC
	6	投资控制方案的编制	E						IPD	IPDC
	7	投资方案的编制，确定预控目标	E						IPD	IPDC
	8	技术指标合理化建议	E							IPDC
	9	项目结构分解管理总计划编制	EC							IPDC
	10	项目管理方案汇总编制	E							IPDC
	11	前期手续办理计划（着重于立项阶段）	E							IPDC
	12	现势地形图取得	E							IDC
	13	项目选址意见书	E							IDC
	14	核定用地图取得	E							IDC
	15	项目建议书编制	E							IDC
	16	项目建议书的报批	E							IDC
	17	环评手续办理	E							ID
	18	能评手续办理	E							ID
	19	项目投资估算编制	E						ID	IDC
	20	可行性研究报告编制（项目实施方案）	E							IDC
	21	可行性研究报告报批（项目实施方案）	E							IDC
项目前期手续办理阶段	22	前期手续办理计划（前期办理阶段）	E							IPDC
	23	勘查的方案、进度、质量的管理	E	DC						PDC
	24	设计进度实时跟踪、督促（设计全过程）	E		D					PDC
	25	规划总平面方案设计内部审核	E							DC
	26	规划总平面申报	E							IPD

续表

阶段	编号	工作任务分类	业主	监理	设计	施工	设备供应	招标代理	造价咨询	项目管理
项目前期手续办理	27	建设用地规划许可证	E							ID
	28	工程设计方案内部审核	E							DC
	29	工程设计方案申报	E							ID
	30	地籍调查、测量	E							ID
	31	建设用地批准书	E							ID
	32	国有土地使用证（白证）	E							ID
	33	项目设计任务书编制	E							IPD
	34	初步设计图内部审核或邀请专家审核	E		D					DC
	35	设计概算编、审	E		D				C	IDC
	36	工程初步设计申报、审批	E							DC
	37	工程固定资产年度投资计划办理	E							IPD
	38	大配套办理	E							ID
	39	施工图纸内部审查	E							DC
	40	施工图图审及备案	E		ID					IDC
	41	人防手续办理	E							ID
	42	消防图纸审查	E		D					ID
	43	防雷系统设计审查	E		D					ID
	44	监督设计院按审查意见完善设计成果	E		D					DC
	45	地名手续办理	E							ID
	46	规划放线	E							ID
	47	建设工程规划许可证	E							ID
	48	档案报送责任书	E							ID
	49	安全监督备案	E	I		I				ID
	50	质量监督备案	E	I		I				ID
	51	建设工程施工许可证办理	E							ID
	52	道路开口手续办理（前期）	E							ID
	53	市政设施保护	E	C		DC				PC
	54	临电、临水手续办理	E						DC	ID
项目招标（服务采购）	55	项目详细招标计划编制	E					IDC		IPDC
	56	项目报建	E					ID		ID
	57	勘察、设计、监理、施工总承包、设备采购项目招标	EDC					IPD		IPDC
	58	招标备案	EC					D		D
	59	工程量清单编制	EC					I	IPD	IPDC

阶段	编号	工作任务分类	业主	监理	设计	施工	设备供应	招标代理	造价咨询	项目管理
项目招标（服务采购）	60	工程量清单审核	EDC						D	IPDC
	61	招标公告发布或发放投标邀请函	EDC					D		D
	62	招标文件编制	EC					D	ID	IPDC
	63	招标文件发放	EC					D		D
	64	踏勘现场及答疑会	EDC	D	D	D	D	IPD	ID	IPD
	65	补充文件发放（如有时）	EC					D	ID	PC
	66	组织开标	EC	D	D	D	D	IPD		IPD
	67	中标结果公示（适用于公开招标项目）	EC					IPD		PC
	68	中标通知书备案	EC					IPD		PC
	69	招标情况报告备案	EC					IPD		PC
	70	合同签署及备案	EDC	D	D	D	D	IPD	D	IPDC
	71	其他项目邀请招标、内部招标及议标	EDC					IPD		IPDC
	72	招标文件编制	EC					ID	ID	IPDC
	73	招标邀请函发布	EDC					D		D
	74	踏勘现场及答疑会	EDC	D	D	D	D	IP	ID	IPD
	75	补充文件发放（如有时）	EC					D	D	
	76	投标	EC	D	D	D	D	IP		IP
	77	内部评标	EDC					D		IPD
	78	合同签署	EDC	D	D	D	D	IPD	D	IPDC
项目实施准备	79	组织施工现场准备工作	EDC	D		D				IPDC
	80	临电、临水施工	E							ID
	81	办理、移交高程控制点及红线控制点	E			D				IDC
	82	组织召开第一次工地例会	E	D	D	D	D			IPD
	83	施组及工序技术要点与难点审查	E	DC		D				IPDC
	84	监理规划和监理实施细则的审核	E	D						IPDC
	85	组织施工图纸交底及会审	E	DC	D	D			ID	IPDC
	86	二次设计及深化设计图纸的审核	E	DC	D	D			ID	IPDC
	87	设计成果优化的可行性分析	E	DC	D	D			ID	IPDC
	88	开工审批手续办理	E	DC		D				IPD
项目实施	89	合同管理及投资控制	EC	DC		D			C	C
	90	各项合同和补充合同的起草及签署	EDC	D	D	D	D	D	D	IPDC
	91	合同履行过程跟踪及资料收集	EC	C					ID	IPC
	92	合同履行评价报告（季）	EC	DC		D				C

阶段	编号	工作任务分类	业主	监理	设计	施工	设备供应	招标代理	造价咨询	项目管理
	93	合同汇总表编制	EC	DC	D	D	D			IPDC
	94	合同付款汇总表编制	EC	DC		D				C
	95	项目资金使用计划编制（本月、下月、半年、年度）	EC	DC	D	D			ID	IPC
	96	工程变更签证审核	EC	DC		D			ID	C
	97	工程变更签证月度汇总	EC	DC	D	D			ID	IPDC
	98	工程量清单减项明细	EC	DC		D	D		ID	C
	99	按合同约定审定支付工程款	EC	DC		D			ID	C
	100	项目投资概算及结算汇总表	EC	DC		D			ID	C
	101	施工组织及过程质量控制	EC	DC	D	D	D			IPDC
	102	生产要素配置及机械设备质量审查	EC	C		D	D			IPC
	103	质量管理体系及作业人员资质审查	EC	C		D				IPC
	104	施工材料、半成品、构配件质量控制	EC	C		D	D			IPC
	105	专项施工方案评审	EC	C		D			ID	IPC
	106	了解工程实体质量	EC	D		D				IPC
	107	检查监理单位对工程质量的控制情况	EC	D		D				IPC
项目实施	108	组织召开质量控制会议	EC	D		D				IPC
	109	核查监理单位、施工单位质量控制文件	EC	C		D				IPC
	110	发布质量报告（月）	EC	D		D				IPDC
	111	组织桩基施工	EC	DC		D				IPDC
	112	组织桩基承载力实验及桩身完整性检测	EC			D				IPDC
	113	组织基坑开槽及基槽垫层施工	EC	D	D	D				IPDC
	114	组织地基验收	EC			D				IPDC
	115	组织基础施工	EC	DC	D	D				IPDC
	116	组织基础实体检测及基础验收	EC	DC	D	D				IPDC
	117	组织主体框架及墙体施工	EC	DC	D	D				IPDC
	118	组织主体实体检测及主体验收	EC	C	D	D				DC
	119	组织设备安装	EC	DC		D	D			IPDC
	120	组织内檐装饰施工	EC	DC		D				IPDC
	121	组织外檐装饰施工	EC	DC		D				IPDC
	122	组织节能验收	EC	DCI	D	D				IPDC
	123	质量事故处理、分析	EC	DCI	DC	IDC				IPDC
	124	进度控制	EC	C		D				IPC
	125	进度计划的编制（周、月、半年、年度）	EC	C		D				IPC

续表

阶段	编号	工作任务分类	业主	监理	设计	施工	设备供应	招标代理	造价咨询	项目管理
项目实施	126	进度计划评审	EC	C		D				IPC
	127	收集项目进度实施数据并跟踪/对比	EC	DC		D				IPDC
	128	组织召开工程进度协调会议（周、月）	EC	I		ID				IPC
	129	发布进度报告（月）	EC	I		ID				IPDC
	130	信息管理	EC	D	D	D	D	D	D	DC
	131	发布信息管理规则（联系单形式）	EC							DC
	132	项目资料和档案的收集整理（20卷）	EC	D	D	D	D			IPDC
	133	监理项目资料核查（月）	EC	IPD						C
	134	施工单位项目资料核查（月）	EC			IPD				C
	135	项目管理资料评审报告（月）	EC	D	D	D	D			IPDC
	136	安全和环境控制	EC			D				IPDC
	137	监督、检查监理及施工单位安全管理机构	EC	I		I				IPDC
	138	编制HSE安全管理策划方案及危险源辨识清单	EC							IPDC
	139	组织HSE应急预案及技术措施核查	EC	DC		D	D			IPC
	140	生产要素配置及机械设备安全性能核查	EC	C		D	D			IPC
	141	专职人员资质及个人防护用品安全核查	EC	C		D	D			IPC
	142	组织召开HSE会议及安全技术交底（月）	EC	C		D	D			IPC
	143	HSE记录、报告（月）	EC	C		D	D			IPC
室外配套施工	144	编制市政配套施工管理计划	EC			D				IPDC
	145	配套施工管理计划评审	EC			D				IPDC
	146	雨水、污水手续办理（设计、合同签署）	EC			D				IPDC
	147	组织施工单位完成雨水、污水管道施工	EC	DC		D				IPDC
	148	组织管道施工验收并提交竣工验收资料	EC	D		D				IPDC
	149	正式用水手续办理（设计、合同签署）	EC			D				IPDC
	150	组织施工单位完成正式用水管道施工	EC	DC		D				IPDC
	151	组织管道施工验收并提交验收资料	EC	D		D				IPDC
	152	正式用电手续办理（设计、合同签署）	EC			D		C		IPDC
	153	组织施工单位完成正式用电施工	EC	DC		D				IPC
	154	组织正式电验收并提交竣工资料	EC	D		D				IPDC
	155	通信、有线电视手续办理	EC			D		C		IPDC
	156	组织完成通信、有线电视电缆施工	EC	DC		D				IPC
	157	组织通信、有线电视竣工验收并提交资料	EC	D		D				IPDC
	158	燃气手续办理（设计、合同签署）	EC			D		C		IPDC

续表

阶段	编号	工作任务分类	业主	监理	设计	施工	设备供应	招标代理	造价咨询	项目管理
室外配套施工	159	组织施工单位完成燃气管道施工	EC	DC		D				IPC
	160	组织燃气竣工验收并提交竣工资料	EC	D		D				IPDC
	161	暖气手续办理（设计、合同签署）	EC			D		C		IPDC
	162	组织施工单位完成暖气管道施工	EC	DC		D				IPC
	163	组织暖气竣工验收并提交竣工资料	EC	D		D				IPDC
	164	道路开口手续办理（后期）	EC			D				IPDC
	165	组织完成室外工程及绿化景观施工	EC	DC		D				IPDC
项目后期验收	166	项目后期验收管理计划	EC							IPDC
	167	项目后期验收管理计划评审	EC	D		D				IPDC
	168	项目各专项检测测试	EC	C		D	D			IPDC
	169	督促施工单位办理特种设备验收手续（电梯、压力容器、压力管道等）	EC	C		D	D			IPDC
	170	消防验收	EC	DC	D	D	D			IPDC
	171	人防验收	EC	C		D				IPD
	172	工程档案预验收	EC			D				IPD
	173	竣工验收	EC	DC	D	D	D			IPDC
	174	工程竣工测绘	EC	D		D				IPDC
	175	规划验收	EC	DC		D				IPDC
	176	档案验收	EC	DC		D	D			IPDC
	177	环保验收	EC	DC		D				IPDC
项目收尾	178	项目收尾管理计划	EC							IPDC
	179	项目收尾管理计划评审	EC							IPDC
	180	组织工程竣工结算、编制竣工结算报告	EC	D		D	D		DC	IPDC
	181	办理工程竣工结算支付手续	EC	DC		D			DC	IPDC
	182	编制项目资金动态支付清单	EC						DC	IPDC
	183	工程竣工验收备案	EC	D	D	D	D			IPDC
	184	提交项目管理总结	EC							IPDC
	185	项目管理资料组卷、移交	EC	D	D	D	D			IPDC
	186	房产及地籍测绘	EC							IPD
	187	产权证办理	EC							IPD
	188	组织工程竣工审计	EC						ID	IPD
	189	工程移交	EC			D				IPD
交接	190	工作交接手续的办理	C							IPD

续表

阶段	编号	工作任务分类	业主	监理	设计	施工	设备供应	招标代理	造价咨询	项目管理
总结	191	项目管理工作总结								IPD
	192	收集相关的管理资料（安全、进度、质量、投资、合约等）								IPD
	193	定期进行项目管理工作的总结								IPD
回访及后评价	194	项目回访维修	EC			D				DC
	195	项目后评价	EC							IPD

2. 进行项目制度建设

为保证项目建设有序进行，根据项目管理组织架构进行项目流程、制度建设，本项目建立的流程、制度包括：工程合同审查、审批流程；工程变更、签证审批流程；工程进度款审批流程；工程用印审批流程；工程质量管理制度；工程会议制度，其中工程会议明细见表2。

工程会议明细表   表2

序号	会议名称	会议主持	出席单位及人员	周期	会议内容及要求
1	高层推动会	建设单位	各参建单位法人代表或总经理或区域负责及项目经理	每月一次	（1）由总承包单位向建设单位、项目管理、设计单位、造价咨询、监理单位及专业分包单位通报工程总体进展情况； （2）由各服务单位解答施工过程中存在的重大问题； （3）提出下月生产任务目标； （4）由建设单位及各相关单位向总承包单位提出有关施工的建议和要求
2	项目管理例会	建设单位或项目管理	各参建单位项目部班子成员等	每周一次	（1）由总承包单位向建设单位、监理单位汇报工程总体进展情况； （2）由建设单位、项目管理及监理单位向总承包单位提出有关施工的建议和要求； （3）研究解决需要各参建单位共同协调的其他问题
3	专题协调会	建设单位或项目管理	相关参建单位项目部班子成员等	不定期	研究工程建设过程中需要项目各参建单位共同协调的专业问题并提出及时解决方案
4	监理例会	总监理工程师或总监代表	各参建单位项目部班子成员等	每周一次	（1）由监理单位跟踪检查上周工程质量、进度、安全问题，督促总承包单位及分包单位解决； （2）讨论确定周进度工程情况，指出存在问题，讨论确定周进度计划、月进度计划； （3）协调解决过程建设过程中存在问题
5	高峰期关键线路巡查会	建设单位或项目管理	各参建单位项目部班子成员等	每天	检查关键线路每天工作，布置关键线路第二天工作

3. 项目合约管理

（1）建立项目合同管理体系

鉴于本工程体量大、工期紧、任务重，经与建设单位研究，最终确定本项目发包模式，见图4。

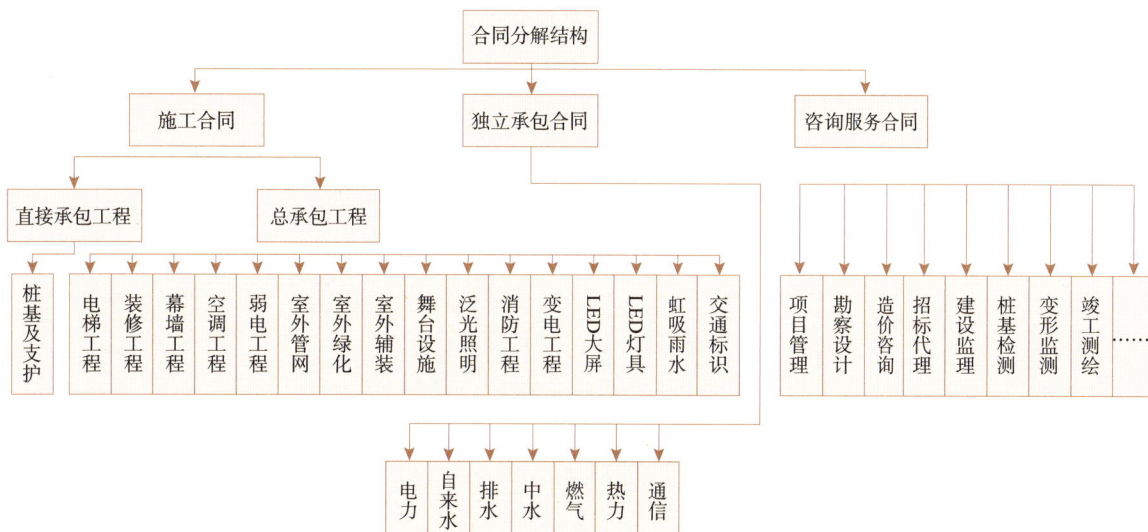

图4 项目合同体系框架

1）设计发包采取总承包模式。发包给一家实力强的综合性设计单位，由其进行设计专业分包，设计发包模式见图5。

图5 工程设计发包模式

2）考虑工程发包受施工图设计影响，本工程施工发包采取总承包模式，专业工程以暂估价形式计入总包合同，后期由建设单位与总承包单位通过公开招标确定分包单位。涉及内容包括：电梯工程、幕墙工程、装修工程、暖通工程等15项专业工程。

3）如果等全部施工图设计完成再发包将使得施工现场出现长时间闲置，考虑工程桩及基坑支护系统施工完成需进行养护及试桩，因此对桩基及支护工程由建设单位进行直接发包，使得现场施工与施工图设计合理穿插，合理缩短工期。

（2）招标管理

1）招标内容及组织

根据建设单位情况、项目特点、施工图深度情况及工期要求，对本工程项目实施过程中有可能涉及的招标项的发包模式进行利弊分析及权衡，按照公开招标、邀请招标、直接委托进行划分，部分划分情况如见表3。

项目部分招标情况一览表 表3

序号	项目名称	类别	招标方式	招标范围
1	桩基工程总承包	施工	公开招标	工程桩及基坑支护施工；除桩基工程外的全部施工内容
2	装修等15个专业工程	施工、暂估价	联合公开招标	精装修及相关的机电安装工程深化设计及施工……
3	设计、勘察、监理	服务采购	公开招标	项目设计、勘察、监理
4	项目管理	服务采购	邀请招标	项目管理
5	环评、能评	服务采购	邀请招标	项目环评、能评
6	防雷检测	服务采购	直接委托	项目防雷检测

2）招标流程控制

严格按照招标流程组织项目招投标工作，过程中项目管理单位协助建设单位组织招标代理单位、造价咨询单位进行过程监督与控制，确保合法合规完成招标工作。

3）招标进度管理

由于施工总承包单位合同包内含有15个专业工程暂估价，需要通过公开招标选择优秀的专业分包单位，所以进入施工阶段的招标进度管理尤为重要。

本工程秉承"满足现场施工要求"的原则，制定好招标进度时间安排，并督促设计单位出具满足深度要求的施工图，以满足招标工作需求。

4．手续管理

本工程工期紧、进度管理压力大，若按照正常的前期手续办理流程推进，则项目进度目标无法实现。为确保合规、合法的加快项目启动后的建设进度、保证项目建设进度目标实现，需简化项目前期手续办理流程。综合考虑实施过程中间歇时间的衔接，将建设手续办理按照二条主线和一条辅线展开：二条主线为工程设计、招标手续，一条辅线为行政审批手续，并编制《前期手续办理管理方案》。

（1）建设手续办理流程（图6、图7）

（2）建设手续办理管理措施

1）项目对内要求

①项目部前期组成员应依据方案及项目管理计划，秉承"紧前办理、并行办理"原则，提前准备建设手续要件，提高办件效率。

自来水、电力部门　　新区审批局　　土地房管部门　　规划档案部门　　建交委（局）　　财政局　　消防部门

项目建议书审批

合理用能审批　环保审批

选址意见书（或规划条件）　修建性详规（总平面）

地类调查

用地规划许可证

项目报建

监理招标

勘察、设计招标

投资估算审查

投资资金平衡

可研审批　土地预审

地名办理　建设工程设计方案审批

用水指标审批（电力初设审核）

初步设计

地籍调查和供前证

施工图设计

财政委托

初步设计审批

用地批准书

工程规划许可证申报

施工图审查

消防设计审核　备案类不受理通知书

人防审批

投资计划下达

工程档案预登记

施工招标

工程量清单及招标控制价审核

抽号抽中后需审核，未抽中备案结束

临时用水（临时用电）

合同备案

大配套费用交纳

政府采购

正式用水（正式用电）

土地使用证（空）

工程规划许可证

质量、安全监督节能备案手续

财政支付手续办理

施工许可证

消防设计备案

人防验收　环保验收

档案预验收　各部位验收

竣工结算审查　消防验收

规划验收　竣工验收

档案认可证

竣工验收备案

房产测绘

地籍测绘及监管

房屋初始登记

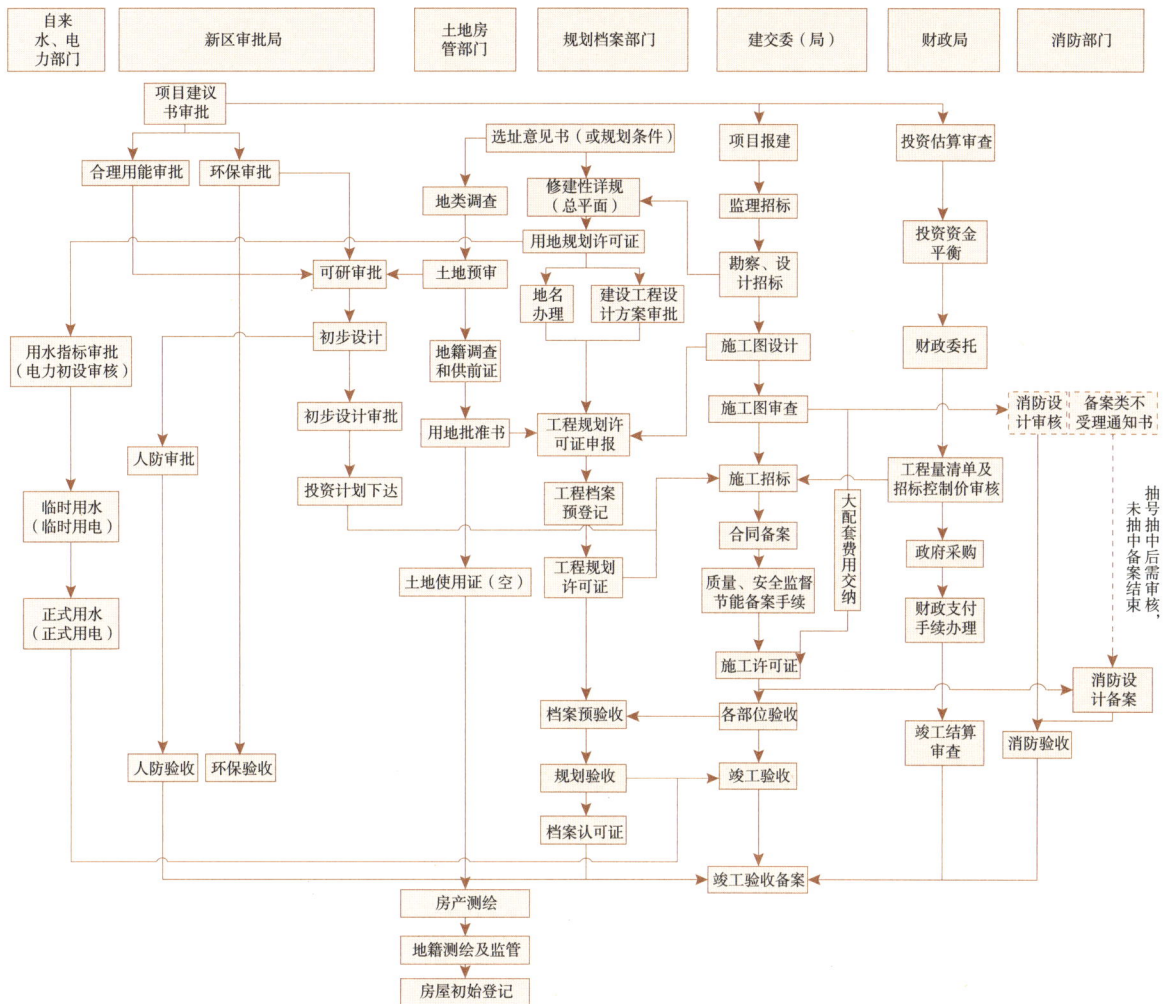

图6 建设手续办理流程图

②项目部前期组在前期手续办理过程中应及时向项目部其他组员通报手续办理情况，做好项目部内的沟通与配合，做好相关协同、支持工作；

③项目部前期组在办理前期手续过程中，应及时与招标代理分公司、工程咨询分公司、造价咨询分公司做好沟通协调及相关协同配合工作；

④项目部前期组在办理项目前期手续应定期（每日、每周、每月）向项目执行经理、项目经理、项目总负责人、建设单位项目负责人汇报前期手续办理进展情况；

⑤项目部前期组完成各项手续办理后应及时向信息资料组提交成果文件进行存档、整理；

⑥项目部前期组在办理前期手续过程中应注意搜集、整理政府相关部门信息，并及时提供给信息资料组进行系统整理，以便后期收尾、后期配套手续办理、工程移交时向项目部其他组及建设单位提供。

2）项目对外要求

①项目部前期组应依据本工程项目管理计划，跟踪行政审批部门审批进度，积极协调行政审批部门推进本工程前期手续办理进度；

②项目部前期组应及时与政府行政审批部门保持沟通与联系，了解工程前期手续的流程变更、部门变更、内容变更等情况，提前做好沟通和申报准备工作；

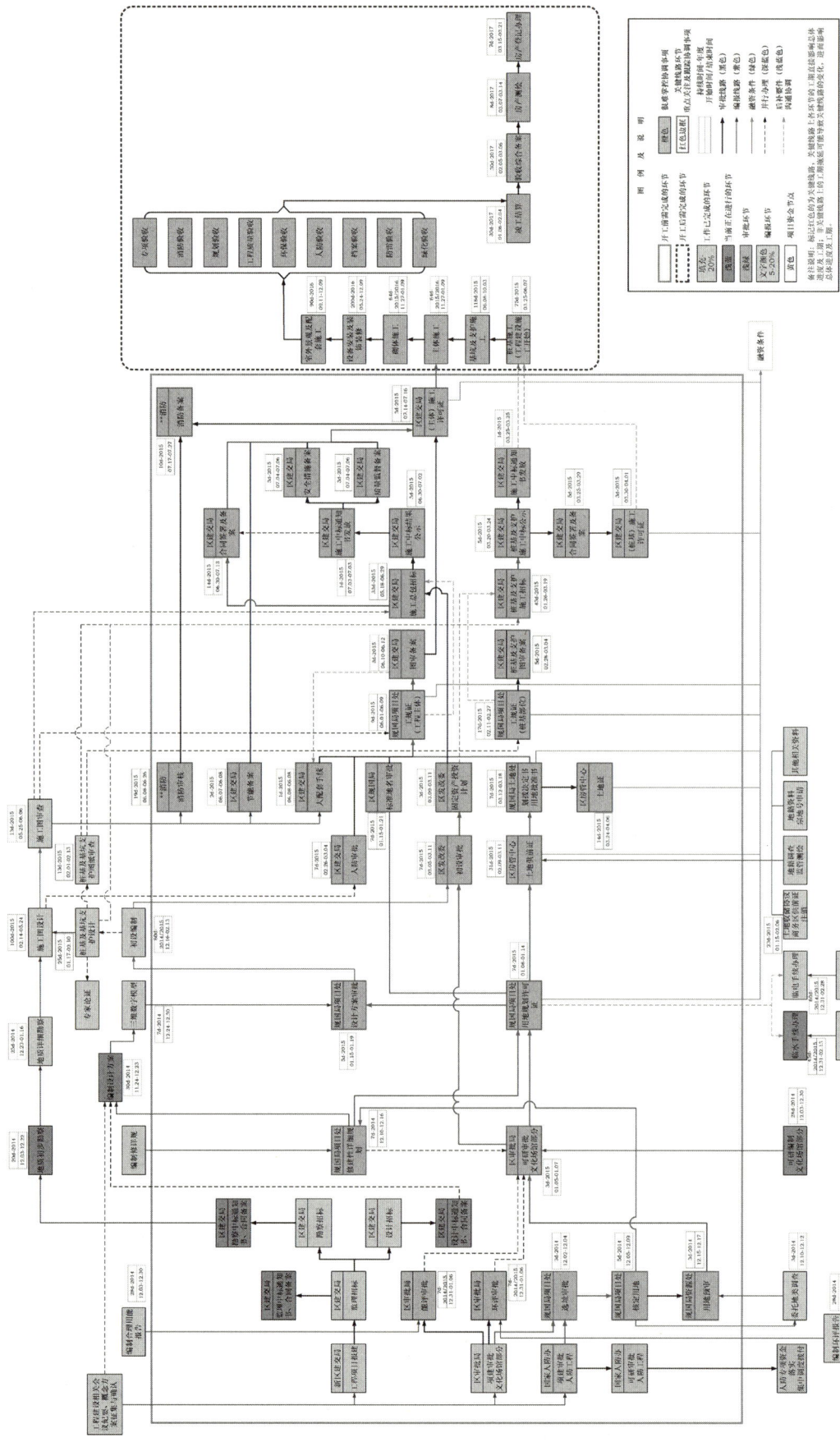

图7. 建设手续办理网络计划

③项目部前期组应预判手续的后续进展及风险，提前进行咨询沟通，做好针对性的应对措施，并向项目经理、项目负责人反馈，以便及时向建设单位及指挥部进行汇报决策。

3）建立内外部沟通汇报机制及流程

项目部前期组在沟通办理项目前期手续及汇报工程进度时应注意沟通汇报流程。拟定前期工作沟通汇报流程如下：

①内部沟通汇报流程（图8）

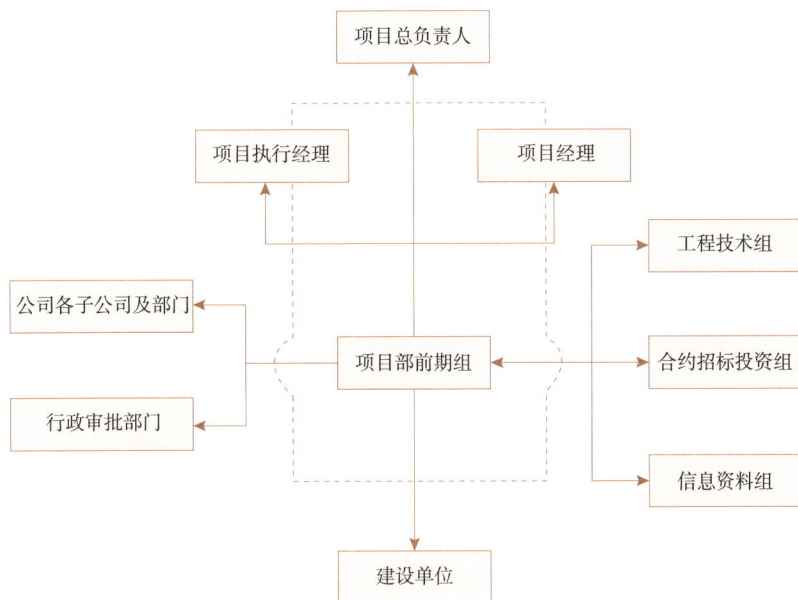

图8 前期工作内部沟通汇报流程示意图

②外部沟通汇报流程（图9）

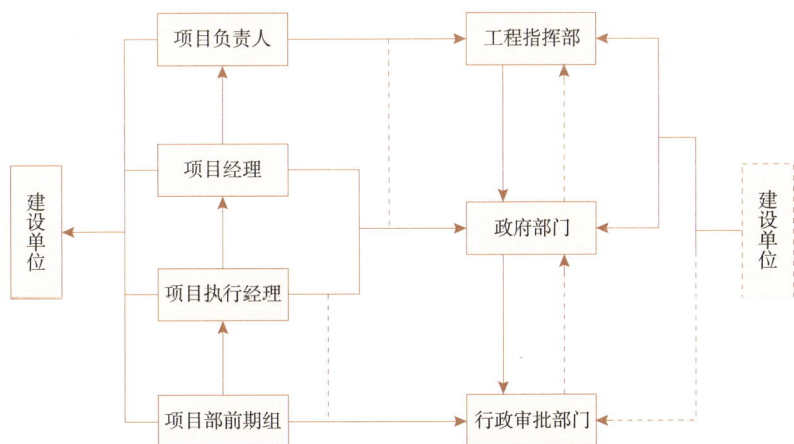

图9 前期工作外部沟通汇报流程示意图

5. 进度管理

（1）总进度计划及控制

采用网络计划技术与线形进度计划结合的方式制定项目总进度计划，形象直观地指导现场实施。在线形进度计划中体现各项节点工作的时间参数，以便检查、纠偏（图10）。

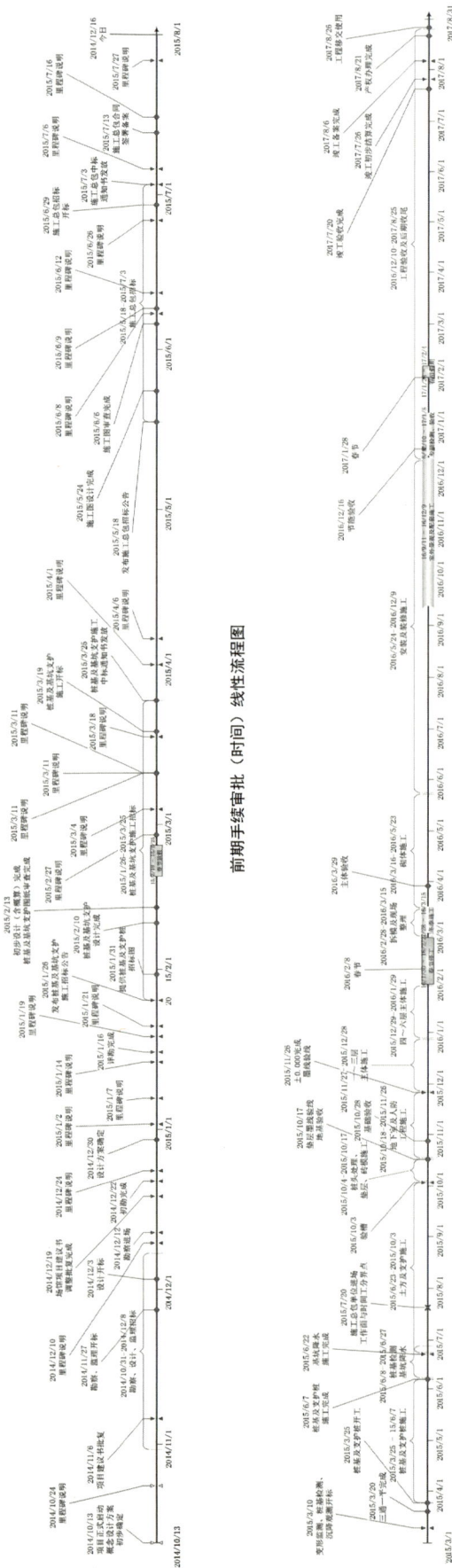

前期手续审批（时间）线性流程图

施工进度计划（时间）线性流程图

图10 项目线形总进度计划

（2）阶段性进度计划控制

项目实施过程中建立二级进度计划控制系统。本项目制定的阶段性实施计划包括：建设手续办理计划，招标采购进度计划，工程施工进度计划，工程验收进度计划。

其中，建设手续办理计划、招标采购进度计划、工程验收进度计划结合政府相关部门流程编制，细化到每一步操作所需前置要件的准备，使阶段性进度计划更具操作性，以工程验收计划为例进行说明，见图11、表4。

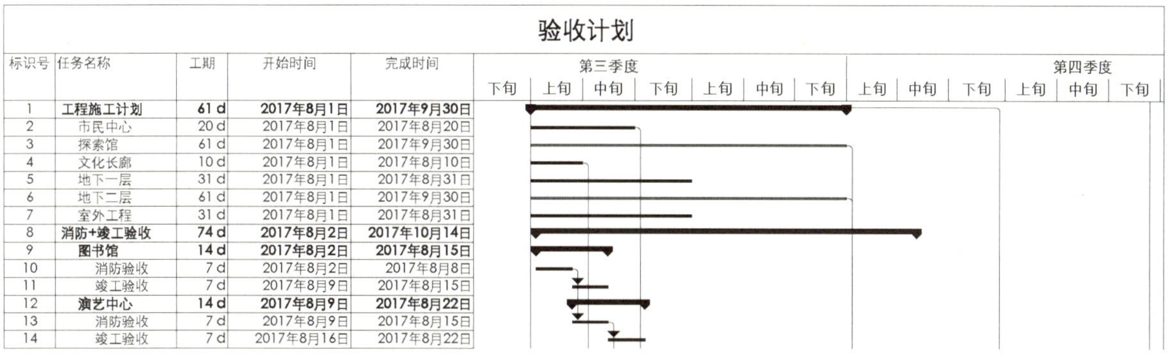

图11 项目竣工验收计划（截取部分）

项目验收前置条件（以竣工备案为例）　　　　　　表4

序号	项目名称	申报材料
1	竣工备案	（1）工程竣工验收备案表（一式两份）； （2）工程竣工验收报告（原件）； （3）建设工程施工许可证（复印件）； （4）人防验收证明（原件）； （5）建设工程竣工规划验收合格证（复印件）； （6）建筑工程消防验收或者备案意见书（复印件）； （7）建设项目环评报告（复印件）； （8）施工单位签署的工程质量保修书（复印件）； （9）建设工程标志牌镶嵌登记表（原件）； （10）建设工程档案验收认可证（复印件）

6. 投资管理

（1）细化投资估算

根据公司多年咨询经验积累的工程数据，在项目立项阶段即细化投资估算科目，做到全、准，作为后续设计概算控制依据（表5）。

建设项目投资估算费用科目表　　　　　　表5

序号	费用名称	项目编号	工程费用项目名称				涉及内容或取费依据
			一级科目 （共22项）	二级科目 （共83项）	三级科目 （共76项）	四级科目 （共54项）	

（2）投资逐步对比

在项目实施过程中，根据投资估算确定的费用科目与设计概算、施工预算（合同额）、竣工结算逐步对比，以前一阶段科目数额控制后一阶段科目数额，做到后一阶段数值不超前一阶段，使工程投资做到有效控制（表6）。

投资控制一览表 表6

序号	费用科目	项目编号	控制情况					备注
			投资估算	设计概算	合同额度	变更额度	工程结算	

（3）重视措施项目投资控制

在工程招标前期，管理人员详细踏勘现场，了解项目背景情况，深刻挖掘招标项目施工周期内可能发生的措施项目，并补充到工程量清单中，由投标单位自主报价，中标后不予调整，有效地控制了措施项目签证的发生（表7）。

措施项目补充清单（以总包招标为例） 表7

序号	措施项目清单
1	临时建筑	（1）临时建筑（以下简称临建）系指发包人根据工程建设需要，已建设完成的指挥部用房、承包人管理用房、民工宿舍、现场围挡、场地及道路等。 （2）承包人负责自接到中标通知书之日起至临建拆除期间的维护工作并承担相应费用。 （3）承包人承担临建拆除前所发生的垃圾清运、网络、通信、排水、排污等工作并承担相应费用。 （4）如因场地平整等原因导致现场围挡不满足主管部门要求，承包人应进行调整并承担相应费用。 （5）为保证用电安全，承包人应在民工宿舍设置USB手机充电器插座并承担相应费用
2	临时水电	（1）施工临时用水（管径DN100）已接至用地红线内，红线范围内及临建区域接驳由承包人完成。 （2）施工临时用电（负荷2715kVA）已接至用地红线内，红线范围内及临建区域接驳由承包人完成。 （3）承包人负责施工期间临水、临电设施维护及保养并承担相应费用，发生损坏按电力、自来水部门要求进行赔偿或修复。 （4）承包人负责缴纳施工期间临水、临电所有费用及因延期缴纳所造成的滞纳金。 （5）根据项目总体工期安排及承包人投入，如施工期间临水、临电不能满足使用要求，承包人应采取相应措施，申请二路水源、二路电源/租赁发电机并承担相应费用
3	地下障碍物	……
4	……	……

（4）工程变更、洽商、签证审批制度

在实施过程中，征询建设单位、监理单位、设计单位及总承包单位意见后，编制《工程变更、洽商、签证审批管理办法》，明确工程变更、洽商、签证审批流程，做好技术经济分析，全面控制项目工

程变更、洽商、签证的发生。

7. 设计管理

（1）限额设计

为有效控制工程建设成本，在设计招标时便确定了"限额设计"的基调，要求设计单位配备经济团队，与设计团队沟通配合，确保方案设计阶段的投资估算、初步设计阶段的设计概算合理准确，起到控制限额目标的作用。

（2）运营指导设计

本项目设计以"运营"为主导思路，选择专业场馆运营单位配合开展项目设计工作，提高建筑功能的实用性，查漏补缺。

（3）多方案比选

成立设计咨询团队，对各阶段的设计文件进行多方案比选及专业咨询，必要时组织专家论证会进行论证；同时项目设计过程中辅以BIM技术应用，全面提高设计图纸质量。

1）深基坑支护方案比选：对项目12万m²深基坑支护方案进行技术经济比选，通过对"水平支撑+支护桩""盆式开挖+中心岛支撑""双排桩+卸土"三种可行方案的对比分析确定"双排桩+卸土"方案，节约投资约480万元，压缩工期约50天（图12）。

图12 项目深基坑支护效果

2）能源供应方式的确定：本项目采用新型能源技术，采用集中能源站形式为项目提供冷热源（能源供应方式为地源热泵+冰蓄冷+燃气调峰），各单体建筑独立设置换热站。该能源供应方式为可再生能源，符合国家绿色建筑政策导向，有助于实现节能减排，有利于新区能源结构的优化和环境改善，满足本项目及区域绿色建筑的要求；同时该方案能源结构合理、能源供应可靠性高、综合经济性好。

（4）设计优化

施工图完成后，项目部利用BIM技术对施工图进行建模，并进行管线综合排布，审核图纸中的错、漏、碰、缺等问题，提出设计优化意见652条（图13）。

工程名称：市民活动中心			专业：建筑			版本01
序号	图纸位置	图示	设计疑问与优化意见	施工招标前	施工前	施工后
1	建施说-4 工程做法表室名做法表		楼面1与楼面3中70厚的建筑做法与降板范围在结构图中没有表示。结构图中此区域均为降板100mm，如后期发现会导致现场大面积出现30mm的高差，影响建筑品质。如果后期填平会造成大面积现场签证。如第一条50厚细石混凝土垫层均取消，建议改为50厚面层	设计疑问发现几率	项目管理与造价咨询提出疑问几率10%	施工单位与监理提出疑问几率20%	主体完成后发现无意义
				成本与施工现场影响	修改结构标高或增加30厚垫层，面积约2.4万m²，优化约80万元	同上	部分地面高差30cm，或回填30cm细石混凝土
2							

图13 工程设计优化建议单

（5）建设手续与设计衔接

建设手续与设计的衔接仍坚持"紧前原则"。由于本项目规模大、建筑体量大、技术难度高、工期紧等因素，项目筹划阶段便建议协调消防设计审核、施工图审查、超限审查、消防性能化设计等内容在设计过程中便介入审核，为后续正式进件审查争取了较多的时间（本项目15日内完成施工图审查工作）。

8. 合同管理

（1）建立完善的合同框架体系

合同是所有工作开展的法律依据，更是工作底线。因此，在招标阶段通过工程实践完善合同条款应作为工作的一个重点，通过合同管理提高项目管理和风险控制水平。以合同管理为原点，向前延伸加强前期管理工作，向后延续提高收尾管理水平（图14）。

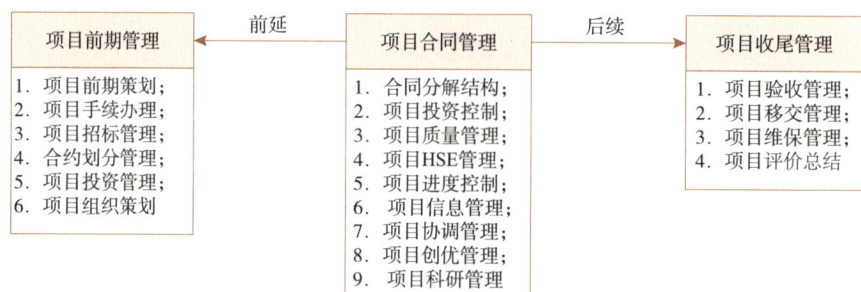

图14 合同管理体系模型

（2）加强合同审批流程控制

在项目建设初期，确定严格的合同审查、审批流程，对合同涉及的权利、义务、付款条件、价格调整、违约责任等关键条款进行审核、修订，以会议形式进行会审，签署项目合同审批单。

（3）建立项目合同管理台账

项目合同管理台账主要包括合同编号、合同名称、签订日期、受托单位、合同金额、已付款、未付款、付款进度、签订方式、是否履行审批、是否签署齐全、是否备案、有无费用依据、是否超前超额、有无变更等内容。

9. 现场管理

（1）质量安全检查评比制度

本项目质量安全检查实行联合周检查评比制度，组织各参建单位管理人员进行互比互看，并根据制定的评比项进行分项打分，评出"周先进"，再结合周检查情况进行月评比，评出"月先进"，进而评出"年先进"。有效调动了现场管理人员、操作工人的评比意识（表8、表9）。

项目现场质量联合检查评分表　　　　　　　　　　　　表8

检查项	检查内容	一区	二区	三区	四区	五区
人员管理（15分）	①总包项目经理在岗（2分）；②总包质检员及工长现场管理情况（0~3分）；③专业施工队伍项目经理在岗（1分）；专业施工队伍技术负责人在岗（1分）；④工人标准化管理（0~2分）；⑤现场工具或器材配备情况（0~2分）；⑥质量管理体系运转情况（0~4分）					
土建工程（20分）	①按图纸、规范、工序及方案施工情况（0~4分）；②材料合格情况（0~4分）；③施工质量（0~6分）；④质量保证措施、成品保护措施（0~3分）；⑤整改落实及其他（0~3分）					
安装工程（20分）						
专业分包工程（30分）	①按图纸、规范、工序及方案施工情况（0~6分）；②材料合格情况（0~6分）；③施工质量（0~8分）；④质量保证措施、成品保护措施（0~5分）；⑤整改落实及其他（0~5分）					
资料管理（15分）	①专业队伍、人员资质证照（0~2分）；②施工资料编制（0~4分）；③施工技术交底（0~3分）；④设备、材料或系统检测，进场设备、材料资料（0~3分）；⑤施工方案编制及审核情况（0~3分）					
合计（满分100）						

检查意见：

项目现场安全及文明施工联合检查评表　　　　　　　　　表9

检查项	检查内容	一区	二区	三区	四区	五区
人员管理（15分）	①总包项目经理在岗（2分）；②总包安全管理人员现场管理情况（0~4分）；③施工队伍或宿舍安全管理人员在岗（1分）；④工人安全防护或宿舍实名制（0~2分）；⑤特种作业人员或食堂持证上岗（2分）；⑥安全管理体系运转情况（0~4分）					
用电安全（15分）	①配电箱柜设置、接线及保护（0~4分）；②用电设备接电或安全电压、标识（0~4分）；③电力线缆及布设情况（0~4分）；④整改落实及其他（0~3分）					
设备管理（15分）	①设备检测及日常维护管理（0~4分）；②安全距离及指挥监护（0~4分）；③安全防护措施及标识、岗亭门禁（0~4分）；④整改落实及其他（0~3分）					

续表

检查项	检查内容	一区	二区	三区	四区	五区
消防安全 （15分）	①消防设施或器材配备（0~4分）；②标识及消防规程（0~4分）；③动火管理及禁烟区管理（0~4分）；④整改落实及其他（0~3分）					
高空防护 生活区设施 （15分）	①临边防护、爬梯、防砸棚及标识；生活区房屋、生活设施、防砸棚及标识（0~6分）；②安全平网、防坠措施及标识；生活区护栏、逃生疏散及标识（0~6分）；③整改落实及其他（0~3分）					
环境整治 （15分）	①物料储存及堆放管理（0~4分）；②围墙围挡，道路及渣土、垃圾清扫（0~4分）；③土方苫盖及扬尘治理；生活区公共区域卫生（0~4分）；④整改落实及其他（0~3分）					
资料管理 （10分）	①安全教育及交底（0~3分）；②条件验收、安全管理方案及应急预案（0~3分）；③安全巡检、监测、器材维护、安全保卫、交接班记录等其他安全资料（0~4分）					
合计（满分100）						

检查意见：

（2）样板引路及材料封样制度

本项目对严重影响工程质量、使用功能及使用效果的主要建筑材料（设备）及工序实行样板引路及材料封样制度，例如：幕墙施工及材料选择、精装修施工及材料选择、墙体砌筑及抹灰过程等（表10、图15、图16）。

主要建筑材料（设备）选用申报表　　　　　　表10

工程名称					申报时间	
物资名称				使用品牌		
使用部位				规格型号		
		品牌一	品牌二	品牌三	品牌四	品牌五
招标文件要求						
会 签 栏	总包单位			设计单位		
	监理单位			监理单位		
	建设单位					
样板事宜			材料封样□　视觉样板□　施工样板□			

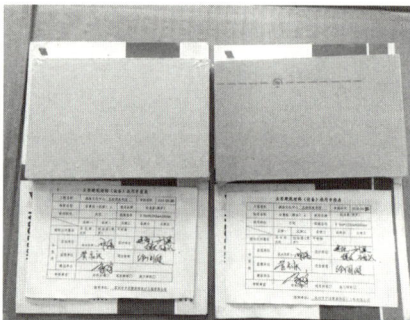
石膏板封样

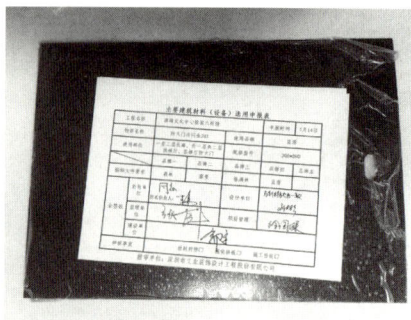
石材封样

图15　材料封样示例

市民活动中心　探索馆

图16 幕墙样板示例

（3）平行检测

为保证项目主体结构质量，本项目水泥原材、混凝土、钢筋原材及焊接在原有见证取样送检的基础上实行第三方平行检测，全面控制项目实体质量。

（4）鲁班奖质量过程控制

为顺利完成本项目质量目标，组织各参建单位成立鲁班奖质量控制小组，并要求总包单位安排具有丰富鲁班奖验收经验人员进行培训，重点讲解鲁班奖质量控制要点及常规做法，以指导现场管理工作，同时要求监理单位加强质量监督及旁站，确保项目各项质量标准达到鲁班奖要求。

（5）工人文化建设

本项目针对工人管理设置了工人生活区，进行集中管理，配备统一用品用具，采用集中供冷、供暖，提升了工人生活品质，同时为丰富工人精神文化生活，生活区内设置了移动图书室，不定期组织文艺演出、观影及慰问等活动，使工人切实体会到了关怀。

10. 信息资料管理

（1）归档管理

依据档案管理部门要求，并结合项目实际情况，将项目档案分20卷组卷管理，以满足档案验收、竣工结算及后期运营管理要求（图17）。

同时，项目管理人员通过日报、周报、月报的形式向建设单位汇报工程建设情况，通过会议纪要的形式如实记录项目建设过程中问题的解决方法及结果，通过收发文记录跟踪文件的去向，做到信息资料真实、准确、可追溯性。

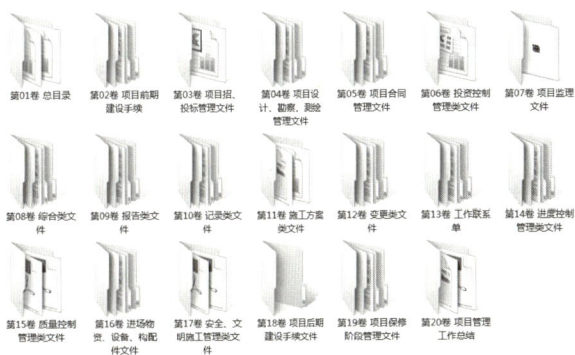

第01卷 总目录　第02卷 项目前期建设手续　第03卷 项目招、投标管理文件　第04卷 项目设计、勘察、测验管理文件　第05卷 项目合同管理文件　第06卷 投资控制管理类文件　第07卷 项目监理文件

第08卷 综合类文件　第09卷 报告类文件　第10卷 记录类文件　第11卷 施工方案类文件　第12卷 变更类文件　第13卷 工作联系单　第14卷 进度控制管理类文件

第15卷 质量控制管理类文件　第16卷 进场物资、设备、构配件文件　第17卷 安全、文明施工管理类文件　第18卷 项目后期建设手续文件　第19卷 项目保修阶段管理文件　第20卷 项目管理工作总结

图17 项目管理资料20卷

（2）图档管理

结合施工需要、建设手续办理需求、城市档案馆要求开展项目图档管理工作，明确图纸需求量及标准，建立图档目录，收发记录，准确记录项目图纸信息，做到查取简易，操作方便，尤其应做好工程变更图档管理及执行情况跟踪（表11）。

工程变更图纸登记表   表11

序号	变更编号	变更原因	变更范围	变更时间	收图时间	接收人	执行情况
1	建变1					监理：某某某 总包：某某某 造价：某某某	是□ 否□
2	……						

11. 智慧集成平台辅助运营管理

为有效做好项目运营期管理，本项目投资建设了智慧集成平台，运营期利用该平台辅助进行日常维护及管理。该平台主要包括运维管理平台和能源管理平台两部分。

（1）运维管理平台

本项目运维管理平台集成了设备IP管理网系统、安防系统、电子巡查系统、出入口控制系统、建筑设备监控系统、智能照明系统、SPD系统、ATSE系统、电梯监控系统、机房动环监测系统、停车场管理系统、电力监控系统、电动窗系统、入侵报警系统、泛光照明系统及客流量统计系统。

通过运维管理平台实现对各子系统的运行状态、故障状态、报警信息、运营信息、设备信息等的采集、整理、存储，为设备管理、运营、维护、决策提供科学的技术手段和数据依据。

通过运维管理平台能够实现各子系统之间的信息资源共享与管理，各子系统的互操作性和快速响应与联动和控制，达到自动化监视与控制的目的，满足绿色、节能、环保、节约人力成本、延长设备使用寿命、提高运维管理水平的要求（图18、图19）。

图18 运维管理平台首页

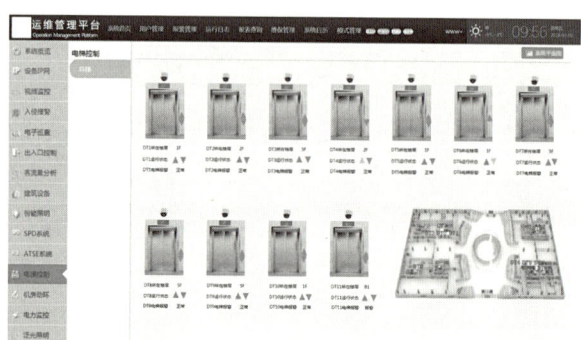

图19 电梯监控

（2）能源管理平台

能源管理平台侧重于项目能源运行情况的集中监测和日常能源管理。通过对能源数据的收集、分析、传递和处理，实现对整个项目进行全方位的能源监测和管理，尤其对建筑物整体和重要区域的能源消耗情况进行监测，使得管理人员可以及时高效的发现高耗能区域，并挖掘节能点，达到高效、经济、节能、协调运行状态。

本项目的能源管理平台主要对项目水、电及可再生能源进行数据监测，部分监测情况如图20、图21所示。

图20 能源管理平台主页

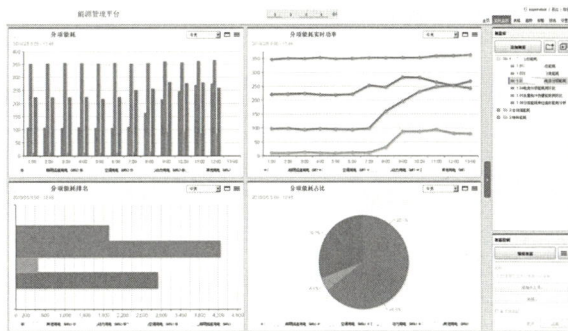

图21 项目整体用电分项（插座、空调、动力及其他）能耗对比

四、咨询服务的实践成效

1. 项目创优成果丰硕

通过项目参建各方的共同努力，本工程创优成果丰硕，取得以下奖项：

（1）二星级绿色建筑设计标识；

（2）2016年全国建筑业创新技术应用示范工程（中国建筑业协会）；

（3）2016年度全国建设工程项目管理一等成果（中国建筑业协会工程项目管理专业委员会）；

（4）第十二届第二批中国钢结构金奖工程（中国建筑金属结构协会）；

（5）全国建筑业绿色施工示范工程（第五批）（中国建筑业协会）；

（6）2017年度某市建设工程最高奖项（某市建筑施工行业协会）；

（7）"提高BIM可视化技术在施工过程中的利用率"获某市2016年度优秀QC活动成果一等奖（某市建筑施工行业协会）；

（8）"多层巨型钢桁架施工技术创新"获2017年度工程建设优秀质量管理小组一等奖（中国施工企业管理协会）。

目前，项目正在进行鲁班奖验收前的准备工作，通过创优活动积累了一定的创优经验，以便于后续项目借鉴使用。

2. 科研成果突出

在项目实施阶段，由于本工程结构形式复杂，为实现既定质量目标深入开展科研攻关、解决技术难题。项目受理及授权专利26项，发表科技论文42篇。

3. 顺利实现工期管理目标

通过我公司的精心策划，完成项目桩基单位与总承包单位的完美衔接，专业分包单位及咨询服务单位的适时介入；通过组织、协调与管理及项目各参建的共同努力，项目在经历某港"8·12"某公司仓库火灾爆炸特别重大事故、国际反法西斯胜利70周年"9·3阅兵"、秋冬季极端雾霾天气、美丽一号工程文件等停工因素的影响下，在29个月内完成31.6万㎡（含两层地下室，其中地下二层为人防）大型综合体的项目建设任务，并顺利完成竣工验收，使项目投入使用，实现了项目工期管理目标。

4. 工程投资得到有效控制

通过实施阶段各种管理技术运用，有效控制了项目投资，并取得了一定的经济效益：

（1）通过深基坑支护方案比选，采用"双排桩+卸土"方案，节约投资约480万元，压缩工期约50天。

（2）通过BIM技术的运用，解决管线碰撞、提出优化建议652条，大量减少了施工阶段工程变更的发生，降低了变更费用。

目前，项目最终结算工作正在进行，工程投资控制在批复总投资以内。

5. 积累了群体项目管理经验

通过参与本项目全过程咨询工作，锻炼了团队、提升了管理能力，全过程咨询需要设计技术、施工技术、信息技术和管理技术的支撑。本项目的实施，使得公司在大型群体项目建设招投标、造价控制、项目管理等方面均积累了一定经验，为后续开展类似项目全过程咨询奠定了基础。

6. 建设成果得到社会好评

项目建成后很大程度上丰富了新区乃至市区市民的文化生活，自2017年10月1日开馆试运营至今接待访客累计超过2150000人次，日最大接待量约30000人次，接待社会各界参观团体388次，得到社会各界一致好评。图书馆被网络评为中国最美图书馆，并接受国内外数十家媒体报道。

--- 专家点评 ---

某大型文化综合体项目由天津房友工程咨询有限公司负责工程前期咨询、招标代理、造价咨询、BIM咨询及项目管理服务。该案例是由多个功能不一的单体建筑连接组合而成，具有建设工期短、施工环境复杂、建筑施工难度大、参与单位众多等特点。但是咨询企业通过采用精细化的管理，实现优质建设项目的整体目标，并取得了社会的好评和丰硕的项目创优成果。

该案例中建立了完善的公司管理组织架构和项目管理组织架构，形成有效的全过程工程咨询管控体系，根据工作内容的不同，分别组织手续办理组、工程技术组、合约投资组、信息资料组等，分工及权责明确，提高了项目管理效率。采用项目工作分解结构（WBS）分解管理任务，将项目所有任务细化分解，并明确各参建单位的权责，严格按照项目管理分责表执行，使得工作任务得到了有效的执行。在项目管理方面建立了明确的流程和制度，同时建立了合约管理体系、手续管理体系、进度管理体系、投资管理体系、设计管理、现场管理、信息资料管理体系等全方位的管理体系，理清了全过程工程咨询管理思路，提升了管理价值。同时，在项目实施过程中还采用了样板引路及材料封样制度，极大地提高了项目质量和施工效率。

该案例在前期制定了系统的目标体系，实施过程中通过精细化的全过程工程咨询服务，创造了很多优秀成果，在创新技术应用、绿色建筑和绿色施工示范、项目管理优等成果等方面均获得褒奖。在项目实施阶段解决诸多技术难题，发表了相关论文和取得了相关专利，值得借鉴与学习。

点评人：李诗强

四川开元工程项目管理咨询有限公司

文化旅游区新建博物馆项目全过程咨询实践

——内蒙古迪克工程项目管理有限公司

刘新林　王起兵　史晓伟　王文枝

一、项目基本概况

1．基本信息

项目名称：某文化旅游区建设项目新建博物馆、附属及配套工程；

建筑面积：新建博物馆15092.62m²；

工程类别：新建博物馆，Ⅰ类工程；

合同类型：施工总承包固定单价合同。

2．项目特点

呼和浩特市某文化旅游区建设项目位于呼和浩特市南郊6km处，是在原博物院建设的基础上，新增建设用地约380亩，按照国家5A级旅游景区标准进行景区升级改造，是自治区成立70周年的重点献礼工程。新建某某博物馆工程为两个近似的正四棱台体量由中央连廊连接组成。两个体量分别作为匈奴与昭君两个主题馆连接并置，虽有各自的出入口，但是在二层连廊互通，形成即自有体系又联通共生的模式，同时隐喻"和"的内涵，是桥梁是纽带，形成建筑的"功能之和"。

新建博物馆工程建筑面积15092.64m²，地下一层，地上二层，建筑高度14.5m，该项目主要功能为展厅、互动厅、接待厅、车库、票务大厅、景观平台及连廊等。主体框架结构、钢结构；斜面直立锁边体系，外立面为仿夯混凝土艺术挂板，直观上为一对像青冢的石头金字塔；连廊区域大雨棚为重组竹结构，与仿夯混凝土艺术挂板交相辉映，象征着土木结构自汉代至今2000多年的传承；该项目结构复杂，斜面较多，建筑新结构、新工艺及新材料使用较多，施工难度大，工艺复杂，全过程造价控制重点、难点较多。

机电安装工程：该项目由两路10kV电源引入高、低压配电室，配电系统电源引自该项目的配电室，电压等级220V/380V。配电系统采用放射式和树干式相结合的方式进行供电；照明系统光源采用节能型光源及灯具；防雷接地系统由屋面避雷带、引下线、结构筏板基础接地极组成，室外设有测试点；该项目设有通信网络系统、信息化网络系统、综合布线系统、有线电视系统、移动通信覆盖系统等智能化系统；该项目设有消火栓系统、自动喷淋灭火系统、火灾自动报警系统、消防联动控制系统、电气火灾监测系统等消防水电系统；该项目设有生活给水系统、排水系统、屋面雨水排水系统；该项目设有空调、采暖、防排烟系统；电梯安装等。

该项目综合了其他附属及配套工程：景观大道建设工程、园区智能化工程、电力线路改迁工程、外电接入工程、一体化泵站工程、临时水电、园区标识标牌、电动观光电瓶车采购等配套工程。

二、全过程造价咨询服务范围及组织模式

1. 造价咨询服务的业务范围

前期建设阶段参与建设项目可行性研究经济评价、投资估算、项目后评价报告的编制和审核；承发包阶段负责建设项目招标文件的编制、合同主要条款的起草和审核、工程量清单及招标控制价的编制；建设工程实施阶段负责工程计量与进度款审核、施工合同价款的调整及工程变更、索赔、签证费用的审核；竣工阶段的竣工结算审核；提供工程造价经济纠纷的鉴定服务；提供建设工程项目全过程的造价监控与服务；提供工程造价信息服务等。

2. 全过程造价咨询服务的组织模式

为适应全过程咨询的要求，公司成立了全过程咨询服务领导小组，抽调业务能力、技术水平高的骨干人员组成审核组。成立了建筑及装饰、机电安装、市政工程、园林绿化工程、通信工程、智能化弱电工程审核小组，审核组成员15人。组织充足的人力、物力进驻施工现场，由技术负责人和总工程师负责业务协调和分配，分工明确，密切配合，确保造价咨询业务有序、合理地进行，确保造价咨询业务高质量地完成，确保业主的资金使用合理。组织结构如图1所示。

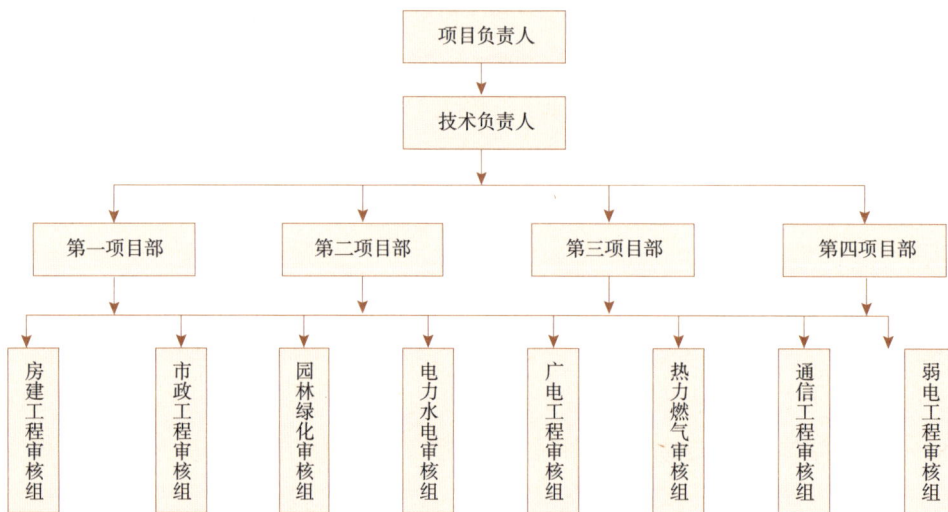

图1 全过程咨询组织机构图

三、全过程造价咨询服务工作职责

1. 前期及招投标阶段

（1）通过查阅相类似工程资料及去外地现场考察和问询，配合及帮助项目前期工作单位完成项目的可研及概算的编制工作，提供合理化建议并审核成果文件；

文化旅游区新建博物馆项目全过程咨询实践 / 277

（2）认真研究项目施工图纸，通过查阅相类似工程资料及去外地现场考察和询问，去生产厂家求证新材料、新工艺的做法，对材料和设备价格进行了大量的市场询价，依据现行计价文件，完善、周密、准确地编制了该项目的工程量清单及最高投标限价，遵循客观、公正、诚实、信用的原则，出具了符合国家有关法律、行政法规、规章、规范性文件要求的造价咨询成果文件，维护项目业主的合法权益，同时也不侵害投标单位的合法权益；

（3）协助完成招投标的后续工作和中标后的合同签订工作。

2. 项目的施工阶段

（1）明确项目人员的任务和管理职能分工，编制投资控制工作流程；

（2）建立合同管理台账，实施对工程建设各项目合同的全过程监控管理；

（3）协助业主确定市政配套和其他专业管线配套工程的造价或费用；

（4）参与工程建设资金的计划管理工作，协助业主加强建设资金的使用和管理；

（5）参与材料、设备采购等经济合同的谈判、签订工作（主要是甲供材料、设备）；

（6）提供询价服务，对合同中有关经济条款进行专业的审核，并提供意见或建议；

（7）计量并审核施工单位每月已完工程量，签署支付工程款意见书（包括预付款），协助业主做好中间结算和工程进度款支付工作；

（8）实施对施工过程中出现的设计变更事宜的造价确定与控制工作；

（9）实施对施工过程中出现的现场签证事宜的造价确定与控制工作；

（10）实施对施工过程中出现的索赔事宜的造价确定与控制工作；

（11）实施对施工过程中出现的价格调整的确定与控制工作；

（12）建立投资上限（目标值）投资控制情况的动态分析和报告制度，及时报告已完工程的造价情况和偏差程度，并动态的预测未完工程造价数据，综合分析整个工程建设投资支出的状况，从专业的角度提供切实可行的意见或建议；

（13）在造价咨询全过程中为业主提供与工程建设相关的造价信息服务。

3. 项目的竣工结算阶段

（1）完成竣工结算审核或合同清算工作；

（2）协助业主正确编制工程竣工结算报表等资料文件，协助业主完成财务竣工决算的审核工作；

（3）提供造价咨询的最终总结报告。

工程竣工验收合格之后，表明业主或其代理人对承包商的工作接受，承包商除了保修期外的义务全部完成。此时造价工程师应该根据合同中关于工程价款的规定及施工中出现的增减情况，依据现行计价文件，进行竣工结算及未付尾款的计算，同时编制竣工结算和合同清算报告，最终提供造价咨询的总结报告。

4. 其他

完成业主提出的其他有关的造价控制全过程服务工作。

四、全过程造价咨询服务的运作过程

1. 工程招投标阶段

经过前期的辅助工作和图纸的设计完善，进入工程招投标阶段，这个阶段的造价咨询工作主要是依据现行计价文件编制工程量清单及招标控制价，对招标范围内的施工图进行全面的量价核算，保证预算结果准确度。由于该阶段设计审查已经通过，因此要根据预算结果及预算指标分析，达到施工时修改设计的可能性较小。但预算的精度也会直接影响工程造价的结果，因此招投标阶段的造价咨询工作也是工程造价全过程咨询工作的重中之重，这个阶段的关键工作是编制工程预算、做出预算指标分析，为招投标阶段的各方提供极为重要的投标报价及评标依据。

编制工程预算的主要依据是招标文件、施工图、工程量清单规范、现行工程预算定额及有关预算调整文件。工作的专业性很强，工作量大而复杂，时间短，公司抽调专业技术水平过硬，工作认真、细致的造价人员进行工程量计算和工程量清单编制，确保清单项目特征描述完善、细致、全面、合理，对每一个清单项的定额子目使用反复推敲，确保每一个综合单价能够真实地反映工艺和做法要求，做到准确、合理、有效。新工艺、新材料清单项目的综合单价的确定，造价人员更不能有一点马虎，必须弄清工艺做法和合理的材料价格才能给定合理的综合单价。比如该项目的竹钢雨棚，施工图中只有示意图和简单的说明，我们都没有见过，大家都以为是一种钢结构雨棚，暂估每平方米用量有多少公斤，结合钢材的市场价格进行控制价编制，结果经过市场调研完全和我们的想象不一致，于是公司派人去厂家学习请教，避免了错误的产生，最终形成了合理的清单综合单价。

2. 施工阶段

施工阶段是工程建设全过程造价咨询的重要控制阶段之一，更是项目资金投入的主要阶段，这个阶段的造价咨询工作主要是工程造价现场跟踪管理，包括进度款支付审核、工程设计变更及工程现场签证引起工程造价变化的审核、索赔及反索赔造价咨询、咨询合同规定的其他造价咨询工作。这个阶段由于施工图设计已完成，只要控制好设计变更及工程签证，理论上这个阶段工程造价的可变因素相对较少，造价总量变化也相对较小，但实际上这个阶段却是出问题较多的阶段，如果影响造价变化的小问题不及时跟踪处理，或处置不当，也极有可能造成总造价出现较大的偏差，施工阶段的造价咨询工作也是工程造价全过程咨询工作的重要工作流程之一，虽然对总造价影响的重要性比不上决策和设计这两个工作阶段，但工作的专业性很强，咨询人员必须具备丰富的现场工作经验才能完成这项工作，工作量大而复杂且常常时间紧迫，同样必须引起高度重视。

施工阶段工程造价咨询的关键工作是审核工程进度款、索赔和反索赔、设计变更及工程签证引起的造价变化，审核进度款的关键是要事先对工程预算全面复核，确保预算准确的前提下，以预算为主要依据，结合形象进度及工程承包合同规定的付款比例及其他规定审核进度款的支付金额，必须确保不发生超付。设计变更及工程签证造价审核要及时准确，做到对工程造价变化的动态控制。索赔和反索赔造价咨询也是全过程造价咨询中经常碰到的问题，遇到索赔或反索赔，不要惊慌，只要吃透合同，弄清事件真相，并严格按照承包合同的规定处理即可。

3. 竣工结算阶段

竣工结算的工作程序就是对竣工验收资料进行整理收集归档，依据工程承包合同条款的规定，依据现行计价文件编制审核竣工结算，并从造价咨询管理的角度对其项目建设做出准确合理的评价。工程造价全过程咨询工作，由于经过前两个工作流程，进入本流程后，一切都水到渠成，竣工结算变得简单，几乎没什么大的弹性和变量，这是全过程造价咨询工作与传统的造价审核的重要区别之一，传统的造价审核只是注重最后结算审核的一锤子买卖，从而使结算审核工作变得耗时耗力很难顺利开展，并且前面各阶段的造价咨询管理几乎失控，这也是亟待解决的问题。

竣工结算的关键工作，整理所有该工程项目建设中相关的工程资料并记录保存；按时编制审核工程结算；竣工后，对项目进行合理评价。

五、全过程造价咨询服务的实践成效

在呼和浩特市某文化旅游区建设项目指挥部的正确指导和大力支持下，我们紧紧围绕双方签订的全过程造价咨询合同要求及服务范围，以内蒙古自治区现行计价文件及相关调整文件为依据，根据国家的法律、法规的规定以及我公司相关审计指导性文件的要求，深入细致、全程跟踪、密切配合工程管理和投资控制等各项工作，认真、严格、细致的配合各参建单位的施工工作，尽心尽力为业主做好服务，为昭君文化旅游区建设项目的投资控制严格把关，较好地完成了该项目的跟踪审计工作目标和任务，取得了良好的社会信誉。

1. 呼和浩特市某文化旅游区建设项目全过程咨询服务成果

（1）呼和浩特市某文化旅游区建设项目新建博物馆工程

工程规模：总建筑面积15092.62m^2，地上二层，建筑面积8682.76m^2，地下一层6409.86m^2，建筑高度14.5m；

投资金额（概算）：14200万元；

资金来源：政府投资；

建设工期：2016年5月8日至2017年7月30日；

质量验收情况：已竣工验收；

项目结算情况：已结算，审核后工程结算造价13400万元。

（2）呼和浩特市某文化旅游区建设项目景观大道工程

工程规模：总长度约2.5km；

投资金额：3500万元；

建设工期：2016年12月至2017年7月30日；

质量验收情况：已竣工验收；

项目结算情况：已结算，审核后工程结算造价4320万元。

（3）呼和浩特市某文化旅游区建设项目园区智能化工程

工程地点：某某博物院园区内；

投资金额（概算）：1900万元；

建设工期：2017年5月至2017年7月30日；

质量验收情况：已竣工验收；

项目结算情况：已结算，审核后工程结算造价1929万元。

（4）呼和浩特市某文化旅游区建设项目电力改迁及外电接入工程

工程地点：某博物院园区内；

投资金额（概算）：3900万元；

建设工期：2016年5月至2017年6月；

质量验收情况：已竣工验收；

项目结算情况：已结算，审核后工程结算造价3625万元。

（5）呼和浩特市某文化旅游区建设项目其他项目（一体化泵站工程、园区标识标牌、室内导视标识、观光电瓶车采购、临时水、电结算等）

工程地点：新建博物馆及园区内；

投资金额（概算）：900万元；

建设工期：2016年5月至2017年7月30日；

项目结算情况：已结算，审核后结算造价830万元。

2. 开拓性地开展全过程造价咨询服务工作

我公司全过程造价审计组于2016年4月开始进驻工程施工现场，开展全过程跟踪审计工作，承担呼和浩特市某文化旅游区建设项目全部内容（包括新建博物馆工程、景观大道工程、园区智能化工程、电力线路改迁工程、外电接入工程、一体化泵站工程、园区标识标牌系统工程、室内导视标识系统工程、观光电瓶车采购、临时水、电结算等）的全过程造价咨询任务，认真完成业主所委托的各类分包工程和新增工程的招标文件及合同主要条款的起草和审查工作，认真细致的完成该项目的工程量清单和招标控制价编制工作，完成工程材料、设备采购价格询价和定价审核工作；认真完成工程预付款审核批复、施工中工程计量、进度款审核等工作。

此外，还积极配合业主完成工程现场签证及变更的论证工作，确保变更的必要性、可行性及合理性，最终合理的完成工程变更及签证计量和审核工作；工作期间全程参加现场计量工作；参加工程方案优化比选，并提出及时跟踪审计书面意见；积极配合业、项目管理公司主强化工程造价管理，参加隐蔽工程及重要节点验收工作，确保数据真实有效。

在进行跟踪审计过程中，我公司始终按照项目指挥部的要求，有力地配合了呼和浩特市某文化旅游区建设项目的投资控制和造价管理工作。为了全面了解工程施工情况和其他事项，我公司现场工作人员都会随时随地到工程现场巡查、记录、计量，尽量满足业主对工程造价咨询工作的要求，并及时向业主和项目管理公司进行汇报。及时对施工现场进行勘察，参加隐蔽工程及重要节点的验收，以及用文字形式做好记录和用数码相机进行拍照留存影像资料备查，掌握翔实的工程原始资料和数据，确保工程计量工作的准确性、科学性。同时，我公司将过程中发现的问题及详细情况向业主及项目管理公司进行汇报，虚心接受业主及项目管理公司的工作指导，并将全过程造价控制的工作要求和业务安排及时向业主、项目管理公司以及施工、监理单位进行通报，凝心聚力，认真落实。

3. 及时向业主报告处理意见和解决方法

本项目投资大，工程施工条件复杂，不可预见因素多，而且有些工程项目在招投标过程中和施工图设计上也存在一些不完善因素，这些都给工程实施过程中的造价控制工作带来了一定的难度。针对上述情况，我公司充分发挥自身专业优势，通过研究合同及招投标文件，及时向业主建言献策，有效地避免了投资浪费。

4. 呼和浩特市某文化旅游区建设项目全过程造价咨询工作重点、难点解析

（1）基础工程施工：呼和浩特市某文化旅游区建设项目某博物院新馆工程位于大黑河南岸，地下水位较浅，该项目基础工程挖土深度室外地坪下最深处9.2m，且基础工程挖土方面积较大，根据投标文件要求投标时未考虑基础降水和边坡支护措施，但是工程施工过程中必须采取降水和边坡支护措施，且该项目时间急迫，基础施工正好赶在雨期施工，基础施工防雨措施、排水措施都要考虑，这就给工程造价过程控制带来难题，我公司领导高度重视，现场指导，现场造价人员积极查找项目所在地相关水文地质资料，与业主、项管单位、施工单位等工程参建单位现场勘查、量测、试验取得第一手资料，本着安全、经济的原则提出合理化建议和相关专家进行论证，经过反复测算、修改，最终确定了合理、安全、实用、经济的基坑降水方案和边坡支护方案，使建设资金得以有效的利用和控制。

本项目土方开挖招标文件要求按15km考虑运距，我公司造价人员进场后，通过对现场勘察、所有建设项目和场地改造的要求，提出了，通过合理有效的控制各单项工程的开始时间，现场平衡土方，减少土方外运的建议，得到了业主、项目管理公司和所有参建单位的认可，土方运距从15km降至1km，大大地节约了建设资金。

具体实施方案如下：根据园区规划建设的总体要求，园区扩大绿化面积、新馆东西两侧增加微地形、园区景观大道土方换填等需要大量土方，我方提出新馆土方分两期开挖，第一期新馆挖方量约44000m³，回填土方量约10000m³，余土外运量约34000m³。所有土方均存放在新馆西侧待绿化的用地内，运距约1km，既节省了土方运费又增加了土方的利用率。第二期开挖南北下沉出入口和景观挡墙土方，约25000m³，下一年开挖，直接用于厂区绿化和道路施工换填用土，平均运距约1km，减少了土方外运，减少了其他项目外购土方量，大大增加了土方的利用率。整个项目通过土方平衡措施，节约建设资金300多万元。

同时，要求施工单位在不增加造价的情形下加强雨期施工防护措施，加快施工进度，确保基础工程顺利完成。基础施工照片如图2～图4所示。

图2 2016年7月降水施工照片　　图3 2016年7月土方、垫层及护坡施工照片　　图4 2016年8月基础工程施工照片

（2）主体结构施工：呼和浩特市某文化旅游区建设项目某博物院新馆工程，结构形式：框架结构，异形，跨度较大、层高较高（6m），工程外围为斜梁、斜柱、折柱，最大倾斜角度达55°，内部为不规则圆弧形结构，对施工中的测量和放样、模板安装与拆除、钢筋制作及安装、混凝土浇筑及养护质量控制均不同于一般的工程项目，造价控制也不同于一般工程项目，尤其是模板的损耗量增大、周转利用率降低，施工时人工、机械严重降效，执行现有的计价依据不能真实的反映工程实际造价，我单位现场造价人员及时与造价主管部门人员沟通，提出问题的解决办法，同时我单位造价人员经过现场反复测算、分析，提出了较为合理的、业主和施工单位都能接受的数据，对原综合单价进行了合理修正。由于我们认真、公正、科学、合理的造价控制工作，受到了业主、项目管理公司和各参建单位的一致认可和好评。具体情况如图5所示。

图5 主体结构施工照片

（3）外立面直立锁边系统及外墙仿夯混凝土艺术挂板施工

呼和浩特市某文化旅游区建设项目某博物院新馆工程，外立面造型、系统复杂，在异形钢龙骨体系上安装特制直立锁边系统，再在直立锁边系统外安装仿夯混凝土艺术挂板，整个系统既是外墙系统，也是屋面系统，施工工序复杂。

该部分投标时为暂估价。本工程为国内首次将直立锁边系统应用于幕墙体系，并在直立锁边系统上承受混凝土艺术挂板的重力。外墙立面由2726块仿夯混凝土艺术挂板组成，因外立面为斜造型，所有折角均为整板，最大尺寸1.6m×6m，单块重量达1t，极大地加大了挂板的加工和安装难度。因外立面为倾斜立面，施工人员只能采用攀岩和跪拜的方式施工，极大地增加了施工难度。以上因素造成了人工和机械的严重降效，况且这种体系在内蒙古地区建筑工程中前所未有，这就给工程造价控制带来了极大的难度。

我公司咨询人员首先对工艺所需材料，尤其是仿夯混凝土艺术挂板，进行市场考察和市场询价，在全国范围内寻找类似的工程就非常难，通过多方查询，在陕西西安、江苏南京、北京等地有类似的工艺做法的工程项目，我公司造价人员和工程参与方的各个单位人员先后去上述各地考察，重点考察了陕西咸阳博物馆、陕西师范教育博物馆、大明宫国家遗址公园、汉长安城国家大遗址博物馆、北京万科等项目。通过现场勘查、量测、问询的方式，形成完整的考察记录和详细的考察数据，形成详细的考察报告。回到施工现场后经过测算和BIM三维演示确定了方案和材料供应要求，方案初步确定后我公司造价人员又积极地投入到材料价格测算中，同时，积极地与造价主管部门人员沟通、交流，寻找科学、可行的价格，拿出切实可行的价格确定方案。通过多次的厂家考察、实地测算以及多次的价格磋商和谈判，最终确定了仿夯混凝土艺术挂板的生产供应厂家。直立锁边体系和仿夯混凝土艺术挂板安装时，我单位造价人员和施工单位、自治区建设工程标准定额总站人员一起，进行现场记录、测算、整理、讨论，经过10多天的现场测算和监测，最终形成了该项目仿夯混凝土艺术挂板的补充定额子目。我公司造价人员的努力工作得到了各方专家的认可。图6为直立锁边体系和仿夯混凝土艺术挂板施工照片。

图6 直立锁边体系和仿夯混凝土艺术挂板施工照片

（4）重组竹悬挑雨棚结构施工

入口雨棚及连廊悬挑装饰选择重组竹为主材，该材料为竹基纤维复合材料，是一种新型高端环保材料。该雨棚结构设计新颖，材料特殊，方案深化是一项巨大的挑战，同时构件的加工精度、安装施工要求标准极高。该项目悬挑装饰和入口雨棚投标时为暂估价，我公司造价人员也是从未接触过的新工艺、新材料，在内蒙古建筑工程中也前所未有，可想造价控制的难度之大。我公司造价团队也是一支富有挑战的、能够战胜困难的团队，查找资料、多方寻找资源，先后考察了北京和浙江等地四家单位，考察了生产车间、在建工程项目施工、设计工作室，通过各家提供的深化设计方案比选，经过专家、设计人员、业主和造价人员的研究讨论，经过多轮磋商和谈判最终确定生产和安装厂家，价格谈判过程中，造价人员发挥较大作用，确定了业主满意、施工方满意，且真实合理的价格。入口雨棚及连廊悬挑装饰施工照片如图7所示。

该工程项目还有许多的造价控制难点和重点，在这里就不一一列举。由于我公司造价人员在过程中认真细致的工作，致使该工程项目顺利地完成了竣工结算工作。我公司取得了良好的社会信誉。

图7 入口雨棚及连廊悬挑装饰施工照片

5. 工作体会

领导的重视与支持是做好全过程造价工作的关键，领导的重视程度越高，审计工作就越有依靠，发挥的作用也就越大。我公司在认真做好工作的同时，注重同上级领导的沟通和交流，不定期汇报工作情况，争取领导的信任，取得了领导对审计工作的高度重视和大力支持。公司领导对审计工作倍加关注，对审计的组织、人员的调配予以大力支持，对重大问题的定性与处理亲自过问，对审计报告认真批阅，及时提出了整改意见和具体要求，为审计工作的顺利实施提供了有力保证。审计要树立高质量的服务意识，审计工作的性质决定了审计工作必须坚持监督与服务并重。通过该项目全过程的审计服务工作，进一步提高了思想政治素质，开阔了视野，拓宽了工作思路，增强了全局意识，强化了心胸坦荡、正直端庄、严谨朴实的良好作风。在总结成绩的同时，我公司也看到自己的缺点和不足，主要是还需进一步加强学习，努力提高自己的专业水平，注重综合分析力度，提出有针对性的合理化建议，努力提高自己的工作层次和能力。在今后的工作中，会诚恳地接受领导和同志们对我公司提出的批评和建议，恪尽职守。同时，发扬成绩、克服不足，提高工作效率，使我们所从事的工作在新的一年中再上新台阶。

六、社会关注和成果

呼和浩特市某文化旅游区建设项目作为内蒙古自治区成立70周年重点献礼工程，某博物院新馆工程在建设过程中受到了内蒙古自治区、呼和浩特市各级领导和群众的密切关注（图8）。

2017年8月5日，某博物院新馆工程在人民网、新华网、央视新闻、光明网、工人日报、中华建筑报等十几家媒体的见证下，举行了盛大的工程竣工仪式。

图8 社会高度关注

该工程项目直立锁边金属板防水系统+开缝式混凝土挂板艺术幕墙施工工法已经获得了工法奖，该项施工技术已获得国际先进水平科技成果，且已申请两项专利技术，同时该项目正在申报内蒙古自治区及国家优质工程奖（图9）。

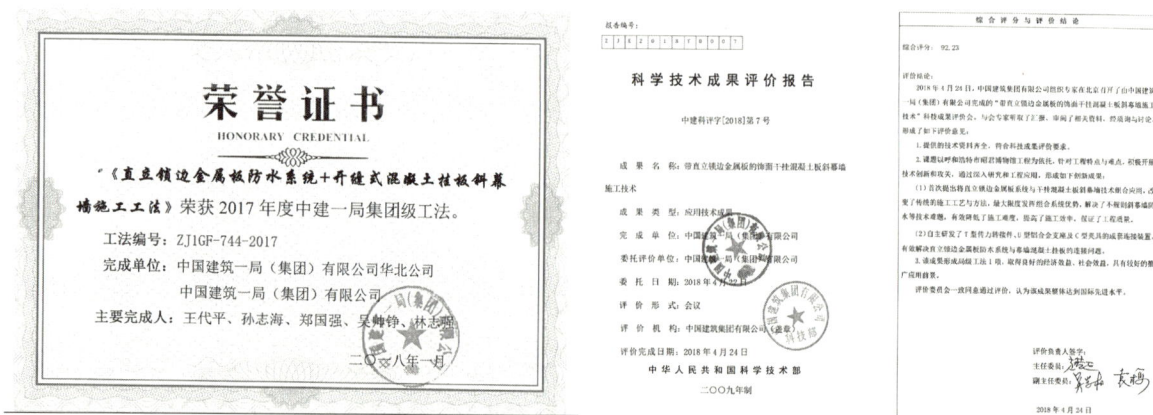

图9 荣誉证书和评价报告

如今，某博物院正以崭新的姿态面向社会，某文化旅游区建设项目必将以5A级景区创建为契机，以"和"文化为统领，将以昭君引领的文化名片递向世界。壮美内蒙古，亮丽风景线，欢迎祖国的八方来客（图10）。

图10 风景及游客

专家点评

本项目是内蒙古自治区成立70周年的重点献礼工程。主体框架结构、钢结构，斜面直立锁边体系，外立面为仿夯混凝土艺术挂板，连廊区域大雨棚为重组竹结构，与仿夯混凝土艺术挂板交相辉映。该项目结构复杂，斜面较多，新工艺及新材料使用较多，场馆功能齐全，工期较短，施工难度大，全过程造价控制重点、难点较多。

针对场馆类项目的施工特点，咨询单位在全过程咨询过程中严格把关、全过程跟踪，其主要工作方法是提前对施工方案进行优化，通过合理有效的控制各单项工程的开始时间，提出现场平衡土方减少土方外运的建议，不仅减少了土方外运，也减少了其他项目外购土方量，大大增加了土方的利用率。整个项目通过土方平衡措施，节约建设资金成效显著。

对于特殊工艺及材料的造价确定有创新，其中，重组竹悬挑雨棚暂估价，采用深化设计方案比选方法，结合项目现场结构施工，比较竹基纤维复合材料生产工艺，全过程咨询过程中先后考察了多个类型生产车间，与设计人员讨论，经过多轮磋商和谈判最终确定生产和安装厂家，价格谈判过程中，造价人员发挥较大作用，确定了真实合理的价格。

新工艺、新工法的工程造价确定与控制科学合理，按照定额测定的原则与方法编制补充定额，如：外立面直立锁边系统及外墙仿夯混凝土艺术挂板，是有专利技术的新工艺新工法，咨询人员经调研及实地测量形成了该项目仿夯混凝土艺术挂板的补充定额子目等方法，有效地控制了项目投资，取得了良好的社会信誉。

点评人：吴虹鸥

捷宏润安工程顾问有限公司

基于全过程视角下的体育场馆项目造价咨询

——中量工程咨询有限公司

何丹怡　陈金海　王少芳　范振刚　王光国

一、项目基本概况

　　某省运动会场馆项目于2011年11月动工，2015年2月落成竣工。项目占地面积约864.51亩，总建筑面积约185762m²，整体框架为"一场三馆"，即体育场、体育馆、综合球类馆、游泳跳水馆。主场设计以"滨海城市"为理念，造型采用滨海沙滩贝的形式，充分体现了本土文化气息和人文、绿色和谐主题。某省运动会场馆承担省运会的开幕式和田径、游泳、跳水、羽毛球、篮球等赛事，中心体育场主场可容纳约4万名观众、体育馆约6300名观众，综合球类馆约1100名观众，游泳跳水馆约2200名观众，总投资约30亿元。某省运动会场馆（图1）是一座节能环保的现代化体育场，场馆设计和施工采用大量国内领先的新技术、新材料、新工艺和节能环保系统，项目具有规模大、造价高、技术复杂、造价咨询业务复杂的特点。

图1　某省运动会场馆

二、咨询服务范围及组织模式

1. 咨询服务的业务范围

　　项目合同的类型是全过程工程造价咨询服务合同，根据合同规定本公司在项目中主要承担项目的全过程工程造价咨询工作，具体内容如下：

　　（1）根据设计单位提交的经审核的施工图纸，编制施工图预算，进行设计优化，并经市财政部门审核；

（2）根据设计单位提交的初步设计成果，编制主场馆项目初步设计工程量清单及招标控制价，经市财政部门审核后，作为施工招标的依据；

（3）工程实施过程中，对设计变更、工程变更等影响工程造价的所有事项及进度款进行审核等，及时向委托人提交相关审核报告及有效控制工程造价的合理化建议；

（4）对项目的特殊材料，配合业主进行询价；

（5）派员参加图纸会审、初步设计评审、施工方案评审等会议；

（6）派2～3名造价工程师驻现场负责施工过程的造价管理工作；

（7）在运营维护阶段，协作业务完成相关事宜。

2. 咨询服务的组织模式

作为市标志性建筑物和某省运动会的主要比赛场所，本项目全过程控制的造价咨询业务与其他传统工程造价咨询业务相比，有如下特点：

（1）业务复杂

由于全过程造价咨询业务不仅仅涉及项目的施工阶段，还涉及项目的招投标阶段，因此全过程造价咨询业务范围相对于传统项目而言，业务范围大幅度增加，业务更为复杂。除此之外本工程作为某市的标志性建筑物与某省运动会的主要比赛场所，所涉及分包商数目众多，对工程造价控制更为严格，这都增加了本项目的咨询难度。

（2）对咨询人员的综合能力要求高

全过程造价咨询是根据委托方的要求和项目的具体条件而进行咨询服务的，每一次所要解决的问题都不尽相同，从事全过程造价咨询业务的人员，工作内容不仅是单一的造价确定和狭义的造价控制，而是要向项目设计阶段、运营维护阶段等更有助于整体把控项目总造价的方面延伸，才可能达到委托方的更高层次的需求。

（3）需要快速响应，对工作效率要求高

委托方要求工程咨询企业为项目委派驻场人员，驻场人员需要对现场委托方提出的问题，结合实际情况迅速做出响应。

针对上述工程项目的特点，为完成全过程造价咨询业务，本咨询团队采取扁平化的组织模式，如图2所示。

3. 咨询服务工作职责

本咨询业务主要涉及四个阶段六项任务，涉的四个阶段分别为：设计阶段、招投标阶段、施工阶段及运维阶段。

设计阶段、招投标阶段主要任务在建设前期，其他任务均在施工阶段，因此，完成招投标之后才成立现场服务部。各部门承担的具体任务由技术经济部、市场咨询部、现场服务部分别负责组织实施。

项目经理负责项目的全面组织协调、参加现场会议、与建设单位及各参建单位进行直接沟通，组织驻场人员的工作，全权处理现场问题。项目副经理配合项目经理完成项目总包招标阶段的工作，负责组织公司本部人员对项目予以支持，组织造价部各专业造价工程师编制工程量清单及招标控制价。项目造价师负责技术监督工作及质量控制，组织总工办各专业主任工程师对项目组的过程文件及成果文件进行审核。

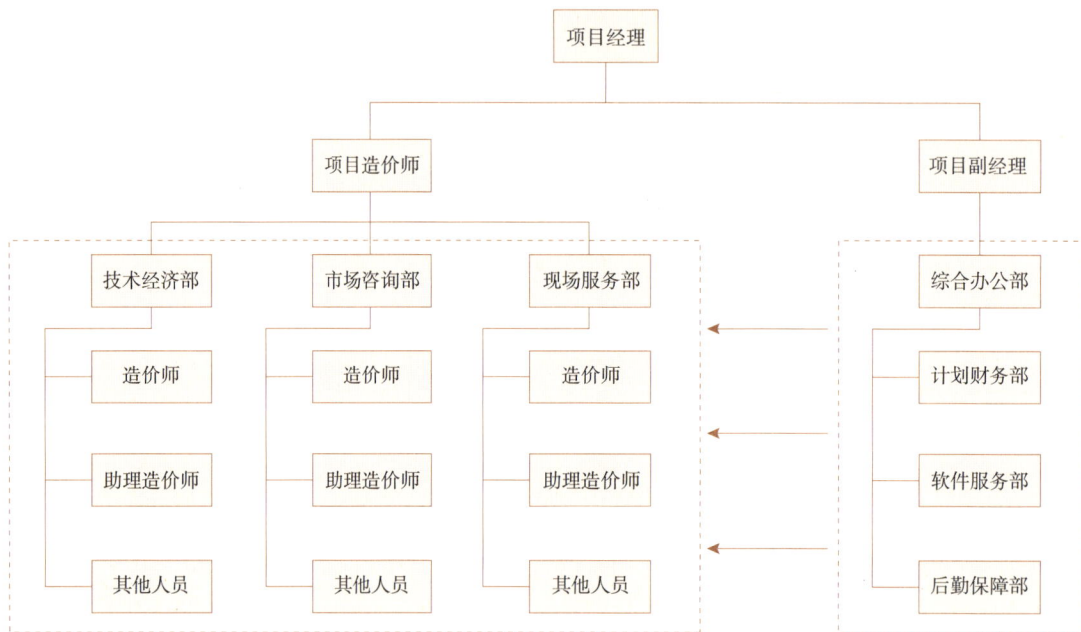

图2 全过程工程造价咨询业务组织模式

三、咨询服务的运作过程

1. 前期策划阶段咨询服务运作过程

咨询团队在项目前期策划阶段主要完成了如下工作：

（1）为业主聘请的建筑师、其他设计顾问、配套公司的不同设计方案（包括建筑、结构、机电等）书面提交审核意见和优化设计的合理化建议，提供投资估算的编制和项目经济评价，以协助业主选择最佳和经济的设计方案；

（2）初设计完成后，根据初设计图及经有关政府部门批准的立项审批、可行性研究报告等文件，依据国家、地方的相关规范、规程等技术文件，结合有关管理法规，以单项造价指标方式编制详细的估算造价，该估算造价，按图纸深度，部分根据图纸计算出来的工程量，部分依靠经验数据，结合市场同类产品价格计算，从而制定出项目详细的、细化和准确的工程成本规划书以作为工程成本控制的目标；

（3）根据业主工期要求，与业主确定标段划分安排，并根据工程成本规划书编制项目的招标策划书及合约规划，应包含项目的分项合同计划和招标安排，包括标段、合同模式及招标时间、计价方式。

2. 设计阶段咨询服务运作过程

设计阶段是控制造价的关键阶段。本项目设计阶段的造价咨询工作主要是协助委托方及设计人实施设计方案和施工图设计的优化，并利用价值工程对设计方案进行评估，进行限额设计，摘标准化设计。通过这些方法能够对设计阶段控制造价起到一定的作用，最终实现达到优化投资的目的。

设计优化的理论根据是每一个设计人员或每一个设计部门的工作是必然有缺陷的，但这些缺陷很难被原设计人员认识到。而另外的设计人员来审视这些设计成果时，必然可以发现需要改进的地方，通过改进，达到功能不变、成本降低的效果。

（1）方案经预算阶段造价控制咨询人根据同类工程项目的单位造价及本项目的特点，编制方案估算，对方案估算进行分解，编制分部工程（或分部分项工程）的投资控制指标。

（2）设计方案造价估算的可行性比选和风险分析比选：咨询人参与对初步设计的总图方案及单项设计方案的评价。通过对不同设计方案造价估算的可行性比价和造价估算的风险分析比选，在满足设计要求和投资控制的前提下，选取最合理的方案。

（3）咨询人对初步设计图进行概算审核：咨询人员根据设计单位提供的概算，按造价部门的有关规定进行概算审核。

（4）根据概算审核结果提出优化方案，咨询人在概算审核完成后，对上述造价提出优化方案，并与委托方、设计单位对优化方案进行讨论并落实。

（5）多次进行造价估算，确保估算金额在委托方之概算费用之内：咨询人承诺如上述造价仍不符合委托方既定的工程造价控制目标，造价师将重复上述工作，直至修改后的设计图纸造价估算金额在委托方之概算费用之内。

（6）施工图预算审核

施工图预算的审核首先根据单位工程施工图计算出各分部分项工程量，然后从预算定额中查出各分项工程相应的定额的单价并将各分项工程量与其相应的定额单价相乘，其积就是各分项工程的价值再累计各分项工程的价值，即得出该单位工程的定额直接费；根据地区费用定额和各项取费标准（取费率），计算出间接费、利润、税金和其他费用等；最后汇总各项费用就得到单位工程施工图预算造价。

施工图预算的审核程序步骤：熟悉施工图纸、了解现场情况和施工组织设计资料、熟悉预算定额、列出工程项目，计算工程量及编制预算表（直接套用预算单价、换算预算单价、编制补充单价）。

1）计算定额直接费。

2）工料分析：

在计算工程量和编制预算表之后，对单位工程所需用的人工工日数及各种材料需要量进行的分析计算，称为"工料分析"。

3）计算单位工程预算造价。

4）复核。

5）编写预算审核说明。

6）装订签章。

（7）完成委托方交办的其他造价咨询工作，咨询人应及时完成设计阶段委托交办的其他造价咨询工作。

3. 招投标阶段咨询服务运作过程

（1）工程量清单编制的原则

为保证工程量清单的准确性，提供编制质量，造价工程师编制工程量清单时严格遵守《建设工程工程量清单计价规范》GB 50500-2013等国家、行业及省市有关规定。做到：

1）严格按规范规定设置分部分项清单项目，编写项目编码、计量单位；

2）按施工图设计准确描述各分部分项工程项目特征、工作内容；

3）严格按工程量计算规则计算工程量；

4）工程量计算底稿必须清晰、整洁；

5）清单编制要有利于充分发挥专业承包公司的专业优势，提高工程质量，加快工程进度，降低建设成本；

6）在不违背规范的前提下，尽可能方便承包商投标报价。

（2）编制工程量清单初稿

团队成员根据专业分工，按工程量清单编制程序进行详细清单编制工作。工程量清单编制前，应根据委托人委托，收集完整的清单编制依据。团队成员在计算清单工程量前，首先应完整地掌握项目情况，熟悉施工图设计和技术规范。

（3）对施工图设计进行技术经济论证

做好施工图设计技术经济论证，帮助委托人把好设计关，可以起到降低建设成本、控制工程投资的作用。同时，工程施工招标时，往往还未进行施工图设计会审，且每一项设计或多或少存在一定的遗漏或缺陷，造价工程师在熟悉施工图后，会发现一些图纸设计问题，在编制清单时，客观需要解决。因此，造价工程师熟悉施工图纸后，检查设计是否存在技术缺陷，施工图设计是否存在技术经济不合理的问题，提出合理化意见；向建设单位提交设计合理化建议报告，由项目建设单位进行审批；造价工程师将同意落实的建议意见反映在设计文件中。

（4）现场踏勘

现场踏勘的目的是了解项目施工现场条件，使编制的清单和控制价更加切合实际，降低承包商工程索赔的几率。因此在熟悉文字资料后，工作人员应到工程现场进行实地踏勘。现场踏勘时完成以下具体工作：核查施工图设计与工程场地条件是否吻合，施工场地条件，施工用水、电、讯、排水、道路条件，材料设备运输条件，运输距离；记录核查情况，将实际情况充分反映在编制的工程量清单中。

（5）计算工程量

工程量计算是否准确，直接影响到工程招标的质量、预算控制价的准确性，因此造价工程师应在熟悉资料后，根据规范规定计算清单工程量。

（6）编制措施项目、规费项目清单

造价工程师根据招标文件初稿按费用措施项目、定额计价措施项目、省清单计价定额关于规费清单确定，分别列出措施项目清单、规费项目清单。

（7）编制工程量清单初稿

在工程量计算工作中，造价工程师应用计价软件，按项目编码将各分部分项名称、计量单位、工程数量、工作内容、项目特征、措施项目、其他项目、工程说明等内容反映到工程量清单中，编制出工程量清单初稿。

（8）调整清单初稿，编制工程量清单征求意见稿

在编制工程量清单初稿的基础上，根据招标人购置材料、专业分包工程、预留金设置情况，调整工程量清单初稿，将甲供材料、专业分包工程、预留金反映到工程量清单中，编制工程量清单编制说明，形成总承包和专业分包工程的工程量清单征求意见稿。

（9）清单风险评价，编制招标建议书

在工程量清单征求意见稿编制完成后，造价工程师应对工程量清单征求意见稿，进行风险评估，评估内容包括：预测清单存在的潜在风险；图纸可能发生的设计变更；材料价格波动趋势；新技术、新材

料对本项目工程造价的影响等。对以上因素进行评估后，提出风险评估报告，编制施工招标建议书，提供给委托人参考。

（10）修正清单初稿，形成正式清单

公司将清单初稿、风险评估报告和招标建议书报送委托人；由委托人主持招标代理机构和团队对清单征求意见稿进行论证；委托人通过论证审核，返回审核意见给团队；团队按照审核意见修订清单征求意见稿，形成正式工程量清单和预算控制价，出具正式清单编制报告，交委托人使用。

4. 施工阶段咨询服务运作过程

工程项目施工的实施阶段，主要是落实事先制定的控制计划和造价控制目标，严格执行工程量清单报价中的内容与原则。整个工程投资控制的关键发生在施工过程的中间阶段。为此，施工前应对建设项目投资按照项目种类、时间、进度进行划分，认真审查施工方案和施工组织设计，对施工组织设计的技术经济做好分析提出相应的咨询建议；在施工过程中，按工程进度计算所需支付的工程进度款，动态结算项目投资，这个过程需要进行必要的审查，为建设方提供有价值的控制建议；对工程变更也应给予密切关注，督促相关单位按规定程序确定工程变更价款；我们应该站在客观公正的立场上，以合同为依据，及时审核建设单位和施工单位索赔，并对投资支出做出分析，加强对建安工程的成本管理。

（1）进度款审核办理程序

对承包单位提出的工程预付款，造价工程师应根据施工合同约定的额度和条件提出审核意见，报送建设单位审定。

专业造价工程师应逐项审核承包单位的付款申请并核定出最后数量，然后工程款支付证书由工程造价项目负责人签发。应根据施工合同的约定来确定月工程进度款的支付时间和方式。

在开工前，建设单位代表商和总造价工程师应对月付款报审表和支付凭证的签发程序进行商定后再执行。在造价咨询部进场交底时，应向承包单位阐明工程款项的审核程序。流转程序如图3所示。

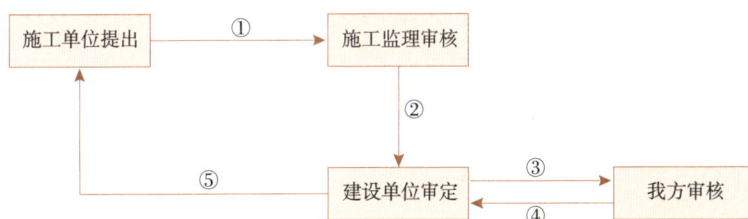

图3 流转程序

（2）设计变更审核办理程序

设计变更是施工阶段常出现的问题，对设计变更的管理影响着全过程工程咨询的总体效果，因此团队对设计变更制定了详细的设计变更流程，具体工作流程如图4～图6所示。

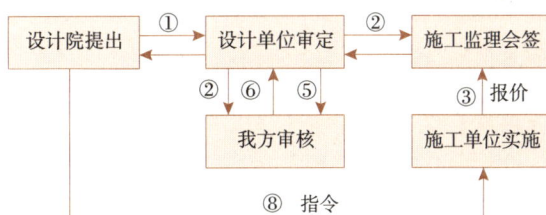

图4 设计变更流转程序

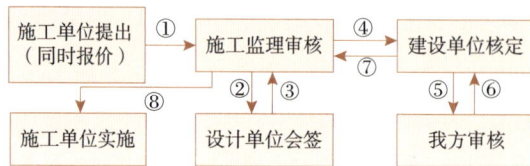

图5 工程联系单流转程序（需要设计单位会签）

图6 工程联系单流转程序（不需要设计单位会签）

5. 竣工结算阶段

竣工结算审查是全过程造价咨询服务的最后一项工作，也是检验造价咨询服务质量的最后一道考题。由于竣工结算审查所涉及的内容较为复杂，就要求审查工作具有秩序性。首先从工作思路上要保证审查工作的完整性，同时作为专业的工程造价咨询服务机构应有能力从项目属性中确定最为有效的工作方法。最终按各方要求在规定时间内完成竣工结算审查工作，这一阶段的工作由项目经理组织驻场造价人员完成，总工办参与重大争议问题的协调解决以及成果文件的审核、审定工作。

6. 运营维护阶段

某省运动会场馆项目作为一个永久性的项目，在大型比赛过后需要对其进行定期的维护，以保证其使用功能。在运营维护阶段涉及的责任人不仅涉及项目的建设者，也涉及工程造价咨询机构。在本工程的运营维护阶段就涉及了工程造价机构。

（1）保险索赔过程

2015年第22号台风"彩虹"于10月4日正面袭击该市，省运动会场馆所在区属于台风正面袭击范围，受影响大、损失严重，全区停水停电。据初步统计，该区受灾损失达20.32亿元。本项目也遭受了"彩虹"的袭击，其中四场馆金属屋盖系统、体育馆及球类馆的木地板、体育场及连廊的膜结构、清理拆除费等共损失约9000万元；场馆装饰、交通、景观和安装等工程共损失约6000万元。业主方共损失项目金额合计约1.5亿元。幸运的是由于全过程工程咨询单位的建议，建设方在2015年8月6日就对本工程就进行了投保。

咨询单位协助业主完成了保险索赔工作。在进行保险索赔过程中，需要业主根据合同条件，编制详细的预算编制报告，因此业主委托我公司参与保险索赔过程。保险索赔的详细情况如下：

业主于2015年10月20日前向保险公司报送了《索赔意向书》，经保险公司研究后认为：由于台风"彩虹"中心附近最大平均风力符合合同规定的最大平均风力12级或以上，属不可抗力的自然灾害。根据财产一切险保险单第五条规定，在保险期间，由于自然灾害或意外事故造成保险标的直接物质损坏或灭失（以下简称"损失"），保险人按照本保险合同的约定负责赔偿。保险公司同意进行赔偿处理。

2015年10月20日，项目各参与方组织现场损失勘察，联合本造价咨询机构、第三方公估机构以及律师事务所等专业人员，对现场进行保护及取证。为索赔中期的造价编制及索赔后期的理赔金额保存了较为全面的数据和证据。

2015年11月10日，项目各参与方召开联席会议，研究省运会场馆保险理赔相关事宜。主要有如下纪要：

1）关于公估公司要求提供相关索赔资料事宜；

2）关于预付理赔款事宜；

3）关于各专业系统设施设备修复事宜；

4）关于有利用价值损余物资处理事宜。

经过现场勘查及取证，业主方委托的本造价咨询公司编制完成《奥体中心台风"彩虹"损坏修复—金属屋盖、木地板、膜结构预算编制报告》和《奥体中心台风"彩虹"损坏修复—装饰、交通、景观和安装等工程预算编制报告》。业主把成果文件提交与第三方公估机构进行索赔谈判。

2015年12月10日，第三方评估公司出具《关于"2015年12月8日"定损会议存在的问题解答》工作联系函，把定损造价的反馈意见给业主方。

双方召开了多次定损会议协商，最后同意四场馆金属屋盖系统、体育馆及球类馆木地板、体育场及连廊膜结构、清理拆除费总定损金额约7千万元；场馆装饰、交通、景观和安装等工程项目定损金额约6千万元。

经过多次协商，双方就部分损失赔付金额以及其余受损资产赔付时间达成协议。并签订定损确认书、损失确认书、赔付协议等文件。

（2）保险索赔过程中工程造价咨询服务过程

1）在本保险索赔过程中，工程造价咨询工程主要四大难点：

难点一：未结算，没有可以参考的结算价格；预算价格，由于特殊原因，还没有审核完成。没有明确的历史数据可参考执行。

难点二：局部破坏，是重建还是修复？如何认定？

难点三：非在建状态并已经竣工，修建的措施费（脚手架、垂直运输费用）应如何考虑？重新搭设还是部分搭设？

难点四：其他预计发生的费用如何确定？

2）难点的解决过程：

对于不同的部分的修复方案是不同的，其措施项目也是不同的，因此必须根据其实际情况进行详细分析。如在保险索赔过程中，对于修复方案，存在很大的争议，其中的一部分如表1、表2所示，全过程咨询单位通过广泛的市场调研和修复方案的分析，最终得到各方均接收的价格，就索赔委托方而言，赔偿金额超出了其初期预期价值。

屋盖工程 表1

序号	项目名称	单位	工程量	损失状态	恢复方式	备注
1	屋面3.0mm厚异形铝板装饰层	m²	156	刮碰凹痕	修复	1~88轴线，不含骨架及配件
2	25mm厚聚碳酸酯阳光板屋面	m²	2689	刮擦划痕	修复	不含骨架及配件
3	扩展修理区域更换防水板	m²	2327		待定	修复方案待定
4	扩展修理区域铝板装饰层拆装	m²	2327		待定	修复方案待定

膜结构争议部分　　　　　　　　　　　　　　　　　　　　　　　表2

序号	位置	财产名称	型号或规格	单位	索赔数量	单价依据（清单编号）	原因	结论
1	体育场	体育场-PTFE膜材	SGM-9	m²	661.25	换或者补存在争议	保险公司当时只同意给修补	通过市场调查、设计、厂家派出人员到现场勘察给出结论，修补是不可行（受力有问题、影响外观）
2	连廊	长廊-PTFE膜材	SF-2	m²	1977.55	换或者补存在争议	投保单位要求更换新的	

四、咨询服务的实践成效

本项目中全过程咨询服务的实践成效主要体现在三个方面：经济成效，社会成效，技术成效。详述如下：

1. 经济成效

在经济成效中，主要体现在设计方案的优化过程中。为了有效控制和合理确定第十四届省运会主场馆项目的工程造价，规范工程管理，团队结合项目的实际情况，从设计入手，从适用、经济的原则出发，优化施工图部分内容，严格控制材料、设备品牌档次，注重施工方案的经济比选。优化设计的工作成效如下：

（1）土建部分

1）灰土回填改为素土回填。一场三馆基础底板以上地坪标高找平原设计采用的2∶8灰土回填，施工前图纸会审施工单位提出用陶粒混凝土取代2∶8灰土回填，设计单位同意该变更。从经济角度分析，陶粒混凝土造价比2∶8灰土高，2∶8灰土造价比素土高。结合目前湛江市各工程普遍的做法，采用素土已能达到密实度要求，经过多次沟通，设计单位同意采用素土回填。填陶粒混凝土改为填素土，可节约造价约927万元。

2）一场三馆屋面装饰铝板由4mm厚改为3mm厚。经调查，市场生产的用于大型场馆屋面装饰面层的铝板厚度大多为3mm，东莞篮球场，深圳、惠州场馆项目大部分也是采用3mm厚的铝板，4mm厚与3mm厚每平方米价差80元左右，由于一场三馆屋面装饰面积大（约10万m²），采用不同厚度铝板造价差异很大，经与多次协调沟通，设计单位最后同意将装饰铝板厚度变更为3mm。此项节约造价约825万元。

3）一场三馆地面设计层次精简。地面层次设计达八九层，CL7.5轻集料混凝土、砂浆、细石混凝土找平层、垫层层次多、厚度大，室外广场、散水、坡道等处也设卷材防潮层等，经过沟通，设计单位同意根据湛江本地的实际情况，取消防潮层，并且对地面层数进行优化设计。此项节约造价约720万元。

4）三馆预制管桩桩内插筋长度改变。三馆原设计预制管桩桩内插筋长度与体育场相同，为18m，经过沟通，设计单位同意修改为5m。此项节约造价约470万元。

5）不锈钢栏杆改为塑钢栏杆。体育场、体育馆、综合球类馆栏杆设计采用不锈钢栏杆，造价较高，经与设计方沟通，设计单位同意改为一般塑钢栏杆。此项节约造价约320万元。

6）环氧自流坪改为水泥自流坪。为确保橡胶地板平整度达到要求，图纸会审施工方提出橡胶地板面层下应增加一道自流平，设计同意增加5mm环氧自流平。经过沟通，设计单位同意环氧自流平改泥基自流平，此项节约造价约180万元。

7）取消C25细石混凝土层中的钢筋网。C25细石混凝土层均设计有钢筋网，经过沟通，设计单位同意除机房、设备房、有水的房间、大面积房间的保留，其余均取消。此项节约造价约30万元。

8）装修刷界面剂改为刷素水泥加107胶。设计要求内墙、外墙面均需用界面剂一道甩毛，与规范要求刷素水泥一道作用一样，刷素水泥一道约1.13元/m²，刷界面剂一道约2.7元/m²，因为一场三馆内、外墙面面积大，工程量很大，在使用功能不变情况下，从节约投资角度出发，建议优化该部分设计，改为通常做法刷素水泥加107胶一道。经过沟通，设计单位同意装修刷界面剂改为刷素水泥加107胶，此项节约造价约30万元。

9）体育场金属屋盖玻璃棉板100mm改为二层50mm。深化图纸将原图纸一层100mm玻璃棉板（容重80kg/m³）双面包铝箔更改为二层50mm厚玻璃棉板（容重 80kg/m³）双面包铝箔，在使用功能不变情况下，从节约投资角度出发，不同意更改，此项节约造价约935万元。

10）三馆金属屋盖无纺布更改为防水透气膜。深化图纸将原图纸无纺布更改为防水透气膜，在使用功能不变情况下，从节约投资角度出发，不同意更改，此项节约造价约96万元。

11）体育工艺水泥稳定碎石基层水泥含量更改。会议纪要及深化图纸将原图纸水泥含量6%改为10%，在使用功能不变的情况下，从节约投资角度出发，不同意更改，此项节约造价约31万元。

12）体育工艺沥青混凝土透层油量更改。会议纪要及深化图纸将原图纸喷油量1kg/m²改为2kg/m²，在使用功能不变的情况下，从节约投资角度出发，不同意更改，此项节约造价约39万元。

（2）安装部分

1）冷水系统管材变更，取消管道保温棉、油漆。冷水系统所有管材设计采用不锈钢钢管，我方建议管径50mm以下的用PP-R管；管径大于50mm的，架空的用钢塑管，埋地的用PE管，并取消防结露保温棉、油漆。经与设计方沟通，设计单位同意管径50mm以下的用PP-R管，管径大于50mm的仍用不锈钢管，取消防结露保温棉、油漆。此项节约造价约852万元。

2）虹吸雨水管管材变更。经沟通，设计单位同意由不锈钢管改为白色HDPE管。此项节约造价约1712万元。

3）阀门材质变更。经沟通，设计单位同意系统中的阀门由原来的全不锈钢阀门改为阀体为铸钢、阀芯为不锈钢或铜芯的阀门。此项节约造价约1118万元。

4）取消排水管道保温棉、油漆。经沟通，设计单位同意取消排水防结露10mm保温棉、油漆。此项节约造价约26万元。

5）空调风管材质变更。设计要求用无甲醛环保型消音风管，据市场调查，无甲醛环保型消音风管强度不够，价格却不低，建议改用橡塑保温镀锌风管。经沟通，设计单位同意采用保温镀锌风管，此项节约造价约420万元。

（3）场内道路部分

1）路基换填更改。深化图纸道路详图说明中，场内所有沥青道路路基均做80cm碎石土换填处理；而实际吊车道路不需要换填。经沟通，取消换填，此项节约造价约20万元。

2）乳化沥青粘层用量更改。深化图纸道路详图说明中，乳化沥青透层将原图纸用量0.6L/m²改为1.5kg/m²，乳化沥青粘层用量0.4kg/m²改为1kg/m²；而修改后费用增加使用功能并不会相应提高；经沟通，从节约投资角度出发，按原图不作更改，此项节约造价约28万元。

（4）绿化部分

绿化填料更改。深化图纸将原图纸塘肥、垃圾肥、腐热用改为肥膨化鸡粪；而变更并不影响植物生长效果的情况下，却增加了费用。经沟通，从节约投资角度出发，按原图不作更改，此项节约造价约2000万元。

（5）优化设计的总节约额

通过设计优化，土建部分节约造价约4180万元，安装部分节约造价约4128万元，场内道路节约造价约50万元，绿化部分节约造价约2000万元，合计节约造价约10358万元。

2. 社会成效

在本次提供咨询服务过程中为了更好地控制过程造价，团队制定了具体的造价控制措施：

（1）对于项目组织的图纸会审、初步设计评审、施工方案评审等会议，团队都派出专业人员参加，并从造价控制的角度给出相关的意见；

（2）通过对施工过程进行实时实地监控，对设计变更、工程签证等影响工程造价的事项从专业的角度及时提出有效控制工程造价的合理化建议，保证了设计变更和工程签证的科学性、合理性和真实性，杜绝出现随意变更和签证失实的情况，有效地控制了工程造价，规范了工程管理；

（3）进度款支付方面，由于本工程工期紧，在欠缺财政审定的施工图预算的情况下，咨询团队及时提供施工图预算及工程量清单给代建局，并协助代建局进行进度款审核，这样在不影响工程进度的情况下，工程造价得到了合理和有效的控制；

（4）通过对施工过程进行全程监控，得以对施工过程进行详细跟踪记录，掌握了工程建设过程的真实情况，从而保证了工程建设相关资料的合法合理和完善，并为加快工程结算进度，为保证工程结算造价更合理、更准确打下了坚实的基础；

（5）通过实施全过程造价管理，促进了工程管理各项工作的进一步完善，并形成了控制造价的有益经验，为以后的工程项目造价管理工作的更好开展提供了指导作用。

团队的各项努力不仅在经济上取得了一定的成效，而且得到了社会的认可，在本次造价咨询中，广东中量工程投资咨询公司被湛江市住房和城乡建设局评为先进单位，主要参与人员被评为先进个人，项目咨询团队在2018 RICS Awards中获得年度专业咨询服务团队（建造领域）入围奖。

3. 技术成效

某省运动会场馆项目体育场外立面中使用了PTEE网格膜结构，该工程由二次钢构及外立面膜结构两部分组成，主体育场下部为马鞍型看台结构，外轮廓近椭圆形，看台上部为悬挑罩棚钢结构，由悬挑钢桁架及网架结构两部分连成整体。南北长467.5m，东西最大宽度约297.6m，悬挑罩棚中间高、两端低，高差9.3m，罩棚最高点离地面约53.89m。膜材选用进口PTFE网格膜材SGM-9PB，膜结构面积约18000m²，膜辅材配件全部采用铝合金夹具或不锈钢螺栓，铝合金夹具材质为6061-T6，张拉固定膜材螺栓采用不锈钢，材质为S316。

目前我国膜结构工程中，一般业主并不能在招标阶段提供详细明确的施工图，只能给膜结构承包商一个初步设计方案或膜结构施工界面的基本情况，承包商需结合本企业膜结构施工的特点，对初步的设计方案进行优化，设计膜结构施工图。

针对膜结构这种新型且在不断更新的材料，定额中并没有可供查询套取的相应定额子目，因此在膜结构工程招投标报价过程就没有办法应用传统的定额计价方式。

膜结构的施工技术条件并不统一，这样一来，对于不同的膜结构施工单位来说，采用统一的管理费率就体现不出公平性和竞争性。招投标过程中需要各单位结合自身的施工组织管理水平，确定出本企业的管理费率。

因此结合已完工程合同价或在建同类工程的合同价，由建设主管部门编制指导性的预算定额计价标准，不但是招标人的需求，也是投标人的需求，它是未来工程盈亏的界限。

在分析膜结构的施工方案的基础上，分析了膜结构的造价。膜结构的造价构成与其他类型的结构工程相类似，膜结构工程的造价也包括材料费用、加工制作费用、安装费用、管理费及利润等；其中材料及加工制作费用包括膜材料、辅料、夹具、螺杆等。

结合本工程地区人工单价以及所采用材料的市场价，分析得出PTFE网格膜结构综合单价为1048.95元/m²。详细分析见表3。

综合单价分析表   表3

工程名称：体育场外立面PTFE网格膜结构工程   第1页　共1页

项目编码	010701003001		项目名称	PTFE网格膜结构	计量单位	m²

清单综合单价组成明细

定额编号	定额名称	定额单位	数量	单价				合价			
				人工费	材料费	机械费	管理费和利润	人工费	材料费	机械费	管理费和利润
B020210004	外立面PTFE网格膜	100m²	0.01	19900.14	72954.95		12040	199.00	729.55		120.40
人工单价			小计					199.00	729.55		120.40
综合工日：78元/工日			未计价材料费								
清单项目综合单价								1048.95			

	主要材料名称、规格、型号	单位	数量	单价（元）	合价（元）
材料费明细	PTFE网格膜	m²	1.25	452.67	565.84
	夹具FS-50×22F	m	0.0877	185	16.22
	夹具FS-35×22F	m	0.6591	150	98.87
	不锈钢螺杆M12×60	套	2.8903	3.5	10.12
	不锈钢螺杆M24×60	套	0.2083	6.5	1.35
	橡胶棒	m	0.3179	15	4.77
	结构防水胶300mL	支	0.25	28	7.00
	焊膜结构胶条	m	0.6346	40	25.38
材料费小计					729.55

本次分析已转发给该省定额修编工作小组相关人员，并作为2016定额修编过程中，膜结构定额补充子目编制的参考依据之一。

在该省运动会主场馆建设过程中，中量工程咨询有限公司在项目建设规模大、投资高、技术材料复杂的条件下，完成了项目的设计优化工作，共节约造价约为10358万元；在采用新材料缺少统一报价的条件下，通过广泛的调研，完成了新材料报价的分析工作，分析结果已经成为膜结构定额补充子目编制的参考依据之一；在未结算，没有可以参考的结算价格，没有明确的历史数据可参考执行的条件下，帮助业主在运营维护阶段完成超预期的保险索赔。中量工程咨询有限公司希望通过自己的努力，为全过程工程咨询的发展添砖加瓦，为全过程工程咨询业的发展贡献自己的力量。

===================================== 专家点评

全过程造价咨询业务是国内工程造价咨询业务开展的主流方向，可以解决传统造价咨询业务中各阶段工作被分割、信息流通不畅的问题。体育场馆项目的全过程工程造价咨询工作，具有规模大、造价高、技术复杂、造价咨询业务复杂的特点，本案例全过程咨询包含了项目的前期策划、设计、招投标、施工、竣工结算、运营维修等阶段，项目的全过程造价咨询服务体现出了较好的经济成效、社会成效和技术成效。

本项目全过程咨询单位从设计入手，从适用、经济的原则出发，优化施工图部分内容，严格控制材料、设备品牌档次，注重施工方案的经济比选，优化设计的工作成效显著。咨询工作的亮点是在运营阶段的持续服务，在受到超级台风影响后，运会主场馆受到了严重的损坏，对于突发的不可抗力这种小概率事件中，造价咨询机构受业主委托参与定损全过程，对受损的工程做了详细的现场勘探，从司法鉴定的角度做项目管理，解决索赔金额测算中的造价确定，发挥了全过程咨询的价值。

造价人员参与全过程咨询，应致力于提高工程建设项目全生命周期的价值，设计阶段与运营阶段的咨询服务是需要关注的内容，本案例对于类似项目的全过程造价咨询有很好的借鉴。

点评人：吴虹鸥

捷宏润安工程顾问有限公司

应用BIM技术的某地大型湖泊水生态环境综合治理工程PPP项目
——浙江科信联合工程项目管理咨询有限公司

王定超　戴才华　庄　宇　徐　峰

一、项目基本概况

1. 基本信息

（1）工程参建单位

建设单位：某地城市管理局；

咨询单位：浙江科信联合工程项目管理咨询有限公司；

监理单位：宁波科信华正工程咨询股份有限公司；

设计施工总承包单位：某地天河水生态科技股份有限公司。

（2）项目概况

工程类别：环保类湖泊治理；

建设面积：水域98000m²；

项目地点：某地大型湖泊；

工程造价：总投资7732万元，工程造价3686万元；

咨询合同类型：项目管理合同；

开工日期：2017年3月25日；

竣工日期：2018年5月18日。

2. 项目特点

某地第一个湖泊治理PPP项目，第一个湖泊治理EPC项目，第一个湖泊治理全过程咨询项目管理项目。某地湖泊水生态环境综合治理工程PPP项目，是政府五水共治、全面剿灭劣Ⅳ类水采取的一种政府主导，社会资本参与城市水质治理的新模式，时间跨度10年，保证湖泊主要水质指标全面达到Ⅲ类水标准。

本工程实施内容包括湖泊清淤及污泥处置、水生态构建及净化活水系统安装、水源污染拦截及绿化景观提升、智能监测管理系统构建、日常运营养护。

3. 工程建设情况

某地湖泊水生态环境综合治理工程建设规模：水域治理总面积约98088.4m²，清淤量约52090.5m³，陆域绿化景观提升面积约30000m²，水下森林面积约17871m²，生态拦截沟面积约1126m，下沉式绿地

100m²；主要实施内容包括清淤及污泥处置、水生态构建及净化活水系统安装、水源污染拦截及绿化景观提升、智能监测管理系统构建、日常运营养护等内容。

（1）清淤工程

本工程采用水力冲淤方式，以湖泊柳汀街为界，分为湖泊南区A区域、湖泊北区B区域，分别排水清淤。清出淤泥采用管道输送至淤泥固化场，进行淤泥脱水、固化。脱水固化后的淤泥可以作为绿化回填土或烧结砖原料进行利用，实现有效的最终处置。

（2）水生态系统构建工程

水生态系统构建包括阶梯式水下森林和生态介质箱构建。阶梯式水下森林包括水生植物种植，鱼、虾和底栖的螺、贝等水生动物调控。阶梯式水下森林构建施工面积1.7万m²，主要构建于湖泊沿岸浅水区。生态介质箱在湖泊沿岸硬质驳岸采用垂挂类植物加花箱，种植水生植物，柔化水岸边线。

（3）双向净化与全湖活水系统工程

双向净化活水系统是根据需要对湖泊湖内水体进行循环净化或对来自自然降雨的补水进行净化。双向净化活水系统土建工程部分施工包括取水泵房构建、配水溢流井、网格絮凝池、斜管沉淀池、排泥池、浓缩池和污泥脱水池的土建施工。

（4）绿化景观提升工程

本次湖泊绿化景观提升工程提升绿化面积约30000m²，工程绿化施工主要围绕湖泊十景及周边景观进行绿化提升。

（5）海绵体修复和生态拦截沟

湖泊海绵体修复工程核心是改造具有渗水功能的透水路面，具有净化功能的滨水生态拦截沟、下沉式绿地等。通过净化后的水自然回流到湖泊中，还能满足湖泊景区自身的绿化灌溉用水需要等。

（6）智能化维护和管理工程

智能化维护和管理工程施工过程主要包括智能化监测设备的采购，智能化监测系统土建基础施工、设备管线铺设连接及各监测设备的系统联调。

（7）整治期质量目标

满足项目合同约定标准，一次性竣工验收合格；整治期结束时（暂定1年）主要水质指标应优于Ⅳ类（即高锰酸钾指数≤10、氨氮（NH_3-N）≤1.5、总磷（以P计）≤0.1）；整治期结束满2年时，主要水质指标应达到Ⅲ类（即高锰酸钾指数≤6、氨氮（NH_3-N）≤1.0、总磷（以P计）≤0.05），水体透明度超过1.0m，持续时间≥20年。

（8）项目总投资：7732万元，其中整治期合同金额：3686万元，主要包括清淤及淤泥处理处置分部工程、水生态构建及净化活水分部工程、绿化提升及海绵体修复分部工程、仪表和智能化设备维护与管理分部工程等。

4. 全过程工程咨询概况

某地湖泊水生态环境综合治理工程全过程工程咨询主要由科信国际项目管理咨询集团公司旗下的浙江科信联合工程项目管理咨询有限公司、宁波科信华正工程咨询股份有限公司、宁波科信海图建筑信息咨询有限公司组织实施，全过程工程咨询内容涵盖项目决策阶段、发承包阶段、项目实施阶段、项目竣工阶段及项目运营阶段的有关咨询服务。

本项目决策阶段、发承包阶段为2016年7月1日~2017年2月，项目实施阶段2017年2月28日~2018年6月30日，目前本项目正处于工程竣工验收准备阶段。

二、咨询服务范围及组织模式

1. 咨询服务范围

本项目采用EPC总承包模式发包，设计阶段主要工作是方案设计、初步设计，因此未进行设计咨询服务，在项目实施阶段有部分设计管理服务内容。本项目全过程工程咨询范围主要在项目决策阶段、发承包阶段、项目实施阶段、项目竣工阶段、项目运营五个阶段。

（1）项目决策阶段工程咨询服务

某地湖泊水生态环境综合治理工程决策阶段主要包括项目立项报审和PPP项目报审两项主要工作的咨询服务，主要承担本工程项目可行性研究报告编制，项目PPP报审相关的《初步实施方案》《实施方案》《物有所值评价》《财政承受能力认证报告》编制。

（2）发承包阶段咨询服务

本阶段承担了本PPP项目社会资本方和EPC总承包单位的招标代理工作。

（3）项目实施阶段工程咨询服务

1）项目管理服务

项目管理服务内容包括建设期的建设手续代办或督办，施工图设计管理服务，社会资本方的投融资控制管理、合同管理，现场跟踪造价咨询、变更设计造价控制和审核、进度款审核、社会资本方的设备材料招标代理和价格控制，相关资料管理。

2）监理服务

监理服务范围指本项目的施工全过程监理及质保阶段全过程监理、施工阶段工程质量、进度、投资控制、合同管理、信息管理和组织协调，安全、文明施工监控、环境保护监理。

3）BIM技术咨询服务

BIM技术咨询服务内容为做好本工程施工阶段BIM技术应用和BIM模型完善工作，根据湖泊淤泥厚度具体实测数据建立湖泊淤泥BIM模型，根据施工进度完成施工前虚拟清淤指导，对每日完成清淤量进行监控和统计。采用BIM技术对设计缺陷、工程量、施工进度、材料采购计划编制、施工进度的模拟、施工过程中各种管线的碰撞检测、工程项目的全过程的管控，竣工验收后的资料BIM管理。

（4）项目竣工阶段咨询服务

本阶段咨询服务主要包括竣工验收管理、竣工档案资料整理归档、工程结算审计、竣工财务决算编制等。

（5）项目运营阶段咨询服务

本项目时间跨度有10年，总承包单位必须保证湖泊主要水质指标全面达到Ⅲ类水标准，然后政府才支付总承包单位合同约定的治理费用，我公司承担了本项目运营维护期项目绩效评价、后评等咨询服务工作。

2. 咨询服务的组织模式

因本项目的全过程工程咨询分为两个阶段发包，第一阶段为项目决策及PPP项目社会资本方和EPC总承包单位的招标代理发包，由于项目可行性研究报告编制，项目PPP报审相关的（初步）实施方案、物有所值评价、财政承受能力认证报告编制，及PPP项目社会资本方和EPC总承包单位的招标代理的咨询服务内容比较单一，在此不再阐述该阶段的咨询服务组织模式。

第二阶段全过程工程咨询发包内容，包括项目管理、监理、全过程造价咨询、BIM技术服务、工程结算审计、竣工财务决算编制及项目运营维护期项目绩效评价、后评等咨询服务，涵盖了项目实施阶段、竣工阶段和项目运营维护期。目前本工程处于项目实施阶段扫尾期，因此，以本工程项目实施阶段咨询服务的组织模式作为重点介绍。

（1）全过程工程咨询组织机构

根据委托项目管理合同的服务内容、服务期限、工程类别、规模、技术复杂程度、工程环境等因素确定项目实施阶段全过程工程咨询机构的组织形式，因本工程建设规模不大，采用直线制组织形式。

本工程直线制组织形式如图1所示。

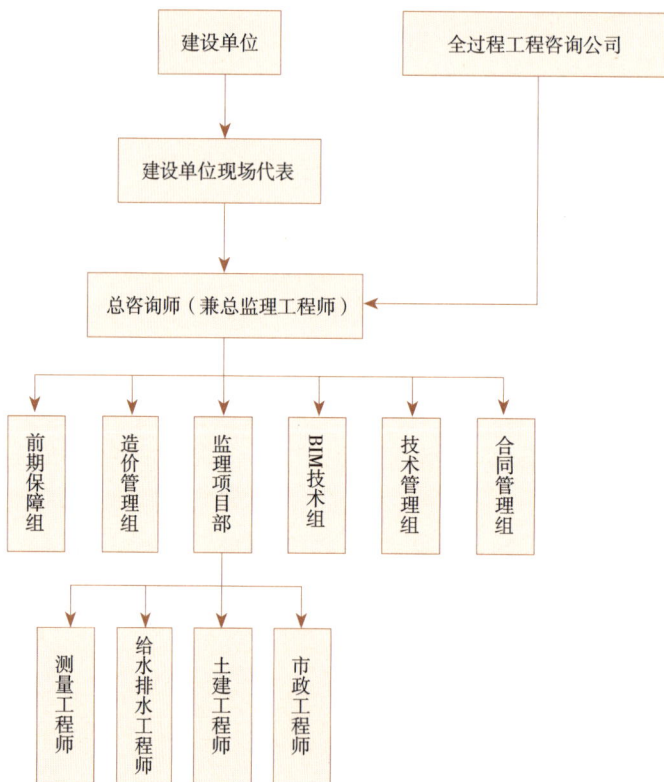

图1 组织形式图

（2）全过程工程咨询机构的人员配备及岗位设置

项目管理机构中管理人员的数量和专业根据项目管理合同的服务内容、服务期限、工程类别、规模、技术复杂程度、工程环境等因素综合考虑，设置项目管理部和监理项目部。项目管理部和监理项目部人员配备如下（表1）。

项目管理部和监理项目部人员配备表　　　　　　　　表1

管理机构	部门	执业资格/职称	人员数量	备注
全过程工程咨询部	总咨询师	注册监理工程师	1人	
	技术管理组	注册建筑师/高工	4人	建筑、结构、市政、给水排水，按进度到场
	前期保障组	工程师	1人	
	合同管理组	工程师	1人	前期人员兼
	造价管理组	注册造价师	1人	
	BIM技术组	工程师	1人	
监理项目部	总监理工程师	注册监理工程师	1人	总咨询师兼
	专业监理工程师	工程师	1人	市政（常驻）、土建、安装、测量按到场
	监理员		1人	

（3）全过程工程咨询机构各部门主要职能及总咨询师主要职责

1）总咨询师兼总监理工程师

全面负责工程项目建设管理，包括项目质量控制、进度控制、成本控制、合同管理和信息管理、组织协调工作等，确保总体建设目标如期顺利实现。

2）前期保障组

负责建设期的建设手续代办或督办，确保工程合法、及时、顺利实施；负责工程各单项竣工验收协调工作，做好与各职能主管部门衔接工作。

3）造价管理组

负责社会资本方的投融资控制管理、工程预算编制、现场跟踪造价咨询、变更设计造价控制和审核、进度款审核、社会资本方的设备材料采购价格控制，严格将工程总投资控制在既定的目标内。

4）技术管理组

负责施工图设计管理服务，设计优化管理，设计变更的技术审核，协助工程技术问题的处理。

5）合同管理组

负责项目合同管理，包括项目相关合同的起草、谈判、订立、执行、索赔等管理，合同及项目资料整理归档；负责社会资本方的设备材料招标代理工作。

6）BIM技术组

负责本工程施工阶段BIM技术应用和BIM模型完善工作，根据湖泊淤泥厚度具体实测数据建立湖泊淤泥BIM模型，根据施工进度完成施工前虚拟清淤指导，对每日完成清淤量进行监控和统计。采用BIM技术对设计缺陷、工程量、施工进度、材料采购计划编制、施工进度的模拟、施工过程中各种管线的碰撞检测、工程项目的全过程的管控、竣工验收后的资料BIM管理。

7）监理项目部

负责本项目的施工全过程监理及质保阶段全过程监理，做好施工阶段工程质量、进度、投资控制、合同管理、信息管理和组织协调，安全、文明施工监控、环境保护监理，确保工程质量、进度、投资、安全管理目标的全面顺利实现。

3. 咨询服务工作职责

根据委托的全过程工程咨询服务范围，项目不同阶段的咨询服务内容，制定咨询服务的工作职责，保证咨询服务目标明确、职责分明、各司其职，确定项目建设咨询服务工作的顺利推进，实现各项工作目标。

（1）项目决策阶段工程咨询服务工作职责

1）可行性研究报告编制

①公司工程咨询部编制可行性研究报告的决策依据；

②对项目有关工程、技术、经济等各方面条件和情况进行调查、研究、分析，通过策划融资建设运行方案，分析投资估算，资金、建设成本，对各种可能的建设方案和技术方案进行比较认证，从而确定项目建设各项目方案；

③编制可行性研究报告，编制过程中做好各方协调；

④对编制完成的可行性研究报告进行审核，审核合格后报发改部门审批。

2）PPP项目（初步）实施方案编制

①根据委托方提供的项目方案、总平面布置图、技术指标、相关会议纪要、文件等基础资料的基础上，了解项目基本情况（投资规模及结构、建设期、运营维护期等）及进展情况（项目立项审批、设计等进展）。同时理清项目边界条件及项目产出内容，确定PPP合作内容；

②确立项目实施机构及社会投资人介入模式，明确项目资本金、贷款比例、利息测算方法等；

③设计项目运作方式及交易结构。本项目属于非经营性，通常采用建设-拥有-运营（BOO）、建设-运营-移交（BOT）、委托运营（OM）等市场化模式推进。根据本项目的实施特点，我们选择建设-运营-移交（BOT）模式。为了保证项目投资主体合理的回报，具体操作可以从资产流（项目准备-资产形成、移交）、资金流（项目收益分配-付费（补贴））两条线进行梳理，绘出项目交易结构图，从而确定合理的回报机制。

3）物有所值评价报告编制

根据财政部《PPP物有所值评价指引（试行）》（财金〔2015〕167号）等文件要求开展物有所值评价报告编制工作。在评价准备阶段，做好项目可研报告、（初步）实施方案、项目产出说明、风险识别和分配情况等资料收集工作。

4）财政承受能力论证报告编制

①根据财政部《政府和社会资本合作项目财政承受能力论证指引》（财金〔2015〕21号）等文件要求开展物有所值评价报告编制工作；

②财政承受能力论证采用定量和定性分析方法，坚持合理预测、公开透明。对于PPP项目全生命周期过程的股权投资、运营补贴、风险承担、配套投入等财政支出责任要进行清晰识别，保证财政支出责任的完整性。

（2）发承包阶段咨询服务工作职责（PPP项目社会资本方和EPC总承包单位的招标）

1）做好招标策划，编制招标计划，明确招标相关依据、分析建设单位需求、选择招标方式、策划合同条款、安排招标进度计划，保证招投标质量。

2）编制招标文件，并做好招标文件报审工作；组织项目招标工作，做好招标过程管理。

3）招标控制价审核基本流程。招标控制价审核基本流程如图2所示。

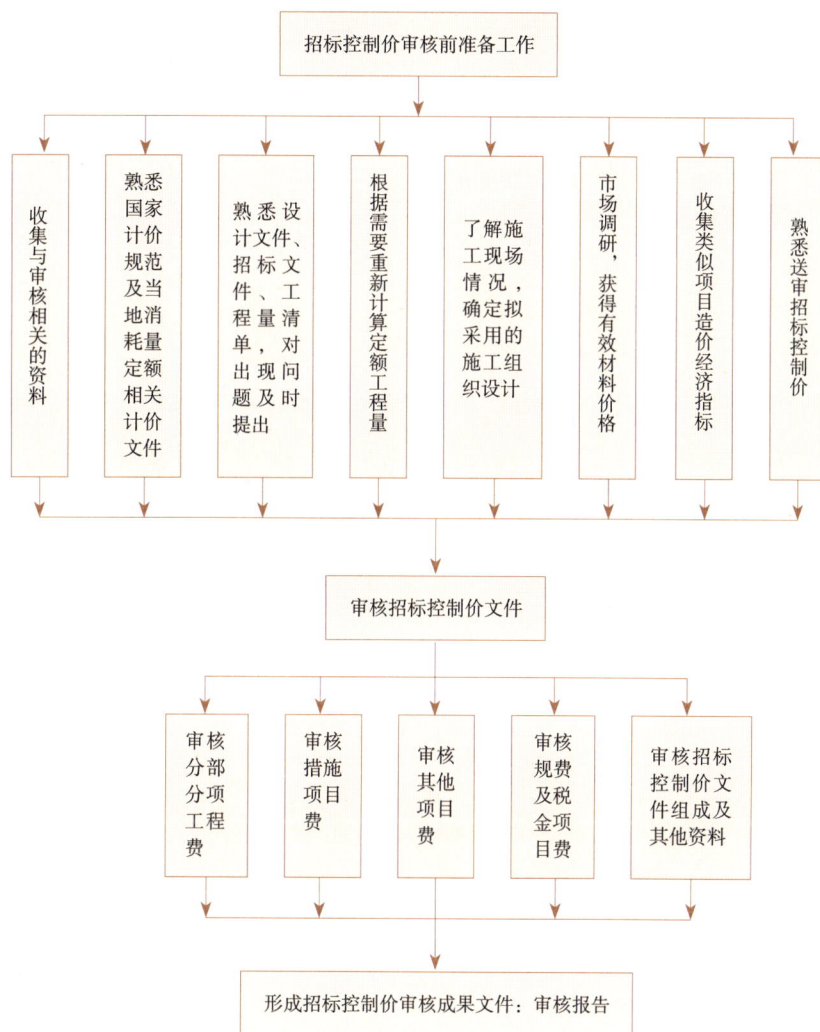

图2 招标控制价审核基本流程图

（3）项目实施阶段咨询服务工作职责

1）施工图设计管理

本项目是EPC总承包项目，总承包单位工作包括了本工程的施工图设计，因此设计管理咨询服务纳入到了项目实施阶段。

①协调、跟踪审核设计图，发现图中问题，及时向设计提出，督促设计部门完成设计工作；

②审核施工图是否符合设计任务书，是否符合规范及政府有关规定，检查设计质量，确保设计质量达到设计合同要求，并通过施工图审查；

③审核施工图预算，必须满足建设单位投资要求；

④控制设计变更质量，按规定的管理程序办理设计变更手续；

⑤确定施工图设计进度目标，审核设计部门的出图计划；

⑥跟踪检查设计进度，比较进度计划与实际进度，提出各种进度管理报表和报告；

⑦编制施工图设计质量管理、进度管理的总结报告。

2）质量控制

①认真熟悉和审核图纸，发现矛盾、疏漏、错误及时提醒设计研究解决，尤其是注意解决清淤工程与安装工程、设施和设备安装与安装各工种之间的相互配合的问题，对图纸中的问题及各专业工种之间的配合预埋等问题提出质量预控方案，减少和避免今后的返工；

②审核监理规划和各专业监理细则；

③审查总承包单位的施工组织设计、专项施工方案、质量保证体系；

④事先向总承包单位做好质量控制的工作程序交底；

⑤制定质量控制计划，设置预控点；

⑥审查总承包单位的资质，主要岗位的施工人员的检查验收；

⑦严管开工关，保证施工质量；

⑧审查原材料、构配件质量证明文件（质保书、合格证、质量检验或试验报告等），检查、确认进场的材料质量，并按有关规定进行抽检或复验的情况；凡采用新材料、新型构件，应检查技术鉴定文件；

⑨严格控制工序的交接，工程隐蔽验收，上道工序未经检查不得进入下一道工序施工；检查不合格责令总承包单位进行整改或返工处理；

⑩做好工程质量问题协调及协助质量事故的调整和处理。

施工阶段质量控制内容如图3所示。

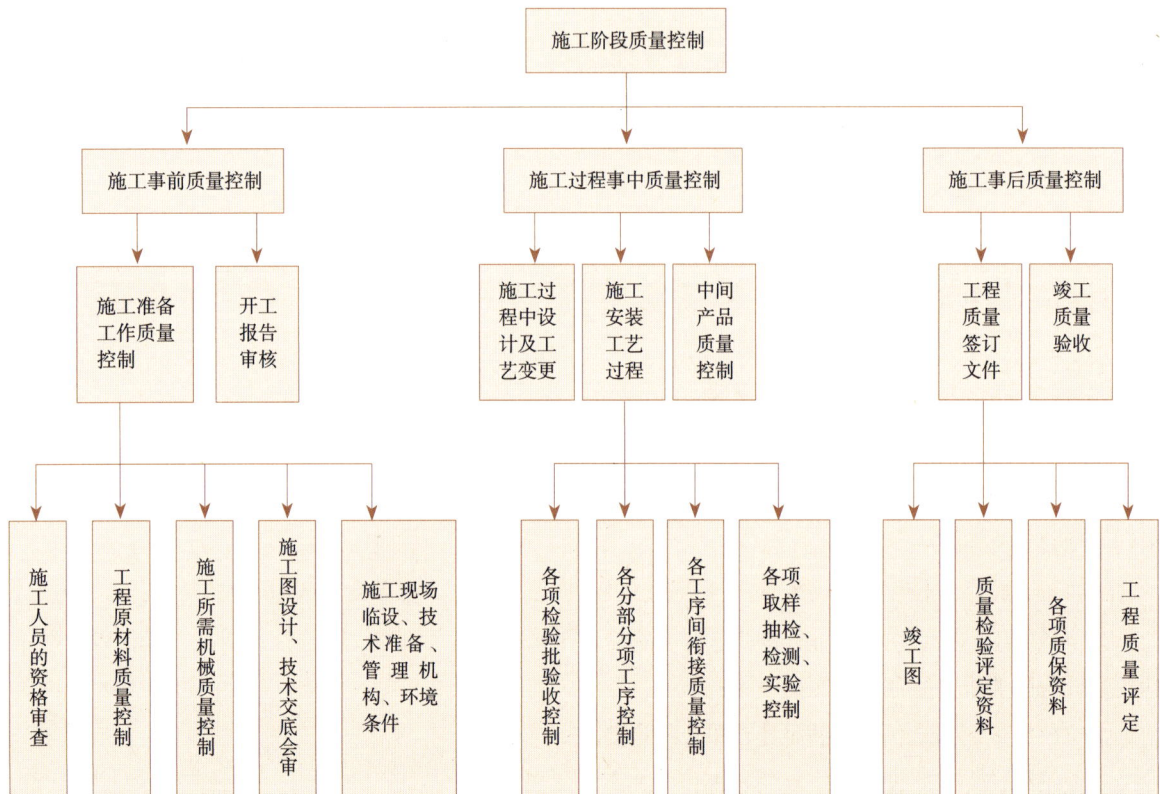

图3 施工阶段质量控制图

3）进度控制

①根据工期目标编制项目总进度控制计划。审核总承包单位编制的总进度计划和月施工进度计划；

②协助建设单位编制和实施甲供材料与设备供应计划；

③组织进度协调计划，协调参建各方及相关单位关系。研究制定预防工期索赔的措施，做好工期延期审批工作等；

④跟踪检查实际施工进度，做好实际进度与计划进度的比较分析和纠偏等进度管理。

4）成本控制

①协助建设单位制定实施阶段资金使用计划，严格进行工程计量、签证和付款控制，做到不多付，不少付，不重复付。严格控制工程变更，力求减少工程变更费用；

②协助建设单位按时保质保量提供甲供的材料和设备；

③研究确定预防费用索赔的措施，以避免、减少施工索赔。及时处理施工索赔，并协助建设单位进行反索赔；

④审核施工单位提交的工程结算文件等。

5）合同管理

①建立合同管理台账，做好合同跟踪，详细记录工程进度、质量、设计修改和工程施工过程中与造价控制有关的问题，保存原始凭证，为工程结算和索赔事件处理积累依据；

②主持合同争议的协调，配合合同争议的仲裁或诉讼。做好合同风险管理和防范，对合同存在的风险因素进行识别、分析和评价，并制定、选择和实施风险处理方案；

③做好项目合同的档案管理，建立文档资料编码体系和文档资料索引，完善合同管理台账。做好合同文档的收集整理，保证合同文档的完整性、准确性、系统性和规范性；

④做好合同纠纷的防范措施。

6）信息管理

①收集项目决策阶段、设计阶段、招标阶段和实施阶段与项目建设相关的各类信息；

②通过鉴别、选择、核对、合并、排序、更新、计算、汇总等方法加工、整理收集的信息，供各类管理人员使用；

③建立统一数据库做好信息储存，根据工程实际，规范地组织数据文件，并实现数据共享。

7）组织协调

工程建设是一个比较复杂的系统工程，从决策、设计、工程招标到施工涉及的部门众多。做好组织协调能将各方的有利和积极因素调到起来，共同为项目建设创造良好顺畅的内部和外部环境，使之按建设单位的预定目标顺利进行。

全过程工程咨询机构是各参建单位工程管理工作的集成者。所谓集成，在很大程度上就是指为了实现项目总目标，积极主动实施沟通、协调，调动各参建单位积极性，将各参建单位形成目标一致、步调协调的整体，排除各项干扰，协调各项矛盾，使得工程项目顺利进行。一个成功的全过程工程咨询机构，最主要的任务之一就是充分发挥自己的沟通能力，开展沟通和组织协调工作，使全过程工程咨询机构更加合理和高效地工作，使各参建单位为实现项目总目标努力奋斗。

8）BIM技术咨询服务

①进行BIM建筑3D建模，BIM模型内容包括市政综合管线和机电设备安装专业并通过检测和修正；

②合并各专业BIM模型，在施工之前，进行各专业设计图纸检查，提前发现图纸问题，查找综合管线各专业之间以及机电设备与综合管线的冲突点，同时检查管线标高以及机电设备与管线综合优化后是否满足施工要求；

③把计划施工时间、实际施工时间与BIM模型相结合，实际施工前的虚拟建造，及时发现施工进度偏差，优化工程进度计划；

④利于移动终端（智能手机、平板电脑）采集现场数据，建立现场质量缺陷、安全风险等数据，与BIM模型即时关联，方便施工中、竣工后的质量缺陷等数据的统计管理；

⑤定期向建设单位提交BIM成果报告；

⑥移交BIM模型，用于后续维护运行保养管理；

⑦建立项目投入设备BIM二维码管理，通过现场设备设置的二维码可对设备型号、管线、产地、技术参数、规格、数量、维保单位、维保联系方式一扫即知，移交给建设单位或后续维护管理单位。

9）文明施工管理措施

考虑到本PPP项目属于与当地居民息息相关的水生态环境治理工程，居民关注度高，稍有不慎将会影响到政府形象，建议严格按照标化工地和绿色工地的标准对文明施工进行管理，考虑到项目地处海曙区湖泊国家5A景区，地处闹市周边居民众多，管理形象标准建议设置为样板工地，不扰民工程，项目施工全过程应对施工范围进行有效围挡。

（4）项目竣工阶段咨询服务工作职责

1）竣工验收

①全过程工程咨询机构组织监理、施工单位编制竣工验收计划，明确各专项验收、单位工程验收、工程竣工验收的时间计划，并进行执行和管理；

②组织完成各专项验收工作，参加工程竣工验收；

③完成工程竣工验收资料整理，归档。

2）工程结算审计

①全面收集相关资料为工程竣工结算审计编制提供充分依据，包括工程承发包合同、施工图纸及图纸会审记录、招投标文件、设计变更、工程签证、相关工程技术资料、影像资料、有关文件、规定等；

②现场工程签证需以有理、有据、有节为原则，即签证的理由成立、签证的依据完整有效，签证的每一步都要得到参建各行为主体的认可和同意，特别是建设单位签认才有效；

③严格按结算审计依据审核承包单位提供的工程结算报告；

④结算审核过程中，发现工程图纸、工程签证与事实不符时，由发承包双方书面澄清事实，并据实调整，如未能取得书面澄清，造价部门应进行判断，并就相关问题写入竣工结算审计报告。

3）竣工财务决算编制

①收集、整理有关项目竣工决算编制的依据，包括各种研究报告、投资估算、设计文件、设计概算、批复文件、变更记录、招标标底、投标报价、工程合同、工程结算、调价文件、基建计划和竣工档案等各种工程文件资料；

②清理项目账务、债务和结算物资，做好项目逐项清点、核实账目、整理汇总和妥善管理；

③依据编制资料进行计算和统计，填写项目竣工决算报告；

④编写竣工决算说明书，综合反映项目从筹建到竣工交付使用为止，全过程的建设情况，包括项目

建筑成果和主要技术经济指标的完成情况；

⑤协助建设单位接受审计部门的审计监督，协助建设单位就本项目有关审计内容。

（5）项目运营阶段咨询服务工作职责

项目绩效评价

本项目时间跨度有10年，总承包单位必须保证湖泊主要水质指标全面达到Ⅲ类水标准，然后政府才支付总承包单位合同约定的治理费用，我公司承担了本项目运营维护期项目绩效评价咨询服务工作。

①根据委托方对本项目绩效考核的要求，制定绩效评价方案；

②采用对有湖水质检测数据统计、案卷研究、实地调研、问卷调查等调查方法，收集有关本项目绩效评价的数据；

③绩效评价运用合理数据分析方法，如变化分析、归因分析、贡献分析等进行数据分析；坚持定量优先、简便有效的原则，根据本项目具体情况确定绩效评价的主要方法，如成本效益分析法、比较法等；按科学规范、公正公开、绩效相关的原则，编制绩效评价报告；

④定期或不定期参加涉及项目运营、资金结算的相关会议，协助委托方做好每季度的绩效考核工作。

三、咨询服务的运作过程

本项目决策阶段的可行性研究报告编制咨询是我公司签订的本项目第一个工程咨询合同。因比较圆满地完成了委托方的咨询各项目标任务，后续又承接了PPP项目初步实施方案、实施方案编制咨询，物有所值评价、财政承受能力认证报告编制咨询工作，并协助委托方成功完成了PPP项目入库工作，获得了建设单位的好评。之后，我公司有幸通过公开招标承接了项目实施阶段全过程工程咨询，包括竣工阶段工程咨询及项目运维阶段的项目绩效评价、后评估咨询服务。从而形成相对较为完整的全过程工程咨询。

因此，本项目的决策阶段工程咨询和承发包阶段咨询运作过程相对简单，项目实施阶段全过程工程咨询运作过程具有系统性，下面根据本项目全过程工程咨询实际情况，介绍本项目工程咨询的运作过程。

1. 项目决策阶段工程咨询的运作过程

（1）项目可行性研究报告编制

1）为保质保量完成本项目可行性研究报告编制，由公司资深造价专家牵头，工程咨询部组建本项目可研编制小组，负责可研报告的编制工作；

2）可研编制小组编制可行性研究报告的决策依据，充分理解委托方的任务目标，对项目有关工程、技术、经济等各方面条件和情况进行调查、研究、分析，通过策划融资建设运行方案，分析投资估算、资金、建设成本，对各种可能的建设方案和技术方案进行比较认证，并提出合理化建议，从而确定项目建设各项目方案；

3）编制过程中与各方良好的沟通、协调，顺利完成了可行性研究报告编制，并获得委托方及发改部门一次性审批通过。

（2）PPP项目（初步）实施方案编制

1）由公司资深造价专家牵头，公司工程咨询部、财务部、项目管理、工程造价部、招标代理部抽调业务骨干和法务人员组成PPP项目（初步）实施方案编制小组，负责实施；

2）收集理解之前项目可研报告，及委托方提供的资料，就PPP项目（初步）实施方案风险分配基本框架、项目运作方式、交易结构、合同体系、监管架构、采购方式、财务测算、项目物有所值及财政承受能力论证情况等内容与委托方充分沟通，明确方案的基本框架和内容。编制过程中不断协调，顺利推进方案编制；

3）PPP项目（初步）实施方案经公司审核后，正式提交委托方，并协助委托方完善其他资料后，成功完成PPP项目入库工作，确定PPP项目实施总成本7732万元。

（3）物有所值评价、财政承受能力认证报告编制

本项咨询运作过程与可研报告编制咨询运作过程相类似，不再累叙。

2. 承发包阶段PPP项目的社会资本和EPC总承包单位招标咨询运作过程

（1）编制项目招标代理工作计划方案，包括招标工作进度计划、工作方案、实施人员分工、职责等，并按方案开展工作；

（2）利用我司决策阶段有关咨询工作实施成果的收集，更加充分理解了委托方PPP项目的社会资本和EPC总承包单位招标的要求、目标及任务；

（3）参加招标工作协调会，与委托方良好的沟通了招标文件编制的各项边界条件、施工承包模式、合同条款等内容，保证了招标文件编制工作如期完成；

（4）完成招标文件的主管部门报审，并按期发布公告，开展招标活动；

（5）开标结束，完成中标公示后，协助委托方与中标单位签订总承包合同。

因考虑到本项目投资较小，项目资金全额由社会资本方解决，因此未要求设立独立的SPV公司，在项目招标文件中均明确，同时社会资本方也是EPC总承包单位。

3. 项目实施阶段工程咨询运作过程

本阶段全过程工程咨询内容最多，包括项目管理、监理、全过程造价咨询、社会资本方的设备材料招标代理及BIM技术咨询服务，涉及的部门、专业较多，并根据合同约定，组建全过程工程咨询机构对项目实施全方面、系统性的工程咨询，具体运作过程如下。

（1）工程开工准备阶段咨询运作过程

1）根据全过程工程咨询合同约定和项目的具体情况，组织全过程工程咨询机构，确定机构组织模式、机构内的部门设置、专业、人员分工及岗位职责，开展全过程工程咨询；

2）编制全过程工程咨询规划，质量、进度、成本、合同等管理总控计划，设计管理、质量控制、进度控制、成本控制、合同管理、安全管理等工作细则，指导全过程工程咨询开展工作；

3）总咨询师全面负责项目的全过程工程咨询及全过程工程咨询机构管理，安排各部门各司其职，开展各项工作，检查实施情况，做好内部管理和协调，组织例会协调解决项目实施过程中存在的问题，检查组织、协调和监督各参建设单位工作情况，并做好外部各方沟通，保证项目正常实施；

4）技术管理组对设计的质量、设计进度、图审工作等进行管理，保证设计质量、设计进度满足目标要求；

5）造价管理组对设计施工图预算、项目成本进行设计阶段控制；

6）前期保障组开展建设手续代办或督办工作，并按进度计划如期完成前期手续办理，为工程如期

开工创造条件；

7）合同管理组对参建单位合同执行情况进行跟踪检查，进行实际值与计划值的比较、调整等工作，保证合同的有效执行；并对项目的合同进行整理有序管理；

8）监理项目部按规定做好监理机构组建，监理规划、监理实施细则编制等工作；审查施工单位开工的准备工作，包括公司资质人员审查、施工组织设计等审核、施工现场、材料、机械设备等，确保开工准备工作如期完成；

9）BIM技术组根据设计完成的施工图建立湖泊、湖底各种管线的BIM模型，施工过程中各种管线的碰撞检测，优化施工图。

（2）项目施工阶段咨询运作过程

1）根据项目管理合同约定内容，总咨询师按直线制组织形式，对全过程工程咨询机构进行领导、管理，各部门各司其职，做好质量控制、进度控制、成本管理、合同管理、信息管理、BIM技术应用等管理工作，使项目实施的各项工作处于可控状态；

2）总咨询师组织工程例会，检查各项目工作实施情况，做好实际与计划的比较及分析、纠偏，协调解决项目实施过程中发现的问题，努力实现各项目管理的目标值。重点是加强施工过程中的进度控制，采取施工进度计划控制措施、项目进度计划检查、项目进度计划调整，实时跟踪检查施工实际进度、实际进度数据的加工处理、实际进度与计划进度的比较分析、施工进度检查结果的处理，特别是重点施工部位进度管理工作；

3）技术管理组主要严格控制设计变更，审查工程变更的合理性；

4）造价管理组负责社会资本方的投融资控制管理、现场跟踪造价咨询、变更设计造价控制和审核、进度款审核、社会资本方的设备材料采购价格控制，严格将工程总投资控制在既定的目标内；

5）合同管理组负责项目合同管理，包括项目相关合同的起草、谈判、订立、执行、索赔等管理，合同及项目资料整理归档；负责社会资本方的设备材料招标代理工作。在施工阶段重点对合同管理、合同争议处理、合同风险管理与防范、项目合同档案管理、合同违约处理。加强信息管理对项目形成的信息在全过程咨询成员中及时公开、集约管理；

6）前期保障组做好与各职能主管部门衔接工作，负责工程检查、验收协调工作，做好组织协调，配合建设单位、总承包单位以及其他参与各方进行沟通，以便更好地完成本PPP项目；

7）BIM技术组负责本工程施工阶段BIM技术应用，根据湖泊淤泥厚度具体实测数据建立湖泊淤泥BIM模型，根据施工进度完成施工前虚拟清淤指导，对每日完成清淤量进行监控和统计；

8）监理项目部按监理工作任务，做好施工阶段全过程监理，做好工程质量、进度、投资控制、合同管理、信息管理和组织协调，安全、文明施工监控、环境保护监理。

四、咨询服务的实践成效

湖泊水生态综合治理工程试水PPP项目全过程工程咨询已基本完成项目决策阶段、项目承发包阶段及项目实施阶段建设单位委托全过程工程咨询任务，虽然竣工验收阶段及运维阶段的工程咨询任务尚未实施，但通过前三个阶段的全过程工程咨询，我们也认识到了全过程工程咨询对传统的工程咨询更具优势、更具先进性，更是我们工程咨询的发展方向。我们体会到了以下全过程工程咨询的实践成效，略为总结，以供咨询企业广大同仁借鉴。

1. 提高投资效益

全过程工程咨询采用单次招标方式，可使合同成本大大低于传统模式下设计、造价、监理等分别多次发包的合同成本。项目管理单位对工程建设过程中的质量、进度、投资、安全文明全面控制，对发生任何有关质量、进度、投资、安全文明的事件及时上报，建立重大问题及时报告制度，对工程遇到的质量、安全隐患，按照问题的严重性、紧急程度适时采用相应的应急措施，确保工程项目总体受控。咨询服务覆盖了工程建设的全过程，有利于整合各阶段工作内容，实现全过程投资控制，还能通过限额设计、优化设计和精细化管理、严格控制工程设计变更等措施提高投资收益，保证了PPP项目投资目标的实现。

目前，本工程建设已基本结束，根据我全过程工程咨询机构造价跟踪审计的初步核算，本工程结算价将不会超过工程预算价（3686万元），实现了工程建设成本控制目标。主要是通过全过程工程咨询实施限额设计、优化设计和精细化管理、严格控制工程设计变更等措施实现造价控制目标。举例如下：

（1）设计施工图深化阶段限额设计、优化设计、提高投资效益

2017年6月，因某地湖泊5A景区创建，湖泊景区管理所已经对湖泊景区实施了部分绿化提升工作。为避免重复施工，经我咨询机构建议，建设单位、景区管理所同意，绿化设计施工图深化阶段对本工程的绿化景观提升工程进行调整，结合陆域景观现状，优化绿化提升设计，设计减少约10000m²绿化提升工程，设计增加水下森林约10000m²。陆上绿化提升工程概算减少649万元，水下森林建设工程概算增加554万元，节约投资95万元；在不影响陆上绿化提升效果情况下，增加了水下景观面积增加约10000m²，大大提高投资综合效益。

（2）严格控制工程采用的新工艺的造价

清淤及淤泥处置工程设计施工图中采用淤泥固化工艺，由于该工艺属于近两年新兴的工艺，没有相关定额可以参考。预算编制时我咨询机构进行充分市场询价，并结合淤泥运距较短、市区防尘除噪、防污染湖水要求等实际情况，通过多次协调、谈判，严格控制单价，清淤及淤泥处置工程由概算1361万元，调至991万元，减少投资370万元。

（3）准确计量、严格控制工程签证，降低投资成本

本项目清淤工程设计要求，湖内清淤平均深度53cm，而河床淤泥沉积呈河床中间淤泥沉积厚度逐渐向湖岸四周减少的状态分布，清淤后计量较难，造成了工程计量的争议。经我咨询机构建议，建设单位委托第三方对清淤完成面标高进行测绘，并计算清淤工程量，最终的清淤量根据CASS三角网格法计算为5.2万m³，比概算中的清淤量少3000m³，减少了签证工程量。

2. 加快工期进度

全过程工程咨询通过"全覆盖"的服务内容，可大幅度减少业主日常管理工作和人力资源投入，给业主决策提供有效的信息和技术支持，降低决策的时间成本和失误风险；全过程工程咨询可有效优化项目组织、简化合同关系，有利于解决设计、造价、招标、监理等单位之间存在的责任分离等问题，加快建设进度。

3. 提高服务质量

全过程工程咨询通过项目前期的介入和策划，有助于业主及时理清项目定位，梳理建设时序，减少后期反复。通过促进设计、施工、监理等不同环节、不同专业的无缝衔接，提前规避和弥补传统单一服务模式下易出现的管理漏洞和缺陷，减少由于信息孤岛引起的项目返工和失误，从而提高项目的经济效益和社会效益，同时实现质量目标实现程度高、时间目标实现程度高、投资目标实现程度高、安全文明目标实现程度高。

4. 有效规避风险

在全过程工程咨询中，咨询企业是项目管理的主要责任方，在全过程管理过程中，能通过强化管控有效预防生产安全事故的发生，大大降低建设单位的责任风险。同时，还可避免与多重管理的腐败风险，有利于规范建筑市场秩序、减少违法违规行为。

5. 弃土外运量（即泥饼外运量）计量方法的创新

本工程清淤出的淤泥经固化后形成"泥饼"进行外运，由于场地限制淤泥需要边固化边外运，造成无法采用实体测量法对泥饼外运方量的计量。而目前也没有任何一个工程对淤泥（自然方）和泥饼方量之间的转换关系进行过测算，无经验参考系数，为保证泥饼外运计量的准确性，经我方建议，建设单位委托第三方对原状淤泥和泥饼的容重和含水率进行测量，用以推算弃运泥饼的工程量，也为以后该工艺的推广积累经验数据。

6. BIM技术应用

本项目应用BIM技术建立了清淤模型、局部水位下降模型、房建和安装模型，完成了清淤施工计划进度模拟，清淤、土建、安装工程量统计，土建和安装模型碰撞检查等应用服务。

对清淤工程、机电安装工程施工图创建BIM专业建筑信息模型，充分利用BIM系统的模拟性、可视性、优化性、可出图性、协调性等特点，给全过程工程咨询机构协调各参建单位，做好工程质量管控、进度管控、成本管控、合同管控、安全管控和信息管控工作带来了便利。充分发挥信息技术优势，通过全过程工程机构内部信息数据共享，不同于一般项目多个咨询单位信息互享，做好全面摸清工程项目投资、建设进度、工程量完成情况，深层次地掌控项目建设动态，科学地根据项目完成情况策划下阶段工作计划。

以上是本PPP项目实施全过程工程咨询的基本情况及对全过程工程咨询工作一些心得体会。全过程工程咨询是工程咨询发展的必然趋势，是国家宏观政策的价值导向，也是市场选择的结果，不久的将来必将取代传统的工程咨询模式，发展国际通行的全过程工程咨询既是适应建筑行业发展的需要，也是中国"一带一路"建设的必然要求。

专家点评

本案例为PPP项目全过程咨询，案例结构完整，要点清晰，详略得当，并针对项目特点进行梳理。案例采用EPC管理模式，并分阶段详细阐述针对全过程咨询工作内容。涵盖了项目决策阶段、发承包阶段、项目实施阶段、项目竣工阶段及项目运营阶段。除咨询服务组织构架搭建和咨询服务范围外，案例中对于项目绩效评价、提高投资效益、加快进度、提供服务质量、相关风险规避等方面均提供了实践性的经验分享。

在项目实施阶段咨询服务的组织模式是本案例重点介绍的内容，其配备及岗位设置合理，权责划分明确。在项目运作过程中，项目可行性研究报告编制内容条理分明，能够理清项目边界条件及项目产出内容以确定PPP合作内容，为此类项目服务提供了借鉴。各阶段模式运作过程表达明确，并按照流程顺序进行。实施中根据项目实施特点，选择建设-运营-移交（BOT）模式，保证项目投资主体合理回报率。具体操作方式上从资产流（项目准备-资产形成、移交）、资金流［项目收益分配-付费（补贴）］两条线进行梳理，绘出项目交易结构图，从而确定合理的回报机制。针对PPP项目特点，编制物有所值报告，财政承受能力论证报告编制与各方沟通协调。在招标控制价审核流程方面，以流程图形式展现招标的处理过程具体步骤和操作。项目实施阶段咨询服务工作职责从施工、成本、工程变更、合同管理、BIM技术咨询服务、文明施工管理措施等入手，条理分明地列出要点。项目竣工阶段、运营阶段咨询服务工作职责皆抓住要点系统阐释。咨询成效服务，用数据说话，成本优化效果显著。例如在土方工程管理采用固化后形成"泥饼"进行外运，是对弃土外运量（即泥饼外运量）计量方法的创新，为以后该工艺的推广积累经验数据。在依托BIM技术应用方面，案例通过建立模型对进度成本等进行有效管控是一大亮点。

该篇案例从工作内容和实质需求，论述PPP项目全过程咨询，管理工作划分清晰明了，案例分析有数据，展示形式丰富，深入挖掘细节，利用信息化平台务实又创新，为其他公司进行PPP项目提供了借鉴意义。

点评人：王毅
上海第一测量师事务所有限公司

特色小城镇建设全过程项目管理

——新疆新德旺建设工程项目管理咨询有限公司

张　岚　刘梅香　戴　杰　裴丽华

一、项目基本概况

1. 基本信息

本项目为某特色小城镇建设项目，建设单位为某投资发展有限公司，工程类别为公共建筑，建筑面积209820m²。项目地址在新疆某镇，开工日期为2017年5月，工程造价约为12.5亿元。本项目的咨询单位为新疆新德旺建设工程项目管理咨询有限公司，负责全过程项目管理和全过程造价控制。

2. 项目特点

（1）项目概况

某镇历史文化悠久，2017年2月17～19日，某特色小城镇的规划在该镇试点特色小城镇规划和特色风貌设计规划复审会上通过复审，列入该镇首批试点特色小城镇之一，该项目于2017年4月初全面开工建设。

某特色小镇按照规划建成后，将有9万农牧业转移人口在此安居乐业。主要养殖特色包含林下鸡、圈养驴、当地牛羊以及葡萄等，本项目建设内容包括36个子项目，项目类型涉及基础设施、公共服务、安防、拆迁安置、镇区风貌提升以及产业扶贫等。

（2）建设内容和规模

新建镇级建设项目含各类建筑209820m²、铺设供水管线11km、排水管线7.743km、10kV输电线路16km、天然气主管道25km、天然气管网7km、主干道路9.4km、镇区道路12.113km、硬化广场30000m²、两处绿地约27500m²和两个牌楼以及社会治安防控等项目；镇区范围内各村级建筑风貌提升项目约42000m²。

新建产业建设项目含农贸市场13850m²、劳动力就业创业市场8500m²、屠宰场6000m²、800亩葡萄长廊、50亩林下鸡养殖基地、100座圈养驴圈舍以及其他配套设施等。

（3）我单位咨询业务范围

1）以合同管理为主线的全过程项目管理；

2）以成本控制为主线的全过程造价控制。

（4）我单位主要实施工作内容

1）含本项目的招标管理、设计管理、监理管理、施工管理、合同管理、现场质量管理、安全管理、进度管理、建管手续管理、档案管理等全过程项目管理；

2）全过程造价咨询服务。

（5）我单位实施全过程项目管理（工程咨询）的特点

1）提高投资效益，打破条块分割

我公司实施全过程工程咨询，通过项目经理（总咨询师）的协调管理，将咨询服务覆盖工程建设全过程，包含传统模式下设计、造价、监理等各专业咨询单位的职责义务，这种高度整合各阶段的服务内容，一方面，将更有利于实现全过程投资控制，有效解决各阶段各专业之间的条块分割问题；另一方面，通过限额设计、优化设计和精细化管理等措施提高投资收益，确保项目投资目标的实现。

2）保障项目合规，助力政府监管

当前建设市场还不完善，监管需加强，一些地方存在违规审批、违规拆迁、违法出让土地等损害群众利益的问题，出现少数干部违规插手项目建设，扰乱了社会主义市场经济秩序。我单位通过实施全过程管理，能够有效整合社会资源对建设项目进行有效监管，为政府提供强有力的全过程监管措施；由项目经理（总咨询师）统一指导梳理建设项目全过程的报批流程、资料，避免出现错报、漏报现象，有利于规范建筑市场秩序、减少违法违规行为。

3）加强风控预防，降低项目风险

我单位通过强化管控决策、投资、过程、运营、自然、社会等风险，一方面对于项目而言，有效降低决策失误、投资失控的几率，减少生产安全事故；另一方面对于社会而言，也可避免自然环境的破坏，保护生态，有效集约利用资源，减少冲突。

4）提高项目品质，增强行业价值

通过项目经理的统筹协调管理，各专业工程师工作统筹安排，分工协作，极大提高服务质量和项目品质，弥补了多个单一服务团队组合下可能出现的管理疏漏和缺陷。同时也符合和响应"十九大报告"的号召，培养具备国际视野的人才，促进行业转型升级，提高工程咨询行业国际竞争力。借助"一带一路"的机会平台，支持工程咨询行业走出去，在国际建设项目中立足。同时，吸引优秀的国际化人才，保持行业的可持续性发展。

（6）得到的收获

在本项目的全过程咨询管理中，通过大型综合性项目的全过程咨询锻炼了管理人员，培养了管理团队，积累了全过程咨询的经验。

在本项目上使用了BIM技术进行管理，利用协同工作平台，及时将某特色小城镇项目的批复文件上传，使各级领导检查工作直观、便捷。

因本项目引进了专业化管理咨询团队，在某特色小城镇大检查工作中，项目管理排名第一。

二、咨询服务范围及组织模式

1. 本项目全过程咨询业务范围

以合同管理为主线的全过程项目管理；

以成本控制为主线的全过程造价控制。

2. 本项目全过程咨询服务的组织模式。

具体见图1。

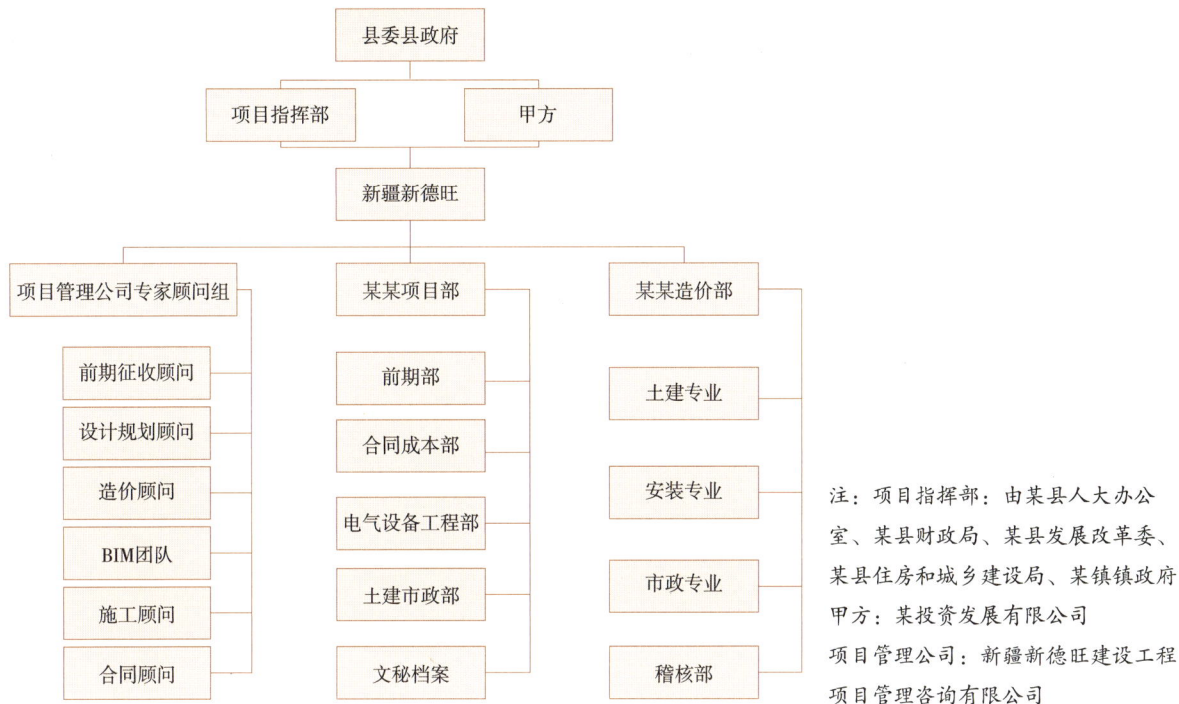

图1 本项目全过程咨询服务的组织模式

三、咨询服务的运作过程

1. 项目的获得

2017年4月，通过某县公共资源交易中心以公开招标竞争性谈判的方式，获得某特色小镇项目建设全过程"专业化管理服务"的服务资格；之后又参与本项目全过程造价咨询的投标，取得全过程造价咨询的资格。

2. 制定全过程咨询工作方案

全过程咨询服务工作方案，大致有以下几个方面：

（1）全过程项目咨询的主要工作范围

1）前期阶段工作范围

①办理项目各类外部手续

协助完成土地、规划、各类许可审批，办理各类建管手续。

②设计任务书编制及方案设计招标管理

协助组织工程设计方案招标；

协助建设单位签订建设工程设计合同并监督实施，在设计单位配合下，完成方案设计的优化与报批；

逐步深化设计管理工作，组织设计单位进行工程优化，并进行投资控制。

2）实施阶段工作范围

①对设计工作的管理

适时组织对阶段性设计成果进行评审和论证，并就其是否满足要求提出客观评价和合理建议；

督促完成初步设计及施工图设计，确保初步设计不超出批准的投资概算，并组织完成设计审查；

组织好设计交底与参建单位的图纸会审，协助建设委托方控制和管理工程设计变更。

②合同管理

明确各类参建单位的合同关系，如总承包商与分包商、供货商的合同关系及分包商、供货商之间的合同关系；

确定合同基本条件（特别是各类合同及参建单位间的工作界面划分）并编写详尽的合同条款；

参与各类合同谈判和签订；

制定并执行各类各级合同管理的原则与策略。

③工程招标管理

协助建设单位委托的招标代理机构组织招投标工作，审查招标工作程序、计划以及招标文件，参与资格审查、现场考察、答辩、开标、评标、决标及招标备案等招标全过程工作，以及工程量清单和招标控制价。

④进度控制管理

建立项目的分级计划体系，编制《项目进度总控制计划》并组织参与项目各方共同修订发布，定期检查专业发包工程及短周期综合计划的编制与执行情况并酌情调整。

⑤全过程投资控制（另签全过程造价控制合同）

按照招标人提出的投资管理目标，编制项目投资控制性计划和用款计划，建立预控机制；

审核设计单位提交的初步设计文件并提出优化方案，按照施工招标计划编制各单体工程的工程量清单及控制价，参与施工招标的清标工作，对施工单位的投标报价进行分析，发现不平衡报价项并进行控制，审核施工过程的必要的设计变更和经济签证，及时审核施工单位提交单项工程的结算报告和处理索赔和反索赔工作；

协助建设委托方进行工程进度资金的管理和支付审核，安排日常的工程进度款的审核。

⑥质量管理

制订项目整体的质量目标、建立质量工作体系、组织参与项目建设的各个单位建立相应的工作体系与工作制度，使之相互协调并监督执行。

⑦施工现场管理

协调施工现场平面布局，使之易于施工、安全、保卫、后勤及物料搬运的管理；

协调总承包商、分包商、供货商及各设计人之间的关系；

协调建安工程和市政工程现场施工的安排。

⑧工程安全及环境保护管理

负责施工现场的全面监控工作；组织各参建单位控制施工过程对环境的影响，组织各单位制订项目施工安全生产计划、文明生产计划并监督实行，确保现场人身与财产安全，确保现场平面布局达到安全、环保、文明、有序、畅通的目标。

⑨物资采购管理

确定项目各项材料物资的采购分类办法，制定各类物资采购的审批及现场验收程序并监督执行。

⑩项目档案及信息管理

组织项目档案的管理，包括政府主管部门下发的各种批文、许可证书，各类商务合同、协议，设计图纸、工程量清单、设计变更，各类支付证书以及重要的收发文件等。建立各类台账数据形成资料库为项目管理服务。

总之，在实施阶段要全面负责所有参建单位的协调，负责监督、控制、协调、管理勘察、设计、监理单位、各承包商的工作，负责解决和协调工作中的问题，确保安全、进度、技术方案、质量、成本等计划的全面实现。

3）竣工阶段工作内容

①协助建设委托方组织工程竣工验收、办理档案移交备案服务；

②进行项目移交服务和缺陷责任期的回访制度和跟踪服务。

（2）全过程项目咨询的主要工作目标

经过研究项目的总体目标，结合本公司的管理经验，确定对本项目的管理目标体系如下：

1）进度目标

项目建设周期（从本项目房屋拆迁工作启动开始至项目整体通过竣工验收、决算、审计结束为止），自2017年开始至2018年结束。

2）成本目标

利用我单位长期以来从事造价咨询的优势，在各环节抓好投资控制，实际投资总额严格控制在发展改革委批准的初步设计概算（及其调整）范围之内。

3）质量目标

通过专业化咨询管理，工程达到国家建筑工程施工质量验收合格标准。

4）安全目标

实现安全文明工地；死亡事故为零，重伤事故率0.5%以下，尽量减少轻伤事故；杜绝火灾事故；杜绝坍塌事故；不发生重大机械事故；杜绝高空坠落事故；杜绝物体打击事故。

5）使用功能管理目标

建设各项功能指标达到设计和使用要求。

6）招标及合同管理目标

合法、合规，节省投资并选到合格的投标人，严格督促各方按合同履约，为委托方合理回避风险。

7）信息管理目标

利用先进手段进行信息管理（本工程利用BIM工作平台），提高工作效率，并对各种资料档案加强管理，确保档案资料齐全、真实、有效。

8）协调管理目标

加强参建单位的协调，提高内部沟通效率，加强与主管部门的协调，加快各种手续报批、验收的办理速度。加强与项目有关的第三方的联络，确保为项目建设创造良好的外部环境。

（3）实现本项目目标主要工作方案

1）办理各阶段手续的实施方案

①严格遵守基建法规，按规定办理各种手续；

②做好准备与跟踪工作，做好下道手续办理的衔接工作；

③全方面协调管理工作，提高沟通成效；

④利用一切可利用资源，发动参建单位的积极性，加快手续办理。

2）进度控制具体措施和主要方案

①健全项目管理的组织体系，成立以项目经理为核心的进度管理领导小组，负责对项目进度实施全面管理；

②在进度计划的管理过程中，要充分发挥合同的作用，通过严格的合同条款约束（如制定工期延期的违约惩罚条款），对进度形成有力的保证；

③编制总进度计划，根据工程具体情况和各项目里程碑时间要求编制工程总控计划，并组织专家论证和完善。同时考虑合理利用资金，减少建设资金的压力；

④根据总进度计划，编制阶段进度计划和专项施工计划（如消防系统、热力系统、水电系统、空调系统新建计划），要求施工总承包商按"三级网络计划"进行施工管理；

⑤采用关键线路法（CPM，即现代网络技术）直观地表示出工作的逻辑关系，确定所有关键任务；

⑥跟踪检查实际进度情况，并整理统计检查数据，对比实际进度和计划进度。在项目管理中采用横道图比较法、S形曲线比较法等进行进度计划的比较和综合分析；

⑦根据实际进度和计划进度的对比，分析产生偏差的原因，并确定该偏差对项目总进度计划的影响程度。根据影响程度对总进度计划作调整，并追究相关方的责任；

⑧对出现的进度延误问题，合理地调整工序之间的组织关系和工艺顺序，对新线路上的关键任务优先分配资源（人力、物力、财力等），以最大限度赶超进度，最终实现总进度目标；

⑨建立严密的工期奖惩制度；

⑩将奖惩计划落实到合同条款中。

3）质量控制具体措施和主要方案

①质量预控；

②严抓过程出精品原则；

③贯彻标准化保证体系；

④组织保证，组织机构见图2；

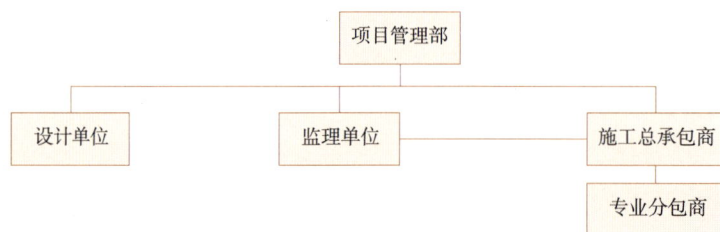

图2 质量控制组织机构图

⑤项目各阶段质量控制要点及措施：

a. 施工准备阶段：

通过严格的招标程序选择优秀的施工总承包商、监理单位；

加强施工图纸会审力度，把设计中存在的差错及不合理问题消灭在萌芽状态，便于施工，促进工程质量提高、工程成本下降及使用功能的提高；

认真做好施工组织设计的审查，确保施工组织设计有效性、合理性和可操作性。

b. 施工阶段质量控制措施：

要求施工单位严格执行样板引路制度，在大量的检验批施工前，必须先施工出样板，经各方验收认可，方能大面积推广，以防出现盲目施工导致大量返工；

严格执行工序控制基本制度，从工序的施工工艺开始，逐步做好检验批、分项工程、分部工程、单位工程、单项工程直至整个项目的质量管理；

严格执行洽商管理制度、具体规定洽商签订责任人的权限范围、审查制度，做到超前合理，利于节约成本，促进工程质量和功能提高；

材料设备的选用：做到超前准备，用价值工程的方法进行控制；

进场的材料均按规范要求取样试验，合格后方可使用；

严格实行随机抽查制度，确保建材产品的稳定可靠；

做好工程局部验收和中间验收，核实项目参与验收部分的所有技术资料的完整性、准确性。

c. 竣工移交阶段质量控制措施：

严格按三检制要求控制；

对里程碑工程的验收严格按程序要求进行，做好预先控制，同时充分考虑使用人的要求；

按照竣工验收备案制的要求，做好整个项目的验收与备案工作；

配合有关部门作好人防、消防、环保、交通、绿化等专业验收工作。

d. 维保、试运行阶段：

制定本阶段质量保证和维护方案；

制定对突发事故的多套预案，确定管理体制和工作流程；

审核施工总承包商的工程保修书，落实各项维修内容的责任单位，建立问题快速反馈机制，建立维修绿色通道；

组织配备备用材料和必要的备用设备，随时检查、鉴定工程质量状况和工程使用情况，对出现的质量缺陷跟踪处理。

4）投资控制具体措施和主要方案：

本项目投资控制的特点：

项目总投资较大，投资控制责任大、任务重；

由于是全过程项目管理，包括了整个建设过程中的投资控制，如土地征用、拆迁处置、代征城市公共用地、市政配套、各类保险办理等，给投资控制带来了很大困难；

投资控制流程见图3。

```
                        ┌──────────────────────────────┐
                  ┌────→│ 编制项目投资总控制计划（初稿）  │
      ┌──────┐    │      └──────────────────────────────┘
      │ 修改 │────┘                  ↓
      └──────┘          ┌──────────────────────────────────┐
      ┌────────┐        │ 招标人审批项目投资总控制计划（初稿）│
      │不同意见│───────→└──────────────────────────────────┘
      └────────┘                    ↓
                        ┌──────────────────────────────┐
                        │ 项目投资总控制计划（终稿）      │
                        └──────────────────────────────┘
                                    ↓
                        ┌──────────────────────────────┐
                        │ 报有关部门批准                 │
                        └──────────────────────────────┘
                                    ↓
                        ┌──────────────────────────────┐
                        │ 组织施工图会审                 │
                        └──────────────────────────────┘
                                    ↓
                        ┌──────────────────────────────┐
                        │ 制订建安总包范围及界面划分      │
                        └──────────────────────────────┘
                          ↓                        ↓
              ┌──────────────────┐      ┌──────────────────┐
              │ 总包标底编制及备案 │      │ 组织分包工程量计算 │
              └──────────────────┘      └──────────────────┘
                          ↓                        ↓
              ┌────────────────────┐    ┌──────────────────┐
              │ 招标确定建安总包合同价│    │ 组织分包工程询价  │
              └────────────────────┘    └──────────────────┘
                          ↓                        ↓
                  ┌──────────────────────────────┐
            ┌────→│ 编制投资总控制计划             │
  ┌──────┐  │      └──────────────────────────────┘
  │ 修改 │──┘                  ↓
  └──────┘          ┌──────────────────────────────────┐
  ┌────────┐        │ 建设委托方审核投资总控制计划       │
  │不同意见│───────→└──────────────────────────────────┘
  └────────┘          ↓           ↓            ↓
  ┌──────────────────┐ ┌────────────────┐ ┌──────────────┐
  │ 确定分包工程供货合同价│ │ 确定专项工程合同价│ │ 变更洽商、索赔审核│
  └──────────────────┘ └────────────────┘ └──────────────┘
                              ↓
                  ┌──────────────────────────────────┐
                  │ 审核竣工结算，提交竣工结算审核报告  │
                  └──────────────────────────────────┘
  ┌──────┐                    ↓
  │ 修改 │
  └──────┘          ┌──────────────────────────────┐
  ┌────────┐        │ 签订结算协议                   │
  │不同意见│───────→└──────────────────────────────┘
  └────────┘                  ↓
                    ┌──────────────────────────────┐
                    │ 支付工程结算款                 │
                    └──────────────────────────────┘
                                ↓
                    ┌──────────────────────────────┐
                    │ 造价资料的归档、保管、移交      │
                    └──────────────────────────────┘
```

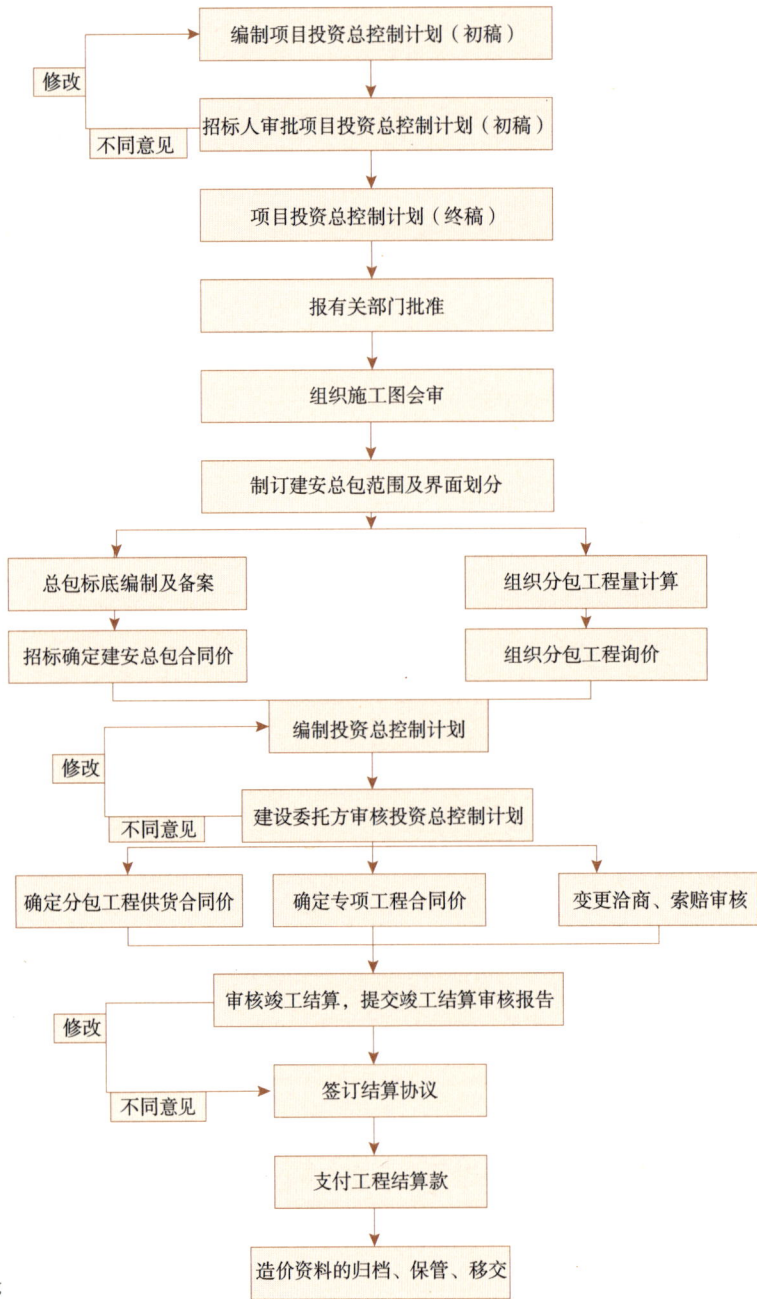

图3 投资控制程序

（4）安全控制具体措施和主要方案

1）建立安全管理组织；

2）组织体系见图4；

```
                        ┌──────────────────┐
                        │ 组长：项目部经理   │
                        └──────────────────┘
                    ┌────────────┴────────────┐
        ┌──────────────────────┐    ┌──────────────────────┐
        │ 副组长：总承包项目部经理│    │ 安全总监：监理公司总监 │
        └──────────────────────┘    └──────────────────────┘
            ┌──────────┴──────────┐      ┌──────────┴──────────┐
    ┌──────────┐  ┌──────────────┐ ┌────────────────┐ ┌──────────────┐
    │ 各分包队长 │  │ 现场保安队长 │ │ 项目部专业工程师 │ │ 安全监理工程师│
    └──────────┘  └──────────────┘ └────────────────┘ └──────────────┘
```

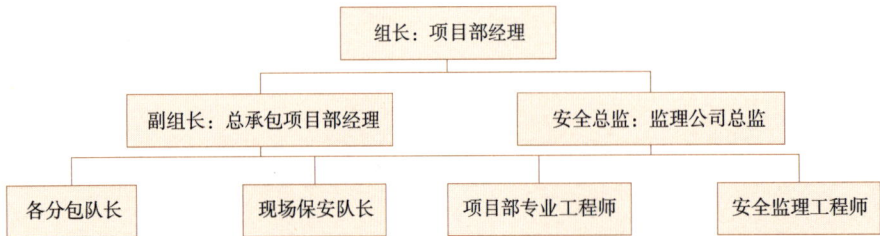

图4 安全控制组织体系

3）落实安全生产责任制；

4）安全生产原则；

5）全过程安全管理原则；

6）全员安全管理原则；

7）程序化、标准化原则。

3. 在本项目全过程咨询过程中完成的主要工作

（1）招标工作的管理

我单位优先组织建立招标采购管理制度，确定招标采购流程和实施方式，规定管理与控制的程序和方法。从某县实际出发，同时遵守建设项目所在地的规定。

某特色小城镇建设项目招标项目共计45项。

其职能和工作如下：

1）审定或编制招标工作计划以及制定管理制度；

2）确定招标方式；

3）选定承包方式；

4）划分标段，确定各标段的承包范围；确定材料设备招标范围；

5）审定标底；

6）资格预审中确定投标单位，评标定标时确定中标单位；

7）确定招标文件中的合同参数。

（2）设计单位的管理

我单位在项目前期策划的基础上，通过深入收集资料和调查研究，进一步分析和明确建设单位需求，实现项目勘察、设计和投资控制的集成与融合：

1）组织专家对设计单位按合同规定提供设计文件进行审查和优化；

2）审核设计提交并经监理确认的施工图供图计划；

3）审核审图单位意见、图纸会审意见，是否反映到施工设计图中；

4）督促并参加监理组织的施工图会审、技术交底；

5）检查设计单位驻现场人员是否到位；

6）协调设计与监理、承包商之间的关系；

7）对于设计变更，监督设计单位是否严格按规定的程序执行。

（3）监理单位的管理

我单位在监理工作管理要点：

1）协助检查监理规划；

2）检查监理实施细则；

3）检查监理机构及人员配制，总监是否到位；

4）检查监理单位工地设备、试验室设备，能否满足工地监理工作需要；

5）检查监理对承包商进场材料、成品、半成品是否进行了检查，并进行试验；对施工机械是否检查，有无检查证、合格证；

6）检查监理对主要分项工程和隐蔽工程的施工是否进行旁站；

7）检查安全管理工作；

8）检查监理对验工计价、结算等的签认和归档资料的管理是否合理和规范。

（4）施工单位的管理

我单位在施工阶段主要以投资管理、进度管理以及安全管理为主线，通过协商制定出完善可行的管理策划，其要点为：

1）检查承包商编制的施工组织设计、施工方案；

2）检查承包商项目经理、人员、施工机械设备进场情况和资源准备及合同执行情况；

3）检查安全保证体系、措施及安全控制情况；

4）检查承包商对分包工程和分包队伍的管理情况；

5）检查质保体系。检查技术管理人员到位情况；

6）检查施工机械设备到位和完好情况，是否满足施工需要；

7）检查承包商文明施工、环保措施落实情况；

8）检查承包商计划执行情况、投资完成情况和交工资料归档管理情况；

9）施工组织设计审查，主要审查施工方法、施工机械、施工流向、施工顺序的确定，重点关注工期、资源配置等问题。

（5）造价咨询的管理

1）编制施工阶段全过程造价控制实施方案；

2）制订资金使用计划，严格进行工程量计量和付款控制；

3）严格控制工程变更程序；

4）深入现场及时了解、收集相关信息资料；

5）加强工程造价的动态跟踪控制；

6）及时进行工程结算。

（6）合同管理

在特色小城镇项目的开始阶段，我单位依据工程项目的总目标和实施战略，协助建设单位对与工程相关的合同进行总体策划，以指导工程合同的签订实施。

合同管理工作的内容主要包括：

1）审核招标文件中的合同条款；

2）起草合同文件及其补充协议；

3）进行合同谈判，制定合同谈判方案、策略；

4）完成合同、补充协议签署工作；

5）合同履行中，起草、审查、收集、整理文件记录；

6）检查、分析、总结合同执行情况；

7）合同变更控制；

8）合同解释、合同争议处理；

9）合同风险分析与防范；

10）索赔处理；

11）合同资料的整理、归档。

（7）质量、进度、安全管理

1）质量控制

在工程施工阶段，我单位要求项目监理单位对工程质量进行全过程、全方位的监督、检查与控制。在工程施工过程中，项目监理单位应督促施工承包单位加强内部质量管理，严格质量控制，按规定工艺和技术要求进行施工作业。

引入多层级迭代复审机制，实现工程量逐层准确审查。

鉴于某特色小城镇建设项目工程规模大、专业工程类型多等特点导致工程量重复计算较多问题，我单位引入多层级迭代复审机制，最大可能的保证评审结果的精准，满足委托人控制投资的目的。

在本项目评审过程中，多层级迭代复审机制见图5。从评审员、项目负责人、管理层经理三个层次采取不同的审查方式对项目结算进行复审。

图5 多层级迭代复审机制

我单位在初审时使用全面审查法。当全面审查完成后，将审查后无误结果交由项目负责人。项目负责人利用公司以往类似工程的数据加以汇集、优选，从工程量出发，进行筛选审查。通过全面审查、筛选审查、重点审查这三层级的循环审查方式，实现评审质量的螺旋式上升。

在验收施工质量时，涉及结构安全的试块、试件以及有关材料，要求监理单位按规定监督见证取样检测环节；对涉及结构安全和使用功能的重要分部工程，按规定进行抽样检测。

建立基础保障、知识保障、组织保障和其他管理的全面质量保障制度。在建立质量保障制度时，考虑各主要参与方对咨询产品的共同影响，保障咨询产品品质。

引入"全面质量管理（Total Quality Management）"理论，主动预防质量漏洞。改变以往的质量管理工作以事后检验为主的被动问题，并且在全面质量管理的四阶段PDCA循环质量管理流程中，引入持续改进理论，保障委托方利益。我单位在项目中基于质量持续改进PDCA循环模型见图6。

2）进度控制

某特色小城镇建设项目建设周期短，镇区的建设项目统一开工，施工区域较多，要达到按时交工，我单位做了如下措施。

对设计进度的控制，按照项目实施进展情况，对设计院提出各项目的施工图出图时间计划。根据设计院通过的出图计划，要求设计院根据进度要求对工作量的估计和设计工作中各专业的工作顺序，安排各个设计专业的进度计划，编制网络图，保证及时完成设计图纸和文件的交付，我们适时安排人员进行检查和督促。

定期编制设计进度情况的报告，并按规定印发给有关部门，供招标人和有关方面了解设计进展状况并开展相关工作的衔接。

对施工进度的控制，通过采用BIM技术动态追踪各专业施工计划完成情况。实现专业考核系统自动评价，辅助动态计划调整，全面实现4D工期管理，关键里程碑节点完成率100%。

3）安全控制

为了做好项目施工期间的安全生产工作，我单位牵头和监理单位、承包单位、分包单位组建"安全生产管理委员会"，负责对日常安全文明施工和环境保护工作进行监督管理。

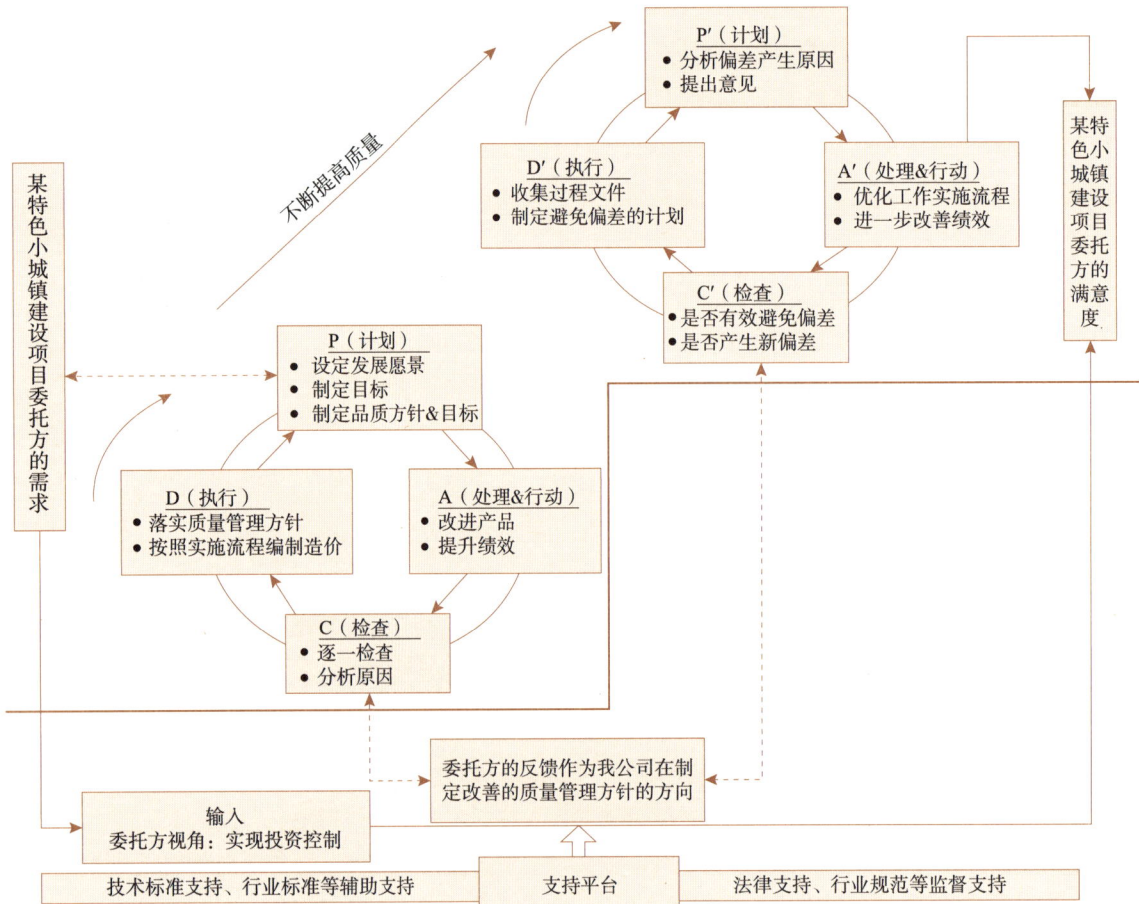

图6 基于质量持续改进的质量管理PDCA循环模型示意图

（8）规范成果档案管理

某特色小城镇建设项目较多，为了使项目的沟通建立在准确、有效的项目信息收集和传递的基础上，我们建立项目信息管理措施如下：

1）基于信息集成的网络访谈平台，还原结算审核依据及信息的真实性、有效性，实现资料和信息收集、审查、归档、共享的四位一体管理，推动工程造价咨询信息化管理与升级；

2）完善项目过程资料管理制度，确保编制依据真实可靠性；

3）以三级编码制度保证成果档案整理的规范性；

4）以统一文件编码体系保证成果档案整理的标准化；

5）以严格合理的程序保证成果文件档案整理的系统性。

4. 基于BIM技术的全过程咨询管理

我单位在某特色小城镇建设项目管理咨询过程中借助BIM5D平台建立了成果动态资料数据库，实现了资料文件的动态管理，并根据建模数据及时给莅临项目检查指导工作各级领导进行了及时模拟汇报，本意在该项目中达到BIM的深层次使用。首先利用获取数据结合现况再次进度偏差分析，进行指导施工。其次通过建立过程与成果动态资料数据库，在满足业主需求的前提下，实现增值服务。进而通过某特色小城镇建设项目资料数据库的建立，通过提供有效依据、相似案例、大量数据等为业主提供技术支持，实现造价有效控制，使项目增值。但因所有参建单位人员层次不一，协同使用的效果没有实现。

理想中信息共享、协同工作BIM技术应用至少应达到如下效果，见图7。

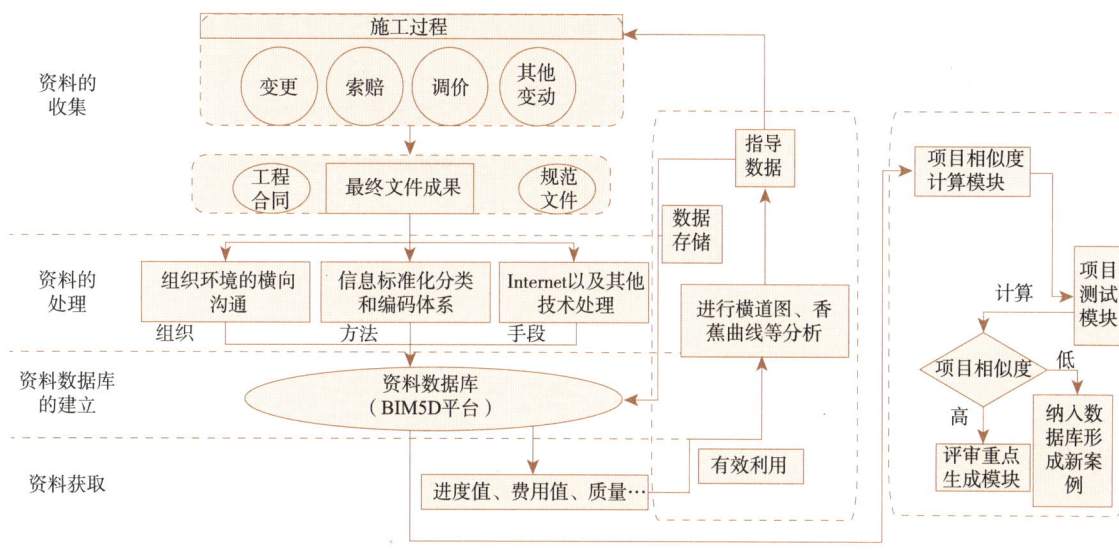

图7 资料数据库与相似案例数据库模型

四、咨询服务的实践成效

1. 本项目采用全过程咨询服务所取得的经济效益

招投标方面：通过对某特色小城镇建设45个单体项目的梳理，进行合理标段划分和项目分类，统筹安排招标，很好地解决了项目招标的统一性，确保了整体工程的进度。

（1）设计方面

通过在单体项目设计方案阶段的优化设计，有效避免设计图纸中缺陷，节省了项目投资，举例如下：

1）因合理化建议得到采纳，避免了事故同时节省投资近100万元

2017年9月该特色小城镇某大道建设项目过路盖板涵因标高问题存在水渠溢水隐患，后果是将已建好的某大道的部分路段冲垮，造成近100万元巨大的财产损失，情况非常紧急。我公司现场项目部立即组织审核图纸，现场踏勘测量，提出建议：将某大道原设计过路盖板涵高度提升90cm，桥涵两侧相应提升标高，降低施工技术风险，某工程设计有限公司采纳了我们的建议，修改了原设计方案，并上报项目指挥部，优化方案得到该特色小城镇项目指挥部的认可，改进后的方案经实施后效果显著。

2）居住小区外立面设计方案比选后，节省投资近500万元

本项目公租房小区，共51栋单体建筑，外墙装饰面积约245000m²，设计方案为10cm×20cm的瓷砖装饰，我们根据经验，认为石材装饰造价高，且因当地区风沙大，外墙砖易脱落，有造成人身伤害的事故隐患，建议改成真石漆涂料，经设计单位采纳后，实施后的立面效果既保持了建筑整体风格的协调统

一，又节约了项目投资（初步估算节省投资245000×20=490万元）。

3）公租房小区室外配套工程，经方案优化节省投资近2000万元

居住小区室外配套工程在正式出蓝图之前，我公司造价咨询按照设计图计算，该室外配套造价超设计概算近2000万元，有超概算风险。我公司立即组织人员对现场室外配套管线走向进行实地测量同时进行当地材料询价后，提出优化方案，经设计院采纳后，该部分投资得到了有效控制，实施效果很好。

（2）施工方面

通过加强对监理单位的驻场人员和监理细则的管理，调动监理人员的积极性，落实对施工现场安全、质量和工期的全面管理，确保了项目的投资效益和工程进度按照合同工期进行。

1）对监理公司实行统一管理

本工程因单体项目多，引进的监理公司相对也多，各监理公司存在着管理上的差异，我公司为避免因管理差异造成结果呈现差异发生，首先对监理公司进行统一管理，对各监理公司提交的监理细则进行大方向的统一，制定了每周统一召开监理例会和由我公司汇总每周监理周报的制度，从源头上对监理公司进行统一管理，确保各监理公司下达的监理指令基本一致。

2）对施工现场的安全文明进行评比，实施奖优罚劣，调动施工单位的积极性

因本工程同时开工的项目众多，一度在现场存在着施工单位的安全文明施工管理松懈的情况。为了加强现场管理，我公司制定了安全及文明施工检查评比制度，协同监理公司针对现场实际情况，对施工现场的扬尘处理、地面硬化、材料堆放和脚手架搭设等方面定期组织评比活动，确实进行奖优罚劣活动，确保了施工有序进行，调动了所有施工单位的主观能动性，在整个工程施工过程中没有发生重大的安全事故和重大违反文明施工的案例。

3）现场进场材料严格把关，杜绝不合格材料进场使用

公租房小区的外墙保温材料在施工时，我公司现场技术管理人员经试验外墙保温材料耐火等级不达标，责令施工单位更换合格外墙保温材料，有效地避免了在今后使用过程中安全事故的发生。

4）材料价格上多方咨询，确保投资效益

天然气长输管线的施工是由当地天然气公司施工的（存在价格垄断情况），我公司造价人员在主要材料的询价过程中，对供应商提供的商品进行价格、参数、交货时间、质量、优惠条件等详细必选，优中选优，提出的供货方案得到了施工方的采纳。仅主材—调压撬一项就在施工方报价的基础上下浮了近80万元。

总之，本项目因咨询服务覆盖了工程建设阶段的全部管理工作，能充分整合本阶段各单位的工作内容，可以在设计、办理建管手续、招标、监理以及施工等方面进行统筹管理，打破了传统模式下的分段管理形式，在进行项目的投资控制方面有绝对优势，经济效益十分明显。

2. 本项目采用全过程咨询服务所取得的社会效益

（1）实行建设项目的专业化统筹规范管理是社会发展的必需

某特色小镇项目是一个项目群，其中管理内容复杂。通过我单位的统筹协调，将咨询服务覆盖工程建设全过程，包含传统模式下设计、造价、监理等各专业咨询单位的职责义务，这种高度整合各阶段的服务内容，一方面，将更有利于实现全过程投资控制，有效解决各阶段各专业之间的条块分割问题；另一方面，使项目管理更加规范，该项目在2017年当地多个县市建设工程质量、安全和资料管理的多次评

比中名列前茅，因此实行建设项目的全过程全方位咨询服务，是社会发展的迫切需要。

（2）实行全过程统筹管理是助力政府监管保障项目合法合规的必需

本项目通过采用全过程管理咨询管理，能够有效整合社会资源对建设项目进行有效监管，为政府提供强有力的全过程监管措施；由我单位协助指导梳理建设项目全过程的报批流程、资料，避免出现错报、漏报现象，有利于规范建筑市场秩序、减少违法违规行为。

（3）实行全过程项目咨询能确保项目建设工期和质量的实现

在项目管理方面采取政府购买服务的模式引进全过程工程咨询公司，一方面可大幅度减少政府建设项目日常管理工作和人力资源投入，另一方面项目管理公司提供专业化的管理咨询，能有效弥补常规管理模式下管理人员不专业造成项目缺陷的弊端；从而有效减少信息漏洞、优化管理界面；有利于解决设计、造价、招标、监理等单位之间存在的责任分离等问题，加快建设进度。

全过程工程咨询有助于促进设计、施工、监理等不同环节、不同专业的无缝衔接，提前规避和弥补传统单一服务模式下易出现的管理漏洞和缺陷，提高建筑的质量和品质。全过程工程咨询模式还有利于调动企业的主动性、积极性和创造性，促进新技术、新工艺、新方法的推广和应用。

（4）实行全过程项目咨询能有效规避风险

在全过程工程咨询中，咨询企业是项目管理的主要责任方，在全过程管理过程中，通过强化管控决策、投资、过程、运营、自然、社会等风险，一方面对于项目而言，有效降低决策失误、投资失控的几率，减少生产安全事故；另一方面能通过强化管控有效预防生产安全事故的发生，大大降低建设单位的责任风险。同时，还可避免与多重管理伴生的腐败风险，有利于规范建筑市场秩序、减少违法违规行为。

3. 我公司通过本项目的全过程咨询实践所取得的收获

（1）以合同管理为主线的全过程项目管理

本项目是我公司承接的第一个具有全过程咨询工作内容的新业务，在和业主方签订的项目管理合同中明确是在业主方授权下对工程建设全过程进行咨询服务和专业化管理，对项目的工期、质量、安全、投资承担相应责任，并为本工程项目运行过程中的决策提供全方位的技术支持。秉承这一宗旨，我们主要以本项目为实验基地，建立了全面协调管理的技术标准，本着打破常规管理模式下信息不对称壁垒的宗旨，筹划、审定和起草了各招标文件、合同主要条款等技术内容，为本项目实施全过程咨询奠定了技术支撑，也为今后我公司承接全过程咨询业务，在因地制宜、探索实践中积累了一点全过程咨询的实战经验，我公司今后必将利用在本项目中积累的经验提炼成样板，将其改进和推广。

（2）以成本控制为主线的全过程造价咨询

造价控制是我公司的传统业务，造价成果文件的质量控制运用多层级迭代控制原理进行控制，公司建立有严格的三级审核制度常规情况下均能够做到业主满意。因此，在本项目上我们把造价控制的重点放在了设计方案的优化和现场设计变更上，在项目设计阶段我们充分调动公司内部各专业技术力量、加强各业务之间的合作与配合，将专业技术、造价控制、施工实施等方面的知识贯穿到优化设计方案中，提出可以实施的优化建议，促使设计公司修改设计方案，从而达到用项目全过程管理服务实现对工程造价的控制并取得了明显的效果。今后我们还要努力贯彻使用限额设计的理念，并积极推进设计人员在符合初步设计总概算条件下优化施工图，使施工图在满足技术要点和建设方使用要求的前提下，做到造价最省、设计最优。

本项目通过优化设计和控制变更在投资控制上取得了明显的成效，同时也充分证明了采用全过程咨询能在投资控制上获得收获。

（3）用BIM平台直观呈现出项目进展和档案管理

在本项目的进度控制和档案管理中，我们利用公司的BIM平台，及时准确地给委托方直观呈现出动态的管理结果，委托方非常满意。在档案管理方面，现场资料员及时准确地将每一个单体项目的上级批复情况、建管手续的办理程度、招投标进展情况以及施工进度上传到BIM平台，使其动态呈现出来；

在BIM技术应用中，我们的初衷是利用这个协同工作的平台，动态管理本项目的造价控制，但由于在推行中受到当地网速慢的情况和参建各方（设计方、监理方、施工方）认识上的差异，没能执行下去。最终只有我们管理方使用了BIM技术，因此本项目仅有清单模型（招标模型），没有设计模型、中标模型和竣工模型。

今后我们要在全过程的咨询工作中要因势利导，力推使用BIM技术助力全过程咨询服务。

（4）建设工程全过程咨询必须是集成管理

通过本项目的全面管理，我们充分认识到全过程工程咨询不是工程建设各环节、各阶段咨询工作的简单罗列，而是把各个阶段的咨询服务看作是一个有机整体，在决策指导设计、设计指导交易、交易指导施工、施工指导竣工的同时，使后一阶段的信息在前期集成、前一阶段的工作指导后一阶段的工作，从而优化咨询成果。

传统的建设模式是将建筑项目中的设计、施工、监理等阶段分隔开来，各单位分别负责不同环节和不同专业的工作，这不仅增加了成本，也分割了建设工程的内在联系，在这个过程中由于缺少对项目的整体把控，信息流被切断，很容易导致建筑项目管理过程中各种问题的出现以及带来安全和质量的隐患，使得业主难以得到完整的建筑产品和服务。

实行全过程工程咨询，是高度整合的服务。旨在节约投资成本的同时有助于缩短项目工期，提高服务质量的同时有效地规避风险；其内涵是让内行做管理，和国际接轨达到精细管理的目标。

专家点评

该案例为典型的特色小镇建设项目，项目含各类建筑、供水管线、排水管线、10kV输电线路、天然气主管道、天然气管网、主干道路、镇区道路、硬化广场、绿地、农贸市场、劳动力就业创业市场、屠宰场、葡萄长廊、林下鸡养殖基地、圈养驴圈舍以及其他配套设施等。镇区范围内各村级建筑风貌提升项目约42000m²。特色小镇建设涉及项目单体工程多、新建与改造提升结合、工程类型多、专业跨度大，在全过程工程咨询中，项目管理以合同管理为主线，全过程造价控制以成本控制为主线，咨询内容包含招标、设计、监理、施工、合同、现场质量、安全、进度、建管手续、档案等管理和全过程造价咨询。

在全过程工程咨询中，质量管理中引入多层级迭代复审机制，进度管理采用BIM技术动态追踪各专业施工计划完成情况，安全管理中牵头与各参建单位共同组建安全生产管理委员会，落实安全生产。

通过全过程工程咨询实践，项目初步取得下列成效：一是在招投标方面，通过对45个单体项目的梳理，统筹安排招标，合理标段划分和项目分类，解决了项目招标的统一性，确保了整体工程的进度。二是在设计方面，通过在单体项目设计方案阶段的优化设计，有效避免设计图纸的缺陷，节省了项目投资；三是在施工方面，通过加强对监理单位的驻场人员和监理细则的管理，调动监理人员的积极性，落实对施工现场安全、质量和工期的全面管理，确保了项目的投资效益和工程进度按照合同工期进行。本项目取得的社会效益有：一是实行建设项目的专业化统筹规范管理是社会发展的必需；二是实行全过程统筹管理是助力政府监管保障项目合法合规的需要；三是实行全过程项目咨询能确保项目建设工期和质量的实现；四是实行全过程项目咨询有效规避管理风险。

点评人：陈建华

万邦工程管理咨询有限公司

基于PMC项目管理模式的某新城建设项目
全过程工程咨询典型案例

——天津国际工程咨询公司

王　琳　张　达　程炳杰　李　虎　刘平津

一、项目基本概况

该项目的工程建设区域面积约为18km²。主要建设内容为拆迁、开发及市政基础建设和公共设施建设、可耕化复垦等。项目总投资额约为160亿元。该项目法人单位（某市某新城建设投资有限公司）于2011年3月初成立，作为该项目的项目法人和投融资平台，承担项目的投融资、土地整理、建设开发等工作。县委、县政府成立了新城工程指挥部，由一位副县长作为总指挥，负责推动项目实施、协调解决建设过程中存在的问题、对项目的质量安全生产进行监督、协调，解决村民宅基地置换等工作。

该项目是由20多个单项工程组成的总体规模较大的群体工程，每个单项工程包括住宅工程、公建配套工程、市政道路及绿化工程的勘察、设计、招标、施工、材料设备采购、施工管理、竣工验收等将在不同的时间与空间点上独立实施。面对如此纷繁复杂的工作局面，作为建设单位的新城公司又是刚刚组建，经验不足，为解决此问题，2011年9月，县委、县政府与项目管理启动团队所属的招标公司的上级主管机构，某"咨询公司"协商，由该咨询公司组建大型项目管理团队与新城公司建立合作平台，尝试对该项目的建设实施全面的专业化项目管理。为此，该咨询公司成立了新城项目经理部，公司领导为项目经理部制定了"竭智尽力、缜密管理、协同高效、服务新城"工作方针，并要求项目经理部在为公司取得良好经济效益的同时，也为公司未来的战略发展总结管理经验、积累管理成果，创新制定包括项目策划、规划设计、前期工作、项目投融资服务、工程实施管理等全程项目开发政策与项目化战略管理咨询等的（5+2）PMC管理流程、标准、方法和制度体系等。整体项目管理模式采用：业主+PMC+监理公司的管理模式。新城项目经理部于2011年9月底进驻项目建设现场。

二、咨询服务范围及组织模式

1. 咨询服务的业务范围和工作职责

在PMC项目经理部成立初期，PMC总经理就向建设方提出签署包括由PMC参与管理整个新城项目管理的战略框架协议，将PMC作为某新城整体项目的重要管理成员来考虑，确定PMC的权利与地位，这样做可以使PMC更好地发挥作用。但因受建设方一些背景限制，这一要求一直没有能够实现。实际上是以某新城开工建设的第一个单项工程为起点，形成了《某新城示范镇A地块一期村民还迁经济适用房项目工程项目管理咨询服务合同》，以此作为PMC为本项目所有单项工程提供咨询服务的蓝本，界定了PMC的服务内容与范围，包括工程前期管理、设计管理及设计优化管理、招标与采购管理、造价控制管理、合同管理、工程进度管理、施工质量保证与质量控制管理、安全生产与文明施工管理、沟通与信息管理、项目验收管理等10个方面，并对PMC的义务、权利及授权做出了约定。

2. 咨询服务的组织模式

（1）项目管理公司的管理组织模式（图1）

在该项目中，PMC的项目管理组织模式，经历了从单项工程的组织到群体工程组织的改变。

针对该项目的建设按群体单项工程实施的特殊情况，考虑到PMC和建设单位的管理资源配置与组织，在项目中PMC采用了直线参谋职能制的组织结构，如图1所示。

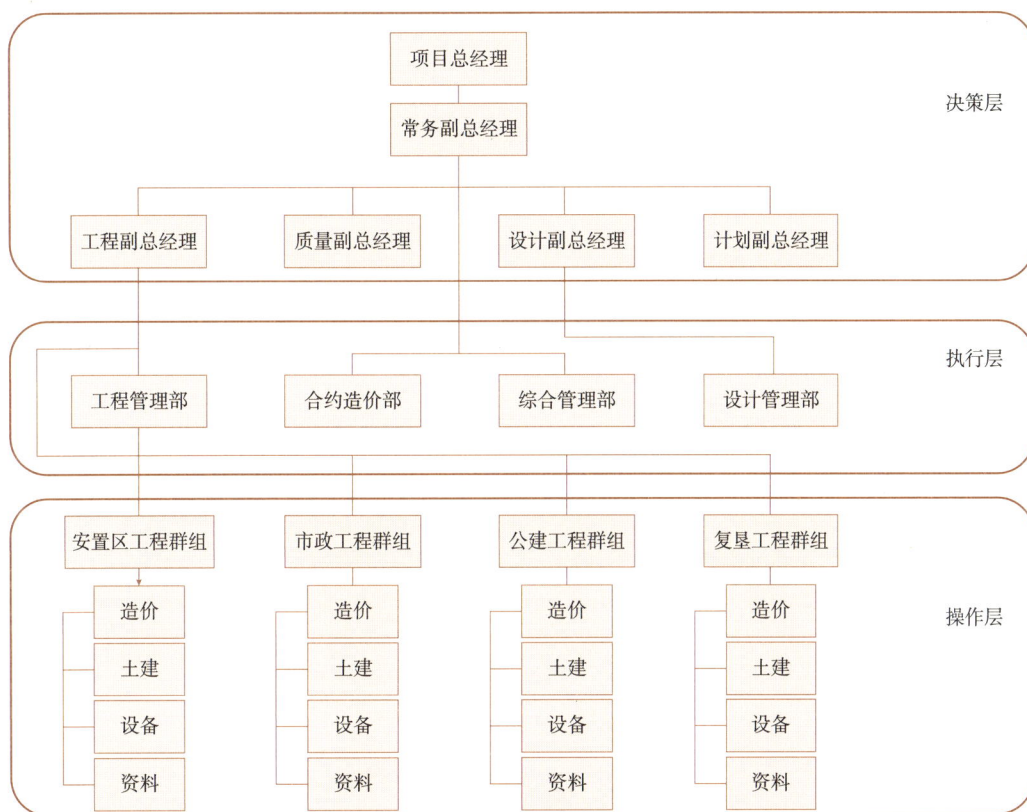

图1 PMC公司某新城组织模式

在这样的运作模式下，PMC针对项目现场发生事件的决策效率因管理流程过长会有所降低，但考虑到PMC现场经理人员在经验与水平上的差异、建设单位当时的管理组织情况以及项目的安置区住宅建设有许多相似的共性问题等因素，建立这样的组织，可通过组织集体学习和共享在先期实施的项目中所获得和形成的新知识，来更好地发挥组织效能，从而能在整体上提高效率。

（2）建设方组织机构与管理模式

如建设背景中所介绍的，该项目得到了项目所在的市、县两级政府的高度关注。县里成立了某新城建设指挥部，从而形成了由指挥部和建设单位共同组成的建设方。建设方的组织机构形式见图2。

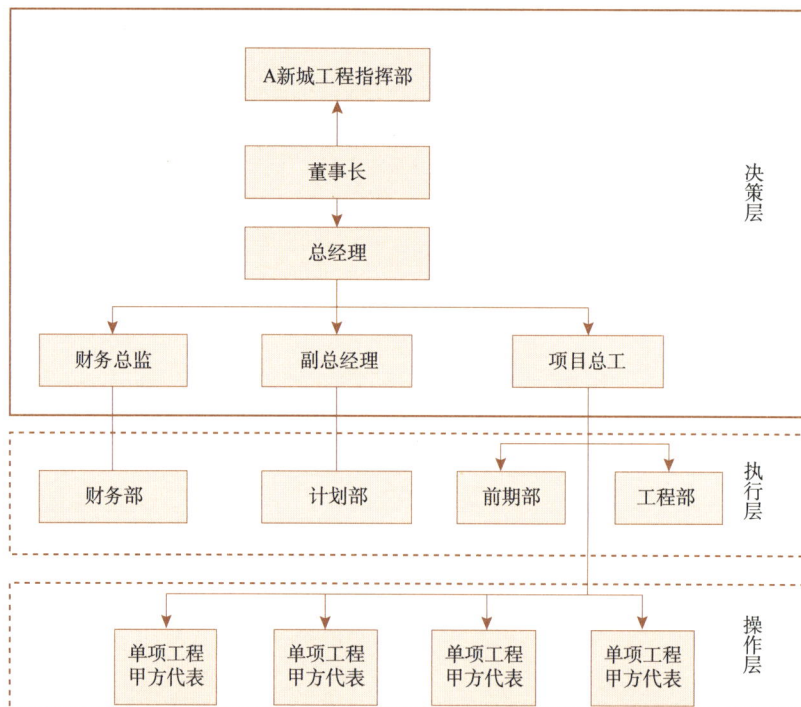

图2 建设方组织机构形式

三、咨询服务运作过程中出现的问题

基于PMC在某新城项目管理中遇到的种种问题，在这里选择了项目管理方案审批、拦标价确定、五天建成一层、承包商遴选以及安全立网破损等五个典型案例，通过叙述和描述这五个典型案例，归纳出项目管理公司在履行自己的项目管理职责、行使项目管理权力时所遇到的挑战因素。为解决在工程建设实施阶段多项目管理主体并存的情况下，在复杂变化的项目管理环境中，认识自身拥有的权力，认识自身在行使有关权力时所受到的主客观约束，从而为自己的职能做出正确的定位，并通过不断地提高自己的能力和技能，使自己的行为结果满足业主的期望。

1. 项目管理方案审批事件

如建设背景中所介绍的，2011年9月项目经理部成立后，依据项目组织结构设计，决策层、执行层全员进入角色。借助于以往的管理经验和项目资源，项目经理部充分考虑该项目的实际情况，于10月中旬编制完成了项目管理方案、工程管理制度等项目管理文件，提交给建设单位。

根据工程项目管理咨询服务合同的有关规定，建设单位应在三个工作日内对PMC书面提交并要求决定的事宜做出书面答复，重大事项应在十五个工作日内做出书面答复，合同还约定，项目管理方在委托方委托的工程范围内，有权按项目管理方案对本项目进行项目管理。因此，项目管理方案、工程管理制度作为重要的管理工具和手段，需要建设单位做出决策。

在项目经理部将项目管理方案等提交给建设单位后，按合同约定应在15天内得到建设单位的回复，但到了11月下旬建设单位也没有给出任何正式反馈。为此，项目经理多次与建设单位的总经理进行磋商，向其说明建设单位审批项目管理方案及对PMC的管理授权工作，对PMC履行职责的必要性和重要性。该总经理表示，管理方案已经分配到建设单位正在组建的各个部门有关人员手中，稍后会给出答复，另外PMC全力协调好启动项目的运行、抓好规划设计工作和资料分析整理即可。

此后，建设单位的决策人一直没有对项目管理方案给予回复。在PMC的一再催促下，该项目管理方案提交两个月后，项目经理部与建设单位的总经理再次沟通，要求就项目管理方案，向建设单位决策层做出专题汇报。并且强调，项目的一次性特点就项目管理方案的比较特性而言，应在于内容而不在于形式，尽管许多管理方案的篇幅章节貌似一致，但良好的方案不仅涉及处理、解决问题的方式，还涉及项目管理方的资源规划、整合与配置能力。PMC所做的管理方案是经过近半年来在充分了解了工程地域特点、当地建筑市场状况和项目管理环境下做出的。但真实情况是，项目经理部无法左右建设单位总经理的认知，PMC提出做出的进行专题汇报的要求也未被接受，项目管理方案的审批问题从此搁置。此时已启动的安置区住宅建设项目已在进行，建设区内的市政设施规划、各未开工项目的建筑规划设计、房屋拆迁、土地整理、工地的临时道路水电等建设工作都交织在一起，建设单位也就无暇再关注项目管理方案的审核。

2012年初，建设单位内部会议部署了编制建设期工程进度安排、建设成本估算和工程资金筹措计划的工作，以应对3月初召开的公司董事会会议。按照项目管理合同，进行该项目的工程进度管理和全过程造价控制是PMC职责的一部分，也是项目管理方案中规划了的工作。内部会议决定该任务的建设方负责人是新来的总工程师。

在此之前，也就是项目经理部成立之初的2011年10月底，建设单位总经理根据建设单位财务部门、董事会等各方的要求，安排项目经理部做过同样的工作，强调所编制的建设期工程进度安排、建设成本估算和工程资金筹措计划，将用于建设单位的资金安排和运作，要求精确细致，符合工程实际情况。但本工程项目的客观条件是，项目未进行初步设计，更多的市政建设方案、住宅区建设方案还在不断地修改编制中，许多设计的经济技术指标都存在缺失，而项目经理部全员也刚刚进入，全面熟悉工作还需要时间，加之项目的可行性研究对项目的实施方案并未做出符合实际的安排，想要做出较为准确的计划编制和资金预测缺乏相关依据和基础资料。为此，PMC的项目经理向建设单位总经理做出了解释，并指出向PMC提供与工程有关的、为进行项目管理工作所需要的工程资料是委托方的应尽义务，提出已有资料的缺陷与不足，建设方相关部门应提供的资料和配合问题等，建设单位总经理表示PMC可以和建设方相关人员联系解决。但建设方相关部门中的大部分人员缺乏房地产开发业务经验，在准备资料时他们往往无从下手，只能靠PMC前期人员带领建设方相关人员到相关部门和单位一个个落实，致使这项工作有所拖延，在两月内没能全面开展，相关工作拖到了2012年初还未完成。

重新启动这一工作，建设方总工还是没有同PMC项目经理做出任何沟通，而是直接将上述计划编制任务安排给项目经理部的人员。他之所以这样去做，源于对其在处理项目管理方案审批问题上和日常的工程事宜中表现的非专业性能力时，PMC的项目经理对其所做过的负面评价。

成果出来后，建设方总工不同意将PMC编制文件的人员的名字出现在成果上，而是要在成果编制说明中直接参与计划编制的PMC的人员名单和项目经理部的落款上加以套牌交给自己的领导，亦即删除PMC的名字和参与编制的人员名单，直接送达到业主单位的总经理手中。表面上看，文件编制是由以建设单位总工为负责人的建设方人员编制的，对参与文件编制的PMC有关人员来说，建设单位人员的这种做法，一方面是对PMC劳动成果的极大不尊重，另一方面也随之带来了不少问题。比如，建设单位的财务与资金管理部门，在就计划编制向该总工提出问题时，该总工无以作答，还得需要PMC的相关人员一次又一次地做出解释，导致工作效率低下。这些对PMC的管理人员来说真是五味杂陈，而给业主领导的印象是PMC无为。在这个问题上，PMC项目经理没能采取有效的手段制止类似事件的发生。

2. 拦标价编制事件

（1）废标投诉

根据PMC和建设单位签订的咨询服务合同，招标过程中，PMC将负责编制该项目所有招标工程的工程量清单和拦标价，并报建设单位进行审批，经批准后，在该项目采用上限、明示拦标价的方式进行工程招标。

2012年2月中旬，项目上进行5条市政道路和给排水工程的工程施工承包招标。该工程道路总长度6.78km，施工承包范围包括土建工程和安装工程。合同工期自2012年4月24日开工到2012年7月30日竣工，历时为98个日历日。由于这5条道路在空间上贯穿了正在实施的安置区住宅工程的施工区域，也是项目区域内重要的交通和景观通道，道路的按计划建设完成并投入使用对后续的住宅区建设有重要的意义，因而顺利做好招投标工作就显得至关重要。

该工程的地质报告表明，其技术数据与已经在施的临近区域的安置区住宅项目区域有极大的相似性。在已在施的临近项目上，PMC所做的地下工程基槽开挖工程量，是在分析了地质报告所提供的技术数据的基础上，专门设计了对应的基坑保护处理方案后计算得出的。而在实践中，对该安置区住宅工程大部分基坑的施工，可以采用更为经济的方式来极大地减少土方工程量，并可对施工进度产生积极的影响。因而，PMC提出按经济性好的方案编制这5条道路的工程量清单，设定了遇到工程地质条件不利的情况，可通过工程签证方法进行工程量变更的招标原则。该方法得到了建设单位的认同，工程的拦标价最终确认在3380万元。

通过公开招标程序，一共有5家施工单位确定参与投标，确定的中标单位的中标价格是3310万左右，其中一家投标单位在当地承担了无数个类似工程、并有十几年经营经验的某国有企业。开标前为了能够保证进度，指挥部和建设单位已决策，将该工程中的某些前期工作，包括一些材料的准备等交由上述某国有企业实施。开标时该企业报出5280多万的价格，超出拦标价有56%之多，被当场废标。招标结束后该单位对废其投标不服，开始上访，找指挥部领导投诉，主要理由是PMC编制的工程量清单不合理、工程造价不合理、工程安全与质量不能保证，诬陷PMC和建设单位这样做的目的是操纵中标单位进入。为此，当地政府组织了专门的监察小组开始调查，约谈了建设单位和PMC的主要负责人、有关员工等进行调查，一时间气氛紧张。中标公示期过后，中标通知书迟迟未能发出。县有关领导表态，如果发现建设单位和PMC有违法行为将做严肃处理，为了保证工程进度，可以让中标单位进场，至此，项目开工已经推迟了十几天。项目开工之后，投诉单位派人进入施工现场，专门拍摄一些施工过程中的监管缺陷、质量瑕疵等，以点带面，夸大其词，吹毛求疵，剑指该次招标的"不合理性"和PMC的能力。PMC不得不花费一定的精力，应对解决一个又一个挑战。好在当地政府的调查结论排除了投诉单位对此次招标"违规"的指控，这才平息了事态，工程由中标的施工单位正常实施，结算时也未出现不合理的大额变更事宜等。

（2）流标导致工期延期

在本项目中，拦标价的问题还有其他形式的反应。在该项目的某个桩基施工招标中，PMC按照有关规定，协同建设单位办理了招标备案手续，有十几家当地和市内的施工单位报名投标。PMC根据有关计价规范计算出的拦标价在提交建设单位审批时，被建设单位砍掉10%。双方的分歧是，PMC对有关材料价格是按照工程造价主管部门每月发布的指导信息价格计算得出的结果，而建设单位强调项目所在地有较充分的建筑材料，要通过就地取材节约工程造价。

一般而言，在当地经营多年的承包商，会与当地有限的供应商存在较稳定的商业信用联系，可以通过赊购商品等形式获得供货，长期客户一般也会得到比较优惠的供货价格，而外地承包商获得供货往往需要现金交易，并可能难于获得建设单位和本地企业所能获得的价格。市建设工程造价主管部门公布的有关建筑材料的指导信息价格，是可被市场中众多的内外地承包企业接受的、考虑了市场价格波动的综合性价格，在招标文件中使用当地市场价来代替综合价，有可能导致外地企业无法承受而使项目流标等。可惜在建设单位的强势坚持下，导致拦标价公布后只留下当地两家企业确认参与投标会，不符合法定投标人数量，招标搁浅。只能按PMC确定的拦标价重新招标。

3. 五天一层事件

2011年5月28日，该项目的工程建设以一期一号地块内住宅的桩基工程施工启动为标志正式展开。该地块内共有18个单体高层建筑，每个高层建筑基地面积在360~380m²之间，建筑风格基本一致，层数不同，总建筑面积12.7万余m²。均有一层地下结构。该地方，经过招投标后确定了两个承包商。标段划分（表1）。

标段划分表 表1

标号	标段内楼号（括号内为层数）								
一标	1号楼（17）	2号楼（17）	3号楼（17）	4号楼（15）	5号楼（17）	6号楼（24）	7号楼（17）	8号楼（17）	9号楼（24）
二标	10号楼（24）	11号楼（17）	12号楼（17）	13号楼（24）	14号楼（17）	15号楼（17）	16号楼（17）	17号楼（17）	18号楼（15）

按照前置工作完成时间，主体工程计划于2011年10月10日开工。作为整体项目中的第一个单项工程，涉及1380户，约5200人的还迁居民用地的腾迁、后续工程建设用地的整理和拆迁补偿等，自然得到了县领导、指挥部、建设单位等多方面的高度关注。建设单位和当地政府对项目的工期安排提出了基本约束：2013年春节该单项工程要达到入住要求。为此，PMC做出了控制性进度计划安排。该计划是以花费时间最长的24层建筑为基准制订，根据每层工作面不大的特点，按建筑工程施工的技术约束，主体结构施工排定五天建设一层。按照这样的安排，工程的竣工日期为2012年11月15日，总工期403天，可以满足2013年春节前入住的要求。

2012年初，根据市、县政府的安排，在2012年7月30日，本项目要迎接市委、市政府组织的有关区县经济发展情况的大检查（下称"迎检"），希望届时项目主体结构的全部实现封顶。项目指挥部为此召开了由建设单位、PMC和众多有关部门参加的动员会。根据之前所做的工期分析，结合当时项目主体建设的实际进度，PMC负责人表态，按五天一层计算可以达到这一目标。为了促进这一目标的实现，指挥部和建设单位领导会同PMC商定采用冬季施工措施，同施工单位协商在2012年春节前争取主体建设到2~3层，以求在冬季施工期过后进入正常施工期时，项目可以按五天一层的节律进行施工，以便更有把据地达到7月30日主体结构封顶的节点目标，并做出了增加措施费、在春节前达到2~3层目标给予施工单位一定物质奖励的承诺，可见建设单位及相关领导对迎检这一活动的重视。面对这样的安排，施工单位也有一定的积极性，最终实现了春节前的目标节点。

新春过后项目重新开工，主体建设到第8层之前工程进展还算顺利。根据指挥部和县有关领导的要求，建设单位指示PMC做出形象进度计划。"五天一层"成为PMC工期管理的一个"紧箍咒"。关注迎检进度的政府有关部门、指挥部、建设单位的负责人安排专人每天检查项目的形象部位。半个月过去了，期许的新建3层见到的只是2层；一个月过去了，期盼的新建6层却只有4层，以"5天一层"作为尺子的观望形象进度不再能够实现，一切都在混乱之中。距离7月20日，项目主体封顶的目标越来越难于实现。

事实上，工程项目主体结构"五天一层"的计划是PMC按照独立单体建筑、顺序施工的方案考虑制定的。对建筑群体施工而言，做出这样的计划所隐含的假设是，单栋楼与楼之间按平行作业施工，施工单位有足够的人力资源，愿意增加资金投入使用，以减少类似施工模版等工具的周转、增加措施费用为代价才能达成。春节前，由于有建设单位承诺，在完成规定节点，可获得一定的物质奖励，施工单位在激励之下进行了较充分的资源投入，"五天一层"的建设节律得到实现。春节过后，项目的主体施工始终没有实现"五天一层"计划的情况与PMC编制的招标文件和施工合同有重要的关系。在PMC所编制的招标文件与合同条件中，其对承包商提出了该工程的开工、竣工时间和总工期的要求，这样在固定上限拦标价的情况下，施工单位就可以根据自身的技术和管理能力、资源运作情况编制和实施自己认为最为经济合理的施工方案，包括满足竣工、总工期要求的合理的分部分项工程进度组织方式等，而做出可获得最大利润的施工方式决策。因而不同的承包商在投标文件和施工组织设计中，会做出不同的、可以满足总工期和竣工要求的施工方案和进度节点计划，但不一定会做出"五天一层"的计划安排。如果PMC将那份按"五天一层"工期计算作为控制性的进度计划编入招标文件，或者将主体结构框架"五天一层"的要求作为计划的基准落实在招标文件和合同的要求中，并规定出达不到这一要求时的违约惩罚条款，就会对施工单位的进度计划的编制实施产生刚性约束。该项目的实际运作方式是，总包单位将主体结构施工，按三个楼座为一组流水进行。按技术衔接和组织，安排主体结构建设七天一层。监理公司和PMC在工程开工前已经确认了施工单位交付的施工组织设计和进度计划的合理性，即可以达到合同工期要求。

在工程开工后，建设方提出2012年7月20日迎检节点要求，而PMC负责人在相关会议上做出的、可以实现"五天一层"的表态，相当于对合同做出一项变更指令，为此也会干扰施工单位的计划安排，改变有关工程的施工时间和顺序，从批准的施工单位的"七天一层"施工组织设计变成"五天一层"，一定会增加相应的措施费用。PMC负责人显然忽视了这一情况对PMC带来的风险与难题。

4. 承包商遴选事件

该项目历史性的项目规模对当地的建筑市场来说是一块看得见的大蛋糕。为满足当地经济发展的诉求和解决政府投资项目历史上的工程款欠账问题，当地政府在承包商遴选问题上更多倾向于为当地管辖的施工单位赢得中标机会。具体做法上，建设单位听从县有关方面的安排，在投标单位资格选择上，要求PMC将"参加本工程投标的县域外施工企业中标后应在本县设立子公司"的要求写在招标文件上；在成本计划方面，对主要建筑生产材料和设备，比如土方、混凝土、装饰砖、门窗、散热器等，以当地有限的供方资源询价代替市里统一的综合市场信息，从而形成的拦标价格，对当地的承包单位有较强的成本优势，造成了项目建筑承包商的竞争性不足，流标事件多有发生。

随着启动项目进行，在2011年至2013年底的三年间，同时在项目区域实施的安置住宅工程合同有13个，共计有142栋15～26层的建筑单体，总的建筑面积达82.2万余平方米。其中的4个合同由与该县无历史联系的4家施工单位承包，承担44栋建筑；而3家与本地有千丝万缕联系的总承包单位承担9个合同，98栋建筑，涉及工程建筑面积59.5万m²，合同金额13.57亿元，这3家承揽的建筑工程面积与合同额均占安置区建筑工程总量的73%。

根据在2002年至2012年的近十年间，该县建筑市场的实施规模总计不过200万m²的事实去分析，在较高的工程建筑强度下，当地的建筑企业难有充足的人力、机械、材料、资金资源和管理资源，也缺乏相应的运作能力。为此，对相关项目管理工作的有效性提出了挑战。

2012年初，二期项目开始，其建设规模、形式与一期相当。招投标后确定了两个承包商，仍然是负责启动项目（一期）的甲和乙。

承包商甲是早期在项目所在地从事过重要基础设施建设，随后长期留有项目班子，承揽当地工程项目的、拥有某项专业总承包特级资质，房屋建筑工程、市政公用工程及公路工程施工总承包一级资质的企业。承包商乙是有30多年历史的、主要在当地从事民用建筑建设、具有房屋建筑工程施工总承包一级资质的企业，曾为当地的政府投资的公共事业项目建设做出过重要的贡献，也是一个集团性公司。甲、乙这样具有高资质的施工总承包，一定会获得不少类似建筑业"Y强"、某某优质工程、安全生产先进单位等称号。这样的两个企业分别组织管理两个合计十几万平方米的单项工程项目，应该不是什么问题。可现场出现的实际现象是：（1）乙项目管理班子人员不整；（2）为甲、乙两承包商具体干活的队伍，分别都是由若干个私人合伙的大小组合体，各组合体分别承揽几栋建筑单体的部分分部工程的施工；（3）队伍中的工人有相当大的一部分是在当地临时雇佣的劳动力，根本难有组织性、纪律性可言。

为此，PMC所面临的问题可见一斑。2012年5月中，承担二期工程施工的乙承包商在达到合同约定的主体8层完工付款节点后，监理公司和PMC完成了工程量的确认和审核上报到了建设单位。但在工程主体建设到12、13层左右，也就是按合同约定，距下一次工程款支付还差一个多月时，工程进度开始不断减慢，与计划进度要求出现的偏差逐步扩大。由于该二期工程毗邻一期迎检地块，其形象进度也必须每天上报，因而备受关注。进度出现问题自然首先责问的是PMC。而PMC、监理公司在每天早上的工程碰头会上都会向总承包单位的项目经理指出所看到的诸如材料不足、人员不足等问题，要求承包单位提出切实可行的解决办法。承包商为此也拿出过有关方案，但就是不落实。经PMC确认后知道，乙承包商作为县里的当地企业，县里累计欠付该承包集团的工程款一直在9位数字以上。对于本项目，在所有工程款进入集团后，由集团公司统一调动。在本工程的项目经理做出工程材料计划、向下支付分包单位的工程款计划后，集团会根据自己的情况做出运作决策，利用在本工程中得到的工程款项来拆东墙补西墙的事不可避免。据此，PMC联合建设单位最高领导董事长一同约谈承包商最高领导，处理所了解到的合同执行问题，所看到是承包商法人代表比建设单位董事长更加强势。面对这样的承包商，现实的工程项目管理环境，建设单位是否应该使用合同法力与承包商去进行角逐，PMC无法做出这样的建议，建设单位也难于这样去实施。最终，推动该事件向良好方向发展的是，县最高领导出面说服了乙承包商，建设单位又额外提前对该承包商支付了一部分下笔工程款。

PMC作为建设单位的代理人，对发生的不合理现象和潜在风险有所判断，但不是决策者，通常只能按合同约定提出自己的意见。有些建议经反复申诉，逐步得到了建设各方不同程度上的认可。其中包括从2014开始，建设单位取消了要求外地承包单位在本县建立子公司的做法。

PMC从中也认识到了自身项目人员的业务能力对推动项目进展的重要性。并尝试，①对能力较差的分包队伍和承包商的技术管理还不到位，要给予更多的关注和明确的技术指导；②发现施工中普遍存在的影响工期和质量的问题，首先做好自己的判断形成可行的意见，协同、培训促进施工队伍提高效率等措施，取得了一定的效果。

5. 安全立网破损事件

2012年8、9月间，新城项目达到了第一个建设高峰，总面积为56.8万 m^2 的建筑工程同时在施，单体建筑数量达82个，相当于2011年本项目开始前的近十年当地建筑工程实施规模的四分之一，又时值大秋季节，各工地的劳动力稳定性都出现了问题。其中，在项目区域内出现争抢架子工现象，稀缺的架子工游走于各单项工程工地、各单体组团之间。由于架子工紧张和承包商在管理方面的行为缺失所产生的，劳动力组织压力、工期压力等与安全问题交织在一起，本着"安全第一"的原则，PMC组织监理公司、建设单位代表和施工单位专门召开了多次安全生产与文明施工会议，进行现场联合检查；督促施工单位按安全文明施工规范处理破损的安全网，并坚决阻止和杜绝施工层在未设安全网情形下施工的现象。

8月25日是个周末，建设单位总经理视察安置区三期住宅工程的B承包商工地，一眼就看到了不少破损的安全立网，同时看到了备料区材料码放杂乱的情况，随即将施工单位、监理公司、PMC现场经理和建设单位的代表召集在一起，对PMC现场经理发起质问，在面对建设单位总经理的强势质问下，PMC的这位现场经理没有能控制自己的情绪，与建设单位总经理发生一些争执，当场背向而去，这种无视建设单位领导的行为，最终由PMC埋了单，在那位总经理的过问下，PMC的这位项目经理离开了该工程。

在安排调离该事件中的PMC现场经理之前，PMC经理部对这一事件进行了认真的调查：查看了当事人事件发生前三天的工作联系单和工程例会会议纪要及审核了当事人自2012年2月项目开工以来近半年的管理日志及由PMC、建设单位、施工单位的代表共同参加的工地现场工程会会议纪要工程，以及以PMC的名义给施工单位、监理单位的工作联系单等。其中对工地安全与文明施工的问题作为现场管理的一部分多有涉及，同时附及图片资料。

具体实施中，PMC和监理公司无论是在日常巡查时，还是在工程例会上，对所发现的问题都会做出要求承包商及时处理敦促；但根据各方面情况进行权衡分析，监理公司判别是否需要发出停工令，根据所发生的情判断会不会真的对工程质量和安全，对各方，尤其是对监理公司本身造成必须承担法律责任的影响。日常工地管理的安全状况，应以国家的《建筑施工安全检查标准》为依据而不是靠感觉来评判。在这个标准中包括涉及有安全管理、文明工地、脚手架安装与使用等十项分项检查评分内容，并且综合得分在70分以上、单项保证项目不低于40分时即为合格；有关统计资料表明，按上述标准评判，仅当汇总得分不足70分时，才可被认为施工现场存在出现重大的、诸如人身伤亡事故等发生的隐患，如仅因为工地暂时不整齐、部分安全网的暂时脱落就下停工令，那么本项目的将无法进行。

四、对咨询服务运作过程中出现问题的思考

1. PMC履行自己的管理职责、行使项目管理权力的分析

在本项目中，PMC为建设单位提供的是工程实施阶段的项目管理服务，在双方签订的项目管理合同中，规定了PMC和建设单位各自的责、权、利，也就是在一定法律形式上形成了业主方和PMC在项目的

权力与地位。

（1）在涉及有多方利益相关者的建设项目管理组织中，PMC以正确的方式和时间向业主和被监督方提供有价值的信息，可以促进多方之间的协作、沟通和信任。通过从PMC了解到有价值的及时信息，各方可以有共同利益存在的项目目标来调整自身的行为，从提高项目管理的系统绩效，增加各方对PMC工作的认同。

（2）对于缺乏项目管理经验的业主来说，PMC作为专家，应比业主更能理解和体会在项目的具体实施过程中存在的问题，应更具有解决这些问题的知识、经验和技能。PMC若能在服务业主的项目中有效地行使其专家权力，针对项目中出现的问题，向业主能提供出可行的决策建议或意见，表明PMC为业主的利益提供了有价值的服务，当然会赢得业主对PMC工作的认同和信任。

（3）PMC拥有并运用好自己的参照权，可以获得其管理对象对自己的敬佩和赞誉、模仿和服从，增强其服务对象及业主对自己的认同和信任。

（4）PMC可以按与业主签订的项目管理合同赋予的权利和义务，对项目中出现的问题，建议业主有所作为或不作为，对此业主可理解为，PMC在努力地按合同办事而值得信赖；然而PMC若利用其禀赋的权利，遵循公平公正的原则，去断然处理业主方与其他管理对象之间存在的矛盾和问题，可能会让业主感到不自在，或感到缺乏应受到的PMC对其地位的尊重，从而有可能会对PMC的服务产生不与合作的情绪。

（5）在工程项目管理中，对于业主和其他管理监督对象，PMC往往是奖励资源和能力的缺乏者，仅仅在不计报酬而能为业主和施工队伍提供一些非职务性工作方面体现。更多的是，PMC可依自己的经验对业主和其他项目参与方提供一些有益于项目顺利进展的建议，避免其遭受质量、工期或成本等方面的损失，据此，PMC会得到受益者的感激与信任。

（6）PMC为了遵循生存法则，有时往往不得不接受业主并非合理的惩罚，从而会对业主产生怨恨情绪，导致管理的低效率，同时PMC 若将这样的情绪或申诉哪怕仅仅用口头表达出来，也会影响其与业主之间的合作。PMC对业主之外的第三方行使惩罚权力有赖业主的支持和决策。

2. 从案例中归纳出PMC在履行自己的项目管理职责、行使项目管理权力时所遇到的影响因素

（1）项目管理方案审批事件使我们认识到建设单位决策人和执行人的项目管理水平与PMC的管理存在相关性。在对PMC的能力做出评价时只是主观臆断，而没有采用客观的评价方法和充分的沟通来解决问题。同时，PMC项目经理在应对该事件时展示自己项目管理能力和说服对方的沟通能力都有欠缺。

（2）拦标价编制事件使我们认识到：业主决策层对事件的客观决策方法、项目参与各方的沟通机制与PMC的管理存在相关性。业主决策层的决策：尽管PMC尽责计算出正确的拦标价，但业主执行层人员将其错误决策归因于PMC，从而导致决策层决策的失误。

（3）五天一层事件使我们可以认识到：PMC在使用建议权时，应考虑其建议对相关各方的利益造成的影响；PMC在代表业主执行承包合同时，在超出其监督权之外，向承包商提出依靠承包商自己的能力无法实现的技术建议，往往因其与承包商之间存在的信息不对称而无法取得应有的效果，造成自我毁誉。

（4）承包商遴选事件中可以看到，在政府的行政干预下，诸如建设方有意选择与其过往和现实利益密切相关的承包商的倾向、关系承包商的组织能力、承包商与项目管理方的信息不对称、甲乙双方在执行合同过程各自存在的过失，以及项目所在的建筑市场的资源情况等，都会对PMC的管理形成挑战。

（5）安全立网破损事件。基于该案例中描述的基本事实和PMC的自身反省，相关管理方的各自行为决策，对PMC的管理也提出了挑战。PMC有义务，采取进一步的措施，达到客户理性上的满意。因此该事件中，我们可以认识到：业主方领导者的理解与支持行为与PMC的管理存在相关性；承包商的履约能力与PMC指令的执行力正相关；PMC项目经理的沟通能力与PMC指令的执行力正相关。

通过某新城项目的五个案例，做好全过程工程咨询的主要因素应包括：建设单位决策人和执行人的项目管理水平、决策层对事件的客观决策方法、项目参与各方的沟通机制、承包商的违约行为和PMC的有效应对、地方政府对项目管理的行政干预行为、业主方领导者的理解与支持、承包商的履约能力、PMC项目经理的沟通能力等。

我们以某新城的典型案例分析为借鉴，不断发现新的、潜在的影响项目管理公司行使权利的因素，找出恰当的策略来应对项目管理中面临的挑战，对提高项目管理公司的专业化水平会产生积极的影响。

专家点评

某新城建设项目由天津国际工程咨询公司负责以PMC项目管理模式开展全过程项目管理咨询服务工作，包含：工程前期管理、设计管理及设计优化管理、招标与采购管理、造价控制管理、合同管理、工程进度管理、施工质量保证与质量控制管理、安全生产与文明施工管理、沟通与信息管理、项目验收管理10个方面。

该案例组织模式采用直线职能参谋型组织结构，结合了直线参谋型组织结构和职能型组织结构的优点。同时，内部设立决策层、执行层、操作层三个管理层，为项目管理提供了有效的监管与控制力，提高了管理效率和解决问题的能力。

该案例主要列举了五个典型事件，包括：项目管理方案审批、拦标价确定、五天建成一层、承包商遴选以及安全立网破损事件，分别对应全过程工程咨询服务中的合同履行管理、招标代理、进度控制、施工管理、安全管理。通过对五个事件的发生起因和结果的描述、对项目管理公司面对这样的问题而采取的解决方案以及对五个事件的后期研究，为全过程工程质询服务工作的开展提供了非常珍贵的实例借鉴，针对开展全过程工程咨询服务将来可能发生的问题，应提前准备防范措施，提高全过程工程咨询服务的质量，为客户提供更优质的服务。

点评人：李诗强

四川开元工程项目管理咨询有限公司

以合同管理为主线的全过程咨询典型案例

——华春建设工程项目管理有限责任公司

李小琳　吝红玉

一、项目基本概况

典型案例选取项目为地产开发的群体住宅项目，该工程2012年4月开工建设，建筑面积约50万m²，地上40.5万m²，地下9.4万m²；结构类型全部为框架剪力墙结构。整个项目共15栋楼，其中地上11栋34层住宅；1栋31层住宅；2栋3层商业；1栋3层幼儿园。在工程参建各方的共同努力下于2014年4月竣工并交付使用，工程质量一次验收合格。

该项目的特点是所有项目一次性启动，质量要求高、工期要求紧、资金压力大。在全过程咨询过程中，华春公司敏锐地意识到要完成既定的质量、工期及成本控制目标，必须在该项目中制定实行一套针对性的咨询方案，特别是对于一次性启动的群体项目，项目界面复杂，专项合同交叉，全过程咨询难度大。我们在本项目的全过程咨询中，以合同管理为主线，通过对项目合同的WBS分解，明晰各标段、各专业之间的关系，理清工程造价界面，有效实现了全过程投资控制。

全过程咨询的实践可以总结为以下几点：

（1）及早参与项目的咨询管理工作。本项目设计单位是由华春公司完成招标的，根据业主的各项要求，协助整理完善了设计任务书，与设计单位及时沟通，为设计优化建议和设计概算审核打下了良好的基础，最终设计阶段造价控制效果突出。

（2）采取全过程招标的管理模式。本项目勘察设计单位、施工单位、各类专业分包单位、材料供应单位等均是华春公司通过公开招标的方式优选结果，各单位施工质量和进度得到有效保障。

（3）采取全过程造价控制的模式。造价是工程咨询的核心和重点，投资目标的实现是整个咨询成败的关键。本项目咨询过程中，造价控制和合同管理有效结合。在项目实施前期，增加了项目合同结构策划环节，对各类合同实行分类管理。造价控制时，依靠合同条款约束及华春公司造价咨询的指标数据的积累，在设计阶段通过设计优化建议及详细的设计概算审核，实现设计阶段的有效控制；在进度审核阶段，通过合同支付条款的提前设置，利用经济杠杆加快施工进度，加强变更索赔的审核管理，保障项目顺利实施；在竣工结算时，注重合同条款及现场资料的结合，对合同中约定与现场变更签证有矛盾的地方及时纠正，保证了最终投资目标的实现。

二、咨询服务范围和组织架构

华春建设工程项目管理有限责任公司受本项目房地产开发有限公司委托对项目实施全过程工程咨

询，其咨询服务范围包括：设计阶段优化咨询、全过程招标代理、全过程造价咨询、施工阶段项目管理等内容。

在工程咨询的实践中，建设单位和咨询公司在工程咨询中的角色与职责上有明确的分工：建设单位是项目实施的领导者和决策者，咨询单位是建设单位的参谋与智囊，是建设单位领导决策的执行机构，起着承上启下、管理与协调的作用。本项目咨询过程中，建设单位和咨询公司分工明确，职责分明，为项目实施过程中的良好沟通打下基础，保障了各项工作的顺利进展。

华春公司立足于"以人为本"的理念，认为人才是企业的核心竞争力，重视专业人才对工程咨询效果的重大影响，认为专业人才是实现工程咨询目标的前提和保障。本项目工程咨询实施过程中，专业人才的选用及咨询团队的组织是工程咨询工作成功与否的关键。

华春公司接受建设单位委托后，结合本项目特点进行工程咨询组织的设计工作，组建工程咨询组织机构，根据工作特点需要设立了专家顾问组、设计管理部、招标代理部、造价预算部、合约商务部、工程管理部和行政事务部等部门，并制定各部门的工作职责和各阶段咨询人员的岗位职责，指导工程咨询人员开展工作，同时选派业务精湛且具有强烈责任感和敬业精神的专业人员对该项目现场实施专业化的工程管理服务，并根据工作需要进行人员动态调配。

本项目工程咨询组织机构由15人组成，其中国家注册咨询工程师1人，招标师2人，国家注册造价工程师2人，国家一级项目经理（建造师）1人，国家注册监理工程师3人，高级工程师3人，其他专业工程师7人。专业齐全的高素质团队，为全过程咨询的有效成果提供了保障。

三、全过程工程咨询的执行和效果

1. 工程咨询服务的实施

根据华春公司与建设单位签订的全过程工程咨询委托合同的约定，具体工作内容包括设计咨询、招标代理、造价咨询、施工阶段项目管理等服务。工程咨询实施过程中，华春公司严格遵照合同约定的工作范围，开展全过程工程咨询的各类业务，全面履行全过程工程咨询职责。

（1）设计咨询服务

设计阶段是工程实施过程中的关键阶段之一。设计阶段不仅仅是将建设意图转化为施工图纸，而且对工程造价的控制也起着决定性的作用。在设计阶段能否做好工程咨询工作，将直接影响到整个项目的投资目标、进度目标和质量目标的实现。设计管理的核心任务并非是对设计工作的监督，而是通过综合采用技术、经济、组织、管理和合同等方面的措施，对项目的目标进行前期有效地控制。

华春公司在本工程设计阶段从设计质量、设计进度、造价控制等方面综合进行设计管理工作，根据建设单位意图提出设计任务书，通过专家顾问组和总工办对设计进行分析、论证，以优化设计，确保设计图纸的深度满足建设单位的使用功能要求。在设计审核过程中，采用价值工程的方法在充分满足项目使用功能的条件下进一步挖掘节约投资的潜力，使投资增值。

（2）招标代理服务

招标代理部经过对项目特点的详细分析，借鉴FIDIC合同条款的约定，将专业性较强的电梯工程、空调工程、消防工程、弱电工程、外立面装修、精装修、网架、钢结构工程等共计13项列为指定分包项目。依据住房城乡建设部和陕西省招投标管理办公室等制定的有关招投标管理办法和规章制度及相关工作程序进行公开招标。在招标过程中对于总包和专业性较强分包单位评标时特别增加了项目经理答辩的内容，以检验项目经理的管理能力和水平，保证投标前后是同一人选，以确保工程施工过程中项目经理部的管理水平。实践证明，这一措施是行之有效的。

（3）造价咨询服务

投资目标的实现是业主最为关心的要素之一，造价控制又是华春公司的传统优势服务。本项目造价咨询中，制定了各阶段造价控制实施方案，以保证造价咨询服务的效果。

设计阶段：华春公司委派设计专家组，认真审核设计图纸并提出合理化建议，与设计院沟通后对施工图纸进行优化设计；同时结合公司造价咨询指标数据库，从12个方面对本项目设计概算进行审核，从而达到项目投资目标的合理化，继而将概算作为工程造价的总控指标，采用技术和经济相结合的手段控制工程造价。设计概算的审核对本项目造价控制起到关键性的作用。

招标阶段：与公司招标部门相互配合，将本项目需要分包的13个专业工程与项目主体造价分离，仔细划分标段及界面，精确确定招标控制价，保障招标清单的完整性和招标控制价的合理性，为后期招标及合同实施减少变更、签证及各类潜在争议。

实施阶段：因本项目合同较多，实施阶段重视加强合同管理，要求合约部相关人员熟悉合同计价和支付相关条款，特别是价款调整和风险承担的相应条款。一方面，在合同条款设计方面，签订合同时已经设置相应条款。另一方面，施工中特别加强变更和索赔管理，在变更和索赔管理方面有一套严格的工作流程，保证了变更索赔的合理性、经济性和及时性，避免了到最终结算时才出现经济纠纷的可能性。

结算阶段：以合同和现场资料为依据进行造价审核工作是本阶段造价控制工作的一大特点，要求审核人员既要熟悉合同，又要了解现场。因此，该阶段工作非常重视各部门之间的相互配合，特别是合同管理和造价控制，在项目一开始就制定了专题小组讨论制度。通过小组讨论，使合同管理和造价控制人员认识统一，在结算阶段特别有效。在结算中，对于合同约定及现场变更签证的处理比较妥当，减少了各方在结算中的争议，缩短了竣工结算的时间。

（4）质量、进度管理

工程质量控制主要由项目管理部负责，在工程实施过程中严格遵守《建设工程项目管理规范》GB/T 50326–2017对工程项目的建设进行管理。在管理工作中，工程师严格执行管理规范，要求施工单位和监理单位依照设计图纸、施工质量验收规范、标准，以及管理规划、管理实施细则指导监理工作；在具体工作中采用巡视、旁站和平行检验相结合的方式实施过程监理，确保工程项目建设质量。华春公司以预防为主，设置质量预控点，做到事前控制、主动控制。加强日常管理巡视，实施施工过程控制。管理质量得到设计部门、质量监督部门、建设单位部门的一致好评。

在工程进度控制方面，华春公司严格审核施工方的施工进度计划，在工程的建设过程中，集中力量做好项目前期的各项准备工作，为项目实施的顺利展开积极创造条件。在进度控制工作中，以进度节点作为控制的关键，保证落实节点目标；建立工程协调制度，实施工程进度的动态控制，及时调整进度计划。运用科学的进度规划和有效的进度控制措施，确保全过程工程咨询工程目标的顺利实现。

（5）合同管理

合同是工程项目建设的依据之一，也是联系工程项目参建各方的桥梁与纽带，工程参建各方是通过合同明确各方的责、权、利关系，并保证了各自的利益与项目建设的成功紧密联系在一起。合同管理不仅仅是监督合同的履行，也是保证工程质量、工程进度、工程造价三大目标顺利实现的有效手段，更是工程项目成本管理的基础。合同管理还是工程质量、进度、造价及安全控制所必须具备的手段，因此建立以合同管理为核心的全过程工程咨询体系是提高全过程工程咨询水平的关键所在。

华春公司在本项目中着重从以下几方面实施合同管理：

1）合同结构策划：合同结构策划是合同管理的一个重要方面，是项目施工期间工作划分的依据与纲领。根据合同结构策划有计划地安排分包选择与采购工作，对保证各专业工作有序结合、项目的顺利实施非常重要。

项目合同结构要覆盖项目发包的所有内容，做到不缺项，不重复。合同结构策划的重要依据是项目的WBS（Work Breakdown Structure）。根据项目管理的需要，WBS可以进行不同层次的分解，以满足项目管理的需求。随着分解层次的深入，所定义的工作也就越来越详细和具体，位于整体WBS分解结构最底层的是不能再进一步细分的工作，也称为工作包。合同结构策划就是在对项目周期内的全部工作进行分解的基础上，根据项目的特点及业主方的要求将所有工作包转化为相应的合同，并且对每个合同的承包范围进行定义。合同结构策划的一个重要原则是项目内容分解和各个合同的工作内容不遗漏、不重叠、少交叉。

根据以上要求和项目具体情况，对项目合同结构设计时，基础与主体采用总承包合同，合同模式采用单位建筑面积下的固定单价合同；为保障本项目成本控制的目标，利用本项目咨询单位系统管理的优势，进行专业工程分包，专业化施工，工作效率高，总体价格低。我公司最终设计的项目分包工程合同结构划分模式如表1所示。

项目合同结构策划汇总表　　　　　　　　　　表1

	总体划分	专业划分	某某新城项目	合同模式
合同结构策划	土建工程	基础与主体结构	基础与主体结构合同	固定单价合同（建筑面积）
		土方	土方合同	可调固定单价合同
		地基处理	地基处理合同	可调固定单价合同
		防水工程	屋面防水工程合同	固定单价合同（防水面积）
	装饰装修工程	内装饰工程	内装饰工程合同	固定单价合同（内装建筑面积）
		外装饰工程	外装饰、幕墙合同	固定单价合同（外装饰面积）
		外装饰工程	钢结构、雨棚合同	固定单价合同（水平投影面积）
	机电安装工程	给水排水	给水排水安装合同	固定单价合同（建筑面积）
		建筑电气	变配电合同	固定单价合同（建筑面积）
		智能建筑	智能建筑合同	固定单价合同（按清单工程量/管线与设备分开）
		通风空调	通风空调合同	固定单价合同（按清单工程量/管线与设备分开）
		消防工程	消防工程合同	固定单价合同（按清单工程量）
		电梯安装	电梯安装合同	固定单价合同（设备、安装）
	室外工程	市政工程	市政工程合同	固定单价合同（按清单工程量）
		园林绿化	园林绿化合同	固定单价合同（按清单工程量）

在合同结构策划完成后，起草合同主要条款，特别是计价条款；通过招标合同签订后，要求合同管理人员熟悉各专业合同的计价条款和风险承担范围，哪些情况下合同价款可以调整，哪些不能调整，以便及时与造价部相关人员信息沟通。如外装饰合同采用以装饰面积为基础的固定单价合同，其实质是一个固定总计合同，若外装饰面积或装饰材料不发生变化，其合同价款一般不会发生变化。

2）根据本工程的特点和工程建设管理经验，在本项目的总包工程及各指定分包项目上均采用固定单价合同，以锁定建设成本。加强合同准备工作，从技术上和经济上采取措施，创造和建立实施总价合同的前提条件，结合本项目的特点，华春公司组织合同管理人员对施工合同进行分析，着重分析施工合同的组成、承包工程概况、质量与工期目标、承包方式及中标价、违约条款、风险与责任分析、与全过程工程咨询工作有关的条款等，并对设计图纸、施工组织设计、总进度计划进行分析，明确合同管理的重点和难点，以便于工程实施过程控制。

3）积极地进行市场调研、材料询价等工作，熟悉和掌握建筑市场状况和动态。组织合同管理人员认真分析西安市工程造价信息，积极调研，及时了解和掌握各种材料、设备的市场行情，并编制设备、材料询价明细表。对于同一规格、型号的设备、材料至少采用三个以上厂家的价格进行对比分析，作为编制工程概算和预算以及标底的参考依据，通过市场来控制工程造价。

4）华春公司制定工程变更程序，对施工过程中发生的工程变更严格按照变更程序进行办理，论证其技术的可行性和必要性、经济的合理性，分析其构成的原因和责任，记录其实际发生的工程状况，确定其相应费用，并依据施工合同条件的约定来进行工程变更计价。

5）加强索赔管理。华春公司采取预控和主动控制相结合的管理措施，对导致索赔的原因进行充分的预测和防范，防止干扰事件的发生；对已发生的干扰事件及时采取措施，以降低其影响及损失。依据有关法律、法规、合同及相关信息资料对承包单位提交的索赔报告进行审核，对于不合理的索赔要求或索赔中不合理的部分内容要求施工单位予以澄清。对引起索赔的原因进行分析，界定索赔事件的责任并对索赔申请的依据和程序进行审核与评估，并将审核的结果与建设单位协商并经同意后予以确认。

6）加强工程项目的合同风险管理，将损失降到最低限度。华春公司以主动控制为主，掌握合同的风险因素，制定合理的风险防范措施，减少风险发生和发生风险时能采取有效的弥补措施，提高经济效益。

7）严格按合同约定公平、公正地解决全过程工程咨询过程中的合同争议问题。工程建设过程中当业主与承包单位发生纠纷时，华春公司以积极的态度予以协调，维护合同各方的利益。

2. 工程咨询服务的效果

（1）设计咨询成果

华春公司通过对前期设计工作进行管理，提出优化设计的合理化建议，通过施工图招标，明确了合同范围内的工作量，减少了工程建设中大量变更的风险，由于采用工程量清单计价方式，降低工程量的风险实际上也是降低了建设单位的风险。

在设计阶段，通过价值工程方法，为项目提供性价比最优方案。例如：在保证使用功能的前提下，将原设计标高5.4m降为4.8m，不仅保证了工程的使用功能，也大幅度降低了造价，而且有效地增加了使用面积，实现了为业主增值的目标。

（2）招标代理成果

在招标代理管理中，华春公司采用透明的工程咨询方式努力创建阳光工程，从接受业主的委托起，便树立将本项目建设成为精品工程、阳光工程的决心。为了达到这一目标，经和建设单位多次协商后，在整个建设过程中，通过公开招标，选择社会信誉优秀、业绩卓著的总包和各专业分包单位参与工程的建设，以施工队伍的素质确保工程建设总体目标实现。本项目中，顺利完成了勘察设计、总包、分包、材料设备供应总计三十多次的招标工作，为业主择优选择了合作单位，保障了本项目的顺利实施。

在甲供材料、设备及暂估价材料、专业设备的采购模式上，采取联合招标方式，即建设单位、华春公司、总包单位共同参与，通过市场调研掌握市场供应商的企业信誉、产品质量、市场占有率等信息，之后向经过优选的供应商发出投标邀请进行招标，优选出性价比最合理的厂商作为供应商。

（3）造价咨询成果

实施全过程工程咨询对工程造价控制的作用是显而易见的。全过程工程咨询实施的是全过程控制，可以从设计阶段即着手进行工程造价控制，各阶段造价咨询成果具体如下：

1）设计概算审核

在本项目全过程工程咨询过程中，本项目的设计概算为2.5亿元，华春公司对该设计概算经过审核后调整为2.25亿元；随后根据建设单位的要求调整为2亿元，设计单位按要求进行了限额设计并得到建设单位的认可。两次概算调整过程中，我公司对设计概算审核调整的内容主要涉及以下几个方面：

小区路网：通过对路面基层及面层不同做法费用对比，提供优化建议。

土方工程：对项目土方进行整体计算，整体平衡，确定最佳倒运方案。

门窗工作：通过横向（项目内）、纵向（类似项目）的数据对比计算窗地比，提供门窗设置优化建议；通过横向、纵向计算不同门窗型框、扇料重量含量，提供门窗二次设计限额指标。

外立面：根据分色图，计算面砖、石材、涂料含量指标及造价，并考虑施工工期，提供优化选材建议。

基础结构：计算不同基础形式费用，同时考虑施工工期及施工技术难度，提供基础优化建议。

主体结构：横向、纵向计算主要构件混凝土、钢筋含量，提供结构优化建议。

室外综合管线：计算管、线含量，提供室外管线优化建议。

室内水电：横向、纵向计算管、线含量，提供室内水电优化建议。

采暖工程：横向、纵向计算管道、暖气片含量，提供采暖工程优化建议。

机电设备：根据全寿命周期理论计算空调、电梯全寿命周期费用，提供设备选型优化建议。

园林景观：计算软硬景面积比例、硬景石材、木材、砖铺设面积、绿化苗木数量，考虑取材容易程度、苗木成活率及养护费用，提供园林景观优化建议。

室内精装修：工艺做法及选材是装修工程的敏感因素，通过计算不同施工工艺、统一材料不同产地费用差，提供装修优化建议。之后根据专业进行了合理分块，明确了13大分部工程的概算造价，并在此基础上确定合理的暂估价，通过市场公开招投标方式选定施工单位，采用固定总价的合同形式，锁定合同总价为1.65亿元，从而确保结算价不超过预算价，预算价不超过概算价，继而实现合同造价的有效控制。

2）进度款审核

本项目采用节点阶段付款方式，即在招标时在招标文件中明确约定工程项目达到约定的形象进度条件后方予以支付工程进度款，采用这种里程碑式的付款模式，将付款条件和工程形象进度有机结合，通过经济杠杆（早施工、早收款，以资金回收的时间价值加快施工进度）作用促使承包单位严格遵守合同约定的进度计划实施工程进度，有利于工期目标的顺利实现，同时可以通过此种付款模式可以使建设单位合理制定资金使用计划筹集资金，以保证工程顺利实施。

3）竣工结算审核

本项目为一次性启动的群体性项目，同时有31家施工单位参与工程建设。在竣工结算阶段，31家施工单位共列报竣工结算150454140.80元（不含甲供料），经审定后确认为116064267.27元，其中核减35847056.76元，核增1457182.26元，净核减额34389874.50元，核减比例22.86%。

甲方供材料划分为三类：甲供材料（A类）属甲供料按实际价全额直接转成本。甲供材料（B类）属非合同规定的甲供料，按实际价划价并全额抵拨付工程款；合同规定是甲供材料，但定额不允许计取差价的材料，一律按预算价划价并全额抵拨付工程款。甲供材料（C类）属合同规定甲供材料且合同造价和审定造价均按指定价进入，按指定价划价并抵拨付工程款，实际价与指定价差额由甲方直接转成本。对上述A、C二类供料甲方超供的材料，超供部分差价由承包方承担。

（4）实施阶段项目管理成果

质量控制方面：华春公司在全过程工程咨询过程中从设计阶段便对工程质量进行严格控制，通过项目管理，对设计方案提出合理化的建议和意见，明确工程项目的使用功能和档次标准。在施工过程中严格遵守《建设工程监理规范》GB/T 50319-2013对工程项目的建设过程进行监理，并在实践中充分发挥监理工作实践积累的丰富监理工作经验。在管理工作中，工程师严格执行管理规范，依照设计图纸、施工质量验收规范、标准，以及管理规划、管理实施细则指导监理工作；以预防为主，监帮结合，实施施工过程质量控制。

进度控制方面：为确保本项目10个月建成投产工期控制总目标的实现。在工程的建设过程中，集中力量做好项目前期的各项准备工作，为项目实施的顺利展开积极创造条件。在进度控制工作中，以进度节点作为控制的关键，保证落实节点目标；建立工程协调制度，实施工程进度的动态控制，及时调整进度计划。运用科学的进度规划和有效的进度控制措施，确保本项工程目标的顺利实现。

安全文明施工管理方面：项目施工期间华春公司与建设单位、总包密切配合，坚持以人为本思想，督促施工单位项目经理部加强对进场工人安全教育，切实做好施工现场安全维护。在每周全过程工程咨询例会和各项会议中强调质量管理同时也不能忽视安全管理，切实做到质量与安全并重，并且制定安全检查措施，采取定期和不定期检查相结合的方式，做到措施到位。截止工程交付使用，工地无安全事故发生。

在合同管理方面：通过合同结构策划，对主体工程和各类专业分包工程进行详细划分，并通过以建筑面积或装饰面积等为基础的固定单价合同，锁定各专业工程成本。同时，合同管理和造价控制有效结合，一方面在合同条款设置时以造价咨询经验为依托，将各专业潜在争议风险均在合同中设置相关约定；另一方面在造价控制过程中以合同为第一依据，合同约定和现场处理不一致的地方以合同为准，避免了工程造价增加，保障了投资目标的实现。合同管理和造价控制紧密结合，是本项目工程咨询的显著特色，是项目造价控制取得显著效果的有力保障。

四、全过程工程咨询的体会与思考

全过程工程咨询是全方位的，全过程工程咨询公司能充分行使各项职能，切实保证工程质量、造价、工期、安全等目标的顺利实现。目前，本项目在工程质量、进度、造价、安全等方面均取得了令人满意的效果，全过程工程咨询初见成效，我们的体会是：

（1）实施全过程工程咨询是全过程的连续性管理，有利于实现项目目标的最优化。通过全过程的管理，不仅有利于项目总体目标的合理优化和实现，而且在确定责、权、利的前提下有利于各目标的控制和协调；

（2）专业化的全过程工程咨询服务不仅有利于建设方的科学决策，也大大降低了建设方的管理风险。如果建设方自己配置庞大的全过程工程咨询班子，人员的专业化能力，整体的综合素质都是应考虑的重要因素，由具有专业化、社会化的全过程工程咨询公司来对工程实施全过程工程咨询承担的是法人责任，可充分降低这部分风险；

（3）建立以合同管理为核心的全过程工程咨询体系是提高全过程工程咨询质量的关键所在。在合同中力求将各责任主体的责、权、利进行明确约定，减少合同争议，在合同实施过程中，监督各责任主体，严格执行合同条款，从而保证了工程建设的顺利进行；

（4）高素质的全过程工程咨询人员是保障全过程工程咨询工作质量的前提和基础。这就要求全过程工程咨询人员必须是懂技术、懂管理、懂经济、懂法律的四懂人才，而且全过程工程咨询工作需要有预见性、超前性的特点也对全过程工程咨询人员提出了高要求；

（5）全过程工程咨询公司对工程造价控制的作用大见成效。全过程工程咨询公司从设计阶段就对工程造价进行控制，帮助建设单位合理确定工程造价，并且在整个建设过程中通过一系列有效措施保证结算价不超过预算价，预算价不超过概算价，继而实现合同造价的有效控制；

（6）全过程工程咨询公司加强内部管理，强化工作纪律是保证全过程工程咨询人员公正实施全过程工程咨询的必要条件。

当前，政策层面为全过程工程咨询的推广和发展提供了难得的机遇，但由于全过程工程咨询在国内处于试行阶段，全过程工程咨询体系还需进一步完善，开展全过程工程咨询还需要探讨资质就位问题、人员素质问题、行业取费问题、企业的诚信与实力和全过程工程咨询理念接受等问题。全过程工程咨询模式在工程建设领域的引入必将促进国内工程建设管理水平的提高，学习国外工程建设管理的先进经验，促进基本建设领域的改革，培养适应现代市场竞争的人才，全过程工程咨询推动建设工程的效率与效益会更加显著。

专家点评

通过典型项目全过程工程咨询的探索实践，在全过程工程咨询的组织、实施、管理、绩效等方面取得了很大的成功。本项目咨询方法上，重视设计阶段的造价控制，在施工阶段重点掌控项目合同结构策划，并利用项目咨询单位系统管理的优势，进行专业工程分包策划，引导专业化施工，工作效率高，总体价格低，取得了较好成效。

合同结构策划是合同管理的一个重要方面，是项目施工期间工作划分的依据与纲领。本案例的亮点是根据合同结构策划有计划地安排分包选择与采购工作，项目建设内容有效分解，各个合同的工作内容不遗漏、不重叠、少交叉。以合同管理为主线的全过程咨询，对保证各专业工作有序结合、项目的顺利实施起到非常重要的作用。

　　典型案例中给出的项目合同结构，覆盖了项目发包的所有内容。项目合同结构设计时，基础与主体工程采用总承包合同，合同计价模式使用单位建筑面积下的固定单价合同；为保障本项目成本控制的目标，利用本项目全过程咨询单位系统管理的优势，进行专业工程分包，专业化施工，工作效率高，总体价格低。全过程咨询的合同管理做到了不缺项不重复，所定义的工作详细具体。在对项目周期内的全部工作进行分解的基础上，根据项目的特点将所有工作包转化为相应的合同，并且对每个合同的承包范围进行定义。

　　造价企业职能转变过程中，全过程咨询服务不仅是企业发展业务的需要，更是企业专业化、精细化管理的需要。本项目全过程咨询实践提出了有特色的合同管理咨询服务模式，对我国造价咨询企业参与建设工程全过程咨询的探索，有一定的参考价值。

点评人：吴虹鸥

捷宏润安工程顾问有限公司

大型群体性公共建筑项目的全过程造价管理

——上海申元工程投资咨询有限公司

金 菁

一、项目基本概况

临港新区某新建大学校区项目，占地面积约133公顷；总建筑面积514435m²，其中：一期工程建筑面积189750m²，二期工程建筑面积约191100m²，三期工程建筑面积约133585m²。工程总投资额：人民币235132.33万元，其中：建筑安装工程费191261.98万元；其他建设费43870.35万元。总建筑面积：514435m²。整个项目建设期前后共6年，参建单位众多，其中项目管理单位2家、设计单位8家、监理单位5家，总包施工单位11家，全过程造价管理单位1家。新校建成后已成为临港新区地标建筑。

鉴于项目地处临港，地质情况复杂，建设规模大，组成单体众多，类型齐全，且功能定位迥然不同，造型各异，标准不一，参建单位多且复杂，而分期建设工期紧张、批复资金又有限，其造价管理难度极大，上海申元工程投资咨询有限公司接受建设方委托后，通过对项目实际情况和特点的深入研究，采用分类设置投控目标及以矩阵式为基础穿插专业直线式全过程造价管理模式，以全过程主动控制和动态控制为造价工作的重点，使有限的资金和人员发挥出最大效用，造价管理取得良好成效。

二、咨询服务范围及组织模式

1. 咨询服务的业务范围

从可行性研究批复起至竣工结算止的全过程造价管理工作。包括工程前期依据可行性研究批复值及设计方案图纸建立合理的造价管理目标；设计阶段依据设计图纸及说明进行价值工程分析及技术经济比较，建立具体的造价管理分项目标；招投标阶段依据招标图纸及工程实际条件，建立适合的合同架构体系，包括：制定招标策略，进行标段划分和总、分包界定，选择合理、贴切的发包模式、计价方式、合同形式，编制工程量清单，完成价格评估；施工实施阶段依据施工图纸、合同文件和资料进行过程跟踪管理，审核工程进度款、核实变更签证，进行索赔处理，根据造价管理目标动态控制造价；竣工结算阶段依据竣工文件和资料全面精细准确核算工程造价并最终形成项目总结报告。

2. 咨询服务的组织模式

基于本项目是个大型群体工程，单体众多，建设标准不一，且为政府财政项目，各项资金有限，投入之人力亦有限，故通过多方比较、研究，在本项目上首次采用了以矩阵式为基础穿插专业直线式造价管理的团队模式来组织并开展各项工作，即由项目总负责人组建专业团队按纵横两线展开整个项目的造价管理工作，最大限度发挥出投入人员的效用。

3. 咨询服务工作职责

（1）建立合适的造价管理制度及目标；

（2）平衡各个单体的建设标准；

（3）建立符合工程进度及资金供应要求的合同体系；

（4）提供最大限度确保建设方利益的合同文本；

（5）提供满足工程建设需要的各类表式；

（6）确保所提供数据和成果文件的准确性；

（7）实时监控造价，定期汇报项目投控情况；

（8）在建设规模不增加的情况下确保实现投控目标；

（9）统一处理好各类造价争议及索赔事宜。

三、咨询服务的运作过程

1. 整体造价管理思路

将整个建设期分为前期策划阶段、设计阶段、招投标阶段、施工阶段、竣工结算阶段并实施全过程造价管理工作，其重点在于前期投控目标的合理建立，过程中的动态跟踪控制，以及主动控制的实施和风险预警。

具体包括：

（1）以整个、单项、单位工程为调研对象，结合本项目设计文件，确立合理的造价总控目标及分项、分类控制目标，并通过对前期策划阶段、设计阶段、招投标阶段、施工阶段、竣工结算阶段这五个阶段的有效管理，包括在每个阶段制定详细的工作计划及具体内容，来展开对整个工程项目的造价管理工作；

（2）根据实际使用要求、场地情况、设计情况及资金情况，分期立项、分期建设及交付使用，但统一投控的要求；以确保质量、进度及造价目标能基本统一实现；

（3）在建设方支持和协调下，建立完善的造价管理制度及体系，职责分明，工作界面清晰，同时建立定期及不定期造价专题会议制度，实现造价管理的无缝衔接，从而从制度上确保造价管理工作能有效开展；

（4）结合群体工程特点，建立矩阵式造价管理团队，明确项目经理权责的唯一性和统一性。考虑到单体繁多，建筑形态、建设标准各异，而建设周期时紧时松，为确保造价管理的质量及成效，采用以单项工程为纵向、专业分工为横向建立矩阵式造价管理新模式；

（5）注重事前控制、主动控制、动态控制、严控设计变更及现场签证。以市场调研为龙头，确立合理的投资控制目标，为整个项目的造价目标实现奠定基础。重视设计阶段及招投标阶段的造价管理工作，完善造价管理的决定性资料，结合实际施工及工期要求，以不同方式确定招投标方案及合同形式。坚持以月报、季报及专题报告的形式开展好投资监控工作。明确各设计变更及签证的原因，完善审批程序，并尽可能实现同步造价审核工作；

（6）建立完善的风险监控、预警及应对体系。按各建筑体量及形式，明确各单项单位工程风险控制因素，实施预控与监控同步实施，并建立预警报告体系，同步明确应对措施。

整个项目造价管理的目的在于通过全方位全过程的造价管理，使有限的资金发挥出最大的效用，在确保质量、工期目标的前提下，实现造价不突破，并满足建设方功能及使用的需求，建成临港新区又一地标建筑。

2. 各阶段具体管理方案的实施

（1）前期策划阶段

此阶段为全过程造价管理工作的始点，其主要工作在于建立项目合理的造价管理目标值以及造价管理工作的管理模式、实施细则，在整个全过程造价管理工作中至关重要。

1）目标值的设立

由于此阶段设计方案仅为雏形，深度不够，故造价管理目标一般均参考类似已建成项目的指标予以设定。常规项目由于数据众多故其指标偏差不大，而群体性公建项目，其个性往往大于共性，故简单地使用指标估算法，较难设立合理的目标值，易给今后的造价管理工作埋下较大隐患。结合本项目实际情况，项目组建议业主方通过调研及查找资料收集适用的数据并建立具有一定深度的初期匡、估算模式，同步转化为初步建设标准作为今后限额设计的依据。通过多次与各方的深入沟通，项目组从建设标准、结构选型、机电配置、内外装饰材料等条系入手，依据建设方的功能需求、初步设计设想并结合市场实际情况，对上海地区近期建设的高校项目进行大调研，同步确定设计指导方案及投资估算并建立初步造价管理目标。另外，亦根据临港新区已开展的市政项目及工业项目分专业进行调研，同步请专业公司尽可能对所处地块进行实际勘测，以确定各单项工程风险因素及程度，并以预留金的形式计入投资估算及投控目标中。

案例1：根据临港新区项目的调研及项目所处位置实际勘测，附近多为吹填土，须进行地基处理，在多方案技术经济比较后，按局部地基加固及换土方案并考虑一定的风险因素后在目标值中单独增列，此部分较可研批复值增加费用约6000余万元。

案例2：可研批复值中，由于此阶段设计深度有限，故除图书馆、体育中心外，均按常规立统一指标即400元/m²（隔热门窗、涂料加局部面砖，建筑面积）。项目组和建设方沟通后发现，作为临港地标项目，其希望在外立面上有所亮点，且部分建筑如学生活动中心、水上训练中心、科研楼等建筑物本身造型、功能特殊，目前对外立面要求尚不明朗。在多方走访调研了一年内各区域新建类似项目后，结合设计初步构想及经济性，确定通过色彩的统一满足群体性公建项目效果统一的特性，部分功能性建筑如图文中心、体育馆、科研楼、水上训练中心、学生活动中心采用铝板及特殊面砖、仿石涂料，其余项目均考虑为以涂料为主，并按今后可更新要求分为高低两类。经测算后，大部分建筑物建筑单方指标降低至350元/m²，而特色建筑物指标上升至600~800元/m²，整体费用大致平衡，但资金价值和效用得到提升。

案例3：可研批复中桩基工程按上海地区统一指标350元/m²（建筑面积）计取，但在调研同地区工业园时发现部分建筑采用了PHC管桩，经济性凸显。结合公司已有项目数据，依据项目其自身高度及荷载指标，应具有可实现性，故建议建设方在下阶段设计方案选用时予以优先考虑，并调低指标值至150元/m²，同步考虑到其具有一定的风险性，设置了4000万预留金，整体降低费用6300万元。

案例4：弱电系统原估算值仅为2000万元，经初步调研及与使用方深入沟通，结合今后发展需要调整至6000万元。同步考虑到弱电行业的特殊性，其技术、经济结合度高，故项目组在目标设置阶段即建议建设方引入了弱电顾问，统一监管需求设置、设计审核、限额设定及实施监管之责。为避免今后费用的变化，合同条款在建设资金总额、具体建设需求、发展需求及奖惩措施等方面予以了具体约定。

案例5：空调配置方面，考虑到整体项目资金面的情况，经与建设方多方探讨，从学校使用时间固定、区域分散的实际情况出发，项目组提出了改中央空调为大面积使用VIV分区域和分体式空调，降低造价约7000万元。

案例6：鉴于室内装饰工程一直是造价变化的不稳定因素，故在设置其目标值时，项目组采用了先分后合的方式，即先结合调研指标和建设方要求分别按区域功能设置具体指标和大致用材标准，如教学楼、门厅入口玻化砖（合资，200元/m²）、走廊教室PVC地面（合资，150元/m²）……然后再合成单体指标并考虑一定风险因数。经测算后，此部分费用增加3500万元，但基本锁定其造价，今后变化的风险则大大降低。

造价管理目标值的设置过程中，项目组充分考虑到群体性公建项目构成复杂性，依据各单体功能和使用的实际要求、项目已确定的可使用资金额度，采用多方调研，积极沟通的方式，在确保功能满足、使用舒适的前提下，统筹调整了不同单体在结构选型、机电配置及品牌、装饰用材及标准、施工工艺等方面具体内容。由此而建立的投控目标值，不仅合理适中，而且形象、具体；既提升资金使用的有效性、合理性，又为后续的造价管理工作奠定了基石。

2）管理模式的选用

鉴于本项目为群体性公共建筑，其造价管理工作有周期长、工作强度高以及管理工作复杂的特点，而且造价管理工作本身统筹性高、专业性强，故现有常规的直线型造价管理模式并不适合。在反复分析和研究下，项目组大胆创新，采用了矩阵式造价管理模式。此种管理模式，最大限度地降低管理成本，增加人员资源的可利用率，使有限的项目人员、资金资源得到最大的利用，保障了造价管理工作有效地开展，造价管理目标顺利地实现。

具体造价管理模式即是以矩阵式管理为基本模型，穿插专业直线式管理的模式，见表1。

造价管理模式　　　　　　　　　　　　　　　　　　表1

项目总负责人 （项目经理）	土建专业组 专业负责人A	安装专业组 专业负责人B	装修专业组 专业负责人C	建筑智能化 专业负责人D
项目A负责人	土建预算员A	安装预算员A	土建预算员A	安装预算员A
项目B负责人	土建预算员B	安装预算员B	土建预算员B	安装预算员B
项目C负责人	土建预算员C	安装预算员C	土建预算员C	安装预算员C

表1中项目ABC负责人与专业组负责人ABCD具有一定的重复性，土建、机电预算员ABC同样可视项目实际需求及人员本身能力予以重复设置。此组织模式既发挥出各人专业所长，调动了各类人员积极性，又能很好地进行团队合作，充分发挥出项目的规模效应；通过简化管理层次，加快了信息的传递，从而增加管理力度、降低管理成本；通过本项目的实践，无论是管理成效目标还是管理成本目标均得到了有效保证。

此管理模式的重要环节在于：

①项目负责人（项目经理）的素质：既需要相当的专业知识，还需要具备相当的管理水准，具有一定的领导能力，凝聚力强；

②岗位职权的内容：每一职位必须建立明确、具体的岗位职责，分工明确，责权清晰；

③划分管理层次：管理层次必须清晰，不越权管理，明确岗位间联系方式及管理方式；明确对外的联系方式；

④建立例会制度：鉴于矩阵式管理方式存在一定交叉，可能带来管理上的矛盾和空白点，故一定周期的例会制度将弥补此类管理漏洞，还能确保经验、教训的及时分享，更好地为造价管理工作提供有效的保障。

矩阵式造价管理模式在本项目上成效显著，项目组前后滚动投入人员12人次，同于常规大型项目的正常投入。由于各专业负责人统一，使得各单体的管理思路和标准无差异，避免了因标段多、参建单位杂而引发的各类索赔事项。同时，项目负责人的设置又使责任明晰，保障了造价管理工作的顺利推进；预算员的统筹，即有利于提高工作效率，又能在关键时刻应对突发工作量，以确保工作进度。在这种新型的管理模式下，整个项目有限的造价管理人力资源得到充分利用，降低了项目组的实际成本，为公司及项目本身均创造了更大的利益。

（2）设计阶段

此阶段主要是指方案设计及扩初设计阶段，其造价管理工作的重点在于对设计方案进行价值工程分析、建立投资控制的具体目标，以起到事前控制作用。

众所周知，设计方案一旦确定，整个项目造价的约80%以上已基本确定，后续即使通过选材、比选、招标等各种方式优化，其对造价的影响度亦有限，且可变度随时间的推移而变小，故足见此阶段造价管理的重要性。

限额设计、多方案价值分析比较一直是在此阶段用得最多的造价管理措施和方法，本项目亦然。但在大多数实际工程建设中，往往因为设计方参与度不高而造成这两种方式形同虚设，限额设计往往演变为材料的简单替换，有些还因考虑不周全而造成施工期的大量变更，与最初寻求最适合、最佳性价比方案的初衷而大相径庭。

为将限额设计管理落到实处，切实获取限额设计及方案价值分析的优势，本项目采取了确立理念、分享成果和共同工作三步走的管理方法，并通过合同条款的具体约定加以明确。即首先，通过与设计人充分沟通项目实际情况和造价管理的龙头在设计的观念，初步建立综合造价管理的理念，并通过合同条款的约定明确设计方应承担的造价责任。第二，将前期调研所收集的技术经济资料，以及自身所建立的造价资料库为基础，与设计人共同确定造价管理的重点，并明确具体的风险因数；第三，实际工作中，通过充分探讨，以设计方案估算为基础，初步设立设计限额，并通过合同条款明确估算指导初步设计，概算指导施工图设计的原则，同步量化图纸质量、明确变更程序；建立设计优化及失责影响造价的奖罚比例，充分发挥设计人员的主动性。项目组不仅对每一方案的造价进行审核和确定，监控整体项目造价，对超支事项提出建议及应对措施；同步也对其经济性进行比较，通过类似项目及多方案的技术经济指标对比，发掘可优化内容，从根本上提升项目整体的经济性。

案例7：在基坑围护方案设计中，设计方采用的是常规围护桩的形式，但项目组结合项目实际详勘资料，基于基础深度和经济性，提出对不同单体、地块实行不同的围护方式，部分地基情况良好的采用多级自然放坡的形式，并通过统筹安排各单体实际专业施工进程，减少土方的运输，以降低造价，有效节省成本约2000万元。

案例8：在图文中心电梯的数量和设置上，项目组结合公司多年来统计的各种图书馆技术经济指标，根据面积比对其台数与设置位置、采用的形式提出优化建议，最终台数由6台减少至4台。后节省之费用又用于提高重要单体的电梯功能和品质，提升整体项目的内在价值。

案例9：在体育中心项目的立面深化设计中，考虑到施工工艺难度，设计方将彩钢板屋面系统修改为铝板屋面系统，经测算由此增加的造价约800余万元，超出原有约定设计限额。依据项目资金情况及设计合同双方就限额设计的约定，项目组建议建设方提出在确保工期的前提下由设计方在限额内优化设计或超出部分由设计方承担。设计方在权衡利弊后积极出谋划策，在监理各方的配合下优化原有方案，最终未引起造价的上涨。

限额设计的切实开展，使整个项目的主要造价风险因数得到了严控，并提升了项目的整体经济性，通过对设计方案的把控，降低了工程变更的发生率，为整个项目造价管理目标的实现提供了确实的保障。

（3）招投标阶段

此阶段工作主要是配合招标工作的进行，包括清单及建安控制造价编制、回标分析及对发包形式、标段范围、合同形式、合同条款及计价模式的选择提供建议。

招投标阶段的造价管理工作将对今后实施过程中施工变更及索赔的发生产生直接影响，亦对整个工程进度推进至关重要。由于本项目为群体性公建，单体众多、分期立项开发、配套功能性建筑须同步建设同步投入使用，故在招标表阶段遇到了部分项目尚未至施工图或招标图阶段即需同步招标，部分工程招标时间过于集中，工作量激增的情况，处置不当极易引发造价管理与工程进度矛盾的情况。

为确保工程进度，同步又避免因不成熟条件招标而导致今后造价管理的失控，项目组经过讨论后决定对需要招标工程统一划分并予以分类实施。对部分项目不具备招标条件的工程，主动与设计方、监理方联系，紧密结合，尽可能完善招标图纸，对暂无法确定的项目以多方案例举方式计入工程量清单，对图纸尚无法体现项目，根据以往经验明确方案，并作为进一步设计的指导；同步确定采用可变单价合同，即确定变化原则，尽可能将细化单价确定及变化的方式方法；通过合同条款的设置，将部分投标方可承担的风险列入报价范围；部分确实无法具体列项的子目以暂定价或指定金额的形式计入清单，通过后期与限额设计和集中采购、内部比选等方式进一步消化因招标条件不理想给造价上带来的风险。

实例10：南区学生和B食堂属于二期建设项目，由于正常开学和使用需要，必须与一期工程内容同步建设并投入使用，且其所处位置临近某一学院楼，从利于施工角度出发，应划入同一标段同时招标，而此时其图纸刚进入扩初阶段。为不影响工程的进度，项目组总包工程采用了模拟清单的方式，即根据设计单位以往的同类型施工图纸结合方案图纸编制工程量清单，对尚无法明确部分根据图集和规范，由设计人以草图形式出具所有今后可能选用的方案由承包商报价，同时将装修工程按设计限额以暂定金额列入清单。今后，二期所有工程的装修工程招标单独策划不再纳入总包实施清单范围内。同步在合同条款中对此部分工程量的调整和实施亦做出"建设方保留或改变施工内容的权利"的规定并对调整工程量和价格方式进行了具体的约定。

案例11：一期工程由于须满足基本教学及办公需要，其建设规模，招标清单编制体量极大。项目组研究后改变传统按单体编标方式，采用了化整为零的方式，通过各专业合理分工，提升编制速度及进度，根据本项目招标特点，同步增设统一读图、上机人员，以加快进度；并利用招标答疑等时间进行进一步的清单及审核工作，以确保工作的质量。部分对工期影响不大的同类工程变电房、高低压柜、装饰工程等采取合并甩项后续统一招标以缓解工作量，同时亦不影响其较优价格的获得。

这些通过计划安排、合约手段而弥补的时间及技术资料上缺陷的方法和措施，不仅有效地做到了事前控制、主动控制，降低了造价管理的风险，同时也确保了项目的进度要求，缓解了造价与工期的矛盾。

（4）施工阶段

此阶段，是项目实施、正式形成实体的阶段，不仅须对中期付款，特别是工程变更及现场签证进行审核，做到造价精细核算；还需要对合同执行过程实行动态跟踪管理，以切实起到事中控制的作用。

作为群体性公共建筑，本项目实施阶段工作量极大，除常规的付款、变更、签证需要处理外，还有大批量多品种采购量带来的比选批价工作、因参建单位多而引发的施工界面交叉、零星赶工等索赔工作以及标段众多、标准不一而较难实施造价变化监控的问题等。面对这些实实在在的困难，项目组经过多方探讨后，采取了以下措施：

1）建立相关的管理制度及流程，并通过合同对时限及具体操作方式进行了约定。

2）对整体项目所有材料进行了梳理和分类，并结合监理、设计和建设方的支持，在两周时间内重新制定了比选方案，即突破各标段设计、施工总包的界限，在满足质量和建筑风格的情况下，由建设方、各设计方、各监理方、各施工方尽可能采用同品种材料，并统一比选相应供应商，同步根据材料的特性及施工需求确定1～3家供应商，由设计方、监理方统一样品，并监控材料品质。建立比选批价专职小组，由各相关方派员参加，职责、分工明确，根据工作流程同步启动比选工作。

3）建立联动机制，依据国家、地区法律法规及合同约定，结合造价专题会议和建设方主任扩大会议按技术层及决策层，分别及时处理因台风、规范变化、施工界面交叉、赶工等因素引起的索赔事宜，明确每一事项之处理原则，以确保工程进度及施工方的积极性，同步为动态造价管理提供有效的基础资料，以确保整体造价管理目标的实现。

4）对于边设计边施工给项目带来大量的变更及签证、部分施工图纸进度跟不上而给项目的进度及造价带来实实在在的不确定性和影响，项目组通过与限额设计管理相结合，督促设计人员定期至现场服务，并促使施工方、监理方、造价管理方等各方通力协作、互相配合，以分阶段出图或以草图结合技术核定单等变通形式先行确定施工用图再转化成正式施工图纸的方式，顺利地化解了由此带来的进度及造价上的风险，避免了工程造价的增加及突破。

5）针对群体性公共建筑各单体情况各异，造价管理上不确定因素较多，较难以文字逐一描述清晰，而且整个项目建设周期长，涉及施工图深化设计、变更、签证和批价等对造价的影响大的资料多，数据繁杂的特点，创新建立独立跟踪报告制度，切实有效地实施动态跟踪和提前预警的机制。跟踪报告制度即定期动态地根据项目实施的具体情况，以数据表格为主要表达方式，全面直观反映项目整体及各分项的造价情况。其中须专设概算批复值、投控目标值、合同值、变更值并根据各单体工程实际情况开列子项，使项目的整体及各分项的投控情况一目了然，不仅便于造价风险的监控，突出造价控制的重点；更有利于及早发现问题，解决问题，平衡好资金，更好地做好造价管理工作。

同步结合跟踪报告制度，在施工过程中收集了对造价有影响的资料后，须在第一时间组织安排估算相关事宜涉及的金额，并将该金额计入投资分析报告中"变更累计金额"一栏，通过合同金额、变更累计金额与控制限额的比较，明确变更对项目投资控制的影响程度。对于涉及金额高，可能会造成项目成本突破的事宜，如重大设计变更、主要装修材料的批价等，除了须在技术上提出合理化建议外，还须及时向业主方提出预警。预警中须提请业主方和设计单位注意控制变更的范围、程度，合理选择材料的档次，以避免项目的造价失控。

案例12：建设中期，某学院楼设计方提出将学院门窗变更为LOW-E玻璃以提升建筑品质，经初步测算此楼限额设计尚有余量，仅玻璃的变化所带来的造价变化不大，变更后却能更好地起到保温隔热作用，故各方均拟同意。但项目组在编制实施跟踪报告时却又发现，其他部分学院楼设计限额已无空间，且变更所引起项目整体的增量约760万元，故及时给出了预警，建议建设方谨慎对待其变更的事项并提出仅在日照较强的西面采用。

案例13：建设项目的中后期，因节能规范及绿色智能的要求，对项目提出了新的建设要求，此时已接近建设收尾阶段。为确保工期，项目组根据动态实施跟踪报告3小时内即计算出使用或不使用不可预见费用的两个限额方案供建设方选择，随即安排设计方跟进相关设计，经多方案测算比较后，最终选定增加感应遮阳、智能开关、智能计量的方案。一个月内即完成设计、询价及合同签订工作，未对原因工期产生任何影响。

案例14：建设项目后期，依据项目动态实施跟踪报告，室外工程略结余约550万元，考虑原先设立目标值时，因资金限制所限校园绿化以草坪为主，与原有设计设想略有偏差，故结合校园实际需求，建议增加灌木及乔木的覆盖率。经多方案测算比较后，部分区域增加樟树等乔木并增加照明系统，提升校园环境品质，使有限的资金发挥了最大效用。

以上各项举措的实施，使整个项目的造价管理工作在施工阶段，依然遵循主动控制、动态控制的原则，既将项目的造价控制在了预设范围内，又并非一味压低造价，在控制限额尚有空间的情况下满足了业主方对于功能和建筑定位的更高需求。

（5）竣工结算阶段

此阶段的主要工作是在合理时间内配合决算和审计单位做好索赔、变更处理、结算审价等工作，以起到事后控制作用。

由于群体性公建项目建设规模庞大，建设周期跨度大，参建单位众多，各施工单位在技术经济上的素质参差不齐，故要在合理时间内保质保量地完成全部结算审价工作难度不小。经与各方商议后采取了以下的措施：

1）定期由建设方组织召开审价专题会议，并建立竣工资料联审制度，督促相关方切实完善竣工资料并有效开展结算审价工作。

2）对已具备结算条件的工程设置具体时间节点并对积极配合的单位实施优先付款制度。

3）对结算中遇到的争议事宜，统一定期召开联合谈判会并做好书面记录。

4）依据国家法律法规和合同约定，对各类因制度变化、规范变化、客观条件引发的索赔，由造价管理单位统一梳理，并进行精细测算、审核；必要时报相关行政主管部门裁定。

案例15：因建设周期的变化造成其中部分单体项目人工材料上涨事宜。虽然根据合同约定，人工、材料单价的上涨风险应由施工方承担，但沪294号文的发布确为施工方索赔提供了一定的依据，双方无法达成一致意见。最终在征询建设主管部门意见后，予以妥善处理。

此阶段的工作虽为全过程造价管理的收尾工作，属于事后控制，但其重要性亦不亚于前四个阶段。

公平公正、合理有效地推进了结算工作，既确保了项目顺利结束并及时投入使用，又全面检验了造价管理工作的成果，真实客观准确地反映出其真实造价，为今后的再建设工作提供扎实的基础。

（6）全过程投资控制服务流程（图1）

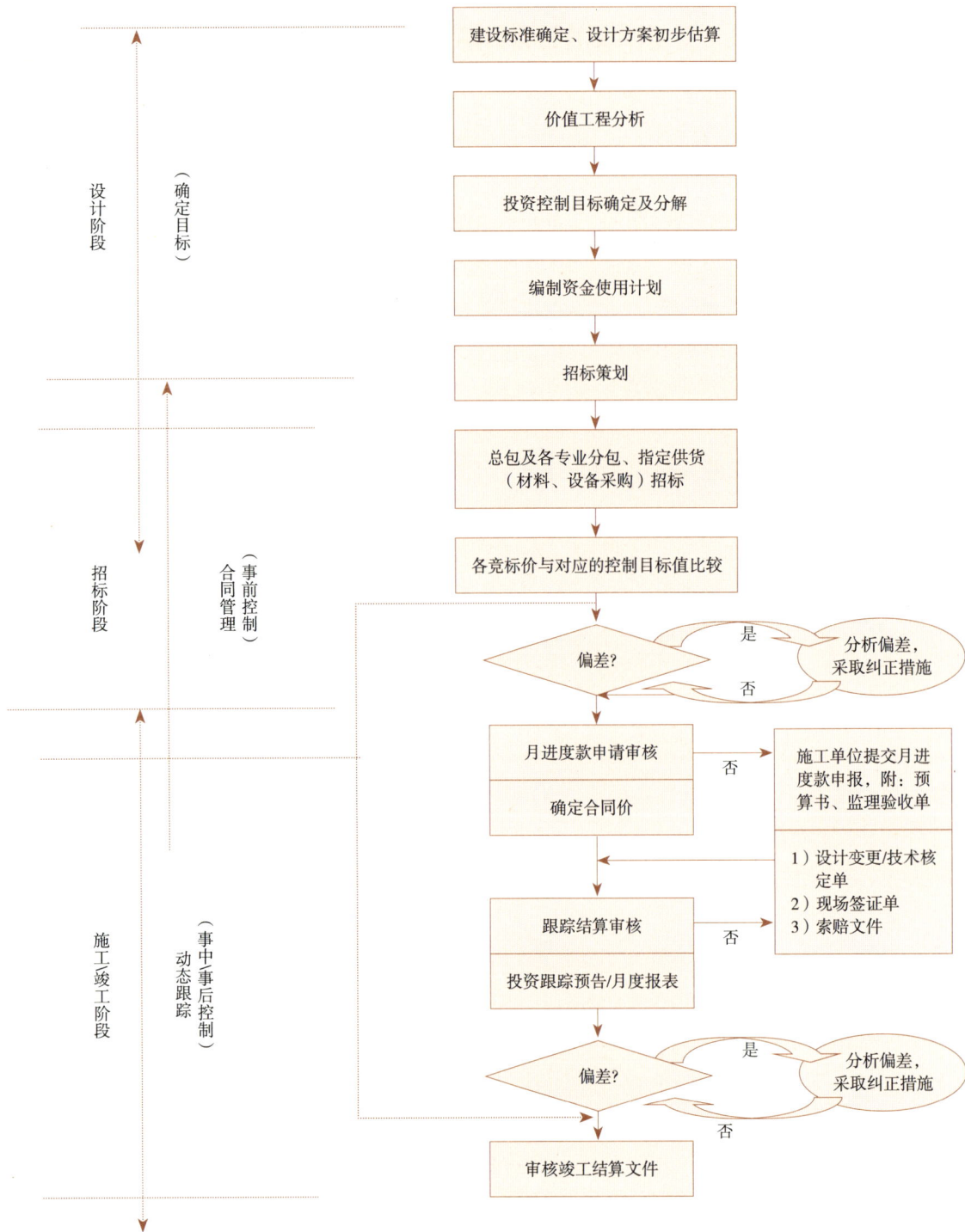

图1 全过程投资控制服务流程

四、咨询服务的实践成效

1. 实际造价管控成效

（1）本项目造价管理取得良好效果，总投资额较概算批复节余人民币11101元。

可研批复值、初步设计概算批复值及结算审定值对比见表2。

可研批复值、初步设计概算批复值及结算审定值对比 表2

序列	单体	A 可研批复值（万元）	B 概算批复值（万元）	C 合同调整价格（万元）	D 实际结算（万元）	E 实际结算/批复可研差值（万元）	F 实际结算/批复概算差值（万元）	G 备注
1	建安费	197833	194931	168910	191262	-6571	-3669	
1.1	一期工程	64360	62923	46756	58201	-6159	-4722	
1.2	二期工程	56660	57597	51015	55537	-1124	-2060	
1.3	三期工程	32159	29756	29181	32523	365	2767	
1.4	室外总体	44654	44654	41957	45001	347	347	
2	其他建设费	49045	51303	43743	43870	-5174	-7433	
	合计	246878	246234	212653	235132	-11745	-11101	

由上述对比可知，建设项目总盘基本可控，不可预见费用基本未启用，虽然各单项工程因资金缺口及外部评审条件等客观原因存在一定的变化量，超支节省不一，但基本通过内部平衡，造价管理目标总值已完全实现。

（2）造价、质量、进度三者高度统一，完美结合，均实现预期目标。

造价管理、质量管理、进度管理目标值与实际值对比见表3。

造价管理、质量管理、进度管理目标值与实际值对比 表3

	预期设置目标	实际完成结果	匹配度
质量	1个鲁班奖、1个国家金奖、50%以上单体获白玉兰奖	图文信息中心获鲁班奖、体育中心获国家金奖、50%单体获白玉兰奖	100%完成既定目标
进度	确保2007年9月启用60%、2010年9月完成全部三期建设	2007年9月启用一期及二、三期部分工程，2010年9月基本完成全部三期建设	100%完成既定目标
成本	概算批复投资总额246234万元	预计投资总额235132万元	100%完成既定目标并节约投资约1.1亿元

由上述对比可见，在确保工程质量（1个鲁班奖、1个国家金奖、65%以上单体获白玉兰奖）及工程进度（确保2007年9月启用60%、2011年9月完成全部三期建设）目标全部实现的前提下，造价管理之总盘投控目标及各分项内控目标全部实现并略有节余，不可预见费基本未启用。

2. 获得的荣誉

第四届优秀工程造价成果一等奖（中国建设工程造价管理协会）。

中国建筑学会科技进步奖二等奖（中国建筑学会）。

3. 造价管理工作上的启示

（1）群体建筑造价管控新模式

矩阵式造价管理模式通过建立双向管理模式，有效改善了造价行业原有传统直线型管理模式在群体工程中统一性差、效率低、专业优势无法发挥的弱点，使有限的资源得到了最大的利用，确保了群体建筑造价管理工作的顺利有效开展。

（2）项目初期匡、估算模式（表4）

项目初期匡、估算模式   表4

序号	项目/费用名称	估算总额	面积	经济指标	建设标准	备注
1	……	……	……	……	……	……
2	……	……	……	……	……	……

这种将建设标准、技术经济指标结合起来的估算形式，较好地适应了建设初期的匡、估算要求，尤其是前期资料缺乏、建设目标不明的项目。如能将日常工作所积累的以往工程造价资料转化成项目初期编制匡算和估算的依据或初步文字建设标准，给无类似工程建设经验的建设方予以参考，将使前期调研工作更有针对性，编制时间更短，效率更高。同时将造价管理工作前置，即在项目初期可建立限额设计的概念，为今后的造价确定和控制打下扎实的基础。

（3）跟踪报告及预警制度

随着施工图招标的全面推行，施工过程中的深化设计、变更、签证、批价已成为对最终造价影响最大的不可控因素，也是造价管理的重点监控对象，故过程中建立切实有效的动态跟踪和提前预警机制就尤为重要和迫切。跟踪报告和预警机制较好地监控了造价风险，保障了造价管理目标的顺利实现。

━━━━━━━ **专家点评** ━━━━━━━

本项目占地面积约133公顷；总建筑面积514435m^2，工程总投资额：235132.33万元，分三期建设。

本案例是一个完整的全过程工程造价咨询案例。服务范围从可行性研究批复起至竣工结算止的全过程造价管理工作。本案例作者将整个建设期分为前期策划阶段、设计阶段、招投标阶段、施工阶段、竣工结算阶段，并实施全过程造价管理工作，其重点在于前期投控目标的合理建立，过程中的动态跟踪控制，以及主动控制的实施和风险预警。整个项目造价管理的目的在于通过全方位全过程的造价管理，使有限的资金发挥出最大的效用，在确保质量、工期目标的前提下，实现造价不突破，并满足建设方功能及使用的需求，建成临港新区又一地标建筑。

本案例在造价管理工作上提供了三点启示，是本案例的主要亮点。包括：（1）群体建筑造价管控新模式，矩阵式造价管理模式通过建立双向管理模式，有效改善了造价行业原有传统直线形管理模式在群体工程中统一性差、效率低、专业优势无法发挥的弱点，使有限的资源得到了最大的利用，确保了群体建筑造价管理工作的顺利有效开展；（2）项目初期匡、估算模式，将建设标准、技术经济指标结合起来的估算形式，较好地适应了建设初期的匡、估算要求；（3）跟踪报告及预警制度，随着施工图招标的全面推行，施工过程中的深化设计、变更、签证、批价是造价管理的重点监控对象，在实施过程中建立切实有效的动态跟踪和提前预警机制尤为重要和迫切。

案例通过建立矩阵式造价管理团队对前期策划阶段、设计阶段、招投标阶段、施工阶段、竣工结算阶段这五个阶段进行有效管理，最终实现了项目总体投资可控，项目结算与概算相比节余11101元，项目质量、进度完成既定目标。本案例重点对群体建筑的造价管控模式进行了深入的总结提炼，值得参考与借鉴。

点评人：邹雪云

北京求实工程管理有限公司

某安置小区全过程工程咨询

——安徽国华建设工程项目管理有限公司

张磊乐　倪进斌　黄在君　郁　磊　翟合欢

一、项目基本概况

某安置小区项目总用地6.6万m²，总建筑面积约15.3万m²，可安置户数1316户，项目总投资约2.5亿元（图1）。是某县第一个采用委托全过程工程咨询模式的试点项目，县政府对项目工期和投资提出严格要求，由于前期资料严重短缺，仅落实了项目地块和拆迁安置需求，项目建设难度增大。

我公司受委托承担全过程项目管理、规划及建筑设计、造价咨询、工程监理等项工作，通过科学组织、精细管理，将项目报建、规划设计、施工招标等相关工作合理衔接、平行推进，仅两

图1　某安置小区工程

个半月实现开工，18个月建成交付，与同期类似复建点相比工期提前近一年，仅安置过渡费一项节约近千万元，大大减轻了建设单位的协调工作压力，项目得到县政府主要领导认可。

二、项目背景

2005年某市开始实施大建设，某县是重点建设区域，大量城镇化建设项目快速实施，为确保项目快速稳健高质量的进行，政府成立重点项目管理局主要负责政府投资的项目建设过程的组织、管理和监督工作。由于建设项目数量的急剧增多，政府专业项目管理人员急缺，许多项目只能落在区、县、镇一级，而县、镇一级更无充足的专业人员，拆迁安置项目开工难、收尾难、项目超概的现象极为普遍。

项目是该县重点民生项目，也是该县规模最大的拆迁安置房，工程项目大、时间紧（要求两个月内开工）、实施困难（只有地形图），县政府在建设项目管理模式方面进行了多种尝试，除传统的自管模式外尝试采用开发商代建，但在工期和造价控制上没有实现预期。在此背景下，县政府拓宽思路，采用项目管理模式，通过竞争性谈判选择项目管理、设计、监理和工程造价咨询企业。

我公司凭借综合实力获得政府认可，最终得以中标（图2）。针对项目只有地形图、领导工作繁忙、工程涉及居民多等现实情况，公司领导亲自到前线，调查户型、研究政策、现场办公，采用全过程项目

管理，引进造价、设计、监理"四位一体"模式运作，最终比毗邻先建项目早一年交付使用，单是过渡安置费就为政府节省约1000万。

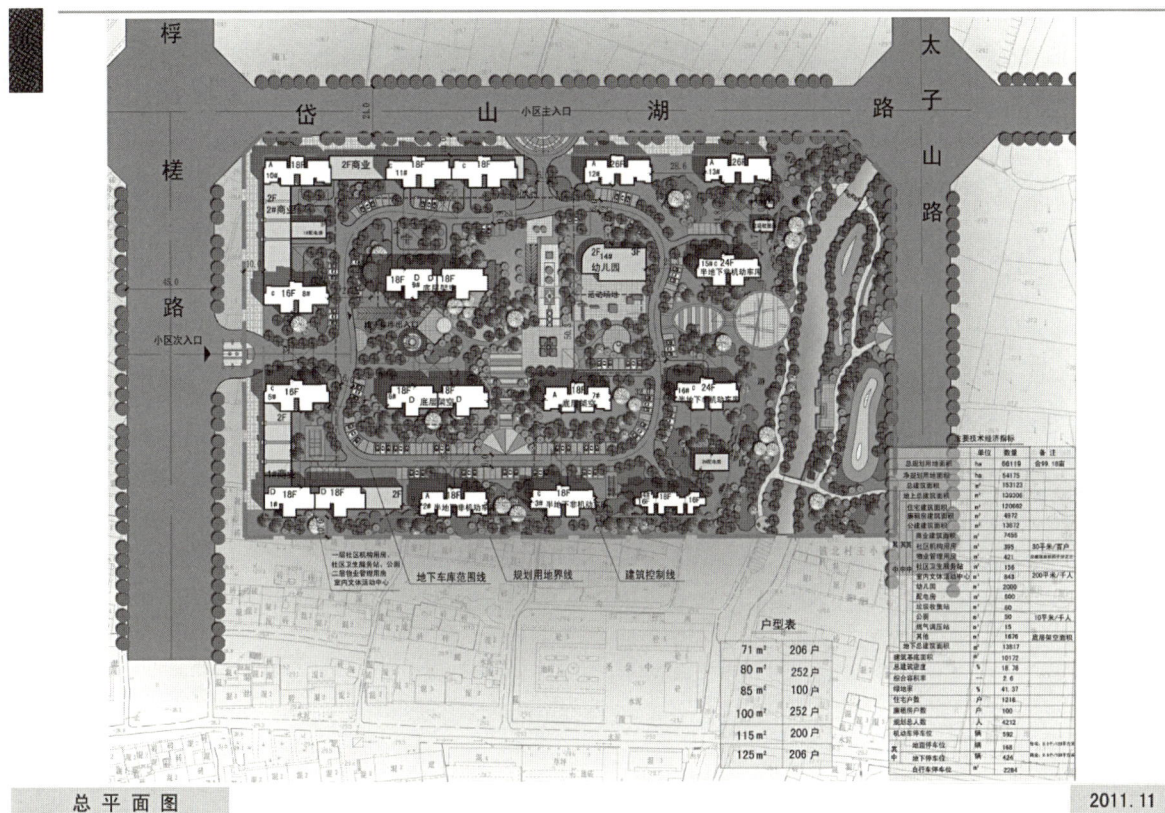

图2　项目总平面图

三、项目难点

1. 拆迁恢复压力大

原地上房屋已拆迁，项目已落后同期立项项目近一年，县、镇两级政府面对被拆迁群众的同期回迁要求感到压力极为巨大。

2. 专业技术力匮乏

该县作为城区改造发展的重要地区，每年拆迁安置项目多、体量大。负责该项目的为政府行政人员，缺少相关专业技术及项目操作经验，故而项目协调及推进工作极为困难。除了因项目延期交付承担巨额的拆迁过渡补偿费用，还关乎政府的形象。

3. 时间紧任务重

我公司接收任务时，仅有一张地形图，要在两个月完成规委会审批、设计、招标等工作，某市同类项目完成同样工作最快时间为四个半月。项目进展已落后同期立项项目近一年，须在保证质量及不超概的基础上有效加快项目建设进度，赶上前期延误的时间，实现政府承诺的与其他已开工的同类型项目同期安置。

4. 区域规范有差距

项目地处县城，项目建设过程中实施管理的规范性与市区仍有差距，需考虑如何把控，使项目规范、有序地实施。

四、咨询服务范围及组织模式

1. 咨询服务的业务范围

承担本项目全过程项目管理、规划及建筑设计、造价咨询、工程监理等项工作。

2. 咨询服务的组织模式（图3）

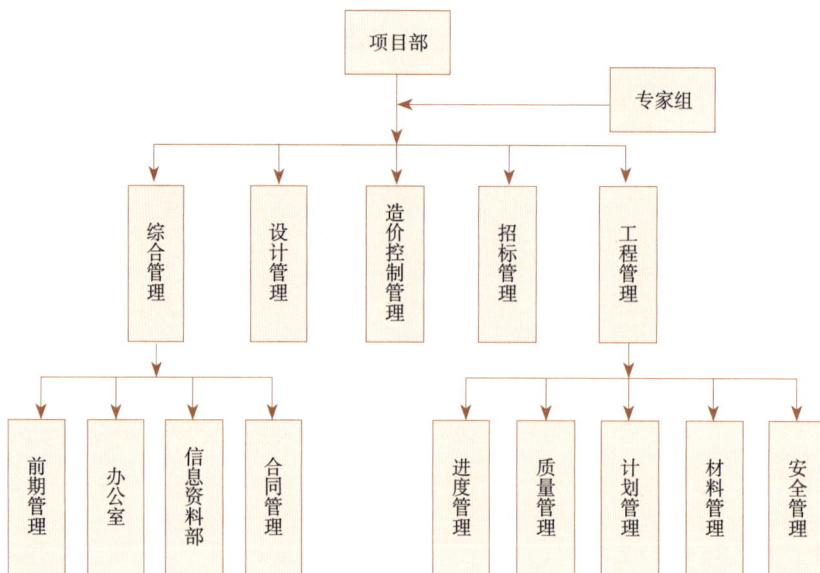

图3 组织结构

3. 咨询服务工作职责

（1）工程组织工作

1）负责制定和完善工程建设总体计划及建设管理工作大纲。

2）负责制定项目管理方案供业主审定。

（2）工程前期阶段工作

1）协助工程征地拆迁的管理与协调，并在市政配套基础设施建设中作为主要参与方开展需涉及的协调和监管工作；协助工程实施所需的绿化临时迁移工作。

2）协助工程前期工作的日常管理，协助与协调工程前期工作中各相关单位之间的关系。

3）协助办理与工程建设实施所需的规划、国土、施工、消防、道路照明、环保、环卫、绿化等部门的报建、报批工作及施工图报建。

4）协助与本工程同步实施的市政配套设施——自来水、煤气、电力、通讯等相关工程信息交流及协助配合建设工作。

（3）工程招标工作

根据《中华人民共和国招标投标法》《建设工程质量管理条例》（国务院令第279号）、《某市实施<中华人民共和国招标投标法>办法》及国家和地方有关法规政策所规定的质量终身制要求，按照"公开、公平、公正、诚实信用、科学、择优"的原则，遵照有关要求负责具体开展工程的招标投标工作。

1）负责拟定招标项目、招标计划（方案）、招标方式和招标文件等，并报业主审核确认。

2）项目管理单位具备招标代理资格的，经业主确定后可自行组织招标。否则业主和项目管理单位可共同按照市场原则选择招标代理机构来组织具体的工程招投标工作。

3）负责组织具体的工程招投标工作：

①负责组织办理招标项目申请；

②负责组织编制招标文件、评标与定标办法；

③负责组织审查投标单位资质和条件；

④负责组织发布招标信息；

⑤负责组织拟定投标单位和投标邀请书；

⑥负责组织按照某市建设工程招投标管理办公室的有关规定，随机抽取评标专家，推荐评标组成人员；

⑦负责组织评标工作。

4）负责依据评标结果推荐工程中标人。

（4）工程合同管理工作

1）负责研究建立本工程的合同管理办法，并严格履行，使其发挥作用；

2）负责编制土建和各专业系统的设计、设计咨询、施工、监理、供货及其他相关的专业合同，维护业主的合法利益，避免合同风险。并作为项目管理单位方参与修订上述与本项目实施相关的各类工程合同；

3）负责提交合理的合同付款方式给业主审批，审核签认付款凭证；

4）跟踪和审查工程总投资的变动情况；

5）负责有关合同的谈判、签订、履行、变更以及索赔等合同管理工作。

（5）工程设计阶段工作

1）负责对设计进度和设计质量的管理、监督与考核；

2）负责组织工程设计图纸的审查与评审及对设计方案进行优化等工作；

3）负责组织工程估算、概算和预算的编制进行审查和修正；负责组织做好工程概算、预算和决算的项目投资评审工作；

4）负责本项目设计图纸的审核认定；

5）负责组织工程技术攻关和相关课题研究；

6）负责组织工程设计单位根据工程设计评审意见，对工程设计文件进行优化修正；

7）负责工程设计文件（包括设计图纸、设计说明、工程概预算等）的规范管理工作；

8）负责工程设计咨询审查单位的管理工作；

9）负责组织不同工程项目、不同设计单位之间的技术协调工作。

（6）工程实施阶段工作

1）负责工程实施阶段的投资控制。

遵照业主规定的付款手续和审批程序，负责工程量和工程款项支付的审核，并报业主最终核定。

2）负责工程实施阶段的进度、计划控制。

制订工程建设计划和工作进度表，并在工程建设过程中不断加以完善、修正。指导和检查工程的进展情况和急需解决的问题，按计划组织实施，动态跟踪，及时纠偏，完成工程进度目标。

3）负责工程实施阶段的质量、安全控制。

督促相关单位制定完善的质量、安全保证体系，并在工程实施过程中使之有效运转；完成合同约定的工程质量、安全目标，与工程质量、安全有关的全部工作均应处于受控状态。

①督促承包单位办理工程质量、安全监督申报手续；

②配合工程质量安全监督机构开展工作；

③积极配合与协助业主申领《建筑工程施工许可证》，并督请有关建设行政主管部门及时核发《许可证》；

④督促承包单位制定组织机构、有关人员的岗位责任制、工程质量控制程序和质量责任制落实等书面管理制度；

⑤组织审查施工组织设计、监理大纲和监理细则；

⑥负责对各监理单位在工程建设过程中的监理质量进行控制，对监理工作制度的落实进行检查、监督；

⑦负责对承包商施工过程中的质量进行全过程控制，加强对质量行为和质量责任制履行情况检查，加强对建设工程结构安全的质量检测和原材料的检测；

⑧负责工程实施阶段的文明施工与安全生产工作，对承包商的安全文明施工责任制度的落实贯彻进行检查监督与考核。

4）负责整个工程各专业系统，包括（但不限于）：土建主体和配套工程、设备安装和调试、消防工程、弱电工程、总图工程、综合管线工程（非业主投资建设的除外）、沥青路面、交通、绿化、照明与交通信号灯及其用电系统、绿化浇灌用水接入的实施管理与现场施工管理。

5）负责召开有关工程会议，负责工程实施各参与或相关单位、部门（含施工、实施现场相关企事业单位、交通等）之间的协调管理工作。负责施工期间交通组织等协调工作，确保交通顺畅。

6）负责工程的知识和信息管理。

在工程实施期间制定完善高效的工程建设信息的采集、分析、归纳、处理、共享、决策和反馈系统，以利于各方掌握最新的工程建设情况。工程实施后建立工程建设档案，为今后工作提供参考和决策依据。

（7）工程竣工阶段的工作

工程的竣工验收是全面检验工程建设是否符合设计要求和施工质量的重要环节，也是检查项目管理单位及设计、施工、监理等单位合同履行情况的重要考核标准。项目管理单位是工程竣工验收的组织单位，负责组织工程的竣工验收。

1）验收依据。按照国家、安徽省制定的有关验收规范与规定组织工程竣工验收，包括但不限于批准的设计任务书、初步设计、施工图设计、设备技术说明书、施工承包合同、协议、现行的工程竣工验收规范。

2）验收程序。按照安徽省制定的有关验收规定与程序组织工程竣工验收。

3）负责提交竣工验收报告，协助办理验收的一切相关手续，并向竣工备案部门备案。

4）项目管理单位要确保完成合同中约定的各项内容，有关部门要求整改的质量问题由项目管理单位负责组织全部整改工作，使工程达到国家规定的竣工验收标准。

5）甩项工程。因各种原因，一些零星工程不能按时完成，但不影响本工程的正常使用（或运营）时，经业主批准，可同意对主体工程办理竣工验收手续。项目管理单位应妥善处理甩项工程的继续实施与主体工程验收、使用（或运营）的关系，加强管理，限期完成。

（8）工程竣工后阶段的工作

1）作为国家规定的工程审计主体一方，应积极主动配合审计部门的工作，并承担合同约定的建设管理服务范围内的工程审计责任。

2）负责组织本工程的竣工结算和配合业主财务决算工作。

3）负责工程档案的编制与交付。

①项目管理单位应按照第8.4.5条的有关规定与要求，完整地收集、积累与本工程相关的技术文件资料，建立完整系统的工程档案，全面负责档案规定资料的管理、编制、验收及移交工作；

②项目管理单位应建立档案管理网络，落实档案管理人员。应有一名技术负责人分管档案工作；指定有责任心、懂专业技术的人员具体负责档案的收集整理和归档工作；各设计、施工、设备供货单位应有专职档案管理人员；

③项目管理单位应制定出工程档案管理办法和实施措施，确保工程档案工作与工程建设进程同步，确保工程档案的完整性、准确性、真实性与系统性；

④项目管理单位应负责工程档案编制过程中的检查、督促和验交工作，负责工程档案的国家验收工作；

⑤项目管理单位应按《建设工程质量管理条例》（国务院第279号令）、《城市建设档案管理规定》（建设部第90号令）、《建设工程文件归档整理规范》GB/T 50328—2001、《某市城市建设档案管理办法》及某市城建档案馆的相关要求，负责编制工程档案（原件）。应在规定竣工验收后的六个月内及时向某市城建档案馆和业主送交相应的工程档案。向业主移交工程档案时应提供某市城建档案馆的验收合格证明；

⑥项目管理单位必须在与业主签订本合同后一个月内，向业主提交工程档案管理负责人、管理员名单和档案管理办法；并在设计、施工、设备供货合同签订后的一个月内提交中标单位的档案管理人员名单和实施办法。

4）完成本工程建设和使用（或运营）的移交工作。

（9）计划和统计工作

1）做好本工程所有资料的收集、保管、整理工作。对业主所需的工程资料，项目管理单位应及时提供，并对资料的真实性负责。

2）按照规定的格式采用书面形式（附电子文档）向业主报送与工程建设实施有关的信息与问题建议。建立工程建设的日常汇报制度。

3）按有关部门要求，积极配合业主编报有关计划统计报表和工程资料。

4）负责做好本项目的支付财务统计工作。

（10）其他授权内容

1）在规定的工程质保期限内，负责检查工程质量状况，组织鉴定质量问题责任，督促责任单位维修。

2）业主委托的其他工作。

五、咨询服务的运作过程

1. 引进全过程咨询项目管理

由于某区大建设部分镇、社居委采用项目管理模式成效显著，县领导与国华公司进行咨询、沟通后决定在此项目尝试采用全过程工程咨询模式。

2. 项目策划

国华公司针对该项目的难点及问题组建了以设计师为主的项目策划团队（图4），团队成员包括规划设计、项目管理、监理、招标代理、造价等专业人员，面对建设程序的严肃性和项目建设的紧迫性，提出了一站式服务理念，实行项目管理、设计、监理、造价四位一体的管理模式，全权在业主的授权下对项目建设全过程进行协调及管理，该服务理念得到县领导高度认可。

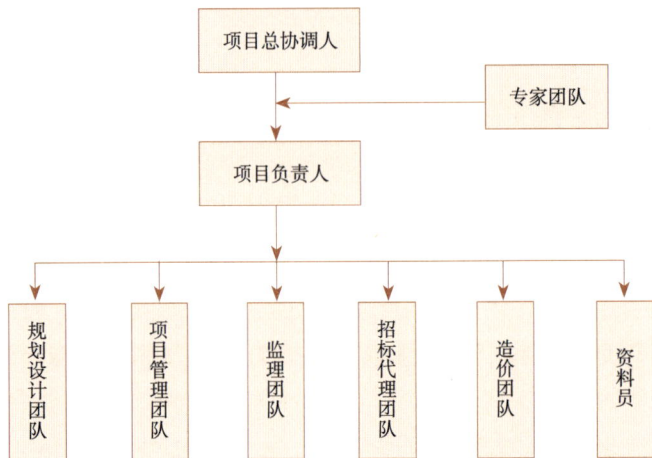

图4 团队构架

（1）项目分析

该项目首先需解决规划设计问题，规划的审批进度将直接影响到项目各项报批、报建工作，而解决规划问题首要解决户型方案的确定及规划方案。

其次需梳理各项报批、报建工作，即符合政府项目建设程序，又有效压缩工作完成时间。

第三施工单位选择是关键，选择有实力的总承包商是项目建造阶段的关键所在。

（2）问题解决路径

通过项目的分析我们认为，本项目需要解决如下几个问题才能实现项目目标：

1）户型设计必须要考虑满足当地居民安置的需求，同时又要考虑安置政策，利于规划方案的顺利审批通过，利于顺利安置。

2）我们在项目的定位上是要做精品，在方案设计和用材策划上要树立精品意识，改变传统拆迁安置房品质低下的情况，提高政府形象。

3）规划设计工作是龙头，户型设计比不可偏废，要打破常规，变被动为主动，设计人员上门征询意见，从而缩短审批周期，提高工作效率与工作节奏。

4）施工单位招标模式的选择宜采用总承包模式，避免管理多头，减少扯皮推诿风险，有利于项目建设快速推进且职责简明。

5）报建工作采取平行、交叉方式，有效压缩工作完成时间。该项目应业主方要求开工急、手续慢、拆迁户安置等原因，由安徽国华项目管理公司牵头，负责完成各项手续的办理。

在办理过程中协调规划、消防、审图、防雷、人防等各个部门，公司安排专人负责对接，做到每日向业主部门汇报进展，在协调过程中公司安排部门领导亲自抓，规划审批由公司董事长亲自协调并完成审批工作，提前计划时间一个月，报建工作比业主心目中的计划开工时间提前两个月完成。

在进入开工建设阶段，公司选派专业性较强的管理人员现场主持工作，各项工作按照我公司大的计划节点实施施工，因后期水、电、气、通信、燃气等各专业进场施工，现场场地操作空间小，从设计到施工我公司都安排专人办理，现场安排专业的项目管理工程师及监理工程师现场指导协调各部门的衔接工作，每日下班后召开配套工程协调会，汇报当日工作情况及次日的工作布置，做到不返工、不窝工，整体配套比同期其他项目提前三个月完成，该小区整体交付时间比计划时间提前八个月，给政府部门节约上千万的过渡安置费。

3. 项目前期实施

（1）项目设计管理

1）严谨测算安置户型面积，多轮优化方案

根据调研当地居民的生活习惯，结合合肥市大建设项目好的户型方案，同时结合拆迁安置协议对应安置户数和安置面积进行统计分析，提出更加适应政府实际需求的安置户型，并指导要求设计院严格按设计建议进行设计。

2）变被动为主动

为加快项目规划审批工作，我们提出了变被动为主动地工作要求，设计师带着电脑主动到各审批部门征询意见，现场沟通、就地修改，此举大大缩短了规划审批时间，在满足程序要求的基础上两个半月完成各项规划审批工作。

3）过程中把控

在方案确定等待审批的基础上，提前进行施工图设计，对设计各环节及进度、质量进行了严格把控，在设计条件图完成时组织项目管理、监理人员参与讨论，保证了设计的施工便利性，同时造价人员及时介入，保证了项目设计的经济合理性，由于提前进行施工图设计，虽承担了设计修改的风险，但为后面施工招标工作节省了宝贵的时间，确保了项目按计划实质性开工建设。

4）项目实施过程中的设计管理

在项目实施过程中，坚持设计师为主导的原则，在项目各关键环节设计师均起到了至关重要的作用，不但及时发现了问题，合理纠偏，保证了项目按既定方案实施，而且能够对于现场出现的不可控变化有针对性地拿出合理解决思路及解决方案。

（2）项目报建工作管理

有效压缩前期报建工作完成时间，通过认真梳理，根据项目建设程序对各项工作进行了合理安排，采用平行、交叉的方式开展各项报建审批工作。

由于程序熟悉，各项工作提前准备，特别是实行了五位一体的模式，设计、招标代理咨询、造价咨询协同紧密，项目报建工作顺利按期完成。

（3）招投标管理

通过对已实施项目经验教训总结的基础上提出采用工程总承包发包模式和专业工程（供水、供电、燃气、电信、电梯）平行发包模式相结合。

通过实施工程总承包和专业工程平行发包相结合模式，充分调动总包单位的积极性，减少和避免各工种交接区间产生的薄弱环节，工程进度和质量控制优势明显。专业分包施工利用自身的行业协调能力优势，在做好工程施工的同时配合管理公司协调相关主管部门，为整体验收和交付奠定基础。

4．项目实施阶段

（1）实施阶段各方面管理

以建设工程项目管理规范为指导，实施五位一体服务新模式，不断提高建设工程项目管理水平。在项目管理进场开展工作之初编制《项目管理实施方案》，以指导该项目管理施工阶段的各项工作。

1）质量控制管理

严格施工过程管理，确保工程质量，充分发挥设计师的主导作用。

在施工过程中，项目监理是对工程质量进行全过程、全方位的监督、检查与控制的执行者（即监管者），项目严抓项目监理部的履职及程序管理。

在施工过程邀请设计单位对施工现场进行监督检查和对部分建筑构件样式进行核实确认，严谨的工作作风促使整个建筑基本与规划报批相一致，顺利通过规划核实。

2）进度控制管理

以强化计划管理为手段促进项目进度。

项目部依据施工合同有关条款以及施工图和施工组织设计制定的进度控制方案，把握节点协同施工单位采取有效措施来实施计划工期和阶段工期目标。进度的编制计划、审查及实施中动态监控三个方面中，我们重点抓动态监控工作，以确保工程能够如期完工（图5）。

此外在工程实施过程中，例会制度是我们快速统一思想有效解决施工中各种问题的重要手段。会议制度分项目部例会、监理例会和专题会议三个类型，由项目管理公司主持并形成纪要文件。会议基本议程和要求是各方了解会议议题做好充分会前准备，会议内容为解决上次遗留问题和收集本期存在问题及现场情况商讨。以监理周例会为例，总包单位及各相关单位重点汇报周工作完成情况，计划偏差分析和补救及下周工作计划安排。通过持续不断的沟通协调有效地促进了项目进度。

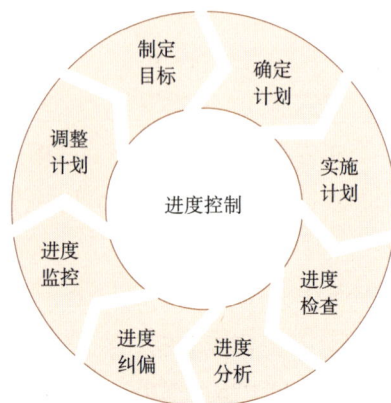

图5 进度控制

3）造价控制管理

提前熟悉施工图纸，预控设计变更。

在项目开工前近一个月，项目部主要人员已就位。为了最大控制设计变更发生，项目部根据多年的工作经验要求尽快熟悉图纸和设计相关资料，组织一次图纸内审工作并对设计交底工作做了要求。在进行中项目部先组织内部各专业技术人员进行图纸预审，汇总所发现的问题并提出初步处理意见，做到在会审前对设计心中有数，在建筑和结构图审中提出24条问题，安装方面提出13条意见，并将图纸中所选设备器件进行逐个验算，不符合要求的建议更改。有效预控设计变更，促使项目部熟悉图纸，为后期现场管理打下坚实基础。

以合约为准绳，严审设计变更和现场签证，控制工程造价。

在建设项目施工过程中，跟踪审计自始至终从未间断，工程联系单、设计变更以及工程款支付等项目部严格按照施工合同约定执行。在工程变更价款方面首先我们要执行工程变更价款的确认程序，承包单位先提出变更工程价款的报告，经项目管理确认报设计造价审核，由业主批准方可执行。

4）安全文明控制管理

①工程开工前落实现场安全负责人，确定有关安全生产与文明施工的管理制度，建立定期（周二）安全检查的工作机制；

②督促施工单位完善有关安全生产与文明施工的管理制度/细则，按要求组织相关培训、明确组织架构、职责划分和负责人；

③现场安全和文明施工检查是每日必需的工作重点内容之一。及时发现和排除存在的安全隐患和风险；

④每周的监理例会中，应对现场安全和文明施工工作进行总结；

⑤每月进行联合（总包单位公司质量安全部相关人员参加）安全与文明施工检查，检查情况及处理结果应形成纪要。

5）合同信息管理

①合约造价人员负责起草和审查相关合同文件报领导审批，根据管理权限由董事长和总经理负责签订。合同保管和台账由资料员负责；

②工程合同签订后，项目管理部应建立和管理合同台账并定期与财务核对，核验合同付款情况；

③项目管理部应认真研读合同，明确甲乙方权利、责任、义务，按照合同约定完成甲方的各项工作，同时检查、督促乙方按合同约定完成自身的工作。在电梯安装过程中，受多工种交叉配合影响工期可能滞后，通过合同约定的违约条款约束，最终电梯安装单位克服困难按期交付；

④合同执行过程中的文件资料应随合同存档保存。

5. 竣工验收阶段管理

（1）通过技术协调沟通，加快了各项验收的进程。在消防验收过程中尤为明显，因消防验收专员与前期消防审图人员对规范和文件的理解存在偏离，导致验收工作停滞不前，在设计院及公司相关人员的配合支持下，通过专业协调最终顺利通过验收。

（2）利用公司多年积累的外部资源，在相关部门领导的大力支持协调下，在验收工作最终圆满解决。

（3）在验收过程中，项目部通过合理分工责任到人。分成主体工程、附属工程和外部协调三个岗位。在具体工作中及时通气，遇到问题及时沟通上报，请求领导支持。在项目交付时完成了供电验收和双路电送电。按合同约定交付。

六、项目管理特色

1. 实施项目管理全过程

项目管理范围包含了从规划方案及建筑方案设计→初步设计→造价超概控制→施工图设计→招投标→施工及设备采购→竣工验收→移交及分配全过程。在项目各个阶段均实现了集约化管理，充分体现了全过程项目管理的优势。

在设计阶段抓住户型设计这个重点及难点，通过统筹管理将项目管理及监理在类似项目建设及使用过程中发现的问题及时反馈给设计院，做到户型合理、适用，同时造价对不同户型方案进行经济分析对比确保户型的经济型，通过协同作业使得户型设计一次性通过用户单位认可确认，大大缩短了设计周期。

在招标采购阶段则围绕招到满意总承包商这个目标，设计提供各项技术指标、监理提供各施工界面划分、造价提供各项测算指标及认真编制工程量清单及控制价，项目管理则汇总各方意见及建议编制出高质量的招标文件，最终圆满完成招标采购工作。

在项目施工阶段，以项目管理、监理两套机构驻场办公，监理负责现场质量、进度、安全及文明施工，项目管理负责总体协调及监管，设计服务、造价管理贯穿项目施工全过程，通过目标计划管理，确保了项目各项内外协调工作有序、有效，工期、质量、投资、安全目标按计划有序高效完成。

2. 策划项目管理新模式

引入设计师为主导的项目管理理念，建筑师、设计师全过程参与项目建设。在设计阶段把控设计的全过程；在招标及设备采购阶段控制各界面的划分、设备主要参数规格及性能要求的确定；在施工阶段定期深入工地，控制材料及施工过程对设计图纸的完成度；后期配合竣工验收及住房分配。

3. 紧紧抓住设计龙头

工程设计作为项目建设的龙头。本工程以工程设计为抓手，充分依靠设计院的技术力量贯穿全过程项目管理。得益于本项目四位一体的项目建设模式，有公司统一协调调度项目管理、设计、造价、监理各部门，形成合力，以工程建设为核心，共同应对各种困难。充分依靠和利用设计院的技术力量引领整个项目建设过程。

七、咨询服务的实践成效

该项目是某县第一个采用委托全过程项目管理模式的试点项目，县政府对项目工期和投资提出严格要求，由于前期资料严重短缺，仅落实了项目地块和拆迁安置需求，项目建设难度高。

我公司受委托后通过科学组织、精细管理，将项目报建、规划设计、施工招标等相关工作合理衔接、平行推进，仅两个半月实现开工、18个月建成交付，与同期类似复建点相比工期提前近一年（表1）。

同期毗邻项目工期对比表　　　　　　　　　　　　　　　　　　　表1

项目名称	开工日期	竣工日期	总工期（月）
某安置小区工程	2012年3月	2013年9月	18
同地区另一安置小区	2011年10月	2014年4月	30

有效的工期控制，一方面显示了我公司优秀的咨询管理水平，同时给业主方的公共形象提供了良好支撑。另一方面，也在实际的经济效益上有着明显的体现，对比周边毗邻项目，仅拆迁区原居民的安置过渡费就为业主单位节约近了千万余元（表2）。

某安置小区工程拆迁安置节约过渡费计算表　　　　　　　　　　表2

时间阶段	补偿标准（元/月/m²）	持续时间	拆迁面积（万m²）	过渡费用（万元）
20个月以内	6	2	10	120
20~30个月	9	10	10	900
合计				1020

国华人迎难而上、敢打敢拼、变革创新的敬业精神震撼了当地政府，大大减轻了建设单位的协调工作压力，项目得到县政府主要领导认可。为国华在市场奠定了坚实的基础。

八、咨询服务总结及推广价值

1. 组建团队，不畏艰难

本项目是一个复杂的系统，需要运用科学的方法、设计合理的流程来实现目标。在团队的组建过程中需考虑各方面的因素，分析重点、难点，树立不畏艰难、勇于攻坚的思想意思，充分依靠公司的整体力量完成任务。本项目的成功充分体现了国华公司将"不可能"变成"可能"、将"危机"变成"机遇"的敬业精神和专业能力。

如何将原本最快四个半月完成的前期工作在两个月完成；如何在落后同期项目近一年的情况下反超，实现竣工交付；如何在项目建设超概成普遍现象的时期，有效控制建设成本，实现计划投资控制。通过我们的努力，所有这些不可能、不可为均不复存在。

以项目为中心的理念、为委托方排忧解难的敬业精神、一站式的服务模式、综合技术统筹能力是变不可为为可为的根源所在。

2. 项目统筹策划先行

本项目各阶段的顺利实施无不体现了项目统筹策划的重要性，在以项目为中心的指导思想下，通过设计策划、管理策划有效地解决了项目潜在的问题及困难，对各项风险进行提前预控，一站式的项目策划及过程管控的优越性在本项目中得以完美体现。

3. 创新项目管理全过程咨询

本项目从前期策划到后期竣工验收交付使用，由我公司进行项目管理，实现项目管理、设计、监理、招标代理、造价咨询一体化，实现了现阶段工程全过程咨询，有效的推进工程实施，实现了节能高效，《国务院办公厅关于促进建筑业持续健康发展的意见》（国办发〔2017〕19号文）验证了我们的工作是正确的，公司发展方向具有前瞻性。

4. 设计师主导作用

在本项目实施过程中设计师团队（建筑师、监理师、造价师）起了明显的主导作用，以设计为主导，以监理为抓手，以造价为重要辅助的项目管理在项目实践中展现了巨大的优越性。

首先，在项目前期阶段策划工作极为重要，它决定了项目运作的未来走向，决定了项目建设的价值体现，设计师本身具有对项目总体规划、谋划的优势，再通过项目管理、造价辅助弥补我国设计师普遍存在的细节、经济分析不足弊端，自然比传统设计单独工作模式有明显的优越性。

其次，在项目实施过程中仍然需坚持设计为主导，项目要想高效完成各项既定目标，统筹管理是关键，而统筹管理的核心是设计管理，在项目实施过程中无论是设计阶段的户型、方案设计，还是招标采购阶段各项技术指标的确定，施工阶段的预先控制，设计变更管理等诸多方面都充分体现以设计师为主导的管理优势。

通过以设计师为主导的管理团队高效工作，使所有工作显得有序有章、紧而不乱、有预控、有措施，为某县政府在政府投资工程全面推行全过程项目管理树立了标杆。

5. BIM技术应用

多年以来，我单位致力于在建设工程领域积极探索新技术应用，本项目实施时，BIM技术在省内尚处于起步阶段。在本项目的竖向设计及综合管网设计、施工管理上，我单位大胆启用新技术，尝试解决施工阶段与项目管理的困难问题，并取得明显成效，促进了省内BIM技术的新发展。

6. 组织管理模式的新型化探索

随着国家经济发展，城市建设的日新月异，城市改造日益增多，政府投资的拆迁安置点建设规模巨大，在这么多年类似工程的建设中暴露了大量的矛盾。原有的工程建设模式已经不适应新时代的发展需求，如何通过新的建设组织管理模式提高安置房建设质量和效率，本项目提供了成功参考案例。我公司利用本身特点，积极配合政府，利用技术支持，资本辅助，新技术探索的综合支撑，实现了政府拆迁安置房建设组织管理模式的新型化探索。

━━━━━━━━━ 专家点评 ━━━━━━━━━

本案例为政府投资保障房项目，在工期紧、政府专业管理力量缺乏、项目推进困难的情况下，提出了全过程项目管理、规划及建筑设计、造价咨询、工程监理等"四位一体"的全过程工程咨询服务。该项目咨询服务过程中，咨询单位重视项目统筹策划工作，通过组建以设计师为主导的项目管理团队，有效整合项目管理、设计、造价咨询、监理团队，由设计师主导从项目整体目标实现的角度出发，协调各参建方有效地进行项目的建设管理。本项目咨询服务过程中，在以项目为中心的指导思想下，咨询单位通过充分的前期管理策划，对项目实施中的潜在困难及风险进行有效预控，最终实现项目工期比同类项目提前近一年，项目投资有效控制在概算内，体现了咨询服务价值。本项目为政府投资建设保障房项目提供了新的组织建设模式借鉴，通过以设计师为主导的全过程工程咨询团队，提供了项目管理、规划及建筑设计、造价咨询、工程监理等一站式服务，体现了全过程工程咨询服务的优势。

点评人：张超

天职（北京）国际工程项目管理有限公司

向项目前期延伸的某住宅区及人才公寓项目

——青岛信永中和工程造价咨询事务所有限公司

樊潇蓉

一、项目基本概况

1. 项目概况

本项目为某住宅区及人才公寓项目，位于某海滨城市的滨海大道南侧，东侧3km左右连通胶州湾海底隧道，西侧靠近道管山，南邻凤凰山；工程类别为Ⅰ类工程，项目合同为总承包施工合同，综合单价计价形式；开竣工日期为2016年1月30日～2017年12月8日；项目总投资4.6720亿元（投资估算值），工程费总造价2.4936亿元，资金来源为国有（非财政）投资。

2. 项目规模

本工程建筑类型包括人防车库、非人防车库、4栋18层住宅楼、1栋26层住宅楼、1栋26层人才公寓楼及4个1层商业网点。建筑结构形式均为框架剪力墙结构，基础形式均为筏板基础和桩基础，抗震设防烈度为六度。总建筑面积为78566.58m²，其中：地上建筑面积共计61674.47m²（期中住宅建筑面积为45229.43m²，人才公寓建筑面积为12196.82m²，商业网点建筑面积为4248.22m²），地下建筑面积共计16892.11m²（期中人防车库建筑面积为5661.00m²，非人防车库建筑面积为11231.11m²）。

3. 项目特点

（1）本项目为自筹资金的国有投资项目，也是委托方开发的为数不多的保障性住宅项目，因此，造价咨询任务兼有以下自筹资金与保障性住宅项目的主要特点：

1）项目的审批管理程序比较严格；

2）项目成本资金管理的计划性较强；

3）项目投资目标的控制性比较规范；

4）项目的社会影响和关注度比较广泛。

（2）项目建设所涉及的专业较多。本项目为保障性住宅项目，所涉及的专业有土建工程、装饰工程、给水排水工程、消防工程、采暖工程、通风工程、强电工程、弱电工程、电梯工程、景观绿化工程、铺装及小品工程、道路标识及标识导向系统工程、楼梯亮化工程、室外智能化工程、室外管网工程等。

（3）项目建设周期较长。本项目建设周期为24个月，如若加上项目前期立项审批、设计方案评选等，总计服务周期长达40个月，时间跨度较长。

（4）造价咨询服务的内容较为广泛。本项目的咨询服务内容为全过程工程造价咨询服务，包括工程概算、工程预算、工程招标、过程审计、工程结算及成本分析等其他涉及造价的咨询服务等。

（5）对工程造价咨询服务的标准要求较高。咨询服务质量除了要严格执行招标文件及咨询服务约定的质量和服务标准、要求，同时也要符合相关法律法规、规范、标准的规定；合同中还对项目负责人、驻场造价人员及其他专业工程师的执业资格、工作经验、提出了较高的标准，并且对成果文件的提交时限及造价成果的误差率也提出了明确的要求。

二、咨询服务范围及组织模式

1. 咨询服务的业务范围

全过程造价控制，以施工全过程造价（含预结算）控制为主，并应配合建设方完成前期项目成本估算、目标成本制定、审核等工作。咨询服务合同中的工作内容包括但不限于以下方面：

（1）参与项目成本估算、目标成本的编制、审核；

（2）工程量清单、预算控制价的编制；

（3）施工全过程的驻场造价控制；

（4）施工结算审核；

（5）其他工作要求：

1）造价咨询单位要充分发挥企业的技术力量，从降低工程造价的角度，对施工图纸和施工方案等提出优化方案；

2）为各阶段的目标成本提供准确数据和指标（侧重建安费及基础设施配套费等）。造价咨询单位需根据施工进度情况，每月结合对施工单位进度款的审核，对工程成本进行动态分析，提出分析报告。对超出中标价或预算的工程内容要及时提出，并分析原因；

3）估算及测算阶段提供相关数据、指标和建议，并提供数据来源依据。造价咨询单位需向委托人提供技术支持，分享其他工程项目的相关造价指标和经济数据；

4）从造价控制的角度提出合约规划要求；对各投标单位的报价及时审核；参与询标、评标的相关工作；

5）编制项目招标清单及控制价，并向当地建设主管部门备案。编制清单时，认真审核图纸，提出图纸错漏偏差，发出图纸疑问答卷；能依据经验对图纸提出成本优化建议；

6）应委托人要求对材料、设备、分包项等提供工程量清单及控制价；

7）为了及时掌握该工程的实际工程成本，本工程实行按节点分段结算，初步分为基坑支护与土石方、主体、安装、装修四个阶段，造价咨询单位应按委托人的要求审核施工单位上报的分段结算；

8）施工阶段，驻场造价人员应做好设计变更及签证的管理及费用结算，建立台账；审核工程款项并作为过程支付依据；建立材料设备库，批复材料设备价格；

9）造价咨询单位要依据变更、签证、市场变化等情况，分节点（定期）做出动态目标成本，并分析成本变动原因，做出成本分析报告，提出成本建议。编制动态月报、年报，并提出成本预警，提供分析报告；

10）及时完成委托人要求的其他事项。

2. 咨询服务的组织模式及工作职责

根据我公司的项目管理制度及其他管理规定、招投标文件规定及合同约定，结合本项目的特点以及项目咨询目标要求，制定本项目咨询服务的组织模式的结构图（图1）。

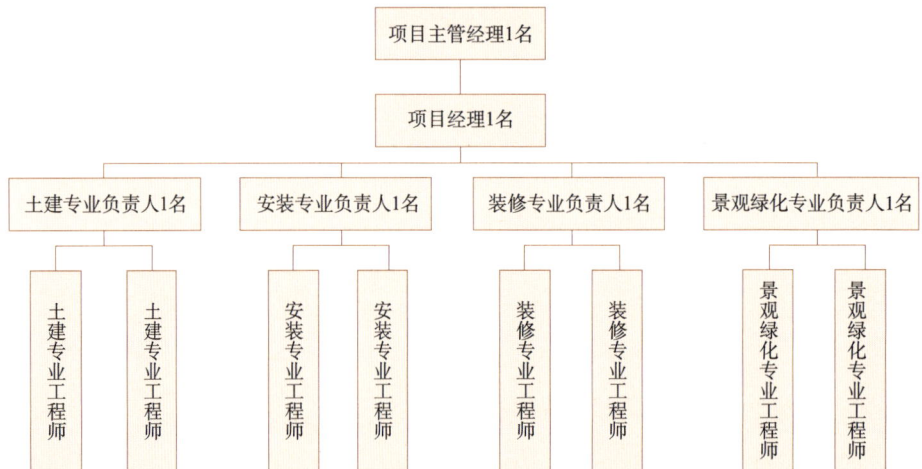

图1 组织模式结构图

（1）项目主管经理

1）负责编制或审核项目咨询工作方案；

2）负责项目组的组建工作，包括编审人员的确定、各专业技术人员的工作分工、项目定额工时的审批，并报项目主管合伙人审批；

3）负责指导和监督项目组现场工作按时按质完成，帮助解决工作中出现的难点和重点问题，就重大问题在征得主管合伙人意见后与委托单位、建设单位、施工单位进行沟通协商；

4）对咨询过程中发现的重大问题及风险，与项目经理、专业负责人进行充分沟通，形成文字审核记录，并及时向主管合伙人进行汇报；

5）负责咨询成果文件的二级复核工作。依据《建设工程造价咨询成果文件质量标准》《建设工程造价咨询规范》及相关法律、规定对成果文件进行复核，对编制、审核工作底稿完整性、相关佐证资料充分性、恰当性进行审核；对咨询成果的合理性进行分析、判断；关注问题处理是否恰当、充分、合理以及是否恰如其分的记录在底稿中；数据之间的关系是否正确，重要事项披露是否完整、准确、到位。在《工程"审定签署表"复核表》《成果文件复核表》相应审核意见栏签署意见、签名；

6）将工作底稿及相关资料按照内部《工程造价咨询成果文件复核工作流程》的要求送技术负责人审核；

7）在出具的成果文件上签名，并加盖注册造价工程师执业专用章；

8）按照项目进度情况，审批项目组人员每周填报工时；动态控制项目预算与实际时间成本、回收率，分析差异原因，向项目主管合伙人汇报，必要时进行相应调整；

9）按照咨询合同的约定，负责及时收回各阶段工程项目咨询费；如遇困难，及时向合伙人汇报，并做好相关协助配合工作；

10）按照《咨询业务档案管理办法》对项目档案文件进行审查，督促及时归档；

11）同时正确处理好与委托单位、建设单位的关系，推动项目的顺利开展；

12）协助项目主管合伙人维护好客户关系；按照项目主管合伙人的安排，做好项目服务质量的回访工作。

（2）项目经理

1）负责编制项目咨询工作方案；

2）负责项目组的初步组建工作，包括项目组成员构成、各专业技术人员的工作分工、定额工时分配，并报项目主管经理统一安排；

3）负责项目的具体实施，指导项目中各专业技术人员开展工作。及时解决工作中的问题，重大问题应及时向上级汇报；

4）负责审批项目组人员的工时，控制项目实际填报工时在定额工时范围内；分析实际与定额工时的差异，及时向主管经理汇报；

5）负责动态监控项目各专业组及成员的实际工作进度，推动项目按时完成；及时分析滞后及提前的原因，及时向主管经理汇报；

6）负责审核委托人提供的书面资料的有效性、合规性，关注专业咨询工程师编审原则的统一性、一惯性，关注所使用的工程计价基础资料和编审依据的全面性、真实性、有效性；

7）负责咨询成果文件的一级复核工作。检查各专业技术人员工作成果，对审核内容和数据进行审查，特别是对专业咨询工程师的工作底稿进行复核，必要时可请求上级安排其他专业技术人员对项目执行人员的工作底稿进行复核。项目经理在复核过程中，对错误的部分，应提出书面的修改和补充意见，形成完整的审核底稿，并修正、完善工程造价咨询成果文件，在《工程"审定签署表"复核表》及《成果文件复核表》相应审核意见栏签署意见、签名；

8）负责按时提交成果文件。整理好工作复核底稿、相关附件等资料，按照《工程造价咨询成果文件复核工作流程》的要求，送项目主管经理审核；

9）负责出具项目咨询报告，在出具的成果文件上签名，并加盖执业专用章；

10）项目完成后，及时组织项目组成员整理项目资料，完成归档工作。

（3）各专业组负责人

1）项目执行初期，各专业组负责人结合项目的具体情况，收集有关资料，并对委托人提供的书面资料的有效性、合规性、完整性、真实性、适用性进行初步甄别；

2）在项目经理的带领下，组织本专业造价人员拟定造价咨询服务工作方案实施细则，核查资料的使用、咨询原则、计价依据、计算公式、软件的使用等是否正确；

3）项目执行过程中，保持与项目经理的沟通，并将相关问题及初步处理意见及时向项目经理汇报或征得项目经理意见，如有需要进行整改或调整，确保分担专业咨询工作的进度和质量符合项目整体要求；

4）负责编制所承担专业咨询工作内容的初步成果文件，与工作底稿及相关佐证资料一并及时交项目经理进行复核，并根据审核意见进行修正。

（4）各专业技术人员

1）依据咨询业务的要求，执行作业计划，遵守有关业务的标准与原则，对所承担的咨询业务质量和进度负责；

2）根据咨询实施方案的要求，开展咨询工作，选用正确的咨询数据、计算方法、计算公式、计算程序，做到内容完整、计算正确、结果真实可靠；

3）对实施的各项工作进行认真检查，做好咨询质量的自主控制，咨询成果经校核后，负责按校核意见修改成果文件；

4）完成咨询成果并符合规定要求，内容表达清晰规范。

三、咨询服务的运作过程

1. 咨询服务实施方案的制定及服务团队的组织

项目承接以后，项目经理根据本项目的招标文件、咨询合同、项目规模及特点编写咨询服务实施方案，并报项目主管经理审核批准。实施方案的主要内容包括项目概况、咨询服务范围、工作组织、工作进度、人员安排、实施方案、质量管理等内容。实施方案作为咨询服务工作进程控制的参考依据及质量管理的执行标准，所以编制实施方案时应重点突出，内容全面，方法明确，措施具体，并使每个项目组成员明确各自的分工职责、工作目标及把握本项目的造价控制的重点难点的处理原则等。

本项目的特点是规模较大、单体工程较多、涉及的专业也较广泛、委托方提出的咨询服务的标准要求较高，所以咨询服务实施方案的重点内容首要考虑的是选择业务能力强、职业道德素质高的造价人员组建咨询服务团队。从中选派1名沟通组织能力较强、对造价管理思路理解较透彻的专业人员作为驻场人员，负责与甲方现场的主要联络，对甲方分配的任何工作进行日志记录，并要求他从承接的第一份资料起都由其进行保管登记，并能深入现场，随时查看工程实施情况，记录相关影像资料，为开展造价咨询服务做好基础性工作。

2. 前期可研阶段的咨询服务

项目可行性研究的内容可概括为三部分：首先是市场研究，包括产品的市场调查和预测研究，这是项目可行性研究的前提和基础，其主要任务是要解决项目的必要性问题；第二是技术研究，即技术方案和建设条件研究，这是项目可行性研究的技术基础，它要解决项目在技术上的可行性问题；第三是效益研究，即经济效益的分析和评价，这是项目可行性研究核心部分，主要解决项目在经济上的合理性问题。

本项目的可行性研究主要通过以下几方面进行了论证：

（1）项目行业与市场分析

此部分首先分析了某市房地产行业的发展情况，通过列举2015年1～6月，国家以及某市房地产出台的调控相关政策，对行业的政策环境、发展趋势进行了详细的解读；其次，又针对项目的建设条件及市场供需情况进行了研究，运用了SWOT分析方法，对项目的优势分析、劣势分析、机会分析、威胁分析提出了提升及规避策略，最终将项目定位于以总价60万～70万为主力产品的品质居住社区，主要面向周边企事业单位员工、市区拆迁及开发区刚需客户、兼顾少量改善客群。

（2）项目建设条件分析

建设条件分析主要是对项目的自然资源条件、土地条件、项目选址、区域规划、交通运输、商业配套、教育配套、医疗配套、项目水电气等市政配套等进行研究，提出对项目建设带来的积极与不利的影响因素。

（3）项目建设方案与资源利用、节能环保与劳动安全卫生方案

项目地块规划用途为住宅用地，配建人才公寓，土地面积23185m²，其中，出让土地面积18548m²，划拨土地面积4637m²（配建租赁型人才公寓），从各种规划指标上来看，是符合规划指标要求。可研报告中对项目的给水排水工程、电气工程、空调系统、采暖工程、通风工程、燃气工程、弱电工程、消防工程等公用工程做了详细介绍，并对水资源利用、能源的节约与消耗、消防和劳动安全卫生方案、项目环境和生态影响等方面做了分析研究，用综合评分的方法判别出本工程满足一星绿色建筑的标准，在选址和建设内容上是可行的，不会对周围区域的生态和环境造成污染性影响。

（4）组织实施方案

主要针对项目开发周期及实施进度安排、项目进度管控措施、项目招投标管理、招投标计划安排等工作事项的实施做了方案说明。

（5）项目投资估算与资金筹措

项目的投资估算是指在整个项目的投资决策过程中，依据现有的经济与技术资料和一定的科学计算方法，对项目的总投资金额进行估算。投资估算是进行建设项目技术经济评价与投资决策的基础，是有关部门审批可行性研究报告的依据之一，也是项目投资控制的目标之一。

1）本项目投资估算的编制依据：国家发展改革委颁发的《建设项目经济评价方法与参数》（第三版）规定的投资估算范围；某市建筑工程、装饰装修工程、安装工程最新预算基价及市政工程预算基价；2015年1月某市建委颁发的有关工程造价信息；项目拟建设方案、某置业集团类似项目投资资料；其他费用按国家及某市有关基本建设方面收费标准。

2）本项目投资估算的编制遵循了以下流程：①熟悉工程项目的特点、组成、内容及规模等；②收集与项目投资估算有关的资料、数据及估算指标等；③选择与估算项目相应的投资估算方法（包括生产能力指数法、系数估算法、比例估算法、混合法、指标估算法等），本项目在确定建筑安装工程费及基础设施配套费时采用指标估算法；④依据《某市工程结算资料汇编》（2014年）中的平方米指标估算项目所含的单位工程的工程量、主要设备清单量；⑤进行单项工程所包括的建筑工程、设备及工器具购置费和安装工程费的估算；⑥在汇总各单项工程费用的基础上，估算工程建设其他费和基本预备费；⑦估算涨价预备费和建设期贷款利息；⑧估算项目投资流动资金；⑨汇总建设项目总投资估算；⑩编写项目估算的编制说明；⑪整理、出具项目投资估算报告文件。

3）投资估算的编制结果：本项目的最终确定的总投资为4.6720亿元，其中建安工程费与基础设施配套费用合计为2.4936亿元。因本工程不进行概算的编制，因此，投资估算额便作为本项目成本管控的目标限额。

4）资金筹措：项目资金来源包括五部分：集团融资、银行贷款、销售收入、自有资金和其他（主要指预缴费用返还）。

（6）项目财务分析与评价

可行性研究报告中，主要针对本项目的盈利能力进行了分析，通过对项目的内部收益率、净现值、动态投资回收期等数据的计算，评价出项目在财务上是可行的。

（7）社会影响分析与不确定性风险分析

此部分通过分析项目对开发区经济社会的影响、对开发区不同利益相关者的影响、对所在地区弱势群体利益的影响、对所在地区文化教育卫生的影响、对当地基础设施社会服务容量的影响等因素，以及

对各种不确定风险因素的评价，总结出项目所在地区现有技术、文化状况能满足项目建设需求，项目的社会适应性较强，具有一定的抗风险能力，综合评定该项目的开发建设是可行的。

3. 设计阶段的咨询服务

这个阶段的造价管理工作，即在优化设计方案的基础上，运用一定的措施和方法把建设项目工程的造价控制在核定的造价限额以及合理的范围以内。此阶段的造价管理体现了一种事前控制的思想。因为设计的每一步每一笔都是需要投资来实现的，所以在没有施工以前，把好设计关就显得尤为重要，为了减少设计洽商造成的工程造价的增加，减少或避免施工阶段不必要的修改，应该把设计做得细致和深入。如果这个阶段的造价控制不能很好地实现，必将会给后面阶段的造价控制带来巨大的负面影响。

（1）在初步设计阶段，根据类型相似工程的各个分部工程的含量与价格指数编制目标成本测算书，并且针对每一个分部分项工程编写测算说明（含材料设备档次，计算指标等说明）；

（2）进入施工图设计阶段，根据施工说明书和图纸及预算定额编制施工图预算，用来核对施工图阶段的造价是否超过允许的初步设计概算；通过施工图预算的编制，对施工图设计进行了细化审图，检查总平面图与施工图的几何尺寸、标高是否一致；基础与主体结构钢筋的规格有无矛盾，位置有无错误，预埋是否正确，钢筋是否得当；核对土建与设备安装等专业图纸之间，以及图与表之间衔接的位置是否一致等；

（3）通过施工图预算对设计中的结构布局、建筑做法、材料选用进行造价对比，分析出较经济的设计方案进行图纸调整。比如，此项目中通过结构指标的分析，为了控制成本投资，将使用功能较弱、装饰功能较强的阳台外侧混凝土花池及屋顶绿化带进行了取消，各层的平面图相应修改，立面图、剖面图、大样图根据平面图重新调改出图；建筑做法中，通过装饰工程指标的分析，在满足本项目的住宅使用交付标准（毛坯交付）的前提下，取消了户内门、阳台推拉门的安装改为由业主自理，取消了户内地面面层的做法改为由业主自理；内墙保温做法中，在满足建筑节能要求的前提下，将15mm厚玻化微珠保温砂浆改为10mm厚胶粉聚苯颗粒、40mm厚玻化微珠改为30mm厚玻化微珠等。

4. 发承包阶段的咨询服务

发承包阶段的造价管理在全过程造价咨询服务中起着着承上启下的作用，是前期决策投资、设计方案落实现场的开篇步骤，也是后期施工阶段现场管理工作顺利开展的基础条件。此阶段的咨询服务内容较细致、较琐碎，从发承包模式的选择、拟采用的合同形式和合同内容的确定，到招标文件、工程量清单及控制价的编制审核，再到投标报价的清标分析、最终合同价款的确定，每一步都需要造价专业人员面面俱到、准确严谨，以防在后期工作中造成管理工作的风险隐患。

（1）通过与业主及其他工程部门分析研究后，本项目的发承包模式定为工程施工总承包。在工程施工招标文件及合同条款拟定过程中，应注意对下列问题进行明确约定：

1）合同计价方式的选择；

2）主要材料、设备的供应和采购方式；

3）预付工程款的数额、支付时间及抵扣方式；

4）安全文明施工措施的支付计划，使用要求等；

5）工程计量与支付工程进度款的方式、数额及时间；

6）工程价款的调整因素、方法、程序、支付及时间；

7）施工索赔与现场签证的程序、金额确认与支付时间；

8）承担风险的内容、范围以及超出约定内容、范围的调整办法；

9）工程竣工价款结算编制与核对、支付及时间；

10）合同解除的价款结算与支付方式；

11）工程质量保证金的数额、预留方式及时间；

12）违约责任及发生工程价款争议的解决方法及时间；

13）与履行合同、支付价款有关的其他事项等。

（2）工程量清单及招标控制价的编制是投标计价和工程结算时调整工程量的依据，是整个项目造价控制的核心内容。如何编制准确的工程量清单及招标控制价，应遵循以下几原则：

1）根据项目特点及投标文件的要求，并且方便业主在成本测算项目上的指标拆分，建立分部分项工程量清单的目录顺序划分。比如，可按标高位置不同划分为±0.000以上部分、±0.000以下部分或地上工程、地下工程；也可按不同施工部位划分为土石方工程、基础工程、混凝土工程、钢筋工程、砌体工程、防水工程、屋面工程、保温工程、装饰装修工程、给水工程、排水工程、照明工程、配线配管工程、采暖工程等；

2）严格按照《建筑工程工程量清单计算规则》GB 50500-2013计算工程量。计算工程量时要做到计算原则统一、相同科目计量单位划分口径一致、尽量使用同一种工程量计算软件；

3）工程量清单特征描述要做到内容详尽、表述准确完整、方便计取综合单价，以免造成出现多算、少算、漏项，甚至会留有大量的活口；

4）招标控制价必须遵循《建筑工程工程量清单计价规范》GB 50500-2013计算综合单价，必须适应招标人对目标工期和质量的要求；人工单价依据省市造价管理部门当期发布综合工日单价执行，主要材料价格依据当期发布的工程造价信息执行，招标单位如若提供了材料暂估价，招标单位应该盖章签字认可；

5）招标控制价价格计算时，必须合理确定措施费、管理费、利润等费用，费用的计取应反映企业和市场的现实情况，考虑价差因素和风险费用；项目明细较多时，要着重检查相同专业的项目内容套用的管理费、利润、规费等费率的是否一致，保证各项内容的计价准确；

6）应按照工程所在地主管部门要求，协助招标人办理招标控制价（最高投标限价）备案工作。本项目所在地备案时对招标控制价的各单项工程的建筑特征、部分工料每平方米用量指标、工程造价的指标分析也做了审查，保证招标控制价最终数额符合实际市场情况。

（3）对投标报价的分析，即清标工作，也是最终确定合同价款前的一项基础工作。清标工作应依据招标文件、招标控制价、投标文件及工程计价有关规定进行。近几年，投标方经常采取的投标策略为"不平衡报价"，而对于招标方来说"不平衡报价"将导致低价中标，高价结算。严重的不平衡报价将干扰招投标工作的正常运行。在最后工程造价结算审核过程中，也会因投标报价的不平衡而引起造价严重失衡的情况。所以，分析投标报价中不平衡组价的项目内容便成为清标工作的重要任务。

不平衡报价通常有以下几种形式：

1）时间不平衡报价。投标人报价时把清单中先行完成的工作内容的清单项目单价相对调高，如基础、土方项目等，后续完成的工作内容的清单项目单价调低，使总价保持不变；

2）数量不平衡报价。针对施工图设计不深，招标工程量与实际发生工程量存在差异的情况。作为有经验的投标人，通过研究施工图纸、勘察资料，并经现场踏勘后，对实际可能发生工程量与招标工程量的变化预见性，如实际完成工程量可能增加或减少来调高或降低清单项目的单价，保持总价平衡；

3）综合单价包干项目（如拆除工程、结构改造工程）报高价；

4）暂定项目，且实施可能性大的项目报高价（如拆除工程、零星工程，一般都是市场高于定额价），估计该工程不一定实施的可定低价；

5）询标中，若招标人要求降低综合单价，则工程量大的降幅小，工程量小的降幅大；

6）专业性较强的项目，考虑到将来招标人有可能统一施工或指定分包时，可降低报价；

7）对计日工人工、材料、机械台班单价不计入投标总价的提高报价。

了解这些不平衡报价的策略，便可以在清标工作中着重对比这些项目内容，采取相应的防范与对策：

1）对投标人的资信状况进行考察，应重点关注投标人的经济纠纷情况；

2）改进评标方法，目前基本上是根据不同的项目特征而采用不同的评标方法，主要有经评审的最低投标价法、综合评估法、综合评分法等。招标人及合作审计组应根据项目特征制定相应的评标规则，科学计算各报价组成因素的标准平衡值，为评标人判断不平衡报价提供依据。对评标者而言要深刻理解"低价中标"的原则，注意防止承包商隐性的不平衡报价。即不但要审总价，还要看每一项的单价，对于分项工程单价值较高，工程量较大，主要材料的单价价值较高，分项变更的可能性较大的项目要重点评审。对严重偏离标准平衡值的项目进行扣分，限制不平衡报价的投标人中标，起到预控作用；

3）完善施工合同条款，对支付进度款条文，以形象进度部位为前提，结合合同总价，按比例支付。若施工中出现了某些项目工程量变更超过一定比例，合同约定，对该分项的综合单价重新组价，并明确相应的组价方法，以消除双方可能因此产生的不公平额外支付；

4）工程实施过程中严把工程变更索赔关，工程实施阶段，对涉及造价调整的变更联系单，业主、监理、施工方均应按统一的工程变更审核程序办理，层层把关及时核算。对偏差较大的不平衡项目，发现后，及时与施工方磋商，妥善解决，避免事后发生问题。

5. 施工阶段的咨询服务

施工阶段是整个项目建设过程中时间跨度最长、变化最多的阶段，对建设项目全过程造价管理来说也是最难、最复杂的。此阶段造价咨询服务的主要内容有：图纸会审、工程计量与价款管理、工程变更及索赔控制、合同管理及后评价。

（1）图纸会审

通过图纸会审可以使项目的各参建单位熟悉设计图纸、领会设计意图、掌握工程特点及难点，找出需要解决的技术难题并拟订解决方案，从而将因设计缺陷而存在的问题消灭在施工之前。图纸会审常见的问题有如下几种：

1）是否无证设计或越级设计；是否经设计单位正式签署；是否经过相关部分审核合格；

2）地质勘查资料是否齐全；设计图纸与说明是否齐全，有无分期供图的时间表；

3）几个设计单位共同设计的图纸相互间有无矛盾；专业图纸之间、平立剖面图之间有无矛盾；标注有无遗漏；

4）总平面与施工图的几何尺寸、平面位置、标高等是否一致；

5）防火、消防是否满足要求；

6）建筑结构与各专业图纸本身是否有差错及矛盾；结构图与建筑图的平面尺寸及标高是否一致；建筑图与结构图的标示方法是否清楚；是否符合制图标准；预埋件是否表示清楚；有无钢筋明细表；钢筋的构造要求在图中是否表示清楚；

7）材料来源有无保证，能否代换；图中所要求的条件能否满足；新材料、新技术的应用有无问题；

8）地基处理方法是否合理，建筑与结构构造是否存在不能施工、不便于施工的技术问题，或容易导致质量、安全、工程费用增加等方面的问题；

9）工艺管道、电气线路、设备装置、运输道路与建筑物之间或相互之间有无矛盾，布置是否合理；是否满足设计功能要求。

（2）工程计量与价款管理

1）计量与价款支付的工程量必须以承包人完成合同工程应予以计量的工程量确定；

2）工程计算可依据合同之约定，采用按月或工程形象进度节点进行计量；

3）因承包人原因造成的超出合同工程范围施工或返工的工程量，发包人不予以计量；

4）施工中进行的工程计量，当发现招标工程量清单中出现缺陷、工程量偏差或因工程变更引起的工程量增减时，应按承包人在履行合同义务中完成的工程量计算；

5）采用总价合同承发包模式时，工程计量应以审定批准的工程设计施工图为依据，按双方在合同中约定的工程计量的形象目标或时间节点进行计量；

6）工程预付款必须用于合同约定的工程项目施工；付款的比例、付款条件应符合合同约定，并且要扣除暂列金额、暂估项目的金额；

7）结算工程进度款时，已标价工程量清单中的单价项目，应按工程计量确认的工程量与综合单价计算；综合单价发生调整的，以发承包双方确认调整的综合单价计算；

8）发包人提供的甲供材料金额，应按照发包人签约提供的单价和数量从进度款支付中扣除，列入本周期应扣减的金额中；

9）暂估价与材料确认价之间的差额，应计入当期应支付进度款内，材料暂估价要及时进行确认，放入其他项目费清单中只计取规费与税金项；

10）进度款中的规费与税金应按规定进行计取；

11）进度款中的安全文明施工费及预付款应按合同规定及时扣回应扣回的费用。

（3）工程变更及索赔控制

发生工程变更的原因有很多，总体来说，主要有以下几种类型：

1）建设单位原因：工程规模、使用功能、工艺流程、质量标准的变化，以及工期改变等合同内容的调整；

2）设计单位原因：设计错漏、设计调整，或因自然因素及其他因素而进行的设计改变等；

3）施工单位原因：应施工质量或安全需要变更施工方法、作业顺序和施工工艺等；

4）监理单位原因：监理工程师出于工程协调和对工程目标控制有利的考虑，而提出的施工工艺、施工顺序的变更；

5）合同原因：原订合同部分条款因客观条件变化，需要结合实际修正和补充；

6）环境原因：不可预见自然因素和工程外部环境变化导致工程变更包括不可抗力原因。

工程变更构成索赔需要符合以下要素：

1）与合同对照，事件造成了承包人工程项目成本的额外支出，或直接工程损失；

2）造成费用增加或工期损失的原因，按合同约定不属于承包人的行为责任或风险责任；

3）承包人按合同规定的程序和时间提交索赔意向通知和索赔报告。

除以上因工程变更引起的索赔以外，承包商可以索赔的事件还有：

1）发包人违反合同给承包人造成时间和费用的损失；

2）发包人提出提前完成项目或缩短工期而造成承包人的费用增加；

3）发包人延期支付期限造成承包人的损失；

4）非承包人的原因导致工程的暂时停工；

5）物价上涨，法规变化及其他等因素造成承包人的损失。

施工过程中发生的索赔成立后，由施工单位申报《经济签证申请表》（附预算书），经现场监理工程师审核签字盖章后，报业主单位工程部管理人员复核后，再由造价工程师审核造价，业主单位在《经济签证申请表》中明确计费方法或协议单价。造价工程师应随时到施工现场了解实际工作情况，对涉及造价或费用改变较大的经济签证进行抽查，工程部现场管理人员应积极配合。抽查中若发现申报的经济签证与实际情况有较大出入的，将给予施工单位相应的惩罚。因承包人擅自变更设计发生的费用和由此导致发包人的直接损失由承包人承担，延误的工期不予顺延。若造成质量问题或经济损失由承包人全部承担，并接受建设单位按该部分工程造价30%的违约处罚。

工程实际使用材料的质量、价格如与工程量清单项目特征描述不一致需办理经济签证时，由工程监理、工程部、造价工程师共同审核；必要时可进行招标确定。

（4）合同管理及后评价

在合同履行过程中，作为第三方的造价咨询单位应做好合同的动态管理工作，就合同内容、合同价款调整、预付款、进度款、结算款、主要合同责任及其他事项进行及时统计与汇总并及时更新。在合同执行后必须要进行合同实施后评价，将合同拟定、洽商、签订、履行过程中的利弊、经验教训总结出来，作为以后工程合同管理的借鉴。

6. 竣工结算阶段的咨询服务

竣工结算是工程造价管理的重要环节，直接关系到发包单位和承包单位的切身利益。经审查的工程竣工结算是核定建设工程造价的依据，也是建设项目竣工验收后编制竣工决算和核定新增固定资产价值的依据。

本项目的竣工结算审查按准备、审查和审定三个工作阶段进行，并实行审查编制人、审核人和审定人分别署名盖章确认的审核签署制度。

（1）工程结算审查准备阶段主要包括以下工作内容：

1）审查工程结算书序的完备性、资料内容的完整性，对不符合要求的应退回，限时补正；

2）审查计价依据及资料与工程结算的相关性、有效性；

3）熟悉施工合同、招标文件、投标文件、主要材料设备采购合同及相关文件；

4）熟悉竣工图纸或施工图纸、施工组织设计、工程概况，以及设计变更、工程洽商和工程索赔情况等；

5）掌握工程量清单计价规范、工程预算定额等与工程相关的国家和当地建设行政主管部门发布的工程计价依据及相关规定。

（2）工程结算审查阶段主要包括以下工作内容：

1）审查工程结算的项目范围、内容与合同约定的项目范围、内容一致性；

2）审查分部分项工程项目、措施项目或其他项目工程量计算准确性、工程量计算规则与计价规范保持一致性；

3）审查分部分项综合单价、措施项目或其他项目时应严格执行合同约定或现行的计价原则、方法；

4）对于工程量清单或定额缺项以及新材料、新工艺，应根据施工过程中的合理消耗和市场价格，审核结算综合单价或单位估价分析表；

5）审查变更签证凭证的真实性、有效性，核准变更工程费用；

6）审查索赔是否依据合同约定的索赔处理原则、程序和计算方法以及索赔费用的真实性、合法性、准确性；

7）审查分部分项工程费、措施项目费、其他项目费或定额直接费、措施费、规费、企业管理费、利润和税金等结算价格时，应严格执行合同约定或相关费用计取标准及有关规定，并审查费用计取依据的时效性、相符性；

8）提交工程结算审查初步成果文件，包括编制与工程结算相对应的工程结算审查对比表，待校对、复核。

（3）工程结算审定阶段

1）工程结算审查初稿编制完成后，应召开由工程结算编制人、工程结算审查委托人及工程结算审查人共同参加的会议，听取意见，并进行合理的调整；

2）由工程结算审查人的部门负责人对工程结算审查的初步成果文件进行检查校对；

3）由工程结算审查人的审定人审核批准；

4）发承包双方代表人或其授权委托人和工程结算审查单位的法定代表人应分别在"工程结算审定签署表"上签认并加盖公章；

5）对工程结算审查结论有分歧的，应在出具工程结算审查报告前至少组织两次协调会；凡不能共同签认的，审查人可适时结束审查工作，并作出必要说明；

6）在合同约定的期限内，向委托人提交经工程结算审查编制人、校对人、审核人签署执业或从业印章，以及工程结算审查人单位盖章确认的正式工程结算审查报告。

四、咨询服务的实践成效

通过各阶段有效的投资控制，造价咨询服务在本项目中取得了较显著的控制成效。本工程的投资估算为4.6720亿元，其中建安工程费与基础设施配套费用合计为2.4936亿元，因笔者截稿日时，本项目的最终财务决算数额尚未统计完成，根据各阶段的动态成本数据分析出本项目的总投资尚处在结余状态；但建安工程费与基础设施配套费用已结算完成，通过各阶段的造价控制，结算后的总造价低于原投资估算值，达到了目标成本控制的要求。

总结以上各阶段的造价咨询服务工作，设计阶段的设计比选、承发包阶段的清标比价、施工阶段的变更签证管理是全过程造价咨询服务的关键控制节点。

（1）在设计阶段，本项目通过设计方案的造价对比，向业主提出了可行的成本控制意见，比如取消了阳台外侧混凝土花池及屋顶绿化带；取消了户内门、阳台推拉门的安装改为由业主自理；取消了户内地面面层的做法改为由业主自理；内墙保温做法中，将15mm厚玻化微珠保温砂浆改为10mm厚胶粉聚苯颗粒，40mm厚玻化微珠改为30mm厚玻化微珠等。以上设计方案的调整，使业主在建设成本上避免了近300万元不必要的投资；

（2）承发包阶段，在做好招标清单及控制价的基础上，为更好地控制成本，获得价廉物美的产品，对于市场竞争激烈的又影响建筑物外观质量的材料设备，组织了内部比价，采用竞争的方法获得了最优价格。进行比价的材料有：铝合金窗、塑钢窗、入户门、防火门、精装修用瓷砖、橱柜、洁具、油烟机等；进行比价的设备有：电梯、无负压供水设备等；进行比价的分包工程有：样板间精装修、售楼处精装修、6号楼精装修、1~5号及7号楼公共部位精装修、消防工程、智能化工程、室外通信工程、物业配电站工程等；

（3）针对施工阶段管理服务内容，本项目中咨询服务团队采取了几点比较有利的管理措施：

1）把握材料、工日、台班的市场情况变化，经常深入到市场当中进行调研，及时了解《造价信息》所提供的参考价格。这对于工程结算审计十分重要，避免了与施工方由于价格上的差异争执，节省了整个结算过程审计的时间。同时，这些资料对于一些基建过程中出现的零星工程，制定合同价款起着相当大的作用；

2）加强对工程签证的及时性和准确性以及隐蔽工程的审核。工程签证是施工过程中工程变更的记录，是结算审计的依据，由于施工过程的复杂和众多的人为因素造成了现场签证的漏洞很多，如：施工单位在签证上巧立名目，以少报多，遇到问题不及时办理，结算时搞突击，造成双方扯皮等。因此，要做到以下几点：①签证必须要有甲方代表两人以上和施工单位现场负责人的签字或盖章，并及时报送审计部门审核；②现场签证内容、数量、项目、原因、部位、日期等要明确，价款的结算方式、单价的确定应明确；③现场的签证应及时办理，过后不予补办。此项工作对于后期结算审计过程中工程量的调整和造价的控制起到至关重要的作用；

3）配合监理等人员及时掌握工程的进度和质量情况。进度控制就是要做好对合同工期的控制，施工单位往往会对工期的提前索要赶工费、夜间施工措施费等费用，而由于工期的滞后则会影响整个投资计划的进行和效益，作为专业的造价管理人员应对于工期做出客观的判断。在质量方面，有些施工单位会冒险对工程偷工减料、以次充好，以谋取更大的利润，造价管理人员就应深入现场了解实际情况，以便做好造价的控制评价；

4）对设计变更进行技术经济比较，严格控制设计变更，通过寻找设计挖潜，大大提高控制成本的可能性。其中列举几项在住宅项目中值得参考的变更优化，有利于避免成本费用的增加：

①卫生间墙面防水由之前的全墙高调整为按照现场实际确认高度、厨房墙面部分防水在满足施工质量要求的前提下进行了取消；

②仅具有装饰效果而无使用功能的楼梯间窗户下部的金属格栅变更为保温造型，同样不会减少外立面的美观效果；

③部分房间的地面在满足防水要求的前提下，变更了防水层的厚度，取消多余的防潮层；

④施工过程中对建筑做法再次对比分析，在满足住宅项目的验收标准的基础上，对户内部分墙面的

乳胶漆进行变更取消，户内的水泥砂浆踢脚线进行了变更取消，卫生间及厨房的吊顶变更取消，以及卫生间墙面的块料面层也进行了变更改为用户自理。

专家点评

  青岛信永中和工程造价咨询事务所有限公司所提供的某住宅区及人才公寓项目全过程造价咨询服务案例，该项目为自筹资金的国有投资项目，投资管控上有比较严格的要求，虽然该项目以施工全过程造价控制为主，但是工程咨询单位配合业主在前期项目的成本估算、目标成本的制定、概算与清单的编制与拟定、招标代理服务以及施工过程的全程驻场监控管理等，较好地体现了全过程的基本理念，施工阶段的过程控制是重点，但前期决策与设计阶段的投资目标的确定也是重要的环节，没有明确的项目投资目标，后期的跟踪管控就无从下手，因此咨询企业要想从事全过程工程咨询必须将自己的业务向前期延伸，向全过程延伸，参与了项目的前期决策过程就能清楚地了解项目的投资目标，从而在项目建设的各个阶段有的放矢地控制投资的各个环节，真正把全过程造价咨询服务的能力提高。

  本项目能在前期决策阶段参与业主投资目标的确定，帮助业主建立与投资目标相对应的建设标准，对全过程工程咨询业务有很好的借鉴作用。

点评人：刘嘉

上海申元工程投资咨询有限公司

以"全面统筹提供增值服务为目标"的某大型地产项目
——海逸恒安项目管理有限公司

甄 东 李艳秋 周海英

一、项目基本概况

1. 项目概况

该地产全程咨询跟踪项目是由国内某一线地产公司投资建设，项目分两期进行，总建筑面积93万㎡；其中一期项目建筑面积43万㎡，由26栋单体住宅组成，业态包含高层、洋房、沿街商业等；一期项目分为两个组团，由两家总包单位负责施工，工程造价6.2亿元；主要的总分包合同类型为固定总价合同。

2. 项目特点

该全过程咨询跟踪项目是为业主提供涵盖前期估算、设计、招标、施工、结算的全过程成本咨询，与业主项目成本部深度融合，全面参与项目成本决策的全过程，为业主提供专业的成本咨询服务。

二、咨询服务范围及组织模式

1. 咨询服务的业务范围

该项目全过程工程造价咨询服务工程范围涵盖所有与本项目相关的工程合同范围，包括但不限于全部单体土建安装工程、精装修工程、全部红线内室外工程、红线外大市政工程、红线外景观、红线外桥梁、配套工程等。具体包括项目前期方案成本测算；总包及专业分包招标工程量清单编制；清标及回标分析；总包施工图预算（重计量）；分包工程量核对；主要工程指标核算与分析；三单（现场签证、变更、洽商）的测算与内部审批；进度款审核及管理；过程中三单结转；索赔与反索赔的费用计算与谈判；总包分包合同结转等。

2. 咨询服务的组织模式

我公司根据项目业主的具体要求及项目体量情况，在组建项目团队时制定了以下几个原则：

（1）项目负责人及驻场工程师需有类似建设工程造价咨询工作经验；

（2）团队人员专业能力突出，年龄段搭配合理；

（3）专业配备合理，人员分工明确；

（4）公司后台支持。

根据以上原则，公司为项目团队配备项目经理一名，由我公司具有丰富地产咨询经验的资深造价工程师担任，全面负责该项目的所有工作；项目中前期驻场咨询工程师四人，其中土建造价工程师两人，安装造价工程师一人，项目内业一人，在项目经理的领导下负责项目具体事宜；在项目中后期根据工程进展情况，为项目增派精装造价工程师、安装工程师及园林造价工程师，负责项目后期精装工程及景观工程相关工作；同时公司抽调市政、精装、安装等专业的造价工程师成立项目后台工作群，对项目总包施工图预算及专业分包过程对量、清标等工作提供技术及人员支持。

3. 咨询服务工作职责

（1）方案成本测算

根据业主的要求及图纸，为业主提供各项经济技术指标，协助业主进行目标成本测算，完成项目目标成本编制。

（2）图纸会审

进行图纸会审并形成图纸会审纪要。

（3）招标清单编制

根据业主要求，编制总包模拟清单及分包工作量清单。

（4）招标答疑

协助业主完成招标答疑，参加答疑会。

（5）评标

根据业主要求，对回标文件进行回标分析。

（6）施工图预算或工程量的核对

对总包施工图纸进行重计量，对分包工程图纸进行工程量核算。

（7）指标含量分析

对完成招标工作的总分包工程进行相对应的指标分析。

（8）三单管理（设计变更、现场签证、技术洽商）

负责现场发生的设计变更、经济签证、见证签证、技术洽商等三单的测算、内网审批。

（9）施工方案审核

对施工单位报审的施工方案进行经济分析，提供分析报告及合理化建议。

（10）合同管理

协助业主完成合同编制，整理并打印，针对具体合同条文进行审核，帮助业主规避合同风险。

（11）进度款管理

审核施工单位报审的进度款支付申请，并完成内网审批。

（12）跟踪项目台账

建立并更新项目全过程成本台账。

（13）预结算管理

审核施工单位报审的合同结算资料，并完成合同结算。

（14）索赔及反索赔

现场发生索赔及反索赔时，项目团队协助收集整理相关数据资料，结合现场情况，编写索赔条款或反索赔应对策略，必要时参加谈判工作。

（15）信息支持服务

为业主提供与工程相关的法规、文件、价格等成本信息。

三、咨询服务的运作过程

项目服务团队根据业主具体要求及现场实际情况，将现场跟踪日常工作划分为进度款审核及支付、三单及方案测算、三单结转、分包配合招标、数据支撑、现场巡检及收方等七个模块；由项目经理统一协调，驻场工程师分工负责，各有侧重，公司后台工作群提供技术及人员支持。

1. 月度计划编制及考核

项目经理在每月月底编制次月项目部工作计划，将项目日常工作分模块拆分细化，设定具体完成时间或时长；根据项目工作的轻重缓急设定每周重点工作目标，并在每月月底进行计划考核与复盘。

2. 方案成本测算

（1）根据业主方案图纸，为提供结构（混凝土、钢筋、砌体等含量）、门窗（窗地比）、公共部位精装修、室外管网及园林景观等经济技术指标，协助业主进行目标成本测算工作，完成项目目标成本编制；

（2）根据扩初图计算混凝土、钢筋、砌体等含量、窗地比及景观绿化等成本指标，与该项目相关的其他方案测算相比，或与同类型小区的成本指标相比，提出成本优化建议；

（3）根据施工图初稿计算钢筋、混凝土、砌体等含量、窗地比及景观绿化等成本指标，与该项目相关的其他方案测算相比，或与同类型小区的成本指标相比，提出成本优化建议。

3. 图纸会审

对联审图纸及施工图纸进行全面图纸会审，编制电子及书面图纸会审纪要；通过会审，预先发现图纸的错、漏、碰、缺，提供问题的合理化建议。

4. 招标清单编制

清单编制及时、准确；如果需要与投标单位对增补的工程量进行核对时，项目团队安排人员及时、认真完成工程量的核对，必要时做相关分析报告，并将计算底稿及审核结果报送业主。提供成果文件的电子文档及工程量计算底稿。

5. 招标答疑

协助业主完成招标答疑，招标答疑回复及时，投标人对招标文件提出疑义后，项目团队提交答复意见给业主，由业主审核后统一答复。招标答疑回复准确，参加答疑会。

6. 评标

根据业主要求，对回标文件进行回标分析；纠正计算错误，并指出其中不合理价格，对差异大的子项目进行分析说明，尤其要注意不平衡报价的存在，并按业主要求以书面形式提交分析过程、指标分析及中标意见；协助业主询标及合同、报价的谈判；按业主要求进行经济标分析（包括各分部工程在招标过程中若经业主指令，招标图纸变更，需重新计算工程量，二次回标清标），根据清标结果发出投标质疑函，提供成果文件；配合业主与施工单位的造价澄清、谈判，直至最终签订合同。

7. 施工图预算或工程量的核对

对总包施工图纸进行重计量，对分包工程图纸进行工程量核算；核对工作及时、准确；必须对核对后的确认价格（或工程量）与提报预算价格（或工程量）的差异进行分析，给出差异原因。

8. 指标含量分析

招标工作完成后或预算价确定后，项目团队根据业主提供统计分析表格完成相应的指标分析工作，同时以电子和书面形式提交业主。

9. 三单管理（设计变更、现场签证、技术洽商）

（1）及时估算，提供变更、签证、技术洽商的合理化建议，研发和工程人员发起指令单后，项目团队自行处理或转交其他专业人员处理，同时判断事先还是事后审批。驻场工程师审核预估时间最多不能超过两天。驻场工程师需按变更、签证估价表的预估费用即时录入到项目管理集成台账中并有项目内业负责录入内网变更、签证台账；

（2）审核设计变更与现场签证、技术洽商流程符合性；

（3）审核设计变更与现场签证、技术洽商内容准确性、严谨性；

（4）收到变更、签证单后，驻场工程师应与经办工程师充分沟通，结合合同条款与现场实际情况，掌握隐蔽、返工、拆除等审核控制点，做到计算依据充分，价格及工程量来源描述清晰；对具有代表性的变更签证，按照业主要求的格式编写案例；

（5）变更洽商预算结算审核办理确保及时性，驻场工程师收到签字完整的纸质变更洽商资料后两周内应完成变更洽商签证的预算编制工作，并于每月10日前完成上月变更洽商预算与施工方的核对工作，完成变更洽商的预结算办理；

（6）变更、签证、洽商内容完工后，驻场工程师需督促施工方在10个工作日内报送完工回执。然后根据回执变更洽商单上监理和项目部确认的工作内容，完成与施工单位最终的结算确认。最后将完整的资料（含变更、签证估价表、施工方上报预算、双方确认价、附图等）上报业主成本对接人。由业主成本人员完成签证费用的确认后，由项目内业并录入到内网变更签证台账；

（7）一单一算：每份设计变更、工程洽商、现场签证应编制一份预算书，一份结算书；

（8）一月一清：每月25日前须与建设方、监理完成上月所有纸质的变更、洽商、签证单份数核对，且各方持有的纸质资料份数及内容应一至，核对完成后签认月清单，并更新月清白条台账。

10. 施工方案审核

对施工单位报审的施工方案进行经济分析，根据项目实际情况及工作经验提供分析报告及合理化建议。

11. 合同管理

驻场工程师配合业主成本工程师完成合同编制，并审核合同内容，帮助业主规则合同风险，整理成PDF文件后打印装订，下发给施工单位盖章，在收到各分包纸质合同后一周内，完成合同管理台账编制及更新。台账中应明确内容应记录合同编号、合同名称、对方单位、合同额、付款条件、人工调价、暂估价等所有合同执行中关注（如索赔反索赔等）及落地经济条款。此台账作为合同管理工具于每周一与业主成本人员一起回顾，及时完成与各分包单位经济资料的办理。

12. 进度款管理

依据业主与承包商签订的合同进行付款审批，付款审批应与每月23日前审核完成，并确保付款审核的严谨准确，协助业主成本工程师编制月度资金计划，在业主成本工程师及业主项目主管签字确认后由项目内业工程师内网提起审批，并督促施工单位尽快开具发票。

13. 跟踪项目台账

根据业主及公司要求，建立并随时更新项目全过程台账，包括收发文台账、合同台账、三单测算台账、方案测算台账、三单结转台账、甲供材管理台账、进度款台账、索赔及反索赔台账、商票及银承支付台账、合同开口条款台账、月清白条台账、过程奖罚台账、现场收方台账、项目指标与数据台账等。

14. 预结算管理

审核施工单位报审的合同结算资料，并完成合同结算；

保证预结算流程符合性，审核施工单位报审的预结算资料完整性；预结算编制及审核要及时、准确，按照业主的要求进行预、结算的编制、图差计算、合同价确定、合同结算、竣工结算审核，出具审核报告，配合业主完成结算造价分析并提供成果文件，并进行结算数据分析。

15. 索赔及反索赔

现场发生索赔及反索赔时，项目团队协助收集整理相关数据资料，结合现场情况，编写索赔条款或反索赔应对策略，必要时参加谈判工作。

16. 信息支持服务

（1）收集国家及地方有关工程造价的法律法规、相关文件，及时通知业主，对于可能影响项目造价的情况要做出影响分析，向业主预警。

（2）提供材料、设备、工程等造价信息的咨询，协助业主获取、分析房地产公司的成本指标。

四、咨询服务的实践成效

全过程跟踪咨询工作除了为业主提供最基本的业务服务之外，还需要拓展自己的视野，站在业主的角度对全面统筹现场成本工作提供更高的增值性服务。

案例1：全过程咨询对项目模板成本的优化（图1）

该项目小高层公区精装修工程在方案设计阶段目标成本为312元/m²，驻场咨询工程师依据自身的工作经验结合现场的实际情况，向业主提出了取消连廊精装修，公司标准层跌级吊顶改为平吊，并取消石膏线条，防火门处玫瑰金线条取消，电梯石材门套线由120mm宽优化为80mm宽，

优化费用合计约183万元

优化方案：
1. 消防连廊取消精装，优化成本502526.46元；
2. 标准层跌级吊顶优化为平吊，且取消石膏线，优化成本198353.29元；
3. 防火门处玫瑰金嵌条取消，优化成本500805.15元；
4. 石材套线宽度由120mm优化为80mm，优化成本33345.29元；
5. 10号楼形象墙由雅士白优化为人造石，优化成本19079.39元；
6. 标准层及地下室瓷砖选型HT-0601N更改为HN-0515N，优化成本158986.78元

图1 全过程优化方案图

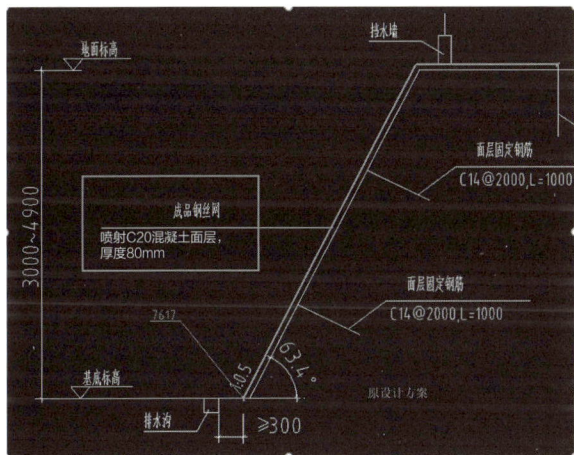

10号楼形象墙由雅士白优化为人造石，修改地下室瓷砖选型等六项成本优化建议，为业主节约成本183万元，将公区精装的实际成本将为了306元/m²，目标成本降低2%。

案例2：驻场工程师对项目成本的优化（图2，图3）

项目地基处理工程需要边坡支护，设计院给出了设计方案，边坡支护喷射混凝土80mm并敷设钢丝网，驻场工程师根据以往经验及对现场情况的掌握，认为喷射混凝土厚度过大，超出支护要求，造成了成本的浪费，并对此向业主研发部门提出了优化建议，研发部门经过研究后采纳了改建议，优化了设计方案，单此一项，可为业主节约成本320万元。

图2 项目成本优化方案一

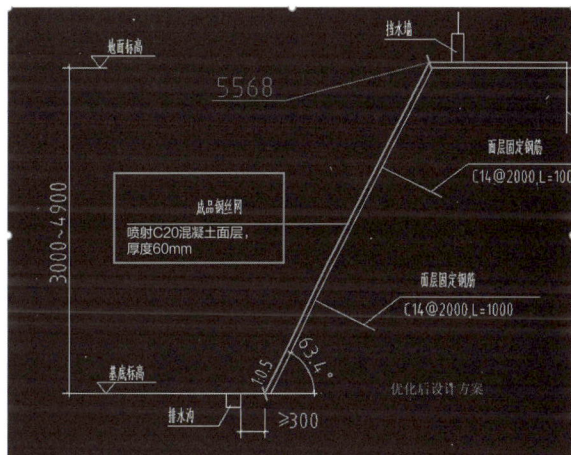

图3 项目成本优化方案二

总结：现场咨询工程师需要在日常工作中树立成本优化意识，单纯的依据图纸进行工程量计算是最基础的工作，要想提高自己的行业地位，需要为业主提供高附加值的服务内容。

案例3：驻场工程师对现场三单的管理

公区精装工程样板间多次修改，施工单位据此要求办理签证，业主工程师同意办理，并发起签证流程，驻场咨询工程师在测算前根据自己的业务经验并对照合同清单后判断此项费用应已包含在合同价内，不应对此项内容办理签证（图4，图5）。

总结：驻场工程师在三单测算的时候，需要首先根据自己的业务经验对该三单进行判断，该单是否可以办理，主要依据为合同文件、合同清单、招标答疑、澄清、承诺等文件，对于不合理、重复计算的

经济签证下发单

施工单位：上海华建装饰集团有限公司　　　　所属合同：济南龙湖春江郡城项目二标段3、4组团公区精装修工程合同

文档编号：QZ-CJLC1-122

主题		春江郡城3、4组团13#楼精装样板段零星工程			
专业		暖通	分类	同信合同外需求	
诉求部门		工程			
费用承担单位		济南盛有置业有限公司（备注：涉及到2个费用承担单位时，需要在事故内分条明确具体承担单位）			
与竣现验收及商品房销售合同核对时		吻合	是否锁销合同	否	
内容	原因	春江郡城3、4组团13#楼东单元-1层至2层精装样板段施工，电梯门套外侧需封堵，因墙砖颜色调整，需剔除已镶贴墙砖重新施工等零星工程。			
	事项	由上海华建装饰集团有限公司负责实施			
引起返工内容					
建设单位下发栏		经办人	签字：	日期：	
		竣工确认工程师	预计开始时间：　　　　预计完工时间：竣工确认工程师签字：备注：土建总包、机电总包、自带商业幕墙、批量户内精装修综合合同涉及电费竣工确认工程师提供对应的预计开始和预计完工时间，其它合同类别不需要填写此签字		
		其它确认人	成本经理签字：其它确认人签字：（需其它明确确认的事项，需相关人员签字，例如：工程、景观、幕墙、营销、商运、客服等）		
		项目负责人	签字：	日期：	

图4　经济签证下发单

业主工程师发起的签证

20	18	样板先行；中标人施工前必须在甲方指定位置或单元进行样板段制作，需经研发、成本和工程确认后方可大面积定料及施工样板段为永久性，在确定之前可能会发生的多次拆改费用	项	1	5000.00	

图5　施工单位合同清单

三单需要提醒工程师撤回，避免出现重复计算。

案例4：驻场工程师对合同的管理

项目A地块车库顶板喷漆中标单位与外墙保温涂料施工单位为同一单位，按照正常流程，该工程需要单独与施工单位签订合同，驻场工程师在发现这一情况后，为减少不必要的工作，主动向业主建议在外墙保温涂料合同下与施工单位签订补充协议，减少了大量后续重复的低价值工作。

总结：项目驻场工程师要有主观能动性，主动的思考问题，主动的推动事情的发展，在减少了自身重复工作量的同时，也为业主的各部门工程师减轻了工作量，达到多方共赢的局面。

该地产公司在经历了成本系统改革后，形成招采与成本两大主要业务平台，在项目成本端只保留项目成本经理一人，咨询公司项目团队介入的程度更加深入，负责的工作更加多样化，也对驻场咨询工程师的业务能力和个人综合素质提出了更高的要求，需要工程师具备强大的沟通协调能力，也要有计划性及主观能动性，只有这样，才能真正实现咨询公司对建设项目的全过程成本管理，在提升自己行业地位的同时也能为业主提供更多高附加值的服务！

专家点评

在该项目中，工程咨询单位的工作职责是方案成果测算、图纸汇率、招标清单编制、招投标代理、施工过程的造价控制、合同管理以及结算控制等，基本上符合全过程造价咨询中各阶段的投资管理流程和管理要素控制，体现项目的投资控制从方案的测算和结算的控制，虽然不少开发商已经有相当成熟的经验数据和流程管理，但针对不同业主的投资管理流程，咨询单位还是有一个熟悉的过程，在全过程造价控制总原则不变的前提下，针对业主的流程去制定一系列的造价控制措施来适应不断变化的业主需求，市场在变，业主的决策也在变，咨询单位的服务也要随着变化，但是不管业主的要求如何变化，咨询公司的服务流程和原则不会改变，那就是全过程造价咨询必须全面、动态、完整地体现业主的投资目标实现以及业主的投资效益。造价咨询企业只有将自己的业务和服务能力向建设项目的全过程转型，才能更好地融入全过程工程咨询服务中去。

因此，前期阶段目标成本的确定和施工阶段目标成本的动态跟踪控制是全过程造价管理的价值体现，值得推广和应用。

点评人：刘嘉

上海申元工程投资咨询有限公司

以成本控制为核心的某小镇开发项目全过程工程咨询

——中恒信工程造价咨询有限公司

邹　航　郝　智　雷晓翔　高　峰

一、项目概况

某项目，建筑面积40万㎡，工程造价约20亿。该项目属于环山而建，地势错综复杂，项目最低点标高与最高点标高差距约50m；楼间距较密，楼与楼之间存在较大高差；同时本项目为旅游开发项目，对于景观有着较高的要求，工程类别为三级。

二、咨询服务范围及工作职责

1. 咨询服务业务范围

全过程造价咨询主要为开发商针对项目的投资进行预估、提供相近或者相似项目的建造标准、提供结构对标数据等，具体工作内容包含但不限于以下内容：

（1）协助开发商成本人员编制本期及跨期目标成本及合约规划，如有需要，汇总综合成本所需要的数据；

（2）编制勘察、测绘招标清单，并进行评标工作；

（3）联合工程部、采购部、成本部制定全项目的工程策划，制定本项目的施工流程；制定一级节点、二级节点、三级节点；制定合约规划的时间节点和进场时间；

（4）编制总承包施工范围，制订总承包与专业分包之间的界面划分、划分总承包与专业分包之间的责任界定原则；

（5）编制土石方招标清单，并进行评标工作；

（6）编制总承包招标清单，并进行评标工作；

（7）编制室外管网招标清单，并进行评标工作；

（8）编制甲供材模拟清单，进行合同的签订；

（9）编制保温、涂料、门窗、栏杆等外立面部品招标清单，并进行评标工作；

（10）编制太阳能、地暖、燃气炉、新风等机电类招标清单，并进行评标工作；

（11）编制景观招标清单，并进行评标工作；

（12）编制景观部品、健身器材、标识标牌招标清单，并进行评标工作；

（13）每项招标之前，对图纸的数据进行分析，以大数据的模式进行对标，在不牺牲品质和效果的前提下，进行成本优化；

（14）每月编制工程款付款计划，并在规定日期审核各施工方本月形象进度，用于支付进度款；

（15）对图纸外的现场签证进行现场收量，对现场签证的原始数据进行记录，保存相关的影像记录。并将文件作为附件上传审批流程；

（16）对图纸外的设计变更进行现场情况收集，对于已施工、未施工的部分做详细的记录，保存相关的影像记录，并将文件作为附件上传审批流程；

（17）定期对现场进行巡场，对于未按图纸、清单、合同要求进行施工的内容予以记录，以周为单位，向开发商成本人员进行汇报；

（18）对劳务班组的形象进度、人数进行记录，了解劳务班组施工工效、了解劳务班组施工价格、了解工人工资水平；

（19）每月协助开发商成本人员编制动态成本；每半年协助开发商成本人员编制董事会年报；

（20）进行合同结算、数据沉淀、后评估等工作。

2. 咨询服务工作职责

（1）扩初（初步）设计阶段

①结构含量指标计算：

设计电子稿或者白图计算钢筋含量及混凝土含量；验算时注意：要抽取基础、首层、标准层、顶层等来予以验算，确保结果不会偏离太远。测算结果符合目标成本要求后再出施工图纸。

②复核建筑控制指标：

复核窗地比、外墙面砖、涂料、石材比例等，控制在目标成本内。

③部品材料选配标准：

复核部品材料设计选用表，不符合项要与设计部协商解决方案并进行相关成本测算分析。

④室内精装修：

测算控制在目标成本以内。

⑤公共装修：

测算销售大厅、会所、大堂、电梯厅成本。

⑥选择合适模数的材料尺寸：

根据装修建筑尺寸，将各类材料损耗降到最低（含图纸排版）。

⑦材料档次：

以满足功能性需求为主，并综合考虑后期维护成本。

⑧减少精装房的差异：

统一材料选用，便于提高经济采购批量。

⑨配电主干线路：

不同材料、不同敷设方式、不同走向方案比选。

⑩室内水暖材料设备选用：

在满足压力、温度等技术条件下优先选择综合单价较低的管材（如常用采暖管价格增序排列：PPR管→铝塑复合管→PB管）；对价格较高的风管、冷凝水管的保温材料使用予以控制。

⑪消防报警器材、消防预埋管材的选用：

优先选用国产设备（注意配套选用，以及项目产品的连续性和后期的维护费用一并考虑）；消防喷淋系统平面布置优化；通风、排烟管道选用形式（如镀锌铁皮风道、玻璃钢风道）应做经济对比分析后择优选择；消防预埋管当地无明确规定的选用阻燃塑料管替代钢管最为经济。

⑫测算各项指标造价：

控制在目标成本以内（白图测算）。

（2）施工图阶段

①工程做法与交楼标准统一：

应力求设计院按我方交楼标准编写施工图工程做法；在招标文件、合同文件及其他相关技术标准中明确。

②部品及材料选择：

根据项目定位、产品类型选择材料部品，避免功能溢价；在立面图基础上针对不同规格外檐墙、面砖进行合理排布，减少断砖损耗；厨卫大样图、楼梯间大样图根据平立面、踏步尺寸合理选择砖型，减少断砖损耗；减少栏杆、装饰钢构件等的种类，提高标准化产品的使用程度。

③图纸会审：

会同项目、设计、工程审核图纸的错漏碰缺（总包、基坑支护、园建绿化图纸会审要求参加）。

④结构指标：

复核结构指标是否满足限额要求（白图与施工图一致时不需要测算，不一致时需要再次测算）。

⑤市政及小区管网设计优选：

管材优选；优选检查井规格及井盖；减小排水管坡度，降低管网埋深，减少动土量；优化管网走向、长度。

⑥水暖施工图审核：

管径达到要求即可，不能过大；预留洞、预埋件图中表示是否清楚齐全。

⑦智能化设计：

结合项目定位、市场接受程度、销售价格、周边楼盘使用状况、小区场地布置（含绿化组团和道路布置）综合考虑，在提升产品品质前提下还应兼顾实用性、经济性；家居安防与可视对讲系统分别设置和二合一的技术经济比较及产品档次选择；红外对射探头的设置与小区围墙的走向优化；景观灯具的布置应根据项目定位，分期设定灯具总价来控制灯型、位置和数量。

⑧园林环境设计与建筑、配套管网设计的衔接，避免标高、平面布置差错出现：

专业间图纸审查。

⑨测算各项园林指标：

根据清单得出含量，与目标成本对比，控制在目标成本之内（没达到需继续优化）。

（3）二次设计阶段

①门窗系统：

根据当地气候条件、项目、产品定位和保温节能要求选择；避免门窗面积过大和窗型过多过小。

②金属构件（栏杆、百叶、钢结构等）：

栏杆百叶等非承重构件，需控制断面尺寸不宜过大或过厚，满足强度和刚度即可；注意对栏杆百叶的间距控制（满足安全间距和遮挡要求）；钢构件需区分使用场所（室内外），分别采用不同的防腐处理；综合考虑楼盘档次、规范要求以及后期维护使用成本；常用栏杆百叶做成标注做法备选。

（4）招标阶段：

①合约规划：

总分包招标合约包清晰，层次分明。

②界面划分：

各标段施工界面划分清晰，收口工作约定明确。

③总价包干：

招标清单尽量总价包干，避免后续扯皮推诿。

（5）施工阶段（过程成本控制）：

签证梳理会制度（签证可视化）：

①目的：及时梳理签证，加快签证结算的办理进度，减少无效成本的发生；

②签证梳理会每周进行一次，由咨询公司组织；

③参加人员为项目成本（或成本咨询）、现场工程师、设计驻场代表、总包单位；

④会前准备工作：各单位上报本周发生的变更签证—设计、项目工程师复核—成本咨询梳理汇总；

⑤施工单位上报的变更签证内容为截至本周发生的全部变更签证，包括已经发生的、正在发生的和准备发生的签证；

⑥会议内容：

梳理本周发生变更签证的工作内容，判断该内容是否可以发起变更签证；总包单位尽量准确上报每单签证工程量及单价，成本咨询抽查复核（抽查率为10%，最少一份）；

梳理需成本批价内容，下一次签证梳理会反馈批价结果。

⑦处罚措施：

不得高估冒算，如总包单位签证造价的送审价高出成本咨询审定价15%，总包单位按以下方式向咨询公司缴纳该笔签证的违约金：违约金＝（总包单位签证送审造价－成本咨询签证审定价）×5%；

每月抽查一次，若发现总包该月上报签证中有意瞒报成本优化、做法取消等降低工程总造价的签证，每发现一例，罚款1000元。

（6）成本训场（实测实量-合同履约）

①传统成本管控图如图1所示。

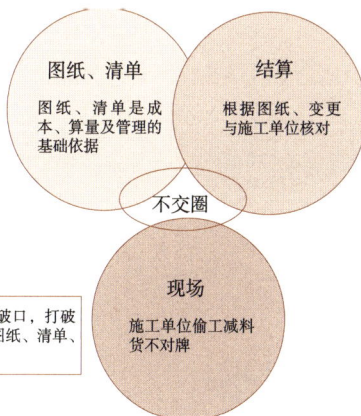

传统成本管控模式：

➤ 图纸、清单能够和结算关联，但是与现场施工不交圈

➤ 结算时无法印证图纸中的做法现场是否实现，清单中规定的材料型号现场是否替换

➤ 付出的成本达不到效果，无形中浪费了成本

图纸、清单
图纸、清单是成本、算量及管理的基础依据

结算
根据图纸、变更与施工单位核对

不交圈

现场
施工单位偷工减料货不对牌

成本管理存在盲点，以此作为突破口，打破传统成本管理束缚，加强现场与图纸、清单、结算的关联

图1 传统成本管控图

②主要材料如图2所示。

复核现场主要材料的规格、型号、用量及了解现场材料的损耗，针对具体材料进行市场价的考核。下列是现场实测照片：反映在材料的厚度、间距等问题

楼梯梁
（图纸宽120mm，实际85mm）

冲孔桩钢筋笼未按图纸尺寸制作

合同约定阻尼器、门纹是海棬乐品牌，现场为杂牌

板筋
（图纸间距100mm，实际130mm）

地下室西侧边坡混凝土喷铺平均厚度为80mm（图纸要求为100mm）

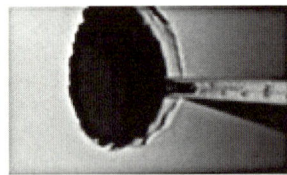

天花未按图纸做双层石膏板

（a）钢筋、混凝土偷工减料

（b）隐蔽工程不按图施工

（c）材料、设备货不对板

图2 主要材料情况

③施工工艺如图3所示。

现场施工过程的复核（工序的遗漏及部位的缺失）及加强对新技术、新工艺的学习认识

缺少装饰顶板

栏杆的锚栓个数与施工图纸不符

窗帘盒缺少顶板包封

此三处均为现场施工工艺的缺失，与清单描述不符

图3 施工工艺

④措施如图4所示。

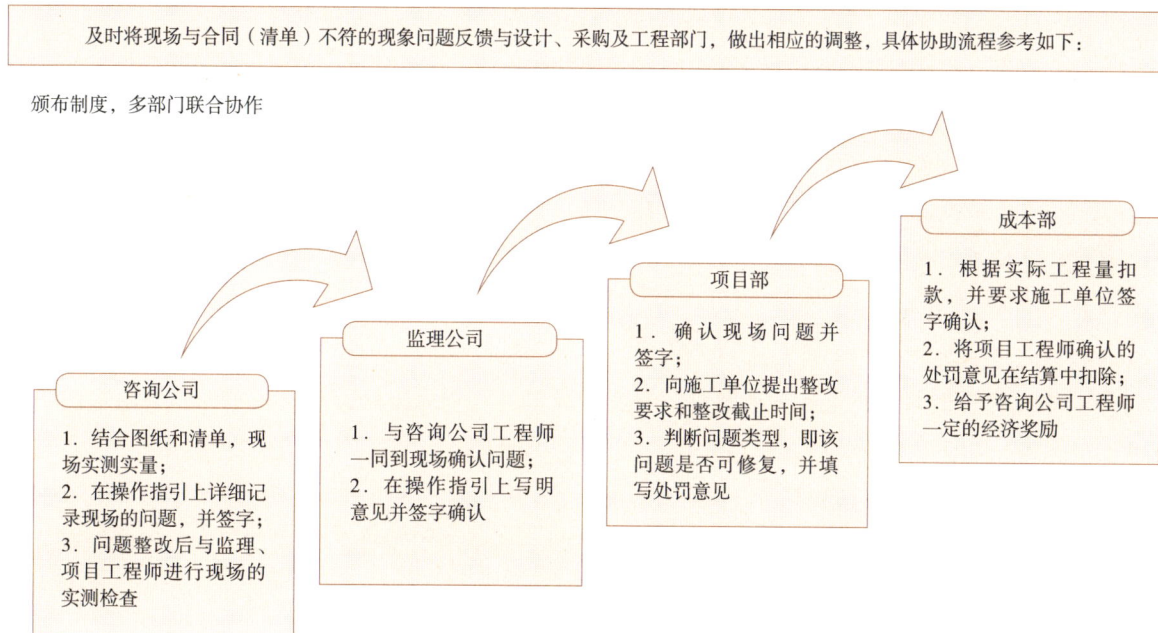

及时将现场与合同（清单）不符的现象问题反馈与设计、采购及工程部门，做出相应的调整，具体协助流程参考如下：

颁布制度，多部门联合协作

咨询公司
1. 结合图纸和清单，现场实测实量；
2. 在操作指引上详细记录现场的问题，并签字；
3. 问题整改后与监理、项目工程师进行现场的实测检查

监理公司
1. 与咨询公司工程师一同到现场确认问题；
2. 在操作指引上写明意见并签字确认

项目部
1. 确认现场问题并签字；
2. 向施工单位提出整改要求和整改截止时间；
3. 判断问题类型，即该问题是否可修复，并填写处罚意见

成本部
1. 根据实际工程量扣款，并要求施工单位签字确认；
2. 将项目工程师确认的处罚意见在结算中扣除；
3. 给予咨询公司工程师一定的经济奖励

图4 协助流程

（7）隐蔽工程验收

残值回收台账（①甲方物资；②可循环使用物资）。

全过程管理台账应包含：通信录、建筑面积统计表、户型统计表、图纸管理台账、招投标计划、合同动态造价管理、进度款支付、奖罚及水电扣款、无效成本、预结算台账、变更指令查询列表、材料批价台账（甲供）、往来函台账、零星审核台账、出勤情况统计等信息。

3. 组织模式

（1）人员安排计划

项目造价咨询小组人员全部选用参与过全过程跟踪审计项目的工程师作为负责人。

（2）项目组工作安排

项目负责人：负责项目的总体控制、领导、协作及沟通工作，并制订整体咨询工作计划，人力和其他资源配置，各专业工作协调，项目总复核，控制咨询服务进度及咨询质量，委托的相关专业其他事项。

现场对接人：设计变更、现场签证的估价、现场跟进、审核已完工的签证和变更的费用、审核乙供材料价格、统计甲供材料清单、审核项目零星工程等。

项目管理中心：协助项目经理对项目的进度和质量进行检查督导，对项目中可能出现的质量事故和进度滞后现象及时进行预警，提出改进和提高的具体措施，并为项目制定针对性的特色咨询方案。

市场部：客户经理负责项目的合同的签订等前期工作及项目进展过程中的沟通工作及客户满意度调查回访工作。

总工办：公司拥有总工办，内部配备资历深的工程人员以及电脑管理人员，可为此次项目提供全方

位的信息数据支持及系列性的技术方案支持。

土建、安装、配套专业负责人：在项目经理的领导下，制订土建、安装、装饰、市政园林工程咨询工作技术路线和工作安排，委托方委托的各专业的其他事项，部分专业二级复核。

土建、安装、配套专业小组：根据委托方的要求针对各项目进行全过程造价控制等整体性工作，并对项目经理负责。

（3）咨询成果文件的质量控制程序

为保证咨询成果文件的质量，所有咨询成果文件在签发前应经过审核程序，成果文件涉及计量或计算工作的，还应在审核前实施校核程序。设立专门的校核和审核人员，对校核人员和审核人员的职责分工如下：

①校核人员

熟悉咨询业务的基础资料和咨询原则，对咨询成果进行全面校核，对所校核的咨询内容的质量负责；

校核咨询使用的各种资料和咨询依据是否正确合理，引用的技术经济参数及计价方式是否正确；

校核咨询业务中的数据引用、计算公式、计算数量、软件使用是否符合规定的咨询原则和有关规定，计算数字是否正确无误，咨询成果文件的内容与深度是否符合规定，能否满足使用要求，各分项内容是否一致，是否完整，有无漏项；

校核人员在校审记录单上列述校核出的问题，交咨询成果原编制人员修改，修改后进行复核，复核后方能签署并提交审核。

②审核人员

审核人员参与咨询业务准备阶段的工作，协调制订咨询实施方案，审核咨询条件和成果文件，对所审核的咨询内容的质量负责。

审核咨询原则、依据、方法是否符合咨询合同的要求与有关规定，基础数据、重要计算公式和计算方法以及软件使用是否正确，检验关键性的计算结果。

重点审核咨询成果的内容是否齐全、有无漏项，采用的技术经济参数与标准是否恰当，计算与编制的原则、方法是否正确合理，各专业的技术经济标准是否一致，咨询成果说明是否规范，论述是否通顺，内容是否完整正确，检查关键数据及相互关系。

审核人员在校审记录单上列述审核出的问题，交咨询成果原编制人员进行修改，修改后进行复核，复核后方可签署。

每份咨询成果文件的编制、校核、审核人员须由不同人员担任。

咨询成果文件的签发：凡依据咨询合同要求提交的咨询成果文件须由规定的造价工程师签发。

③进度目标及进度保证措施

为了履行咨询合同，按时提交咨询成果文件，我公司将采取一系列有效措施，使造价咨询工作进度得到有效控制。

出具报告时间按照委托方合同中提供的成果提交日期执行。进度目标如表1所示。

进度目标 表1

序号	服务内容	成果提交日期
1	方案优化	在委托人提供方案或扩初设计后3日内提交设计方案的技术经济比选与优化成果
2	预算编制及预算定案	对于总承包工程，在委托人提供施工图纸后28天内提供施工图预算成果（即根据总承包合同的规定进行工程量计量和计价工作）；对于独立分包工程，在委托人提供施工图纸后14天内提交施工图预算成果。并根据委托方要求与施工方核对。提交书面和电子版的预算报告（包括预算编制说明、预算书），并按照甲方委托单的格式提供预算数据的各类指标分析。在总包单位提供预算后三个月内完成预算定案工作，并提供工程量计算书底稿
3	清单及控制价编制	在委托人提供施工图纸后7天内，并不迟于招标文件发放之日前3日提交清单编制成果。（提交书面和电子版的报告）控制价的编制满足甲方的考核要求
4	标底编制	在委托人提供施工图纸后7天内，并不迟于招标文件发放之日前3日提交标底编制成果（提交书面和电子版的报告）
5	招标阶段工作	接受甲方提供的图纸，建立图纸台账，完成图纸审核并将审核结果以电子版和书面格式报甲方成本人员；除上述第3条、第4条外参与招标文件中经济条款的编制、经济评标文件的编制、招标答疑等成本方面的工作；参与甲方直接委托、议标、免标形式下的各类价格约谈工作
6	月度割算及付款建议	每个月按照合同规定及甲方要求进行项目范围内所有工程进度款的支付核算，同时将核算结果（书面及电子版）报甲方项目成本人员审核
7	变更估算及签证结算审核	根据甲方提出的设计变更3日内进行变更价格估价工作，特殊情况需紧急进行变更估价的要求1日内完成；现场签证的办理工作需同监理、甲方工程师一起核对签证数量和办理签证结算的初审，并提交结算审价说明、结算审价对照表，调整计算稿、结算审价报告电子版各一式两份。每月15日前提交上月签证审核结算报告（同施工单位共同签字确认后），书面及电子版各一份
8	成本测算	按甲方委托书的要求在甲方规定的时间内进行建筑结构指标、精装修、景观等工程相应指标及不同阶段的方案测算
9	竣工结算	在委托人提供竣工验收资料、竣工结算报告后28天内完成竣工结算审核成果（工程竣工验收后结算审计前先有咨询公司提供完整的工程结算书）
10	竣工备案要求	工程竣工验收时根据甲方要求编制竣工结备案报告
11	指标统计	在工程竣工结算完成后28天内完成整体项目的经济技术指标统计。格式按甲方委托单的格式提供
12	材料批价	在施工单位提报需确认的材料明细后7日内完成材料价格的确认工作并报甲方成本人员
13	其他日常工作	负责建立项目奖励、扣款、水电费台账，每月与项目部进行核对并反馈执行情况；参与施工方案的经济性测算比较；负责项目所需要的材料、设备等价格信息的搜集、反馈；参与工程索赔或施工技术专项措施费用方案测算；负责建立甲供材登记台账（若有甲供材），每月与项目部进行核对并反馈情况；负责每月核对合同付款台账；负责对无效成本及责任扣款进行登记、测算与每月反馈；负责每月月度付款计划外特殊追加付款计划的审核；负责督促施工单位及时上报签证变更结算资料并在甲方规定的时间内（每月一清）完成审核

进度保证措施：所有造价咨询人员都为我公司专职造价人员，业务能力熟练，道德素质良好，结构及专业配置合理、工作经验丰富。

指导思想：严格执行国家的宏观经济政策和产业政策，遵守国家和地方的法律、法规及有关规定，维护国家和人民的利益。

自觉接受工程造价咨询资质管理部门的管理和监督，接受工程咨询行业自律组织业务指导，自觉遵守本行业的规定和各种制度。

维护企业形象，树立品牌意识，以质量求生存求发展，坚持：公平、公正、科学、诚信的企业理念。

组织领导：为确保本办法的贯彻、落实和顺利实施，我公司成立咨询业务服务质量领导小组。

总监督：项目管理中心。

组长：副总经理。

成员：各部门经理。

④进度控制体系

项目的实施进度由项目管理中心总体协调控制，各部门经理相互配合，保证项目实施的进度措施。

⑤进度保证措施

人力资源保证：所有造价咨询人员都为我公司专职造价人员，业务能力熟练，道德素质良好，结构及专业配置合理、工作经验丰富。

信息资源支持保证：建立了工程造价咨询所需的各类人工、材料、机械价格等资料的基础数据信息库，为造价咨询工作提供了有力的信息支持。

配备办公设备和造价咨询现代化程度保证：造价咨询人员配备笔记本电脑，造价项目各专业所需的合法的计量计价软件齐全，提高工作效率。

利用先进的计算机软件进行工程量的计算与编审工作，提高工作效率。

专项咨询方案的保证：针对各专项工作，结合委托人需求建立相关流程，认真编排造价咨询服务计划，力争造价咨询及代理工作有节奏、有秩序、合理搭接地进行。

加强沟通，建立分析总结制度：项目组成员应与委托人相关部门对接人进行沟通，勘查现场，收集一手资料数据，使成果文件依据充分。

工期按照委托人的造价咨询委托单要求执行，并根据实际情况编制切实可行的进度作业计划。

在编制计划时，加强与业主的协作与配合，使咨询工作进度计划积极可靠。

预算编制进度计划：进度计划经业主同意后，认真实施全过程造价咨询进度计划，力争全过程造价咨询工作有节奏、有秩序、合理搭接地进行。

不可预见：若有不可预见的需要咨询时限顺延的情况发生时，例如委托人临时增加的工作内容或要求，导致工作不能如期完成的，应第一时间与委托人进行及时的沟通。

⑥优质服务承诺

为确保此次造价咨询服务的结果客观、公正、全面，提供优质的服务，我单位承诺以下方面：

遵守国家审计机关关于造价咨询单位的各项规定；

实行内部三级复核制度、内部抽审制度；

按照委托方的需求，配备土建、安装、配套及其他相关专业且取得造价资格证书的专业技术人员，业务熟练，能按要求及时、准确完成相关工作；

专业技术人员相对固定。按照投标时确定的项目负责人及专业技术人员为委托方进行工程造价咨询服务。如因特殊原因确需更换项目负责人或专业人员的，应提前以书面形式通知委托方并取得委托方的同意，否则不得更换；

加强我公司造价咨询人员与委托方、设计方、施工方等各相关方之间的合作与沟通；

建立严密的保密管理制度，保证做到项目内容不失密、泄密；

根据委托单位要求以及咨询业务的需求，及时调整人员，遇有特殊专业问题具备向有关专家咨询、解决的能力；

保质保量按时完成项目全部造价咨询任务，自觉接受委托方监督和调度；

咨询业务完成后，及时按要求向委托单位报送造价咨询报告及其他合同中约定的咨询文书；

客户经理以书面形式向委托单位定期、及时汇报造价咨询服务过程中的情况和存在问题，做到有效沟通；向委托方报送的咨询成果真实、完整、合法、有效，符合有关监管部门的相关规定。

三、咨询服务的运作过程

对于全过程造价咨询业务，咨询公司将人员分成两部分，前台驻场人员和后台算量人员，以下简称"前台"和"后台"。

前台人员需在项目所在地办公，主要肩负起沟通、管理、协调方面的工作。例如开发商成本需要测算某项内容，前台人员需先了解事情的起因、经过、结果，了解测算的方向和目的、知晓测算引起的总成本变化，如果测算体量较小，直接由前台人员完成；如果测算体量较大，前台将上述收集好的资料整体交于后台，后台根据前台人员要求的汇总口径进行汇总。

总承包预算定案/结算为项目过程中最为麻烦的操作流程，以下将介绍以下我公司在某项目总承包预算定案/结算的流程情况：

（1）前台收集图纸、建筑做法、建造标准、界面划分等，并交于后台；

（2）前台根据各产品类型进行分类，原则为相同楼座和相近楼座为同一组人员，人员安排表如表2所示。

人员安排情况 表2

楼座	土建人员	安装人员	算量完成时间	套价完成时间	后评估	备注
1号						
2号						
3号						
商业						
车库						
……						

（3）后台得到任务之后，首先对图纸进行初步审核，对于图纸中的错、漏、碰、缺进行审核，审核的重点举例说明如表3所示。具体如下。

审核的重点 表3

	建筑	结构	给水排水	强弱电	栏杆工程	门窗工程	精装工程
建筑							
结构							
给水排水							
强弱电							
栏杆工程							
门窗工程							
精装工程							

1）图纸是否有缺失；

2）建筑和结构之间标高是否统一；

3）安装各专业之间系统是否匹配；

4）卫生间降板后，是否高于客厅标高，满足使用要求；

5）水暖井出来的管线，建筑做法是否能正常盖得住，满足使用要求；

6）外立面图纸中，外墙门窗的标高与结构梁标高是否冲突。

（4）将初步图纸答疑汇总并上报开发商，在设计院答疑之前。将总包与总包、总包与分包之间的界面划分整理；装饰做法部分单独整理划分。

（5）前台将确定好的装饰做法，由专人在图纸上进行绘制，以门分界点、房间进行整合。将每一个房间的装饰做法标注在图纸中，确保所有算量人员计算口径一致。

（6）待设计院初步答疑回复之后，开始正式算量，在规定时间内完成。同时派专人修订清单或者定额模板。

（7）完成算量工作之后，按前台要求填写工程量指标，前台格式应遵循目标成本口径，并横向进行对比，对于指标差异较大的楼座进行重点分析。

（8）待指标均无太大问题之后，后台开始套价。

（9）后台套价完成之后开始三级审核制度，审核完成之后交于开发商成果文件。

（10）征得开发商同意之后，与施工单位进行核对。

（11）核对过程中，后台将争议问题汇总给前台，前台定期汇总问题并上报开发商成本。

（12）边核对边进行争议问题的修订。

（13）公司三级复审。

（14）上交最终预算稿，并与目标成本进行对比分析。

四、咨询服务的实践成效

全过程造价咨询，目的就是为开发商节约成本。除基本的算量套价之外，通常通过成本优化和工程策划得以实现。并不断通过成本巡场，确认合理化建议能够落地。

1. 成本优化/创利

在不违反规范、不影响质量、不牺牲品质的情况下，将施工方案进行调整，以最合适的配置达到最优的目的，这个过程称之为成本优化/创利。

成本优化/创利的核心对施工工艺、施工目的进行分析，将不必要的施工内容剔除，或者换一个施工工艺，最终达到节约成本的目的。成本优化/创利大多存在于招标阶段。

举例说明：

案例1：某项目最大的优化为保温涂料优化，某项目由于为旅游开发项目，单体楼栋高度较低，外墙门窗的面积较大、隔墙多、冷热桥及造型多变复杂，导致保温厚度非常高，最厚保温为300mm厚，成本造价严重超目标成本，因此经过我方对造价整体进行分析，将造价较大的原因进行整理及分析：

（1）保温厚度太厚，300mm保温比填充墙体还厚；

（2）保温材料较贵，使用保温材料为石墨聚苯板；

（3）保温线条太多，线条的造价占总造价的40%；

（4）分户墙与外墙连接的墙和板由于冷热桥系统，全部要做构造保温；

（5）室外独立柱需要做保温：

针对以上内容，邀请工程部、监理院、设计部、设计院、成本部共同参会，对上述内容，站在自己的角度上发表意见。

经过沟通，初步意见如下：

①由于外墙门窗面积较高，此保温厚度才能满足节能验收；

②如果使用普通聚苯板，厚度比现有状态还厚；

③保温装饰线条可以进行优化；

④将分隔墙与外墙断开连接，保温顺外墙联通，分隔墙做构造柱、拉筋等内容；

⑤室外独立柱保温可以优化。

针对各方交圈的意见，除第⑤条可以直接实现外，可突破的点为第③条和第④条。

第③条，将线条按功能进行拆分，大致分为装饰线条、分隔线条、门窗套三种，其中门窗套和分隔线条肯定是不可能优化的，那么入手点只可能是装饰线条，我们将全工程的装饰线条进行了整合，分为两点内容。

装饰线条：第一点是取消不必要的装饰线条，如图5所示；第二点简化必要的装饰线条，以此方式达到成本优化的目的，如图6所示。

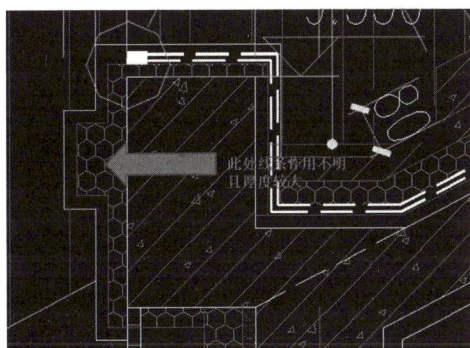

图5 取消不必要的装饰线条

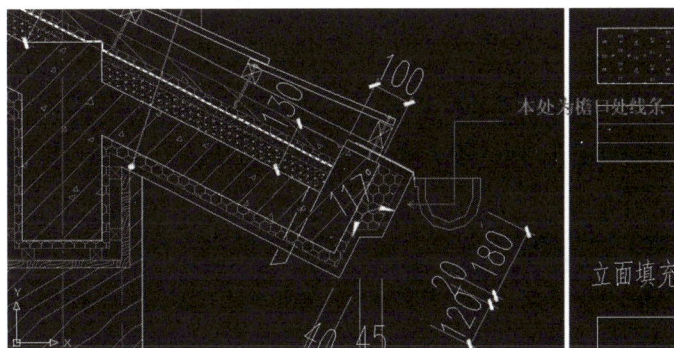

图6 简化装饰线条

第④条既然不能破坏冷热桥的规则，那么我们将非采暖区域与采暖区域进行阻隔，减小构造保温的工程量，保温本应按照箭头所示方向进行敷设，但由于非采暖区域与非采暖区域的分隔墙长度较长，使得保温略显浪费，如图7所示。

经过多方论证，最终打断分户墙与外墙之间的联系，以构造柱作为支撑，保证墙体安全；同时保温沿外墙直接敷设，节约保温用量，箭头所示方向，如图8所示。

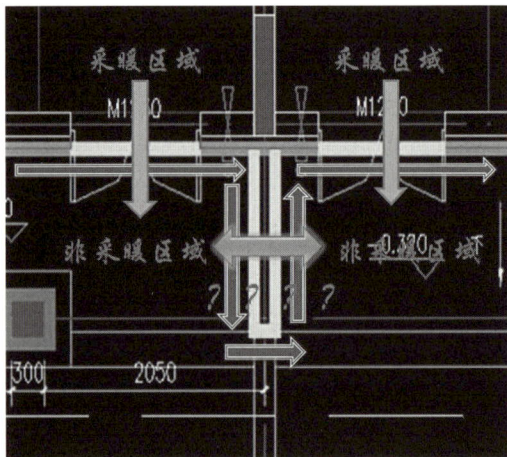

图7 优化阻隔

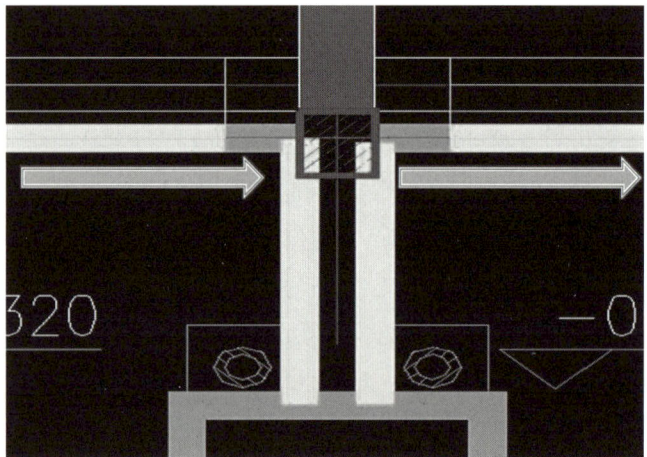

图8 论证优化方案

根据以上内容，最终将优化金额锁定在466万元，虽然没能控制在目标成本以内，但为某项目后期的保温优化奠定了基础，今后将会在此基础上对外墙门窗的面积进行优化，继续优化本轮优化中不能实现的几条内容。

案例2：某项目二期属于山体项目，楼与楼之间距离较近，且存在高差。因此需要利用到挡墙支护，保证楼与楼之间的安全性。

某项目采用正常的施工流程，即盖楼→管网→挡墙→景观，但当楼体封顶之后，发现楼与楼之间的距离过近，如果使用面板式锚杆支护，锚杆将会打入较高楼座的基础之下，破坏基础的稳定性。以上的错误内容在某项目后期予以规避，将在招标策划中简单介绍。针对现有情况，经项目团队研究，将面板式锚杆支护改为挡墙，原设计方案为真石漆，但由于挡墙高度太高，作业面窄，脚手架和吊笼均无法实现。因此计划将表面真石漆处理改为勾缝处理。由于施工倒叙，整体造价已经偏大，此时只能算是尽可能挽回损失。

具体到方案选型如下：

方案1：毛石混凝土挡墙+表面真石漆，如图9所示。

方案2：砌筑毛石挡墙+表面勾缝，如图10所示。

毛石混凝土挡墙单价构成

需要模板
需要毛石混凝土
需要抹灰
需要脚手架
表面要部品（涂料）
回填土无法夯实

结果是 →
1. 造价巨大
2. 因是公区，必须保洁
3. 表面涂料容易脱落
4. 小院回填无法夯实
5. 维修造价不可估量

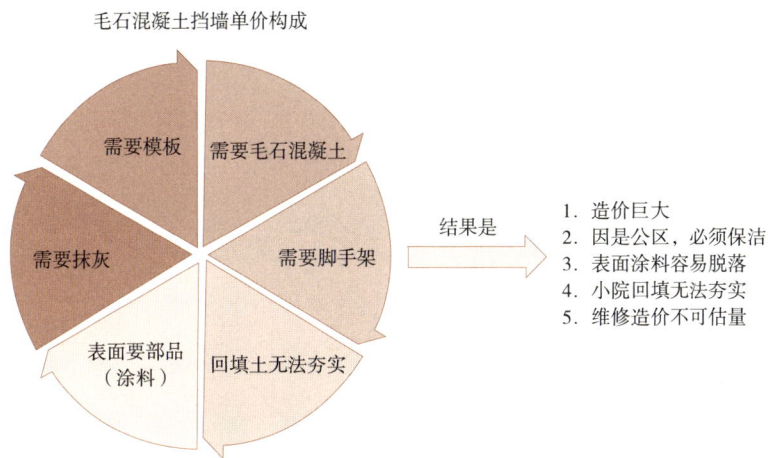

图9 毛石混凝土挡墙+表面真石漆

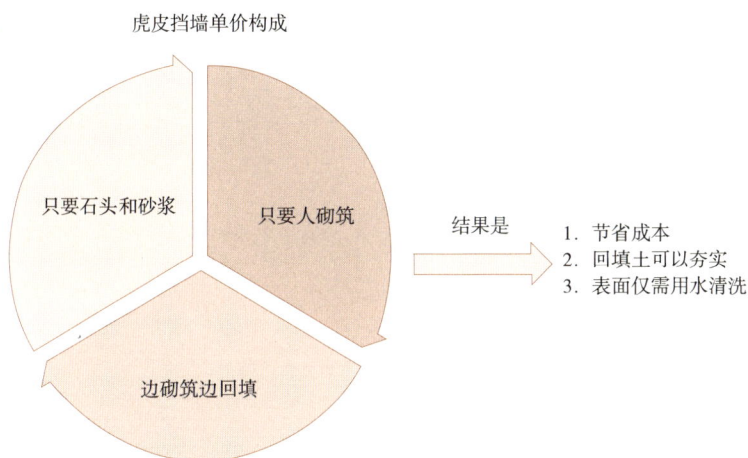

虎皮挡墙单价构成

只要石头和砂浆
只要人砌筑
边砌筑边回填

结果是 →
1. 节省成本
2. 回填土可以夯实
3. 表面仅需用水清洗

图10 砌筑毛石挡墙+表面勾缝

经过对比，明显砌筑毛石+表面勾缝方案远远低于毛石混凝土挡墙方案，且优点居多。

当项目进场之后，根据建造标准，为开发商制定优化建议，建议的内容如下，如表4所示。

优化建议 表4

甲分包项目	审核点	优化点
栏杆工程	室内栏杆与景观栏杆是否安全衔接	壁厚；固定点；间距；表面做法
保温工程	是否有冷桥；是否上下保温厚度不一致；拐角处贴完保温是否会出现打不开门的情况；保温与栏杆施工顺序是否会引起保温索赔	锚固件数量；保温厚度；线条数量及厚度；窗侧保温；角钢托架；构造保温
门窗工程	开启扇开启后是否会碰到其他构件窗框是否结构外齐；若无窗套，是否会出现外立面石材占玻璃的情况	型材；钢衬；玻璃；五金
太阳能工程	单户热媒管是否太长导致无法获取热量；水箱间是否能容纳水箱	集热板数量；集热板固定方式；水箱容量
燃气炉工程	燃气炉插座与燃气炉位置是否合适	燃气炉功率
支护及挡墙工程	是否已经预留足够的作业面；支护与管网的施工顺序，避免返工；若有高差，支护或挡墙应与主体同时施工	锚杆支护、钢筋砼挡墙、扶壁式挡墙、重力式挡墙、人孔挖孔桩之间的方案选型
幕墙工程	图纸是否有遗漏	壁厚、表面做法、玻璃
管网工程	现场道路是否能放得下这么多管；井的位置是否合理；院墙工程中提前为管网预留套管	井的材质；管的材质

2. 招标策划

经过案例二，其中有部分内容在项目开始时并没有整体的策划，导致了一系列的后果。

在某项目三期开始，整个工程开工之前，所有部门都会将之前两期犯过的错予以总结，然后对工程的整体进度进行策划。策划的内容主要有三点：

（1）施工流程，因地制宜的指定本期的施工流程，因为看似简单的工艺也会因为流程变成复杂的工艺。某项目三期之后的施工流程就变成了楼座出±0→挡墙出基础→管网→楼座封顶→挡墙完成→景观。

（2）土石方整体策划，对于场内存土、场内平衡、场外运土、楼座回填做整体的策划，将土石方合同变为总价包干合同，减少动态成本变动率。

（3）界面划分，在项目初期，将总承包与专业分包之间做出详细的界面情况，同时标注出责任界定，极大地减少变更签证，控制动态成本。

工程策划的目的是大家静下心来思考整体流程，在房地产高速周转的今天，减少变更签证、减少无效成本。同时，也揭露出采购计划并不是一成不变的道理，新项目开工前，针对本项目进行采购计划的梳理，如图11所示。

一线采购计划

管辖端口	合同/合约包	类别	合约PDC类别	本期管理合约金额总计	采购方式	合同类别	方案比选周期		招标周期						采购完成情况记
							出具方案时间	完成比选时间	出图时间	提供技术要求时间	采购策划会议时间	提工程量清单时间	发标时间	定标时间	
工程采购	桩基及支护检测合同	前期	前期类	23.77	直接委托										
工程采购	电力配套合同	前期	前期类	665.93	直接委托										
工程采购	燃气配套费合同	前期	前期类	216.38	直接委托										
工程采购	工程监理服务合约包	前期	前期类	158.05	邀请招标										
项发	地震环境评估合约包	前期	前期类	30.67	直接委托										
工程采购	勘察测绘合约包	前期	前期类	308.88	直接委托										
工程采购	防水供货合同	采购	甲供材及设备	433.16	直接委托										
工程采购	管材供货合同	采购	甲供材及设备	280.26	直接委托										
工程采购	配电箱、弱电箱、T接箱供货合同	采购	甲供材及设备	401.63	直接委托										
工程采购	电线电缆供货合同	采购	甲供材及设备	120.01	直接委托										
工程采购	钢筋供货合同	采购	甲供材及设备	1239.94	直接委托										
工程采购	混凝土供货合同	采购	甲供材及设备	1581.69	直接委托										
工程采购	工业化构件采购合同	采购	甲供材及设备	101.03	直接委托										
工程采购	橱柜、收纳柜供货合同	采购	精装甲分包	328.02	直接委托										
工程采购	户内门供货合同	采购	精装甲分包	210.87	直接委托										
工程采购	木地板供货及安装合同	采购	精装甲分包	281.16	直接委托										
工程采购	厨房电器采购合同	采购	精装甲供材	117.15	直接委托										
工程采购	洁具及五金供货合约包	采购	精装甲供材	187.44	直接委托										
工程采购	瓷砖供货合同	采购	精装甲供材	285.54	直接委托										
工程采购	精装修其他甲材采购合约包	采购	精装甲供材	174.87	直接委托										
工程采购	入户门供货合同	采购	甲供材及设备	79.80	直接委托										
工程采购	电梯供货工程合同	采购	安装分包	47.44	直接委托										
工程采购	外墙涂料采购合同	采购	甲供材及设备	169.01	直接委托										

图11 整体流程图

3. 成本巡场

制定了全过程造价咨询的计划后，在实际操作过程中，需对计划进行监督并不断修订计划。每周1~2天时间用于成本巡场，审核合同内容是否按约定落地、是否有偷工减料，最重要的是审核能二次优化的点。

成本巡场以周为单位，向开发商成本进行汇报，并保证巡场结果落地。走场记录表如表4所示；项目成本现场走场纪要如表5、表6所示。

项目成本现场走场纪要　　　　　　　　　　表5

序号	标段	合约范围	问题描述	现场照片	合同图纸	成本情况	责任单位	处罚措施	解决方案	完成时间	责任人	后评估	完成情况追踪
1		土建工程											
2		精装工程											
3		外立面工程											
4		室外工程											

走场记录　　　　　　　　　　表6

走场记录					
巡场时间	走场标段（楼座）	成本人员	项目人员	合作方	备注
走场指引	本次走场目的				
	经验体会				
	不足改进				

五、成果与总结

经过五年的时间，某项目二期、三期顺利建成，经过五年的历练，某项目团队的队员们也得到了充分的成长，回顾某项目二期及三期成本控制。在某项目二期中，由于对保温、门窗等专业工程的管理不善，造成了很多无效成本。在某项目三期中，这些内容得到了极大的改善，唯有吸取教训，才能砥砺前行。我们将无效成本一一收集，将管控失败的地方做经验总结，目的就是为了不要再下一个分期犯相同的错误。

某项目二期和三期目标成本约20亿元，原定毛利率约16%；结算完成后，对某项目二期及三期进行成品评估，实现毛利率19%的佳绩。

通过成本管控，在不降低品质，不更改销售承诺、不偷工减料的前提下实现约6000万的成本创利，如图12所示。

	A	B	C	D	E	F
			青岛小镇2分期及青岛小镇3分期科目口径待发生成本_汇总数据			
	科目代码	科目名称	层级	目标成本	目前已发生	目前待发生
	5001	开发成本	1	2003690109.53	1620759779.31	382930330.23
	5001.01	土地及政府规费	2	320241076.04	290518845.24	29722230.80
	5001.02	配套及地下室工程费	2	74890047.11	63254286.90	11635760.21
	5001.03	基建及管网工程费	2	722855839.95	593103466.76	129752373.19
	5001.04	室内装修工程费	2	26394393.85	25429849.40	964544.44
	5001.05	装饰及环保工程费	2	292223368.28	205311853.78	86911514.50
	5001.06	环境提升工程费	2	358164863.62	255113008.60	103051855.02
	5001.07	开发管理费	2	144644725.00	130180252.50	14464472.50
	5001.08	资本化利息	2	64275795.69	57848216.12	6427579.57

图12　成本图

同时，也赢得了开发商的信任，开发商也希望将四期乃至五期交于我们管理。而我们能做的，就是总结某项目二期的失败之处，扩大某项目三期的成功之处。为开发商赢得更大的利润空间。将我们成功和失败的案例扩散至其他地产、将我们的经验带入其他地产，促进建筑业稳步、良性发展。

专家点评

中恒信工程造价咨询有限公司提供的万科青岛小镇项目全过程工程咨询案例，该项目咨询公司提供的服务并不限于帮助业主在决策阶段进行项目的投资评估，根据公司积累的经验数据提供类似项目的建造标准以及造价指标进行比对，从而确定建设项目的投资目标，该项目的咨询服务还提供招标策划和招标代理，完成了工程量清单的编制和合同的起草和修订，在施工中提供过程驻场跟踪服务，做到项目施工结合，较好地体现了全过程造价管控的服务理念，尤其是该项目咨询单位还参与了设计阶段的限额设计控制，将方案转化为施工图，将投资估算转化为可以实际运作的合同清单或施工图预算是过程投资控制的重要环节，大多数项目以设计概算作为投资控制的目标，不容许超额或突破，国有投资项目是一个很重要的控制目标的节点，作为造价咨询企业有条件的话应参与到设计阶段的目标确定过程中去循序渐进、步步为营，牢牢把握投资控制的主动权，才能切实融入全过程工程咨询服务中去。

本案例作为全过程造价咨询服务能够动态连续的为工程建设提供全方位的全要过程的全要素参与的投资控制咨询服务并取得非常显著的效果，值得推广借鉴。

点评人：刘嘉

上海申元工程投资咨询有限公司